STEM@COOKBOOK

공학수학 에센스

ESSENTIAL ENGINEERING MATHEMATICS

마인숙 지음 박재균 감수

한빛아카데미
Hanbit Academy, Inc.

지은이 **마인숙** isma@jbnu.ac.kr

전북대학교 수학과를 졸업한 뒤 동대학원에서 이학석사 학위를, 전남대학교에서 이학박사 학위를 받았다. 미국 어번대학교에서 객원교수를 지냈다. 1982년부터 전북대학교에 재직하였으며 현재 전북대학교 수학과 명예교수이다. 주요 연구 분야는 대수학이다. 대한수학회, 호남수학회, 한국여성수학회에서 회원으로 활동하고 있다. 『Introductory Linear Algebra』(경문사, 2012)를 공동집필하고 『기초 공업수학』(한빛아카데미, 2017)을 집필하였으며, 『공학수학 Ⅰ(5판)』(텍스트북스, 2014)과 『미분적분학 Ⅰ(2판)』(교우사, 2017)을 공동번역하였다.

감수 **박재균** jpark@dankook.ac.kr

서울대학교 토목공학과를 졸업한 뒤 UC 버클리대학교에서 박사 학위를 받았다. 동대학원에서 박사후연구원, 서울대학교 BK연구교수를 지낸 뒤 2004년부터 단국대학교 토목환경공학과 교수로 재직 중이다. 주요 연구 분야는 전산역학과 관계된 모델링과 해석이며, 공학수학, 응용역학, 연속체역학, 유한요소해석 등을 강의하고 있다. 최근에는 소성 연화현상에 따르는 시스템의 불안정성에 대한 연구에 관심을 갖고 있다. 『유한요소법입문』(문운당, 2009)을 공동집필하고, 『Beer의 정역학과 재료역학(3판)』(한빛아카데미, 2022)을 공동번역하였다.

공학수학 에센스

초판발행 2023년 10월 30일

지은이 마인숙 / **감수** 박재균 / **펴낸이** 전태호

펴낸곳 한빛아카데미㈜ / **주소** 서울시 서대문구 연희로2길 62 한빛아카데미㈜ 2층

전화 02-336-7112 / **팩스** 02-336-7199

등록 2013년 1월 14일 제2017-000063호 / **ISBN** 979-11-5664-677-8 93410

총괄 김현용 / **책임편집** 김은정 / **기획** 박현경 / **편집** 윤세은 / **교정** 강정아

디자인 윤혜원 / **전산편집** 백지선 / **제작** 박성우, 김정우

영업 김태진, 김성삼, 이정훈, 임현기, 이성훈, 김주성 / **마케팅** 길진철, 김호철, 심지연

이 책에 대한 의견이나 오탈자 및 잘못된 내용에 대한 수정 정보는 아래 이메일로 알려주십시오.

잘못된 책은 구입하신 서점에서 교환해 드립니다. 책값은 뒤표지에 표시되어 있습니다.

홈페이지 www.hanbit.co.kr / 이메일 question@hanbit.co.kr

Published by HANBIT Academy, Inc. Printed in Korea

방대한 공학수학에서 알짜만 선별하여 배운다!

공학수학과의 인연은 상당히 오래전부터 시작됐다. 사십여 년 전, 대학 교단에 오른 뒤부터 공학수학을 꾸준히 강의해왔다. 강의를 어려워하는 학생들을 상세히 지도하면서 대부분의 학생이 수학의 기초가 부족함을 알았고, 기초까지 잡아줄 공학수학 교재가 필요함을 느껴『기초 공업수학』을 발간하였다. 『기초 공업수학』은 한 학기 분량에 맞춰 미분방정식과 벡터, 행렬을 위주로 수록했다. 공학수학을 두 학기에 걸쳐 강의하는 대학이 많기에 곧 뒷부분을 추가로 집필할 필요도 느꼈으나, 공학수학이 다루는 방대한 범위를 생각하면 차마 집필할 엄두가 나지 않았다. 그 이후로 종종『기초 공업수학』으로 독학하는 학생들로부터 많은 질문을 받으며 질의응답을 하면서 혼자서도 읽고 이해할 수 있는 공학수학 교재를 집필해야겠다는 결심이 들었다. 이에 따라 정년 후에 이 책『공학수학 에센스』를 선보이게 되었다.

공학수학은 공학이 아우르는 다양한 전공에서 필요한 수학을 모두 모은 것이다. 즉 공학계열 학부 과정을 이수하기 위해 알아야 하는 수학이라고 볼 수 있다. 학부 전공이 다양한 만큼 각 전공에서 다루는 공학수학의 범위도 아주 다양하지만, 수학을 주로 많이 다루는 분야를 선별하여 한 권에 담았다. 이 책을 집필할 때 다음을 중점적으로 구현하고자 했다.

이 책의 특징

- 공학수학을 상미분방정식, 선형대수, 푸리에 해석과 편미분방정식, 복소해석 분야로 나누고 각 장에서 꼭 배워야 하는 알짜 내용만 선별하여 두 학기 강의에 적합하게 구성하였다.
- 사소한 부분이어도 수학자의 언어보다 학생들이 이해하기 쉬운 언어로 설명하였다.
- 예제의 풀이 과정을 자세히 설명하였다.
- 미분적분학을 [부록 A], [부록 B]에 수록하여 공학수학의 기초를 다실 수 있도록 하였다.
- 수학이 공학문제를 해결하는 도구임을 이해할 수 있도록 응용문제를 다양하게 다루었다.

공학수학은 공대 학부생이 전공과목을 공부하는 데 중요한 도구이다. 이 책을 통해 학생들이 공학수학을 더 잘 이해하고, 나아가 각자의 전공을 이해하는 데 도움이 되기를 바란다.

감사의 글

『공학수학 에센스』가 나오기까지 많은 분이 도움을 주셨다. 학생의 눈높이에 맞춰 꼼꼼하게 교정하고 편집해준 윤세은 책임 에디터를 비롯한 한빛아카데미(주) 관계자분들과 전태호 대표님, 공학자의 예리한 안목으로 원고를 감수해주신 박재균 교수님께 마음으로부터 깊은 감사를 드린다.

유난히 더웠던 계묘년 여름 끝자락에서
마인숙

미리보기

■ 누구를 위한 책인가

대학교에서 공학수학을 배우고자 하는 공학계열 학부생을 대상으로 한다. 이 책은 다양한 공학계열 전공에서 주로 사용하는 수학 개념을 다룬다. 또한 이공계열 1학년 과목인 미분적분학의 핵심 내용을 [부록 A]와 [부록 B]에 수록하여 본문의 문제 풀이에 참고할 수 있게 했다.

■ 강의 및 학습 보조자료

• 강의자용 : **강의보조자료 다운로드**

한빛출판네트워크 접속(http://www.hanbit.co.kr) → [교수전용] 클릭 → [강의자료] 클릭 → 도서명 검색

• 학습자용 : **공개용 정답 다운로드**

한빛출판네트워크 접속(http://www.hanbit.co.kr) → [SUPPORT] 클릭 → [자료실] 클릭 → 도서명 검색

■ 이 책의 구성 요소

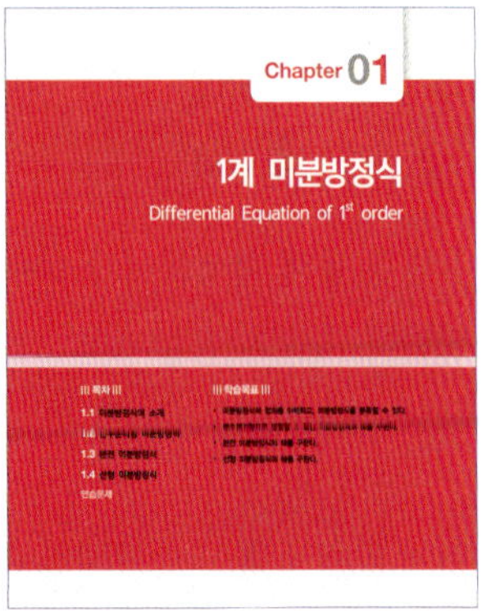

학습목표

각 장에서 알아두어야 할 내용과 학습하여 도달해야 할 수준을 제시한다.

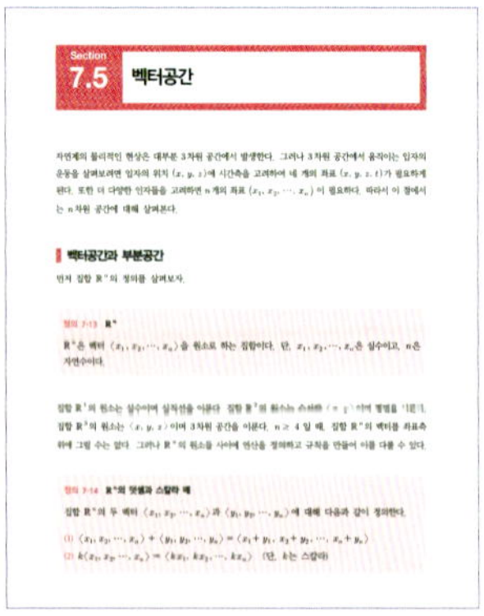

정의

본문에서 기억해 두어야 할 용어와 그 의미를 정의로 소개한다.

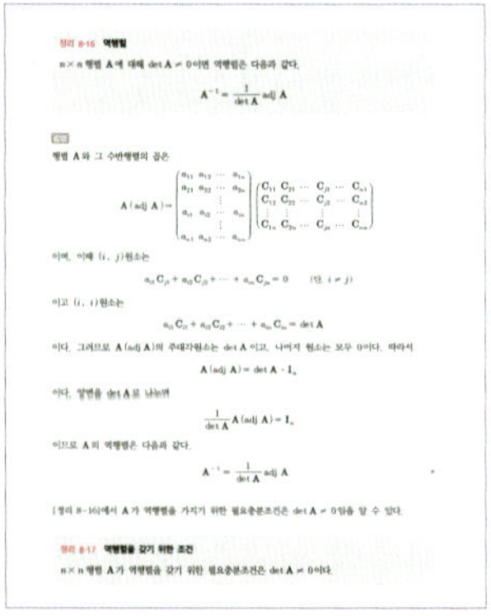

정리 / 증명

본문에서 기억해 두어야 할 주요 이론을 정리로 소개한다. 증명에서 정리가 성립하는 이유를 논리적으로 설명한다.

■ 이 책의 구성

PART 01 상미분방정식

1 상미분방정식(1~5장)

1계, 2계, 고계 상미분방정식의 풀이와 그 활용을 살펴본다.

2 라플라스 변환(6장)

라플라스 연산자를 이용하여 상미분방정식의 해를 구한다.

PART 02 벡터와 선형대수

3 벡터와 벡터공간(7장)

벡터와 연산을 정의하고, 벡터와 그 연산이 정의된 집합인 벡터공간을 살펴본다.

4 행렬(8~9장)

빅데이터와 관계가 깊은 개념인 행렬을 이해하고 연립 선형방정식으로 적용하는 방법 등을 살펴본다.

5 벡터 미적분(10장)

벡터를 포함하는 함수의 극한, 연속, 미분, 적분과 그 활용을 살펴본다.

PART 03 푸리에 해석과 편미분방정식

6 푸리에 해석(11~12장)

푸리에 급수와 푸리에 적분, 푸리에 변환을 살펴본다.

7 편미분방정식(13장)

편미분방정식에서 중요하게 다루는 열전도방정식과 파동방정식, 라플라스 방정식의 풀이를 살펴본다.

PART 04 복소해석

8 복소함수(14~15장)

복소함수와 해석함수를 정의하고 복소함수를 적분하는 방법을 살펴본다.

9 급수와 유수(16장)

해석함수를 급수로 나타내고 유수정리를 살펴본다.

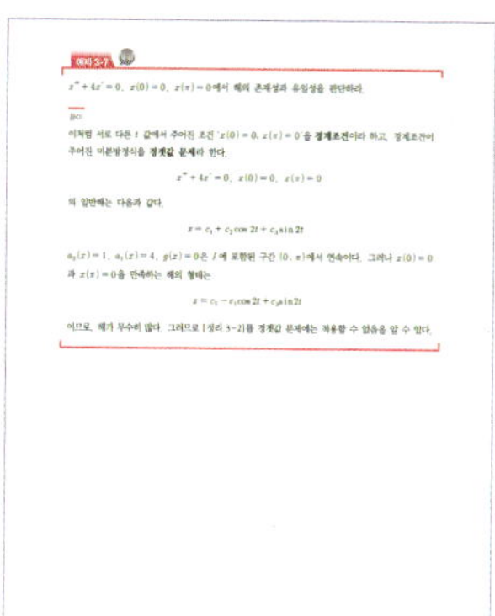

예제

본문 개념을 적용한 문제를 예제로 소개한다. 응용력을 키울 수 있는 예제는 응용으로 구분한다.

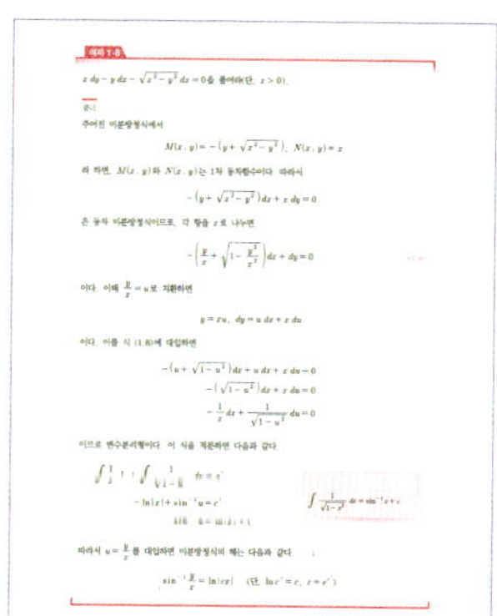

연계

해당 예제와 연습문제를 풀 때 연계되는 내용을 소개한다. 연계되는 내용은 본문뿐만 아니라 〈부록 A〉와 〈부록 B〉에서 찾아볼 수 있다.

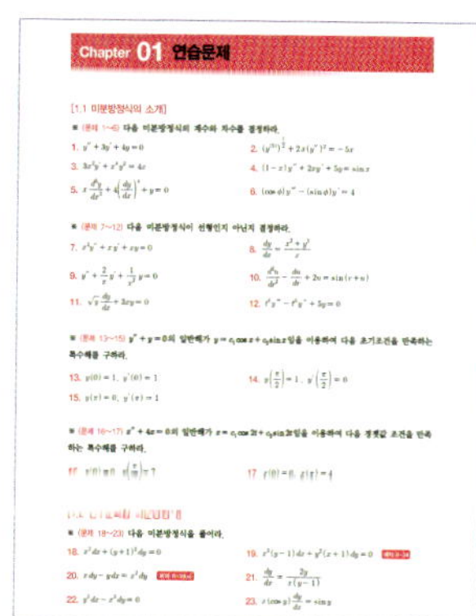

연습문제

해당 장이 끝날 때마다 본문에서 익힌 내용을 제대로 이해했는지 확인하는 문제를 소개한다. 문제를 풀 때 유용한 예제나 개념을 아이콘으로 제시한다.

감수자 머리말

공대생에게 수학은 학문이라기보다는 도구에 더 가깝지만, 학습 수준이 올라갈수록 더 깊이 있는 이해가 필요한 내용이기도 하다. 근 이십 년간 공학수학을 강의하며 어떤 책으로 가르치고 또 어떻게 강의해야 비슷한 문제를 반복적으로 푸는 고등학교 수학에서 벗어나 수학 자체의 매력을 전달할 수 있을지 고민해왔다. 동시에 공과대학 교수자가 수학에 대한 이해를 높일 수 있는, 적절한 공학수학 문헌의 필요성도 느꼈다.

『공학수학 에센스』는 대학교에서 2학년 공대생이 수강하는 '공학수학 1, 2', 그리고 약간 욕심을 낸다면 '공학수학 3'까지 최대 세 학기 강의에 사용할 수 있다. 또한, 여러 가지 연구를 수행하는 공과대학 교수자들이 옆에 두고 참고문헌 삼아 이용하기도 좋다. 이 책은 기본 정의와 각종 정리에 대한 증명을 따라가면서 수학의 전체 구조를 파악할 수 있도록 구성되어 있다. 여러 장이 유기적으로 연결되어 있으며, 특히 좋은 예제와 연습문제가 충분하게 많다.

1장부터 6장까지는 미분방정식의 해법에 관한 내용이다. 7장부터 10장까지는 행렬과 벡터, 벡터 미적분학에 관한 내용이다. 마지막으로 11장부터 16장까지는 푸리에 급수와 편미분방정식, 그리고 복소적분에 관한 내용으로 마무리된다. 공과대학에 진학하는 학생들은 수학과 관련한 배경지식이 각자 다르므로 특히 7장에서 9장까지 다루는 행렬과 벡터가 제일 중요할 수도 있다. 이 책을 교재로 택하는 교수자들은 공과대학 1학년 과정에 '일반수학(미분적분학)'이 있음을 고려하여 '공학수학 1'에 행렬과 벡터 미적분학을 배치해도 좋다.

마지막으로 공학수학 강의를 오래 한 경험을 귀히 여겨 『공학수학 에센스』의 감수라는 중요한 역할을 맡겨준 한빛아카데미㈜와, 여러 가지 의견을 반영해 주신 저자 마인숙 교수님께 깊은 감사를 드린다.

박재균

목차

목차

Chapter 08 행렬과 연립 선형방정식

Chapter 09 행렬의 활용

Chapter 10 벡터 미적분

PART 03 푸리에 해석과 편미분방정식

Chapter 11 푸리에 급수

Chapter 12 푸리에 적분과 푸리에 변환

Chapter 13 편미분방정식

PART 04 복소해석

Chapter 14 복소함수

Chapter 15 복소적분법

Chapter 16 급수와 유수

목차

Appendix A 미분법 기초

Appendix B 적분법 기초

PART 01

상미분방정식

Ordinary Differential Equation

||| 목차 |||

PART 01에서는 무엇을 배울까?

PART 01에서는 상미분방정식에 대해 배운다.

Chapter 01

1계 미분방정식의 해를 구하는 방법을 유형별로 나누어 살펴본다.

Chapter 02

공학, 생물학, 물리학과 관련한 다양한 문제를 수학적인 모형, 즉 1계 미분방정식으로 표현하고 1장에서 배운 풀이 방법을 이용하여 문제를 해결한다.

Chapter 03

2계 미분방정식의 해를 구하는 방법을 살펴본다.

Chapter 04

2계 선형 미분방정식으로 표현되는 공학적인 현상을 다룬다.

Chapter 05

고계 미분방정식의 해를 구하는 방법을 살펴본다.

Chapter 06

라플라스 변환을 이용하여 미분방정식의 해를 구하는 방법을 살펴본다.

Chapter 01

1계 미분방정식

Differential Equation of 1st order

||| 목차 |||

||| 학습목표 |||

- 미분방정식의 정의를 이해하고, 미분방정식을 분류할 수 있다.
- 변수분리형으로 변환할 수 있는 미분방정식의 해를 구한다.
- 완전 미분방정식의 해를 구한다.
- 선형 미분방정식의 해를 구한다.

Section 1.1 미분방정식의 소개

방정식은 미지수 또는 미지함수를 포함한 등식이다. 이와 비슷하게 미분방정식differential equation은 미지수 또는 미지함수와 그 도함수를 포함하는 방정식이다.

이번 절에서는 미분방정식을 분류하고 미분방정식에 관한 기본 정의와 용어를 살펴본다.

미분방정식의 분류

미분방정식은 형태, 계수, 선형성이라는 세 가지 기준에 따라 여러 형태로 분류할 수 있다.

■ 형태에 따른 분류

독립변수가 1개인 미분, 즉 상미분만을 미지수로 포함하는 미분방정식을 **상미분방정식**(ODE)ordinary differential equation이라 한다. 다음에 소개하는 미분방정식은 모두 상미분방정식이다. 독립변수와 종속변수를 확인해보자.

$$x\frac{dy}{dx}+y=x$$ ➜ 독립변수 : x 종속변수 : y

$$(1+x^3)y'+1+y^2=0$$ ➜ 독립변수 : x 종속변수 : y

$$\frac{dw}{d\lambda}+\lambda w\left[1-\left(\frac{dw}{d\lambda}\right)^2\right]=0$$ ➜ 독립변수 : λ 종속변수 : w

$$\frac{dx}{dt}=2$$ ➜ 독립변수 : t 종속변수 : x

독립변수가 2개 이상인 미분, 즉 편미분을 미지수로 포함하는 미분방정식을 **편미분방정식**(PDE)partial differential equation이라 한다. 다음에 소개하는 미분방정식은 모두 편미분방정식이다. 독립변수와 종속변수를 확인해보자.

$$z_x(1+z_y)-2z_{xy}z_xz_y+z_y(1+z_x^2)=0$$ ➜ 독립변수 : x, y 종속변수 : z

$$\frac{\partial u}{\partial t}-\frac{\partial^2 u}{\partial x^2}-\frac{\partial^2 u}{\partial y^2}-\frac{\partial^2 u}{\partial z^2}=0$$ ➜ 독립변수 : t, x, y, z 종속변수 : u

상미분방정식은 1장~6장에 걸쳐 다루고, 편미분방정식은 13장에서 다룬다. 이제부터는 상미분방정식을 살펴보자.

■ 계수에 의한 분류

미분방정식에 포함된 도함수의 미분 횟수를 도함수의 **계수**order라 하고, 미분방정식의 항의 계수 중 가장 큰 값을 미분방정식의 계수로 정한다. 이때 미분방정식에서 계수가 가장 큰 항의 차수(도함수를 곱한 횟수)를 미분방정식의 **차수**degree라 한다. 다음 예에서 미분방정식의 계수와 차수를 확인해보자.

$y' = -\frac{\sqrt{1-y^2}}{y}$ ➜ 1계 1차 미분방정식

$y^2(1+y'^2) = 1$ ➜ 1계 2차 미분방정식

$3(y'')^3 + 2(y')^2 + y = 0$ ➜ 2계 3차 미분방정식

■ 선형성에 의한 분류

일반적으로 n계 상미분방정식은 음함수 형태로 다음과 같이 나타낸다.

$$F(x, y, y', \cdots, y^{(n)}) = 0 \tag{1.1}$$

만일 종속변수 y와 그 도함수 y', $\cdots$, $y^{(n)}$의 차수가 모두 1이면 식 (1.1)을 **선형 미분방정식**linear differential equation이라 한다.

n계 선형 미분방정식은 다음과 같이 음함수 형태로 나타낼 수 있다.

$$a_n(x)y^{(n)} + a_{n-1}(x)y^{(n-1)} + \cdots + a_1(x)y' + a_0(x)y = f(x) \tag{1.2}$$

만일 종속변수 y와 $y', \cdots, y^{(n)}$ 중 1차가 아닌 식이 있으면 식 (1.1)을 **비선형**nonlinear **미분방정식**이라 한다. 다음에 소개하는 미분방정식 중 선형과 비선형을 구분하고 그 이유를 확인해보자.

$x\frac{dy}{dx} + y = x^2$ ➜ 1계 선형 미분방정식

$y'' + \frac{1}{x}y' - 6y = 0$ ➜ 2계 선형 미분방정식

$x^2y^{(3)} + 4y' = 2x^3$ ➜ 3계 선형 미분방정식

$x^2(y')^2 + y' + y = \cos x$ ➜ 1계 비선형 미분방정식

$xyy'' + 2y = \ln x$ ➜ 2계 비선형 미분방정식

$y^{(3)} + \cos y = x$ ➜ 3계 비선형 미분방정식

미분방정식의 해

식 (1.1)과 같은 n계 상미분방정식은 $y = f(x)$ 형태의 해를 가진다. 이 해 $y = f(x)$는 어떤 구간 I에서 정의되며, 다음 조건을 만족한다.

❶ $y=f(x)$의 각 1계~n계 도함수가 구간 I에서 존재하고 연속이다.

❷ $y=f(x)$는 식 (1.1)을 만족한다.

n계 미분방정식에서 n번 적분하여 얻은 해는 임의의 상수 n개를 포함하며, 다음과 같은 형태이다.

$$G(x,\ y,\ c_1,\ c_2,\ \cdots,\ c_n)=0$$

이 해를 **일반해**general solution라 한다. 일반해는 곡선족famliy of curves이 되는데, 곡선족에서 각각의 곡선을 나타내는 방정식을 **특수해**particular solution라 한다. 일반해 중 c_1, c_2, $\cdots$, c_n에 대한 조건을 대입하여 구한 각 해가 특수해이다. 예를 들어 $y'=x^3$의 일반해는 $y=\frac{1}{4}x^4+c$(단, c는 임의의 상수)이고, 이 중 한 가지 특수해로 $y=\frac{1}{4}x^4$이 있다.

이때 조건이 주어지는 방법에 따라 다음과 같이 n계 미분방정식을 구분한다. 첫 번째로 x 값이 1개이고 조건이 n개 주어진 미분방정식, 즉 $x=x_0$일 때 $y=y_0$, $y'=y_1$, $\cdots$, $y^{(n-1)}=y_{n-1}$을 만족하는 미분방정식을 **초깃값 문제**라 한다. 두 번째로 x 값이 2개 이상이고 조건이 n개 주어진 미분방정식을 **경곗값 문제**라 한다. 다음 예를 통해 초깃값 문제와 경곗값 문제의 차이점을 확인해보자.

$$y''+2y=0,\ \underbrace{y(0)=0,\ y'(0)=1}_{\text{초기조건}}$$ ➜ 초깃값 문제

$$y''+2y=0,\ \underbrace{y(0)=0,\ y(1)=1}_{\text{경계조건}}$$ ➜ 경곗값 문제

미분방정식의 해 중 일반해에 속하지 않는 해를 **특이해**singular solution라 한다. 예를 들어 $(y')^2=4y$의 일반해는 $y=(x+c)^2$(단, c는 임의의 상수)인데, 한편 일반해가 아닌 **자명한 해**trivial solution $y=0$도 이 방정식의 해가 된다. 일반해의 c에 어떠한 값을 대입해도 $y=0$이 되지 않으므로, $y=0$은 특이해이다.

해가 양함수 $y=f(x)$ 형태이면 **양함수 해**explicit solution라 하고, 음함수 $f(x,y)=0$ 형태이면 **음함수 해**implicit solution라 한다. 예를 들어, $y'-y=0$의 일반해 $y=ce^x$(단, c는 임의의 상수)은 양함수 해이고, $y'=\frac{x}{y}$의 특수해 $x^2-y^2=0$은 음함수 해이다.

Section

1.2 변수분리형 미분방정식

이번 절에서는 독립변수와 종속변수를 분리하여 곱으로 나타낼 수 있는 미분방정식의 풀이법을 살펴본다.

변수분리형 미분방정식

다음과 같은 형태의 방정식을 1계 미분방정식이라 한다.

$$F(x,\ y,\ y')=0 \quad \text{또는} \quad y'=f(x,\ y)$$

1계 미분방정식 중 x와 y에 대한 함수로 분리할 수 있는 미분방정식을 **변수분리형**이라 한다.

정리 1-1 변수분리형 미분방정식

1계 변수분리형 미분방정식은 다음과 같이 나타낼 수 있다.

$$\frac{dy}{dx}=f(x,\ y)=g(x)h(y) \tag{1.3}$$

식 (1.3)을 정리하여 dx 앞에 x만의 함수가, dy 앞에 y만의 함수가 오게 하면

$$\frac{1}{h(y)}dy=g(x)dx \tag{1.4}$$

로 나타낼 수 있다. 식 (1.4)의 양변을 적분하면

$$\int\frac{1}{h(y)}dy=\int g(x)dx+c \quad (\text{단, } c\text{는 적분상수})$$

이다. 이 식의 적분 결과가 미분방정식의 일반해이다.

예제 1-1

$\frac{1}{2}x\,dx+\frac{1}{2}y\,dy=0$을 풀어라.

풀이

먼저 주어진 미분방정식의 형태를 살펴보자.

$$\underbrace{\frac{1}{2}x\,dx}_{x\text{만의 함수}} = \underbrace{-\frac{1}{2}y\,dy}_{y\text{만의 함수}}$$

식 (1.4) 형태로 나타낼 수 있으므로 변수분리형이다. 이 식을 적분하면 다음과 같다.

$$\int \frac{1}{2}x\,dx + \int \frac{1}{2}y\,dy = c$$

$$x^2 + y^2 = c$$

따라서 미분방정식의 해는 음함수 해 $x^2 + y^2 = c$이다.

예제 1-2

$xy\,dx + (1+x^2)\,dy = 0$을 풀어라.

풀이

먼저 주어진 미분방정식의 형태를 살펴보자.

$$\underbrace{x}_{x\text{만의 함수}}\ \underbrace{y}_{y\text{만의 함수}}\,dx + \underbrace{(1+x^2)}_{x\text{만의 함수}}\,dy = 0$$

식 (1.4) 형태로 나타낼 수 있으므로 변수분리형이다. dx 앞에 x만의 함수가, dy 앞에 y만의 함수가 오게 하면

$$\frac{x}{1+x^2}\,dx + \frac{1}{y}\,dy = 0$$

이다. 이 식을 적분하면 다음과 같다.

$$\int \frac{x}{1+x^2}\,dx + \int \frac{1}{y}\,dy = c'$$

$$\frac{1}{2}\ln(1+x^2) + \ln|y| = c'$$

$$\ln(1+x^2)y^2 = 2c'$$

$$(1+x^2)y^2 = c \qquad (\text{단, } c = e^{2c'})$$

> 연계 [예제 B-16]
> $$\int \frac{x}{1+x^2}\,dx = \frac{1}{2}\ln(1+x^2) + c$$

따라서 미분방정식의 해는 음함수 $(1+x^2)y^2 = c$이다.

예제 1-3

초깃값 문제 $\dfrac{dy}{dx} = -\dfrac{x}{y}$, $y(3) = 4$를 풀어라.

풀이

먼저 주어진 미분방정식의 형태를 살펴보자.

$$\frac{dy}{dx} = -\frac{x}{y} = \underbrace{-x}_{x\text{만의 함수}} \cdot \underbrace{\frac{1}{y}}_{y\text{만의 함수}}$$

식 (1.4) 형태로 나타낼 수 있으므로 변수분리형이다. dx 앞에 x만의 함수가, dy 앞에 y만의 함수가 오게 하면

$$y\,dy + x\,dx = 0$$

이다. 이 식을 적분하면 다음과 같다.

$$\int y\,dy + \int x\,dx = c'$$

$$\frac{1}{2}y^2 + \frac{1}{2}x^2 = c'$$

$$x^2 + y^2 = c^2 \qquad (\text{단, } c^2 = 2c')$$

일반해는 원점을 중심으로 하는 동심원이다. $x = 3$, $y = 4$이면 $c^2 = 25$이므로, 초기조건을 만족하는 특수해는 음함수 해 $x^2 + y^2 = 25$이다.

예제 1-4

$\dfrac{dy}{dx} - y^2 = -9$를 풀어라.

풀이

주어진 미분방정식을 정리하면 다음과 같다.

$$\frac{1}{y^2 - 9}\,dy = dx \tag{1.5}$$

❶ $y^2 - 9 \neq 0$인 경우

식 (1.5)를 적분하면 다음과 같다.

$$\int \frac{dy}{y^2-9} = \int dx$$

$$\frac{1}{6}\ln\left|\frac{y-3}{y+3}\right| = x + c'$$

$$\left|\frac{y-3}{y+3}\right| = e^{6x+6c'}$$

$$\frac{y-3}{y+3} = \pm e^{6c'}e^{6x} = ce^{6x} \quad (\text{단, } c = \pm e^{6c'})$$

연계 [예제 B-37]

$$\int \frac{dy}{y^2-9} = \frac{1}{6}\ln\left|\frac{y-3}{y+3}\right| + c$$

이를 y에 대해 정리하면

$$y-3 = ce^{6x}(y+3)$$

$$(1-ce^{6x})y = 3(1+ce^{6x})$$

이므로, 일반해는 $y = 3 \cdot \dfrac{1+ce^{6x}}{1-ce^{6x}}$ (단, c는 0이 아닌 모든 실수)이다.

❷ $y^2-9=0$인 경우

$y=\pm 3$이면 $dy=0$이므로 미분방정식의 해는 $y=\pm 3$이다. $y=3$은 특이해이다. 그러나 일반해를 $y=3\cdot\dfrac{1+ce^{6x}}{1-ce^{6x}}$ (단, c는 임의의 상수)로 두면 $y=3$은 $c=0$일 때의 해이므로 특수해로 볼 수 있다. 그리고 $y=-3$은 일반해에 속하지 않으므로 특이해이다.

예제 1-5 응용

어느 박테리아는 임의의 시간 t에서의 박테리아 개체수에 비례하여 증가한다고 한다. 초기에 100마리인 박테리아가 1시간 후에 300마리로 증가했다고 하자. 10시간 후 이 박테리아 개체수를 구하라.

풀이

시간 t에서의 박테리아 개체수를 $P(t)$라 하면 다음과 같은 미분방정식으로 나타낼 수 있다.

$$\frac{dP}{dt} = kP,\ P(0) = 100,\ P(1) = 300 \quad (\text{단, } k\text{는 0이 아닌 실수})$$

변수를 분리하면

$$\frac{dP}{P} = k\,dt$$

이다. 이 식을 적분하면 다음과 같다.

$$\int \frac{dP}{P} = \int k\,dt + c' \;;\; \ln|P| = kt + c' \;;\; |P| = e^{kt+c'}$$

$$P = \pm e^{c'} e^{kt} = ce^{kt} \qquad (\text{단, } c = \pm e^{c'})$$

이때 주어진 값을 대입하면

$$P(0) = 100 \;\Rightarrow\; 100 = c$$

$$P(1) = 300 \;\Rightarrow\; 300 = ce^{k} = 100e^{k} \;;\; e^{k} = 3 \;;\; k = \ln 3$$

이므로 $P = 100e^{(\ln 3)t}$ 이다. 따라서 $t = 10$일 때

$$P = 100e^{10\ln 3} = 3^{10} \times 100$$

이므로, 10시간 후 박테리아 개체수는 $3^{10} \times 100$마리이다.

예제 1-6 응용

방사성 동위원소의 감소율은 임의의 시간 t에서 남은 원소의 질량에 비례한다고 한다. 초기에 어느 방사성 동위원소의 질량이 1000 mg 이고 그 양이 5시간마다 10 % 씩 감소한다고 할 때, 10시간 후 이 방사능 동위원소의 질량을 구하라.

풀이

시간 t에서의 방사성 동위원소 질량을 $A(t)$라 하면 다음과 같은 미분방정식으로 나타낼 수 있다.

$$\frac{dA}{dt} = kA,\; A(0) = 1000,\; A(5) = 1000 \times \frac{90}{100} = 900 \quad (\text{단, } k\text{는 0이 아닌 실수})$$

[예제 1-5]의 풀이를 참고하면 $A = ce^{kt}$이고 주어진 값을 대입하면

$$A(0) = 1000 \;\Rightarrow\; 1000 = c$$

$$A(5) = 900 \;\Rightarrow\; 900 = 1000e^{5k} \;;\; e^{5k} = 0.9 \;;\; 5k = \ln 0.9 \;;\; k = \frac{1}{5}\ln 0.9$$

이므로 $A = 1000e^{\left(\frac{1}{5}\ln 0.9\right)t}$ 이다. 따라서 $t = 10$일 때

$$A = 1000e^{\left(\frac{1}{5}\ln 0.9\right)10} = 1000e^{2\ln 0.9} = 1000 \times 0.9^2 = 810$$

이므로, 10시간 후 남아 있는 방사성 동위원소의 질량은 810 mg 이다.

변수분리형으로 변환할 수 있는 미분방정식

자체로는 변수분리형이 아니지만, 식을 적당히 변환하면 변수분리형으로 풀 수 있는 미분방정식이 있다. 이러한 유형을 두 가지 소개한다.

■ 동차 미분방정식

함수 $f(x, y)$의 각 항이 x, y에 대해 n차인 경우 $f(x, y)$를 **n차 동차함수**라 한다. 즉 다음 관계식을 만족하는 $f(x, y)$는 n차 동차함수이다.

$$f(tx, ty) = t^n f(x, y)$$

예를 들어, $f_1(x, y) = x^2y + y^3$은 3차 동차함수, $f_2(x, y) = 2 \cdot \dfrac{x^3}{y} + x^2 + 3xy$는 2차 동차함수이다. 그리고 $f_3(x, y) = e^{\frac{y}{x}} + \sin\dfrac{y}{x}$는 0차 동차함수이다. 그 이유는 각자 확인해보자. 식 (1.6)과 같은 1계 미분방정식에서 $M(x, y)$와 $N(x, y)$가 n차 동차함수일 때, 이 미분방정식을 **동차 미분방정식**이라 한다.

$$M(x, y)\,dx + N(x, y)\,dy = 0 \tag{1.6}$$

이러한 동차 미분방정식은 식 (1.6)을 x^n이나 y^n으로 나누어 다음과 같이 변형할 수 있다.

$$\frac{dy}{dx} = f\left(\frac{y}{x}\right) \quad \text{또는} \quad \frac{dy}{dx} = g\left(\frac{x}{y}\right)$$

동차 미분방정식은 다음과 같이 두 가지 방법으로 해를 구할 수 있다.

❶ 식 (1.6)의 각 항을 x^n으로 나누면

$$M(x, y) = x^n M\left(1, \frac{y}{x}\right),$$
$$N(x, y) = x^n N\left(1, \frac{y}{x}\right)$$

이다. 이때 $\dfrac{y}{x} = u$로 치환하면

$$y = xu, \quad dy = u\,dx + x\,du$$

이다. 이를 식 (1.6)에 대입하면

$$
\begin{aligned}
M(x,\, y)dx + N(x,\, y)dy &= 0 \\
x^n M\left(1,\, \frac{y}{x}\right)dx + x^n N\left(1,\, \frac{y}{x}\right)dy &= 0 \\
x^n M(1,\, u)dx + x^n N(1,\, u)(u\,dx + x\,du) &= 0
\end{aligned}
$$

이다. 이 식을 x^n으로 나누면

$$[M(1,\, u) + u\,N(1,\, u)]\,dx + x\,N(1,\, u)\,du = 0$$

이므로 변수분리형이다. 다음과 같이 x와 u에 대해 정리하고, 이를 적분하여 해를 구한다.

$$\frac{1}{x}\,dx + \frac{N(1,\, u)}{M(1,\, u) + u\,N(1,\, u)}\,du = 0$$

❷ 식 (1.6)의 각 항을 y^n으로 나누면

$$
\begin{aligned}
M(x,\, y) &= y^n M\left(\frac{x}{y},\, 1\right), \\
N(x,\, y) &= y^n N\left(\frac{x}{y},\, 1\right)
\end{aligned}
$$

이다. 이때 $\dfrac{x}{y} = v$로 치환하면

$$x = yv \ ; \ dx = v\,dy + y\,dv$$

이다. 이를 식 (1.6)에 대입하면

$$y^n M(v,\, 1)(v\,dy + y\,dv) + y^n N(v,\, 1)\,dy = 0$$

이다. 이 식을 y^n으로 나누면

$$
\begin{aligned}
M(v,\, 1)(v\,dy + y\,dv) + N(v,\, 1)\,dy &= 0 \\
[v\,M(v,\, 1) + N(v,\, 1)]\,dy + y\,M(v,\, 1)\,dv &= 0
\end{aligned}
$$

이므로 변수분리형이다. 따라서 y, v에 대해 정리하고, 이를 적분하여 해를 구한다.

동차방정식에 위의 두 가지 방법 중 어느 것을 사용할 수 있나. 한 가지 방법을 사용하여 해를 구할 때 적분이 복잡하거나 불가능할 경우 다른 방법으로 해를 구할 수 있다.

예제 1-7

$(y-x)dx+(y+x)dy=0$을 풀어라.

풀이

주어진 미분방정식에서

$$M(x,\ y)=y-x,\quad N(x,\ y)=y+x$$

라 하면, $M(x,\ y)$와 $N(x,\ y)$는 1차 동차함수이다. 각 항을 x로 나누면

$$\left(\frac{y}{x}-1\right)dx+\left(\frac{y}{x}+1\right)dy=0 \tag{1.7}$$

이다. 이때 $\frac{y}{x}=u$로 치환하면

$$y=xu,\quad dy=u\,dx+x\,du$$

이다. 이를 식 (1.7)에 대입하면

$$(u-1)dx+(u+1)(u\,dx+x\,du)=0$$
$$(u^2+2u-1)dx+x(u+1)du=0$$

이므로 변수분리형이다. x와 u에 대해 정리하면

$$\frac{1}{x}\,dx+\frac{u+1}{u^2+2u-1}\,du=0$$

이다. 이 식을 적분하면 다음과 같다.

$$\int\frac{1}{x}\,dx+\int\frac{u+1}{u^2+2u-1}\,du=c'$$
$$\ln|x|+\frac{1}{2}\ln|u^2+2u-1|=c'$$
$$\ln|x^2(u^2+2u-1)|=2c'$$
$$x^2(u^2+2u-1)=\pm e^{2c'}$$

$u=\frac{y}{x}$를 대입하면 미분방정식의 해는 다음과 같다.

$$x^2\left(\frac{y^2}{x^2}+2\frac{y}{x}-1\right)=\pm e^{2c'}$$
$$y^2+2xy-x^2=c \qquad (\text{단, } \pm e^{2c'}=c)$$

예제 1-8

$x\,dy - y\,dx - \sqrt{x^2 - y^2}\,dx = 0$을 풀어라(단, $x > 0$).

풀이

주어진 미분방정식에서

$$M(x, y) = -\left(y + \sqrt{x^2 - y^2}\right), \quad N(x, y) = x$$

라 하면, $M(x, y)$와 $N(x, y)$는 1차 동차함수이다. 따라서

$$-\left(y + \sqrt{x^2 - y^2}\right)dx + x\,dy = 0$$

은 동차 미분방정식이므로, 각 항을 x로 나누면

$$-\left(\frac{y}{x} + \sqrt{1 - \frac{y^2}{x^2}}\right)dx + dy = 0 \tag{1.8}$$

이다. 이때 $\frac{y}{x} = u$로 치환하면

$$y = xu, \quad dy = u\,dx + x\,du$$

이다. 이를 식 (1.8)에 대입하면

$$\begin{aligned} -\left(u + \sqrt{1 - u^2}\right)dx + u\,dx + x\,du &= 0 \\ -\left(\sqrt{1 - u^2}\right)dx + x\,du &= 0 \\ -\frac{1}{x}dx + \frac{1}{\sqrt{1 - u^2}}du &= 0 \end{aligned}$$

이므로 변수분리형이다. 이 식을 적분하면 다음과 같다.

$$\begin{aligned} -\int \frac{1}{x}\,dx + \int \frac{1}{\sqrt{1 - u^2}}\,du &= c' \\ -\ln|x| + \sin^{-1}u &= c' \\ \sin^{-1}u &= \ln|x| + c' \end{aligned}$$

> 연계 [정리 B-9]
> $$\int \frac{1}{\sqrt{1 - x^2}}\,dx = \sin^{-1}x + c$$

따라서 $u = \frac{y}{x}$를 대입하면 미분방정식의 해는 다음과 같다.

$$\sin^{-1}\frac{y}{x} = \ln|cx| \quad (\text{단, } \ln c' = c, \ c = e^{c'})$$

■ $\dfrac{dy}{dx} = f(Ax + By + C)$의 형태

$f(Ax+By+C)$는 f가 $Ax+By+C$에 대한 함수임을 의미한다. 예를 들면,

$$f(x+y) = \frac{x+y}{3x+3y-4}$$
$$g(y-4x) = (y-4x)^2$$
$$h(x+y) = \tan^2(x+y)$$

가 이에 해당한다. 다음과 같은 미분방정식을 살펴보자.

$$\frac{dy}{dx} = f(Ax+By+C) \tag{1.9}$$

먼저 $Ax+By+C=u$로 치환한 후 x에 대해 미분하면 다음과 같다.

$$A + B\frac{dy}{dx} = \frac{du}{dx}$$
$$B\frac{dy}{dx} = \frac{du}{dx} - A$$
$$\frac{dy}{dx} = \frac{1}{B}\frac{du}{dx} - \frac{A}{B}$$

이를 식 (1.9)에 대입하면

$$\frac{1}{B}\frac{du}{dx} - \frac{A}{B} = f(u)$$
$$\frac{du}{dx} - A = Bf(u)$$
$$\frac{du}{dx} = Bf(u) + A$$

이므로 변수분리형이다.

예제 1-9

$\dfrac{dy}{dx} = \dfrac{x+y}{3x+3y-4}$ 를 풀어라.

풀이

주어진 미분방정식은

$$\frac{dy}{dx} = \frac{x+y}{3(x+y)-4}$$

로 나타낼 수 있으므로 $x+y$에 대한 분수함수임을 의미한다. 따라서 $x+y=u$로 치환하고 x에 대해 미분하면

$$1+\frac{dy}{dx} = \frac{du}{dx}$$

$$\frac{dy}{dx} = \frac{du}{dx} - 1$$

이다. 이를 주어진 미분방정식에 대입하면

$$\frac{du}{dx} - 1 = \frac{u}{3u-4}$$

$$\frac{du}{dx} = \frac{u}{3u-4} + 1 = \frac{4u-4}{3u-4}$$

이므로 변수분리형이다. x와 u에 대해 정리하면

$$\frac{3u-4}{4u-4}du = dx$$

이다. 이 식을 적분하면 다음과 같다.

$$\int \frac{3u-4}{4u-4}du = \int dx$$

$$3u - \ln|u-1| = 4x + 4c'$$

$$\ln|u-1| = 3u - 4x - 4c'$$

$$u - 1 = ce^{3u-4x} \qquad (\text{단, } c = \pm e^{-4c'})$$

연계 [예제 B-22]

$\dfrac{3u-4}{4u-4} = \dfrac{3}{4} - \dfrac{1}{4u-4}$ 이므로

$$\int \left(3 - \frac{1}{u-1}\right)du = 4\int dx$$

$$3u - \ln|u-1| = 4x + 4c'$$

따라서 $u = x+y$를 대입하면 미분방정식의 해는 다음과 같다.

$$x + y = ce^{3y-x} + 1$$

예제 1-10

$\dfrac{dy}{dx}=(y-4x)^2$을 풀어라.

풀이

주어진 미분방정식은 $\dfrac{dy}{dx}$가 $y-4x$에 대한 2차 함수임을 의미한다. 따라서 $y-4x=u$로 치환하고, x에 대해 미분하면 다음과 같다.

$$\frac{dy}{dx}-4=\frac{du}{dx}\ ;\ \frac{dy}{dx}=\frac{du}{dx}+4$$

이를 주어진 미분방정식에 대입하면

$$\frac{du}{dx}+4=u^2\ ;\ \frac{du}{dx}=u^2-4$$

이므로 변수분리형이다. x와 u에 대해 정리하면

$$\frac{du}{u^2-4}=dx$$

이다. 이 식을 적분하면 다음과 같다.

$$\int\frac{1}{u^2-4}du=\int dx$$

$$\frac{1}{4}\ln\left|\frac{u-2}{u+2}\right|=x+c'$$

$$\ln\left|\frac{u-2}{u+2}\right|=4x+4c'$$

$$\frac{u-2}{u+2}=ce^{4x}\qquad (\text{단, } c=\pm e^{4c'})$$

$$u-2=ce^{4x}(u+2)$$

$$(1-ce^{4x})u=2(1+ce^{4x})$$

$$u=\frac{2(1+ce^{4x})}{1-ce^{4x}}$$

연계 [예제 B-37]

$\dfrac{1}{u^2-4}=\dfrac{1}{4}\left(\dfrac{1}{u-2}-\dfrac{1}{u+2}\right)$이므로

$$\frac{1}{4}\int\left(\frac{1}{u-2}-\frac{1}{u+2}\right)du=\int dx$$

$$\frac{1}{4}(\ln|u-2|-\ln|u+2|)=x+c'$$

$$\frac{1}{4}\ln\left|\frac{u-2}{u+2}\right|=x+c'$$

따라서 $y-4x=u$를 대입하면 미분방정식의 해는 다음과 같다.

$$y=4x+2\cdot\frac{1+ce^{4x}}{1-ce^{4x}}$$

예제 1-11 응용

$-\tan^2(x+y)\,dx+dy=0$을 풀어라.

풀이

주어진 미분방정식은

$$\frac{dy}{dx}=\tan^2(x+y)$$

로 나타낼 수 있으므로 $x+y$에 대한 탄젠트함수임을 의미한다. 따라서 $x+y=u$로 치환하고, x에 대해 미분하면 다음과 같다.

$$1+\frac{dy}{dx}=\frac{du}{dx}\ ;\ \frac{dy}{dx}=\frac{du}{dx}-1$$

이를 주어진 미분방정식에 대입하면

$$\frac{du}{dx}-1=\tan^2 u\ ;\ \frac{du}{dx}=1+\tan^2 u$$

이므로 변수분리형이다. x와 u에 대해 정리하면

$$\frac{du}{1+\tan^2 u}=dx$$

이다. 이 식을 적분하면 좌변은

$$\int\frac{du}{1+\tan^2 u}=\int\frac{du}{\sec^2 u}=\int\cos^2 u\,du$$

> **연계 [수학 기초]**
> - $1+\tan^2\theta=\sec^2\theta$
> - $\cos^2 x=\dfrac{1+\cos 2x}{2}$

이고, 우변은 $\int dx=x+c'$이므로 이를 정리하면 다음과 같다.

$$\frac{1}{2}\int(1+\cos 2u)du=x+c'$$

$$\int(1+\cos 2u)du=2x+2c'$$

$$u+\frac{1}{2}\sin 2u=2x+c_1\quad(\text{단, } c_1=2c')$$

따라서 $u=x+y$를 대입하면 미분방정식의 해는 다음과 같다.

$$x+y+\frac{1}{2}\sin(2x+2y)=2x+c_1$$

$$\sin(2x+2y)=2x-2y+c\quad(\text{단, } c=2c_1)$$

Section 1.3 완전 미분방정식

이번에는 어떤 함수의 전미분 형태인 미분방정식의 풀이 방법을 살펴보자.

완전 미분방정식의 해

$z = f(x, y)$가 연속인 편도함수를 가질 때, z의 전미분(또는 미분)은 다음과 같다.

$$dz = \frac{\partial f}{\partial x} dx + \frac{\partial f}{\partial y} dy$$

미분방정식

$$M(x, y)\,dx + N(x, y)\,dy = 0 \tag{1.10}$$

에서 좌변이 어떤 함수의 전미분과 같을 때, 즉

$$d\phi(x, y) = \frac{\partial \phi}{\partial x} dx + \frac{\partial \phi}{\partial y} dy = M(x, y)\,dx + N(x, y)\,dy$$

인 $\phi(x, y)$가 존재할 때, 식 (1.10)을 **완전 미분방정식**이라 한다. 이때 이 미분방정식의 일반해는 $\phi(x, y) = c$이다. 예를 들어, $x\,dy + y\,dx = 0$은 $d(xy) = x\,dy + y\,dx$이므로 $d(xy) = 0$이다. 따라서 양변을 적분하면 $xy = c$가 일반해임을 알 수 있다.

정리 1-2 완전 미분방정식의 판단조건

$M(x, y)$와 $N(x, y)$가 연속함수이고 xy평면의 어떤 영역 R에서 연속인 1계 편도함수를 가진다고 하자.

$$M(x, y)\,dx + N(x, y)\,dy = 0 \tag{1.11}$$

이때 식 (1.11)이 완전 미분방정식일 필요충분조건은 다음과 같다.

$$\frac{\partial M}{\partial y} = \frac{\partial N}{\partial x}$$

증명

먼저 식 (1.11)이 완전 미분방정식이라 하자. 그러면

$$\frac{\partial \phi}{\partial x} = M, \quad \frac{\partial \phi}{\partial y} = N \tag{1.12}$$

을 만족하는 함수 $\phi(x, y)$가 존재한다. 그러면

$$\frac{\partial}{\partial y} \cdot \frac{\partial \phi}{\partial x} = \frac{\partial}{\partial y} M \quad \Rightarrow \quad \frac{\partial^2 \phi}{\partial y \partial x} = \frac{\partial M}{\partial y}$$

$$\frac{\partial}{\partial x} \cdot \frac{\partial \phi}{\partial y} = \frac{\partial}{\partial x} N \quad \Rightarrow \quad \frac{\partial^2 \phi}{\partial x \partial y} = \frac{\partial N}{\partial x}$$

이다. ϕ, $\dfrac{\partial \phi}{\partial x}$, $\dfrac{\partial \phi}{\partial y}$가 연속이므로 클레로 정리([정리 A-15] 참고)에 의해

$$\frac{\partial^2 \phi}{\partial y \partial x} = \frac{\partial^2 \phi}{\partial x \partial y}$$

이다. 따라서 $\dfrac{\partial M}{\partial y} = \dfrac{\partial N}{\partial x}$이 성립한다.

역으로, $\dfrac{\partial M}{\partial y} = \dfrac{\partial N}{\partial x}$이 성립한다고 하자. 이 식을 x에 대해 적분하여

$$\phi(x, y) = \int M(x, y)\, dx + g(y)$$

로 놓고, $\dfrac{\partial \phi}{\partial y} = N$을 만족하는 $g(y)$를 결정하자. ϕ를 y에 대해 편미분하면

$$\begin{aligned} N(x, y) &= \frac{\partial \phi}{\partial y} = \frac{\partial}{\partial y}\left(\int M(x, y)\, dx + g(y)\right) \\ &= \frac{\partial}{\partial y}\left(\int M(x, y)\, dx\right) + g'(y) \end{aligned}$$

이다. 그러므로

$$g'(y) = N(x, y) - \frac{\partial}{\partial y}\int M(x, y)\, dx$$

를 얻는다. 이제 $g'(y)$가 y만의 함수임을 보이기 위해 x에 대해 편미분하면

$$\begin{aligned} \frac{\partial}{\partial x} g'(y) &= \frac{\partial}{\partial x}\left(N - \frac{\partial}{\partial y}\int M(x, y)\, dx\right) \\ &= \frac{\partial N}{\partial x} - \frac{\partial^2}{\partial x \partial y}\int M(x, y)\, dx \\ &= \frac{\partial N}{\partial x} - \frac{\partial M}{\partial y} \end{aligned}$$

이고 가정에 의해 $\frac{\partial}{\partial x} g'(y) = 0$이다.

따라서 $g'(y)$는 y만의 함수이므로 $g(y) = \int g'(y)\, dy$이다. ■

예를 들어, $(x^2 + y)\,dx + (y^2 + x)\,dy = 0$은

$$\frac{\partial M}{\partial y} = \frac{\partial}{\partial y}(x^2 + y) = 1 = \frac{\partial}{\partial x}(y^2 + x) = \frac{\partial N}{\partial x}$$

이므로 완전 미분방정식이다. 그러나 $(x + y^2)\,dx + (x^2 + y)\,dy = 0$은

$$\frac{\partial M}{\partial y} = 2y \neq 2x = \frac{\partial N}{\partial x}$$

이므로 완전 미분방정식이 아니다.

완전 미분방정식은 다음과 같은 과정으로 해를 구한다.

❶ 미분방정식이 $\frac{\partial M}{\partial y} = \frac{\partial N}{\partial x}$을 만족하는지 확인한다.

❷ $\frac{\partial \phi}{\partial x} = M$, $\frac{\partial \phi}{\partial y} = N$을 만족하는 함수 $\phi(x, y)$를 구한다.

❸ 주어진 미분방정식의 일반해는 $\phi(x, y) = c$이다.

예제 1-12

$(y + 1)\,dx + (x + 1)\,dy = 0$을 풀어라.

풀이

$M = y + 1$, $N = x + 1$로 두면

$$\frac{\partial M}{\partial y} = 1 = \frac{\partial N}{\partial x}$$

이므로, 주어진 방정식은 완전 미분방정식이다. 따라서

$$\frac{\partial \psi}{\partial x} = y + 1 \tag{1.13}$$

$$\frac{\partial \phi}{\partial y} = x + 1 \tag{1.14}$$

을 만족하는 $\phi(x, y)$가 존재한다. 식 (1.13)을 x에 대해 적분하면

$$\phi(x, y) = xy + x + g(y) \tag{1.15}$$

이다. 식 (1.15)를 y에 대해 편미분하면 $\frac{\partial \phi}{\partial y} = x + g'(y)$이고, 이를 식 (1.14)와 비교하면

$$x + g'(y) = x + 1$$
$$g'(y) = 1$$

이다. 이를 y에 대해 적분하면

$$g(y) = y + c$$ ← $c = 0$으로 놓는다.

이다. $g(y)$를 식 (1.15)에 대입하면

$$\phi(x, y) = xy + x + y$$

이므로, 일반해는 음함수 해로서 다음과 같다.

$$xy + x + y = c$$

예제 1-13

$(2x^2 + 3y)dx + (3x - y + 1)dy = 0$을 풀어라.

풀이

$M = 2x^2 + 3y$, $N = 3x - y + 1$로 두면

$$\frac{\partial M}{\partial y} = 3 = \frac{\partial N}{\partial x}$$

이므로, 주어진 방정식은 완전 미분방정식이다. 따라서

$$\frac{\partial \phi}{\partial x} = 2x^2 + 3y \tag{1.16}$$

$$\frac{\partial \phi}{\partial y} = 3x - y + 1 \tag{1.17}$$

을 만족하는 $\phi(x, y)$가 존재한다. 식 (1.16)을 x에 대해 적분하면

$$\phi(x, y) = \frac{2}{3}x^3 + 3xy + g(y) \tag{1.18}$$

이다. 식 (1.18)을 y에 대해 편미분하면 $\frac{\partial \phi}{\partial y} = 3x + g'(y)$이고, 이를 식 (1.17)과 비교하면

$$3x + g'(y) = 3x - y + 1$$
$$g'(y) = -y + 1$$

이다. 이를 y에 대해 적분하면

$$g(y) = -\frac{1}{2}y^2 + y + c$$ ← $c=0$ 으로 놓는다.

이다. $g(y)$를 식 (1.18)에 대입하면

$$\phi(x, y) = \frac{2}{3}x^3 + 3xy - \frac{1}{2}y^2 + y$$

이므로, 일반해는 다음과 같다.

$$\frac{2}{3}x^3 + 3xy - \frac{1}{2}y^2 + y = c \quad \text{또는} \quad 4x^3 + 18xy - 3y^2 + 6y = c$$

예제 1-14

$(1 + y\cos x)dx + \sin x\, dy = 0$을 풀어라.

풀이

$M = 1 + y\cos x$, $N = \sin x$로 두면

$$\frac{\partial M}{\partial y} = \cos x = \frac{\partial N}{\partial x}$$

이므로, 주어진 방정식은 완전 미분방정식이다. 따라서

$$\frac{\partial \phi}{\partial x} = 1 + y\cos x \tag{1.19}$$

$$\frac{\partial \phi}{\partial y} = \sin x \tag{1.20}$$

를 만족하는 $\phi(x, y)$가 존재한다. 식 (1.19)를 x에 대해 적분하면

$$\phi(x, y) = x + y\sin x + g(y) \tag{1.21}$$

이다. 식 (1.21)을 y에 대해 편미분하면 $\frac{\partial \phi}{\partial y} = \sin x + g'(y)$이고, 이를 식 (1.20)과 비교하면

$$\sin x + g'(y) = \sin x$$
$$g'(y) = 0$$

이다. 이를 y에 대해 적분하면

$$g(y) = c$$ ← $c=0$ 으로 놓는다.

이다. $g(y)$를 식 (1.21)에 대입하면 $\phi(x,\ y) = x + y\sin x$ 이므로, 일반해는 다음과 같다.

$$x + y\sin x = c$$

예제 1-15

$[(x-1)e^x - e^y]\,dx - xe^y\,dy = 0$, $y(2) = 0$을 풀어라.

풀이

$M = (x-1)e^x - e^y$, $N = -xe^y$ 으로 놓으면

$$\frac{\partial M}{\partial y} = -e^y = \frac{\partial N}{\partial x}$$

이므로, 주어진 방정식은 완전 미분방정식이다. 따라서

$$\frac{\partial \phi}{\partial x} = (x-1)e^x - e^y \tag{1.22}$$

$$\frac{\partial \phi}{\partial y} = -xe^y \tag{1.23}$$

을 만족하는 $\phi(x,\ y)$가 존재한다. 식 (1.22)를 x에 대해 적분하면

$$\begin{aligned}\phi(x,\ y) &= \int (x-1)e^x dx - xe^y + g(y)\\ &= \int (xe^x - e^x)dx - xe^y + g(y)\\ &= (x-1)e^x - e^x - xe^y + g(y)\\ &= (x-2)e^x - xe^y + g(y)\end{aligned} \tag{1.24}$$

이다. 식 (1.24)를 y에 대해 편미분하면 $\dfrac{\partial \phi}{\partial y} = -xe^y + g'(y)$이고, 이를 식 (1.23)과 비교하면

$$-xe^y + g'(y) = -xe^y$$

$$g'(y) = 0$$

이다. 이를 y에 대해 적분하면

$$g(y) = c_1$$

이다. $g(y)$를 식 (1.24)에 대입하면 $\phi(x, y)=(x-2)e^x - xe^y$이므로 일반해는 다음과 같다.

$$(x-2)e^x - xe^y + c_1 = c_2$$

$$(x-2)e^x - xe^y = c \qquad (\text{단, } c = c_2 - c_1)$$

또한 $y(2)=0$임을 이용하면 $c=-2$이므로 초기조건을 만족하는 특수해는 다음과 같다.

$$(x-2)e^x - xe^y = -2$$

적분인자를 이용하는 방법

완전 미분방정식이 아닌 미분방정식에 어떤 함수 $\mu(x, y)$를 곱한 결과가 완전 미분방정식이라 하자. 이러한 함수 $\mu(x, y)$를 **적분인자**라 한다.

즉, 완전 미분방정식이 아닌 $M(x, y)dx + N(x, y)dy = 0$은

$$\frac{\partial M}{\partial y} \neq \frac{\partial N}{\partial x}$$

을 만족하며, 이때 적분인자 $\mu(x, y) \neq 0$을 곱한

$$\mu(x, y)M(x, y)dx + \mu(x, y)N(x, y)dy = 0 \tag{1.25}$$

은 완전 미분방정식이 되어 해를 구할 수 있다. 적분인자 $\mu(x, y)$를 구하는 여러 가지 방법 중 간단한 두 가지 경우를 살펴보자.

식 (1.25)가 완전 미분방정식이므로

$$\frac{\partial}{\partial y}(\mu M) = \frac{\partial}{\partial x}(\mu N)$$

이 성립한다. 따라서 다음을 만족한다.

$$\frac{\partial \mu}{\partial y}M + \mu\frac{\partial M}{\partial y} = \frac{\partial \mu}{\partial x}N + \mu\frac{\partial N}{\partial x}$$

$$\frac{\partial \mu}{\partial y}M - \frac{\partial \mu}{\partial x}N = \left(\frac{\partial N}{\partial x} - \frac{\partial M}{\partial y}\right)\mu \tag{1.26}$$

❶ μ가 x만의 함수인 경우

식 (1.26)을 다음과 같이 나타낼 수 있다.

$$\frac{d\mu}{dx}N=\left(\frac{\partial M}{\partial y}-\frac{\partial N}{\partial x}\right)\mu$$

$$\frac{d\mu}{dx}=\frac{\dfrac{\partial M}{\partial y}-\dfrac{\partial N}{\partial x}}{N}\mu$$

이때 $\dfrac{\dfrac{\partial M}{\partial y}-\dfrac{\partial N}{\partial x}}{N}$ 이 x만의 함수여야 하므로

$$\frac{d\mu}{\mu}=\frac{\dfrac{\partial M}{\partial y}-\dfrac{\partial N}{\partial x}}{N}dx$$

이다. 따라서 적분인자는 다음과 같이 구한다.

$$\ln|\mu|=\int\frac{\dfrac{\partial M}{\partial y}-\dfrac{\partial N}{\partial x}}{N}dx$$

$\mu=\pm e^{\int\frac{\frac{\partial M}{\partial y}-\frac{\partial N}{\partial x}}{N}dx}$ 이지만, 앞으로 $\mu=e^{\int\frac{\frac{\partial M}{\partial y}-\frac{\partial N}{\partial x}}{N}dx}$ 으로 둔다.

❷ μ가 y만의 함수인 경우

식 (1.26)을 다음과 같이 나타낼 수 있다.

$$\frac{d\mu}{dy}M=\left(\frac{\partial N}{\partial x}-\frac{\partial M}{\partial y}\right)\mu$$

$$\frac{d\mu}{dy}=\frac{\dfrac{\partial N}{\partial x}-\dfrac{\partial M}{\partial y}}{M}\mu$$

이때 $\dfrac{\dfrac{\partial N}{\partial x}-\dfrac{\partial M}{\partial y}}{M}$ 이 y만의 함수여야 하므로

$$\frac{d\mu}{\mu}=\frac{\dfrac{\partial N}{\partial x}-\dfrac{\partial M}{\partial y}}{M}dy$$

이다. 따라서 적분인자는 다음과 같이 구한다.

$$\ln|\mu| = \int \frac{\dfrac{\partial N}{\partial x} - \dfrac{\partial M}{\partial y}}{M} dy$$

$$\mu = e^{\int \frac{\frac{\partial N}{\partial x} - \frac{\partial M}{\partial y}}{M} dy}$$

예제 1-16 응용

$(3xy + y^2)dx + (x^2 + xy)dy = 0$을 풀어라.

풀이

$M(x, y) = 3xy + y^2$, $N(x, y) = x^2 + xy$로 놓으면

$$\frac{\partial M}{\partial y} = 3x + 2y \neq 2x + y = \frac{\partial N}{\partial x}$$

이므로, 주어진 방정식은 완전 미분방정식이 아니다. 따라서

$$\frac{\dfrac{\partial M}{\partial y} - \dfrac{\partial N}{\partial x}}{N} = \frac{(3x + 2y) - (2x + y)}{x(x + y)} = \frac{1}{x}$$

임을 이용하여 앞의 경우처럼 적분인자를 구하면

$$\mu = e^{\int \frac{1}{x} dx} = e^{\ln|x|} = |x|$$

이다. 주어진 미분방정식의 양변에 적분인자 $\mu = x$를 곱하면

$$(3x^2y + xy^2)dx + (x^3 + x^2y)dy = 0$$

이고, 이는 완전 미분방정식이다. 따라서

$$\frac{\partial \phi}{\partial x} = 3x^2y + xy^2 \qquad (1.27)$$

$$\frac{\partial \phi}{\partial y} = x^3 + x^2y \qquad (1.28)$$

를 만족하는 $\phi(x, y)$가 존재한다. 식 (1.27)을 x에 대해 적분하면

$$\phi = x^3y + \frac{1}{2}x^2y^2 + g(y) \qquad (1.29)$$

이다. 식 (1.29)를 y에 대해 편미분하면 $\frac{\partial \phi}{\partial y} = x^3 + x^2 y + g'(y)$이고, 이를 식 (1.28)과 비교하면

$$x^3 + x^2 y + g'(y) = x^3 + x^2 y$$

$$g'(y) = 0$$

이다. 이를 y에 대해 적분하면

$$g(y) = c_1$$

이다. $g(y)$를 식 (1.29)에 대입하면 $\phi = x^3 y + \frac{1}{2} x^2 y^2$ 이므로 일반해는 다음과 같다.

$$x^3 y + \frac{1}{2} x^2 y^2 + c_1 = c_2$$

$$x^3 y + \frac{1}{2} x^2 y^2 = c \qquad (\text{단, } c = c_2 - c_1)$$

Section
1.4 선형 미분방정식

1계 미분방정식 $F(x, y, y')=0$ 에서 종속변수 y, y' 의 차수가 1차이고, 계수가 x 만의 함수인 미분방정식을 **선형 미분방정식**이라 한다. 즉 다음과 같은 형태이다.

$$a_1(x)\frac{dy}{dx}+a_0(x)y=g(x)\,,\quad a_1(x)\neq 0 \tag{1.30}$$

선형 미분방정식은 다음과 같이 분류할 수 있다.

(1) 제차 선형 미분방정식 : $a_1(x)\frac{dy}{dx}+a_0(x)y=0$

(2) 비제차 선형 미분방정식 : $a_1(x)\frac{dy}{dx}+a_0(x)y=g(x)$, $g(x)\neq 0$

선형 미분방정식의 해

선형 미분방정식의 해를 구하기 위해 적분인자를 이용하는 방법과 매개변수 변환법에 대해 살펴본다.

■ 적분인자를 이용하는 방법

1.3절에서 소개한 적분인자를 이용하여 선형 미분방정식의 해를 구해보자. 우선 방정식 (1.30)을 $a_1(x)$로 나누면

$$\frac{dy}{dx}+\frac{a_0(x)}{a_1(x)}y=\frac{g(x)}{a_1(x)}$$

가 된다. 이때 $\frac{a_0(x)}{a_1(x)}=P(x)$, $\frac{g(x)}{a_1(x)}=f(x)$로 놓으면

$$\frac{dy}{dx}+P(x)y=f(x) \tag{1.31}$$

이다. 이를 선형 미분방정식의 **표준형**이라 한다. 이때, $P(x)$와 $f(x)$는 연속함수이다. 식 (1.31)을 변형하여

$$(P(x)y-f(x))dx+dy=0 \tag{1.32}$$

으로 두자. 이때

$$M(x, y) = P(x)y - f(x), \quad N(x, y) = 1$$

이라 하면

$$M_y = P(x) \neq 0 = N_x$$

이므로, 식 (1.32)는 완전 미분방정식이 아니다. 그러나

$$\frac{M_y - N_x}{N} = P(x)$$

가 x만의 함수이므로 적분인자는 다음과 같다.

$$\mu = e^{\int P(x)\,dx}$$

식 (1.32)의 양변에 μ를 곱하면

$$e^{\int P(x)\,dx}(P(x)y - f(x))\,dx + e^{\int P(x)\,dx}dy = 0$$

이므로, 완전 미분방정식이다. 이를 정리하면

$$e^{\int P(x)dx}P(x)y\,dx + e^{\int P(x)dx}dy = e^{\int P(x)dx}f(x)dx$$

$$c^{\int P(x)dx}P(x)y + e^{\int P(x)dx}\frac{dy}{dx} = e^{\int P(r)dx}f(x)$$

$$\frac{d}{dx}\left(e^{\int P(x)dx}y\right) = e^{\int P(x)dx}f(x)$$

이고, 양변을 x에 대해 적분하면 다음과 같다.

$$e^{\int P(x)dx}y = \int e^{\int P(x)dx}f(x)dx + c$$

$$y = e^{-\int P(x)dx}\left[\int e^{\int P(x)dx}f(x)dx + c\right] \tag{1.33}$$

따라서 식 (1.33)은 선형 미분방정식의 일반해가 된다. 이때

$$y_h = ce^{-\int P(x)\,dx}, \quad y_p = e^{\int P(x)\,dx}\int e^{\int P(x)\,dx}f(x)\,dx$$

라 놓으면, y_h는 제차 미분방정식 $\frac{dy}{dx} + P(x)y = 0$의 일반해이고 y_p는 비제차 미분방정식

$\dfrac{dy}{dx}+P(x)y=f(x)$의 특수해임을 알 수 있다. 그러므로 선형 미분방정식의 일반해는 다음과 같은 형태이다.

$$y=y_h+y_p$$

다시 살펴보면

$$\frac{dy_h}{dx}+P(x)y_h=0, \quad \frac{dy_p}{dx}+P(x)y_p=f(x)$$

이므로

$$\begin{aligned}\frac{dy}{dx}+P(x)y &= \frac{d}{dx}(y_h+y_p)+P(x)(y_h+y_p)\\ &= \left(\frac{dy_h}{dx}+P(x)y_h\right)+\left(\frac{dy_p}{dx}+P(x)y_p\right)\\ &= f(x)\end{aligned}$$

가 되어 $y=y_h+y_p$는 비제차 선형 미분방정식의 일반해임을 알 수 있다. 따라서 적분인자를 이용하여 해를 구하는 방법을 정리하면 다음과 같다.

❶ 방정식 (1.31)에서 적분인자 $e^{\int P(x)\,dx}$을 결정한다.

❷ 방정식 (1.31)에 $e^{\int P(x)\,dx}$을 곱한다.

$$\frac{d}{dx}\left(e^{\int P(x)\,dx}y\right)=e^{\int P(x)\,dx}f(x)$$

❸ 위 ❷의 식을 x에 대해 적분한다.

$$e^{\int P(x)\,dx}y=\int e^{\int P(x)\,dx}f(x)\,dx+c$$

$$y=e^{-\int P(x)\,dx}\left[\int e^{\int P(x)\,dx}f(x)\,dx+c\right]$$

■ **매개변수 변환법**

방정식 (1.34)와 같은 제차 선형 미분방정식의 일반해 y_h를 구해보자.

$$\frac{dy}{dx}+P(x)y=0 \tag{1.34}$$

방정식 (1.34)는 변수분리형이므로

$$\frac{dy}{y}+P(x)\,dx=0$$

이다. 이를 적분하면

$$\int\frac{dy}{y}+\int P(x)\,dx=c'$$

$$\ln|y|+\int P(x)\,dx=c'$$

$$\ln|y|=-\int P(x)\,dx+c'$$

$$y_h=ce^{-\int P(x)\,dx}\qquad(\text{단, } c=\pm\, e^{c'})$$

이다. $c=1$일 때 y_h의 특수해를 $y_1=e^{-\int P(x)\,dx}$으로 놓자. 이때 y_p는 $y_p=u_1(x)y_1(x)$로 가정해볼 수 있다. 이처럼 해를 구하는 방법을 **매개변수 변환법** method of variation of parameters이라 한다. 이때 y_p를 x로 미분하면

$$y_p{}'=u_1{}'y_1+u_1y_1{}'$$

이다. $y_p=u_1(x)y_1(x)$와 $y_p{}'$을 식 (1.31)에 대입하면

$$(u_1{}'y_1+u_1y_1{}')+P(x)u_1y_1=f(x)$$

$$u_1{}'y_1+u_1(y_1{}'+P(x)y_1)=f(x)$$

이고, 방정식 (1.34)에 따르면 $y_1{}'+P(x)y_1=0$이므로

$$u_1{}'y_1=f(x)$$

$$u_1{}'=\frac{f(x)}{y_1}$$

이다. 이는 x만의 함수이므로

$$u_1=\int\frac{f(x)}{y_1}\,dx$$

$$=\int e^{\int P(x)\,dx}f(x)\,dx\quad\left(\text{단, } y_1=e^{-\int P(x)\,dx}\right)$$

이다. 그러므로

$$y_p=u_1y_1=e^{-\int P(x)\,dx}\int e^{\int P(x)\,dx}f(x)\,dx$$

이다. 따라서 일반해는 다음과 같다.

$$y = y_h + y_p = ce^{-\int P(x)\,dx} + e^{-\int P(x)dx}\int e^{\int P(x)\,dx} f(x)\,dx$$
$$= e^{-\int P(x)\,dx}\left[\int e^{\int P(x)dx} f(x)\,dx + c\right]$$

예제 1-17

$\dfrac{dy}{dx} - 2xy = 4x$를 풀어라.

풀이

$\dfrac{dy}{dx} + P(x)y = f(x)$에서 $P(x) = -2x$, $f(x) = 4x$인 1계 비제차 선형 미분방정식이다.

방법 1

적분인자를 이용하여 구해보자. 적분인자를 구하면

$$\mu = e^{\int P(x)\,dx} = e^{-\int 2x\,dx} = e^{-x^2}$$

이므로, 주어진 미분방정식의 양변에 e^{-x^2}을 곱한다.

$$\frac{d}{dx}\left(e^{-x^2}y\right) = e^{-x^2}\frac{dy}{dx} - 2xy\,e^{-x^2} = 4x\,e^{-x^2}$$

이 식을 적분하면 다음과 같다.

$$e^{-x^2}y = 4\int x\,e^{-x^2}dx$$
$$= -2\,e^{-x^2} + c$$

> 연계 [예제 B-14]
>
> $x^2 = t$, $2x\,dx = dt$라 하면
>
> $$\int 4xe^{-x^2}dx = 2\int e^{-t}dt$$
> $$= -2e^{-t} + c$$
> $$= -2e^{-x^2} + c$$

따라서 일반해는 다음과 같다.

$$y = -2 + ce^{x^2}$$

방법 2

매개변수 변환법으로 구해보자. 일반해는

$$y = e^{-\int P(x)\,dx}\left[\int e^{\int P(x)\,dx} f(x)\,dx + c\right]$$

이므로, $P(x) = -2x$, $f(x) = 4x$를 대입하면 다음과 같다.

$$y = e^{\int 2x\,dx}\left(\int e^{-\int 2x\,dx}4x\,dx + c\right) = e^{x^2}\left(\int e^{-x^2}4x\,dx + c\right)$$
$$= e^{x^2}\left(-2e^{-x^2} + c\right)$$
$$= -2 + ce^{x^2}$$

예제 1-18

$(x-2)\dfrac{dy}{dx} = y + 2(x-2)^3$을 풀어라.

풀이

$\dfrac{dy}{dx}$의 계수가 1이 되도록 정리하면

$$\frac{dy}{dx} - \frac{1}{x-2}\cdot y = 2(x-2)^2$$

이므로, $P(x) = -\dfrac{1}{x-2}$이다. 적분인자를 구하면

$$\mu = e^{\int P(x)\,dx} = e^{-\int \frac{1}{x-2}dx} = e^{-\ln|x-2|} = \frac{1}{|x-2|}$$

이다. 주어진 미분방정식의 양변에 $\dfrac{1}{x-2}$을 곱하면

$$\frac{d}{dx}\left(y\cdot\frac{1}{x-2}\right) = 2(x-2)$$

이다. 이 식을 적분하면 다음과 같다.

$$y\cdot\frac{1}{x-2} = 2\int(x-2)\,dx$$
$$= (x-2)^2 + c$$

따라서 일반해는 다음과 같다.

$$y = (x-2)^3 + c(x-2)$$

예제 1-19

$\dfrac{dy}{dx} - y\tan x = 5e^{\sin x}$, $y(0) = 4$를 풀어라.

풀이

$P(x) = -\tan x$이므로, 적분인자를 구하면

$$\mu = e^{\int P(x)\,dx} = e^{-\int \tan x\,dx} = e^{\ln|\cos x|} = |\cos x|$$

← [예제 B-18] 참고

이다. 주어진 미분방정식의 양변에 $\cos x$를 곱하면

$$\frac{d}{dx}(y\cos x) = 5e^{\sin x}\cos x$$

이다. 이 식을 x에 대해 적분하면

$$\begin{aligned} y\cos x &= 5\int e^{\sin x}\cos x\,dx \\ &= 5e^{\sin x} + c \end{aligned}$$

> **연계** [예제 B-15(b)]
> $\sin x = t$, $\cos x\,dx = dt$라 하면
> $$\begin{aligned} \int e^{\sin x}\cos x\,dx &= \int e^t\,dt \\ &= e^t + c \\ &= e^{\sin x} + c \end{aligned}$$

이다. 따라서

$$y = \sec x(5e^{\sin x} + c)$$

이다. 이때 $y(0) = 4$ 임을 이용하면

$$4 = 5 + c \ ; \ c = -1$$

이므로 특수해는 $y = \sec x(5e^{\sin x} - 1)$이다.

예제 1-20 응용

$(1+x^3)\dfrac{dy}{dx} + 3x^2y = f(x)$, $y(0) = 1$, $f(x) = \begin{cases} 1, & 0 \le x \le 1 \\ -1, & x > 1 \end{cases}$을 풀어라.

풀이

$\dfrac{dy}{dx}$의 계수가 1이 되도록 정리하면 다음과 같다.

$$\frac{dy}{dx} + \frac{3x^2}{1+x^3}y = \frac{1}{1+x^3}f(x) \tag{1.35}$$

이제 x 값의 범위에 따라 $f(x)$를 살펴보자.

❶ $0 \le x \le 1$인 경우

$f(x) = 1$이므로 식 (1.35)는 다음과 같다.

$$\frac{dy}{dx} + \frac{3x^2}{1+x^3}y = \frac{1}{1+x^3}$$

따라서 적분인자를 구하면

$$\mu = e^{\int P(x)dx} = e^{\int \frac{3x^2}{1+x^3}dx}$$
$$= e^{\ln|1+x^3|} = |1+x^3|$$

> **연계** [예제 B-27]
> $1+x^3 = t$, $3x^2\,dx = dt$라 하면
> $$\int \frac{3x^2}{1+x^3}dx = \int \frac{1}{t}dt$$
> $$= \ln|t| + c$$
> $$= \ln|1+x^3| + c$$

이므로, 양변에 $1+x^3$을 곱하면

$$\frac{d}{dx}[y(1+x^3)] = 1$$

이다. 이 식을 적분하면 다음과 같다.

$$y(1+x^3) = \int dx = x + c_1$$
$$y = \frac{x+c_1}{1+x^3}$$

따라서 $y(0) = 1$임을 이용하면 $c = 1$이므로 특수해는

$$y = \frac{1}{1+x^3}(x+1)$$
$$= \frac{1+x}{(1+x)(1-x+x^2)} = \frac{1}{1-x+x^2}$$

이다.

❷ $x > 1$인 경우

$f(x) = -1$이므로 식 (1.35)는 다음과 같다.

$$\frac{dy}{dx} + \frac{3x^2}{1+x^3}y = -\frac{1}{1+x^3}$$

이때 적분인자는 $\mu = 1+x^3$ 이므로

$$\frac{d}{dx}[(1+x^3)y] = -1$$

이다. 이 식을 적분하면 다음과 같다.

$$(1+x^3)y = -x+c$$
$$y = \frac{-x+c}{1+x^3}$$

❶과 ❷에서 구한 미분방정식의 해를 정리하면

$$y = \begin{cases} \dfrac{1}{1-x+x^2}, & 0 \le x \le 1 \\[2ex] \dfrac{-x+c}{1+x^3}, & x > 1 \end{cases}$$

이다. 초깃값 문제의 특수해를 구하기 위해 $x=1$에서 연속이 되도록 c를 결정할 수 있다. 해가 $x=1$에서 연속이기 위해서는

$$\lim_{x \to 1^+} \frac{-x+c}{1+x^3} = \frac{1}{1-x+x^2}\bigg|_{x=1}$$

> TIP $f(x)$가 $x=1$에서 연속이기 위한 필요충분조건은 $\lim_{x\to 1} f(x) = f(1)$이다.

을 만족해야 하므로

$$\frac{1}{2}(-1+c) = 1 \ ; \ c = 3$$

이다. 따라서 주어진 미분방정식의 해는 다음과 같다.

$$y = \begin{cases} \dfrac{1}{1-x+x^2}, & 0 \le x \le 1 \\[2ex] \dfrac{-x+3}{1+x^3}, & x > 1 \end{cases}$$

예제 1-21 응용

$y\ln y\,dx + (x - \ln y)dy = 0$을 풀어라.

풀이

$\dfrac{dy}{dx}$에 대해 정리하면 $(x-\ln y)\dfrac{dy}{dx} + y\ln y = 0$이므로 비선형 미분방정식이다. 그러나 $\dfrac{dx}{dy}$에 대해 정리하면

$$\frac{dx}{dy} + \frac{1}{y\ln y}\cdot x = \frac{1}{y}$$

이므로 선형 미분방정식이다. $P(y) = \dfrac{1}{y\ln y}$이므로 적분인자를 구하면

$$\mu = e^{\int P(x)\,dy} = e^{\int \frac{1}{y\ln y}dy} = e^{\ln|\ln y|} = |\ln y|$$

이다. 양변에 $\ln y$를 곱하면

$$\frac{d}{dy}(x\ln y) = \frac{1}{y}\ln y$$

이다. 이 식을 y에 대해 적분하면 일반해는 다음과 같다.

$$x\ln y = \int \frac{1}{y}\ln y\,dy = \frac{1}{2}(\ln y)^2 + c'$$

$$2x\ln y = (\ln y)^2 + c \qquad (\text{단, } c = 2c')$$

연계 [예제 B-25]

$\ln y = t$, $\frac{1}{y} = \frac{dt}{dy}$라 하면

$$\int \frac{1}{y\ln y}dy = \int \frac{1}{t}dt = \ln|t| + c = \ln|\ln y| + c$$

베르누이 방정식

베르누이 방정식 Bernoulli equation은 다음 형태와 같은 방정식을 의미한다.

$$\frac{dy}{dx} + P(x)y = f(x)y^n \qquad (\text{단, } n\text{은 임의의 실수}) \tag{1.36}$$

$n = 0$일 때, 식 (1.36)은 다음과 같은 형태이며 비제차 선형 미분방정식이다.

$$\frac{dy}{dx} + P(x)y = f(x)$$

$n = 1$일 때, 식 (1.36)은 다음과 같은 형태이며 제차 선형 미분방정식이다.

$$\frac{dy}{dx} + P(x)y = f(x)y$$

$$\frac{dy}{dx} + [P(x) - f(x)]y = 0$$

$n \neq 0$, $n \neq 1$일 때, 방정식 (1.36)을 적절히 치환하여 선형 미분방정식으로 만들 수 있다. 식 (1.36)의 각 항을 y^n으로 나누면 방정식 (1.37)이 된다.

$$y^{-n}\frac{dy}{dx} + P(x)y^{1-n} = f(x) \tag{1.37}$$

$y^{1-n} = u$로 치환하고 x에 대해 미분하면

$$(1-n)y^{-n}\frac{dy}{dx} = \frac{du}{dx}$$

$$y^{-n}\frac{dy}{dx}=\frac{1}{1-n}\cdot\frac{du}{dx}$$

이므로, 방정식 (1.37)에 대입하면 다음과 같이 비제차 선형 미분방정식이 된다.

$$\frac{1}{1-n}\frac{du}{dx}+P(x)u=f(x)$$

$$\frac{du}{dx}+(1-n)P(x)u=(1-n)f(x)$$

예제 1-22

$\frac{dy}{dx}+y=xy^4$을 풀어라.

풀이

주어진 미분방정식의 양변을 y^4으로 나누면 방정식 (1.38)이 된다.

$$y^{-4}\frac{dy}{dx}+y^{-3}=x \tag{1.38}$$

$y^{-3}=u$로 치환하고 x에 대해 미분하면

$$-3y^{-4}\frac{dy}{dx}=\frac{du}{dx}$$

$$y^{-4}\frac{dy}{dx}=-\frac{1}{3}\cdot\frac{du}{dx}$$

이다. 이를 식 (1.38)에 대입하면

$$-\frac{1}{3}\cdot\frac{du}{dx}+u=x$$

$$\frac{du}{dx}-3u=-3x$$ ← 비제차 선형 미분방정식

이고, 적분인자가 $e^{\int P\,dx}=e^{-3x}$이므로

$$\frac{d}{dx}(ue^{-3x})=-3xe^{-3x}$$

이다. 이 식을 적분하면 다음과 같다.

$$\begin{aligned} ue^{-3x} &= -3\int xe^{-3x}dx \\ &= -3\left(-\frac{1}{3}xe^{-3x}+\frac{1}{3}\int e^{-3x}dx\right) \\ &= xe^{-3x}+\frac{1}{3}e^{-3x}+c \\ u &= x+\frac{1}{3}+ce^{3x} \end{aligned}$$

> **연계** [예제 B-52]
>
> $x=u$, $e^{-3x}=dv$라 하면
>
> $$\begin{aligned} &\int xe^{-3x}dx \\ &= -\frac{1}{3}xe^{-3x}+\frac{1}{3}\int e^{-3x}dx \\ &= -\frac{1}{3}xe^{-3x}-\frac{1}{9}e^{-3x}+c \end{aligned}$$

따라서 일반해는 다음과 같다.

$$\frac{1}{y^3}=x+\frac{1}{3}+ce^{3x}$$

Chapter 01 연습문제

[1.1 미분방정식의 소개]

※ (문제 1~6) 다음 미분방정식의 계수와 차수를 결정하라.

1. $y'' + 3y' + 4y = 0$

2. $(y^{(3)})^{\frac{1}{2}} + 2x(y'')^2 = -5x$

3. $3x^2y' + x^4y^2 = 4x$

4. $(1-x)y'' + 2xy' + 5y = \sin x$

5. $x\dfrac{d^3y}{dx^3} + 4\left(\dfrac{dy}{dx}\right)^4 + y = 0$

6. $(\cos\phi)y''' - (\sin\phi)y' = 4$

※ (문제 7~12) 다음 미분방정식이 선형인지 아닌지 결정하라.

7. $x^2y'' + xy' + xy = 0$

8. $\dfrac{dy}{dx} = \dfrac{x^2+y^2}{x}$

9. $y'' + \dfrac{2}{x}y' + \dfrac{1}{x^2}y = 0$

10. $\dfrac{d^2u}{dr^2} - \dfrac{du}{dr} + 2u = \sin(r+u)$

11. $\sqrt{y}\dfrac{dy}{dx} + 3xy = 0$

12. $t^4y''' - t^3y'' + 5y = 0$

※ (문제 13~15) $y'' + y = 0$의 일반해가 $y = c_1\cos x + c_2\sin x$임을 이용하여 다음 초기조건을 만족하는 특수해를 구하라.

13. $y(0) = 1,\ y'(0) = 1$

14. $y\left(\dfrac{\pi}{2}\right) = 1,\ y'\left(\dfrac{\pi}{2}\right) = 0$

15. $y(\pi) = 0,\ y'(\pi) = 1$

※ (문제 16~17) $x'' + 4x = 0$의 일반해가 $x = c_1\cos 2t + c_2\sin 2t$임을 이용하여 다음 경곗값 조건을 만족하는 특수해를 구하라.

16. $x(0) = 0,\ x\left(\dfrac{\pi}{4}\right) = 2$

17. $x(0) = 0,\ x(\pi) = 4$

[1.2 변수분리형 미분방정식]

※ (문제 18~23) 다음 미분방정식을 풀어라.

18. $x^2dx + (y+1)^2dy = 0$

19. $x^2(y-1)dx + y^2(x+1)dy = 0$ 예제 B-35

20. $x\,dy - y\,dx = x^2dy$ 예제 B-39(a)

21. $\dfrac{dy}{dx} = \dfrac{2y}{x(y-1)}$

22. $y^3dx - x^3dy = 0$

23. $x(\cos y)\dfrac{dy}{dx} = \sin y$

※ (문제 24~26) 다음 미분방정식을 풀어라.

24. $\cot x\,dy + y\,dx = 0,\ x = \frac{\pi}{4},\ y = 1$ 예제 B-18

25. $\cos\theta\,d\rho + (1 + e^{\rho})\sin\theta\,d\theta = 0,\ \rho = 0,\ \theta = \frac{\pi}{4}$ 예제 B-20

26. $dx + (1 + x^2)\cot y\,dy = 0,\ x = 1,\ y = \frac{\pi}{2}$ 예제 B-19, 예제 B-29

27. 물속에 녹아 있는 1000 g 의 사탕수수가 시간이 지나면 포도당으로 변한다. 1분 후 포도당이 900 g 이 생성되었다. 포도당으로 변하는 속도가 남아 있는 사탕수수의 양에 비례한다면 5분 후 물속에 있는 포도당의 양은 얼마인가?

28. 부피가 $360\,\mathrm{m}^3$인 탱크에 10 kg 의 소금이 녹아 있는 소금물이 가득 차 있다. 이 탱크 속으로 순수한 물이 $5\mathrm{m}^3/\mathrm{s}$의 속도로 흘러들어와 잘 섞인 후 같은 속도로 흘러나간다. 6분 후 탱크에 남아 있는 소금의 양은 얼마인가? (단, (탱크 속 소금의 양 변화율)=(1초당 유입되는 소금의 양)−(1초당 유출되는 소금의 양))

※ (문제 29~36) 다음 함수가 동차인지 아닌지를 결정하고, 동차이면 차수를 결정하라.

29. $x^2 + 3xy - \frac{y^3}{x}$

30. $\cos\frac{x}{x+y}$

31. $\sqrt{x+y}\,(4x+y)$

32. $\ln x^2 + 2\ln y$

33. $\frac{x^3y + 8x^2y^2}{x-y}$

34. $\ln\frac{y^2}{x^2}$

35. $\frac{x}{y^2 - \sqrt{x^4+y^4}}$

36. $(x^{-1} - y^{-1})^2$

※ (문제 37~43) 적당한 치환을 사용하여 주어진 미분방정식을 풀어라.

37. $(2x+3y)dx + (y+4x)dy = 0$

38. $(x^3+y^3)dx - 3xy^2dy = 0$ 예제 B-23(a)

39. $\left(2x\sin\frac{y}{x} + 3y\cos\frac{y}{x}\right)dx - 3x\cos\frac{y}{x}dy = 0$

40. $y^2dx - x^2dy = 0$ 예제 B-39(a)

41. $y\sqrt{x^2+y^2}\,dx - x(x + \sqrt{x^2+y^2})dy = 0$

42. $\frac{dy}{dx} = -\frac{x+2y}{2x+3y}$ 예제 B-23(b)

43. $x\frac{dy}{dx} = \frac{2y^2}{x} + y$

※ (문제 44~47) 주어진 초기조건을 만족하는 미분방정식을 풀어라.

44. $\left(x-ye^{\frac{y}{x}}\right)dx+xe^{\frac{y}{x}}dy=0,\ \ y(1)=0$

45. $ydx+\left(y\sin\dfrac{x}{y}-x\right)dy=0,\ \ y(1)=\dfrac{2}{\pi}$ 예제 B-9

46. $ydx+x(\ln x-\ln y-1)dy=0,\ \ y(e)=1$ 예제 B-25

47. $(\sqrt{x}+\sqrt{y})^2dx-xdy,\ \ y(1)=0$

※ (문제 48~55) 적당한 치환을 사용하여 주어진 미분방정식을 풀어라.

48. $(x+y+1)dx+(2x+2y+1)dy=0$

49. $(3x+2y+1)dx-(3x+2y-1)dy=0$

50. $y'=-2(2x+3y)^2$

51. $(x-2\sin y+3)dx+(2x-4\sin y-3)\cos y\,dy=0$

52. $\dfrac{dy}{dx}=\cos(x+y)$

53. $\dfrac{dx}{dy}=\sqrt{2x+y+1}$

54. $\dfrac{dx}{dy}=2+e^{x+y+2}$

55. $\dfrac{dy}{dx}=\sec(x+y)$

[1.3 완전 미분방정식]

※ (문제 56~66) 다음 미분방정식을 풀어라.

56. $2x(ye^{x^2}+1)dx+e^{x^2}dy=0$

57. $(3e^{3x}y+2x)dx+e^{3x}dy=0$

58. $(2x^3+3y)dx+(3x+y^2-1)dy=0$

59. $(y^2e^{xy^2}+2x^2)dx+(2xye^{xy^2}-3y^2)dy=0$

60. $(-1+e^{2\theta})d\rho+2\rho e^{2\theta}d\theta=0$

61. $\left(4x^3y^3+\dfrac{1}{x}\right)dx+\left(3x^4y^2+\dfrac{1}{y}\right)dy=0$

62. $(x\sqrt{x^2+y^2}-y)dx+(y\sqrt{x^2+y^2}-x)dy=0$

63. $\csc\theta\,dr-(r\csc\theta\cot\theta+\tan\theta)\,d\theta=0$

64. $\left(y^2-\dfrac{y}{x(x+y)}+1\right)dx+\left(\dfrac{1}{x+y}+2y(x+1)\right)dy=0$

65. $(2xye^{x^2y}+y^2e^{xy^2}+2)\,dx+\left[\dfrac{1}{x+y}+2y(x+1)\right]dy=0$

66. $2(u^3+uv)\,du+(u^2+v^2)\,dv=0$

※ (문제 67~75) 다음 미분방정식의 적분인자를 찾고, 해를 구하라.

67. $(x^2+y^2+x+1)dx+xy\,dy=0$

68. $(2xy^4e^y+2xy^3+y)dx+(x^2y^4e^y-x^2y^2-3x)dy=0$

69. $(2x^3y^2+4x^2y+2xy^2+xy^4+2y)\,dx+2(x^2y+x+y^3)\,dy=0$

70. $x\,dy-y\,dx-(1-x^2)dx=0$

71. $(2y-3x)dx+xdy=0$

72. $(x-y^2)dx+2xy\,dy=0$

73. $e^x\,dx+(e^x\cot y+2y\csc y)\,dy=0$

74. $(x+2)\sin y\,dx+x\cos y\,dy=0$

75. $(y-\ln x)\,dx-x\,dy=0$

[1.4 선형 미분방정식]

※ (문제 76~86) 다음 미분방정식의 일반해를 구하라.

76. $y'-(2\tan x)y=2\tan x$ 예제 B-18

77. $x^3y'+(2+3x^2)y=\dfrac{1}{x^3}$ 예제 B-26

78. $y'-2y\cot 2x=1+\sin 2x$ 예제 B-9, 예제 B-19

79. $dr-(2r\cot\theta+\sin 2\theta)d\theta=0$ 예제 B-19

80. $(1+e^x)y'-e^xy=0$ 예제 B-15(a)

81. $(1+x^3)y'=-3x^2y+x^2$ 예제 B-27

82. $\dfrac{di}{dt}+\dfrac{1}{t}i=\sin 2t$ 예제 B-47

83. $xy'+(1-x)y=e^x\sin 2x$

84. $y\,dx+4(x-y^3)dy=0$

85. $y\ln y\,dx+(x+\ln y)\,dy=0$

86. $y\,dx=(ye^y-2x)dy$ 예제 B-49

※ (문제 87~89) 다음 미분방정식을 풀어라.

87. $y' + \dfrac{2}{x}y = f(x)$, $y(1) = 1$, $f(t) = \begin{cases} 0, & 0 < x \le 2 \\ 1, & x > 2 \end{cases}$

88. $y' + 3x^2 y = f(x)$, $y(0) = 2$, $f(t) = \begin{cases} x^2, & 0 \le x < 1 \\ 0, & x \ge 1 \end{cases}$

89. $y' + P(x)y = 4x$, $y(0) = 3$, $P(x) = \begin{cases} 2x, & 0 < x < 1 \\ -\dfrac{2}{x}, & x \ge 1 \end{cases}$

※ (문제 90~93) 다음 미분방정식의 일반해를 구하라.

90. $y' - 2xy + xy^4 = 0$ 예제 B-14

91. $y' + y = (1-2x)y^3$ 예제 B-52

92. $y' - y = y^2(\cos x + \sin x)$ 예제 B-50

93. $x\,dy - [y + xy^2(1 + \ln x)]\,dx = 0$ 예제 B-53(a)

Chapter 02

1계 미분방정식의 활용

Application of 1st order Differential Equation

||| 목차 |||

||| 학습목표 |||

- 선형모형을 미분방정식으로 표현한다.
- 비선형모형을 미분방정식으로 표현한다.
- 해의 존재성과 유일성에 대해 이해한다.

Section 2.1 1계 선형모형

공학을 비롯해 생물학, 물리학, 사회과학 등 다양한 분야에서 시간에 따라 변화하는 다양한 문제를 미분방정식으로 모형화한다. 이를 통해 찾고자 하는 최선의 결과(방향)를 살펴볼 수 있다. 이 절에서는 선형모형으로 나타낼 수 있는 다양한 문제를 살펴보고, 이를 미분방정식으로 표현하는 방법을 알아본다.

성장과 감쇠

1798년 영국의 경제학자 토마스 맬서스Thomas Malthus는 어떤 일정한 시간에서 인구 증가율은 그 시간의 인구에 비례할 것이라는 가정하에 인구 증가에 대한 수학적 모형을 만들었다.

임의의 시간 t에서 인구수를 $P(t)$라 하면

$$\frac{dP}{dt} = kP \quad (\text{단, } k\text{는 비례상수}) \tag{2.1}$$

로 표현할 수 있다. 식 (2.1)은 인구의 단기간 증가 모형, 또는 박테리아와 같은 작은 개체수의 증가 모형을 설명한다.

예제 2-1

어느 나라의 인구가 50년 만에 2배가 되었다. 인구 증가율이 거주 인구수에 비례한다고 할 때, 인구가 초기 인구의 3배가 될 때까지 걸리는 시간을 구하라.

풀이

주어진 문제를 수학적으로 모형화해보자.

어느 나라의 인구가 50년 만에 2배가 되었다. 인구 증가율이 거주 인구수에 비례한다고 할 때,
$P(50) = 2P_0$ $\qquad \frac{dP}{dt} = kP$
3배가 될 때까지 걸리는 시간을 구하라.

시간 t에서 인구를 $P(t)$, 초기 인구를 P_0라 하자. 인구 증가율이 $P(t)$에 비례하므로

$$\frac{dP}{dt} = kP \qquad (\text{단, } k\text{는 비례상수})$$

이다. 이는 1계 제차 선형 미분방정식의 형태이므로, 정리하면 다음을 얻는다.

$$\frac{dP}{P} = k\,dt$$

이 식의 양변을 적분하면

$$\ln|P| = kt + c_1$$
$$P = ce^{kt} \qquad (\text{단, } c = \pm e^{c_1})$$

이다. $t=0$일 때 $P=P_0$이므로 $P_0 = c$이고, $t=50$일 때 $P=2P_0$이므로

$$2P_0 = P_0 e^{50k}$$
$$e^{50k} = 2 \tag{2.2}$$

이다. 이제 $P=3P_0$일 때의 t를 구하면

$$3P_0 = P_0 e^{tk}$$
$$e^{tk} = 3 \tag{2.3}$$

이다. 두 식 (2.2), (2.3)을 연립하면 $3^{50} = e^{50kt} = 2^t$이므로

$$t = 50 \cdot \frac{\log 3}{\log 2} \approx 79.248 \approx 79$$

이다. 즉 인구가 초기 인구의 3배가 될 때까지 걸리는 시간은 약 79년이다.

예제 2-2

어느 박테리아를 배양하려고 한다. 이 박테리아 개체수의 증가율이 시간 t에서 개체수 $x(t)$에 비례한다고 하자.

(a) 4시간 후에 2배로 증가했다면 12시간 후에는 몇 배가 되는가?

(b) 3시간 후에 10^4마리, 5시간 후에 4×10^4마리라면 초기 박테리아 개체수는 몇 마리인가?

풀이

주어진 문제를 수학적으로 모형화해보자.

이 박테리아 개체수의 증가율이 시간 t에서 개체수 $x(t)$에 비례한다고 하자.

$\frac{dx}{dt}=kx$

(a) 4시간 후에 2배로 증가했다면 12시간 후에는 몇 배가 되는가?

$x(4)=2x_0$

(b) 3시간 후에 10^4마리, 5시간 후에 4×10^4마리라면 초기 박테리아 개체수는 몇 마리인가?

$x(3)=10^4$ $x(5)=4\times10^4$

(a) 임의의 시간 t에서 박테리아 개체수를 $x(t)$(마리)라 하자. 그러면 이 문제 상황을

$$\frac{dx}{dt}=kx \quad \text{또는} \quad \frac{dx}{x}=k\,dt \qquad (\text{단, } k\text{는 비례상수})$$

라는 1계 제차 선형 미분방정식으로 나타낼 수 있다. 따라서 이 식의 양변을 적분하면

$$\ln x = kt + c_1$$

$$x = ce^{kt} \qquad (\text{단, } c=e^{c_1})$$

이다. 초기 박테리아 개체수를 x_0라 하면

$$x_0 = c \ ; \ x = x_0 e^{kt}$$

이고, 4시간 후에 박테리아 개체수가 $2x_0$이므로

$$2x_0 = x_0 e^{4k} \ ; \ e^{4k}=2$$

이다. 따라서 12시간 후에 박테리아 개체수는

$$x = x_0 e^{12k} = x_0(e^{4k})^3 = 8x_0$$

이다. 즉 처음의 8배가 된다.

(b) $t=3$일 때 $x=10^4$이므로

$$10^4 = ce^{3k} \ ; \ c=\frac{10^4}{e^{3k}}$$

이고, $t=5$일 때 $x=4\times10^4$이므로

$$4\times10^4 = ce^{5k} \ ; \ c=\frac{4\times10^4}{e^{5k}}$$

이다. c는 상수이므로

$$\frac{10^4}{e^{3k}} = \frac{4\times 10^4}{e^{5k}} \;;\; e^{2k}=4 \;;\; e^k = 2$$

이다. 따라서 $x_0 = c = \frac{10^4}{8}$ 이다. 즉, 초기 박테리아의 개체수는 1,250마리이다.

탄소 연대 측정법

대기 중의 ^{14}C(탄소-14)와 ^{12}C(탄소-12)의 비는 일정하게 유지된다. 생명체는 살아 있는 동안에는 호흡이나 광합성 등을 통해 두 탄소의 비를 대기와 동일하게 유지한다. 그런데 생명체가 죽으면 ^{14}C는 방사선 붕괴가 진행되어 그 양이 줄어든다. 그러므로 죽은 생명체에 남아 있는 ^{14}C의 양(비율)과 ^{14}C의 반감기가 약 5,600년임을 이용하여 이 생명체가 죽은 지 얼마나 지났는지 추정할 수 있다. 이는 미국의 화학자 윌라드 리비Willard F. Libby가 밝혀냈다.

예제 2-3

현재 어느 뼈 화석에 초기 ^{14}C 양의 20%가 남아 있다고 할 때, 이 화석의 연대를 측정하라.

풀이

임의의 시간 t에서 뼈 화석에 남아 있는 ^{14}C의 양을 $A(t)$라 하자. 방사성 물질은 붕괴 속도가 현재의 질량에 비례하므로 다음과 같은 미분방정식으로 나타낼 수 있다.

$$\frac{dA}{dt} = kA \quad (\text{단, } k\text{는 비례상수})$$

뼈 화석이 생성될 때 ^{14}C의 초기 양을 A_0라 하면 $A(0) = A_0$이므로

$$A(t) = A_0 e^{kt}$$

이다. 또한 ^{14}C의 반감기가 5,600년이므로 $A(5600) = \frac{1}{2}A_0$이다. 따라서 위 식들에 $t=5600$을 대입하여 정리하면

$$\frac{1}{2}A_0 = A_0 e^{5600k} \;;\; e^{5600k} = \frac{1}{2} \;;\; 5600k = \ln\frac{1}{2}$$

이고, $k = \frac{1}{5600}\ln\frac{1}{2} \approx -0.000123776$에서 $A(t) = A_0 e^{-0.000123776t}$이다. 현재 뼈 화석에 남아 있는 ^{14}C의 양은 초기 양의 20%이므로

$$A = 0.2A_0$$

라는 관계가 성립한다. 이를 풀면 다음을 얻는다.

$$0.2A_0 = A_0 e^{-0.000123776t}$$
$$e^{-0.000123776t} = 0.2$$
$$-0.000123776t = \ln 0.2$$
$$t = \frac{\ln 0.2}{-0.000123776} \approx 13002.83$$

즉 뼈 화석의 연대는 약 13,003년이다.

뉴턴의 냉각법칙

물질의 온도 변화율은 물질 온도와 주변 환경의 온도 차에 비례한다. 임의의 시간 t에서 물질 온도를 T, 주변 온도를 T_m이라 할 때,

$$\frac{dT}{dt} = k(T - T_m) \qquad (\text{단, } k\text{는 비례상수}) \tag{2.4}$$

로 나타낼 수 있다. 이를 **뉴턴의 냉각법칙**Newton's law of cooling이라 한다.

예제 2-4

100℃인 커피를 기온이 24℃로 유지되는 방에 두었을 때 마시기 좋은 온도(70℃)가 되려면 몇 분을 기다려야 하는지 구하라. 단, 5분 후 커피 온도는 90℃이다.

풀이

임의의 시간 t에서 커피 온도를 $T(t)$라 하자. 그러면 뉴턴의 냉각법칙을 이용하여

$$\frac{dT}{dt} = k(T - 24) \qquad (\text{단, } k\text{는 비례상수})$$

라는 1계 비제차 선형 미분방정식으로 나타낼 수 있다. 방정식을 정리하여 적분하면

$$\frac{dT}{T-24} = k\,dt$$
$$\ln|T - 24| = kt + c_1$$
$$T = 24 + ce^{kt} \qquad (\text{단, } c = \pm e^{c_1})$$

이다. $T(0) = 100$이므로 $76 = c$이고, $T(5) = 90$이므로

$$90-24=76e^{5k}$$

$$e^{5k}=\frac{66}{76}\ ;\ k=\frac{1}{5}\ln\frac{66}{76}\approx -0.0282$$

이다. 이제 커피 온도가 70℃가 될 때의 시간을 구하면

$$70=24+76e^{-0.0282t}$$

$$e^{-0.0282t}=\frac{46}{76}\ ;\ t=-\frac{1}{0.0282}\ln\frac{46}{76}\approx 17.8$$

이다. 즉 커피 온도가 70℃가 되려면 약 17.8분을 기다려야 한다.

예제 2-5

뉴턴의 냉각법칙에 의하면 움직이는 공기 중에서 물체가 식는 속도는 임의의 시간 t에서 물체 온도 $T(t)$와 공기 온도 T_m의 차에 비례한다. 만약 공기 온도가 300 K이고 물질이 15분 만에 370 K에서 340 K로 식었다면, 물체 온도가 310 K가 될 때까지 걸린 시간을 구하라.

풀이

주어진 문제를 수학적으로 모형화해보자.

> 뉴턴의 냉각법칙에 의하면 움직이는 공기 중에서 물체가 식는 속도는 임의의 시간 t에서 물체 온도 $T(t)$와 공기 온도 T_m의 차에 비례한다. 만약 공기 온도가 300 K이고 물질이
> $\frac{dT}{dt}=k(T-$공기 온도$)$ $T_m=300$
>
> 15분 만에 370 K에서 340 K로 식었다면, 물체 온도가 310 K가 될 때까지
> $T(0)=370$ $T(15)=340$
>
> 걸린 시간을 구하라.

공기 온도가 $T_m=300$이므로

$$\frac{dT}{dt}=k(T-300)\quad (\text{단, } k\text{는 비례상수})$$

라는 1계 비제차 선형 미분방정식으로 나타낼 수 있다. 방정식을 정리하여 적분하면

$$\frac{dT}{T-300}=k\,dt\ ;\ \ln(T-300)=kt+c_1$$

$$T=ce^{kt}+300\quad (\text{단, } c=\pm e^{c_1})$$

이다. $T(0)=370$이므로 $370=c+300$에서 $c=70$이다. 즉, 물체 온도는

$$T=70e^{kt}+300$$

이다. $T(15)=340$이므로 $340=70e^{15k}+300$에서

$$e^{15k}=\frac{4}{7}\ ;\ k=\frac{1}{15}\ln\frac{4}{7}$$

이다. 이제 물체 온도가 310 K이 될 때까지 걸린 시간을 구하면

$$310=70e^{kt}+300\ ;\ e^{kt}=\frac{1}{7}\ ;\ kt=\ln\frac{1}{7}$$

$$t=\frac{\ln\frac{1}{7}}{\frac{1}{15}\ln\frac{4}{7}}\approx 52.158$$

이다. 따라서 물체 온도가 310 K가 될 때까지 약 52.2분 걸린다.

혼합물

큰 혼합 용기에 농도가 서로 다른 소금물을 혼합한다고 해보자. 이때 용기에 담긴 소금물의 농도 변화율은 유입된 소금 양과 유출된 소금 양의 차에 따른다.

예제 2-6

연못에 순수한 물 10^7 L가 들어 있다. 이 연못에 불순물이 포함된 물이 매년 5×10^6 L씩 유입되고, 해마다 연못물이 5×10^6 L씩 유출된다. 임의의 시간 t에서 연못에 남아 있는 불순물의 양 $Q(t)$를 결정하라. 단, 유입되는 불순물의 농도는 $2+\sin 2t$ g/L 이다.

풀이

임의의 시간 t에서 불순물의 농도 변화율은 불순물의 유입량 R_{in}과 불순물의 유출량 R_{out}의 차이므로 미분방정식

$$\frac{dQ}{dt}=R_{\text{in}}-R_{\text{out}}$$

으로 나타낼 수 있다. 문제 상황에서 R_{in}과 R_{out}을 각각 식으로 나타내면

$$R_{\text{in}} = (5\times 10^6)\times(2+\sin 2t), \qquad R_{\text{out}} = (5\times 10^6)\times\frac{Q(t)}{10^7}$$

이며, 단위는 모두 L/yr · g/L이다. 따라서 시간이 t일 때 불순물의 양은

$$\frac{dQ}{dt} = (5\times 10^6)(2+\sin 2t) - \frac{Q(t)}{2} \qquad (\text{단, 단위는 g/yr})$$

이다. $q(t) = \dfrac{Q(t)}{10^6}$로 놓으면

$$\frac{dq}{dt} = \frac{1}{10^6}\frac{dQ}{dt} \ ; \ \frac{dQ}{dt} = 10^6\frac{dq}{dt}$$

이므로 $Q(t)$에 대한 방정식을 $q(t)$에 대한 방정식

$$10^6\frac{dq}{dt} + \frac{1}{2}10^6 q(t) = (5\times 10^6)(2+\sin 2t)$$

$$\frac{dq}{dt} + \frac{1}{2}q(t) = 10 + 5\sin 2t \tag{2.5}$$

으로 나타낼 수 있다. 이때, $q(0)=0$이고 식 (2.5)를 1.4절의 선형 미분방정식 (1.31)로 생각하면 $P(x) = \dfrac{1}{2}$이므로, 적분인자 μ를 다음과 같이 구할 수 있다.

$$\mu = e^{\int \frac{1}{2}dt} = e^{\frac{1}{2}t}$$

식 (2.5)의 양변에 $e^{\frac{1}{2}t}$을 곱하면

$$\frac{d}{dt}\left(qe^{\frac{1}{2}t}\right) = (10+5\sin 2t)e^{\frac{1}{2}t}$$

이고, 이 식을 적분하면 다음과 같다.

> 연계 [예제 B-54]
>
> $$\int e^{\frac{1}{2}t}\sin 2t\,dt = -\frac{8}{17}e^{\frac{1}{2}t}\cos 2t + \frac{2}{17}e^{\frac{1}{2}t}\sin 2t + c$$

$$qe^{\frac{1}{2}t} = 10\int e^{\frac{1}{2}t}dt + 5\int e^{\frac{1}{2}t}\sin 2t\,dt$$

$$\begin{aligned} q &= e^{-\frac{1}{2}t}\left(10\int e^{\frac{1}{2}t}dt + 5\int e^{\frac{1}{2}t}\sin 2t\,dt\right) \\ &= 20 + 5e^{-\frac{1}{2}t}\left(-\frac{8}{17}e^{\frac{1}{2}t}\cos 2t + \frac{2}{17}e^{\frac{1}{2}t}\sin 2t + c'\right) \\ &= 20 - \frac{40}{17}\cos 2t + \frac{10}{17}\sin 2t + ce^{-\frac{1}{2}t} \qquad (\text{단, } c = 5c') \end{aligned}$$

이다. 초기에 연못의 물은 순수한 상태이므로 $q(0)=0$임을 이용하면

$$20-\frac{40}{17}+c=0\ ;\ c=-\frac{300}{17}$$

이고, $q(t)$는 다음과 같다.

$$q(t)=20-\frac{40}{17}\cos 2t+\frac{10}{17}\sin 2t-\frac{300}{17}e^{-\frac{1}{2}t}$$

따라서 임의의 시간 t에서 불순물의 양 $Q(t)$는 다음과 같다.

$$Q(t)=10^6\left(20-\frac{40}{17}\cos 2t+\frac{10}{17}\sin 2t-\frac{300}{17}e^{-\frac{1}{2}t}\right)\quad (\text{단, 단위는 g})$$

예제 2-7

탱크에 소금물 100 L가 들어 있다. 소금물을 분당 r L의 속도로 붓고 섞은 뒤 분당 $(r-1)$ L의 속도로 흘려보낸다. 유입되는 소금물의 농도가 $\frac{1}{4}$ kg/L일 때, 임의의 시간 t에서 탱크 속 소금의 양을 구하라. 단, 처음 소금물 100 L에 녹아 있는 소금의 양은 A_0 kg이다.

풀이

임의의 시간 t에서 탱크에 들어 있는 소금의 양을 $A(t)$라 하자. 그러면 소금의 양의 변화율은 $\frac{dA}{dt}=R_{\text{in}}-R_{\text{out}}$이고, 문제 상황에서 R_{in}과 R_{out}을 각각 식으로 나타내면

$$R_{\text{in}}=r\times\frac{1}{4},\qquad R_{\text{out}}=(r-1)\times\frac{A}{100+t}$$

이며, 단위는 모두 L/min · kg/L이다. 따라서 소금 양의 변화율을

$$\frac{dA}{dt}=\frac{r}{4}-\frac{r-1}{100+t}A$$

$$\frac{dA}{dt}+\frac{r-1}{100+t}A=\frac{r}{4}\quad (\text{단, 단위는 kg/min})$$

로 나타낼 수 있으며, 이는 1계 비제차 선형 미분방정식이다. 적분인자 μ를 구하면

$$\mu=e^{\int P\,dt}=e^{\int\frac{r-1}{100+t}dt}=e^{(r-1)\ln(100+t)}=(100+t)^{r-1}$$

이다. $(100+t)^{r-1}$을 미분방정식의 양변에 곱하면

$$\frac{d}{dt}(A(100+t)^{r-1}) = \frac{r}{4}(100+t)^{r-1}$$

이고, 이를 적분하면 $A(100+t)^{r-1} = \frac{r}{4} \cdot \frac{1}{r}(100+t)^{r} + c = \frac{1}{4}(100+t)^{r} + c$이므로

$$A(t) = \frac{1}{4}(100+t) + c(100+t)^{-r+1}$$

이다. 문제의 조건에서 $A(0) = A_0$이므로

$$25 + c \cdot 100^{-r+1} = A_0 \ ; \ c = (A_0 - 25)100^{r-1}$$

이다. 따라서 시간 t에서 소금의 양은 다음과 같다.

$$\begin{aligned} A(t) &= \frac{1}{4}(100+t) + (A_0 - 25)100^{r-1}(100+t)^{-r+1} \\ &= \frac{1}{4}(100+t) + (A_0 - 25)\left(\frac{100}{100+t}\right)^{r-1} \quad (\text{단, 단위는 kg}) \end{aligned}$$

전기회로

[그림 2-1]과 같은 전기회로에서 를 저항(R), 를 인덕터(L), 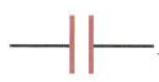를 축전기(C)라 한다. 저항은 전류의 흐름을 방해하고, 인덕터는 전류의 변화를 방해하며, 축전기는 전류를 저장하는 에너지 탱크와 같다. 이들은 모두 전류의 에너지를 빼앗으므로 전압강하 voltage drop를 일으킨다. 이때 인덕터에서의 전압강하는 $L\frac{di}{dt}$, 저항에서의 전압강하는 Ri, 축전기에서의 전압강하는 $\frac{1}{C}\int i\,dt$이다.

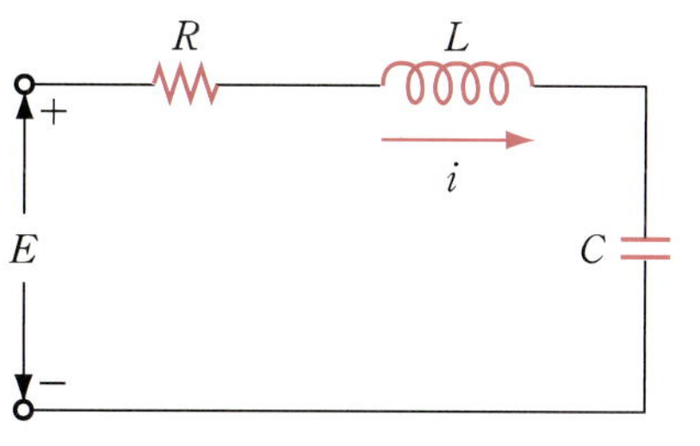

[그림 2-1] RLC 회로

[표 2-1] 전기회로 구성요소의 단위

구성요소	단위	구성요소	단위
저항(R)	옴(Ω)	전압(E)	볼트(V)
축전기(C)	패럿(F)	전류(i)	암페어(A)
인덕터(L)	헨리(H)	전하량(q)	쿨롬(C)

전기회로를 모형화하는 데 쓰이는 키르히호프 법칙은 다음과 같다.

정의 2-1 키르히호프 법칙

폐회로에서 전원에 의해 가해진 전압은 회로에서의 전압강하의 합과 같다.

$$E = L\frac{di}{dt} + Ri + \frac{1}{C}\int i\,dt$$

■ **직렬 RL 회로**

직류전원 E_0가 가해진 직렬 RL 회로에 키르히호프 법칙을 적용하면

$$L\frac{di}{dt} + Ri = E_0 \tag{2.6}$$

로 나타낼 수 있다. 식 (2.6)의 양변을 L로 나누면 1계 비제차 선형 미분방정식

$$\frac{di}{dt} + \frac{R}{L}i = \frac{E_0}{L}$$

형태가 된다. 적분인자 $\mu = e^{\int \frac{R}{L}dt} = e^{\frac{R}{L}t}$ 을 곱하면

$$\frac{d}{dt}\left(ie^{\frac{R}{L}t}\right) = \frac{E_0}{L}e^{\frac{R}{L}t}$$

이므로, 양변을 적분하면 다음과 같다.

$$ie^{\frac{R}{L}t} = \frac{E_0}{L}\frac{L}{R}e^{\frac{R}{L}t} + c = \frac{E_0}{R}e^{\frac{R}{L}t} + c$$

그러므로 전류는

$$i(t) = \frac{E_0}{R} + ce^{-\frac{R}{L}t}$$

이다. $t=0$일 때 $i=0$임을 이용하면 $c = -\frac{E_0}{R}$를 구할 수 있고, 이를 정리하면

$$i(t) = \frac{E_0}{R} - \frac{E_0}{R}e^{-\frac{R}{L}t}$$

이고, $i(t)$의 최종값은 $\frac{E_0}{R}$이다. 즉 R이 커지면 $i(t)$가 최종값에 가까워지는 시간이 짧아지고, L이 커지면 $i(t)$가 최종값에 가까워지는 시간이 길어진다. 이때 $\frac{L}{R}$을 **시정수** time constant라 한다. 전기기기에 전원을 인가하면 전류는 인덕턴스(관성) 때문에 급격하게 변하다가$\left(\text{과도상태} : ce^{-\frac{R}{L}t}\right)$, 그 후에 거의 변하지 않는 상태$\left(\text{정상상태} : \frac{E_0}{R}\right)$가 된다.

예제 2-8

직렬 RL 회로에서 $E(t) = 1.5\,\text{V}$, $R = 20\,\Omega$, $L = 0.03\,\text{H}$일 때, 전류가 최종값의 $99.9\,\%$에 도달하는 데 걸리는 시간을 구하라.

풀이

직렬 RL 회로에 식 (2.6)을 적용하면

$$0.03\frac{di}{dt} + 20i = 1.5 \;;\; \frac{di}{dt} + \frac{2000}{3}i = 50$$

이므로, 1계 비제차 선형 미분방정식이다. 적분인자 $\mu = e^{\int \frac{2000}{3}dt} = e^{\frac{2000}{3}t}$을 양변에 곱하면

$$\frac{d}{dt}\left(ie^{\frac{2000}{3}t}\right) = 50e^{\frac{2000}{3}t}$$

이다. 이 식을 적분하면

$$ie^{\frac{2000}{3}t} = 50 \times \frac{3}{2000}e^{\frac{2000}{3}t} + c \;;\; i = \frac{3}{40} + ce^{-\frac{2000}{3}t}$$

이다. $t = 0$일 때 $i = 0$임을 이용하면 $c = -\frac{3}{40}$이므로

$$i = \frac{3}{40} - \frac{3}{40}e^{-\frac{2000}{3}t}$$

이고, 따라서 i의 최종값은 $\frac{3}{40}$이다. 이제 $i = \frac{3}{40} \times 0.999$일 때의 시간 t를 구하면

$$\frac{3}{40} \times 0.999 = \frac{3}{40} - \frac{3}{40}e^{-\frac{2000}{3}t} \;;\; e^{-\frac{2000}{3}t} = 0.001$$

이다. 따라서 양변에 자연로그 ln을 취하고 $\ln 0.001 = -3\ln 10$임을 이용하면

$$-\frac{2000}{3}t = \ln 0.001 \ ; \ t = \frac{9\ln 10}{2000} \approx 1036 \times 10^{-5}$$

이다. 즉 전류가 최종값의 99.9%에 도달하기까지 약 $1{,}036 \times 10^{-5}$초 걸린다.

■ 교류 RL 회로

교류전원 $E = E_0 \sin \omega t$가 가해진 교류 RL 회로에 키르히호프 법칙을 적용하면

$$L\frac{di}{dt} + Ri = E_0 \sin \omega t \tag{2.7}$$

로 나타낼 수 있다. 식 (2.7)의 양변을 L로 나누면 1계 비제차 선형 미분방정식

$$\frac{di}{dt} + \frac{R}{L}i = \frac{E_0}{L}\sin\omega t$$

형태가 된다. 적분인자 $\mu = e^{\int \frac{R}{L}dt} = e^{\frac{R}{L}t}$을 곱하여 양변을 적분하면 다음을 얻는다.

$$\begin{aligned} i(t) &= e^{-\frac{R}{L}t}\left[\int e^{\frac{R}{L}t}\frac{E_0}{L}\sin \omega t\, dt\right] \\ &= e^{-\frac{R}{L}t}\left[\frac{E_0}{L}\int e^{\frac{R}{L}t}\sin \omega t\, dt\right] \end{aligned}$$

> 연계 [예제 B-55]
>
> $\int e^{\frac{R}{L}t}\sin\omega t\, dt$
>
> $= \frac{L}{\omega^2 L^2 + R^2}e^{\frac{R}{L}t}(R\sin\omega t - \omega L\cos\omega t)$

이 식의 우변은 부분적분법을 이용하면

$$i(t) = ce^{-\frac{R}{L}t} + \frac{E_0}{R^2 + \omega^2 L^2}(R\sin \omega t - \omega L \cos \omega t)$$

이다. 우변의 삼각함수를 사인함수로 합성하면

$$i(t) = ce^{-\frac{R}{L}t} + \frac{E_0}{\sqrt{R^2 + \omega^2 L^2}}\sin(\omega t - \delta) \quad \left(\text{단, 위상각 } \delta = \tan^{-1}\frac{\omega L}{R}\right)$$

이다. 이때 $i(0) = 0$이므로

$$c = \frac{E_0}{\sqrt{R^2 + \omega^2 L^2}}\sin\delta$$

이고, 따라서 $i(t)$의 최종값은 다음과 같다.

$$i(t) = \frac{E_0}{\sqrt{R^2 + \omega^2 L^2}}\left[ce^{-\frac{R}{L}t} + \sin(\omega t - \delta)\right]$$

$e^{-\frac{R}{L}t}$ 의 그래프와 $\sin(\omega t - \delta)$의 그래프는 [그림 2-2(a)]처럼 나타난다. 이 두 그래프를 합성하면 [그림 2-2(b)]와 같아지며, 이는 교류전류가 처음에만 지수함수의 영향으로 조금 변형되고 나중에는 사인함수가 된다는 의미이다. 사인함수의 교류전압을 입력하면 정상상태에서는 사인함수의 교류전류가 출력됨을 알 수 있다.

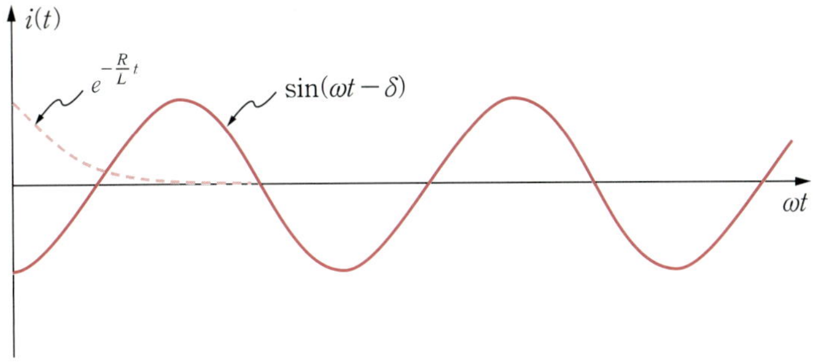

(a) $e^{-\frac{R}{L}t}$ 의 그래프와 $\sin(\omega t - \delta)$의 그래프

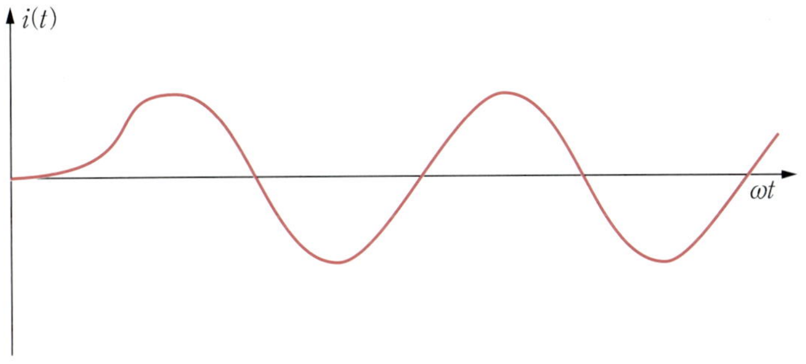

(b) $e^{-\frac{R}{L}t}$ 의 그래프와 $\sin(\omega t - \delta)$의 그래프를 합성한 결과

[그림 2-2] $e^{-\frac{R}{L}t}$ 의 그래프와 $\sin(\omega t - \delta)$의 그래프의 합성

교류의 경우에는 인덕턴스 $L \to 0$일 때 $e^{-\frac{R}{L}t} \to 0$이므로 과도상태는 존재하지 않는다. 또한 인덕턴스는 정상상태(y_p)에도 영향을 미친다.

$L = 0$일 때 $\delta = 0$이고, $\frac{\omega L}{R} \to \infty$ 일 때 $\delta \to \frac{\pi}{2}$이므로 주파수 ω가 커지면 전압과 전류 사이에 위상차phase difference가 $\frac{\pi}{2}$만큼 생긴다.

예제 2-9

교류 RL 회로에서 $E(t)=110\sin 120\pi t\,\mathrm{V}$, $R=15\Omega$, $L=3\mathrm{H}$일 때, 전류를 구하라.

풀이

교류 RL 회로에 식 (2.7)을 적용하면

$$3\frac{di}{dt}+15i=110\sin 120\pi t$$

$$\frac{di}{dt}+5i=\frac{110}{3}\sin 120\pi t$$

이므로, 1계 비제차 선형 미분방정식이다. 따라서 적분인자 $\mu=e^{\int 5\,dt}=e^{5t}$을 양변에 곱하면

$$\frac{d}{dt}(ie^{5t})=\frac{110}{3}e^{5t}\sin 120\pi t$$

이다. 이 식을 적분하면

$$ie^{5t}=\frac{110}{3}\int e^{5t}\sin 120\pi t\,dt \qquad (2.8)$$

이다. 식 (2.8)의 우변을 부분적분으로 계산하면

$$\begin{aligned}\int e^{5t}\sin 120\pi t\,dt &= \frac{1}{5}e^{5t}\sin 120\pi t-24\pi\int e^{5t}\cos 120\pi t\,dt\\ &=\frac{1}{5}e^{5t}\sin 120\pi t-24\pi\left(\frac{1}{5}e^{5t}\cos 120\pi t+24\pi\int e^{5t}\sin 120\pi t\,dt\right)\\ &=\frac{1}{5}e^{5t}\sin 120\pi t-\frac{24\pi}{5}e^{5t}\cos 120\pi t-576\pi^2\int e^{5t}\sin 120\pi t\,dt\end{aligned}$$

이다. 이 식을 정리하면

$$(1+576\pi^2)\int e^{5t}\sin 120\pi t\,dt=\frac{1}{5}e^{5t}\sin 120\pi t-\frac{24\pi}{5}e^{5t}\cos 120\pi t$$

$$\int e^{5t}\sin 120\pi t\,dt=\frac{1}{5(1+576\pi^2)}e^{5t}(\sin 120\pi t-24\pi\cos 120\pi t)$$

이므로, 식 (2.8)에 대입하면 전류 $i(t)$는 다음과 같다.

$$\begin{aligned}i(t)&=\frac{110}{3}\cdot\frac{1}{5(1+576\pi^2)}(\sin 120\pi t-24\pi\cos 120\pi t)+ce^{-5t}\\ &=\frac{22}{3}\cdot\frac{1}{(1+576\pi^2)}(\sin 120\pi t-24\pi\cos 120\pi t)+ce^{-5t}\end{aligned}$$

■ 직렬 RC 회로

직류전원 E_0가 가해진 직렬 RC 회로는 키르히호프 법칙을 이용하면 다음과 같이 모형화할 수 있다.

$$Ri + \frac{1}{C}\int i\,dt = E_0 \tag{2.9}$$

축전기에 축적된 전하량을 q라 하자. 이때 $i = \frac{dq}{dt}$이므로 식 (2.9)에 대입하면

$$R\frac{dq}{dt} + \frac{1}{C}q = E_0$$

$$\frac{dq}{dt} + \frac{1}{RC}q = \frac{E_0}{R}$$

이고, 이는 1계 비제차 선형 미분방정식이다. 이때 RC를 **시정수**라 한다.

예제 2-10

[그림 2-3]과 같은 직렬 RC 회로에서 전하량 q를 구하라.

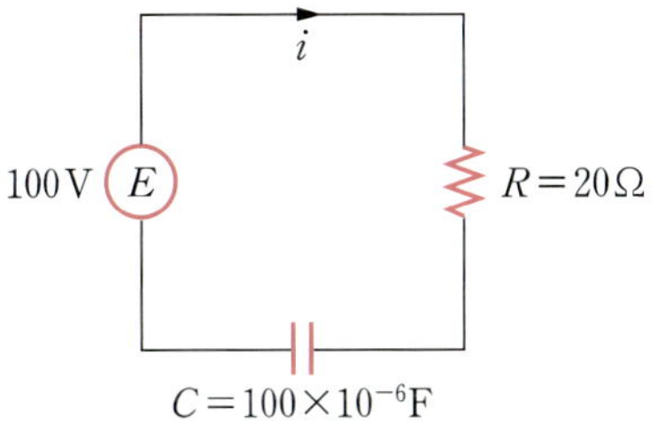

[그림 2-3] 직렬 RC 회로

풀이

주어진 직렬 RC 회로를 모형화하면

$$20i + 10^4 q = 100$$

$$20\frac{dq}{dt} + 10^4 q = 100$$

$$\frac{dq}{dt} + 500q = 5$$

이므로, 1계 비제차 선형 미분방정식이다. 따라서 적분인자 $e^{\int P dt} = e^{\int 500\,dt} = e^{500t}$을 양변에 곱하면

$$\frac{d}{dt}(qe^{500t}) = 5e^{500t}$$

이고, 이 식을 적분하면 다음과 같다.

$$qe^{500t} = \frac{1}{100}e^{500t} + c$$

$$q = \frac{1}{100} + ce^{-500t}$$

■ 교류 RC 회로

교류전원 $E = E_0 \sin \omega t$ 가 가해진 교류 RC 회로에 키르히호프 법칙을 적용하면

$$Ri + \frac{1}{C}\int i\,dt = E_0 \sin \omega t \tag{2.10}$$

로 나타낼 수 있다. 식 (2.10)을 t에 대해 미분하면

$$R\frac{di}{dt} + \frac{1}{C}i = \omega E_0 \cos \omega t$$

$$\frac{di}{dt} + \frac{1}{RC}i = \frac{\omega E_0}{R}\cos \omega t$$

이다. 적분인자 $\mu = e^{\int \frac{1}{RC}dt} = e^{\frac{1}{RC}t}$ 을 이용하여 해를 구하면 다음과 같다.

$$i(t) = ce^{-\frac{1}{RC}t} + \frac{\omega E_0 C}{1+(\omega RC)^2}(\cos\omega t + \omega RC\sin\omega t)$$

$$= ce^{-\frac{1}{RC}t} + \frac{\omega E_0 C}{\sqrt{1+(\omega RC)^2}}\sin(\omega t + \delta) \quad \left(\text{단, } \delta = \tan^{-1}\frac{1}{\omega RC}\right)$$

또는 식 (2.10)을 다음과 같이 나타내면 전하량 $q(t)$를 구할 수 있다.

$$Ri + \frac{1}{C}q = E_0 \sin \omega t$$

$$R\frac{dq}{dt} + \frac{1}{C}q = E_0 \sin \omega t$$

예제 2-11

교류 RC 회로에서 $R = 10\,\Omega$, $C = 10^{-3}\,\mathrm{F}$, $E(t) = 100\sin 120\pi t\,\mathrm{V}$ 일 때, 전하량 q를 구하라.

풀이

주어진 교류 RC 회로에 식 (2.10)을 적용하면

$$10\frac{dq}{dt} + 10^3 q = 100\sin 120\pi t$$

$$\frac{dq}{dt} + 100q = 10\sin 120\pi t$$

이고, 이는 1계 비제차 선형 미분방정식이다. 따라서 적분인자 $e^{\int 100\,dt} = e^{100t}$ 을 양변에 곱하면

$$\frac{d}{dt}(qe^{100t}) = 10e^{100t}\sin 120\pi t$$

이고, 이 식을 적분하면 다음과 같다.

$$qc^{100t} = 10\int e^{100t}\sin 120\pi t dt$$

이때 우변을 적분하면

$$\begin{aligned}&\int e^{100t}\sin 120\pi t\, dt \\ &= \frac{1}{4(25+36\pi^2)}e^{100t}\sin 120\pi t - \frac{3\pi}{10(25+36\pi^2)}e^{100t}\cos 120\pi t\end{aligned}$$

이므로, 전하량 q는 다음과 같다.

$$q(t) = \frac{5}{2(25+36\pi^2)}\sin 120\pi t - \frac{3\pi}{25+36\pi^2}\cos 120\pi t + ce^{-100t}$$

■ **충전기의 방전**

충전된 전하량을 q_0라 하자. 이때 $\frac{dq}{dt} = i$, $q = \int i dt$이므로 $Ri + \frac{1}{C}\int i\, dt = 0$에서

$$R\frac{dq}{dt} + \frac{1}{C}\int \frac{dq}{dt}dt = 0$$

$$\frac{dq}{dt} + \frac{1}{RC}q = 0$$

이다. 이 식은 1계 제차 선형 미분방정식이고, 일반해는

$$q(t) = cc^{-\frac{1}{RC}t}$$

이다. $q(0) = q_0$ 이므로 $c = q_0$이다. 따라서

$$q(t) = q_0 e^{-\frac{1}{RC}t} \tag{2.11}$$

이다. 식 (2.11)을 통해 저항 R이나 축전기의 용량 C가 크면 방전하는 데 시간이 오래 걸림을 알 수 있다. 이는 저항이 크면 전하들이 이동하기 힘들고, 축전기의 용량이 크면 전하를 많이 저장하고 있어 전하들이 빠져나가기 어렵기 때문이다.

속도

움직이는 물체의 운동에 대해 생각해보자. 물체에 영향을 주는 총 힘 F는 뉴턴의 운동 제2법칙이 적용된다.

$$F = ma \tag{2.12}$$

여기서 F는 힘, m은 물체의 질량, a는 물체의 가속도이다. 이제 수직 방향으로 떨어지는 물체의 속도를 구해보자. 중력은 물체의 무게에 비례해서 mg만큼 작용한다. 이때 $g = 9.8\ \mathrm{m/s^2}$은 중력 가속도이다. 저항이 속도에 비례한다고 가정하면, 떨어지는 물체에 작용하는 힘은 다음과 같다.

$$F = mg - rv \qquad (\text{단, } r\text{은 비례상수}) \tag{2.13}$$

이다. 식 (2.12)와 식 (2.13)에 의해

$$ma = mg - rv$$

이므로, 다음과 같은 1계 비제차 선형 미분방정식을 얻는다.

$$m\frac{dv}{dt} = mg - rv$$

$$\frac{dv}{dt} + \frac{r}{m}v = g$$

예를 들어, $m = 10\,\mathrm{kg}$, $r = 2\,\mathrm{kg/s}$일 때 떨어지는 물체에 작용하는 힘은

$$10\frac{dv}{dt} = 98 - 2v$$

$$\frac{dv}{dt} + \frac{1}{5}v = 9.8 \tag{2.14}$$

이다. 식 (2.14)를 1.4절의 선형 미분방정식 (1.31)로 생각하면 $P(t) = \dfrac{1}{5}$이므로, 적분인자 $\mu = e^{\int P dt} = e^{\int \frac{1}{5} dt} = e^{\frac{1}{5}t}$를 양변에 곱하면

$$\frac{d}{dt}\left(ve^{\frac{1}{5}t}\right) = 9.8e^{\frac{1}{5}t}$$

이다. 이제 양변을 적분하여 v를 구하면 다음과 같다.

$$ve^{\frac{1}{5}t} = 9.8\int e^{\frac{1}{5}t}dt = 49e^{\frac{1}{5}t} + c$$

$$v = 49 + ce^{-\frac{1}{5}t}$$

예제 2-12

어떤 사람이 수직으로 낙하하다가 속도가 $55\,\mathrm{m/s}$ 일 때 낙하산을 펼쳤다고 하자. 공기저항이 $\frac{Wgv^2}{25}$ N 일 때, 낙하산을 펼친 후의 낙하 속도를 시간 t에 대한 함수로 나타내라. 단, W는 사람과 낙하산 무게의 합이다.

풀이

떨어지는 물체에 작용하는 힘 = 무게 − 저항이므로

$$\frac{W}{g}\frac{dv}{dt} = W - \frac{Wv^2}{25}$$

으로 나타낼 수 있다. 이 식에 $g = 9.8\,\mathrm{m/s^2}$을 대입하여 정리하면

$$\frac{dv}{v^2 - 25} = -\frac{9.8}{25}dt$$

이다. 이 식을 적분하면

$$\frac{1}{10}\ln\left|\frac{v-5}{v+5}\right| = -\frac{9.8}{25}t + c_1$$

$$\ln\left|\frac{v-5}{v+5}\right| = -\frac{98}{25}t + 10c_1$$

$$\left|\frac{v-5}{v+5}\right| = \pm ce^{-\frac{98}{25}t} \quad (\text{단, } \pm c = e^{10c_1})$$

연계 [예제 B-37]

$$\int \frac{dv}{v^2 - 5^2}$$

$$= \frac{1}{10}\int\left(\frac{1}{v-5} - \frac{1}{v+5}\right)dv$$

$$= \frac{1}{10}(\ln|v-5| - \ln|v+5|) + c$$

이다. $t = 0$일 때 $v = 55$이므로 $c = \frac{5}{6}$이다. 따라서 낙하산을 펼친 후의 낙하 속도는 다음과 같다.

$$v = 5\left(\frac{6 + 5\cdot e^{-\frac{98}{25}t}}{6 - 5\cdot e^{-\frac{98}{25}t}}\right)$$

예제 2-13

얼음판 위에서 짐을 끌고 있는 썰매를 생각하자. 썰매와 짐 무게의 합은 35 kg이고 얼음에 의한 저항은 무시할 수 있지만 공기저항은 $70v\,\mathrm{m/s^2}$이라 할 때, 이 썰매에 미치는 힘에 관한 다음 물음에 답하라. 단, 전진력의 단위는 N이다.

(a) 종단 속도 termonal velocity($t\to\infty$ 일 때의 속도)가 16 km/hr 일 때, 썰매에 가해지는 힘을 구하라.

(b) 48초 후 속도와 이동한 거리를 구하라.

풀이

썰매에 미치는 힘은

$$\begin{aligned}\text{질량}[\mathrm{kg}]\times\text{가속도}[\mathrm{m/s^2}] &= \text{힘}[\mathrm{N}]\\ &= \text{전진력}-\text{저항}\end{aligned}$$

이므로, 전진력forward force을 F라 하면

$$35\frac{dv}{dt}=F-70v$$

$$\frac{dv}{dt}+2v=\frac{F}{35}$$

로 나타낼 수 있으며, 이는 1계 비제차 선형 미분방정식이다. 적분인자 $\mu=e^{\int 2\,dt}=e^{2t}$을 양변에 곱하고 적분하면

$$v=\frac{F}{70}+ce^{-2t}$$

이다. $t=0$일 때, $v=0$이므로 $c=-\frac{F}{70}$이다. 따라서 시간 t일 때 썰매의 속도는 다음과 같다.

$$v(t)=\frac{F}{70}(1-e^{-2t})$$

(a) $t\to\infty$ 일 때, $v=\frac{F}{70}=\frac{16000}{3600}=\frac{40}{9}$ 이므로, 다음을 얻는다.

$$F=\frac{2800}{9}\approx 311\,[\mathrm{N}]$$

(b) $t=48$일 때, $v=\frac{40}{9}(1-e^{-96})\approx\frac{40}{9}$ 이므로 48초 후 썰매가 이동한 거리는 다음과 같다.

$$s=\int_0^{48}v\,dt=\frac{40}{9}\int_0^{48}(1-e^{-2t})\,dt=211\,[\mathrm{m}]$$

복리

임의의 시간 t에서의 투자금이 $S(t)$이고 이자율이 연 $r\%$의 복리라 하자. 그러면 투자금의 성장률은 $\frac{dS}{dt} = r \times S(t)$이다. 초기 투자금을 $S(0) = S_0$라 하고 복리가 연속적으로 발생한다고 가정하면

$$S(t) = S_0 e^{rt}$$

로 나타낼 수 있다. 또한 이자가 일정 기간 동안 이산적으로 발생한다고 하자. 이율을 1년에 1번 복리로 계산하면 t년 후에는

$$S(t) = S_0 (1+r)^t \tag{2.15}$$

이고, 1년에 2번 복리로 계산하면

$$(6\text{개월 말의 투자금}) = S_0\left(1+\frac{r}{2}\right)$$
$$(1\text{년 말의 투자금}) = S_0\left(1+\frac{r}{2}\right)^2$$
$$(t\text{년 말의 투자금}) = S_0\left(1+\frac{r}{2}\right)^{2t}$$

이다. 그러므로 1년에 n번 복리로 계산하면 투자금은 다음과 같다.

$$S(t) = S_0\left(1+\frac{r}{n}\right)^{nt} \tag{2.16}$$

예제 2-14

연이율 5%의 복리로 계산할 때, 원금의 2배가 될 때까지 걸리는 시간을 구하라.

풀이

원금을 x_0, 임의의 시간 t에서의 원리합계를 $x(t)$라 하자. 그러면 시간에 따른 원리합계의 변화는 복리 기간에 비례하므로

$$\frac{dx}{dt} = 0.05x = \frac{1}{20}x$$
$$\frac{dx}{x} = \frac{1}{20}dt$$

인 변수분리형 미분방정식으로 나타낼 수 있다. 이 식을 변수분리 후 적분하면

$$x = ce^{\frac{1}{20}t} = x_0 e^{\frac{1}{20}t}$$

이다. 원금의 2배가 되는 시간은 $x = 2x_0$일 때의 시간 t이므로 다음과 같다.

$$2x_0 = x_0 e^{\frac{1}{20}t}, \quad e^{\frac{1}{20}t} = 2$$

$$t = 20\ln 2 \approx 13.9 \text{ [년]}$$

연립 미분방정식과 선형모형

여러 종속변수가 독립변수 하나에 대한 함수일 때 이를 연립 미분방정식으로 표현할 수 있다. 혼합물과 전기회로에 관한 문제를 수학적으로 모형화해보자. 여기서 다루는 세 가지 예제는 모두 미분방정식으로 나타낼 수 있으며, 실제 풀이는 6.2절에서 다룬다.

예제 2-15

[그림 2-4]와 같이 탱크 2개가 파이프 2대로 연결되어 있고, 소금물이 탱크 A, B를 순환한다고 하자. 또한 탱크 A에는 순수한 물이 분당 3L씩 공급되며, 탱크 A, B는 각각 분당 2L, 1L씩 소금물을 유출한다. 처음 탱크 A에는 소금 150g이 녹아 있는 소금물 20L가 채워져 있고, 탱크 B에는 소금 50g이 녹아 있는 소금물 10L가 채워져 있다고 가정하자. 이때 임의의 시간 t에서 각 탱크에 머무르는 소금의 양을 수학적 모형으로 나타내라.

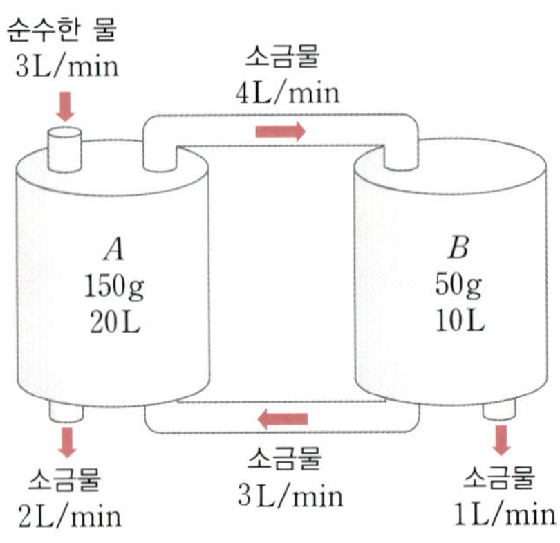

[그림 2-4] 소금물이 순환하는 물 탱크

풀이

임의의 시간 t에서 탱크 A에 들어 있는 소금의 양을 $x_1(t)$라 하고, 탱크 B에 들어 있는 소금의 양을 $x_2(t)$라 하자. 그러면 다음과 같은 연립 미분방정식을 세울 수 있다.

$$\begin{aligned}\frac{dx_1}{dt} &= (\text{소금의 유입 속도}) - (\text{소금의 유출 속도}) \\ &= \left(3[\mathrm{L/min}] \cdot 0[\mathrm{g/L}] + 3[\mathrm{L/min}] \cdot \frac{x_2}{10}[\mathrm{g/L}]\right) \\ &\qquad - \left(2[\mathrm{L/min}] \cdot \frac{x_1}{20}[\mathrm{g/L}] + 4[\mathrm{L/min}] \cdot \frac{x_1}{20}[\mathrm{g/L}]\right) \\ &= \frac{3}{10}x_2 - \frac{6}{20}x_1 = -\frac{3}{10}x_1 + \frac{3}{10}x_2\end{aligned}$$

$$\begin{aligned}\frac{dx_2}{dt} &= \left(4[\mathrm{L/min}] \cdot \frac{x_1}{20}[\mathrm{g/L}]\right) - \left(3[\mathrm{L/min}] \cdot \frac{x_2}{10}[\mathrm{g/L}] + 1[\mathrm{L/min}] \cdot \frac{x_2}{10}[\mathrm{g/L}]\right) \\ &= \frac{4}{20}x_1 - \frac{4}{10}x_2 = \frac{1}{5}x_1 - \frac{2}{5}x_2, \quad x_1(0) = 150, \quad x_2(0) = 50\end{aligned}$$

예제 2-16

[그림 2-4]의 탱크 B에서 탱크 A로 소금물을 2L/min의 속도로 내보낸다고 하자. 임의의 시간 t에서 각 탱크에 남아 있는 소금의 양을 수학적 모형으로 나타내라.

풀이

탱크 B에는 소금물이 4L/min만큼 들어오고 3L/min만큼 나가기 때문에 분당 1L씩 부피가 늘어난다. 따라서 t분 후 탱크 B에는 소금물이 $(10+t)$L가 채워진다. 그러므로 다음과 같은 연립 미분방정식을 세울 수 있다.

$$\begin{aligned}\frac{dx_1}{dt} &= 2[\mathrm{L/min}] \cdot \frac{x_2}{10+t} - \left(2[\mathrm{L/min}] \cdot \frac{x_1}{20-t} + 4[\mathrm{L/min}] \cdot \frac{x_1}{20-t}\right) \\ &= -\frac{6}{20-t}x_1 + \frac{2}{10+t}x_2\end{aligned}$$

$$\begin{aligned}\frac{dx_2}{dt} &= 4[\mathrm{L/min}] \cdot \frac{x_1}{20-t} - \left(2[\mathrm{L/min}] \cdot \frac{x_2}{10+t} + 1[\mathrm{L/min}] \cdot \frac{x_2}{10+t}\right) \\ &= \frac{4}{20-t}x_1 - \frac{3}{10+t}x_2\end{aligned}$$

예제 2-17

[그림 2-5]의 전기회로에 대해 수학적 모형을 세워라.

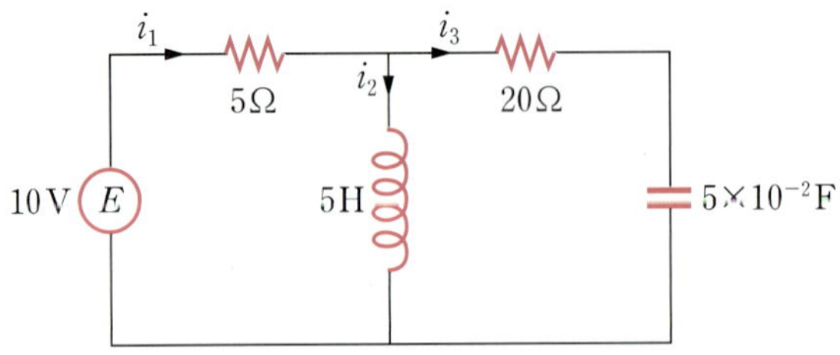

[그림 2-5] 전기회로

풀이

키르히호프 제1법칙에 의하면 $i_1 = i_2 + i_3$이고, 각 회로에 키르히호프 법칙을 적용하면

$$5i_1 + 5i_2{}' = 10$$

$$5i_1 + 20i_3 + \frac{1}{5 \times 10^{-2}} q_3 = 10 \qquad (\text{단, } q_3{}' = i_3)$$

이다. 이를 미분하면

$$5i_1{}' + 20i_3{}' + \frac{1}{5 \times 10^{-2}} i_3 = 0$$

이므로 다음과 같은 연립 미분방정식을 얻는다.

$$5i_2 + 5i_3 + 5i_2{}' = 10$$

$$5i_2{}' + 25i_3{}' + \frac{1}{5 \times 10^{-2}} i_3 = 0$$

Section 2.2 비선형모형

이 절은 1계 비선형 미분방정식으로 표현할 수 있는 모델로서 성장모형과 화학반응 그리고 토리첼리 법칙을 살펴본다.

성장모형

시간에 따라 성장하거나 감쇠하는 현상을 지수적 성장, 로지스틱 모형, 곰페르츠 모형과 전염병 확산으로 나누어 살펴본다.

■ 지수적 성장

임의의 시간 t에서 어떤 종species의 개체수를 $y=\phi(t)$라 하자. 가장 간단하게는 y의 변화율이 임의의 시간 t에서 y에 비례한다고 가정해서 다음과 같은 미분방정식으로 나타낼 수 있다.

$$\frac{dy}{dt}=ry \qquad (\text{단, } r\text{은 성장률[감쇠율]})$$

초기의 개체수가 y_0라면

$$y=y_0\,e^{rt}$$

이다.

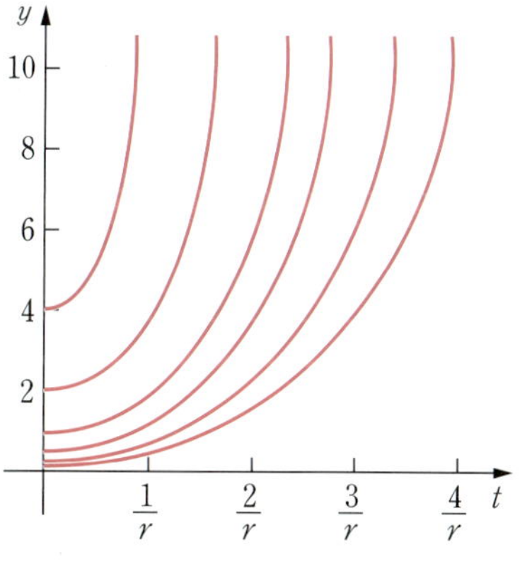

[그림 2-6] 지수적 성장

■ 로지스틱 모형

성장률이 현재 개체수에 좌우된다는 것을 고려해서

$$\frac{dy}{dt}=h(y)y \tag{2.17}$$

라 하자. y가 작을 때는 $h(y)\approx r>0$이 되도록, y가 충분히 클 때는 $h(y)<0$이 되도록 $h(y)$를 택하고자 한다. 그중 가장 간단한 형태는 $h(y)=r-ay$(단, a는 양의 상수)이다. $h(y)=r-ay$를 식 (2.17)에 대입하면 미분방정식

$$\frac{dy}{dt} = (r - ay)y \tag{2.18}$$

이고, 이를 **로지스틱 방정식**Logistic equation 또는 고안자의 이름을 따서 베르헐스트 방정식Verhulst equation이라 한다. 로지스틱 방정식은 다음과 같이 변형해서 사용하기도 한다.

$$\frac{dy}{dt} = r\left(1 - \frac{y}{k}\right)y, \ k = \frac{r}{a} \quad (\text{단, } r\text{은 본질적인 성장률}) \tag{2.19}$$

로지스틱 방정식은 비선형이지만 변수분리형(또는 Bernoulli형) 미분방정식으로 생각하고 해를 구할 수 있다. $y \neq 0$이고 $y \neq k$라 가정하자. 그러면 식 (2.19)는 다음과 같이 변형할 수 있다.

$$\frac{dy}{\left(1 - \frac{y}{k}\right)y} = r\,dt$$

$$\left(\frac{1}{y} + \frac{\frac{1}{k}}{1 - \frac{y}{k}}\right)dy = r\,dt$$

이 식을 적분하면

$$\ln y - \ln\left(1 - \frac{y}{k}\right) = rt + c \ ; \ \ln\frac{y}{1 - \frac{y}{k}} = rt + c$$

이다. 초기조건을 $y(0) = y_0$라 하면, $c_1 = \dfrac{y_0}{1 - \frac{y_0}{k}}$ (단, $c_1 = e^c$)이고

$$y = \frac{y_0 k}{y_0 + (k - y_0)e^{-rt}}$$

이다.

참고 피에르 F. 베르헐스트(Pierre F. Verhulst, 1802–1849)

벨기에 수학자로서 1838년 인구 변화율의 한 모델로 로지스틱 방정식을 소개했다. 그러나 인구 데이터가 부정확한 탓에 모델의 적합성을 검증하기 어려운 문제가 있어 오랫동안 주목받지 못했다. 그러다 1930년 레이먼드 펄(Raymond Pearl)과 1935년 게오르기 F. 가우제(Georgy F. Gause)가 실험 데이터를 이용하여 이를 확증했다.

예제 2-18

로지스틱 모형으로 태평양의 특정 지역에 사는 가자미의 자연 성장률을 파악할 수 있다. 임의의 시간 t에서 가자미의 총 질량을 $y(t)\,[\mathrm{kg}]$라 하자. $y(0)=0.25k$일 때, 2년 후 가자미의 총 질량을 구하라. 단, $r=0.71/\mathrm{yr}$이고 $k=80.5\times10^6\,[\mathrm{kg}]$이다.

풀이

$y_0=0.25k$이고 $r=0.71$이므로

$$y=\frac{0.25\,k^2}{0.25k+0.75k\,e^{-0.71t}}=\frac{k}{1+3\,e^{-0.71t}}$$

이다. 따라서 2년 후 가자미의 총 질량은 다음과 같다.

$$y(2)=\frac{80.5\times10^6}{1+3e^{-0.71\times2}}\approx46.7\times10^6\,[\mathrm{kg}]$$

■ 곰페르츠 모형

다음과 같은 모형을 **곰페르츠 방정식**Gompertz equation이라 한다.

$$\frac{dy}{dt}=ry\ln\left(\frac{K}{y}\right)\qquad(\text{단, } r,\ K\text{는 양의 상수})\tag{2.20}$$

식 (2.20)을 정리한 $\dfrac{dy}{dt}=ry(\ln K-\ln y)$에서 $a=r\ln K$, $b=r$로 놓으면

$$\frac{dy}{dt}=y(a-b\ln y)\tag{2.21}$$

이다. 이때 $\ln y=Y$로 놓고 $y=e^Y$을 t에 대해 미분하면

$$\frac{dy}{dt}=e^Y\frac{dY}{dt}\tag{2.22}$$

이므로, 식 (2.22)를 식 (2.21)에 대입하면 다음과 같다.

$$e^Y\frac{dY}{dt}=e^Y(a-bY)\ ;\ \frac{dY}{dt}=a-bY$$

이는 변수분리형 또는 선형 미분방정식의 형태가 된다. 변수분리 후 적분하면

$$\frac{dY}{a-bY}=dt$$

$$-\frac{1}{b}\ln(a-bY)=t+c_1$$

$$\ln(a-bY)=-bt-bc_1$$

$$a-bY=ce^{-bt} \qquad (\text{단, } c=e^{-bc_1})$$

이므로, Y에 관해 정리하면 다음과 같다.

$$\ln y=Y=\frac{a-ce^{-bt}}{b} \;;\; y=e^{\frac{a-ce^{-bt}}{b}}$$

■ 전염병 확산

1760년 다니엘 베르누이Daniel Bernoulli가 전염병 확산에 대한 연구를 수학적으로 표현했다. 최근에는 여러 가지 질병을 설명하는 수학적 모델이 등장했다. 또한 이러한 모델은 소문의 확산과 소비제품의 확산 등을 설명할 수 있다.

예제 2-19

임의의 시간 t에서 전염병에 걸린 인구수를 $x(t)$라 하자. 전체 인구수를 1이라 하면 감염되지 않은 인구수는 $1-x$이다. 전염병의 확산 속도는 전염병 환자와 정상인 수에 모두 비례한다고 할 때, t시간 후 전염병 환자의 수를 구하라.

풀이

전염병에 걸린 초기 인구수를 x_0명이라 할 때, 주어진 문제를 수학적으로 모형화하면

$$\frac{dx}{dt}=kx(1-x),\; x(0)=x_0 \qquad (\text{단, } k\text{는 비례상수})$$

인 로지스틱 방정식이다. 변수를 분리하면

$$\frac{dx}{(1-x)x}=k\,dt \;;\; \left(\frac{1}{x}+\frac{1}{1-x}\right)dx=k\,dt$$

이고, 이 식을 적분하면

$$\ln x-\ln(1-x)=kt+c$$

$$\ln\frac{x}{1-x}=kt+c$$

이다. $x(0)=x_0$이므로 $c_1=\dfrac{x_0}{1-x_0}$ (단, $c_1=e^c$)이고, 전염병 환자의 수는 다음과 같다.

$$x=\frac{x_0}{x_0+(1-x_0)e^{-kt}}$$

화학반응

화합물 P와 Q를 결합해 새로운 물질 X를 생성한다고 하자. P와 Q의 초기 양을 각각 p, q라 하고 임의의 시간 t에서 X의 양을 $x(t)$라 하자.

2차 화학반응에서 물질 P 1볼과 물실 Q 1몸을 곃합해 물질 X 1몰을 생성한다. 물질 P와 Q의 초기 양을 각각 p, q라 하고 임의의 시간 t에서 X의 밀도를 $x(t)$라 하면 $p-x(t)$와 $q-x(t)$는 각각 시간 t에서 P와 Q의 양이다. 따라서 반응 속도는 다음과 같다.

$$\frac{dx}{dt}=\alpha(p-x)(q-x) \qquad (\text{단, } \alpha\text{는 양의 상수}) \tag{2.23}$$

예제 2-20

두 화학 물질 A와 B가 결합하여 화합물 C가 된다. 반응 속도는 화합물 C로 변환되지 않은 A와 B의 양의 곱에 비례한다. A와 B의 초기 양은 각각 36 g과 72 g이고 A 4 g마다 B 1 g이 반응한다. 10분 후 C가 10 g 생성되었을 때, 오랜 시간이 지난 후 C의 양이 어떻게 되는지 설명하라.

풀이

임의의 시간 t에서 생성된 C의 양을 $x(t)$라 하자. 그러면

$$\frac{dx}{dt}\propto\left(36-\frac{4}{5}x\right)\left(72-\frac{1}{5}x\right)$$

이므로 변수분리형 미분방정식

$$\frac{dx}{dt}=k(45-x)(360-x),\quad x(0)=0,\quad x(10)=10$$

으로 나타낼 수 있다. 이 식을 변수분리 후 적분하면

$$\frac{dx}{(45-x)(360-x)}=k\,dt$$

$$\frac{1}{315}\left(\frac{1}{45-x}-\frac{1}{360-x}\right)dx=k\,dt$$

$$\ln\left|\frac{360-x}{45-x}\right|=315kt+c'$$

$$\frac{360-x}{45-x}=ce^{315kt} \qquad (\text{단, } c=\pm e^{c'})$$

이고, 초기조건에서 $x(0)=0$이므로 $c=8$이다. 따라서

$$x = \frac{360(e^{315kt}-1)}{8e^{315kt}-1}$$

이다. 또한 $x(10)=10$이므로

$$10 = 360\frac{e^{3150k}-1}{8e^{3150k}-1} \;;\; e^{3150k} = \frac{8}{7} \;;\; 3150k = \ln\frac{8}{7}$$

$$315k = \frac{1}{10}\ln\frac{8}{7} \simeq 0.29706$$

이다. 그러므로 C의 양은

$$x(t) = \frac{360(e^{0.29706t}-1)}{8e^{0.29706t}-1} = \frac{360(1-e^{-0.29706t})}{8-e^{-0.29706t}}$$

이고, $t \to \infty$일 때 $x = 45\,\mathrm{g}$이다.

토리첼리 법칙

중력에 의해 탱크 구멍으로 흘러나오는 액체의 속도 v는 액체 표면과 입구의 중심 간의 수직거리 h의 제곱근과 중력 가속도의 2배(즉 $2g$)의 곱의 제곱근에 비례한다.

$$v \propto \sqrt{2gh} \quad (\text{단, } g = 9.8\,\mathrm{m/s^2}) \tag{2.24}$$

예제 2-21

반지름이 2.5 m, 높이 3 m인 원통형 탱크에 물이 가득 차 있다. 탱크의 밑바닥에서 반지름이 2.5 cm인 원 모양의 구멍을 통해 물이 흘러 나가기 시작한다. 임의의 시간 t에서 탱크에 채워진 물의 높이 $h(t)$를 구하라. 그리고 탱크가 텅 빌 때까지 걸리는 시간을 구하라. 단, 중력의 영향을 받는 물의 유출 속도는 $v = 0.6\sqrt{2gh}$이다.

풀이

흘러나온 물의 1초당 부피는 반지름이 0.025 m이고 높이 v(속도)인 원통의 부피로 생각할 수 있다. 그러므로 dt초 동안 흘러나온 물의 부피는

$$dV = \pi(0.025)^2 \times v\,dt$$

로 나타낼 수 있다. 속도 v는 식 (2.24)에 의해

$$v = 0.6\sqrt{2gh} = \frac{8.4}{\sqrt{10}}\sqrt{h} \approx 2.7\sqrt{h}$$

이다. 여기서 상수 0.6은 흘러 나가는 물의 단면적이 탱크 밑바닥 구멍의 단면적보다 다소 작으므로 도입된 값이다. v를 위 식에 대입하면 다음을 얻는다.

$$dV = \pi \times (0.025)^2 \times 2.7\sqrt{h}\,dt$$

탱크 안에서 줄어드는 물의 높이를 dh라 하면, 밖으로 흘러 나가는 물의 부피는 $\pi(2.5)^2 dh$이므로

$$\pi(0.025)^2(2.7)\sqrt{h}\,dt = -\pi(2.5)^2 dh$$

이고, 이를 정리하면 다음과 같다.

$$\frac{dt}{dh} = -\frac{(2.5)^2}{(0.025)^2(2.7\sqrt{h})} = -\frac{10^5}{27}\frac{1}{\sqrt{h}}$$

이 식을 변수분리 후 적분하면

$$t \approx -7407\sqrt{h} + C$$

이다. $t=0$일 때 $h=3$이므로 $C = 7407\sqrt{3}$이다. 따라서

$$t \approx -7407\sqrt{h} + 7407\sqrt{3}$$

이다. 또한 탱크가 텅 비면 $h=0$이므로

$$t = 7407\sqrt{3} \approx 3\text{시간 } 33\text{분 } 29\text{초}$$

이다.

Section 2.3 해의 존재성과 유일성

이 절에서는 다음과 같은 초깃값 문제에서 해의 존재성과 유일성을 판단한다.

$$y' = f(x, y), \quad y(x_0) = y_0$$

예제 2-22

$\dfrac{dy}{dx} = \dfrac{x}{y}$, $y(0) = 1$에서 해의 존재성과 유일성을 판단하라.

풀이

$\dfrac{dy}{dx} = \dfrac{x}{y}$의 일반해는 $x^2 - y^2 = c$이다. 점 $(0, 1)$을 만족하는 상수는 $c = -1$로 유일하므로 $x^2 - y^2 = -1$은 유일하다.

예제 2-23

$|y'| + |y| = 0$, $y(0) = 1$에서 해의 존재성과 유일성을 판단하라.

풀이

$|y'| + |y| = 0$, $y(0) = 1$은 해가 없다. 그러므로 $y = 0$만이 $|y'| + |y| = 0$의 유일한 해이다.

예제 2-24

$\dfrac{dy}{dx} = \sqrt{y}$, $y(0) = 0$에서 해의 존재성과 유일성을 판단하라.

풀이

$\dfrac{dy}{dx} = \sqrt{y}$의 일반해는 $y = \dfrac{1}{4}(x + c)^2$이다. 점 $(0, 0)$을 지나는 초깃값 문제의 해는 $y = \dfrac{1}{4}x^2$과 $y = 0$이다.

앞의 예제에서 보았듯이 초깃값 문제의 해는 존재하지 않는 경우가 있고, 해가 존재하지만 유일하거나 그렇지 않은 경우가 있다. 물리계에서 다루는 모형이 복잡하거나 미분방정식을 초등적으로 풀 수 없다면 문제를 직접 풀기 전에 초깃값 문제의 해가 존재하는지, 존재하지 않는지, 존재한다면 몇 개나 존재하는지 파악하는 것이 중요하다.

초깃값 문제

$$y' = f(x, y), \; y(x_0) = y_0 \tag{2.25}$$

에 대한 다음 두 정리를 살펴보자.

정리 2-2 해의 존재성 정리

xy평면에서 점 (x_0, y_0)를 포함하는 영역 $|x - x_0| < a$, $|y - y_0| < b$를 R이라 하자. R에 속한 모든 점 (x, y)에 대해

$$f(x, y)\text{가 연속이고, } |f(x, y)| \le K$$

인 상수 K가 존재하면 식 (2.25)는 적어도 하나의 해를 가진다. 이 해는 $|x - x_0| < a$의 부분구간 $|x - x_0| < \alpha$에 존재한다. 단, α는 a와 $\dfrac{b}{K}$ 중 작은 값이다.

정리 2-3 해의 유일성 정리

R에 속한 모든 점 (x, y)에 대해

$$f(x, y)\text{가 연속이고 } |f(x, y)| \le K$$

$$\frac{\partial f}{\partial y}\text{가 연속이고 } \left|\frac{\partial f}{\partial y}(x, y)\right| \le M$$

인 상수 K, M이 각각 존재하면 식 (2.25)는 구간 $|x - x_0| < \alpha$에서 유일한 해를 갖는다.

예제 2-25

[예제 2-22]와 [예제 2-24]를 다시 생각하자. 이 두 미분방정식의 해의 유일성을 그래프로 설명하라.

풀이

[예제 2-22]에서 $f(x, y) = \dfrac{x}{y}$, $f_y = -\dfrac{x}{y^2}$가 연속이고 유계가 되도록 [그림 2-7]처럼 R을 택할 수 있다. 그러므로 점 $(0, 1)$을 지나는 해는 유일하다.

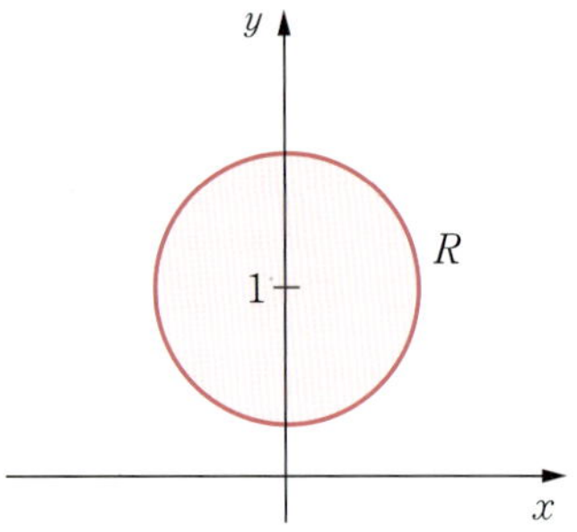

[그림 2-7] [예제 2-22]가 연속이고 유계가 되는 R의 영역

반면에 [예제 2-24]에서 $f(x, y) = \sqrt{y}$, $f_y = \dfrac{1}{2\sqrt{y}}$ 이 연속이 되게 하는 점 $(0, 0)$을 포함하는 영역 R을 택할 수 없다. 따라서 초깃값 문제의 해가 유일하다고 판단할 수 없다. 이 방정식은 직접 풀어봐야 알 수 있다.

Chapter 02 연습문제

[2.1 1계 선형모형]

1. 효모를 배양할 때 활성 효소가 증가하는 양은 현재의 효모 양에 비례한다. 효모가 시간당 2배로 증가한다면, 2.25시간 후 효모의 양은 처음 양의 몇 배가 될 것이라 예상할 수 있는가?

2. 어느 지역에서 모기의 개체수는 현재 개체수의 비율에 비례하여 증가한다. 다른 요인이 없다면, 모기의 개체수는 매주 2배씩 증가한다고 한다. 처음에 300,000마리의 모기가 있을 때 시간에 따른 모기의 개체수를 결정하라.

3. 특정 집단의 인구 성장률은 시간에 따라 변동된다. 인구수가 다음 미분방정식을 만족할 때, $y(t)$를 구하라.

$$\frac{dy}{dt} = \frac{1}{5}(1+\sin t)y\,,\quad y(0) = y_0$$

4. 기온이 290K일 때, 어떤 물질의 온도가 10분 동안 370K에서 350K로 내려갔다고 하자. 40분 후에 이 물질의 온도를 구하라.

5. 어떤 조건 아래서 한 벽면에서 나오는 열의 양 [J/s]은

$$Q = -kA\frac{dT}{dx} \qquad (\text{단, } k\text{는 전도율})$$

로 주어진다. 열이 나오는 방향에 수직인 벽면의 넓이는 $A[\mathrm{m}^2]$이고, 벽면에서 $x[\mathrm{m}]$떨어진 곳의 온도는 $T[\mathrm{K}]$이다. x가 증가하면 T는 감소한다. $k=1.05[\mathrm{W/m\cdot k}]$이고 두께가 1.25m인 냉장고 벽의 $1\,\mathrm{m}^2$에서 나오는 열의 양 [J/s]을 구하라. 단, 안쪽 면의 온도는 268K이고 바깥쪽 면의 온도는 348K이다.

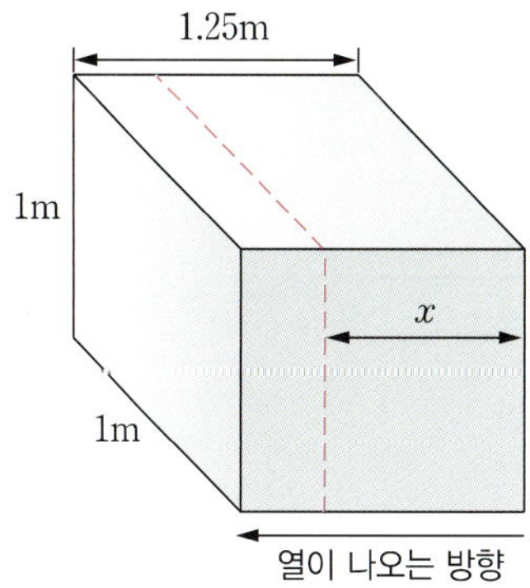

[그림 2-8] [연습문제 5]의 냉장고 벽

6. 방사성 물질인 라듐은 붕괴 속도가 현재의 질량에 비례하며, 반감기는 1,600년이다. 그러면 지금부터 100년 후에는 처음 질량의 몇 %가 붕괴되는가?

7. 방사성 물질인 $^{228}\mathrm{Ra}$의 붕괴상수는 0.2778/day이다. $^{228}\mathrm{Ra}$ 1g은 2일 후 얼마나 남아 있을지 추정하라.

8. 어느 브랜드의 이불은 널어두면 현재 습도에 비례해서 습기가 제거된다고 한다. 이 이불을 널었을 때 처음 습기의 $\frac{1}{4}$ 로 습기가 제거되었다고 하자. 이불이 원래 습기의 1%만 포함할 때까지 걸린 시간을 구하라.

9. 부피가 $0.5\,\text{m}^3$인 탱크에 소금물이 가득 차 있고 소금이 20kg 녹아 있다. 순수한 물을 $15\times10^{-5}\,\text{m}^3/\text{s}$의 속도로 붓고 섞은 뒤 같은 속도로 소금물을 흘려보낸다. 1시간 후 탱크 속 소금의 양을 구하라.

10. 탱크에 소금 20kg을 녹여 만든 소금물 450L가 들어 있다. 리터당 소금 $\frac{1}{9}$kg이 녹아 있는 소금물이 외부에서 분당 9L의 속도로 들어와 섞인다. 탱크 속 소금물의 농도는 균일하게 유지되며 외부로 분당 13.5L의 속도로 흘러나간다. 1시간 후 탱크 속 소금의 양을 구하라.

11. 용량이 500L인 탱크에 물 200L와 소금 100kg을 섞어 소금물을 만들었다. 이 탱크에 리터당 소금 1kg이 녹아 있는 소금물이 3L/min의 속도로 흘러들어와 균일하게 섞이고, 2L/min의 속도로 탱크에서 흘러나간다. 다음 물음에 답하라.

(a) 임의의 시간에서 탱크에 남아 있는 소금의 양을 구하라.

(b) 탱크에서 소금물이 넘쳐흐르는 순간 소금물의 농도를 구하라.

12. 크기가 $50\,\text{m}\times17.5\,\text{m}\times4\,\text{m}$이고 비어 있는 방 안의 CO_2 농도가 0.2%라 한다. 환풍기로 CO_2 농도가 0.05%인 공기를 $4.2\,\text{m}^3/\text{s}$의 속도로 일정하게 유입시킬 때, 20분 후 방 안의 CO_2 농도(%)를 구하라.

13. 직렬 RL 회로에서 $L=1\,\text{H}$, $R=4\,\Omega$, $E=220\,\text{V}$일 때, 전류 i를 구하라.

14. 교류 RL 회로에서 $L=10\,\text{H}$, $R=20\,\Omega$, $E=100\cos t\,\text{V}$에서 전류 i를 구하라. 예제 B-56

15. 어느 보트에 사람이 탔을 때 무게가 총 150kg이라 하자. 노를 젓는 방향으로 가해지는 힘이 70N이고, 보트 움직임에 대한 저항(N)은 보트가 이동하는 속도(m/s)의 30배이다. 정지 상태에서 출발하여 15초 후 이 보트의 속도를 구하라.

16. 무게가 60N인 물체를 테이블 위에서 미끄러트린다. 이때 마찰력은 물체 속도의 60배 크기로 작용하며, 물체에는 이동 방향으로 초당 $54\sin 2t\,\text{N}$의 힘이 가해진다. $t=0$이면 $v=0$일 때, 시간에 따른 물체 속도의 함수를 구하라.

17. 직원기둥 형태의 탱크가 있다. 이 탱크의 높이는 3m이고 반지름은 1m이며, 탱크 바닥의 정중앙에 지름 0.1m인 원형 배수구가 있다고 하자. 가득 찬 탱크가 완전히 비는 데 걸리는 시간을 구하라. 단, 마찰계수는 0.6이다.

18. 가로와 세로가 각각 2m이고 높이가 4m인 직각기둥 모양의 탱크가 있다. 탱크 바닥에 반지름 0.22m의 원형구멍이 있으며, 이 구멍을 통해 물이 일정한 속도로 빠져나간다. 탱크가 완전히 비는 데 걸리는 시간을 구하라. 단, 마찰계수는 0.6이다.

19. 반지름 2m, 높이 4m인 직원기둥 형태의 탱크에 물이 $0.003\pi\,m^3/s$의 속도로 흘러들어온다. 탱크 바닥에 지름 24mm의 원형 구멍이 있으며 이 구멍으로 물이 빠져나간다면, 이 탱크를 가득 채우는 데 걸리는 시간을 구하라. 단, 마찰계수는 0.6이다.

20. 좀약은 승화하며 부피가 줄어드는 속도가 그 겉넓이에 비례한다고 한다. 구 모양 좀약의 지름이 3개월 동안 2cm에서 1cm로 감소했다. 이 좀약의 지름이 1mm가 될 때까지 걸리는 시간을 구하라.

※ (문제 21~22) 다음 두 탱크에 들어 있는 소금의 양 $x_1(t)$, $x_2(t)$에 대한 연립 미분방정식을 세워라.

21.

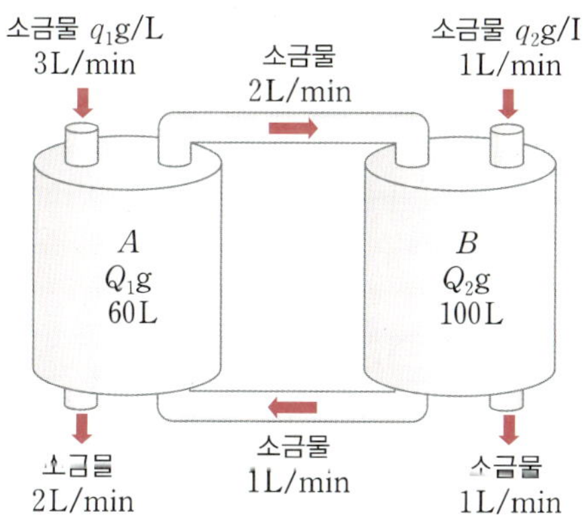

[그림 2-9] 소금물이 순환하는 물 탱크

22.

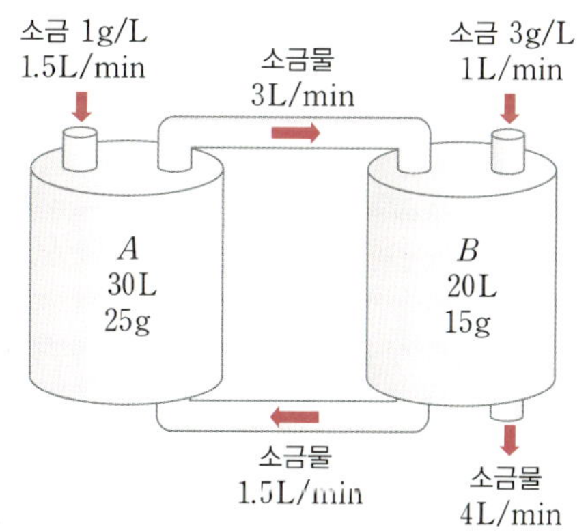

[그림 2-10] 소금물이 순환하는 물 탱크

※ (문제 23~24) 다음 전기회로도에서 $i_2(t)$, $i_3(t)$에 대한 연립 미분방정식을 세워라.

23.

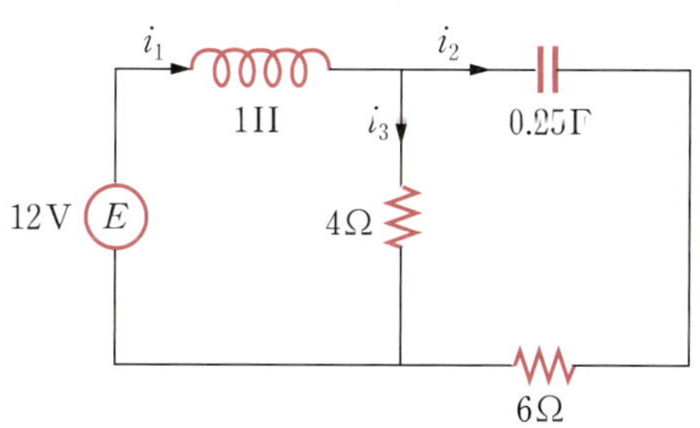

[그림 2-11] 전기회로

24.

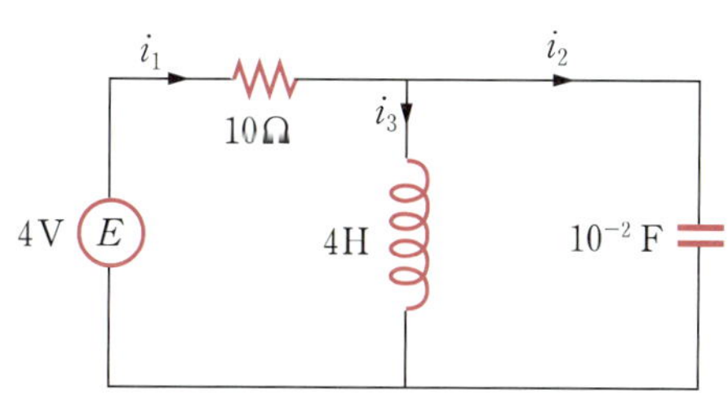

[그림 2-12] 전기회로

[2.2 비선형모형]

25. 전체 인구가 1000명인 도시에 어떤 질병이 확산되고 있다. 비감염자 수를 x, 감염자 수를 y라 하자. 감염자가 비감염자와 접촉하면 이 질병이 확산되며, 사람들이 자유롭게 왕래하므로 접촉자 수는 x와 y의 곱에 비례한다. 시간당 질병의 확산 속도 $\frac{dy}{dt}$가 접촉자 수에 비례한다고 가정하면 다음과 같이 나타낼 수 있다.

$$\frac{dy}{dt} = \alpha y(1000 - y), \quad y(0) = y_0 \qquad (\text{단, } \alpha > 0\text{은 비례상수})$$

다음 물음에 답하라.

(a) 임의의 시간 t에서 감염자 수를 구하라.

(b) 오랜 시간이 지난 후 비감염자 수를 구하라.

26. 이용자 수가 2만 명인 어떤 SNS에서 이벤트 광고를 노출하려고 한다. 이 광고에 노출되는 이용자 수 $P(t)$는 로지스틱 방정식에 의해 결정된다고 한다. 초깃값이 $P(0) = 100$, $P(1) = 300$일 때, $P(t)$를 구하라.

27. 어느 도시의 관광객 수 $P(t)$가 다음과 같은 초깃값 문제로 주어진다고 한다. 여기서 t의 단위는 월이다.

$$\frac{dP}{dt} = P(10^{-1} - 10^{-6}P), \quad P(0) = 3000$$

다음 물음에 답하라.

(a) 관광객 수의 최댓값을 구하라.

(b) 관광객 수가 최댓값의 절반에 달하는 데 걸리는 시간을 구하라.

28. 두 화학물질 A와 B를 1몰씩 결합하여 화합물 C 1몰을 생성한다고 하자. A와 B의 초기 양을 각각 a, b라 할 때, 임의의 시간 t에서 물질 C의 양을 $x(t)$라 하면 반응 속도는 다음과 같이 A와 B의 남은 양에 비례한다.

$$\frac{dx}{dt} = \alpha(a - x)(b - x) \qquad (\text{단, } \alpha\text{는 양의 상수})$$

다음 상황에 따라 $x(0) = 0$일 때 $x(t)$, $t \to \infty$일 때 $x(t)$를 각각 구하라.

(a) 화학물질의 초기 양이 다른 경우

(b) 화학물질의 초기 양이 같은 경우

29. 두 화학물질 A와 B를 결합하여 화합물 C를 생성한다고 하자. 반응 속도는 화합물 C로 변환되지 않은 A와 B의 양의 곱에 비례한다. A와 B의 초기 양은 각각 50g이고, A 1g마다 B 3g이 반응한다. 10분 후 C가 16g 생성되었을 때, 다음 물음에 답하라.

(a) 20분 후 생성된 C의 양을 구하라.

(b) 반응이 완전히 종료되었을 때 C의 양을 구하라.

(c) 반응이 완전히 종료되고 남은 A와 B의 양을 각각 구하라.

[2.3 해의 존재성과 유일성]

※ (문제 30~33) 해의 유일성 정리를 이용하여 다음 초깃값 문제의 해가 유일한지의 여부를 판단하라.

30. $\frac{dy}{dx} = 3xy^{\frac{1}{3}}$, $y(0)=0$

31. $(x-1)y' = y$, $y(1)=1$

32. $xy' - 3y$, $y(0)=2$

33. $y' = 2\sqrt{y}$, $y(2)=0$

※ (문제 34~36) 주어진 방정식이 점 (x_0, y_0)를 지나는 유일한 해를 갖기 위한 영역을 결정하라.

34. $y' = \sqrt{y^2-9}$

35. $(4-y)y' = x$

36. $(y-x)y' = y$

※ (문제 37~39) 방정식 $(x^2-x)y' = (2x-1)y$가 다음 조건을 만족하도록 초기조건을 결정하라.

37. 해가 없다

38. 해가 유일하다

39. 해가 2개 이상이다

m.e.m.o

Chapter 03

2계 선형 미분방정식

Linear Differential Equation of 2nd order

||| 목차 |||

||| 학습목표 |||

- 선형 미분방정식의 해의 구조를 이해한다.
- 제차 선형 미분방정식의 일반해의 구조를 이해한다.
- 상수계수를 갖는 제차 선형 미분방정식의 해를 구한다.
- 미정계수법으로 상수계수를 갖는 비제차 선형 미분방정식의 특수해를 구한다.
- 매개변수 변환법으로 비제차 선형 미분방정식의 특수해를 구한다.
- 코시-오일러 방정식의 해를 구한다.

Section 3.1 선형 미분방정식의 기본 이론

n계 선형 미분방정식은 다음과 같다.

$$a_n(x)\frac{d^n y}{dx^n} + a_{n-1}(x)\frac{d^{n-1}y}{dx^{n-1}} + \cdots + a_1(x)\frac{dy}{dx} + a_0(x)y = g(x)$$

이 장에서는 2계 선형 미분방정식

$$a_2(x)\frac{d^2 y}{dx^2} + a_1(x)\frac{dy}{dx} + a_0(x)y = g(x) \tag{3.1}$$

의 해의 구조를 살펴보고, 유형에 따라 제차형의 일반해와 비제차형의 특수해를 구한다. 먼저 선형 미분방정식을 미분연산자로 표현해보자. 미분연산자는 4.2절의 연립 선형 미분방정식의 해를 구하는 경우에도 유용하게 쓰이는 도구이다.

미분연산자

x에 관한 함수 $y = f(x)$의 도함수는

$$\frac{dy}{dx} = Dy$$

로 나타낸다. 그러면 고계 도함수는

$$\frac{d^2 y}{dx^2} = \frac{d}{dx}\left(\frac{d}{dx}y\right) = D(Dy) = D^2 y \quad , \quad \frac{d^n y}{dx^n} = D^n y$$

로 나타낼 수 있다.

임의의 함수 y에 대해 함수 Ty를 대응시킬 때, T를 **연산자**operator라 한다. 미분가능한 함수 y에 대해서 그 도함수 Dy를 대응시키는 D도 연산자이다. 특히 이러한 연산자를 **미분연산자**differential operator라 한다.

식 (3.1)을 미분연산자를 이용하여 나타내면 다음과 같다.

$$a_2(x)D^2 y + a_1(x)Dy + a_0(x)y = g(x)$$

$$(a_2(x)D^2 + a_1(x)D + a_0(x))y = g(x) \tag{3.2}$$

이때

$$L = a_2(x)D^2 + a_1(x)D + a_0(x)$$

라 하면, 식 (3.2)는 다음과 같다.

$$L(y) = g(x)$$

미분연산자에 대해서 다음 정리가 성립한다. 참고로 3장에서 2계를 다루고 있지만 3.1절에서는 선형 미분방정식에 관한 이론을 살펴보고 있으므로 일반적인 n계를 다루기로 한다.

정리 3-1 미분연산자의 성질

a, b, c는 상수이고 m, n, r은 자연수일 때, 다음이 성립한다.

(1) $aD^m + bD^n = bD^n + aD^m$

(2) $aD^m + [(bD^n) + (cD^r)] = [(aD^m) + (bD^n)] + cD^r$

(3) $(aD^m)(bD^n) = (ab)D^{m+n} = (bD^n)(aD^m)$

(4) $(aD^m)[(bD^n)(cD^r)] = [(aD^m)(bD^n)](cD^r)$

(5) $(aD^m)[(bD^n) + (cD^r)] = (aD^m)(bD^n) + (aD^m)(cD^r)$

(6) $(D^m)^n = D^{mn}$

(7) $Da = aD$

예제 3-1

$2xy'' + (2x-1)y' - xy = \cos x$를 미분연산자로 나타내라.

풀이

미분연산자를 이용하여 주어진 식을 나타내면

$$2xD^2y + (2x-1)Dy - xy = \cos x$$

이고, 이를 정리하면 다음과 같다.

$$(2xD^2 + (2x-1)D - x)y = \cos x$$

a, b가 상수일 때, 연산자 $D+a$에 대해

$$\begin{aligned}(D+a)(D+b) &= (D+a)D+(D+a)b \\ &= D^2+aD+bD+ab \\ &= D^2+(a+b)D+ab\end{aligned}$$

이다.

이와 같이 미분연산자는 다항식의 전개 공식처럼 사용할 수 있다. 그러나 변수 x에 대해 $xD \neq Dx$이므로

$$\begin{aligned}(D+x)(D+x^2) &= (D+x)D+(D+x)x^2 \\ &= D^2+xD+Dx^2+x^3 \\ &\neq D^2+(x+x^2)D+x^3\end{aligned}$$

임에 유의해야 한다. a, b가 상수일 때 미분연산자는 다항식의 인수분해와 동일하게 쓸 수 있다.

예제 3-2

다음 식을 간단히 나타내라.

(a) $D^2+(a+b)D+ab$ (b) D^2-a^2

풀이

(a) $D^2+(a+b)D+ab = D^2+aD+bD+ab$

$= D(D+a)+b(D+a) = (D+a)(D+b)$

(b) $D^2-a^2 = D^2-aD+aD-a^2 = D(D-a)+a(D-a) = (D-a)(D+a)$

예제 3-3

$y''+(a+b)y'+aby=0$의 일반해를 구하라. 단, a, $b(a \neq b)$는 상수이다.

풀이

미분연산자를 이용하여 주어진 미분방정식을 나타내면

$$\begin{aligned}(D^2+(a+b)D+ab)y &= 0 \\ (D+a)(D+b)y &= 0\end{aligned}$$

이다. 이때 $(D+b)y=z$라 두면

$$(D+a)z=0,\ \text{즉}\ Dz+az=\frac{dz}{dx}+az=0$$

이고, 이것은 식 (1.34)에서와 같이 z에 대한 1계 제차 선형 미분방정식이므로

$$z=c_1{}'e^{-ax}$$

이다. 따라서

$$(D+b)y=c_1{}'e^{-ax}$$

$$\frac{dy}{dx}+by=c_1{}'e^{-ax}$$

이므로, 일반해를 구하면 다음과 같다.

$$\begin{aligned} y &= e^{-bx}\left(c_1{}'\int e^{bx}e^{-ax}dx+c_2\right)=e^{-bx}\left(c_1{}'\int e^{(b-a)x}dx+c_2\right) \\ &= e^{-bx}\left[c_1{}'\left(\frac{1}{b-a}\right)e^{(b-a)x}+c_2\right] \\ &= c_1e^{-ax}+c_2e^{-bx} \qquad \left(\text{단, } c_1=\frac{c_1{}'}{b-a}\right) \end{aligned}$$

예제 3-4

$(D+a)^2y=0$의 해를 구하라.

풀이

$z=(D+a)y$라 두면, 주어진 방정식은

$$(D+a)z=0,\ \text{즉}\ \frac{dz}{dx}+az=0$$

이고, z항을 이항한 후 양변을 적분하면

$$z=c_1e^{-ax}$$

이다. 따라서 $\frac{dy}{dx}+ay=c_1e^{-ax}$이므로, 일반해를 구하면 다음과 같다.

$$\begin{aligned} y &= e^{-ax}\left(c_1\int e^{ax}e^{-ax}dx+c_2\right) \\ &= e^{-ax}(c_1x+c_2) \end{aligned}$$

해의 존재성 및 유일성

다음과 같은 n계 선형 미분방정식의 초깃값 문제의 해의 존재성에 대해 생각해보자.

$$\begin{gathered} a_n(x)\frac{d^n y}{dx^n} + a_{n-1}(x)\frac{d^{n-1}y}{dx^{n-1}} + \cdots + a_1(x)\frac{dy}{dx} + a_0(x)y = g(x) \\ y(x_0) = y_0,\ y'(x_0) = y_1,\ \cdots,\ y^{(n-1)}(x_0) = y_{n-1} \end{gathered} \tag{3.3}$$

정리 3-2 해의 존재성 및 유일성

$a_n(x)$, $a_{n-1}(x)$, $\cdots$, $a_1(x)$, $a_0(x)$와 $g(x)$가 x_0를 포함하는 구간 I에서 연속이고, 구간 I의 모든 x에 대해 $a_n(x) \neq 0$이라 하자. 만약 $x = x_0$가 구간 내의 한 점이라면, 초깃값 문제인 식 (3.3)의 해는 이 구간에서 존재하며 유일하다.

예제 3-5

$y'' + y' = 0$, $y(\pi) = 0$, $y'(\pi) = 1$에서 해의 존재성과 유일성을 판단하라.

풀이

$y'' + y' = 0$, $y(\pi) = 0$, $y'(\pi) = 1$에서 $a_2(x) = 1$, $a_1(x) = 1$, $g(x) = 0$은 $x = \pi$를 포함하는 구간 I에서 연속이고, 구간 I의 모든 x에 대해 $a_2(x) = 1 \neq 0$이므로 초깃값 문제의 해는 구간 I에서 유일하게 존재한다.

예제 3-6

$\dfrac{1}{x}y'' + y' = e^x$, $y(0) = 1$, $y'(0) = -1$에서 해의 존재성과 유일성을 판단하라.

풀이

$\dfrac{1}{x}y'' + y' = e^x$, $y(0) = 1$, $y'(0) = -1$에서 $a_2(x) = \dfrac{1}{x}$, $a_1(x) = 1$, $g(x) = e^x$은 $x \neq 0$인 모든 실수에서 연속이고 $a_2(x) \neq \dfrac{1}{x}$이므로 해가 존재한다. 그런데 초기조건의 $x = 0$을 포함하는 구간 I를 잡을 수 없으므로, 이 초깃값 문제의 해가 유일한지는 알 수 없다.

예제 3-7 응용

$x''' + 4x' = 0$, $x(0) = 0$, $x(\pi) = 0$에서 해의 존재성과 유일성을 판단하라.

풀이

이처럼 서로 다른 t 값에서 주어진 조건 '$x(0) = 0$, $x(\pi) = 0$'을 **경계조건**이라 하고, 경계조건이 주어진 미분방정식을 **경곗값 문제**라 한다.

$$x''' + 4x' = 0,\ x(0) = 0,\ x(\pi) = 0$$

의 일반해는 다음과 같다.

$$x = c_1 + c_2 \cos 2t + c_3 \sin 2t$$

$a_3(x) = 1$, $a_1(x) = 4$, $g(x) = 0$은 I에 포함된 구간 $(0, \pi)$에서 연속이다. 그러나 $x(0) = 0$과 $x(\pi) = 0$을 만족하는 해의 형태는

$$x = c_1 - c_1 \cos 2t + c_3 \sin 2t$$

이므로, 해가 무수히 많다. 그러므로 [정리 3-2]를 경곗값 문제에는 적용할 수 없음을 알 수 있다.

Section 3.2 선형 미분방정식의 성질

이 절에서도 일반적인 n계 선형 미분방정식

$$L(y)=(a_n(x)D^n+\cdots+a_2(x)D^2+a_1(x)D+a_0(x))y=g(x)$$

의 해를 구하기 위해, 먼저 제차 선형 미분방정식

$$L(y)=0$$

의 해에 관한 성질을 살펴보자.

정리 3-3 선형 미분방정식의 해의 성질

$y_1(x),\ y_2(x),\ \cdots,\ y_n(x)$가 $L(y)=0$의 해이면, 이들의 일차결합

$$y=c_1y_1(x)+c_2y_2(x)+\cdots+c_ny_n(x)$$

도 $L(y)=0$의 해이다. 단, $c_1,\ c_2,\ \cdots,\ c_n$은 임의의 상수이다.

증명

$L(y_1)=L(y_2)=\cdots=L(y_n)=0$이므로

$$L(c_1y_1+c_2y_2+\cdots+c_ny_n)=c_1L(y_1)+c_2L(y_2)+\cdots+c_nL(y_n)=0$$

이다. 이로부터 $y=c_iy_i(x)$(단, $i=1,\ 2,\ \cdots,\ n$)도 $L(y)=0$의 해임을 알 수 있다. 또한 $c_1=c_2=\cdots=c_n=0$일 때, $y=0$도 해가 된다. 그러므로 제차 선형 미분방정식은 언제나 자명한 해 $y=0$을 갖는다. ■

예제 3-8

제차 선형 미분방정식 $y''-9y=0$의 해 $y_1=e^{-3x}$과 $y_2=e^{3x}$을 이용하여 다른 해를 구하라.

풀이

$y_1=e^{-3x}$과 $y_2=e^{3x}$은 $y''-9y=0$의 해이므로

$$y=c_1e^{-3x}+c_2e^{3x}$$

도 이 미분방정식의 해이다. 이 해는 [정리 3-3]에 의해 일반해이다. 또한

$$y_1 = e^{-3x},\ \ y_2 = 3e^{-3x}$$

가 이 미분방정식의 해이므로

$$y = c_1e^{-3x} + c_2(3e^{-3x}) = (c_1 + 3c_2)e^{-3x} = ce^{3x}$$

도 이 미분방정식의 해이다. 그러나 이 해는 일반해가 아니다.

일차종속과 일차독립

이제 n계 제차 선형 미분방정식 $L(y) = 0$의 특수해 y_1, y_2, $\cdots$, y_n을 일차결합한

$$y = c_1y_1 + c_2y_2 + \cdots + c_ny_n$$

이 어느 경우에 일반해가 되는지 알아보자.

정의 3-4 일차종속과 일차독립

구간 I에서 정의된 함수 $y_1(x)$, $y_2(x)$, $\cdots$, $y_n(x)$ 중에서 $y_i(x)$를 나머지 $y_j(x)$들의 일차결합으로 표시할 수 있을 때, 즉

$$y_i(x) = c_1y_1(x) + \cdots + c_{i-1}y_{i-1}(x) + c_{i+1}y_{i+1}(x) + \cdots + c_ny_n(x) \qquad (3.4)$$

일 때, $y_1(x)$, $y_2(x)$, $\cdots$, $y_n(x)$는 **일차종속**linearly dependent이라 한다. 만약 일차종속이 아니면 **일차독립**linearly independent이라 한다.

식 (3.4)에서

$$c_1y_1(x) + \cdots + c_{i-1}y_{i-1}(x) + c_iy_i(x) + c_{i+1}y_{i+1}(x) + \cdots + c_ny_n(x) = 0$$

을 만족하는 c_1, c_2, $\cdots$, c_n이 동시에 0이 아닐 때

$$y_1(x),\ y_2(x),\ \cdots,\ y_n(x)$$

를 일차종속이라 하고, $c_1 = c_2 = \cdots = c_n = 0$일 때

$$y_1(x),\ y_2(x),\ \cdots,\ y_n(x)$$

를 일차독립이라 한다.

예제 3-9

x와 x^2이 모든 구간 I에서 일차종속인지 일차독립인지를 판단하라.

풀이

$c_1 x + c_2 x^2 = 0$이 모든 구간 I에서 성립하려면 $c_1 = c_2 = 0$이어야 한다. 그러므로 x와 x^2은 모든 구간 I에서 일차독립이다.

예제 3-10

e^{3x}과 e^{-3x}이 모든 구간 I에서 일차종속인지 일차독립인지를 판단하라.

풀이

$c_1 e^{3x} + c_2 e^{-3x} = 0$이라 하자. 이 식의 양변에 e^{3x}을 곱하면

$$c_1 e^{6x} + c_2 = 0 \;;\; c_2 = -c_1 e^{6x}$$

이다. 모든 구간 I에서 $e^{6x} > 0$ 이므로 $c_1 = c_2 = 0$이어야 한다. 그러므로 e^{3x}과 e^{-3x}은 모든 구간 I에서 일차독립이다.

예제 3-11

$y = x$, $y_2 = x^2$, $y_3 = 4x - 4x^2$ 이 일차종속인지 일차독립인지를 판단하라.

풀이

방법 1

$c_1 x + c_2 x^2 + c_3(4x - 4x^2) = 0$이라 하자. 이 식을 x에 대해 정리하면

$$(c_1 + 4c_3)x + (c_2 - 4c_3)x^2 = 0$$

이므로 $c_1 + 4c_3 = 0$이고 $c_2 - 4c_3 = 0$이다. $c_3 = t$로 놓으면 $c_1 = -4t$이고 $c_2 = 4t$이므로 위 식은 $c_1 - 4$, $c_2 = -4$, $c_3 = -1$일 때 성립한다.

방법 2

$4x - 4x^2 = 4x + (-4)x^2$, 즉, $4x - 4x^2$이 x와 x^2의 일차결합이므로 이들은 일차종속이다.

예제 3-12 응용

$y_1 = \cos x$와 $y_2 = \sin\left(x - \frac{\pi}{2}\right)$가 일차종속인지 일차독립인지를 판단하라.

풀이

$c_1\cos x + c_2\sin\left(x - \frac{\pi}{2}\right) = 0$이라 하자. 그러면

$$c_1\cos x - c_2\sin\left(\frac{\pi}{2} - x\right) = 0 \;;\; c_1\cos x - c_2\cos x = 0$$
$$(c_1 - c_2)\cos x = 0$$

이다. 따라서 $c_1 = c_2$이므로 일차종속이다.

n개의 함수 $y_1(x)$, $y_2(x)$, $\cdots$, $y_n(x)$가 일차독립이기 위한 동치조건을 구하기 전에 먼저 론스키안 행렬식의 정의를 살펴보자. 행렬식의 자세한 내용은 8.4절을 참고하라.

정의 3-5 론스키안 행렬식

함수 $y_1(x)$, $y_2(x)$, $\cdots$, $y_n(x)$가 구간 I에서 정의되고 $(n-1)$번 미분가능할 때,

$$W(y_1(x),\ y_2(x),\ \cdots,\ y_n(x)) = \begin{vmatrix} y_1(x) & y_2(x) & \cdots & y_n(x) \\ y_1{}'(x) & y_2{}'(x) & \cdots & y_n{}'(x) \\ \vdots & \vdots & & \vdots \\ y_1^{(n-1)}(x) & y_2^{(n-1)}(x) & \cdots & y_n^{(n-1)}(x) \end{vmatrix}$$

를 **론스키안 행렬식**Wronskian determinant이라 한다.

이 론스키안 행렬식을 이용하면 함수들이 일차종속인지 일차독립인지를 쉽게 판단할 수 있다.

정리 3-6 일차독립의 필요충분조건

함수 $y_1(x)$, $y_2(x)$, $\cdots$, $y_n(x)$가 제차 선형 미분방정식 $L(y) = 0$의 해라 하자. 이 함수들이 구간 I에서 일차독립일 필요충분조건은 $W(y_1(x),\ y_2(x),\ \cdots,\ y_n(x)) \neq 0$이다.

증명

$W(y_1(x), y_2(x), \cdots, y_n(x)) \neq 0$이라 하고, $y_1(x), y_2(x), \cdots, y_n(x)$가 일차독립임을 보이기 위해 $c_1 y_1(x) + c_2 y_2(x) + \cdots + c_n y_n(x) = 0$이라 하자. 이를 $(n-1)$번까지 미분하면

$$
\begin{gathered}
c_1 y_1(x) + c_2 y_2(x) + \cdots + c_n y_n(x) = 0 \\
c_1 y_1{}'(x) + c_2 y_2{}'(x) + \cdots + c_n y_n{}'(x) = 0 \\
\vdots \\
c_1 y_1^{(n-1)}(x) + c_2 y_2^{(n-1)}(x) + \cdots + c_n y_n^{(n-1)}(x) = 0
\end{gathered}
$$

이고, 행렬로 나타내면 다음과 같다. 이후의 전개에서 자세한 내용은 8장을 참고하라.

$$
\begin{pmatrix} y_1(x) & y_2(x) & \cdots & y_n(x) \\ y_1{}'(x) & y_2{}'(x) & \cdots & y_n{}'(x) \\ \vdots & \vdots & & \vdots \\ y_1^{(n-1)}(x) & y_2^{(n-1)}(x) & \cdots & y_n^{(n-1)}(x) \end{pmatrix} \begin{pmatrix} c_1 \\ c_2 \\ \vdots \\ c_n \end{pmatrix} = \begin{pmatrix} 0 \\ 0 \\ \vdots \\ 0 \end{pmatrix}
$$

$W(y_1(x), y_2(x), \cdots, y_n(x)) \neq 0$이므로 유일한 해는 $c_1 = c_2 = \cdots = c_n = 0$이다. 그러므로 $y_1(x)$, $y_2(x), \cdots, y_n(x)$는 일차독립이다.

역으로, $y_1(x), y_2(x), \cdots, y_n(x)$가 일차독립이라 하자. 결론을 부정하여 $W(y_1(x), y_2(x), \cdots, y_n(x)) = 0$이라 하면

$$
\begin{gathered}
c_1 y_1(x) + c_2 y_2(x) + \cdots + c_n y_n(x) = 0 \\
c_1 y_1{}'(x) + c_2 y_2{}'(x) + \cdots + c_n y_n{}'(x) = 0 \\
\vdots \\
c_1 y_1^{(n-1)}(x) + c_2 y_2^{(n-1)}(x) + \cdots + c_n y_n^{(n-1)}(x) = 0
\end{gathered}
$$

은 자명하지 않은 해를 갖는다. 즉, 모든 c_i가 동시에 0은 아니다. 이는 $y_1(x), y_2(x), \cdots, y_n(x)$가 일차독립임에 모순이다. 그러므로 $W(y_1(x), y_2(x), \cdots, y_n(x)) \neq 0$이다. ■

정리 3-7 일차독립인 경우의 일반해

$y_1(x), y_2(x), \cdots, y_n(x)$가 구간 I에서 선형 미분방정식 $L(y) = 0$의 일차독립인 해이면

$$
y = c_1 y_1(x) + c_2 y_2(x) + \cdots + c_n y_n(x)
$$

는 $L(y) = 0$의 일반해이다.

증명

y를 $L(y)=0$의 임의의 해라 하고, x_0를 구간 I에서의 임의의 점이라 하자. $y(x)$를 초깃값이

$$y(x_0)=k_1,\ y'(x_0)=k_2,\ \cdots,\ y^{(n-1)}(x_0)=k_n$$

이 되도록 하면

$$\begin{aligned} c_1y_1(x)+c_2y_2(x)+\cdots+c_ny_n(x)&=k_1\\ c_1y_1'(x)+c_2y_2'(x)+\cdots+c_ny_n'(x)&=k_2\\ &\vdots\\ c_1y_1^{(n-1)}(x)+c_2y_2^{(n-1)}(x)+\cdots+c_ny_n^{(n-1)}(x)&=k_n \end{aligned}$$

의 해 $c_1,\ c_2,\ \cdots,\ c_n$은 $W(y_1(x),\ y_2(x),\ \cdots,\ y_n(x))\neq 0$이므로 유일하다. 이 c_i에 대해 $u(x)$를

$$u(x)=c_1y_1(x)+c_2y_2(x)+\cdots+c_ny_n(x)$$

라 두면, $u(x)$는 $L(y)=0$을 만족하고

$$u(x_0)=k_1,\ u'(x_0)=k_2,\ \cdots,\ u^{(n-1)}(x_0)=k_n$$

을 만족하므로 [정리 3-2]에 의해 $u(x)=y(x)$이다. ■

예제 3-13

론스키안 행렬식을 이용하여 e^{3x}과 e^{-3x}이 일차독립인지 일차종속인지를 판단하라.

풀이

론스키안 행렬식이

$$\begin{aligned} W(e^{3x},\ e^{-3x}) &= \begin{vmatrix} e^{3x} & e^{-3x} \\ 3e^{3x} & -3e^{-3x} \end{vmatrix}\\ &= -3-3=-6\neq 0 \end{aligned}$$

> **연계** [정의 8-12]
> $\begin{vmatrix} a & b \\ c & d \end{vmatrix}=ad-bc$

이므로, e^{3x}과 e^{-3x}은 일차독립이다.

또한 e^{3x}과 e^{-3x}은 $y''-9y=0$의 해임을 알 수 있다. 따라서

$$y=c_1e^{3x}+c_2e^{-3x}$$

은 선형 미분방정식 $y''-9y=0$의 일반해임을 알 수 있다.

예제 3-14

론스키안 행렬식을 이용하여 x와 x^2이 일차독립인지 일차종속인지를 판단하라.

풀이

론스키안 행렬식은

$$W(x,\ x^2)=\begin{vmatrix} x & x^2 \\ 1 & 2x \end{vmatrix}=2x^2-x^2=x^2\begin{cases}\neq 0, & x\neq 0 \\ =0, & x=0\end{cases}$$

이므로, x와 x^2은 일차독립이다.

또한 x와 x^2은 $x^2y''-2xy'+2y=0$의 해이다. 따라서

$$y=c_1x+c_2x^2$$

은 선형 미분방정식 $x^2y''-2xy'+2y=0$의 일반해임을 알 수 있다.

이제 비제차 선형 미분방정식의 해에 대해 살펴보자.

정리 3-8 비제차 선형 미분방정식의 해

$y_h(x)$가 $L(y)=0$의 일반해이고 $y_p(x)$가 $L(y)=g(x)$의 특수해일 때, $L(y)=g(x)$의 일반해는 다음과 같다.

$$y=y_h(x)+y_p(x)$$

증명

선형 미분방정식 $L(y)$에 $y=y_h+y_p$를 대입하면

$$L(y_h+y_p)=L(y_h)+L(y_p)=0+g(x)=g(x)$$

이므로, $y=y_h+y_p$는 $L(y)=g(x)$의 해이다.

역으로, $L(y)=g(x)$의 모든 해는 $y=y_h+y_p$로 표현됨을 보이자. $y-y_p$는 $L(x)=0$의 해이다. 그러므로 $y=y_h+y_p$이다. ■

예제 3-15

$y'' - 9y = e^x$의 일반해를 구하라.

풀이

[예제 3-13]으로부터 $y'' - 9y = 0$의 일반해는

$$y_h = c_1 e^{3x} + c_2 e^{-3x}$$

이다. 그리고 $y_p = -\frac{1}{8}e^x$ (y_p를 구하는 방법은 3.4절 참고)이 $y'' - 9y = e^x$의 특수해임을 확인할 수 있다. 그러므로 일반해는 다음과 같다. y_p를 구하는 방법은 3.4절에서 다룬다.

$$y = c_1 e^{3x} + c_2 e^{-3x} - \frac{1}{8}e^x$$

예제 3-16

$x^2 y'' - 2xy' + 2y = x^3 e^x$의 일반해를 구하라.

풀이

[예제 3-14]로부터 $x^2 y'' - 2xy' + 2y = 0$의 일반해는

$$y_h = c_1 x + c_2 x^2$$

이다. 그리고 $y_p = xe^x$ (y_p를 구하는 방법은 3.5절 참고)이 $x^2 y'' - 2xy' + 2y = x^3 e^x$의 특수해임을 확인할 수 있다. 그러므로 일반해는 다음과 같다.

$$y = c_1 x + c_2 x^2 + xe^x$$

계수 낮추기

2계 제차 선형 미분방정식

$$a_1(x)y'' + a_2(x)y' + a_0(x)y = 0 \tag{3.5}$$

에서 하나의 해 $y_1(x)$를 알고 있을 때, $y_1(x)$와 일차독립인 해 $y_2(x)$를 구해보자. 이때 2계 미분방정식을 1계로 계수를 낮추어 해를 구한다. 먼저 식 (3.5)를 표준형으로 고치면

$$y'' + P(x)y' + Q(x)y = 0 \tag{3.6}$$

이다. 그리고 $y_2(x)$가 $y_1(x)$와 일차독립이므로, $y_2(x)=u(x)y_1(x)$로 놓고 이를 만족하는 $y_2(x)$를 구하고자 한다.

$$y_2{}'=u'y_1+uy_1{}',\quad y_2{}''=u''y_1+2u'y_1{}'+uy_1{}''$$

이므로, 식 (3.6)에 대입하여 정리하면

$$\begin{aligned}u''y_1+u'(2y_1{}'+Py_1)+u(y_1{}''+Py_1{}'+Qy_1)=0\\ u''y_1+u'(2y_1{}'+Py_1)=0\end{aligned}$$

이다. $u'=w,\ u''=w'=\dfrac{dw}{dx}$로 놓고 위의 식에 대입하면

$$\frac{dw}{dx}+\left(2\frac{y_1{}'}{y_1}+P\right)w=0$$

$$\frac{dw}{w}+\left(2\frac{y_1{}'}{y_1}+P\right)dx=0$$

이므로, 1계 변수분리형 미분방정식이 된다. 변수를 분리하고 양변을 적분하면

$$\begin{aligned}\ln|w|+2\ln|y_1|+\int P\,dx=c'\\ \ln|wy_1^2|=-\int P\,dx+c'\\ wy_1^2=ce^{-\int P\,dx}\end{aligned}$$

이고 특수해를 구하고 있으므로 $c=1$로 놓아도 무방하다.

$$w=\frac{e^{-\int P\,dx}}{y_1^2}$$

이므로, $u(x)$는

$$u(x)=\int\frac{e^{-\int P(x)\,dx}}{y_1^2}\,dx$$

이다. 그러므로 $y_2(x)$는 다음과 같다.

$$y_2(x)=y_1\int\frac{e^{-\int P(x)dx}}{y_1^2}dx$$

예제 3-17

$y_1 = x$는 $x^2 y'' + 2xy' - 2y = 0$의 해이다. 구간 $x > 0$에서 일반해를 구하라.

풀이

주어진 미분방정식을 표준형으로 고치면

$$y'' + \frac{2}{x}y' - \frac{2}{x^2}y = 0$$

이다. 이때 $P(x) = \dfrac{2}{x}$ 이므로

$$e^{-\int P(x)\,dx} = e^{-\int \frac{2}{x}\,dx} = e^{-2\ln x} = \frac{1}{x^2}$$

이고

$$y_2 = x\int \frac{\frac{1}{x^2}}{x^2}\,dx = x\int x^{-4}\,dx = -\frac{1}{3}x \cdot x^{-3} = -\frac{1}{3x^2}$$

이다. 그러므로 일반해는 다음과 같다.

$$y = c_1 x + c_2 \cdot \frac{1}{x^2}$$

Section 3.3 상수계수를 갖는 제차 선형 미분방정식

이 절에서는 상수를 계수로 갖는 2계 제차 선형 미분방정식

$$ay'' + by' + cy = 0 \quad (\text{단, } a,\ b,\ c\text{는 상수}) \tag{3.7}$$

을 생각해보자. 이 미분방정식의 해는 미분할 때마다 상수만 달라지는 함수 $y = e^{mx}$ 형태임을 추측할 수 있다. $y' = me^{mx}$, $y'' = m^2 e^{mx}$ 을 식 (3.7)에 대입하면

$$e^{mx}(am^2 + bm + c) = 0$$

이고 $e^{mx} > 0$이므로

$$am^2 + bm + c = 0 \tag{3.8}$$

이다. 식 (3.8)을 식 (3.7)의 **보조방정식**이라 한다. 이 보조방정식은 다음과 같이 세 가지 형태로 나눌 수 있다.

❶ 서로 다른 두 실근을 갖는 경우

식 (3.8)이 서로 다른 두 실근 m_1, m_2를 가지면 두 근

$$y_1 = e^{m_1 x},\ y_2 = e^{m_2 x}$$

이 일차독립이므로, 일반해는 다음과 같다.

$$y = c_1 e^{m_1 x} + c_2 e^{m_2 x}$$

❷ 실중근을 갖는 경우

식 (3.8)이 실중근 m을 가지면 두 근은

$$\begin{aligned} y_1 &= e^{mx}, \\ y_2 &= y_1 \int \frac{e^{-\int \frac{b}{a} dx}}{y_1^2} dx = y_1 \int \frac{e^{-\int \frac{b}{a} dx}}{e^{2\left(-\frac{b}{2a}\right)x}} dx \\ &= y_1 \int dx = x y_1 = x e^{mx} \end{aligned}$$

이므로, 일반해는 다음과 같다.

$$y = c_1 e^{m_1 x} + c_2 x e^{m_1 x}$$

❸ 켤레복소근을 갖는 경우

식 (3.8)이 복소근 $m = \alpha \pm i\beta$ 를 가지면 두 근

$$y_1 = e^{(\alpha + i\beta)x}, \quad y_2 = e^{(\alpha - i\beta)x}$$

이 일차독립이므로, 일반해는 다음과 같다.

$$y = c_1 e^{(\alpha + i\beta)x} + c_2 e^{(\alpha - i\beta)x}$$

이때 오일러 공식Euler formula

$$e^{ix} = \cos x + i \sin x \quad (\text{단, } x\text{는 실수})$$

를 사용하면

$$e^{i\beta x} = \cos \beta x + i \sin \beta x$$
$$e^{-i\beta x} = \cos \beta x - i \sin \beta x$$

이므로, 일반해는 다음과 같다.

$$y = e^{\alpha x}(c_1 \cos \beta x + c_2 \sin \beta x)$$

예제 3-18

$y'' + 4y' + 3y = 0$의 일반해를 구하라.

풀이

보조방정식이

$$m^2 + 4m + 3 = (m+1)(m+3) = 0$$

이므로, 일반해는 다음과 같다.

$$y = c_1 e^{-x} + c_2 e^{-3x}$$

예제 3-19

$y'' + 4y' + 4y = 0$의 일반해를 구하라.

풀이

보조방정식이

$$m^2 + 4m + 4 = (m+2)^2 = 0$$

이므로, 일반해는 다음과 같다.

$$y = c_1 e^{-2x} + c_2 x e^{-2x}$$

예제 3-20

$2y'' + 4y' + 5y = 0$의 일반해를 구하라.

풀이

보조방정식이

$$2m^2 + 4m + 5 = 0$$

이고 해가 $m = -1 \pm \frac{\sqrt{6}}{2}i$이므로, 일반해는 다음과 같다.

$$y = e^{-x}\left(c_1 \cos \frac{\sqrt{6}}{2}x + c_2 \sin \frac{\sqrt{6}}{2}x\right)$$

Section 3.4 미정계수법

이 절에서는 상수를 계수로 갖는 선형 미분방정식

$$L(y) = (a_2 D^2 + a_1 D + a_0)y = g(x) \tag{3.9}$$

의 특수해를 구하는 방법에 대해 살펴보자. 식 (3.9)의 일반해는 [정리 3-8]에 의해 $L(y) = 0$의 일반해 y_h와 $L(y) = g(x)$의 특수해 y_p의 합, 즉

$$y = y_h + y_p$$

이다. 이제 y_p를 구해보자. 상수계수를 갖는 미분방정식이므로 y_p는 $g(x)$의 형태에 의해 결정될 수 있다. $g(x)$를 유한번 미분했을 때 더 이상 새로운 인자가 나타나지 않으면, y_p를 이들 인자의 일차결합으로 표현할 수 있다. 이 방법을 **미정계수법**이라 한다.

$g(x)$가 n차 다항함수 $P_n(x)$, 지수함수 e^{ax}, 사인함수, 코사인함수 또는 이들의 곱일 때 $g(x)$의 형태에 따라 y_p를 다양한 형태로 나타낼 수 있다. 예를 들어, 상수계수를 갖는 2계 비제차 미분방정식

$$ay'' + by' + cy = g(x) \tag{3.10}$$

에 대해 $g(x)$의 형태에 따라 y_p가 어떻게 나타나는지 살펴보자.

❶ $g(x) = P_n(x)$인 경우

$$y_p = A_n x^n + A_{n-1} x^{n-1} + \cdots + A_2 x^2 + A_1 x + A_0$$

로 놓고 $A_0, \cdots, A_n$을 구하자. 식 (3.10)에

$$y_p{}' = nA_n x^{n-1} + \cdots + 3A_3 x^2 + 2A_2 x + A_1$$
$$y_p{}'' = n(n-1)A_n x^{n-2} + \cdots + 6A_3 x + 2A_2$$

를 대입하면

$$\begin{aligned} &cA_n x^n + (cA_{n-1} + bnA_n)x^{n-1} + [cA_{n-2} + b(n-1)A_{n-1} + an(n-1)A_n]x^{n-2} \\ &\quad + \cdots + (cA_1 + 2bA_2 + 6aA_3)x + (cA_0 + bA_1 + 2aA_2) \\ &= P_n(x) = a_n x^n + a_{n-1}x^{n-1} + a_{n-2}x^{n-2} + \cdots + a_1 x + a_0 \end{aligned}$$

이다. 계수를 비교하면

$$\begin{aligned} cA_n &= a_n \\ cA_{n-1} + bnA_n &= a_{n-1} \\ cA_{n-2} + b(n-1)A_{n-1} + an(n-1)A_n &= a_{n-2} \\ &\vdots \\ cA_1 + 2bA_2 + 6aA_3 &= a_1 \\ cA_0 + bA_1 + 2aA_2 &= a_0 \end{aligned}$$

를 얻는다. 만약 $c=0$, $b \neq 0$이면, $ay'' + by'$이 n차 다항식 $P_n(x)$여야 하므로

$$y_p = x(A_n x^n + \cdots + A_0)$$

이고, $c = b = 0$이면 ay''이 n차 다항식 $P_n(x)$여야 하므로

$$y_p = x^2(A_n x^n + \cdots + A_0)$$

이다.

❷ $g(x) = e^{\alpha x} P_n(x)$인 경우

$$y_p = e^{\alpha x} u(x)$$

로 놓자. 그리고 식 (3.10)에

$$\begin{aligned} y_p' &= e^{\alpha x}[u'(x) + \alpha u(x)] \\ y_p'' &= e^{\alpha x}[u''(x) + 2\alpha u'(x) + \alpha^2 u(x)] \end{aligned}$$

를 대입하고 $e^{\alpha x}$으로 나누면

$$au''(x) + (2a\alpha + b)u'(x) + (a\alpha^2 + b\alpha + c)u(x) = P_n(x)$$

이다. 만약 $a\alpha^2 + b\alpha + c \neq 0$이면 $u(x) = A_n x^n + \cdots + A_0$이므로

$$y_p = e^{\alpha x}(A_n x^n + \cdots + A_0)$$

이다. 만약 $a\alpha^2 + b\alpha + c = 0$이고 $2a\alpha + b \neq 0$이면 $u(x) = x(A_n x^n + \cdots + A_0)$이므로

$$y_p = e^{\alpha x} x(A_n x^n + \cdots + A_0)$$

이다. 그리고 $a\alpha^2 + b\alpha + c = 0$이면 $e^{\alpha x}$이 제차 미분방정식의 해임을 알 수 있다.

또한 $a\alpha^2 + b\alpha + c = 0$이고 $2a\alpha + b = 0$이면($e^{\alpha x}$과 $xe^{\alpha x}$은 제차 미분방정식의 해),
$u(x) = x^2(A_n x^n + \cdots + A_0)$이므로

$$y_p = e^{\alpha x} x^2 (A_n x^n + \cdots + A_0)$$

이다.

❸ $g(x) = e^{\alpha x} P_n(x) \cos \beta x$ 또는 $g(x) = e^{\alpha x} P_n(x) \sin \beta x$인 경우

두 경우는 비슷하므로 $e^{\alpha x} P_n(x) \sin \beta x$인 경우를 살펴보자. 오일러 공식에 의해

$$\sin \beta x = \frac{1}{2i}(e^{i\beta x} - e^{-i\beta x})$$

이므로

$$g(x) = P_n(x) \cdot \frac{e^{(\alpha + i\beta)x} - e^{(\alpha - i\beta)x}}{2i}$$

이다. 그리고

$$y_p = e^{(\alpha + i\beta)x}(A_n x^n + \cdots + A_0) + e^{(\alpha - i\beta)x}(B_n x^n + \cdots + B_0)$$

로 놓으면, 다음과 같이 나타낼 수 있다.

$$y_p = e^{\alpha x}(A_n{}' x^n + \cdots + A_0{}') \cos \beta x + e^{\alpha x}(B_n{}' x^n + \cdots + B_0{}') \sin \beta x \tag{3.11}$$

만약 $\alpha \pm i\beta$가 제차 미분방정식의 보조방정식의 근이라면 마찬가지로 y_p에 x를 곱해야 한다. 만약 $g(x)$에 $\cos \beta x$와 $\sin \beta x$가 모두 포함되어 있다면, y_p를 식 (3.11)로 취하는 것을 더욱 쉽게 이해할 수 있다. 예를 들어, $g(x) = x \cos x + 3 \sin x$이면

$$y_p = (A_1 x + A_0) \cos x + (B_1 x + B_0) \sin x$$

가 된다(단, $\cos x$와 $\sin x$가 제차 미분방정식의 해가 아니어야 한다). 지금까지 다룬 내용을 정리하면 [표 3-1]과 같다.

[표 3-1] 비제차 미분방정식의 특수해의 형태

$g(x)$	y_p의 형태
임의의 상수	A
$2x$	$Ax+B$
$2x^2+x$	Ax^2+Bx+C
$2x^3-x+1$	Ax^3+Bx^2+Cx+E
$\sin 2x$	$A\sin 2x+B\cos 2x$
$\cos 3x$	$A\sin 3x+B\cos 3x$
e^{3x}	Ae^{3x}
$2xe^{3x}$	$(Ax+B)e^{3x}$
$(x^2-1)e^{3x}$	$(Ax^2+Bx+C)e^{3x}$
$e^{3x}\sin 2x$	$Ae^{3x}\sin 2x+Be^{3x}\cos 2x$
$(x^2-1)\sin 2x$	$(Ax^2+Bx+C)\sin 2x+(Ex^2+Fx+G)\cos 2x$
$xe^{3x}\cos 3x$	$(Ax+B)e^{3x}\sin 3x+(Cx+E)e^{3x}\cos 3x$

예제 3-21

$y''+3y'-y=2x^3$의 일반해를 구하라.

풀이

보조방정식이 $m^2+3m-1=0$이므로

$$m=\frac{-3\pm\sqrt{9+4}}{2}=\frac{-3\pm\sqrt{13}}{2}$$

이다. 따라서

$$y_h=c_1e^{\frac{-3+\sqrt{13}}{2}x}+c_2e^{\frac{-3-\sqrt{13}}{2}x}$$

이다. $g(x)$가 3차식이므로, 특수해를

$$y_p=Ax^3+Bx^2+Cx+E$$

라 하자. 그러면

$$y_p'=3Ax^2+2Bx+C$$
$$y_p''=6Ax+2B$$

이고, 이를 주어진 미분방정식에 대입하면

$$-Ax^3+(9A-B)x^2+(6A+6B-C)x+(2B+3C-E)=2x^3$$

이다. 계수를 비교하면

$$-A=2,\ 9A-B=0,\ 6A+6B-C=0,\ 2B+3C-E=0$$

이므로 $A=-2$, $B=-18$, $C=-120$, $E=-396$ 이다. 따라서 특수해가

$$y_p=-2x^3-18x^2-120x-396$$

이고, 일반해는 다음과 같다.

$$y=c_1e^{\frac{-3+\sqrt{13}}{2}x}+c_2e^{\frac{-3-\sqrt{13}}{2}x}-2x^3-18x^2-120x-396$$

예제 3-22

$2y''+3y'=2x^3$ 의 일반해를 구하라.

풀이

보조방정식이 $2m^2+3m=m(2m+3)=0$ 이므로

$$m=0 \text{ 또는 } m=-\frac{3}{2}$$

이다. 따라서

$$y_h=c_1+c_2e^{-\frac{3}{2}x}$$

이다. $g(x)$가 3치 디항식이므로 특수해를

$$y_p=Ax^3+Bx^2+Cx+E$$

로 놓으면 될 것 같지만, 위 식을 주어진 미분방정식에 대입했을 때 좌변이 2차 다항식이 되므로

$$y_p=Ax^4+Bx^3+Cx^2+Ex$$

라 놓는다. 그러면

$$y_p{}'=4Ax^3+3Bx^2+2Cx+E$$
$$y_p{}''=12Ax^2+6Bx+2C$$

이고, 이를 주어진 미분방정식에 대입하면

$$12Ax^3 + (24A + 9B)x^2 + (12B + 6C)x + (4C + 3E) = 2x^3$$

이다. 계수를 비교하면

$$12A = 2,\ 24A + 9B = 0,\ 12B + 6C = 0,\ 4C + 3E = 0$$

$A = \frac{1}{6},\ B = -\frac{4}{9},\ C = \frac{8}{9},\ E = -\frac{32}{27}$ 이다. 따라서 특수해가

$$y_p = \frac{1}{6}x^4 - \frac{4}{9}x^3 + \frac{8}{9}x^2 - \frac{32}{27}x$$

이고, 일반해는 다음과 같다.

$$y = c_1 + c_2 e^{-\frac{3}{2}x} + \frac{1}{6}x^4 - \frac{4}{9}x^3 + \frac{8}{9}x^2 - \frac{32}{27}x$$

예제 3-23

$y'' + 5y' + 6y = 3xe^x$ 의 일반해를 구하라.

풀이

보조방정식이 $m^2 + 5m + 6 = (m+2)(m+3) = 0$ 이므로, $m = -2,\ m = -3$ 이다. 따라서

$$y_h = c_1 e^{-2x} + c_2 e^{-3x}$$

이다. 특수해를

$$y_p = (Ax + B)e^x$$

으로 놓자. 그러면

$$y_p' = (Ax + A + B)e^x$$

$$y_p'' = (Ax + 2A + B)e^x$$

이고, 이를 주어진 미분방정식에 대입하면

$$(12Ax + 7A + 12B)e^x = 3xe^x$$

이다. 계수를 비교하면

$$12A = 3,\ 7A + 12B = 0$$

$$A=\frac{1}{4},\ B=-\frac{7}{48}$$

이다. 따라서 특수해가

$$y_p=\left(\frac{1}{4}x-\frac{7}{48}\right)e^x$$

이고, 일반해는 다음과 같다.

$$y=c_1e^{-2x}+c_2e^{-3x}+\left(\frac{1}{4}x-\frac{7}{48}\right)e^x$$

예제 3-24

$y''-y=\cos x$의 일반해를 구하라.

풀이

보조방정식이 $m^2-1=0$이므로, $m=\pm 1$이다. 따라서

$$y_h=c_1e^x+c_2e^{-x}$$

이다. 특수해를

$$y_p=A\cos x+B\sin x$$

로 놓자. 그러면

$$y_p{}'=-A\sin x+B\cos x$$
$$y_p{}''=-A\cos x-B\sin x$$

이고, 이를 주어진 미분방정식에 대입하면

$$-2A\cos x-2B\sin x=\cos x$$

이므로 $-2A=1$, $-2B=0$; $A=-\frac{1}{2}$, $B=0$이다. 따라서 특수해가

$$y_p=-\frac{1}{2}\cos x$$

이므로, 일반해는 다음과 같다.

$$y=c_1e^x+c_2e^{-x}-\frac{1}{2}\cos x$$

예제 3-25 응용

$y'' + y = \cos x$ 의 일반해를 구하라.

풀이

보조방정식이 $m^2 + 1 = 0$ 이므로, $m = \pm i$ 이다. 따라서

$$y_h = c_1 \cos x + c_2 \sin x$$

이다. 특수해를

$$y_p = A\cos x + B\sin x$$

로 놓으면, $\cos x$ 와 $\sin x$가 제차 미분방정식의 해이므로

$$y_p = Ax\cos x + Bx\sin x$$

로 놓아야 한다. 따라서

$$\begin{aligned} y_p' &= A\cos x - Ax\sin x + B\sin x + Bx\cos x \\ &= (Bx + A)\cos x + (-Ax + B)\sin x, \\ y_p'' &= -2A\sin x - Ax\cos x + 2B\cos x - Bx\sin x \\ &= (-Ax + 2B)\cos x + (-Bx - 2A)\sin x \end{aligned}$$

이고, 이를 주어진 미분방정식에 대입하면

$$2B\cos x - 2A\sin x = \cos x$$

이므로 $B = \frac{1}{2}$, $A = 0$ 이다. 따라서 특수해가

$$y_p = \frac{1}{2}x\sin x$$

이고, 일반해는 다음과 같다.

$$y = c_1\cos x + c_2\sin x + \frac{1}{2}x\sin x$$

예제 3-26 응용

$y'' + 2y' + 2y = 4e^{-x}x^2\sin x$의 특수해의 형태를 결정하라.

풀이

보조방정식이 $m^2 + 2m + 2 = 0$이므로, $m = -1 \pm \sqrt{1-2} = -1 \pm i$이다. 따라서

$$y_h = e^{-x}(c_1\cos x + c_2\sin x)$$

이다. 특수해를

$$y_p = (Ax^2 + Bx + C)e^{-x}\sin x + (Ex^2 + Fx + G)e^{-x}\cos x$$

로 놓으면, $e^{-x}\cos x$와 $e^{-x}\sin x$가 제차 미분방정식의 해이므로

$$y_p = (Ax^3 + Bx^2 + Cx)e^{-x}\sin x + (Ex^3 + Fx^2 + Gx)e^{-x}\cos x$$

로 놓아야 한다.

미정계수법을 상수를 계수로 갖는 1계 비제차 선형 미분방정식의 해를 구할 경우에도 적용할 수 있다.

예제 3-27

$2y' + 3y = x$의 일반해를 구하라.

풀이

보조방정식이 $2m + 3 = 0$이므로 $m = -\dfrac{3}{2}$이다. 따라서

$$y_h = ce^{-\frac{3}{2}x}$$

이다. $g(x)$가 1차 다항식이므로 특수해를

$$y_p = Ax + B$$

로 놓자. $y_p' = A$이므로 이를 주어진 미분방정식에 대입하면

$$3Ax + (2A + 3B) = x$$

이다. 계수를 비교하면 $3A = 1$, $2A + 3B = 0$이므로

$$A = \frac{1}{3},\quad B = -\frac{2}{9}$$

이다. 따라서 특수해가

$$y_p = \frac{1}{3}x - \frac{2}{9}$$

이고, 일반해는 다음과 같다.

$$y = ce^{-\frac{3}{2}x} + \frac{1}{3}x - \frac{2}{9}$$

예제 3-28

$5y' + 6y = 3xe^x$ 의 일반해를 구하라.

풀이

보조방정식이 $5m + 6 = 0$ 이므로 $m = -\frac{6}{5}$ 이다. 따라서

$$y_h = ce^{-\frac{6}{5}x}$$

이다. 특수해를 $y_p = (Ax + B)e^x$ 으로 놓자. 그러면

$$y_p{}' = (Ax + A + B)e^x$$

이고, 이를 주어진 미분방정식에 대입하면

$$(11Ax + 5A + 11B)e^x = 3xe^x$$

이다. 계수를 비교하면 $11A = 3$, $5A + 11B = 0$ 이므로 $A = \frac{3}{11}$, $B = -\frac{15}{121}$ 이다. 따라서 특수해가

$$y_p = \left(\frac{3}{11}x - \frac{15}{121}\right)e^x$$

이고, 일반해는 다음과 같다.

$$y = ce^{-\frac{6}{5}x} + \left(\frac{3}{11}x - \frac{15}{121}\right)e^x$$

[예제 2-9]를 미정계수법으로 풀 수 있다.

예제 3-29

$3\dfrac{di}{dt}+15i=110\sin 120\pi t$의 일반해를 구하라.

풀이

보조방정식이 $3m+15=0$이므로 $m=-5$이다. 따라서

$$y_h=ce^{-5x}$$

이다. 특수해를 $y_p=A\sin 120\pi t+B\cos 120\pi t$로 놓자. 그러면

$$y_p{}'=120\pi A\cos 120\pi t-120\pi B\sin 120\pi t$$

이고, 이를 주어진 미분방정식에 대입하면

$$(3A-72\pi B)\sin 120\pi t+(72\pi A+B)\cos 120\pi t=22\sin 120\pi t$$

이다. 계수를 비교하면 $3A-72\pi B=22$, $72\pi A+3B=0$이므로

$$A=\frac{22}{3+1728\pi^2},\quad B=-\frac{176\pi}{1+576\pi^2}$$

이다. 따라서 특수해가

$$\begin{aligned} y_p &= \frac{22}{3+1728\pi^2}\sin 120\pi t-\frac{176\pi}{1+576\pi^2}\cos 120\pi t \\ &= \frac{22}{3}\frac{1}{1+576\pi^2}(\sin 120\pi t-24\pi\cos 120\pi t) \end{aligned}$$

이고, 일반해는 다음과 같다.

$$i(t)=\frac{22}{3}\cdot\frac{1}{1+576\pi^2}(\sin 120\pi t-24\pi\cos 120\pi t)+ce^{-5t}$$

Section 3.5

매개변수 변환법

비제차 2계 선형 미분방정식

$$(a_2(x)D^2 + a_1(x)D + a_0(x))y = f(x) \tag{3.12}$$

의 특수해를 구해보자. 단, $a_2(x) \neq 0$이다.

식 (3.12)는 상수계수를 갖지 않으므로 특수해 y_p를 $g(x)$의 형태에 의해 취할 수 없다. 또한 $g(x)$를 미분할 때마다 새로운 인자가 계속 나오는 경우에도 미정계수법에 의해 y_p를 구할 수 없다.

$a_2(x)$로 식 (3.12)를 나눈 식을

$$[D^2 + P_1(x)D + P_0(x)]y = g(x) \tag{3.13}$$

라 할 때, 식 (3.13)에서 제차 미분방정식의 일반해를

$$y_h = c_1 y_1(x) + c_2 y_2(x)$$

라 하자. 임의의 상수 c_1, c_2를 함수로 생각하여

$$y_p = u_1(x)y_1(x) + u_2(x)y_2(x) \tag{3.14}$$

라 놓고, 식 (3.13)에 대입하여 $u_1(x), u_2(x)$를 구한다.

$$y_p' = u_1(x)y_1'(x) + u_2(x)y_2'(x) + [u_1'(x)y_1(x) + u_2'(x)y_2(x)]$$

에서

$$u_1'(x)y_1(x) + u_2'(x)y_2(x) = 0 \tag{3.15}$$

으로 두자. 그러면

$$y_p' = u_1(x)y_1'(x) + u_2(x)y_2'(x) \tag{3.16}$$

가 된다. 이를 미분하면

$$y_p'' = u_1(x)y_1''(x) + u_2(x)y_2''(x) + [u_1'(x)y_1'(x) + u_2'(x)y_2'(x)] \tag{3.17}$$

이다. 식 (3.14), 식 (3.16), 식 (3.17)을 식 (3.13)에 대입하면

$$u_1(y_1'' + P_1 y_1' + P_0 y_1) + u_2(y_2'' + P_1 y_2' + P_0 y_2) + u_1' y_1' + u_2' y_2' = g(x)$$

이다. y_1과 y_2가 식 (3.13)에서 제차 미분방정식의 해이므로

$$y_1'' + P_1 y_1' + P_0 y_1 = 0$$
$$y_2'' + P_1 y_2' + P_0 y_2 = 0$$

이다. 따라서

$$u_1'(x) y_1'(x) + u_2'(x) y_2'(x) = g(x) \tag{3.18}$$

가 된다. 식 (3.15), 식 (3.18)로부터 $u_1'(x)$, $u_2'(x)$에 관한 다음 연립방정식을 얻는다.

$$u_1'(x) y_1(x) + u_2'(x) y_2(x) = 0$$
$$u_1'(x) y_1'(x) + u_2'(x) y_2'(x) = g(x)$$

크래머 법칙Cramer's rule에 의하면(상세한 내용은 9.1절 참고) $i = 1, 2$에 대해

$$u_i'(x) = \frac{W_i}{W} \quad \left(단,\ W = W(y_1, y_2) = \begin{vmatrix} y_1 & y_2 \\ y_1' & y_2' \end{vmatrix} \right)$$

가 성립한다. 이때 $W_1 = \begin{vmatrix} 0 & y_2 \\ g(x) & y_2' \end{vmatrix}$, $W_2 = \begin{vmatrix} y_2 & 0 \\ y_2' & g(x) \end{vmatrix}$이다. u_i'을 적분하면

$$u_i(x) = \int \frac{W_i}{W}\, dx$$

이므로 이를 이용하여 특수해를 구할 수 있다.

예제 3-30

$y'' + y = 3\sec x$의 해를 구하라.

풀이

보조방정식이 $m^2 + 1 = 0$이므로 $m = \pm i$이다. 따라서 제차 미분방정식의 일반해는

$$y_h = c_1 \cos x + c_2 \sin x$$

이다. 그러므로

$$y_p = u_1(x) \cos x + u_2(x) \sin x$$

라 놓으면

$$W = \begin{vmatrix} \cos x & \sin x \\ -\sin x & \cos x \end{vmatrix} = 1$$

$$W_1 = \begin{vmatrix} 0 & \sin x \\ 3\sec x & \cos x \end{vmatrix} = -3\sin x \sec x$$

$$W_2 = \begin{vmatrix} \cos x & 0 \\ -\sin x & 3\sec x \end{vmatrix} = 3$$

연계 [정의 8-12]

$\begin{vmatrix} a & b \\ c & d \end{vmatrix} = ad - bc$

이므로

$$u_1{}'(x) = -3\sin x \sec x$$

$$u_2{}'(x) = 3$$

이다. 이를 적분하면

$$u_1(x) = -3\int \sin x \sec x \, dx = -3\int \frac{\sin x}{\cos x} \, dx = 3\ln|\cos x|$$

$$u_2(x) = 3x$$

이다. 따라서 특수해가

$$y_p = 3\cos x \ln|\cos x| + 3x\sin x$$

이므로 일반해는 다음과 같다.

$$y = c_1 \cos x + c_2 \sin x + 3\cos x \ln|\cos x| + 3x\sin x$$

예제 3-31

$y'' - 9y = \dfrac{x}{e^{3x}}$ 의 해를 구하라.

풀이

보조방정식이 $m^2 - 9 = 0$이므로 $m = \pm 3$ 이다. 따라서

$$y_h = c_1 e^{3x} + c_2 e^{-3x}$$

이므로, 특수해를

$$y_p = u_1(x) e^{3x} + u_2(x) e^{-3x}$$

으로 놓자. 그러면

$$W = \begin{vmatrix} e^{3x} & e^{-3x} \\ 3e^{3x} & -3e^{3x} \end{vmatrix} = -6$$

$$W_1 = \begin{vmatrix} 0 & e^{-3x} \\ \dfrac{x}{e^{3x}} & -3e^{-3x} \end{vmatrix} = -xe^{-6x}$$

$$W_2 = \begin{vmatrix} e^{3x} & 0 \\ 3e^{3x} & \dfrac{x}{e^{3x}} \end{vmatrix} = x$$

이므로

$$u_1{}' = \frac{1}{6}xe^{-6x}, \quad u_2{}' = -\frac{1}{6}x$$

이다. 이를 적분하면

$$\begin{aligned} u_1 &= \frac{1}{6}\int xe^{-6x}\,dx \\ &= \frac{1}{6}\left(-\frac{1}{6}xe^{-6x} + \frac{1}{6}\int e^{-6x}\,dx\right) \\ &= \frac{1}{6}\left(-\frac{1}{6}xe^{-6x} - \frac{1}{36}e^{-6x}\right) \\ &= -\left(\frac{1}{36}x + \frac{1}{216}\right)e^{-6x}, \end{aligned}$$

$$u_2 = -\frac{1}{12}x^2$$

> **연계** [예제 B-52]
> $u = x$, $dv = e^{-6x}$이라 하면
> $\int xe^{-6x}\,dx$
> $= -\frac{1}{6}xe^{-6x} + \frac{1}{6}\int e^{-6x}\,dx$

이다. 따라서 특수해가

$$\begin{aligned} y_p &= -\left(\frac{1}{36}x + \frac{1}{216}\right)e^{-3x} - \frac{1}{12}x^2e^{-3x} \\ &= -\left(\frac{1}{12}x^2 + \frac{1}{36}x + \frac{1}{216}\right)e^{-3x} \end{aligned}$$

이므로 일반해는 다음과 같다.

$$y = c_1e^{3x} + c_2e^{-3x} - \left(\frac{1}{12}x^2 + \frac{1}{36}x + \frac{1}{216}\right)e^{-3x}$$

Section

3.6 코시-오일러 방정식

변수계수를 갖는 미분방정식 중에서

$$a_n x^n \frac{d^n y}{dx^n} + a_{n-1} x^{n-1} \frac{d^{n-1} y}{dx^{n-1}} + \cdots + a_1 x \frac{dy}{dx} + a_0 y = g(x) \tag{3.19}$$

(단, a_0, a_1, $\cdots$, a_n 은 상수)

의 형태를 **코시-오일러 방정식**Cauchy-Euler equation 또는 **오일러 방정식**Euler equation이라 한다. 이 절에서는 다음 2계 제차 미분방정식의 일반해를 구해보자.

$$ax^2 \frac{d^2 y}{dx^2} + bx \frac{dy}{dx} + cy = 0 \tag{3.20}$$

식 (3.20)의 각 항에서 계수의 차수와 도함수의 계수가 같으므로 해는

$$y = x^m \qquad (\text{단, } m\text{은 상수})$$

의 형태임을 알 수 있다. 그리고 식 (3.20)에

$$y' = mx^{m-1}, \quad y'' = m(m-1)x^{m-2}$$

을 대입하면

$$[am(m-1) + bm + c]\,x^m = 0$$

이고, $x > 0$ 에 대해 $x^m \neq 0$이므로

$$am^2 + (b-a)m + c = 0 \tag{3.21}$$

을 얻는다. 이 보조방정식의 근에 따라 다음과 같이 세 가지 경우로 나누어 살펴보자.

❶ 서로 다른 두 실근을 갖는 경우

식 (3.21)의 서로 다른 두 실근을 m_1, m_2라 하자. 이때 일반해는 다음과 같다.

$$y = c_1 x^{m_1} + c_2 x^{m_2}$$

예제 3-32

$x^2y'' - xy' - 3y = 0$의 일반해를 구하라.

풀이

해의 형태를 $y = x^m$이라 놓자. 보조방정식을 구하면

$$m^2 - 2m - 3 = (m-3)(m+1) = 0$$
$$m = 3\ ,\ -1$$

이므로, 일반해는 다음과 같다.

$$y = c_1 x^3 + c_2 x^{-1}$$

❷ 중근을 갖는 경우

식 (3.21)의 해가 중근을 갖는다고 하자. 즉 $m_1 = m_2$라 하자. 이에 대응하는 특수해는 $y_1 = x^{m_1}$이다. 이 경우 y_1과 일차독립인 해 y_2를 구하면

$$\begin{aligned} y_2 &= y_1 \int \frac{e^{-\int \frac{b}{a} \cdot \frac{1}{x} dx}}{y_1^2} dx = x^{m_1} \int \frac{e^{-\frac{b}{a} \ln x}}{x^{2m_1}} dx \\ &= x^{m_1} \int x^{-\frac{b}{a} - 2m_1} dx = x^{m_1} \int x^{-\frac{b}{a} + 2\frac{b-a}{2a}} dx \\ &= x^{m_1} \int \frac{1}{x} dx = x^{m_1} \ln x \end{aligned}$$

이다. 따라서 일반해는 다음과 같다.

$$y = c_1 x^{m_1} + c_2 x^{m_1} \ln x \quad \left(단,\ m_1 = \frac{-(b-a)}{2a} \right)$$

예제 3-33

$x^2y'' - xy' + y = 0$의 일반해를 구하라.

풀이

해의 형태를 $y = x^m$이라 놓자. 보조방정식을 구하면

$$m^2 - 2m + 1 = (m-1)^2 = 0$$
$$m = 1 \ \text{(중근)}$$

이므로, 일반해는 다음과 같다.

$$y = c_1 x + c_2 x \ln x$$

❸ 복소근을 갖는 경우

식 (3.21)의 해를 $m = \alpha \pm i\beta$(단, α, β는 실수)라 하자. 그러면 일반해는

$$y = c_1{}' x^{\alpha + i\beta} + c_2{}' x^{\alpha - i\beta} = x^{\alpha}\left(c_1{}' x^{i\beta} + c_2{}' x^{-i\beta}\right)$$

이다. 이때

$$x^{i\beta} = \left(e^{\ln x}\right)^{i\beta} = e^{i\beta \ln x} = \cos(\beta \ln x) + i\sin(\beta \ln x)$$
$$x^{-i\beta} = \cos(-\beta \ln x) + i\sin(-\beta \ln x) = \cos(\beta \ln x) - i\sin(\beta \ln x)$$

이므로, 일반해는 다음과 같다.

$$y = x^{\alpha}\left[c_1 \cos(\beta \ln x) + c_2 \sin(\beta \ln x)\right]$$

예제 3-34

$x^2 y'' + 2xy' + 2y = 0$의 일반해를 구하라.

풀이

$y = x^m$이라 놓자. 보조방정식을 구하면

$$m^2 + m + 2 = 0$$
$$m = \frac{-1 \pm \sqrt{1-8}}{2} = -\frac{1}{2} \pm \frac{\sqrt{7}}{2} i$$

이므로 일반해는 다음과 같다.

$$y = x^{-\frac{1}{2}}\left[c_1 \cos\left(\frac{\sqrt{7}}{2} \ln x\right) + c_2 \sin\left(\frac{\sqrt{7}}{2} \ln x\right)\right]$$

예제 3-35

$x^2y'' + 7xy' + 5y = x^2$의 일반해를 구하라.

풀이

우선 $x^2y'' + 7xy' + 5y = 0$의 일반해를 구하자. 보조방정식을 구하면

$$m^2 + 6m + 5 = 0$$
$$m = -1, -5$$

이므로

$$y_h = c_1x^{-1} + c_2x^{-5}$$

이다. 이제 매개변수 변환법에 의해 특수해를 구해보자. 먼저

$$y_p = u_1x^{-1} + u_2x^{-5}$$

으로 놓자. 그러면

$$W = \begin{vmatrix} x^{-1} & x^{-5} \\ -x^{-2} & -5x^{-6} \end{vmatrix} = -4x^{-7}$$
$$W_1 = \begin{vmatrix} 0 & x^{-5} \\ 1 & -5x^{-6} \end{vmatrix} = -x^{-5}$$
$$W_2 = \begin{vmatrix} x^{-1} & 0 \\ -x^{-2} & 1 \end{vmatrix} = x^{-1}$$

이므로

$$u_1' = \frac{1}{4}x^2, \quad u_2' = -\frac{1}{4}x^6$$

이다. 이를 적분하면

$$u_1 = \frac{1}{12}x^3, \quad u_2 = -\frac{1}{28}x^7$$

이다. 이를 $y_p = u_1x^{-1} + u_2x^{-5}$ 에 대입하면

$$y_p = \frac{1}{12}x^2 - \frac{1}{28}x^2 = \frac{1}{21}x^2$$

이므로 일반해는 다음과 같다.

$$y = c_1x^{-1} + c_2x^{-5} + \frac{1}{21}x^2$$

Chapter 03 연습문제

[3.1 선형 미분방정식의 기본 이론]

※ (문제 1~4) 다음을 계산하라.

1. $(D+1)x^2$
2. $(D+1)^2(xe^x)$
3. $(D-1)e^{2x}$
4. $(D+a)\sin ax$

※ (문제 5~8) 다음을 전개하라.

5. $(D-2)(2D+3)$
6. $(xD+1)(xD-2)$
7. $(D-2)(D+2)$
8. $(x^2D+1)(D-x)$

※ (문제 9~14) 다음 미분연산자를 인수분해하라.

9. D^2-9
10. $2D^2+3D+1$
11. D^2+2D
12. D^3-3D^2+2D
13. $D^2-8D+12$
14. D^4-D^2+4

※ (문제 15~16) 다음에 주어진 함수를 0으로 만드는 미분연산자를 구하라.

15. $1+3x+2x^2$
16. $1+e^{2x}$

※ (문제 17~18) 다음 초깃값 문제가 유일한 해를 갖도록 하는 구간 I를 구하라.

17. $(x-3)y''+3y'=x^2$, $y(0)=0$, $y'(0)=1$
18. $y''+\dfrac{1}{\cos x}y'+y=e^x$, $y(\pi)=0$, $y'(\pi)=1$

[3.2 선형 미분방정식의 성질]

※ (문제 19~25) 다음 함수들이 구간 $(-\infty,\infty)$에서 일차종속인지 일차독립인지를 결정하라.

19. $y_1=x-5$, $y_2=x+5$
20. $y_1=\sin^2x+\cos x$, $y_2=\cos x-\cos^2x$
21. $y_1=e^x$, $y_2=e^{x-1}$
22. $y_1=3x-5$, $y_2=9x-5$
23. $y_1=x$, $y_2=|x|$
24. $y_1=e^{\frac{x}{2}}$, $y_2=xe^{\frac{x}{2}}$
25. $y_1=x^3$, $y_2=|x|^3$

※ (문제 26~29) 다음 함수들이 주어진 구간에서 미분방정식의 일차독립인 해임을 보이고, 일반해를 구하라.

26. $y'' - 7y' + 12y = 0$, $y_1 = e^{3x}$, $y_2 = e^{4x}$, $(-\infty, \infty)$

27. $x^2y'' - 7xy' + 7y = 0$, $y_1 = x^7$, $y_2 = x$, $(0, \infty)$

28. $x^2y'' + xy' + 4y = 0$, $y_1 = \cos(2\ln x)$, $y_2 = \sin(2\ln x)$, $(0, \infty)$

29. $y'' - 2y' + 5y = 0$, $y_1 = e^x \cos 2x$, $y_2 = e^x \sin 2x$, $(-\infty, \infty)$

※ (문제 30~35) 주어진 y_1이 미분방정식의 해일 때, y_2를 구하라.

30. $(x-1)y'' - xy' + y = 0$, $y_1 = e^x$

31. $x^2y'' - 4xy' + 6y = 0$, $y_1 = x^2$

32. $y'' - 4y' + 4y = 0$, $y_1 = e^{2x}$

33. $2x^2y'' + 3xy' - y = 0$, $y_1 = x^{-1}$

34. $xy'' - y' + 4x^3y = 0$, $y_1 = \cos x^2$

35. $xy'' + 2y' + xy = 0$, $y_1 = \dfrac{\cos x}{x}$

[3.3 상수계수를 갖는 제차 선형 미분방정식]

※ (문제 36~43) 다음 미분방정식의 일반해를 구하라.

36. $4y'' + 2y' - 2y = 0$

37. $y'' + y' - 2y = 0$

38. $2y'' + 3y' = 0$

39. $y'' - 2y' + 10y = 0$

40. $y'' + 16y = 0$

41. $y'' - 8y' + 16y = 0$

42. $y'' - 4y' + 4y = 0$

43. $(D^2 + 2D + 5)y = 0$

※ (문제 44~47) 다음 초깃값 문제의 해를 구하라.

44. $y'' + 4y = 0$, $y(0) = 1$, $y'(0) = -1$

45. $y'' - 6y' + 5y = 0$, $y(0) = 1$, $y'(0) = 2$

46. $y''' - 12y'' + 36y' = 0$, $y(0) = 1$, $y'(0) = -1$, $y''(0) = -2$

47. $y^{(4)} = 0$, $y(0) = 0$, $y'(0) = 1$, $y''(0) = 2$, $y'''(0) = 6$

※ (문제 48~49) 다음 경곗값 문제의 해를 구하라.

48. $y'' + 10y' + 25y = 0$, $y(0) = 1$, $y(1) = 0$

49. $y'' + 9y = 0$, $y(0) = 1$, $y\left(\dfrac{\pi}{6}\right) = 1$

※ (문제 50~52) 주어진 보조방정식의 근을 이용하여 미분방정식을 구하라.

50. $m=1$(중근)

51. $m_1=-2i,\ m_2=2i$

52. $m_1=3,\ m_2=-1$

※ (문제 53~56) 주어진 함수를 해로 갖는 상수계수 선형 미분방정식을 구하라.

53. $e^{3x},\ 2e^{-3x}$

54. $2,\ x,\ e^x$

55. $3\cos 2x,\ -3\sin 2x$

56. $1,\ x,\ \cos 3x,\ \sin 3x$

[3.4 미정계수법]

※ (문제 57~61) 다음 미분방정식의 일반해를 구하라.

57. $y''+2y'-3y=e^{2x}$

58. $y''+2y'-3y=e^{-3x}$

59. $y''-2y'+5y=2\cos 2x$

60. $y''-2y'+5y=3e^x\sin 2x$

61. $2y'-y=3e^{5x}+2\sin 5x$

※ (문제 62~63) 다음 초깃값 문제의 해를 구하라.

62. $y''-4y=2,\ y(0)=1,\ y'(0)=0$

63. $y''+4y'+8y=x^2,\ y(0)=0,\ y'(0)=0$

64. $y''+4y=\sin 2x-x\cos 2x$ 의 특수해의 형태를 결정하라.

[3.5 매개변수 변환법]

※ (문제 65~73) 다음 미분방정식의 일반해를 구하라.

65. $y''-4y=\dfrac{e^{-2x}}{x}$

66. $y''+y=\tan x$ 예제 B-8

67. $y''+3y'+2y=\dfrac{e^{3x}}{(1+e^x)}$ 예제 B-15(c)

68. $y''+3y'+2y=\cos e^x$ 예제 B-57

69. $y''+2y'+2y=e^{-x}\sec x$

70. $y''-10y'+25y=\dfrac{e^{5x}}{x}$

71. $y''+2y'+10y=e^{-x}\tan 3x$ 예제 B-8

72. $4y''+4y'+y=e^{-\frac{x}{2}}\sqrt{1-x^2}$ 예제 B-33

73. $y''-10y'+25y=\dfrac{e^{5x}}{x^2}$

74. $y_1 = x$와 $y_2 = x\ln x$가 구간 $0 < x < \infty$에서 $x^2y'' - xy' + y = 0$의 일차독립인 해임을 보이고, $x^2y'' - xy' + y = \dfrac{1}{x}$의 일반해를 구하라. 예제 B-58

75. $y_1 = x^{-\frac{1}{2}}$과 $y_2 = x$가 구간 $0 < x < \infty$에서 $2x^2y'' + xy' - y = 0$의 일차독립인 해임을 보이고, $2x^2y'' + xy' - y = 4x + 2x^2$의 일반해를 구하라.

[3.6 코시-오일러 방정식]

※ (문제 76~85) 다음 미분방정식을 풀어라.

76. $x^2y'' + 2xy' - 6y = x^2\ln x$ 예제 B-59

77. $x^2y'' - 3xy' + 4y = \ln x$ 예제 B-58

78. $x^2y'' + xy' - 4y = \cos(\ln x)$ 예제 B-62, 예제 B-63

79. $x^2y'' + 4xy' = x^4$

80. $x^2y'' - xy' + y = x^2$ 예제 B-48

81. $x^2y'' - 2xy' + 2y = x^2e^x$

82. $x^2y'' + 7xy' + 13y = 0$

83. $x^2y'' + xy' - 4y = \dfrac{1}{x+1}$

84. $x^2y'' - xy' = 2 + x\ln x$

85. $xy'' - y' = \dfrac{2}{x} + \ln x$

86. 코시-오일러 방정식은 $x = e^t$으로 치환하여 상수계수를 갖는 선형 미분방정식으로 변환됨을 보여라.

87. [연습문제 86]의 방법을 사용하여 다음 미분방정식을 풀어라.

$$x^2y'' - 2xy' + 2y = x^2 + 4$$

m.e.m.o

Chapter 04

2계 선형 미분방정식의 활용

Application of Linear Differential Equation of 2nd order

||| 목차 |||

||| 학습목표 |||

- 2계 선형모형으로 용수철 운동과 전기회로에 대해 살펴본다.
- 2계 연립 선형 미분방정식의 모형으로 용수철 운동과 전기회로에 대해 살펴본다.

Section
4.1 2계 선형모형

이 절에서는 상수계수를 갖는 2계 선형 미분방정식의 활용에 대해 살펴보자.

$$ay'' + by' + cy = g(t) \tag{4.1}$$

식 (4.1)의 비제차 미분방정식에서 $g(t)$를 **입력**input, **구동력**driving force 또는 **강제함수**forcing function라 하고, 이 비제차 미분방정식의 해를 입력에 대한 **출력**output 또는 구동력에 대한 **응답**response이라 한다. 이때 $g(t)=0$인 경우의 운동을 **자유진동**free oscillation이라 하고, $g(t) \neq 0$인 경우의 운동을 **강제진동**forced oscillation이라 한다.

용수철 운동

길이가 l인 용수철을 지면에 수직으로 늘어뜨리고, 용수철의 끝에 질량이 m인 물체를 매달았을 때, 용수철이 L만큼 아래 방향(양의 방향)으로 늘어난다고 하자.

이때 물체가 매달린 용수철의 끝에는 [그림 4-1]과 같이 두 개의 힘의 작용한다. 하나는 중력 또는 물체의 무게가 아래 방향으로 작용하는 힘으로서 크기는 mg(g는 중력 가속도)이다. 다른 하나는 위 방향으로 작용하는 힘 F_s이다.

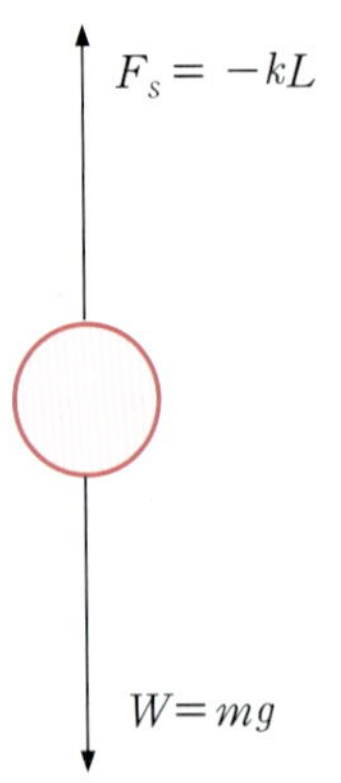

[그림 4-1] 용수철 운동

L이 작다면 용수철에 작용하는 힘은 거의 용수철의 복원력 F_s에 비례한다는 훅의 법칙Hooke's law이 적용된다. 즉 $F_s = -kL$ (단, k는 비례상수, 용수철 상수)이다. 용수철의 복원력은 위 방향으로 작용하

므로 음수이다. 용수철 끝에 질량 m 인 물체를 매달았을 때 위아래 방향으로 진동하다가 두 개의 힘이 평형을 이루면 멈추는데, 이를 **평형상태**equilibrium라 한다. 즉 평형상태에서는

$$mg - kL = 0$$

이 된다.

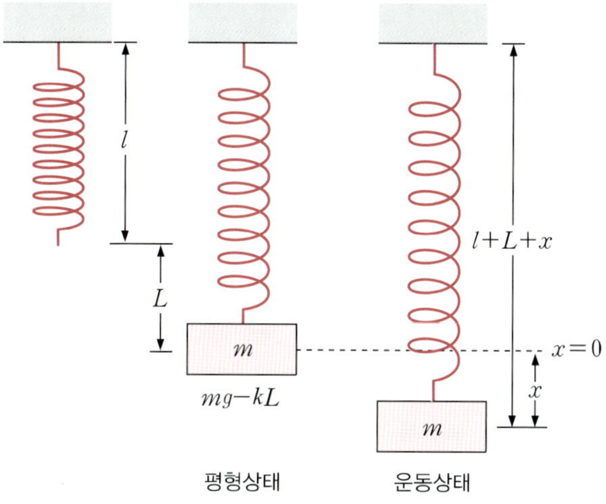

[그림 4-2] 용수철-질량 시스템

[그림 4-2]와 같이 시간 t 에서 질량이 m 인 물체가 평형상태에서 벗어난 위치(변위)를 $x(t)$ 라 하면, 뉴턴의 운동법칙Newton's laws of motion의 가속도 법칙에 의해 물체에 작용하는 합력net force은

$$F = ma = mx'' \tag{4.2}$$

이다. F를 결정하기 위해서는 다음 네 가지를 고려해야 한다.

❶ 물체의 무게 $W = mg$ 는 항상 아래 방향으로 작용한다.

❷ 용수철의 복원력 F_s 는 $L+x$ 에 비례한다고 가정한다.

$$F_s = -k(L+x) \quad (\text{단, } k\text{는 양의 상수}) \tag{4.3}$$

❸ 감쇠력damping force 또는 저항력resistance F_d는 항상 물체의 운동 방향과 반대 방향으로 작용한다.

저항력에는 공기 저항 또는 다른 매체의 저항, 용수철을 확장하거나 압축할 때 분실되는 분산 등이 있다. 어느 경우든 저항력은 물체의 속력 $\left|\dfrac{dx}{dt}\right|$ 에 비례한다고 가정한다. 이때 $\dfrac{dx}{dt} > 0$ 이면 x 는 증가하고, 물체는 아래 방향으로 움직인다. 그러면 F_d는 위 방향을 향하므로

$$F_d(t) = -\beta x'(t) \quad (\text{단, } \beta\text{는 양수인 감쇠상수})$$

이다. 반면에, $\frac{dx}{dt} < 0$이면 x는 감소하고 물체는 위 방향으로 움직이며 F_d는 아래 방향을 향하므로

$$F_d = \beta|x'(t)| = -\beta x'(t)$$

이다. 따라서 물체의 운동 방향과 관계없이 다음을 만족한다.

$$F_d(t) = -\beta x'(t) \tag{4.4}$$

지금까지 설명한 ❶, ❷, ❸을 [그림 4-3]으로 요약할 수 있다.

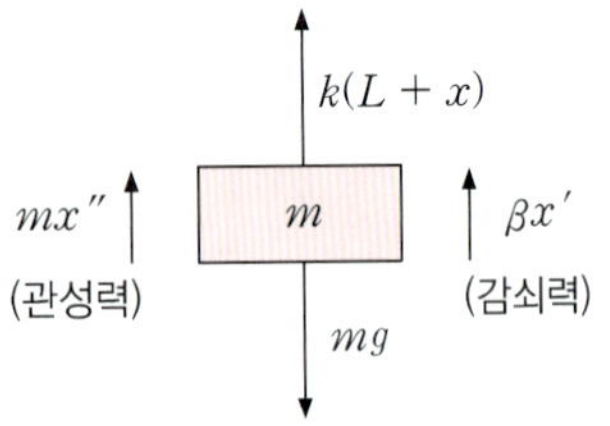

[그림 4-3] 물체에 작용하는 합력

❹ 물체에 작용하는 외력 $f(t)$는 물체에 직접 작용하는 힘(외부에서 가해진 힘)이다.

$f(t)$는 위 또는 아래 방향으로 주어지며, $f(t)$가 주기적인 경우도 있다. 이를 정리하면

$$\begin{aligned} mx''(t) &= mg + F_s(t) + F_d(t) + f(t) \\ &= mg - k(L + x(t)) - \beta x'(t) + f(t) \end{aligned}$$

이고, $mg - kL = 0$이므로

$$mx''(t) + \beta x'(t) + kx(t) = f(t) \tag{4.5}$$
(단, m, β, k는 양의 상수)

이다. 식 (4.5)는 변위 $x(t)$에 대한 방정식이다. 이 방정식을 풀기 위해 물체의 초기 위치와 초기 속도는 다음과 같이 주어진다.

$$x(0) = x_0, \quad x'(0) = v_0$$

이제 용수철 운동을 네 가지 조건으로 분류하여 살펴보자.

■ 무감쇠 자유 운동

외력 $f(t) = 0$이고 감쇠력이 없다고 가정하자. 이는 이상적인 상태로서 실제로는 일어나기 어렵다. 그러나 감쇠력이 매우 작은 경우, 감쇠력이 없다고 가정하고 시간 구간을 짧게 조정하여 만족할 만한 결

과를 얻을 수 있기도 하다. 이 경우 다음과 같은 미분방정식으로 나타낼 수 있다.

$$mx'' + kx = 0 \tag{4.6}$$

이를 **무감쇠 자유 운동**undamped free motion이라 한다. 식 (4.6)의 일반해는

$$x = c_1 \cos \omega t + c_2 \sin \omega t \quad \left(단,\ \omega^2 = \frac{k}{m}\right)$$

이다.

이 일반해는 다음과 같이 나타낼 수 있다.

$$\begin{aligned} x &= \sqrt{c_1^2 + c_2^2}\left(\frac{c_1}{\sqrt{c_1^2 + c_2^2}} \cos \omega t + \frac{c_2}{\sqrt{c_1^2 + c_2^2}} \sin \omega t\right) \\ &= \sqrt{c_1^2 + c_2^2}\,(\sin \phi \cos \omega t + \cos \phi \sin \omega t) \\ &= \sqrt{c_1^2 + c_2^2}\,\sin(\omega t + \phi) \end{aligned}$$

연계 [수학 기초]

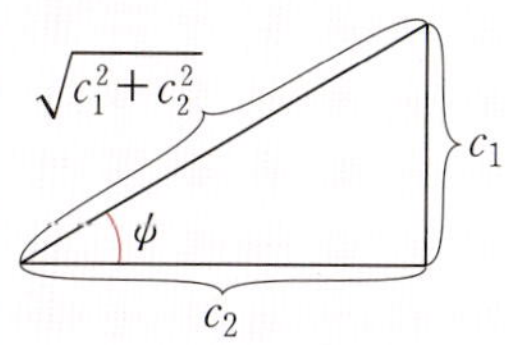

$\tan\phi = \dfrac{c_1}{c_2}$

그러므로 $x(t)$는 진폭이 $\sqrt{c_1^2+c_2^2}$, 주기는 $\dfrac{2\pi}{\omega}$이고 진동수는 $\dfrac{\omega}{2\pi}$인 사인함수이다. 이때 ϕ는 위상각이라 한다. 마찬가지 방법으로 다음이 성립한다.

$$\begin{aligned} x &= \sqrt{c_1^2 + c_2^2}\,(\cos\phi\cos\omega t + \sin\phi\sin\omega t) \\ &= \sqrt{c_1^2 + c_2^2}\,\cos(\omega t - \phi),\quad \tan\phi = \frac{c_2}{c_1} \end{aligned}$$

예제 4-1

96N 의 힘이 용수철의 길이를 2m 늘린다. 용수철에 2.45N 의 물체를 달고 평형위치로부터 $\dfrac{1}{6}$m 아래로 잡아당긴 후 위의 방향으로 초기 속도 1m/s 에서 운동을 시작하였다. 이때 변위 $x(t)$를 구하라. 단, $\mathrm{N} = \mathrm{kg \cdot m/s^2}$ 이고, 중력가속도는 $9.8\mathrm{m/s^2}$이다.

풀이

용수철의 상수 k와 질량 m은

$$k = \frac{96\,[\mathrm{N}]}{2\,[\mathrm{m}]} = 48\,[\mathrm{N/m}],$$

$$m = \frac{w}{g} = \frac{2.45}{9.8}\left[\frac{\mathrm{kg \cdot m/sec^2}}{\mathrm{m/sec^2}}\right] = \frac{1}{4}\,[\mathrm{kg}]$$

이므로, 운동방정식은

$$\frac{1}{4}x'' + 48x = 0$$

$$x'' + 192x = 0$$

이다. 따라서 일반해는

$$x = c_1 \cos(8\sqrt{3}\,t) + c_2 \sin(8\sqrt{3}\,t)$$

이다. $x(0) = \frac{1}{6}$, $x'(0) = -1$ 이므로 변위 $x(t)$는

$$x = \frac{1}{6}\cos(8\sqrt{3}\,t) - \frac{1}{8\sqrt{3}}\sin(8\sqrt{3}\,t)$$

이다. 이를 코사인함수로 합성하여 분석하면, 주기는 $T = \frac{2\pi}{8\sqrt{3}} \approx 0.453$(초)이고, 진폭은

$$R^2 = \frac{1}{36} + \frac{1}{192} = \frac{19}{576}$$

$$R \approx 0.182\,[\mathrm{m}]$$

이다. 그리고 위상각은 $\tan\phi = \frac{c_2}{c_1} = -\frac{\sqrt{3}}{4}$ 이므로

$$\phi = -\tan^{-1}\frac{\sqrt{3}}{4} \approx -23.413° = -0.409\,[\mathrm{rad}]$$

이다. 그리고 변위 $x(t)$의 그래프를 그리면 [그림 4-4]와 같다.

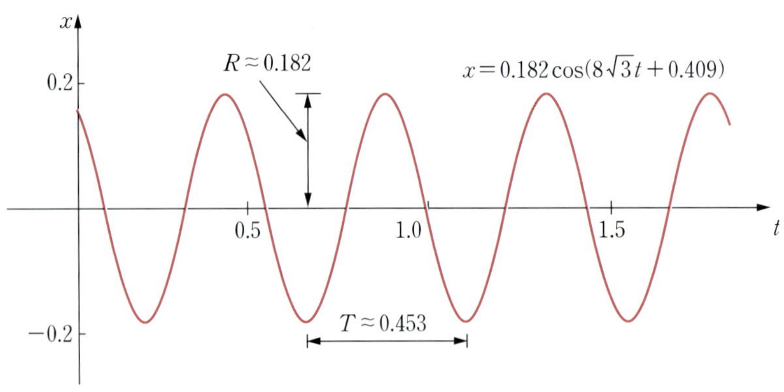

[그림 4-4] 변위 $x(t)$의 그래프

■ **감쇠 자유 운동**

$f(t) = 0$ 이고 감쇠력이 속도의 β배만큼 작용한다고 하자. 이때 운동방정식은

$$mx'' + \beta x' + kx = 0 \quad (\text{단, } \beta\text{는 감쇠상수, } k\text{는 용수철 상수}) \qquad (4.7)$$

이다. 이를 **감쇠 자유 운동**damped free motion이라 한다. 식 (4.7)에서 $\dfrac{\beta}{m}=2\lambda$, $\dfrac{k}{m}=\omega^2$이라 두면

$$x''+2\lambda x'+\omega^2 x=0$$

이다. 이에 대한 보조방정식의 해를 구하면

$$\begin{aligned} m_1,\ m_2 &= -\lambda \pm \sqrt{\lambda^2-\omega^2} \\ &= \frac{-\beta \pm \sqrt{\beta^2-4km}}{2m} \end{aligned}$$

이다. 다음과 같이 보조방정식의 해를 세 가지로 분류하여 감쇠 자유 운동의 해를 구할 수 있다.

❶ $\beta^2-4km>0$ (과감쇠) : $x=c_1e^{m_1t}+c_2e^{m_2t}$

❷ $\beta^2-4km=0$ (임계감쇠) : $x=c_1e^{m_1t}+c_2te^{m_1t}=(c_1+c_2t)e^{m_1t}$

❸ $\beta^2-4km<0$ (저감쇠) : $x=c^{\alpha t}(c_1\cos\gamma t+c_2\sin\gamma t)$

$$\left(\text{단, } \alpha=-\frac{\beta}{2m},\ \gamma=\frac{\sqrt{\beta^2-4km}}{2m},\ m=\alpha\pm i\gamma\right)$$

❸의 경우에는 해를 다음과 같이 나타낼 수 있다.

$$x=e^{\alpha t}\sqrt{c_1^2+c_2^2}\sin(\gamma t+\phi)$$

$$\left(\text{단, } \tan\phi=\frac{c_1}{c_2},\ \alpha=-\frac{\beta}{2m}<0,\ R=\sqrt{c_1^2+c_2^2}\right)$$

이때 $Re^{\alpha t}$을 **감쇠 진폭**damped amplitude, $\dfrac{2\pi}{\gamma}$를 **준주기**quasi period, $\dfrac{\gamma}{2\pi}$를 **준진동수**quasi frequency라 한다.

예제 4-2

무게가 39.2 N인 물체가 용수철을 9.8 m 늘어나게 한다. 감쇠력이 순간 속도의 $\dfrac{1}{2}$로 작용하며 질량추를 평형위치에서 2 m 내려간 지점에서 정지시켰다가 놓았다. 이때 변위 $x(t)$를 구하라.

풀이

$39.2=m\times 9.8$에서 질량은 $m=4$이고, $39.2=9.8k$에서 용수철 상수는 $k=4$이므로, 운동방정식은

$$4x''+\frac{1}{2}x'+4x=0$$

$$x''+\frac{1}{8}x'+x=0$$

이다. 따라서 일반해는

$$x = e^{-\frac{t}{16}}\left(c_1 \cos \frac{\sqrt{255}}{16}t + c_2 \sin \frac{\sqrt{255}}{16}t\right)$$

이다. $x(0) = 2$, $x'(0) = 0$이므로 변위 $x(t)$는

$$\begin{aligned} x &= e^{-\frac{t}{16}}\left(2\cos \frac{\sqrt{255}}{16}t + \frac{2}{\sqrt{255}} \sin \frac{\sqrt{255}}{16}t\right) \\ &= \frac{32}{\sqrt{255}} e^{-\frac{t}{16}} \cos\left(\frac{\sqrt{255}}{16}t - \phi\right) \end{aligned}$$

$$\left(\text{단, } \tan\phi = \frac{1}{\sqrt{255}},\ \phi \approx 3.5833^\circ \approx 0.06254\,[\text{rad}]\right)$$

이고, 준주기는 $T = 2\pi / \frac{\sqrt{255}}{16} \approx 6.295$[초]이다. 그리고 변위 $x(t)$의 그래프를 그리면 [그림 4-5]와 같다.

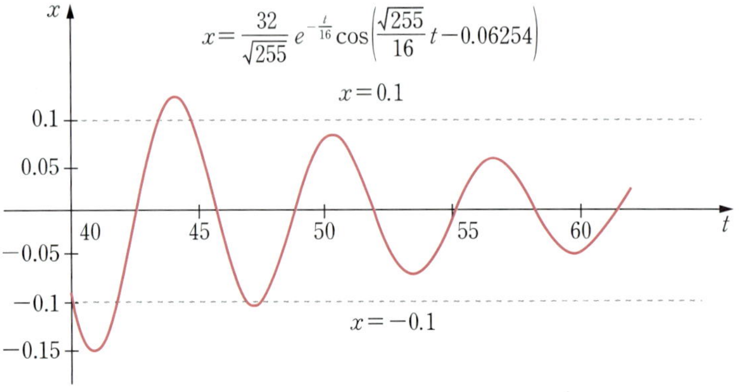

[그림 4-5] 변위 $x(t)$의 그래프

■ 강제진동

강제진동의 운동방정식은 다음과 같이 주어진다.

$$mx'' + \beta x' + kx = f(t) \tag{4.8}$$

식 (4.8)을 m으로 나누고 $\frac{\beta}{m} = 2\lambda$, $\frac{k}{m} = \omega^2$이라 두면 다음과 같이 나타낼 수 있다.

$$x'' + 2\lambda x' + w^2 x = F(t) \quad \left(\text{단, } F(t) = \frac{f(t)}{m}\right)$$

예제 4-3

무게가 1.96 N 인 물체가 용수철을 0.98 m 늘어나게 한다. 감쇠력이 순간속도의 1.2 배이며 외력이 $5\cos 4t$로 작용한다. 평형위치에서 $\frac{1}{2}$m 내려간 지점에서 정지시켰다 놓았을 때, 변위 $x(t)$를 구하라.

풀이

$1.96 = m \times 9.8$에서 질량은 $m = \frac{1}{5}$이고, $1.96 = k \times 0.98$에서 용수철 상수는 $k = 2$이므로, 운동방정식은

$$\frac{1}{5}x'' + 1.2x' + 2x = 5\cos 4t$$
$$x'' + 6x' + 10x = 25\cos 4t$$

이다. 이때

$$x'' + 6x' + 10x = 0$$

의 보조방정식 $m^2 + 6m + 10 = 0$의 근은 $m = -3 \pm i$이므로

$$x_h(t) = e^{-3t}(c_1 \cos t + c_2 \sin t)$$

이다. 그러므로

$$x_p(t) = A\cos 4t + B\sin 4t$$

라 하면

$$A = -\frac{25}{102},\ B = \frac{50}{51}$$

이다. 따라서 일반해는

$$x(t) - c^{-3t}(c_1 \cos t + c_2 \sin t) - \frac{25}{102}\cos 4t + \frac{50}{51}\sin 4t$$

이다. $x(0) = \frac{1}{2}$, $x'(0) = 0$이므로

$$x(t) = e^{-3t}\left(\frac{38}{51}\cos t - \frac{86}{51}\sin t\right) - \frac{25}{102}\cos 4t + \frac{50}{51}\sin 4t$$

이다

[예제 4-3]에서

$$\lim_{t\to\infty} x_h(t) = 0$$

이므로 오랜 시간이 지나면 다음을 만족한다.

$$x(t) \to x_p(t)$$

이때 $x_h(t)$를 **과도항**transient term 또는 **과도해**transient solution라 하고, 오랜 시간이 지난 후 남아 있는 함수 $x_p(t)$를 **정상상태 항**steady-state term 또는 **정상상태 해**steady-state solution라 한다.

■ 무감쇠 강제 운동

감쇠력이 없는 강제진동의 운동방정식은 다음과 같이 주어진다.

$$mx'' + kx = f(t)$$

다음 예제를 통해 $f(t)$가 주기함수인 경우를 생각해보자.

예제 4-4 응용

초깃값 문제 $x'' + \omega^2 x = F_0 \cos \gamma t$, $x(0) = 0$, $x'(0) = 0$을 풀어라. 단, $\omega \neq \gamma$이다.

풀이

주어진 방정식에서

$$x_h(t) = c_1 \cos \omega t + c_2 \sin \omega t$$

이므로

$$x_p(t) = A \cos \gamma t + B \sin \gamma t$$

라 하면

$$A = \frac{F_0}{\omega^2 - \gamma^2}, \quad B = 0$$

이다. 이때

$$x_p(t) = \frac{F_0}{\omega^2 - \gamma^2} \cos \gamma t$$

이므로 일반해는

$$x(t) = c_1 \cos \omega t + c_2 \sin \omega t + \frac{F_0}{\omega^2 - \gamma^2} \cos \gamma t$$

이다. 조건에서 $x(0)=0$, $x'(0)=0$이므로

$$c_1 = -\frac{F_0}{\omega^2-\gamma^2}, \quad c_2 = 0$$

이 된다. 따라서 일반해는 다음과 같다.

$$\begin{aligned} x(t) &= \frac{-F_0}{\omega^2-\gamma^2}\cos\omega t + \frac{F_0}{\omega^2-\gamma^2}\cos\gamma t \\ &= \frac{F_0}{\omega^2-\gamma^2}(\cos\gamma t - \cos\omega t) \end{aligned}$$

[예제 4-4]의 일반해 $x(t)$에서 $\gamma \to \omega$이면 변위가 무한히 커진다. 이러한 현상을 **공진**resonance이라고 한다. 만약 공진이라면 [예제 4-4]의 초깃값 문제는

$$x'' + \omega^2 x = F_0 \cos\omega t, \quad x(0)=0, \quad x'(0)=0$$

이다. 이때 $x_h(t) = c_1\cos\omega t + c_2 \sin\omega t$이므로

$$x_p(t) = At\cos\omega t + Bt\sin\omega t$$

와 같은 형태를 갖는다. 이를 대입해서 풀면

$$A=0, \quad B=\frac{F_0}{2\omega}$$

이므로

$$x_p(t) = \frac{F_0}{2\omega} t\sin\omega t$$

이고, 일반해는 다음과 같다.

$$x(t) = c_1\cos\omega t + c_2\sin\omega t + \frac{F_0}{2\omega} t\sin\omega t$$

조건에서 $x(0)=0$, $x'(0)=0$이므로

$$x(t) = \frac{F_0}{2\omega} t\sin\omega t$$

이다. 앞서 예상한 것처럼 $t \to \infty$이면 [그림 4-6]과 같이 변위가 커진다. 이 경우 진동시스템이 파괴되므로 공진 현상은 중요한 의미가 있다.

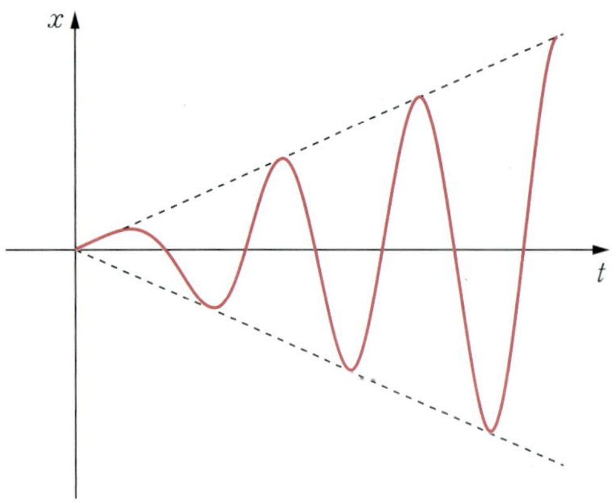

[그림 4-6] 공진 현상의 그래프

전기회로

[그림 4-7]과 같은 직렬 RLC 회로에 대해 살펴보자.

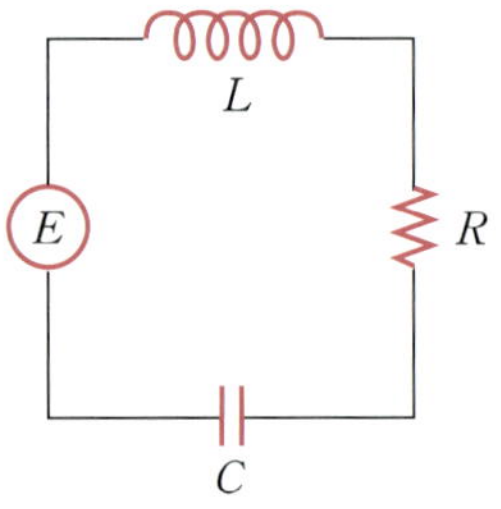

[그림 4-7] 직렬 RLC 회로

[정리 2-1]의 키르히호프 법칙에 의해

$$L\frac{di}{dt} + Ri + \frac{1}{C}q = E(t) \tag{4.9}$$

이다. 이때 $i = \dfrac{dq}{dt}$ 이므로

$$L\frac{d^2q}{dt^2} + R\frac{dq}{dt} + \frac{1}{C}q = E(t) \tag{4.10}$$

이다. 식 (4.10)은 용수철 운동의 강제 진동인 식 (4.8)과 같은 모형이다. 이로써 전혀 다른 두 현상이 수학적으로는 같은 식으로 표현되는 것을 알 수 있다. 이는 용수철 운동 실험을 전기회로를 이용하여 할 수 있음을 의미한다. 전기회로는 만들기가 간단하고 측정도 용이하므로 용수철 운동 실험을 하기 위해 구조물을 설치해야 하는 수고를 피할 수 있다.

예제 4-5 응용

$L=0.1\,\mathrm{H}$, $R=3\times10^2\,\Omega$, $C=\frac{1}{2}\times10^{-5}\,\mathrm{F}$, $E(t)=0\,\mathrm{V}$인 직렬 RLC 회로에서 축전기의 전하량 $q(t)$를 구하라. 단, $q(0)=10^{-6}\,\mathrm{C}$, $i(0)=0\,\mathrm{A}$이다.

풀이

키르히호프 법칙에 의해

$$\frac{1}{10}q''+300q'+2\times10^5q=0$$
$$q''+3000q'+2\times10^6q=0$$

이므로 일반해는 다음과 같다.

$$q(t)=c_1e^{-1000t}+c_2e^{-2000t}$$

조건에서 $q(0)=10^{-6}$, $q'(0)=0$이므로

$$c_1=2\times10^{-6},\ c_2=-10^{-6}$$

이다. 따라서 축전기의 전하량은 다음과 같다.

$$q(t)=10^{-6}\left(2\times e^{-1000t}-e^{-2000t}\right)[\mathrm{C}]$$

Section 4.2 2계 연립 선형 미분방정식의 모형

연립 미분방정식은 하나의 독립변수에 대해 종속변수가 2개 이상인 경우에 사용한다. 이 절에서는 4.1절에서 다룬 용수철 운동과 전기회로에 대한 연립 미분방정식의 모형을 살펴보고, 이러한 연립 미분방정식의 해를 구해본다. 이 절에서는 독립변수를 t라 하고, t에 관한 함수인 종속변수를 x_1, x_2, x_3, $\cdots$라 하자.

연립 미분방정식의 모형

용수철 운동과 전기회로에 대한 연립 미분방정식의 모형을 살펴보자.

■ 용수철 운동

[그림 4-8]과 같이 질량이 m_1, m_2인 두 물체가 외력 $F_1(t)$와 $F_2(t)$가 주어진 상태에서 용수철 상수가 k_1, k_2인 용수철 A, B에 매달려 있는 경우를 살펴보자.

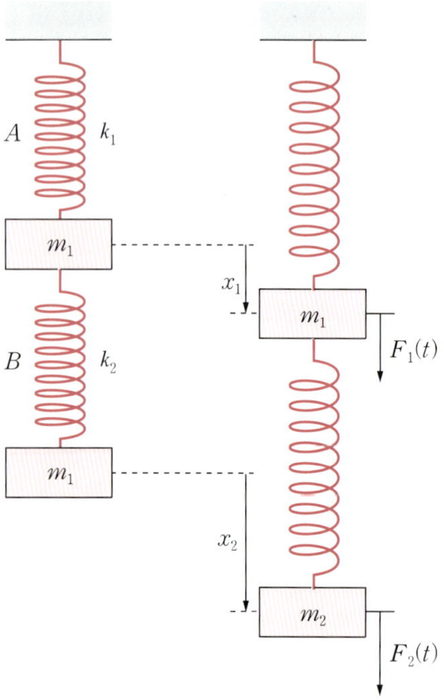

[그림 4-8] 두 물체가 매달린 용수철 운동

뉴턴의 제2운동법칙을 적용하자. 먼저 훅의 법칙에 의하면 질량추 m_1에 작용하는 힘은 다음과 같다.

$$\text{용수철 } A\text{가 위 방향으로 잡아당기는 힘 : } -k_1x_1$$

$$\text{용수철 } B\text{가 아래 방향으로 잡아당기는 힘 : } k_2(x_2-x_1)$$

따라서 질량추 m_1의 운동방정식은

$$m_1x_1'' = -k_1x_1 + k_2(x_2 - x_1) + F_1(t)$$

이다. 그리고 질량추 m_2에 작용하는 힘은 다음과 같다.

$$\text{용수철 } B\text{가 위 방향으로 잡아당기는 힘 : } -k_2(x_2-x_1)$$

따라서 질량추 m_2의 운동방정식은

$$m_2x_2'' = -k_2(x_2 - x_1) + F_2(t)$$

이다. 이를 정리하면 다음과 같은 연립 미분방정식이 된다.

$$m_1x_1'' = -(k_1 + k_2)x_1 + k_2x_2 + F_1(t) \tag{4.11}$$

$$m_2x_2'' = k_2x_1 - k_2x_2 + F_2(t) \tag{4.12}$$

■ 전기회로

[그림 4-9]와 같은 전기회로를 살펴보자.

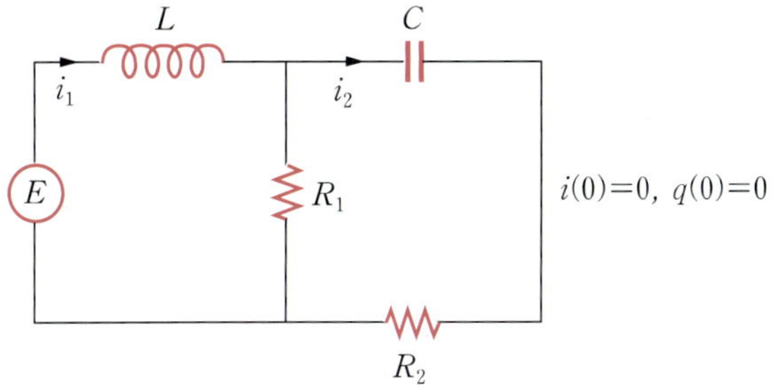

[그림 4-9] 두 개가 연결된 전기회로

키르히호프 법칙을 적용하자. 먼저 R_1에 흐르는 전류는 $i_1 - i_2$ 이므로 왼쪽 폐회로는

$$Li_1' + R_1(i_1 - i_2) = E$$

이고, 오른쪽 폐회로는

$$R_2i_2 + R_1(i_2 - i_1) + \frac{1}{C}\int i_2\,dt = 0$$

이다. 이 식을 미분하면

$$R_2 i_2' + R_1(i_2' - i_1') + \frac{1}{C} i_2 = 0$$

이다. 이를 정리하면 다음과 같은 연립 미분방정식이 된다.

$$Li_1' + Ri_1 - Ri_2 = E \tag{4.13}$$

$$-R_1 i_1' + (R_1 + R_2) i_2' + \frac{1}{C} i_2 = 0 \tag{4.14}$$

연립 선형 미분방정식의 해

이제 연립 선형 미분방정식의 해를 구해보자. 다음과 같은 1계 연립 선형 미분방정식을 살펴보자.

$$x_1' = x_2$$

$$x_2' = 3x_1$$

이 식을 미분연산자로 나타내면

$$Dx_1 - x_2 = 0 \tag{4.15}$$

$$3x_1 - Dx_2 = 0 \tag{4.16}$$

이고, 식 (4.15)에 D를 곱한 후 식 (4.16)을 빼면

$$D^2 x_1 - 3x_1 = 0$$

이다. 이때 보조방정식 $m^2 - 3 = 0$의 두 근이 $\pm\sqrt{3}$이므로

$$x_1 = c_1 e^{-\sqrt{3}t} + c_2 e^{\sqrt{3}t}$$

이다. 이를 식 (4.15)에 대입하면

$$x_2 = x_1' = -\sqrt{3}c_1 e^{-\sqrt{3}t} + \sqrt{3}c_2 e^{\sqrt{3}t}$$

이 된다. 이제 [예제 2-15]에서 식만 세운 연립 미분방정식의 해를 구해보자.

예제 4-6

$x_1(0) = 150$, $x_2(0) = 50$일 때, $x_1(t)$와 $x_2(t)$를 구하라.

$$\frac{dx_1}{dt} = -\frac{3}{10}x_1 + \frac{3}{10}x_2$$

$$\frac{dx_2}{dt} = \frac{1}{5}x_1 - \frac{2}{5}x_2$$

풀이

$\dfrac{d}{dt} = D$ 라 놓고, 주어진 식을 정리하면

$$\left(D+\frac{3}{10}\right)x_1 - \frac{3}{10}x_2 = 0$$

$$\frac{1}{5}x_1 - \left(D+\frac{2}{5}\right)x_2 = 0$$

이고, 이를 정리하면 다음과 같다.

$$(10D+3)x_1 - 3x_2 = 0 \tag{4.17}$$

$$x_1 - (5D+2)x_2 = 0 \tag{4.18}$$

식 (4.17)에 $(5D+2)$를 곱한 식에서 식 (4.18)에 3을 곱한 식을 빼면

$$(50D^2+35D+3)x_1 = 0$$

이다. 보조방정식

$$50m^2+35m+3 = (5m+3)(10m+1) = 0$$

의 두 근이 $-\dfrac{3}{5}$ 또는 $-\dfrac{1}{10}$ 이므로

$$x_1 = c_1 e^{-\frac{3}{5}t} + c_2 e^{-\frac{1}{10}t}$$

이다. 이를 식 (4.17)에 대입하면

$$\begin{aligned} 3x_2 &= 10Dx_1 + 3x_1 \\ &= 10\left(-\frac{3}{5}c_1 e^{-\frac{3}{5}t} - \frac{1}{10}c_2 e^{-\frac{1}{10}t}\right) + 3\left(c_1 e^{-\frac{3}{5}t} + c_2 e^{-\frac{1}{10}t}\right) \\ &= -3c_1 e^{-\frac{3}{5}t} + 2c_2 e^{-\frac{1}{10}t} \end{aligned}$$

이므로

$$x_2 = -c_1 e^{-\frac{3}{5}t} + \frac{2}{3}c_2 e^{-\frac{1}{10}t}$$

이 된다. $x_1(0) = 150$, $x_2(0) = 50$ 이므로

$$c_1 + c_2 = 150$$

$$-c_1 + \frac{2}{3}c_2 = 50$$

에서 $c_1 = 30$, $c_2 = 120$이다. 따라서

$$x_1 = 30e^{-\frac{3}{5}t} + 120e^{-\frac{1}{10}t}$$

$$x_2 = -30e^{-\frac{3}{5}t} + 80e^{-\frac{1}{10}t}$$

이다.

이제 2계 연립 선형 미분방정식의 해를 구해보자.

예제 4-7

$x_1'' + 5x_1 = 2x_2$, $x_2'' + 2x_2 = 2x_1$이고, $x_1(0) = 1$, $x_1'(0) = 0$, $x_2(0) = 2$, $x_2'(0) = 0$일 때, $x_1(t)$와 $x_2(t)$를 구하라.

풀이

주어진 식을 미분연산자 D로 나타내면

$$(D^2 + 5)x_1 - 2x_2 = 0 \tag{4.19}$$

$$2x_1 - (D^2 + 2)x_2 = 0 \tag{4.20}$$

이다. 식 (4.19)에 $(D^2 + 2)$를 곱한 식에서 식 (4.20)에 2를 곱한 식을 빼면

$$[(D^2 + 2)(D^2 + 5) - 4]x_1 = 0$$

$$(D^4 + 7D^2 + 6)x_1 = 0$$

이다. 보조방정식 $m^4 + 7m^2 + 6 = (m^2 + 1)(m^2 + 6) = 0$의 근이

$$m = \pm i \text{ 또는 } \pm\sqrt{6}\,i$$

이므로(5.1절 참조)

$$x_1 = c_1 \cos t + c_2 \sin t + c_3 \cos\sqrt{6}\,t + c_4 \sin\sqrt{6}\,t$$

이다. x_1을 식 (4.19)에 대입하면

$$x_2 = 2c_1 \cos t + 2c_2 \sin t - \frac{1}{2}c_3 \cos\sqrt{6}\,t - \frac{1}{2}c_4 \sin\sqrt{6}\,t$$

이고, $x_1(0)=1$, $x_1'(0)=0$, $x_2(0)=2$, $x_2'(0)=0$이므로

$$c_1=1,\ c_2=c_3=c_4=0$$

이다. 따라서 다음을 얻는다.

$$x_1=\cos t,\ x_2=2\cos t$$

Chapter 04 연습문제

[4.1 2계 선형모형]

※ (문제 1~4) 다음 x를 $x = R\sin(\omega t + \phi)$ 형태로 나타내라.

1. $x = 3\cos 2t + 4\sin 2t$

2. $x = -2\cos t + \sqrt{5}\sin t$

3. $x = 2\cos 3t - 2\sin 3t$

4. $x = -\cos \pi t - 2\sin \pi t$

5. 무게가 2kg인 물체가 용수철을 6m 늘어나게 한다. 물체를 아래로 3m 더 끌어내리고 놓았을 때, 감쇠력이 없는 경우 물체의 위치 x를 시간 t의 함수로 나타내라.

6. 무게가 4kg인 물체가 용수철을 3m 늘어나게 한다. 물체를 2m만큼 위로 밀어 올려 아래 방향으로 2m/s의 속도로 운동을 시작했다. 감쇠력이 없는 경우 물체의 위치 x를 시간 t의 함수로 나타내고, 진폭과 주기를 구하라.

7. 무게가 100g인 물체가 용수철을 5cm 늘어나게 한다. 물체가 평형상태에서 아래 방향으로 속도 10cm/s로 운동을 시작했다. 감쇠력이 없는 경우 물체의 위치 x를 시간 t의 함수로 나타내라.

8. 무게가 20g인 물체가 용수철을 5cm 늘어나게 한다. 물체가 감쇠상수 $\beta = \frac{400}{980}\,\mathrm{N\cdot s/m}$인 점착성의 감쇠기에 달라붙어 있다고 하자. 물체를 아래 방향으로 2cm 잡아당겼다가 놓아버렸다면 물체의 위치 x를 시간 t의 함수로 나타내라.

[4.2 2계 연립 선형 미분방정식의 모형]

※ (문제 9~13) 다음 미분방정식의 해를 구하라.

9. $x_1' = 2x_2$, $x_2' = -2x_1$

10. $x_1' = x_1 - 2x_2$, $x_2' = 2x_1 + 4x_2$

11. $Dx_1 + D^2 x_2 = e^{2t}$, $(D-1)x_1 + (D+1)x_2 = 4e^{2t}$

12. $\dfrac{dx}{dt} = 2y$, $\dfrac{dy}{dt} = x - z$, $\dfrac{dz}{dt} = x - y$

13. $x'' = 3y - e^t,\ y'' = 3x + e^t$

14. [그림 4-10]과 같은 전기회로의 미분방정식을 세워라.

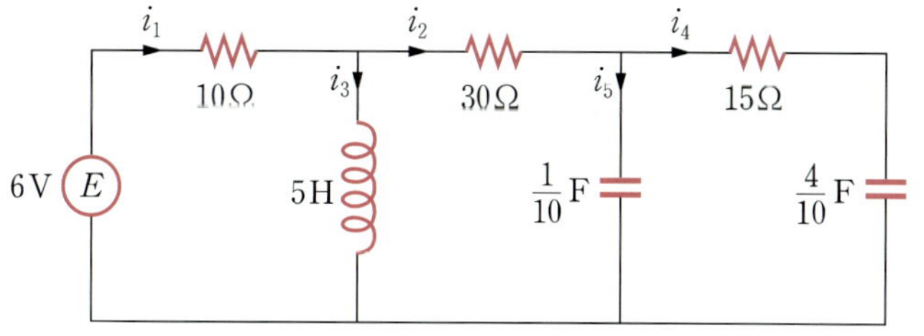

[그림 4-10] 전기회로도

15. 탱크 A에는 20L의 물에 150g의 설탕이 녹아 있다. 탱크 B에는 10L의 물에 설탕 50g이 녹아 있다. 임의의 시간 t에서 [그림 4-11]과 같은 탱크 A, B의 설탕의 양을 구하라.

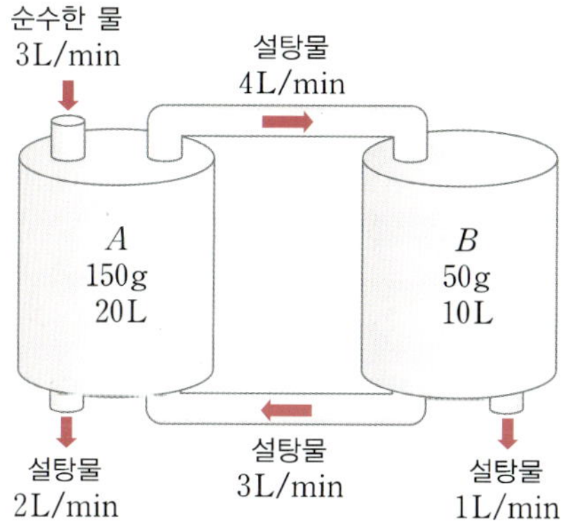

[그림 4-11] 설탕물이 순환하는 물 탱크

16. [그림 4-12]와 같은 탱크 A, B에 대한 미분방정식을 세워라.

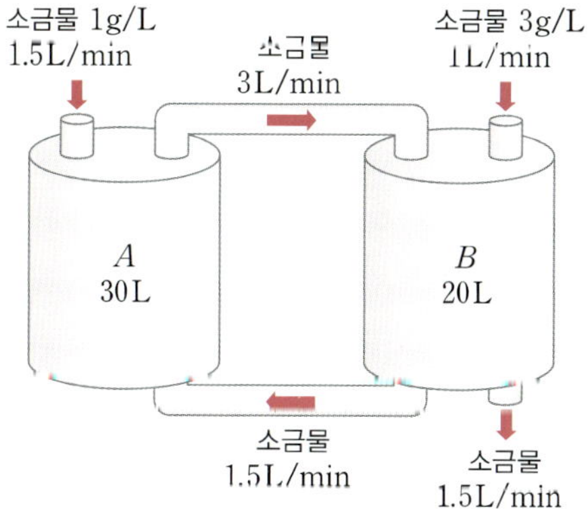

[그림 4-12] 소금물이 순환하는 물 탱크

17. 탱크에 $40\,\mathrm{kg}$ 의 소금이 녹아 있는 소금물이 $0.5\,\mathrm{m}^3$ 들어 있다. 순수한 물이 $3\times10^{-4}\,\mathrm{m}^3/\mathrm{s}$의 속도로 들어와 섞인다. 섞인 소금물은 잘 섞여 균일하게 유지되고, 같은 속도로 빠져나간다. 이때 빠져나간 소금물은 순수한 물 $0.5\,\mathrm{m}^3$이 들어 있는 두 번째 탱크로 흘러들어가 균일하게 섞이고 첫 번째 탱크와 같은 속도로 빠져나간다. 1시간 후 두 번째 탱크에 있는 소금의 양을 구하라.

Chapter 05

고계 선형 미분방정식

Linear Differential Equation of higher order

||| 목차 |||

||| 학습목표 |||

- 상수계수를 갖는 제차 선형 미분방정식의 해를 구한다.
- 미정계수법으로 상수계수를 갖는 비제차 선형 미분방정식의 특수해를 구한다.
- 매개변수 변환법으로 비제차 선형 미분방정식의 특수해를 구한다.
- 코시-오일러 방정식의 해를 구한다.

Section 5.1 상수계수를 갖는 제차 선형 미분방정식

이 절에서는 상수계수를 갖는 제차 선형 미분방정식

$$L(y) = (a_n D^n + \cdots + a_1 D + a_0)y = 0 \tag{5.1}$$

의 일반해를 구하는 방법을 살펴보자. 해의 형태를 $y = e^{mx}$ 이라 놓고 $y' = me^{mx}$, $y'' = m^2 e^{mx}$, $\cdots$, $y^{(n)} = m^n e^{mx}$ 을 식 (5.1)에 대입하면 보조방정식은

$$a_n m^n + \cdots + a_1 m + a_0 = 0$$

이다. m 에 관한 n 차 방정식의 근에 따라 n 개의 특수해 $y_1(x)$, $y_2(x)$, $\cdots$, $y_n(x)$ 를 구할 수 있고, 일반해는 다음과 같이 나타낼 수 있다.

$$y = c_1 y_1 + c_2 y_2 + \cdots + c_n y_n$$

예제 5-1

$2y''' + 3y'' - 2y' = 0$ 의 일반해를 구하라.

풀이

보조방정식이

$$2m^3 + 3m^2 - 2m = m(m+2)(2m-1) = 0$$

이므로, 일반해는 다음과 같다.

$$y = c_1 + c_2 e^{-2x} + c_3 e^{\frac{1}{2}x}$$

예제 5-2

$y''' - 4y'' - 3y' + 18y = 0$의 일반해를 구하라.

풀이

보조방정식이

$$m^3 - 4m^2 - 3m + 18 = (m+2)(m-3)^2 - 0$$

이므로, 일반해는 다음과 같다.

$$y = c_1 e^{-2x} + c_2 e^{3x} + c_3 x e^{3x}$$

예제 5-3 응용

$y^{(5)} + 4y^{(4)} + 5y''' + 14y'' + 44y' + 40y = 0$의 일반해를 구하라.

풀이

보조방정식이

$$m^5 + 4m^4 + 5m^3 + 14m^2 + 44m + 40 = 0$$
$$(m+2)^3(m^2 - 2m + 5) = 0$$

이므로, 일반해는 다음과 같다.

$$y = c_1 e^{-2x} + c_2 x e^{-2x} + c_3 x^2 e^{-2x} + e^x (c_4 \cos 2x + c_5 \sin 2x)$$

예제 5-4

$(D+1)(D^2 - 2D + 10)^2 y = 0$의 일반해를 구하라.

풀이

보조방정식이

$$(m+1)(m^2 - 2m + 10)^2 = 0$$

이므로, 일반해는 다음과 같다.

$$y = c_1 e^{-x} + e^x (c_2 \cos 3x + c_3 \sin 3x + c_4 x \cos 3x + c_5 x \sin 3x)$$

Section

5.2 미정계수법

3.4절에서 살펴본 2계 미분방정식의 미정계수법을 고계 미분방정식에 적용하여 문제를 풀어보자. 이 절에서는 상수를 계수로 갖는 선형 미분방정식

$$L(y) = (a_n D^n + \cdots + a_1 D + a_0)y = g(x) \tag{5.2}$$

의 특수해 y_p를 구하는 방법에 대해 살펴보자. 상수를 계수로 갖는 미분방정식이므로 2계에서와 마찬가지로 y_p는 $g(x)$의 형태에 의해 결정될 수 있다. 또한 $g(x)$를 미분해서 나타나는 모든 인자들을 일차결합하여 y_p를 표현할 수 있다.

예제 5-5

$y''' - 6y'' + 12y' - 8y = e^{2x}$의 일반해를 구하라.

풀이

보조방정식이 $m^3 - 6m^2 + 12m - 8 = (m-2)^3$이므로 $m = 2$ (3중근)이다. 따라서

$$y_h = c_1 e^{2x} + c_2 x e^{2x} + c_3 x^2 e^{2x}$$

이다. 이때 특수해를

$$y_p = Ae^{2x}$$

으로 놓으면, e^{2x}이 제차 미분방정식의 해이므로

$$y_p = Ax^3 e^{2x}$$

으로 놓아야 한다. 따라서

$$y_p' = 3Ax^2 e^{2x} + 2Ax^3 e^{2x} = (2Ax^3 + 3Ax^2)e^{2x},$$

$$y_p'' = (6Ax^2 + 6Ax)e^{2x} + 2(2Ax^3 + 3Ax^2)e^{2x}$$
$$= (4Ax^3 + 12Ax^2 + 6Ax)e^{2x},$$

$$
\begin{aligned}
y_p''' &= (12Ax^2 + 24Ax + 6A)e^{2x} + 2(4Ax^3 + 12Ax^2 + 6Ax)e^{2x} \\
&= (8Ax^3 + 36Ax^2 + 36Ax + 6A)e^{2x}
\end{aligned}
$$

이고, 이를 주어진 미분방정식에 대입하면

$$6Ae^{2x} = e^{2x}$$

이므로 $A = \frac{1}{6}$ 이다. 따라서 특수해가

$$y_p = \frac{1}{6}x^3e^{2x}$$

이고, 일반해는 다음과 같다.

$$y = c_1e^{2x} + c_2xe^{2x} + c_3x^2e^{2x} + \frac{1}{6}x^3e^{2x}$$

예제 5-6

$y^{(4)} + 2y'' + y = \cos x$ 의 일반해를 구하라.

풀이

보조방정식이 $m^4 + 2m^2 + 1 = (m^2+1)^2 = 0$ 이므로 $m = \pm i$ (2중근)이다. 따라서

$$y_h = c_1\cos x + c_2\sin x + c_3x\cos x + c_2x\sin x$$

이다. 이때 특수해를

$$y_p = A\cos x + B\sin x$$

로 놓으면, $\cos x$ 와 $\sin x$가 제차 미분방정식의 해이므로

$$y_p = Ax^2\cos x + Bx^2\sin x$$

로 놓아야 한다. 따라서

$$
\begin{aligned}
y_p' &= 2Ax\cos x - 2Ax^2\sin x + 2Bx\sin x + Bx^2\cos x \\
&= (Bx^2 + 2Ax)\cos x + (-Ax^2 + 2Bx)\sin x, \\
y_p'' &= (-Ax^2 + 4Bx + 2A)\cos x + (-Bx^2 - 4Ax + 2B)\sin x, \\
y_p'''e &= (-Bx^2 - 6Ax + 6B)\cos x + (Ax^3 - 6Bx - 6A)\sin x, \\
y_p^{(4)} &= (Ax^2 - 8Bx - 12A)\cos x + (Bx^2 + 8Ax - 12B)\sin x
\end{aligned}
$$

이고, 이를 주어진 미분방정식에 대입하면

$$(-12A+4B)\cos x - 8B\sin x = \cos x$$

이므로 $A=-\frac{1}{12}$, $B=0$이다. 따라서 특수해가

$$y_p = -\frac{1}{12}x^2\cos x$$

이고, 일반해는 다음과 같다.

$$y = c_1\cos x + c_2\sin x + c_3 x\cos x + c_2 x\sin x - \frac{1}{12}x^2\cos x$$

예제 5-7

$y^{(4)} + 2y''' + 2y'' = e^{-x}\sin x$의 일반해를 구하라.

풀이

보조방정식이 $m^4 + 2m^3 + 2m^2 = m^2(m^2+2m+2) = 0$이므로 그 해가 $m=0$(2중근), $m=-1\pm i$이다. 따라서

$$y_h = c_1 + c_2 x + e^{-x}(c_3\cos x + c_4\sin x)$$

이다. 이때 특수해를

$$y_p = Axe^{-x}\sin x + Bxe^{-x}\cos x$$

로 놓으면, $e^{-x}\cos x$와 $e^{-x}\sin x$가 제차 미분방정식의 해이므로

$$y_p = Axe^{-x}\sin x + Bxe^{-x}\cos x$$

로 놓아야 한다. 따라서

$$y_p' = [(-A+B)x + A]e^{-x}\cos x + [(-A-B)x + B]e^{-x}\sin x,$$

$$y_p'' = (-2Bx - 2A + 2B)e^{-x}\cos x + (2Ax - 2A - 2B)e^{-x}\sin x,$$

$$y_p''' = [(2A+2B)x - 6B]e^{-x}\cos x + [(-2A+2B)x + 6A)]e^{-x}\sin x,$$

$$y_p^{(4)} = (-4Ax + 8A + 8B)e^{-x}\cos x + (-4Bx - 8A + 8B)e^{-x}\sin x$$

이고, 이를 주어진 미분방정식에 대입하면

$$4Ae^{-x}\cos x + 4Be^{-x}\sin x = e^{-x}\cos x$$

이므로 $A=\frac{1}{4}$, $B=0$이다. 따라서 특수해가

$$y_p=\frac{1}{4}xe^{-x}\sin x$$

이고, 일반해는 다음과 같다.

$$y=c_1+c_2x+e^{-x}(c_3\cos x+c_4\sin x)+\frac{1}{4}xe^{-x}\sin x$$

예제 5-8

$y'''+6y''+11y'+6y=\sin x$의 일반해를 구하라.

풀이

보조방정식이 $m^3+6m^2+11m+6=(m+1)(m+2)(m+3)=0$이므로 일반해는

$$y_h=c_1e^{-x}+c_2e^{-2x}+c_3e^{-3x}$$

이다. 이때 특수해를 $y_p=A\cos x+B\sin x$로 놓으면

$$y_p{}'=-A\sin x+B\cos x,$$
$$y_p{}''=-A\cos x-B\sin x,$$
$$y_p{}'''=A\sin x-B\cos x$$

이고, 이를 주어진 미분방정식에 대입하면

$$-10A\sin x+10B\cos x=\sin x$$

이므로 $A=-\frac{1}{10}$, $B=0$이다. 따라서 특수해가

$$y_p=-\frac{1}{10}\cos x$$

이고, 일반해는 다음과 같다.

$$y_h=c_1e^{-x}+c_2e^{-2x}+c_3e^{-3x}-\frac{1}{10}\cos x$$

Section
5.3 매개변수 변환법

3.5절과 비슷하게 비제차 n계 선형 미분방정식

$$(a_n(x)D^n + a_{n-1}(x)D^{n-1} + \cdots + a_1(x)D + a_0(x))y = f(x) \tag{5.3}$$

의 특수해를 구해보자. 단, $a_n(x) \neq 0$이다.

식 (5.3)은 상수계수를 갖지 않으므로 특수해 y_p를 $g(x)$의 형태에 의해 취할 수 없다. 또한 $g(x)$를 미분할 때마다 새로운 인자가 계속 나오는 경우에도 미정계수법에 의해 y_p를 구할 수 없다.

$a_n(x)$로 식 (5.3)을 나눈 식을

$$(D^n + P_{n-1}(x)D^{n-1} + \cdots + P_1(x)D + P_0(x))y = g(x) \tag{5.4}$$

라 할 때, 이를 **표준형**이라 한다. 식 (5.4)에서 제차 미분방정식의 일반해를

$$y_h = c_1 y_1(x) + c_2 y_2(x) + \cdots + c_n y_n(x)$$

라 하자. y_1, y_2, $\cdots$, y_n과 일차독립인 특수해 y_p를 구하기 위해 임의의 상수 c_i(단, $i = 1$, 2, $\cdots$, n)를 함수로 생각하여

$$y_p = u_1(x)y_1(x) + u_2(x)y_2(x) + \cdots + u_n(x)y_n(x) \tag{5.5}$$

로 놓자. 이러한 방법을 **매개변수 변환법**method of variation of parameter이라 한다. 식 (5.4)에 대입하여 $u_i(x)$(단, $i = 1$, 2, $\cdots$, n)를 구한다.

$$y_p{}' = u_1(x)y_1{}'(x) + \cdots + u_n(x)y_n{}'(x) + [u_1{}'(x)y_1(x) + \cdots + u_n{}'(x)y_n(x)]$$

에서 $y_p{}'$를 계속해서 미분할 경우 $y_1{}'$, $y_2{}'$, $\cdots$, $y_n{}'$의 계수가 계속 커지므로

$$u_1{}'(x)y_1(x) + \cdots + u_n{}'(x)y_n(x) = 0 \tag{5.6}$$

으로 두자. 그러면

$$y_p{}' = u_1(x)y_1{}'(x) + \cdots + u_n(x)y_n{}'(x) \tag{5.7}$$

가 된다. 이를 미분하면

$$y_p'' = u_1(x)y_1''(x) + \cdots + u_n(x)y_n''(x) + [u_1'(x)y_1'(x) + \cdots + u_n'(x)y_n'(x)]$$

이다. 이때

$$u_1'(x)y_1'(x) + \cdots + u_n'(x)y_n'(x) = 0 \tag{5.8}$$

로 두자. 이를 y_p''에 대입하면

$$y_p'' = u_1(x)y_1''(x) + \cdots + u_n(x)y_n''(x) \tag{5.9}$$

이다. 이 과정을 $(n-1)$번 반복하면

$$y_p^{(n-1)} = u_1(x)y_1^{(n-1)}(x) + \cdots + u_n(x)y_n^{(n-1)}(x) \tag{5.10}$$

를 얻는다. 이를 미분하면

$$\begin{aligned} y_p^{(n)} &= u_1(x)y_1^{(n)}(x) + \cdots + u_n(x)y_n^{(n)}(x) \\ &\quad + [u_1'(x)y_1^{(n-1)}(x) + \cdots + u_n'(x)y_n^{(n-1)}(x)] \end{aligned} \tag{5.11}$$

이다. 식 (5.5), 식 (5.7), 식 (5.9), 식 (5.10), 식 (5.11)을 식 (5.4)에 대입하면

$$u_1'(x)y_1^{(n-1)}(x) + \cdots + u_n'(x)y_n^{(n-1)}(x) = g(x) \tag{5.12}$$

가 된다. 식 (5.6), 식 (5.8), 식 (5.12)로부터 $u_1'(x)$, $u_2'(x)$, $\cdots$, $u_n'(x)$에 관한 다음의 연립방정식을 얻는다.

$$\begin{aligned} y_1(x)u_1'(x) + \cdots + y_n(x)u_n'(x) &= 0 \\ y_1'(x)u_1'(x) + \cdots + y_n'(x)u_n'(x) &= 0 \\ &\vdots \\ y_1^{(n-1)}(x)u_1'(x) + \cdots + y_n^{(n-1)}(x)u_n'(x) &= g(x) \end{aligned}$$

크래머 법칙Cramer's rule에 의하면(상세한 내용은 9.1절 참고) $i = 1, 2, \cdots, n$에 대해

$$u_i'(x) = \frac{W_i}{W}$$

$$\left(\text{단, } W = W(y_1, \cdots, y_n) = \begin{vmatrix} y_1(x) & \cdots & y_n(x) \\ y_1'(x) & \cdots & y_n'(x) \\ \vdots & \vdots & \vdots \\ y_1^{(n-1)}(x) & \cdots & y_n^{(n-1)} \end{vmatrix} \right)$$

가 성립한다. 이때

$$W_i = \begin{vmatrix} y_1(x) & \cdots & 0 & \cdots & y_n(x) \\ y_1{}'(x) & \cdots & 0 & \cdots & y_n{}'(x) \\ \vdots & & \vdots & & \vdots \\ y_1^{(n-1)}(x) & \cdots & g(x) & \cdots & y_n^{(n-1)}(x) \end{vmatrix}$$

i번째 열

이고, $u_i{}'$을 적분하면

$$u_i(x) = \int \frac{W_i}{W}\, dx$$

이므로 이를 이용하여 특수해를 구할 수 있다.

예제 5-9

$y''' + y' = \tan x$의 일반해를 구하라.

풀이

보조방정식이 $m^3 + m = m(m^2+1) = 0$이므로 $m=0$, $m = \pm i$이다. 따라서

$$y_h = c_1 + c_2 \cos x + c_3 \sin x$$

이므로 특수해를

$$y_p = u_1(x) + u_2(x)\cos x + u_3(x)\sin x$$

로 놓자. 그러면

$$W = \begin{vmatrix} 1 & \cos x & \sin x \\ 0 & -\sin x & \cos x \\ 0 & -\cos x & -\sin x \end{vmatrix} = \begin{vmatrix} -\sin x & \cos x \\ -\cos x & -\sin x \end{vmatrix} = \sin^2 x + \cos^2 x = 1,$$

$$W_1 = \begin{vmatrix} 0 & \cos x & \sin x \\ 0 & -\sin x & \cos x \\ \tan x & -\cos x & -\sin x \end{vmatrix} = \tan x \begin{vmatrix} \cos x & \sin x \\ -\sin x & \cos x \end{vmatrix} = \tan x,$$

$$W_2 = \begin{vmatrix} 1 & 0 & \sin x \\ 0 & 0 & \cos x \\ 0 & \tan x & -\sin x \end{vmatrix} = \begin{vmatrix} 0 & \cos x \\ \tan x & -\sin x \end{vmatrix} = -\cos x \tan x = -\sin x,$$

$$W_3 = \begin{vmatrix} 1 & \cos x & 0 \\ 0 & -\sin x & 0 \\ 0 & -\cos x & \tan x \end{vmatrix} = \begin{vmatrix} -\sin x & 0 \\ -\cos x & \tan x \end{vmatrix} = -\sin x \tan x$$

이므로

$$u_1' = \tan x\,,\ \ u_2' = -\sin x\,,\ \ u_3' = -\sin x \tan x$$

이다. 이를 적분하면

$$u_1 = \int \tan x\, dx = \int \frac{\sin x}{\cos x} dx = -\ln|\cos x| = \ln|\sec x|,$$

$$u_2 = -\int \sin x\, dx = \cos x,$$

$$\begin{aligned} u_3 &= -\int \sin x \tan x\, dx \\ &= -\int \frac{\sin^2 x}{\cos x} dx = -\int \frac{1-\cos^2 x}{\cos x} dx \\ &= -\int (\sec x - \cos x) dx \\ &= -\ln|\sec x + \tan x| - \sin x \end{aligned}$$

연계 [예제 B-8]
$\int \sec x\, dx$
$= \ln|\sec x + \tan x| + C$

이다. 따라서 특수해가

$$y_p = \ln|\sec x| - (\sin x)\ln|\sec x + \tan x| + \cos^2 x - \sin^2 x$$

이므로, 일반해는 다음과 같다.

$$y = c_1 + c_2 \cos x + c_3 \sin x + \ln|\sec x| - (\sin x)\ln|\sec x + \tan x| + \cos^2 x - \sin^2 x$$

예제 5-10

$y''' - y' = 2x$의 해를 구하라.

풀이

보조방정식이 $m^3 - m = m(m^2-1) = 0$이므로 $m = -1,\ m = 0,\ m = 1$이다. 따라서

$$y_h = c_1 + c_2 e^{-x} + c_3 e^{x}$$

이므로, 특수해를

$$y_p = u_1(x) + u_2(x) e^{-x} + u_3(x) e^{x}$$

라 놓자. 그러면

$$W = \begin{vmatrix} 1 & e^{-x} & e^{x} \\ 0 & -e^{-x} & e^{x} \\ 0 & e^{-x} & e^{x} \end{vmatrix} = \begin{vmatrix} -e^{-x} & e^{x} \\ e^{-x} & e^{x} \end{vmatrix} = -2$$

$$W_1 = \begin{vmatrix} 0 & e^{-x} & e^x \\ 0 & -e^{-x} & e^x \\ 2x & e^{-x} & e^x \end{vmatrix} = 2x \begin{vmatrix} e^{-x} & e^x \\ -e^{-x} & e^x \end{vmatrix} = 4x,$$

$$W_2 = \begin{vmatrix} 1 & 0 & e^x \\ 0 & 0 & e^x \\ 0 & 2x & e^x \end{vmatrix} = \begin{vmatrix} 0 & e^x \\ 2x & e^x \end{vmatrix} = -2x e^x,$$

$$W_3 = \begin{vmatrix} 1 & e^{-x} & 0 \\ 0 & -e^{-x} & 0 \\ 0 & e^{-x} & 2x \end{vmatrix} = \begin{vmatrix} -e^{-x} & 0 \\ e^{-x} & 2x \end{vmatrix} = -2x e^{-x}$$

이므로

$$u_1{}' = x e^x,\ u_2{}' = -2x,\ u_3{}' = -x e^{-x}$$

이다. 이를 적분하면

$$u_1 = \int x e^x \, dx = (x-1)e^x,$$ ← [예제 B-52] 참고

$$u_2 = -x^2,$$

$$u_3 = \int x e^{-x} \, dx = -(x+1)e^{-x}$$

이다. 따라서 특수해가

$$y_p = (x-1)e^x - x^2 e^x - (x+1)$$

이므로, 일반해는 다음과 같다. 단, $c_1{}' = c_1 - 1$, $c_3{}' = c_3 - 1$이다.

$$\begin{aligned} y &= c_1 + c_2 e^{-x} + c_3 e^x + (x-1)e^x - x^2 e^x - (x+1) \\ &= (c_1 - 1) + c_2 e^{-x} + (c_3 - 1)e^x + xe^x - x^2 e^{-x} - x \\ &= c_1{}' + c_2 e^{-x} + c_3{}' e^x + xe^x - x^2 e^{-x} - x \end{aligned}$$

Section

5.4 코시-오일러 방정식

3.6절에서 설명했듯이 변수계수를 갖는 미분방정식 중에서

$$a_n x^n \frac{d^n y}{dx^n} + a_{n-1} x^{n-1} \frac{d^{n-1} y}{dx^{n-1}} + \cdots + a_1 x \frac{dy}{dx} + a_0 y = g(x) \tag{5.13}$$

(단, a_0, a_1, $\cdots$, a_n은 상수)

의 형태를 **코시-오일러 방정식**Cauchy-Euler equation 또는 **오일러 방정식**Euler equation이라 한다.

다음의 n계 제차 미분방정식의 일반해를 구해보자.

$$a_n x^n \frac{d^n y}{dx^n} + a_{n-1} x^{n-1} \frac{d^{n-1} y}{dx^{n-1}} + \cdots + a_1 x \frac{dy}{dx} + a_0 y = 0 \tag{5.14}$$

식 (5.14)의 각 항에서 계수의 차수와 도함수의 계수가 같으므로 해는

$$y = x^m \qquad (\text{단, } m\text{은 상수})$$

의 형태임을 알 수 있다. 그리고 식 (5.14)에

$$y' = mx^{m-1},\ y'' = m(m-1)x^{m-2},\ \cdots,\ y^{(n)} = m(m-1)\cdots(m-n+1)x^{m-n}$$

을 대입하면

$$[a_n m(m-1)\cdots(m-n+1) + \cdots + a_1 m + a_0]\, x^m = 0$$

이고, $x > 0$에 대해 $x^m \neq 0$이므로

$$a_n m(m-1)\cdots(m-n+1) + \cdots + a_1 m + a_0 = 0 \tag{5.15}$$

이다. 이 식을 보조방정식이라 한다. 3.6절에서 다룬 2계 미분방정식과 같은 방법으로 n개의 일차독립인 해를 구할 수 있다.

예제 5-11

$x^3y''' - x^2y'' - 2xy' + 6y = 0$의 일반해를 구하라.

풀이

해의 형태를 $y = x^m$이라 놓자. 보조방정식을 구하면

$$m(m-1)(m-2) - m(m-1) - 2m + 6 = 0$$
$$m^3 - 4m^2 + m + 6 = (m+1)(m-2)(m-3) = 0$$

에서 $m = -1$, $m = 2$, $m = 3$이므로 일반해는 다음과 같다.

$$y = c_1 x^{-1} + c_2 x^2 + c_3 x^3$$

예제 5-12

$x^3y''' - 2x^2y'' - 8xy' + 20y = x^{-4}$의 일반해를 구하라.

풀이

해의 형태를 $y = x^m$이라 놓자. 보조방정식을 구하면

$$m(m-1)(m-2) - 2m(m-1) - 8m + 20 = 0$$
$$m^3 - 5m^2 - 4m + 20 = 0$$
$$(m-2)(m-5)(m+2) = 0$$

에서 $m = -2$, $m = 2$, $m = 5$이므로 일반해는 다음과 같다.

$$y_h = c_1 x^{-2} + c_2 x^2 + c_3 x^5$$

이제 매개변수 변환법으로 특수해를 구해보자. 먼저

$$y_p = u_1(x)x^{-2} + u_2(x)x^2 + u_3(x)x^5$$

으로 놓자. 그러면

$$W = \begin{vmatrix} x^{-2} & x^2 & x^5 \\ -2x^{-3} & 2x & 5x^4 \\ 6x^{-4} & 2 & 20x^3 \end{vmatrix}$$
$$= x^{-2}\begin{vmatrix} 2x & 5x^4 \\ 2 & 20x^3 \end{vmatrix} + 2x^{-3}\begin{vmatrix} x^2 & x^5 \\ 2 & 20x^3 \end{vmatrix} + 6x^{-4}\begin{vmatrix} x^2 & x^5 \\ 2x & 5x^4 \end{vmatrix} = 84x^2$$

$$W_1 = \begin{vmatrix} 0 & x^2 & x^5 \\ 0 & 2x & 5x^4 \\ x^{-7} & 2 & 20x^3 \end{vmatrix} = 3x^{-1},$$

$$W_2 = \begin{vmatrix} x^{-2} & 0 & x^5 \\ -2x^{-3} & 0 & 5x^4 \\ 6x^{-4} & x^{-7} & 20x^3 \end{vmatrix} = -7x^{-5},$$

$$W_3 = \begin{vmatrix} x^{-2} & x^2 & 0 \\ -2x^{-3} & 2x & 0 \\ 6x^{-4} & 2 & x^{-7} \end{vmatrix} = 4x^{-8}$$

이므로

$$u_1{}' = \frac{1}{28}x^{-3},\ u_2{}' = -\frac{1}{12}x^{-7},\ u_3{}' = \frac{1}{21}x^{-10}$$

이다. 이를 적분하면

$$u_1 = -\frac{1}{56}x^{-2},\ u_2 = \frac{1}{72}x^{-6},\ u_3 = -\frac{1}{189}x^{-9}$$

이다. 이를 $y_p = u_1(x)x^{-2} + u_2(x)x^2 + u_3(x)x^5$ 에 대입하면

$$y_p = -\frac{1}{108}x^{-4}$$

이므로, 일반해는 다음과 같다.

$$y = c_1x^{-2} + c_2x^2 + c_3x^5 - \frac{1}{108}x^{-4}$$

Chapter 05 연습문제

[5.1 상수계수를 갖는 제차 선형 미분방정식]

※ (문제 1~7) 주어진 y_1이 미분방정식의 해일 때, y_2를 구하라.

1. $4y''' - 4y'' + y' = 0$

2. $y''' + y = 0$

3. $y^{(4)} + 7y'' - 18y = 0$

4. $y^{(5)} - 9y' = 0$

5. $y^{(4)} + 2y'' + y = 0$

6. $y^{(4)} - y''' + y'' = 0$

7. $(D^2 + 2D + 5)^2 y = 0$

[5.2 미정계수법]

※ (문제 8~11) 다음 미분방정식의 일반해를 구하라.

8. $y''' + y' = \sin x$

9. $y''' - 3y'' + 4y = xe^{2x}$

10. $y^{(4)} - y'' = x + e^x$

11. $y^{(4)} + y'' = \cos x$

※ (문제 12~16) 미정계수법에 의해 해를 구할 때, y_p의 형태를 결정하라.

12. $y''' + 2y'' + y' = 1 + \sin x$

13. $y''' - y' = xe^x + \cos x$

14. $y''' - y'' + y' - y = xe^x + \sin x$

15. $y^{(4)} - 2y'' + y = e^x$

16. $y^{(4)} + 2y''' + 2y'' = e^{-x}\cos x + x + 2xe^{-x}$

※ (문제 17~18) 다음 초깃값 문제의 해를 구하라.

17. $y''' + 2y'' + y' = xe^{-x} + 5$, $y(0) = 2$, $y'(0) = 2$, $y''(0) = 1$

18. $y^{(4)} + y''' = x + e^{-x}$, $y(0) = 0$, $y'(0) = 0$, $y''(0) = 0$, $y'''(0) = 0$

[5.3 매개변수 변환법]

※ (문제 19~21) 다음 미분방정식의 일반해를 구하라.

19. $y''' - 2y'' - y' + 2y = e^{x}$

20. $y''' + y' = \sec x$

21. $y''' - y'' + y' - y = e^{-x}\cos x$

[5.4 코시-오일러 방정식]

※ (문제 22~26) 다음 미분방정식의 일반해를 구하라.

22. $x^3y''' - 3x^2y'' - 6xy' + 6y = \ln x^3$

23. $x^3y''' - x^2y'' - 2xy' + 6y = x$

24. $x^4y^{(4)} + 6x^3y''' + 3x^2y'' - 3xy' + 4y = 0$

25. $x^3y''' + xy' - y = 0$

26. $x^3y''' + 2xy' - 2y = 0$

m.e.m.o

Chapter 06

라플라스 변환

Laplace Transformation

||| 목차 |||

||| 학습목표 |||

- 라플라스 변환의 개념을 이해한다.
- 라플라스 변환의 제1이동정리, 제2이동정리를 이해한다.
- 합성곱의 라플라스 변환을 구하고, 적분방정식을 풀어본다.
- 주기함수의 라플라스 변환을 구한다.
- 디랙 델타 함수의 라플라스 변환을 구한다.
- 라플라스 변환을 이용하여 연립 선형 미분방정식의 해를 구한다.

Section
6.1 라플라스 변환

이 장에서는 지금까지 학습한 미분방정식의 풀이 방법과 전혀 관계없이 라플라스 변환이라는 연산자를 이용하여 미분방정식의 해를 구하고자 한다. 불연속함수, 순간적인 충격함수, 주기함수를 포함하는 미분방정식도 라플라스 변환에 의해 해를 구할 수 있다.

라플라스 변환의 정의

$f(t)$가 $t \geq 0$에서 정의된 함수일 때, $f(t)$의 라플라스 변환은 다음과 같이 정의한다.

정의 6-1 라플라스 변환

다음 식이 수렴할 때, 이를 $f(t)$의 **라플라스 변환**Laplace transformation이라 한다.

$$\mathcal{L}\{f(t)\} = \int_0^\infty e^{-st} f(t)\, dt \tag{6.1}$$

$f(t)$의 라플라스 변환은 s에 관한 함수로서, 다음과 같이 표기한다.

$$\mathcal{L}\{f(t)\} = F(s),\quad \mathcal{L}\{g(t)\} = G(s),\quad \mathcal{L}\{x(t)\} = X(s),\quad \mathcal{L}\{y(t)\} = Y(s)$$

예제 6-1

$\mathcal{L}\{1\}$을 구하라.

풀이

라플라스 변환의 정의에 의해

$$\mathcal{L}\{1\} = \int_0^\infty (e^{-st} \cdot 1)\, dt = \left[-\frac{1}{s}e^{-st}\right]_0^\infty = \frac{1}{s} \qquad (\text{단, } s > 0)$$

이다.

예제 6-2

$\mathcal{L}\{t\}$를 구하라.

풀이

라플라스 변환의 정의에 의해

$$\begin{aligned}\mathcal{L}\{t\} &= \int_0^\infty (e^{-st} \cdot t)\, dt \\ &= \left[-\frac{1}{s} t e^{-st}\right]_0^\infty + \frac{1}{s}\int_0^\infty e^{-st}\, dt \\ &= \frac{1}{s}\mathcal{L}\{1\} = \frac{1}{s^2} \qquad (\text{단, } s > 0)\end{aligned}$$

이다.

연계 [예제 B-52]

$u = t,\ dv = e^{-st}\,dt$

$du = dt,\ v = -\frac{1}{s}e^{-st}$

예제 6-3

$\mathcal{L}\{e^{at}\}$을 구하라.

풀이

라플라스 변환의 정의에 의해

$$\begin{aligned}\mathcal{L}\{e^{at}\} &= \int_0^\infty e^{-st} e^{at}\, dt \\ &= \int_0^\infty e^{-(s-a)t}\, dt \\ &= \left[-\frac{1}{s-a} e^{-(s-a)t}\right]_0^\infty \\ &= -\frac{1}{s-a}(0-1) \qquad (\text{단, } s > a) \\ &= \frac{1}{s-a}\end{aligned}$$

이다.

예제 6-4

$\mathcal{L}\{\sin at\}$를 구하라.

풀이

라플라스 변환의 정의에 의해

$$
\begin{aligned}
\mathcal{L}\{\sin at\} &= \int_0^\infty e^{-st}\sin at\,dt \\
&= \left[-\frac{1}{a}e^{-st}\cos at\right]_0^\infty - \frac{s}{a}\int_0^\infty e^{-st}\cos at\,dt \\
&= 0-\left(-\frac{1}{a}\right)-\frac{s}{a}\left(\left[\frac{1}{a}e^{-st}\sin at\right]_0^\infty \right. \\
&\qquad \left. +\frac{s}{a}\int_0^\infty e^{-st}\sin at\,dt\right) \\
&= \frac{1}{a}-\frac{s^2}{a^2}\mathcal{L}\{\sin at\}
\end{aligned}
$$

연계 B.4절 부분적분법

$u=e^{-st},\ dv=\sin at\,dt$

$du=-se^{-st}dt,\ v=-\frac{1}{a}\cos at$

연계 B.4절 부분적분법

$u=e^{-st},\ dv=\cos at\,dt$

$du=-se^{-st}dt,\ v=\frac{1}{a}\sin at$

이므로 다음과 같이 구할 수 있다.

$$\left(1+\frac{s^2}{a^2}\right)\mathcal{L}\{\sin at\} = \frac{a^2+s^2}{a^2}\mathcal{L}\{\sin at\} = \frac{1}{a}$$

$$\mathcal{L}\{\sin at\} = \frac{a}{s^2+a^2}$$

라플라스 변환은 다음과 같이 선형성을 만족한다.

정리 6-2 라플라스 변환의 선형성

라플라스 변환은 선형변환이다. 즉 a, b가 상수일 때, 다음을 만족한다.

$$\mathcal{L}\{af(t)+bg(t)\} = a\mathcal{L}\{f(t)\}+b\mathcal{L}\{g(t)\}$$

증명

라플라스 변환의 정의에 의해

$$
\begin{aligned}
\mathcal{L}\{af(t)+bg(t)\} &= \int_0^\infty e^{-st}[af(t)+bg(t)]\,dt \\
&= a\int_0^\infty e^{-st}f(t)\,dt + b\int_0^\infty e^{-st}g(t)\,dt = a\mathcal{L}\{f(t)\}+b\mathcal{L}\{g(t)\}
\end{aligned}
$$

이므로 라플라스 변환은 선형변환이다. ■

예제 6-5

$\mathcal{L}\{\sinh at\}$를 구하라.

풀이

$\sinh at = \frac{1}{2}(e^{at} - e^{-at})$이므로 라플라스 변환의 정의에 의해 다음과 같이 구할 수 있다.

$$\begin{aligned}\mathcal{L}\{\sinh at\} &= \frac{1}{2}(\mathcal{L}\{e^{at}\} - \mathcal{L}\{e^{-at}\}) \\ &= \frac{1}{2}\left(\frac{1}{s-a} - \frac{1}{s+a}\right) \\ &= \frac{1}{2} \cdot \frac{2a}{s^2-a^2} = \frac{a}{s^2-a^2} \qquad (\text{단, } s > a)\end{aligned}$$

기본적인 함수의 라플라스 변환을 정리하면 [표 6-1]과 같다. 이들 라플라스 변환은 자주 사용되므로 알아두면 좋다.

[표 6-1] 라플라스 변환표

$f(t)$	$\mathcal{L}\{f(t)\}$	$f(t)$	$\mathcal{L}\{f(t)\}$
1	$\frac{1}{s}$	e^{at}	$\frac{1}{s-a}$
t^n	$\frac{n!}{s^{n+1}}$ (단, $n=1, 2, 3, \cdots$)	$t^n e^{at}$	$\frac{n!}{(s-a)^{n+1}}$ (단, $n=1, 2, 3, \cdots$)
$\sin at$	$\frac{a}{s^2+a^2}$	$\cos at$	$\frac{s}{s^2+a^2}$
$\sinh at$	$\frac{a}{s^2-a^2}$	$\cosh at$	$\frac{s}{s^2-a^2}$

이제 어떤 경우에 $f(t)$의 라플라스 변환이 존재하는지 살펴보자.

정리 6-3 $\mathcal{L}\{f(t)\}$가 존재하기 위한 조건

(1) $f(t)$가 임의의 양수 A에 대해 구간 $0 \le t \le A$에서 조각별로 연속이고

(2) $|f(t)| \le Ke^{at}$, $t > M$(단, K, a, M은 상수이고 K, M은 양수)이라면

$s > a$일 때 $\mathcal{L}\{f(t)\}$가 존재한다.

증명

먼저 $f(t)$의 라플라스 변환을 구하면

$$\begin{aligned}\mathcal{L}\{f(t)\} &= \int_0^\infty e^{-st} f(t)\,dt \\ &= \int_0^M e^{-st} f(t)\,dt + \int_M^\infty e^{-st} f(t)\,dt\end{aligned}$$

이다. 이때 $\int_0^M e^{-st} f(t)\,dt$는 [정리 6-3(1)]에 의해 존재한다.

그리고 [정리 6-3(2)]에서 $t > M$에 대해

$$|e^{-st} f(t)| \le Ke^{-st} e^{at} = Ke^{-(s-a)t}$$

이다. 따라서

$$\int_M^\infty e^{-st} f(t)\,dt \le K\int_M^\infty e^{-(s-a)t}\,dt$$

이고, $s > a$ 일 때 수렴하므로 $\mathcal{L}\{f(t)\}$가 존재한다. ■

예제 6-6 응용

$f(t) = \begin{cases} 1, & 0 \le t < 1 \\ -1, & t \ge 1 \end{cases}$ 일 때, $\mathcal{L}\{f(t)\}$를 구하라.

풀이

$f(t)$는 [정리 6-3]의 조건을 만족하므로 $\mathcal{L}\{f(t)\}$가 존재하며, 다음과 같이 구할 수 있다.

$$\begin{aligned}\mathcal{L}\{f(t)\} &= \int_0^\infty e^{-st} f(t)\,dt \\ &= \int_0^1 e^{-st} \cdot 1\,dt + \int_1^\infty e^{-st} \cdot (-1)\,dt \\ &= \left[-\frac{1}{s}e^{-st}\right]_0^1 + \left[\frac{1}{s}e^{-st}\right]_1^\infty \\ &= -\frac{1}{s}(e^{-s} - 1) + \frac{1}{s}(0 - e^{-s}) \qquad (\text{단, } s > 0) \\ &= \frac{1}{s} - \frac{2}{s}e^{-s}\end{aligned}$$

라플라스 역변환

$\mathcal{L}\{f(t)\} = F(s)$를 만족하는 $f(t)$를 $F(s)$의 **라플라스 역변환**이라 하고, 다음과 같이 나타낸다.

$$f(t) = \mathcal{L}^{-1}\{F(s)\} \tag{6.2}$$

기본적인 함수의 라플라스 역변환을 정리하면 [표 6-2]와 같다.

[표 6-2] 라플라스 역변환표

$F(s)$	$\mathcal{L}^{-1}\{F(s)\}$	$F(s)$	$\mathcal{L}^{-1}\{F(s)\}$
$\frac{1}{s}$	1	$\frac{1}{s-a}$	e^{at}
$\frac{n!}{s^{n+1}}$	t^n(단, $n=1, 2, 3, \cdots$)	$\frac{n!}{(s-a)^{n+1}}$	$t^n e^{at}$(단, $n=1, 2, 3, \cdots$)
$\frac{a}{s^2+a^2}$	$\sin at$	$\frac{s}{s^2+a^2}$	$\cos at$
$\frac{a}{s^2-a^2}$	$\sinh at$	$\frac{s}{s^2-a^2}$	$\cosh at$

라플라스 역변환 역시 다음과 같이 선형성을 만족한다.

정리 6-4 라플라스 역변환의 선형성

$f(t) = \mathcal{L}^{-1}\{F(s)\}$, $g(t) = \mathcal{L}^{-1}\{G(s)\}$이고 a, b가 상수일 때, 다음을 만족한다.

$$\mathcal{L}^{-1}\{aF(s)+bG(s)\} = a\mathcal{L}^{-1}\{F(s)\} + b\mathcal{L}^{-1}\{G(s)\}$$

증명

라플라스 변환의 선형성([정리 6-2] 참고)에 의해

$$\begin{aligned}\mathcal{L}\{af(t)+bg(t)\} &= a\mathcal{L}\{f(t)\}+b\mathcal{L}\{g(t)\}\\ &= aF(s)+bG(s)\end{aligned}$$

이므로 역변환을 구하면 다음과 같다.

$$\begin{aligned}\mathcal{L}^{-1}\{aF(s)+bG(s)\} &= af(t)+bg(t)\\ &= a\mathcal{L}^{-1}\{F(s)\}+b\mathcal{L}^{-1}\{G(s)\}\end{aligned}$$

■

예제 6-7

$\mathcal{L}^{-1}\left\{\dfrac{s^4+2s^2+1}{s^5}\right\}$을 구하라.

풀이

[정리 6-4]에 의해 다음과 같이 구할 수 있다.

$$\begin{aligned}\mathcal{L}^{-1}\left\{\frac{s^4+2s^2+1}{s^5}\right\} &= \mathcal{L}^{-1}\left\{\frac{1}{s}\right\}+2\mathcal{L}^{-1}\left\{\frac{1}{s^3}\right\}+\mathcal{L}^{-1}\left\{\frac{1}{s^5}\right\}\\ &= 1+2\cdot\frac{1}{2!}t^2+\frac{1}{4!}t^4\\ &= 1+t^2+\frac{1}{24}t^4\end{aligned}$$

예제 6-8

$\mathcal{L}^{-1}\left\{\dfrac{2s+1}{s^2+9}\right\}$ 을 구하라.

풀이

[정리 6-4]에 의해 다음과 같이 구할 수 있다.

$$\begin{aligned}\mathcal{L}^{-1}\left\{\frac{2s+1}{s^2+9}\right\} &= 2\mathcal{L}^{-1}\left\{\frac{s}{s^2+9}\right\}+\mathcal{L}^{-1}\left\{\frac{1}{s^2+9}\right\}\\ &= 2\cos 3t+\frac{1}{3}\sin 3t\end{aligned}$$

예제 6-9 응용

$\mathcal{L}^{-1}\left\{\dfrac{s^2+6s+9}{(s+1)(s+2)(s-3)}\right\}$를 구하라.

풀이

먼저 주어진 분수를

$$\frac{s^2+6s+9}{(s+1)(s+2)(s-3)}=\frac{A}{s+1}+\frac{B}{s+2}+\frac{C}{s-3}$$

로 놓고, 통분한 후 분자끼리 비교하면

$$s^2+6s+9=A(s+2)(s-3)+B(s+1)(s-3)+C(s+1)(s+2)$$

이다. 이때

$$s=-1 \Rightarrow 1-6+9=-4A,\ A=-1$$
$$s=-2 \Rightarrow 4-12+9=5B,\ B=\frac{1}{5}$$
$$s=3 \Rightarrow 9+18+9=20C,\ C=\frac{9}{5}$$

이므로

$$\frac{s^2+6s+9}{(s+1)(s+2)(s-3)}=-\frac{1}{s+1}+\frac{1}{5}\cdot\frac{1}{s+2}+\frac{9}{5}\cdot\frac{1}{s-3}$$

이다. 따라서 [정리 6-4]에 의해 다음과 같이 구할 수 있다.

$$\begin{aligned}\mathcal{L}^{-1}\left\{\frac{s^2+6s+9}{(s+1)(s+2)(s-3)}\right\}&=-\mathcal{L}^{-1}\left\{\frac{1}{s+1}\right\}+\frac{1}{5}\mathcal{L}^{-1}\left\{\frac{1}{s+2}\right\}+\frac{9}{5}\mathcal{L}^{-1}\left\{\frac{1}{s-3}\right\}\\&=-e^{-t}+\frac{1}{5}e^{-2t}+\frac{9}{5}e^{3t}\end{aligned}$$

도함수의 라플라스 변환

$\mathcal{L}\{f(t)\}=F(s)$라 하면, 라플라스 변환의 정의에 의해 다음과 같이 도함수 변환을 만족한다.

$$\begin{aligned}\mathcal{L}\{f'(t)\}&=\int_0^\infty e^{-st}f'(t)\,dt\\&=\left[e^{-st}f(t)\right]_0^\infty+s\int_0^\infty e^{-st}f(t)\,dt\\&=-f(0)+sF(s)\end{aligned}$$

연계 B.4절 부분적분법

$u=e^{-st},\ dv=f'(t)\,dt$

$du=-se^{-st}dt,\ v=f(t)$

$$\begin{aligned}\mathcal{L}\{f''(t)\}&=\int_0^\infty e^{-st}f''(t)\,dt\\&=\left[e^{-st}f'(t)\right]_0^\infty+s\int_0^\infty e^{-st}f'(t)\,dt\\&=-f'(0)+s\mathcal{L}\{f'(t)\}\\&=-f'(0)+s(-f(0)+sF(s))\\&=s^2F(s)-sf(0)-f'(0)\end{aligned}$$

연계 B.4절 부분적분법

$u=e^{-st},\ dv=f''(t)\,dt$

$du=-se^{-st}dt,\ v=f'(t)$

$f'(t)$와 $f''(t)$의 라플라스 변환으로부터 다음과 같이 $f^{(n)}(t)$의 라플라스 변환을 유도할 수 있다.

정리 6-5 $f^{(n)}(t)$의 라플라스 변환

$f(t)$, $f'(t)$, $\cdots$, $f^{(n-1)}(t)$가 $[0, \infty)$에서 연속이고, $f^{(n)}(t)$가 $[0, \infty)$에서 조각별로 연속이라 하자. 그리고 $t > M$에 대해

$$|f(t)| \le Ke^{at}, \ |f'(t)| \le Ke^{at}, \cdots, \ |f^{(n-1)}(t)| \le Ke^{at}$$

을 만족하는 상수 K, a, M이 존재한다고 하자. 그러면

$$\mathcal{L}\{f^{(n)}(t)\} = s^n F(s) - s^{n-1} f(0) - s^{n-2} f'(0) - \cdots - f^{(n-1)}(0) \quad (\text{단, } s > a) \quad (6.3)$$

이 성립한다. 단, $F(s) = \mathcal{L}\{f(t)\}$이다.

증명

n에 대한 귀납법을 이용하여 증명하자. 먼저 $n=1$일 때,

$$\mathcal{L}\{f'(t)\} = sF(s) - f(0)$$

이므로, 식 (6.3)이 성립한다. 그리고 $n=k$일 때,

$$\mathcal{L}\{f^{(k)}(t)\} = s^k F(s) - s^{k-1} f(0) - s^{k-2} f'(0) - \cdots - f^{(k-1)}(0)$$

이라 가정하고, 다음이 성립함을 보이자.

$$\mathcal{L}\{f^{(k+1)}(t)\} = s^{k+1} F(s) - s^k f(0) - s^{k-1} f'(0) - s^{k-2} f''(0) - \cdots - f^{(k)}(0)$$

라플라스 변환의 정의에 의해

$$\begin{aligned}
\mathcal{L}\{f^{(k+1)}(t)\} &= \int_0^\infty e^{-st} f^{(k+1)}(t)\,dt \\
&= \left[e^{-st} f^{(k)}(t)\right]_0^\infty + s\int_0^\infty e^{-st} f^{(k)}(t)\,dt \\
&= -f^{(k)}(0) + s\,\mathcal{L}\{f^{(k)}(t)\} \\
&= -f^{(k)}(0) + s\left(s^k F(s) - s^{k-1} f(0) - s^{k-2} f'(0) - \cdots - f^{(k-1)}(0)\right) \\
&= s^{k+1} F(s) - s^k f(0) - s^{k-1} f'(0) - \cdots - s f^{(k-1)}(0) - f^{(k)}(0)
\end{aligned}$$

> **연계** B.4절 부분적분법
> $u = e^{-st}$, $dv = f^{(k+1)}(t)\,dt$
> $du = -se^{-st}\,dt$, $v = f^{(k)}(t)$

이다. 따라서 식 (6.3)이 성립한다. ■

예제 6-10 응용

라플라스 변환을 이용하여 다음의 초깃값 문제를 풀어라.

$$y'' + 3y' + 2y = 36e^{3t}, \ y(0) = 1, \ y'(0) = 6$$

풀이

양변에 라플라스 변환을 취하면

$$\mathcal{L}\{y''\} + 3\mathcal{L}\{y'\} + 2\mathcal{L}\{y\} = 36\mathcal{L}\{e^{3t}\}$$

이다. $\mathcal{L}\{y(t)\} = Y(s)$라 하면

$$(s^2 Y(s) - s - 6) + 3(sY(s) - 1) + 2Y(s) = 36 \cdot \frac{1}{s-3}$$
$$(s^2 + 3s + 2)Y(s) = s + 9 + 36 \cdot \frac{1}{s-3}$$

이고, 이를 정리하면

$$\begin{aligned} Y(s) &= \frac{s+9}{(s+1)(s+2)} + \frac{36}{(s+1)(s+2)(s-3)} \\ &= \frac{s^2+6s+9}{(s+1)(s+2)(s-3)} \end{aligned}$$

이다. 따라서 [예제 6-9]의 풀이를 참고해서 라플라스 역변환을 취하면 다음과 같다.

$$y(t) = \mathcal{L}^{-1}\left\{\frac{s^2+6s+9}{(s+1)(s+2)(s-3)}\right\} = -e^{-t} + \frac{1}{5}e^{-2t} + \frac{9}{5}e^{3t}$$

예제 6-11 응용

라플라스 변환을 이용하여 다음의 초깃값 문제를 풀어라.

$$y^{(4)} - y = 0, \ y(0) = 1, \ y'(0) = 1, \ y''(0) = 0, \ y'''(0) = 0$$

풀이

양변에 라플라스 변환을 취하면

$$s^4 Y(s) - s^3 - s^2 - Y(s) = 0$$
$$(s^4 - 1)Y(s) = s^3 + s^2$$

이고, 이를 정리하면

$$\begin{aligned}Y(s) &= \frac{s^3+s^2}{s^4-1} \\ &= \frac{s^2(s+1)}{(s-1)(s+1)(s^2+1)} = \frac{s^2}{(s-1)(s^2+1)} \\ &= \frac{A}{s-1} + \frac{Bs+C}{s^2+1}\end{aligned}$$

이다. 분모를 통분하고 분자끼리 비교하면

$$\begin{aligned}s^2 &= A(s^2+1) + (Bs+C)(s-1) \\ &= (A+B)s^2 + (C-B)s + (A-C)\end{aligned}$$

이므로 $A+B=1$, $C-B=0$, $A-C=0$에서 $A=B=C=\frac{1}{2}$이다. 따라서

$$\begin{aligned}Y(s) &= \frac{1}{2}\cdot\frac{1}{s-1} + \frac{\frac{1}{2}s+\frac{1}{2}}{s^2+1} \\ &= \frac{1}{2}\cdot\frac{1}{s-1} + \frac{1}{2}\cdot\frac{s}{s^2+1} + \frac{1}{2}\cdot\frac{1}{s^2+1}\end{aligned}$$

이므로 라플라스 역변환을 취하면 다음과 같다.

$$y(t) = \frac{1}{2}e^t + \frac{1}{2}\cos t + \frac{1}{2}\sin t$$

Section
6.2 라플라스 변환의 성질

이 절에서는 라플라스 변환의 주요 성질인 제1이동정리와 제2이동정리에 대해 살펴보자.

제1이동정리

$f(t)$의 라플라스 변환을 알고 있을 때, $e^{at}f(t)$의 라플라스 변환을 구해보자.

정리 6-6 제1이동정리(s축 상의 평행이동)

$\mathcal{L}\{f(t)\} = F(s)$일 때, 다음이 성립한다.

$$\mathcal{L}\{e^{at}f(t)\} = F(s-a) \quad (\text{단, } a\text{는 임의의 실수}) \tag{6.4}$$

증명

라플라스 변환의 정의에 의해

$$\begin{aligned}\mathcal{L}\{e^{at}f(t)\} &= \int_0^\infty e^{-st}e^{at}f(t)\,dt \\ &= \int_0^\infty e^{-(s-a)t}f(t)\,dt = F(s-a)\end{aligned}$$

이다. 즉 다음과 같이 정리할 수 있다.

$$\mathcal{L}\{e^{at}f(t)\} = \mathcal{L}\{f(t)\}_{s\to s-a} = F(s)\big|_{s\to s-a} = F(s-a)$$ ■

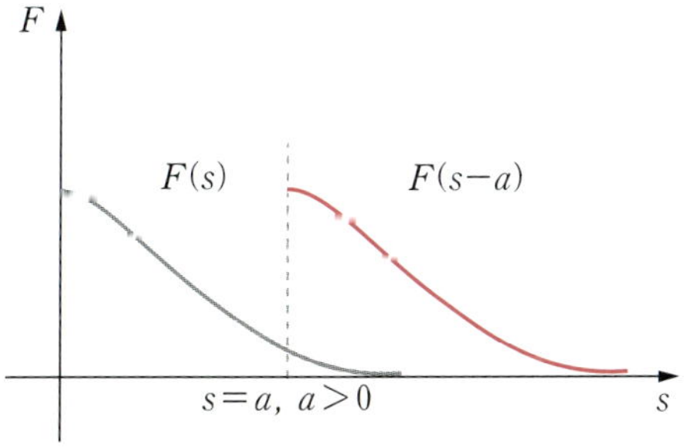

[그림 6-1] s축 상의 평행이동

예제 6-12

$\mathcal{L}\{e^{at}\sin bt\}$를 구하라.

풀이

제1이동정리에 의해 다음을 얻는다.

$$\begin{aligned}\mathcal{L}\{e^{at}\sin bt\} &= \mathcal{L}\{\sin bt\}_{s\to s-a} \\ &= \left.\frac{b}{s^2+b^2}\right|_{s\to s-a} \\ &= \frac{b}{(s-a)^2+b^2} \quad (\text{단, } s>a)\end{aligned}$$

예제 6-13

$\mathcal{L}\{t^n e^{at}\}$을 구하라. 단, n은 0 또는 자연수이다.

풀이

제1이동정리에 의해 다음을 얻는다.

$$\mathcal{L}\{t^n e^{at}\} = \mathcal{L}\{t^n\}_{s\to s-a} = \left.\frac{n!}{s^{n+1}}\right|_{s\to s-a} = \frac{n!}{(s-a)^{n+1}} \quad (\text{단, } s>a)$$

예제 6-14

$\mathcal{L}^{-1}\left\{\dfrac{s-7}{(s-2)^2}\right\}$을 구하라.

풀이

제1이동정리와 라플라스 역변환의 선형성([정리 6-4] 참고)에 의해 다음을 얻는다.

$$\begin{aligned}\mathcal{L}^{-1}\left\{\frac{s-7}{(s-2)^2}\right\} &= \mathcal{L}^{-1}\left\{\frac{(s-2)-5}{(s-2)^2}\right\} = \mathcal{L}^{-1}\left\{\frac{s-5}{s^2}\right\}_{s\to s-2} \\ &= \left(\mathcal{L}^{-1}\left\{\frac{1}{s}\right\} - 5\mathcal{L}^{-1}\left\{\frac{1}{s^2}\right\}\right)_{s\to s-2} = (1-5t)e^{2t}\end{aligned}$$

예제 6-15

$\mathcal{L}^{-1}\left\{\dfrac{32s+158}{s^2+4s+12}\right\}$을 구하라.

풀이

제1이동정리와 라플라스 역변환의 선형성([정리 6-4] 참고)에 의해 다음을 얻는다.

$$\begin{aligned}\mathcal{L}^{-1}\left\{\frac{32s+158}{s^2+4s+12}\right\} &= \mathcal{L}^{-1}\left\{\frac{32(s+2)+94}{(s+2)^2+8}\right\}\\ &= \mathcal{L}^{-1}\left\{\frac{32s+94}{s^2+8}\right\}_{s\to s+2}\\ &= \left(32\mathcal{L}^{-1}\left\{\frac{s}{s^2+8}\right\}+94\mathcal{L}^{-1}\left\{\frac{1}{s^2+8}\right\}\right)_{s\to s+2}\\ &= \left(32\cos 2\sqrt{2}\,t+\frac{94}{2\sqrt{2}}\sin 2\sqrt{2}\,t\right)e^{-2t}\end{aligned}$$

예제 6-16 응용

라플라스 변환을 이용하여 다음의 초깃값 문제를 풀어라.

$$y''-4y'+4y=t^2e^{2t},\ \ y(0)=1,\ \ y'(0)=-3$$

풀이

양변에 라플라스 변환을 취하면, 제1이동정리에 의해

$$\begin{aligned}(s^2Y(s)-s+3)-4(sY(s)-1)+4Y(s) &= \left.\frac{2!}{s^3}\right|_{s\to s-2}\\ (s^2-4s+4)Y(s) &= s-7+\frac{2}{(s-2)^3}\\ Y(s) &= \frac{s-7}{(s-2)^2}+\frac{2}{(s-2)^5}\end{aligned}$$

이다. 따라서 다음을 얻는다.

$$\begin{aligned}y(t) &= \mathcal{L}^{-1}\left\{\frac{s-7}{(s-2)^2}\right\}+\mathcal{L}^{-1}\left\{\frac{2}{(s-2)^5}\right\}\\ &= (1-5t)e^{2t}+\mathcal{L}^{-1}\left\{\frac{2}{s^5}\right\}_{s\to s-2}\end{aligned}$$

$$= (1-5t)e^{2t} + \frac{2}{4!}t^4 e^{2t}$$

$$= \left(1-5t+\frac{1}{12}t^4\right)e^{2t}$$

예제 6-17 응용

라플라스 변환을 이용하여 다음의 초깃값 문제를 풀어라.

$$y'' + 4y' + 12y = e^{3t},\ \ y(0) = 1,\ \ y'(0) = 1$$

풀이

양변에 라플라스 변환을 취하면

$$\begin{aligned}(s^2Y(s)-s-1)+4(sY(s)-1)+12Y(s) &= \frac{1}{s-3}\\ (s^2+4s+12)Y(s) &= s+5+\frac{1}{s-3}\\ &= \frac{s^2+2s-14}{s-3}\end{aligned}$$

이고, 이를 정리하면 다음과 같다.

$$\begin{aligned}Y(s) &= \frac{s^2+2s-14}{(s^2+4s+12)(s-3)}\\ &= \frac{As+B}{s^2+4s+12}+\frac{C}{s-3}\\ &= \frac{\frac{32}{33}s+\frac{158}{33}}{s^2+4s+12}+\frac{1}{33}\cdot\frac{1}{s-3}\\ &= \frac{1}{33}\cdot\frac{32s+158}{s^2+4s+12}+\frac{1}{33}\cdot\frac{1}{s-3}\\ &= \frac{1}{33}\left(32\cos 2\sqrt{2}\,t+\frac{47\sqrt{2}}{2}\sin 2\sqrt{2}\,t\right)e^{-2t}+\frac{1}{33}e^{3t}\end{aligned}$$

제2이동정리

공학에서 불연속이거나 순간적인 충격함수를 포함한 미분방정식을 접하게 된다. 이런 형태의 방정식은 전기회로에서 전류의 흐름이나 기계장치의 진동을 분석하는 경우에 발생한다. 도약 불연속인 함수를 효과적으로 다루기 위해 단위계단함수를 먼저 살펴보자.

정의 6-7 단위계단함수

다음 식을 **단위계단함수**unit step function 또는 Heaviside function라 한다.

$$u(t-a)=\begin{cases}0, & t<a\\ 1, & t\geq a\end{cases}\qquad (\text{단, } a\geq 0)$$

단위계단함수의 그래프는 [그림 6-2]와 같이 나타낼 수 있다.

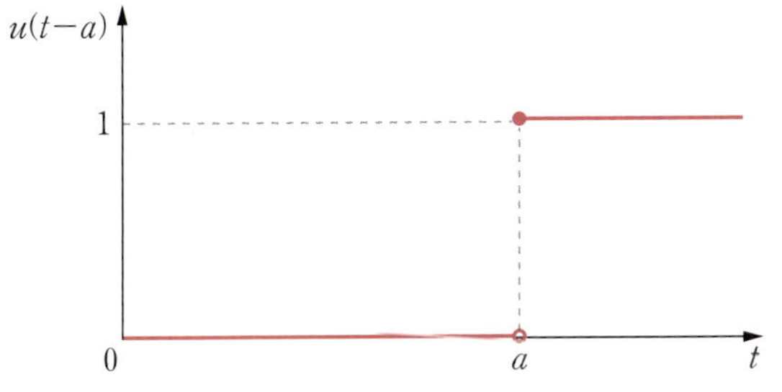

[그림 6-2] 단위계단함수

단위계단함수는 조각별로 정의된 함수를 간결하게 표현한다. 예를 들어 함수

$$f(t)=\begin{cases}g(t), & 0\leq t<a\\ h(t), & t\geq a\end{cases}$$

는 다음과 같이 나타낼 수 있다.

$$f(t)=g(t)-g(t)u(t-a)+h(t)u(t-a)$$

또한 함수

$$f(t)=\begin{cases}0 & , \ 0\leq t<a\\ g(t) & , \ a<t<b\\ 0 & , \ t\geq b\end{cases}$$

는 다음과 같이 나타낼 수 있다.

$$f(t)=g(t)[u(t-a)-u(t-b)]$$

예제 6-18 응용

단위계단함수를 이용하여 다음 함수를 나타내고, 그래프를 그려라.

$$f(t)=\begin{cases}0, & 0\le t<\pi \\ 1, & \pi\le t<3\pi \\ 0, & t\ge 3\pi\end{cases}$$

풀이

단위계단함수의 정의에 의해

$$f(t)=u(t-\pi)-u(t-3\pi)$$

이다. 이를 그래프로 나타내면 [그림 6-3]과 같다.

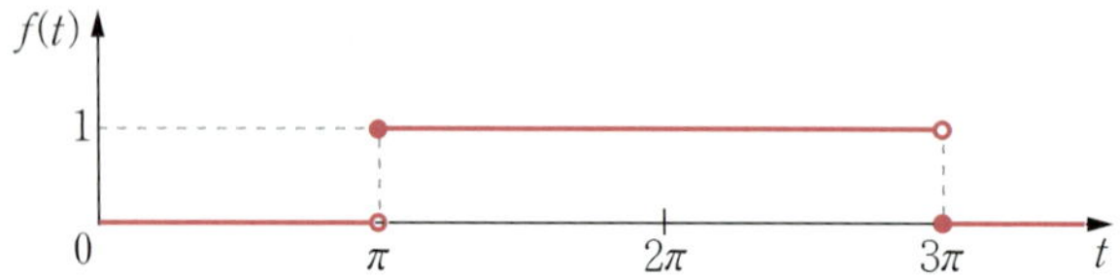

[그림 6-3] $f(t)=u(t-\pi)-u(t-3\pi)$의 그래프

이제 $u(t-a)$의 라플라스 변환을 구해보자. 라플라스 변환의 정의에 의해

$$\begin{aligned}\mathcal{L}\{u(t-a)\}&=\int_0^\infty e^{-st}u(t-a)\,dt \\ &=\int_a^\infty e^{-st}\,dt=-\frac{1}{s}\left[e^{-st}\right]_a^\infty \\ &=\frac{e^{-as}}{s} \qquad (\text{단, } s>0)\end{aligned}$$

이다. $t\ge 0$ 일 때 주어진 함수 $f(t)$를 t축으로 a만큼 평행이동한 함수를 $g(t)$라 하면

$$g(t)=\begin{cases}0, & t<a \\ f(t-a), & t\ge a\end{cases}$$

이 된다. 이를 단위계단함수를 이용하여 표현하면 다음과 같다.

$$g(t)=f(t-a)u(t-a)$$

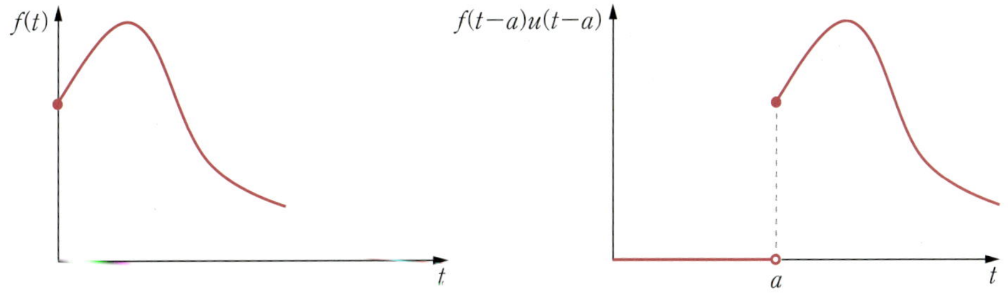

(a) $f(t),\ t \geq 0$　　(b) $f(t-a)\,u(t-a)$

[그림 6-4] $f(t)$의 그래프와 $f(t-a)\,u(t-a)$의 그래프

이제 $f(t-a)\,u(t-a)$의 라플라스 변환을 구해보자.

정리 6-8　제 2이동정리(t축 상의 평행이동)

$\mathcal{L}\{f(t)\} = F(s)$일 때, $a > 0$에 대해

$$\mathcal{L}\{f(t-a)\,u(t-a)\} = e^{-as}\,\mathcal{L}\{f(t)\} = e^{-as}\,F(s)$$

이다. 역으로 $f(t) = \mathcal{L}^{-1}\{(F(s)\}$이면 다음이 성립한다.

$$f(t-a)\,u(t-a) = \mathcal{L}^{-1}\{e^{-as}F(s)\} \tag{6.5}$$

특히, $f(t) = 1$이면 $\mathcal{L}\{u(t-a)\} = \dfrac{e^{-as}}{s}$ 이다.

증명

라플라스 변환의 정의에 의해

$$\begin{aligned}
\mathcal{L}\{f(t-a)u(t-a)\} &= \int_0^\infty e^{-st} f(t-a)\,u(t-a)\,dt = \int_a^\infty e^{-st} f(t-a)\,dt \\
&= \int_0^\infty e^{-s(u+a)} f(u)\,du \quad \leftarrow u = t-a,\ du = dt \\
&= e^{-as}\int_0^\infty e^{-su} f(u)\,du \\
&= e^{-as}\,\mathcal{L}\{f(t)\}
\end{aligned}$$

이다. 이때 $f(t) = 1$로 놓으면, 다음이 성립한다.

$$\mathcal{L}\{u(t-a)\} = e^{-as}\mathcal{L}\{1\} = \frac{e^{-as}}{s}$$

■

예제 6-19 응용

다음 함수의 라플라스 변환을 구하라.

$$f(t)=\begin{cases}\cos t & ,\ 0\le t<\frac{\pi}{2}\\ \cos t+\sin\left(t-\frac{\pi}{2}\right), & t\ge\frac{\pi}{2}\end{cases}$$

풀이

주어진 함수는

$$f(t)=\cos t+g(t)$$

$$\left(\text{단, } g(t)=\begin{cases}0 & ,\ 0\le t<\frac{\pi}{2}\\ \sin\left(t-\frac{\pi}{2}\right), & t\ge\frac{\pi}{2}\end{cases}\right)$$

로 나타낼 수 있다. 그러면

$$g(t)=\sin\left(t-\frac{\pi}{2}\right)u\left(t-\frac{\pi}{2}\right)$$

이므로 라플라스 변환을 구하면 다음과 같다.

$$\begin{aligned}\mathcal{L}\{f(t)\}&=\mathcal{L}\left\{\cos t+\sin\left(t-\frac{\pi}{2}\right)u\left(t-\frac{\pi}{2}\right)\right\}\\&=\mathcal{L}\{\cos t\}+\mathcal{L}\left\{\sin\left(t-\frac{\pi}{2}\right)u\left(t-\frac{\pi}{2}\right)\right\}\\&=\frac{s}{s^2+1}+e^{-\frac{\pi}{2}s}\mathcal{L}\{\sin t\}\\&=\frac{s}{s^2+1}+\frac{1}{s^2+1}e^{-\frac{\pi}{2}s}\\&=\frac{s+e^{-\frac{\pi}{2}s}}{s^2+1}\end{aligned}$$

예제 6-20 응용

다음 함수의 라플라스 변환을 구하라.

$$f(t) = \begin{cases} 1 & , \ 0 \le t < 1 \\ 2t^2 & , \ 1 \le t < \dfrac{\pi}{2} \\ \sin t, & t \ge \dfrac{\pi}{2} \end{cases}$$

풀이

함수 $f(t)$를 단위계단함수로 나타내면

$$f(t) = 1 - u(t-1) + 2t^2\left[u(t-1) - u\left(t-\frac{\pi}{2}\right)\right] + \sin t\, u\left(t-\frac{\pi}{2}\right)$$

이다. 이때 $t^2 = (t-1)^2 + 2(t-1) + 1$이므로

$$\begin{aligned}\mathcal{L}\{2t^2u(t-1)\} &= 2\mathcal{L}\{((t-1)^2 + 2(t-1) + 1)u(t-1)\} \\ &= 2\left(\frac{2}{s^3} + \frac{2}{s^2} + \frac{1}{s}\right)e^{-s}\end{aligned}$$

이다. 또한 $t^2 = \left(t-\frac{\pi}{2}\right)^2 + \pi\left(t-\frac{\pi}{2}\right) + \frac{\pi^2}{4}$이므로

$$\begin{aligned}\mathcal{L}\left\{2t^2u\left(t-\frac{\pi}{2}\right)\right\} &= 2\mathcal{L}\left\{\left(\left(t-\frac{\pi}{2}\right)^2 + \pi\left(t-\frac{\pi}{2}\right) + \frac{\pi^4}{4}\right)u\left(t-\frac{\pi}{2}\right)\right\} \\ &= 2\left(\frac{2}{s^3} + \frac{\pi}{s^2} + \frac{\pi^2}{4}\frac{1}{s}\right)e^{-\frac{\pi}{2}s}\end{aligned}$$

이고, $\sin t = \cos\left(\frac{\pi}{2} - t\right) = \cos\left(t - \frac{\pi}{2}\right)$이므로

$$\mathcal{L}\left\{\sin t\, u\left(t-\frac{\pi}{2}\right)\right\} = \mathcal{L}\left\{\cos\left(t-\frac{\pi}{2}\right)u\left(t-\frac{\pi}{2}\right)\right\} = \frac{s}{s^2+1}e^{-\frac{\pi}{2}s}$$

이다. 따라서 라플라스 변환을 구하면 다음과 같다.

$$\begin{aligned}\mathcal{L}\{f(t)\} = \frac{1}{s} - \frac{e^{-s}}{s} + \left(\frac{4}{s^3} + \frac{4}{s^2} + \frac{2}{s}\right)e^{-s} - \left(\frac{4}{s^3} + \frac{2\pi}{s^2} + \frac{\pi^2}{2s}\right)e^{-\frac{\pi}{2}s} \\ + \frac{s}{s^2+1}e^{-\frac{\pi}{2}s}\end{aligned}$$

예제 6-21 응용

$\mathcal{L}^{-1}\left\{\dfrac{1-e^{-3s}}{s^3}\right\}$을 구하라.

풀이

라플라스 역변환의 선형성([정리 6-4] 참고)에 의해 다음과 같이 구할 수 있다.

$$\begin{aligned}\mathcal{L}^{-1}\left\{\frac{1-e^{-3s}}{s^3}\right\} &= \mathcal{L}^{-1}\left\{\frac{1}{s^3}\right\}-\mathcal{L}^{-1}\left\{\frac{e^{-3s}}{s^3}\right\}\\ &= \frac{1}{2}t^2-\frac{1}{2}t^2\Big|_{t\to t-3}u(t-3)\\ &= \frac{1}{2}t^2-\frac{1}{2}(t-3)^2u(t-3)\\ &= \begin{cases}\frac{1}{2}t^2 & ,\ 0\le t<3\\ \frac{1}{2}[t^2-(t-3)^2], & t\ge 3\end{cases}\\ &= \begin{cases}\frac{1}{2}t^2 & ,\ 0\le t<3\\ \frac{1}{2}(6t-9), & t\ge 3\end{cases}\end{aligned}$$

$f(t)u(t-a)$의 라플라스 변환을 구할 때, $f(t)$를 $f(t-a)$로 고치지 않고 다음과 같이 구할 수 있다.

정리 6-9 $f(t)u(t-a)$의 라플라스 변환

$$\mathcal{L}\{f(t)u(t-a)\}=e^{-as}\mathcal{L}\{f(t+a)\}$$

증명

라플라스 변환의 정의에 의해 다음과 같이 구할 수 있다.

$$\begin{aligned}\mathcal{L}\{f(t)u(t-a)\} &= \int_0^\infty e^{-st}f(t)u(t-a)\,dt=\int_a^\infty e^{-st}f(t)\,dt\\ &= \int_0^\infty e^{-s(u+a)}f(u+a)\,du \quad \leftarrow u=t-a,\ du=dt\\ &= e^{-as}\int_0^\infty e^{-su}f(u+a)\,du\\ &= e^{-as}\mathcal{L}\{f(t+a)\}\end{aligned}$$

■

예제 6-22 응용

$\mathcal{L}\{\sin t\, u(t-\pi)\}$를 구하라.

풀이

[정리 6-9]에 의해 다음과 같이 구할 수 있다.

$$\mathcal{L}\{\sin t\, u(t-\pi)\} = e^{-\pi s}\mathcal{L}\{\sin(t+\pi)\}$$
$$= e^{-\pi s}\mathcal{L}\{-\sin t\} = -\frac{1}{s^2+1}e^{-\pi s}$$

예제 6-23 응용

$f(t) = \begin{cases} 0 & , \ 0 \le t < \pi \\ \sin t, & t \ge \pi \end{cases}$ 이고, $y(0)=0$, $y'(0)=0$일 때, $y''+4y=f(t)$의 해를 구하라.

풀이

$f(t) = \sin t\, u(t-\pi)$이므로 [예제 6-22]에 의해 라플라스 변환을 구하면

$$s^2 Y(s) + 4Y(s) = -\frac{1}{s^2+1}e^{-\pi s}$$
$$(s^2+4)Y(s) = \frac{-1}{s^2+1}e^{-\pi s}$$
$$Y(s) = \frac{-1}{(s^2+1)(s^2+4)}e^{-\pi s}$$
$$= -\frac{1}{3}\left(\frac{1}{s^2+1} - \frac{1}{s^2+4}\right)e^{-\pi s}$$

이다. 따라서

$$y(t) = -\frac{1}{3}\left(\sin t - \frac{1}{2}\sin 2t\right)_{t \to t-\pi} u(t-\pi)$$
$$= -\frac{1}{3}\left(\sin(t-\pi) - \frac{1}{2}\sin 2(t-\pi)\right)u(t-\pi)$$
$$= \frac{1}{3}\left(\sin t + \frac{1}{2}\sin 2t\right)u(t-\pi)$$
$$= \begin{cases} 0 & , \ 0 \le t < \pi \\ \frac{1}{3}\sin t + \frac{1}{6}\sin 2t, & t \ge \pi \end{cases}$$

이다.

Section
6.3 합성곱과 주기함수의 라플라스 변환

이 절은 합성곱의 라플라스 변환을 구하고 적분방정식을 풀어본다. 또한, 주기함수의 라플라스 변환을 살펴본다.

$t^n f(t)$의 변환

$\mathcal{L}\{f(t)\} = F(s)$라 하자. 우변을 미분하면

$$\frac{d}{ds}F(s) = \frac{d}{ds}\int_0^\infty e^{-st} f(t)\,dt = \int_0^\infty \frac{\partial}{\partial s}\left[e^{-st} f(t)\right] dt$$
$$= -\int_0^\infty e^{-st}\, t f(t)\,dt = -\mathcal{L}\{t f(t)\}$$

이므로

$$\mathcal{L}\{t f(t)\} = -\frac{d}{ds}F(s) = -\frac{d}{ds}\mathcal{L}\{f(t)\}$$
$$\mathcal{L}\{t^2 f(t)\} = \mathcal{L}\{t \cdot t f(t)\} = -\frac{d}{ds}\mathcal{L}\{t f(t)\} = (-1)^2\frac{d^2}{ds^2}\mathcal{L}\{f(t)\}$$

이다. 이를 다음과 같이 일반화할 수 있다.

정리 6-10 $t^n f(t)$의 변환

$\mathcal{L}\{f(t)\} = F(s)$일 때, 다음이 성립한다.

$$\mathcal{L}\{t^n f(t)\} = (-1)^n \frac{d^n}{ds^n}F(s) \qquad (\text{단, } n = 1,\ 2,\ 3,\ \cdots)$$

예제 6-24

$\mathcal{L}\{t\sinh kt\}$를 구하라.

풀이

[정리 6-10]에 의해 다음과 같이 구할 수 있다.

$$\mathcal{L}\{t\sinh kt\} = -\frac{d}{ds}\left(\frac{k}{s^2-k^2}\right) = -\frac{-2ks}{(s^2-k^2)^2} = \frac{2ks}{(s^2-k^2)^2}$$

예제 6-25

$x''-9x=\cosh 3t$, $x(0)=0$, $x'(0)=1$의 해를 구하라.

풀이

[정리 6-10]에 의해

$$s^2X(s)-1-9X(s)=\frac{s}{s^2-9}$$

$$(s^2-9)X(s)=1+\frac{s}{s^2-9}$$

$$X(s)=\frac{1}{s^2-9}+\frac{s}{(s-9)^2}$$

이다. 따라서 [예제 6-24]를 참고하면

$$\mathcal{L}^{-1}\left\{\frac{s}{(s^2-9)^2}\right\}=\frac{1}{6}\mathcal{L}^{-1}\left\{\frac{6s}{(s^2-9)^2}\right\}=\frac{1}{6}t\sinh 3t$$

이므로 다음을 얻는다.

$$x(t)=\frac{1}{3}\sinh 3t+\frac{1}{6}t\sinh 3t$$

합성곱의 라플라스 변환

라플라스 변환이 존재하는 함수 $f(t)$와 $g(t)$에 대해

$$\mathcal{L}\{f(t)g(t)\}\neq\mathcal{L}\{f(t)\}\mathcal{L}\{g(t)\}=F(s)G(s)$$

이다. 이때 $F(s)G(s)=H(s)=\mathcal{L}\{h(t)\}$를 만족하는 함수 $h(t)$를 구해보자.

정리 6-11 합성곱

$F(s)=\mathcal{L}\{f(t)\}$이고 $G(s)=\mathcal{L}\{g(t)\}$라면

$$H(s)=F(s)G(s)=\mathcal{L}\{f(t)\}\mathcal{L}\{g(t)\}$$

를 만족하는 함수는 다음과 같다.

$$h(t)=\int_0^t f(t-\tau)g(\tau)\,d\tau=\int_0^t f(\tau)g(t-\tau)\,d\tau$$

이때 함수 h를 함수 f와 g의 **합성곱**convolution이라 하고, 다음과 같이 표기한다.

$$h(t)=(f*g)(t)$$

증명

라플라스 변환의 정의에 의해

$$F(s)=\int_0^\infty e^{-s\zeta}f(\zeta)\,d\zeta,\quad G(s)=\int_0^\infty e^{-s\tau}g(\tau)\,d\tau$$

라 하면

$$F(s)\,G(s)=\int_0^\infty e^{-s\zeta}f(\zeta)\,d\zeta\int_0^\infty e^{-s\tau}g(\tau)\,d\tau$$

이다. 첫 번째 적분은 두 번째 적분의 적분변수에 대해 독립적이므로

$$F(s)\,G(s)=\int_0^\infty e^{-s\tau}g(\tau)\left[\int_0^\infty e^{-s\zeta}f(\zeta)\,d\zeta\right]d\tau=\int_0^\infty g(\tau)\left[\int_0^\infty e^{-s(\zeta+\tau)}f(\zeta)\,d\zeta\right]d\tau$$

이다. 이때 τ를 고정하고 $\zeta=t-\tau$로 두면 $d\zeta=dt$이므로

$$F(s)\,G(s)=\int_0^\infty g(\tau)\left[\int_\tau^\infty e^{-st}f(t-\tau)\,dt\right]d\tau$$

이다. 우변은 $t\tau$평면에서 t에 대해 τ에서 ∞까지 적분한 후 τ에 대해 0에서 ∞까지 적분하므로, [그림 6-5]의 색칠된 영역에서 적분한다.

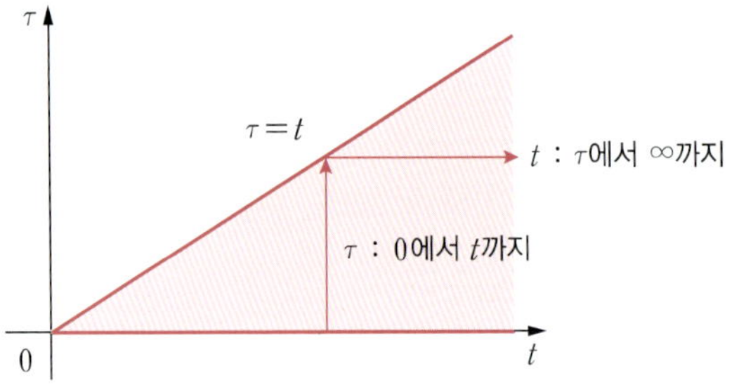

[그림 6-5] $F(s)\,G(s)$의 적분영역

f와 g의 적분 순서를 바꿀 수 있으므로 τ에 대해 0에서 t까지 적분한 후, t에 대해 0에서 ∞까지 적분하면

$$F(s)\,G(s)=\int_0^\infty e^{-st}\left[\int_0^t f(t-\tau)\,g(\tau)\,d\tau\right]dt$$

이거나

$$F(s)\,G(s)=\int_0^\infty e^{-st}h(t)\,dt=\mathcal{L}\{h(t)\}$$

이다. 따라서 다음을 얻는다.

$$\mathcal{L}\{h(t)\}=\mathcal{L}\{(f*g)(t)\}=\mathcal{L}\{f(t)\}\,\mathcal{L}\{g(t)\}=F(s)\,G(s)$$ ■

또한 다음이 성립한다.

$$(f * g)(t) = (g * f)(t)$$

예제 6-26

$\mathcal{L}\left\{\int_0^t (t-\tau)^2 \sin\tau\, d\tau\right\}$를 구하라.

풀이

$f(\tau) = \sin\tau,\ g(t-\tau) = (t-\tau)^2$이므로

$$f(t) = \sin t,\ g(t) = t^2$$

이다. 따라서 함수 f와 g의 합성곱의 라플라스 변환을 구하면 다음과 같다.

$$\mathcal{L}\left\{\int_0^t (t-\tau)^2 \sin\tau\, d\tau\right\} = \mathcal{L}\{\sin t * t^2\} = \mathcal{L}\{\sin t\}\mathcal{L}\{t^2\} = \frac{2}{(s^2+1)s^3}$$

예제 6-27

$\mathcal{L}^{-1}\left\{\frac{1}{s^2(s^2+4)}\right\}$을 구하라.

풀이

$F(s) = \frac{1}{s^2+4}$, $G(s) = \frac{1}{s^2}$ 이라 하면 함수는

$$f(t) = \frac{1}{2}\sin 2t,\ g(t) = t$$

이다. 따라서 라플라스 역변환을 구하면 다음과 같다.

$$\begin{aligned}
\mathcal{L}^{-1}\left\{\frac{1}{s^2(s^2+4)}\right\} &= t * \frac{1}{2}\sin 2t = \frac{1}{2}\int_0^t \tau \sin 2(t-\tau)\, d\tau \\
&= \frac{1}{2}\left(\left[\frac{1}{2}\tau\cos 2(t-\tau)\right]_0^t - \frac{1}{2}\int_0^t \cos 2(t-\tau)\, d\tau\right) \\
&= \frac{1}{2}\left(\frac{1}{2}t + \frac{1}{2}\left[\frac{1}{2}\sin 2(t-\tau)\right]_0^t\right) \\
&= \frac{1}{2}\left[\frac{1}{2}t + \frac{1}{4}(-\sin 2t)\right] \\
&= \frac{1}{4}t - \frac{1}{8}\sin 2t
\end{aligned}$$

예제 6-28 응용

$\mathcal{L}^{-1}\left\{\dfrac{1}{(s^2+\omega^2)^2}\right\}$을 구하라.

풀이

$F(s)=\dfrac{1}{s^2+\omega^2}=G(s)$라 하면

$$f(t)=\frac{1}{\omega}\sin\omega t=g(t)$$

이다. 따라서 라플라스 역변환을 구하면 다음과 같다.

$$\begin{aligned}\mathcal{L}^{-1}\left\{\frac{1}{(s^2+\omega^2)^2}\right\} &= \frac{1}{\omega}\sin\omega t * \frac{1}{\omega}\sin\omega t \\ &= \frac{1}{\omega^2}\int_0^t \sin\omega\tau\sin\omega(t-\tau)\,d\tau \\ &= \frac{1}{2\omega^2}\int_0^t \left[\cos\omega(2\tau-t)-\cos\omega t\right]d\tau \\ &= \frac{1}{2\omega^2}\left[\frac{1}{2\omega}\sin\omega(2\tau-t)-\tau\cos\omega t\right]_0^t \\ &= \frac{1}{2\omega^3}(\sin\omega t-\omega t\cos\omega t)\end{aligned}$$

연계 **[수학 기초]**

$\sin x\sin y$
$=-\dfrac{1}{2}[\cos(x+y)$
$-\cos(x-y)]$

특히 함수 $g(t)=1$일 때, $\mathcal{L}\{g(t)\}=\dfrac{1}{s}$이므로 다음을 만족한다.

$$\mathcal{L}\left\{\int_0^t f(\tau)\,d\tau\right\}=\frac{F(s)}{s}$$

$$\int_0^t f(\tau)\,d\tau=\mathcal{L}^{-1}\left\{\frac{F(s)}{s}\right\}$$

■ **적분방정식**

$y(t)$를 구하는 문제에서 $y(t)$가 피적분함수에 포함되어 있으면 합성곱을 이용하여 풀 수 있다. 함수 f와 g가 알려져 있을 때, $y(t)$를 구하는 방정식

$$y(t)+\int_0^t g(t-\tau)y(\tau)\,d\tau=f(t)$$

를 **적분방정식**integral equation이라 한다. 특히 위에 주어진 식은 볼테라Volterra 적분방정식으로 알려져 있다.

예제 6-29 응용

$y(t)+\int_0^t (t-\tau)y(\tau)\,d\tau=\cos t$에서 함수 $y(t)$를 구하라.

풀이

$\mathcal{L}\{y(t)\}=Y(s)$라 하자. 그러면

$$\int_0^t (t-\tau)y(\tau)\,d\tau = t * y(t)$$

이다. 라플라스 변환에 의해

$$\begin{aligned} Y(s)+Y(s)\frac{1}{s^2} &= \frac{s}{s^2+1} \\ Y(s) &= \frac{s^3}{(s^2+1)^2} \\ &= \frac{s}{s^2+1}-\frac{s}{(s^2+1)^2} \end{aligned}$$

이므로 다음을 얻는다.

$$y(t)=\cos t-\frac{1}{2}t\sin t$$

주기함수의 라플라스 변환

양수 T가 $f(t+T)=f(t)$를 만족하는 최소 양수일 때 $f(t)$를 주기가 T인 함수라 한다. 주기함수의 라플라스 변환은 t의 0에서 T까지의 적분으로 구할 수 있다.

정리 6-12 주기함수의 라플라스 변환

함수 $f(t)$가 $t \geq 0$에서 조각별로 연속이고 지수적 차수를 가지며 주기가 T인 함수일 때, 다음을 만족한다.

$$\mathcal{L}\{f(t)\}=\frac{1}{1-e^{-sT}}\int_0^T e^{-st}f(t)\,dt$$

증명

라플라스 변환의 정의에 의해

$$\begin{aligned}\mathcal{L}\{f(t)\} &= \int_0^\infty e^{-st} f(t)\,dt \\ &= \int_0^T e^{-st} f(t)\,dt + \int_T^\infty e^{-st} f(t)\,dt\end{aligned}$$

이다. $t = u + T,\ dt = du$ 로 놓으면

$$\begin{aligned}\int_0^T e^{-st} f(t)\,dt + \int_T^\infty e^{-st} f(t)\,dt &= \int_0^T e^{-st} f(t)\,dt + \int_0^\infty e^{-s(u+T)} f(u+T)\,du \\ &= \int_0^T e^{-st} f(t)\,dt + e^{-sT}\int_0^\infty e^{-su} f(u)\,du \\ &= \int_0^T e^{-st} f(t)\,dt + e^{-sT}\mathcal{L}\{f(t)\}\end{aligned}$$

이므로

$$(1-e^{-sT})\mathcal{L}\{f(t)\} = \int_0^T e^{-st} f(t)\,dt$$

이고, 따라서 다음을 만족한다.

$$\mathcal{L}\{f(t)\} = \frac{1}{1-e^{-sT}}\int_0^T e^{-st} f(t)\,dt$$

■

예제 6-30 응용

$f(t) = \begin{cases} 1, & 0 \le t < 1 \\ -1, & 1 \le t < 2 \end{cases}$, $f(t+2) = f(t)$의 라플라스 변환을 구하라.

풀이

[정리 6-12]에 의해 다음과 같이 구할 수 있다.

$$\begin{aligned}\mathcal{L}\{f(t)\} &= \frac{1}{1-e^{-2s}}\int_0^2 e^{-st} f(t)\,dt \\ &= \frac{1}{1-e^{-2s}}\left(\int_0^1 e^{-st}\,dt - \int_1^2 e^{-st}\,dt\right) \\ &= \frac{1}{1-e^{-2s}}\left(\frac{1-c^{-s}+c^{-2s}-c^{-s}}{s}\right) \\ &= \frac{1}{1-e^{-2s}}\left(\frac{1-2e^{-s}+e^{-2s}}{s}\right) \\ &= \frac{1-e^{-s}}{s(1+e^{-s})}\end{aligned}$$

Section

6.4 라플라스 변환의 활용

라플라스 변환은 공학 및 여러 응용분야에서 많이 사용된다. 이 절에서는 디랙 델타 함수의 라플라스 변환을 살펴보고, 라플라스 변환을 활용하여 연립 선형 미분방정식의 해를 구하는 방법을 알아보자.

디랙 델타 함수

자연현상 중 어떤 힘이 순간적으로 작용하는 경우가 있다. 예를 들면 매우 짧은 시간 동안 아주 큰 전압이나 힘이 어떤 물체에 가해질 수 있는데, 이러한 현상을 다음과 같이 나타낼 수 있다.

$$ay'' + by' + cy = g(t) \qquad \left(\text{단, } g(t) = \begin{cases} 0 & , \ t < t_0 - \tau \\ \dfrac{1}{2\tau} & , \ t_0 - \tau \le t < t_0 + \tau \\ 0 & , \ t \ge t_0 + \tau \end{cases} \right)$$

이때 $g(t) = \delta_\tau(t - t_0)$로 표시하자. 그러면 힘(또는 전압의 시간에 대한 변화율) $g(t)$의 총 충격(또는 총 전압)은

$$I(\tau) = \int_0^\infty g(t)\,dt = \int_{t_0 - \tau}^{t_0 + \tau} \delta_\tau(t - t_0)\,dt = 1 \qquad (\text{단, } \tau \neq 0)$$

이다. $\delta_\tau(t - t_0)$를 **단위충격함수**unit impulse function라 한다.

정의 6-13 디랙 델타 함수

시간 구간을 점점 작게 할 때(즉, $\tau \to 0$, $\tau > 0$), $\delta_\tau(t - t_0)$를 $\delta(t - t_0)$라 하자. 즉

$$\lim_{\tau \to 0} \delta_\tau(t - t_0) = \delta(t - t_0)$$

이라 하면 $\delta(t - t_0)$는 **디랙 델타 함수**Dirac delta function라 한다.

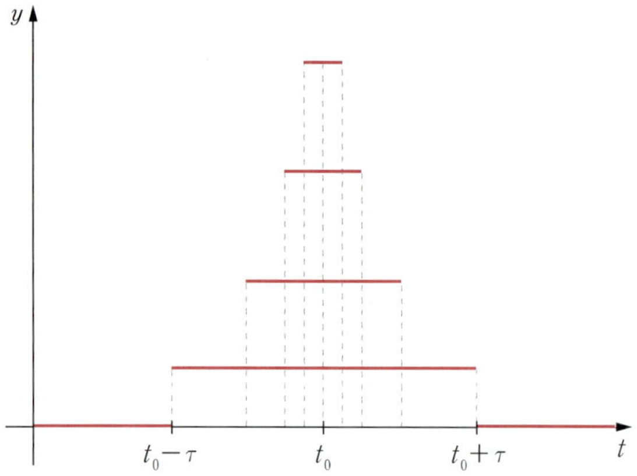

[그림 6-6] $\tau \to 0$일 때 $y=\delta_\tau(t)$의 그래프

디랙 델타 함수는 다음과 같은 성질을 만족한다.

❶ $\delta(t-t_0)=\begin{cases}\infty, & t=t_0\\ 0, & t\neq t_0\end{cases}$

❷ $\int_{-\infty}^{\infty}\delta(t-t_0)\,dt=1$

디랙 델타 함수는 [정리 6-3]을 만족하지는 않지만 라플라스 변환이 존재한다. 디랙 델타 함수의 라플라스 변환을 다음과 같이 정의한다.

$$\mathcal{L}\{\delta(t-t_0)\}=\mathcal{L}\left\{\lim_{\tau\to 0}\delta_\tau(t-t_0)\right\}=\lim_{\tau\to 0}\mathcal{L}\{\delta_\tau(t-t_0)\}$$

정리 6-14 디랙 델타 함수의 라플라스 변환

$t_0>0$에 대해 다음을 만족한다.

$$\mathcal{L}\{\delta(t-t_0)\}=e^{-st_0}$$

증명

만약 $\tau<t_0$라면 $t_0-\tau>0$이므로

$$\begin{aligned}\mathcal{L}\{\delta_\tau(t-t_0)\}&=\int_0^{\infty}e^{-st}\delta_\tau(t-t_0)\,dt\\&=\int_{t_0-\tau}^{t_0+\tau}e^{-st}\,\delta_\tau(t-t_0)\,dt\\&=\frac{1}{2\tau}\int_{t_0-\tau}^{t_0+\tau}e^{-st}\,dt=\left[-\frac{1}{2s\tau}e^{-st}\right]_{t=t_0-\tau}^{t=t_0+\tau}\\&=\frac{1}{2s\tau}e^{-st_0}(e^{s\tau}-e^{-s\tau})\end{aligned}$$

이다. 이때 극한을 계산하면 다음과 같다.

$$\mathcal{L}\{\delta(t-t_0)\} = \lim_{\tau\to 0}\frac{e^{s\tau}-e^{-s\tau}}{2s\tau}\cdot e^{-st_0}$$

$$= \lim_{\tau\to 0}\frac{s(e^{s\tau}+e^{-s\tau})}{2s}\cdot e^{-st_0}$$ ← 로피탈 정리

$$= e^{-st_0}$$ ■

특히 $t_0 = 0$일 때

$$\mathcal{L}\{\delta(t)\} = 1$$

이다. 비슷한 방법으로 디랙 델타 함수와 연속함수 f의 곱의 적분은 다음과 같이 정의할 수 있다.

$$\int_{-\infty}^{\infty}\delta(t-t_0)f(t)\,dt = \lim_{\tau\to 0}\int_{-\infty}^{\infty}\delta_\tau(t-t_0)f(t)\,dt$$

$$= \lim_{\tau\to 0}\frac{1}{2\tau}\int_{t_0-\tau}^{t_0+\tau}f(t)\,dt$$ ← 적분의 평균값 정리

$$= \lim_{\tau\to 0}\frac{1}{2\tau}\cdot 2\tau\cdot f(t^*)$$

$$= \lim_{\tau\to 0}f(t^*) \quad (\text{단, } t_0-\tau < t^* < t_0+\tau)$$

이처럼 충격impulse 문제를 다룰 때 디랙 델타 함수를 일반적인 함수처럼 연산할 수 있어 편리하다.

예제 6-31

초깃값 문제 $y''+y'+y=\delta(t-\pi)$, $y(0)=0$, $y'(0)=0$을 풀어라. 이 초깃값 문제는 용수철 운동이나 전기회로에서 나타나는 모형이다.

풀이

양변에 라플라스 변환을 취하면

$$s^2Y(s)+sY(s)+Y(s) = e^{-\pi s}$$

$$(s^2+s+1)Y(s) = e^{-\pi s}$$

이다. 따라서

$$Y(s) = \frac{1}{(s^2+s+1)}e^{-\pi s} = \frac{1}{\left(s+\frac{1}{2}\right)^2+\frac{3}{4}}e^{-\pi s} = \left.\frac{1}{s^2+\frac{3}{4}}\right|_{s\to s+\frac{1}{2}} e^{-\pi s}$$

이고, 역변환을 취하면

$$\mathcal{L}^{-1}\left\{\frac{1}{s^2+\frac{3}{4}}\right\}_{s\to s+\frac{1}{2}} = \frac{2}{\sqrt{3}}e^{-\frac{1}{2}t}\sin\frac{\sqrt{3}}{2}t$$

이므로 다음과 같이 나타낼 수 있다.

$$y(t) = \frac{2}{\sqrt{3}}e^{-\frac{1}{2}(t-\pi)}\sin\frac{\sqrt{3}}{2}(t-\pi)u(t-\pi)$$
$$= \begin{cases} 0 & , \quad t<\pi \\ \frac{2}{\sqrt{3}}e^{-\frac{1}{2}(t-\pi)}\sin\frac{\sqrt{3}}{2}(t-\pi), & t\geq\pi \end{cases}$$

연립 선형 미분방정식의 해

연립 선형 미분방정식을 4.2절에서는 미분연산자를 이용하여 풀었다면, 이 절에서는 라플라스 변환을 이용하여 풀어본다.

예제 6-32

다음과 같은 연립 선형 미분방정식에 대해 $x_1(t)$와 $x_2(t)$를 구하라. 단, $x_1(0)=150$, $x_2(0)=50$이다.

$$\frac{dx_1}{dt} = -\frac{3}{10}x_1 + \frac{3}{10}x_2$$
$$\frac{dx_2}{dt} = \frac{1}{5}x_1 - \frac{2}{5}x_2$$

풀이

$\mathcal{L}\{x_1(t)\} = X_1(s)$, $\mathcal{L}\{x_2(t)\} = X_2(s)$로 놓고 주어진 식에 라플라스 변환을 취하면

$$sX_1(s) - 150 + \frac{3}{10}X_1(s) - \frac{3}{10}X_2(s) = 0$$
$$\frac{1}{5}X_1(s) - sX_2(s) + 50 - \frac{2}{5}X_2(s) = 0$$

이다. 이를 정리하면

$$(10s+3)X_1(s) - 3X_2(s) = 1500 \tag{6.6}$$
$$X_1(s) - (5s+2)X_2(s) = -250 \tag{6.7}$$

이다. 식 (6.6)에 $(5s+2)$를 곱한 식에서 식 (6.7)에 3을 곱한 식을 빼면

$$X_1(s) = \frac{7500s + 3750}{(5s+3)(10s+1)} \tag{6.8}$$

$$= \frac{150}{5s+3} + \frac{1200}{10s+1} = \frac{30}{s+\frac{3}{5}} + \frac{120}{s+\frac{1}{10}}$$

이다. 따라서

$$x_1(t) = 30e^{-\frac{3}{5}t} + 120e^{-\frac{1}{10}t}$$

이다. 식 (6.8)을 식 (6.6)에 대입하고 정리하면

$$X_2(s) = \frac{2500s + 2250}{(5s+3)(10s+1)}$$

$$= -\frac{150}{5s+3} + \frac{800}{10s+1} = -\frac{30}{s+\frac{3}{5}} + \frac{80}{s+\frac{1}{10}}$$

이므로 $x_2(t)$는 다음과 같다.

$$x_2(t) = -30e^{-\frac{3}{5}t} + 80e^{-\frac{1}{10}t}$$

예제 6-33

다음과 같은 연립 선형 미분방정식에 대해 $x_1(t)$와 $x_2(t)$를 구하라. 단, $x_1(0)=1$, $x_1'(0)=0$, $x_2(0)=2$, $x_2'(0)=0$이다.

$$x_1'' + 5x_1 = 2x_2$$

$$x_2'' + 2x_2 = 2x_1$$

풀이

주어진 식에 라플라스 변환을 취하면

$$s^2X_1(s) - s + 5X_1(s) = 2X_2(s)$$

$$s^2X_2(s) - 2s + 2X_2(s) = 2X_1(s)$$

이고, 이를 정리하면

$$(s^2+5)X_1(s) - 2X_2(s) = s \tag{6.9}$$

$$2X_1(s) - (s^2+2)X_2(s) = -2s \tag{6.10}$$

이다. 식 (6.9)에 (s^2+2)를 곱한 식에서 식 (6.10)에 -2를 곱한 식을 더하면

$$X_1(s) = \frac{s}{s^2+1}$$

이다. 따라서 $x_1(t) = \cos t$이다. $X_1(s)$를 식 (6.9)에 대입하면

$$X_2(s) = 2\frac{s}{s^2+1}$$

이므로 $x_2(t) = 2\cos t$이다.

Chapter 06 연습문제

[6.1 라플라스 변환]

※ (문제 1~10) 다음 함수의 라플라스 변환을 구하라.

1. $f(t)=\begin{cases}0, & 0 \le t < 1\\ t, & t \ge 1\end{cases}$

2. $f(t)=\begin{cases}\cos t, & 0 \le t < \pi\\ 0, & t \ge \pi\end{cases}$

3.

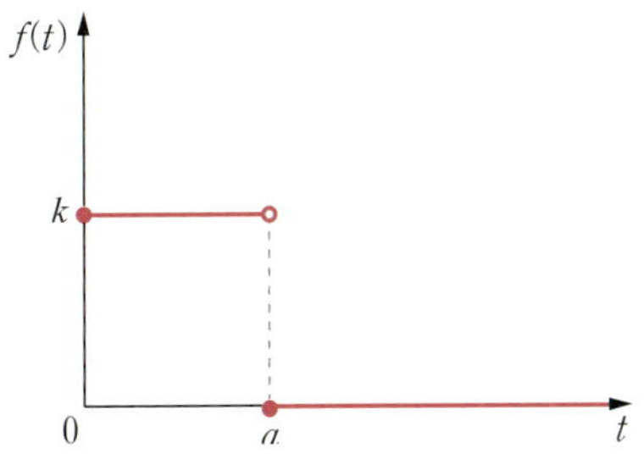

[그림 6-7] $f(t)$의 그래프

4.

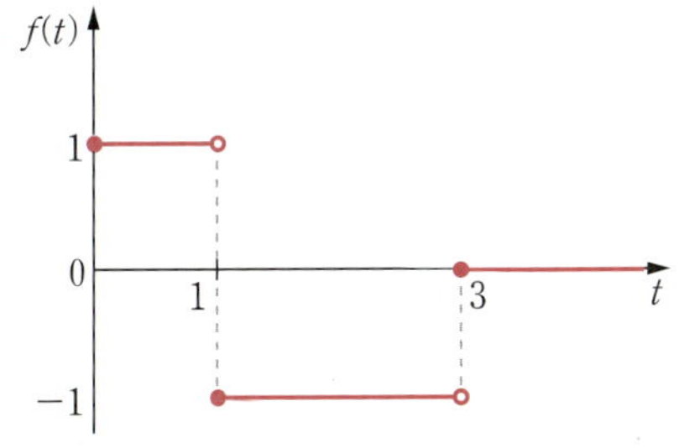

[그림 6-8] $f(t)$의 그래프

5. $f(t)=\cos \pi t$

6. $f(t)=\sin(\omega t+\theta)$

7. $f(t)=\sin^2 t$

8. $f(t)=e^{at-b}$

9. $f(t)=e^t \sin t$

10. $f(t)=e^{-t}\cos t$

11. 감마함수 $\Gamma(\alpha)$는 다음과 같이 정의된다. 다음 물음에 답하라.

$$\Gamma(\alpha)=\int_0^\infty t^{\alpha-1}e^{-t}dt \quad (단,\ \alpha>0)$$

(a) $\Gamma(\alpha+1)=\alpha\Gamma(\alpha)$임을 증명하라.

(b) $\Gamma(1)=1$임을 보여라.

(c) $\Gamma(n+1)=n!$ 임을 보여라. 단, n은 자연수이다.

12. [연습문제 11]을 이용하여 다음을 증명하라.

$$L\{t^\alpha\}=\frac{\Gamma(\alpha+1)}{s^{\alpha+1}} \quad (단,\ \alpha>-1)$$

※ (문제 13~15) [연습문제 11], [연습문제 12]와 $\Gamma\left(\frac{1}{2}\right)=\sqrt{\pi}$를 이용하여 $L\{f(t)\}$를 구하라.

13. $f(t)=t^{-\frac{1}{2}}$

14. $f(t)=t^{\frac{1}{2}}$

15. $f(t)=t^{\frac{3}{2}}$

※ (문제 16~27) 다음 함수의 라플라스 역변환을 구하라.

16. $\dfrac{1}{s^6}$

17. $\dfrac{1}{2s-\sqrt{2}}$

18. $\dfrac{2s}{s^2+4}$

19. $\dfrac{1}{s^2+4}$

20. $\dfrac{2s}{2s^2+\frac{1}{2}}$

21. $\dfrac{1}{2s^2+\frac{1}{2}}$

22. $\dfrac{s\quad 6}{s^2-25}$

23. $\dfrac{s-6}{s^2+25}$

24. $\dfrac{3}{s^2-3s-4}$

25. $\dfrac{s}{s^2-3s-4}$

26. $\dfrac{4s^2-3s+9}{s(s^2+9)}$

27. $\dfrac{s}{(s-2)(s^2+9)}$

※ (문제 28~32) 라플라스 변환을 이용하여 다음의 초깃값 문제를 풀어라.

28. $y''+y=\cos 2t,\ y(0)=1,\ y'(0)=1$

29. $y''-3y'+2y=0,\ y(0)=1,\ y'(0)=0$

30. $y''+y=2\sin 2t,\ y(0)=1,\ y'(0)=0$

31. $y'''-2y''-y'+2y=e^{3t},\ y(0)=1,\ y'(0)=0,\ y'''(0)=0$

32. $y^{(4)}-y=0,\ y(0)=0,\ y'(0)=1,\ y''(0)=0,\ y'''(0)=1$

[6.2 라플라스 변환의 성질]

※ (문제 33~44) 다음을 구하라.

33. $L\{te^{2t}\}$

34. $L\{t^2e^{-2t}\}$

35. $L\{(t+1)^2e^{2t}\}$

36. $L\{e^{2t}\sin 2t\}$

37. $L\{e^{-2t}\cos 2t\}$

38. $L^{-1}\left\{\dfrac{1}{(s+1)^3}\right\}$

39. $L^{-1}\left\{\dfrac{1}{(s-1)^4}\right\}$

40. $L^{-1}\left\{\dfrac{s+5}{(s+2)^2}\right\}$

41. $L^{-1}\left\{\dfrac{2s-4}{s^2-2s+4}\right\}$

42. $L^{-1}\left\{\dfrac{7s+13}{s^2+2s+2}\right\}$

43. $L^{-1}\left\{\dfrac{s^2-4s+7}{s^4-4s^3+6s^2-4s+1}\right\}$

44. $L^{-1}\left\{\dfrac{(s-1)^2}{(s+1)^4}\right\}$

※ (문제 45~50) 라플라스 변환을 이용하여 다음 초깃값 문제를 풀어라.

45. $y'' + 4y' + 4y = 0$, $y(0) = 1$, $y'(0) = 1$

46. $y'' - 2y' + 4y = 0$, $y(0) = 2$, $y'(0) = 0$

47. $y'' + 2y' + 2y = \sin t$, $y(0) = 1$, $y'(0) = 0$

48. $y'' + 2y' + 2y = e^{-t}$, $y(0) = 0$, $y'(0) = 1$

49. $y''' - 2y'' - y' + 2y = e^{t}$, $y(0) = 0$, $y'(0) = 0$, $y''(0) = 1$

50. $y^{(4)} - 4y''' + 6y'' - 4y' + y = 0$, $y(0) = 0$, $y'(0) = 1$, $y''(0) = 0$, $y'''(0) = 1$

※ (문제 51~54) 다음 함수의 그래프를 그려라.

51. $u(t-1) + u(t-2) - 2u(t-3)$

52. $(t-1)u(t-2) + (t+2)u(t-3)$

53. $f(t-2\pi)u(t-2\pi)$, $f(t) = t^2$

54. $f(t-\pi)u(t-\pi)$, $f(t) = \cos t$

※ (문제 55~59) 다음 함수의 라플라스 변환을 구하라.

55. $f(t) = \begin{cases} 0, & 0 \le t < 1 \\ (t-1)^2, & t \ge 1 \end{cases}$

56. $f(t) = \begin{cases} 0, & 0 \le t < 2 \\ t^2 - 4t + 2, & t \ge 2 \end{cases}$

57. $f(t) = \begin{cases} 0, & 0 \le t < \pi \\ t - \pi, & \pi \le t < 3\pi \\ 0, & t \ge 3\pi \end{cases}$

58. $f(t) = u(t-1) + u(t-2) - 2u(t-3)$

59. $f(t) = (t-1)u(t-2) + (t+2)u(t-3)$

※ (문제 60~66) 다음 함수의 라플라스 역변환을 구하라.

60. $\dfrac{2!}{(s+2)^3}$

61. $\dfrac{e^{-2s}}{s^2 + 2s - 2}$

62. $\dfrac{(s-1)e^{-s}}{s^2 - 2s + 3}$

63. $\dfrac{e^{-s}}{s^2 - 4}$

64. $\dfrac{(s-3)e^{-2s}}{s^2 - 6s + 3}$

65. $\dfrac{e^{-s} + e^{-2s} + e^{-3s} + e^{-4s}}{s-1}$

66. $\dfrac{e^{-3s}}{s^3(s+1)}$

※ **(문제 67~72) 라플라스 변환을 이용하여 다음 초깃값 문제를 풀어라.**

67. $y'' + y = f(t),\ y(0) = 0,\ y'(0) = 0,\ f(t) = \begin{cases} 1, & 0 \le t < \pi \\ 0, & t \ge \pi \end{cases}$

68. $y'' + 2y = \cos t - \cos(t - 2\pi)u(t - 2\pi),\ y(0) = 0,\ y'(0) = 0$

69. $y'' - 3y' + 2y = u(t-3),\ y(0) = 0,\ y'(0) = 1$

70. $y'' + y = g(t),\ y(0) = 1,\ y'(0) = 0,\ g(t) = \begin{cases} 2t, & 0 \le t < \pi \\ 2, & t \ge \pi \end{cases}$

71. $4y'' + 4y' + 5y = g(t),\ y(0) = 0,\ y'(0) = 0,\ g(t) = \begin{cases} \cos t, & 0 \le t < \pi \\ 0, & t \ge \pi \end{cases}$

72. $y^{(4)} - y = u(t-1) + u(t-2),\ y(0) = 0,\ y'(0) = 0,\ y''(0) = 0,\ y'''(0) = 0$

73. [그림 6-9]의 회로에서 $E(t) = \begin{cases} t, & 0 < t < 2 \\ 0, & t \ge 2 \end{cases}$ 일 때, 전류 $i(t)$를 구하라.

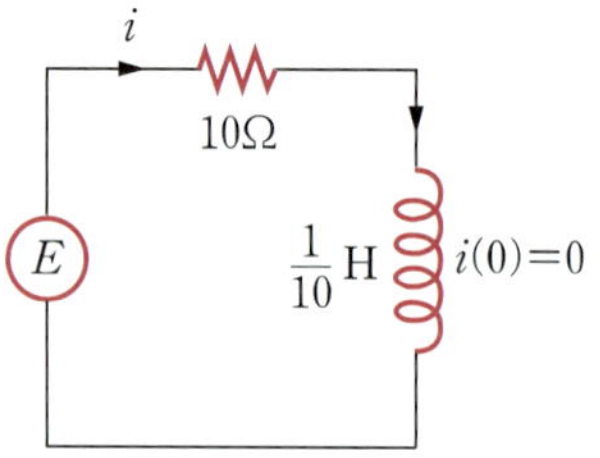

[그림 6-9] 전기회로도

[6.3 합성곱과 주기함수의 라플라스 변환]

※ **(문제 74~77) [정리 6-10]을 이용하여 라플라스 변환을 구하라.**

74. $L\{t\sin 2t\}$

75. $L\{t^2 \sin t\}$

76. $L\{te^t \cos t\}$

77. $L\{te^{-t}\sin t\}$

※ **(문제 78~79) 라플라스 변환을 이용하여 다음 초깃값 문제를 풀어라.**

78. $y' + y = t\cos t,\ y(0) = 0$

79. $y'' + 4y = \cos 2t,\ y(0) = 2,\ y'(0) = 2$

※ **(문제 80~85) 다음 함수의 라플라스 변환을 구하라.**

80. $f(t) = \int_0^t (t-\tau)^2 \sin\tau\, d\tau$

81. $f(t) = \int_0^t e^{-(t-\tau)} \cos 2\tau\, d\tau$

82. $f(t) = \int_0^t (t-\tau) e^{\tau}\, d\tau$

83. $f(t) = \int_0^t \cos(t-\tau) \sin\tau\, d\tau$

84. $f(t) = \int_0^t (t-\tau)^2 \tau e^{\tau}\, d\tau + \sin 2t\, u(t-\pi)$

85. $t^2 \int_0^t e^{\tau}\, d\tau$ 정리 7-10, 정리 7-11

※ (문제 86~89) 합성곱을 이용하여 다음 함수의 라플라스 역변환을 구하라.

86. $F(s)=\dfrac{1}{s^2(s+1)}$

87. $F(s)=\dfrac{s}{(s-1)(s^2+1)}$

88. $F(s)=\dfrac{1}{(s-1)^2(s^2+1)}$

89. $F(s)=\dfrac{1}{s^3(s+1)}$

※ (문제 90~91) 합성곱을 이용하여 다음 초깃값 문제를 풀어라.

90. $y''+2y'+2y=\sin t,\ y(0)=0,\ y'(0)=0$

91. $y''+4y'+4y=g(t),\ y(0)=2,\ y'(0)=-1$

※ (문제 92~96) 라플라스 변환을 이용하여 다음 방정식을 풀어라.

92. $y(t)+\int_0^t y(\tau)\cos(t-\tau)d\tau=t+e^t$

93. $y(t)+\int_0^t y(\tau)d\tau=2$

94. $y(t)=\sin t+\int_0^\tau e^{-\tau}y(t-\tau)d\tau$

95. $y(t)+e^t\int_0^t e^{-\tau}y(\tau)d\tau=te^{-t}$

96. $y'(t)+\int_0^t (t-\tau)y(\tau)d\tau=t,\ y(0)=0$

97. $i(0)=0$인 [그림 6-10]의 회로에서 $E(t)=\begin{cases}0 & ,\ t<3\\ 10(t-3), & t\geq 3\end{cases}$ 일 때, 전류 $i(t)$를 구하라.

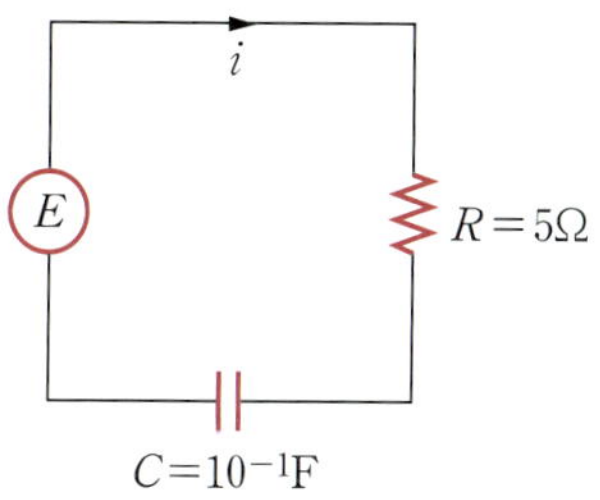

[그림 6-10] 전기회로도

98. $i(0)=0,\ q(0)=0$인 [그림 6-11]의 회로에서
$E(t)=\begin{cases}100(t-t^2), & 0<t<1\\ 0 & ,\ t\geq 1\end{cases}$ 일 때, 전류 $i(t)$를 구하라.

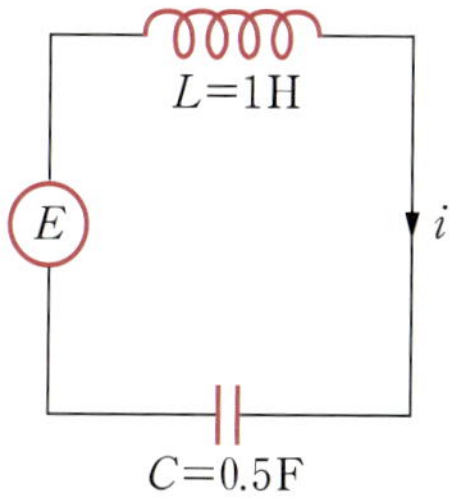

[그림 6-11] 전기회로도

※ (문제 99~101) 다음 주기함수의 라플라스 변환을 구하라.

99. $f(t)=t,\ 0\leq t<1,\ f(t+1)=f(t)$

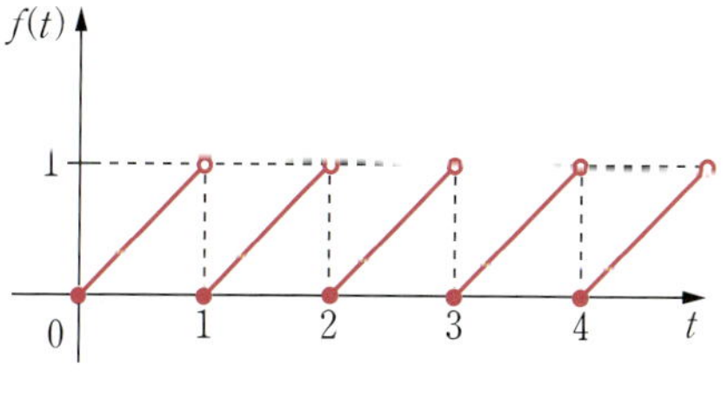

[그림 6-12] $f(x)$의 그래프

100. $f(t) = \sin t,\ 0 \le t < \pi,$
$f(t+\pi) = f(t)$

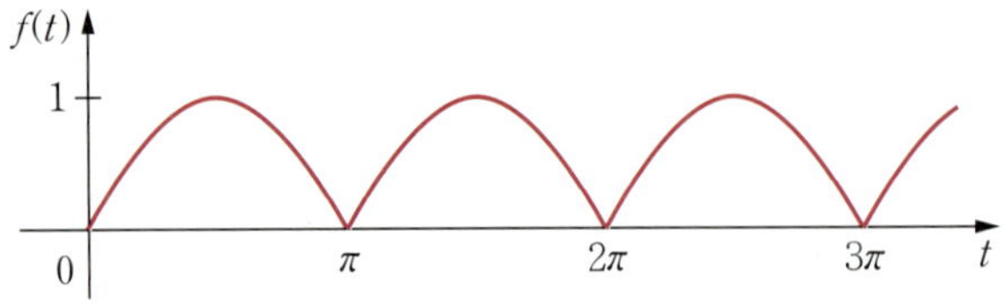

[그림 6-13] $f(x)$의 그래프

101. $f(t) = \begin{cases} t & ,\ 0 \le t < 1 \\ 1-t, & 1 \le t < 2 \end{cases},\ f(t+2) = f(t)$

[6.4 라플라스 변환의 활용]

※ (문제 102~107) 다음 초깃값 문제를 풀어라.

102. $y'' + 9y = \delta(t-\pi),\ y(0) = 0,\ y'(0) = 0$

103. $y'' + y = \delta(t-\pi) - \delta(t-2\pi),\ y(0) = 0,\ y'(0) = 0$

104. $y'' - y = 10\delta(t-1),\ y(0) = 1,\ y'(0) = 0$

105. $y'' - y' = \delta(t-2),\ y(0) = 0,\ y'(0) = 1$

106. $y'' + 2y' + 2y = \sin t + \delta(t-\pi),\ y(0) = 0,\ y'(0) = 0$

107. $2y'' + y' + 4y = \delta\left(t - \frac{\pi}{2}\right)\sin t,\ y(0) = 0,\ y'(0) = 0$

※ (문제 108~114) 라플라스 변환을 이용하여 다음 연립 미분방정식의 해를 구하라.

108. $x_1{}' = 2x_2$
$x_2{}' = -2x_1$

109. $x_1{}' = x_1 - 2x_2$
$x_2{}' = 2x_1 + 4x_2$

110. $x_1{}' + x_2{}'' = e^{2t}$
$x_1{}' - x_1 + x_2{}' + x_2 = 4e^{2t}$
$x_1(0) = 0,\ x_2(0) = 0,\ x_2{}'(0) = 0$

111. $\frac{dx}{dt} = 2y,\ \frac{dy}{dt} = x - z,\ \frac{dz}{dt} = x - y$
$x(0) = 1,\ y(0) = 1,\ z(0) = 1$

112. $y_1{}' = y_2 + 1 + u(t-2)$
$y_2{}' = -y_1 + 1 + u(t-2)$
$y_1(0) = 0,\ y_2(0) = 0$

113. $y_1{}'' - y_2 = \sin t,\ y_2{}'' - y_1 = -\sin t$
$y_1(0) = 0,\ y_1{}'(0) = 3,\ y_2(0) = 4,$
$y_2{}'(0) = -3$

114. $x'' + 2y' + 3y = 0$
$x'' + 3y = te^t$
$x(0) = 0,\ x'(0) = 1,\ y(0) = 0$

PART 02

벡터와 선형대수

Vector and Linear Algebra

||| 목차 |||

PART 02에서는 무엇을 배울까?

PART 02에서는 벡터와 선형대수학에 대해 배운다.

Chapter 07

벡터의 여러 가지 연산을 살펴보고, 벡터들의 집합을 추상화한 벡터공간을 다룬다.

Chapter 08

행렬의 계수, 역행렬, 행렬식 등의 성질을 이용하여 연립 선형방정식의 해를 분석한다.

Chapter 09

여러 분야에서 활용되고 있는 고윳값과 고유벡터를 살펴보고, 이로부터 직교행렬과 행렬의 대각화를 이해한 후 이차형식에 적용해본다.

Chapter 10

벡터함수에 대한 미분과 적분을 다루고 3차원 공간에서 그린 정리, 발산정리, 스토크스 정리에 대해 살펴본다.

Chapter 07

벡터와 벡터공간

Vectors and Vector Spaces

||| 목차 |||

||| 학습목표 |||

- 벡터와 스칼라에 대해 이해하고, 벡터의 성질을 살펴본다.
- 벡터의 내적과 벡터곱의 정의를 이해하고, 이를 활용할 수 있다.
- 벡터방정식의 개념을 이해한다.
- 직선과 평면을 벡터방정식으로 표현한다.
- 벡터공간과 그 기저에 대해 이해한다.
- 일차독립과 일차종속의 개념을 이해하고, 이들의 기하학적인 의미를 파악한다.

Section 7.1 벡터

자연계의 물리적인 현상을 표현하는 물리량에는 스칼라와 벡터가 있다. **스칼라**scalar는 크기만을 갖는 양으로, 거리, 속력, 넓이, 부피, 온도 등을 표현할 때 사용한다. 그리고 **벡터**vector는 크기와 방향을 갖는 양으로, 속도, 위치, 힘 등을 표현할 때 사용한다. 이 절은 벡터의 정의와 성질에 대해 살펴본다.

벡터의 정의

벡터는 두 점을 잇는 화살표로 표현한다. 즉 $\overrightarrow{\mathrm{AB}}$는 점 A가 시점이고 점 B가 종점인 벡터이며, 크기는 두 점 A와 B 사이의 거리이다. 벡터는 $\mathbf{a}$, $\mathbf{b}$로 표기하거나 $\vec{a}$, $\vec{b}$로 표기한다.

원점을 시점으로 하는 벡터를 **위치벡터**라 한다. 위치벡터 $\overrightarrow{\mathrm{OP}}$는 종점인 P의 좌표에 의해 크기와 방향이 결정된다. 즉 [그림 7-1]과 같이 점 P의 좌표가 (x_1, y_1) 또는 (x_1, y_1, z_1)일 때,

$$\overrightarrow{\mathrm{OP}} = \langle x_1, y_1 \rangle \text{ 또는 } \overrightarrow{\mathrm{OP}} = \langle x_1, y_1, z_1 \rangle \tag{7.1}$$

으로 나타내고 이들을 각각 2차원 벡터, 3차원 벡터라 한다. 이때 x_1, y_1, z_1을 벡터 $\overrightarrow{\mathrm{OP}}$의 **성분**component이라 한다.

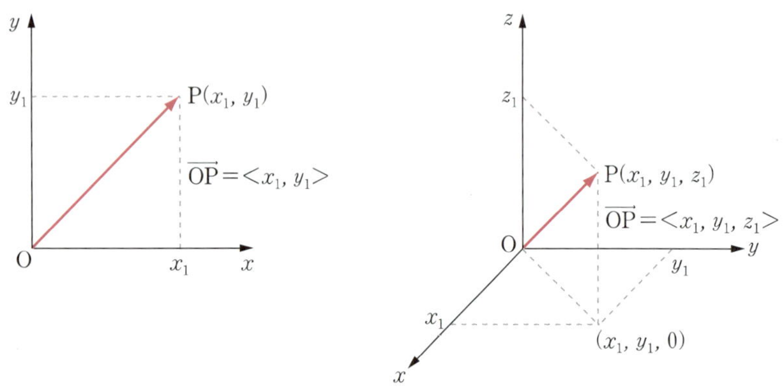

[그림 7-1] $\overrightarrow{\mathrm{OP}} = \langle x_1, y_1 \rangle$ 과 $\overrightarrow{\mathrm{OP}} = \langle x_1, y_1, z_1 \rangle$

예제 7-1

점 $P_1(x_1, y_1, z_1)$이 시점이고, 점 $P_2(x_2, y_2, z_2)$가 종점인 벡터 $\overrightarrow{P_1P_2}$를 성분으로 표현하라.

풀이

점 $P_1(x_1, y_1, z_1)$을 원점으로 평행이동시키면, 점 P_2는 $(x_2 - x_1, y_2 - y_1, z_2 - z_1)$으로 평행이동하므로

$$\overrightarrow{P_1P_2} = \langle x_2 - x_1, y_2 - y_1, z_2 - z_1 \rangle$$

이다.

또한, 벡터의 크기는 다음과 같다.

정리 7-1 벡터의 크기

벡터 $\mathbf{a} = \langle a_1, a_2 \rangle$ 또는 $\mathbf{a} = \langle a_1, a_2, a_3 \rangle$의 크기는 다음과 같다.

$$|\mathbf{a}| = \sqrt{a_1^2 + a_2^2} \quad \text{또는} \quad |\mathbf{a}| = \sqrt{a_1^2 + a_2^2 + a_3^2} \tag{7.2}$$

크기가 0인 벡터를 **영벡터**라 하고 $O = < 0, 0 >$ 또는 $O = < 0, 0, 0 >$으로 표기한다.

예제 7-2

[예제 7-1]의 벡터 $\overrightarrow{P_1P_2}$의 크기를 구하라.

풀이

[정리 7-1]에 의해 다음과 같이 구한다.

$$|\overrightarrow{P_1P_2}| = \sqrt{(x_2 - x_1)^2 + (y_2 - y_1)^2 + (z_2 - z_1)^2}$$

벡터의 성질

벡터는 다음과 같은 성질을 만족한다.

■ 벡터의 상등

두 벡터 $\mathbf{a} = \langle a_1, a_2, a_3 \rangle$와 $\mathbf{b} = \langle b_1, b_2, b_3 \rangle$에 대해

$$a_1 = b_1, \ a_2 = b_2, \ a_3 = b_3$$

이면 $\mathbf{a} = \mathbf{b}$이다. 그러므로 두 벡터는 시점과 종점에 관계없이 방향과 크기가 같으면 같은 벡터이다. 이는 벡터 $\mathbf{a}$를 평행이동하면 벡터 $\mathbf{b}$와 겹침을 의미한다.

■ 벡터의 덧셈

두 벡터 $\overrightarrow{AB}$와 $\overrightarrow{AC}$를 생각하자. [그림 7-2]와 같이 벡터 $\overrightarrow{AC}$의 시점 A를 B로 평행이동한 벡터를 $\overrightarrow{BD}$라 할 때, 즉 $\overrightarrow{AC} = \overrightarrow{BD}$일 때 덧셈 $\overrightarrow{AB} + \overrightarrow{AC}$는

$$\overrightarrow{AB} + \overrightarrow{AC} = \overrightarrow{AB} + \overrightarrow{BD} \tag{7.3}$$

로 정의한다.

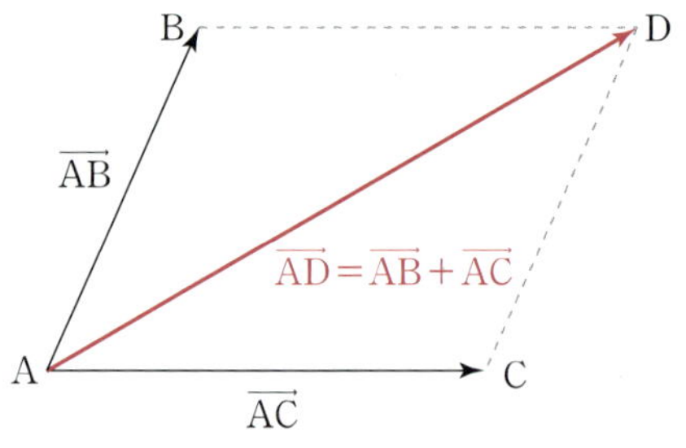

[그림 7-2] $\overrightarrow{AB} + \overrightarrow{AC} = \overrightarrow{AD}$

이와 마찬가지로 두 벡터 $\mathbf{a} = \langle a_1, a_2, a_3 \rangle$와 $\mathbf{b} = \langle b_1, b_2, b_3 \rangle$의 덧셈은 다음과 같이 정의한다.

$$\mathbf{a} + \mathbf{b} = \langle a_1 + b_1, a_2 + b_2, a_3 + b_3 \rangle \tag{7.4}$$

■ 벡터의 스칼라 배

k가 스칼라이고 $\mathbf{a} = \langle a_1, a_2, a_3 \rangle$일 때, 스칼라 배 $k\mathbf{a}$는 그 길이가 벡터 $\mathbf{a}$ 길이의 $|k|$배이고, 방향은 다음과 같이 정의한 벡터이다.

$$k > 0 \text{일 때, } \mathbf{a}\text{와 같은 방향}$$
$$k < 0 \text{일 때, } \mathbf{a}\text{와 반대 방향}$$

이를 성분으로 나타내면 벡터 $\mathbf{a} = \langle a_1, a_2, a_3 \rangle$일 때, 스칼라 배는

$$k\mathbf{a} = k\langle a_1, a_2, a_3 \rangle = \langle ka_1, ka_2, ka_3 \rangle \tag{7.5}$$

이다. k가 0이면 $k\mathbf{a} = 0\langle a_1, a_2, a_3 \rangle = \langle 0, 0, 0 \rangle = \mathbf{O}$이다. 또한 $\mathbf{b} = k\mathbf{a}$일 때 두 벡터 $\mathbf{a}$와 $\mathbf{b}$는 **평행**하다고 한다.

정리 7-2 벡터의 덧셈과 스칼라 배에 대한 성질

세 벡터 $\mathbf{a}, \mathbf{b}, \mathbf{c}$와 스칼라 k, k_1, k_2에 대해 다음이 성립한다.

(1) $\mathbf{a} + \mathbf{b} = \mathbf{b} + \mathbf{a}$
(2) $\mathbf{a} + (\mathbf{b} + \mathbf{c}) = (\mathbf{a} + \mathbf{b}) + \mathbf{c}$
(3) $\mathbf{a} + \mathbf{O} = \mathbf{O} + \mathbf{a} = \mathbf{a}$
(4) $\mathbf{a} + (-\mathbf{a}) = \mathbf{O}$
(5) $k(\mathbf{a} + \mathbf{b}) = k\mathbf{a} + k\mathbf{b}$
(6) $(k_1 + k_2)\mathbf{a} = k_1\mathbf{a} + k_2\mathbf{a}$
(7) $k_1(k_2\mathbf{a}) = (k_1k_2)\mathbf{a} = k_2(k_1\mathbf{a})$

예제 7-3

세 벡터 $\mathbf{a} = \langle 1, 2, 0 \rangle$, $\mathbf{b} = \langle 1, 0, -1 \rangle$, $\mathbf{c} = \langle -1, 1, 2 \rangle$에 대해 다음을 구하라.

(a) $2\mathbf{a} + \mathbf{b} - 3\mathbf{c}$를 구하고, 그 크기를 구하라.

(b) 벡터 $\mathbf{d} = \langle 3, 2, 1 \rangle$일 때, $k_1\mathbf{a} + k_2\mathbf{b} + k_3\mathbf{c} = \mathbf{d}$를 만족하는 스칼라 k_1, k_2, k_3를 구하라.

풀이

(a)
$$\begin{aligned} 2\mathbf{a} + \mathbf{b} - 3\mathbf{c} &= 2\langle 1, 2, 0 \rangle + \langle 1, 0, -1 \rangle - 3\langle -1, 1, 2 \rangle \\ &= \langle 2, 4, 0 \rangle + \langle 1, 0, -1 \rangle + \langle 3, -3, -6 \rangle \\ &= \langle 2+1+3, 4-3, -1-6 \rangle \\ &= \langle 6, 1, -7 \rangle \end{aligned}$$

(b) $k_1\mathbf{a} + k_2\mathbf{b} + k_3\mathbf{c} = \mathbf{d}$를 나타내면

$$k_1\langle 1, 2, 0 \rangle + k_2\langle 1, 0, -1 \rangle + k_3\langle -1, 1, 2 \rangle = \langle 3, 2, 1 \rangle$$
$$\langle k_1 + k_2 - k_3,\ 2k_1 + k_3,\ -k_2 + 2k_3 \rangle = \langle 3, 2, 1 \rangle$$

이므로

$$k_1 + k_2 - k_3 = 3$$
$$2k_1 + k_3 = 2$$
$$-k_2 + 2k_3 = 1$$

이다. 따라서 $k_1 = -2$, $k_2 = 11$, $k_3 = 6$이다.

예제 7-4 응용

한 점에 작용하는 힘 $\mathbf{a}$, $\mathbf{b}$, $\mathbf{c}$가 평형상태를 이룰 때, 그 합이 $\mathbf{O}$이어야 한다. 두 벡터가 $\mathbf{a} = \langle 1, 3, -2 \rangle$, $\mathbf{b} = \langle 0, 1, -1 \rangle$일 때, 힘 $\mathbf{a}$, $\mathbf{b}$, $\mathbf{c}$가 평형상태가 되도록 벡터 $\mathbf{c}$를 구하라.

풀이

$\mathbf{c} = \langle c_1, c_2, c_3 \rangle$로 놓으면

$$\mathbf{a} + \mathbf{b} + \mathbf{c} = \langle 1 + c_1, 4 + c_2, -3 + c_3 \rangle = \langle 0, 0, 0 \rangle$$

이므로

$$c_1 = -1, \quad c_2 = -4, \quad c_3 = 3$$

이다. 따라서 $\mathbf{c} = \langle -1, -4, 3 \rangle$이다.

■ 단위벡터

크기가 1인 벡터를 **단위벡터**unit vector라 한다. 벡터 $\mathbf{a} = \langle a_1, a_2, a_3 \rangle$ (단, $\mathbf{a} \neq \mathbf{O}$)의 단위벡터는

$$\mathbf{u} = \frac{\mathbf{a}}{|\mathbf{a}|} = \frac{1}{\sqrt{a_1^2 + a_2^2 + a_3^2}} \langle a_1, a_2, a_3 \rangle \tag{7.6}$$

$$-\mathbf{u} = -\frac{\mathbf{a}}{|\mathbf{a}|} = -\frac{1}{\sqrt{a_1^2 + a_2^2 + a_3^2}} \langle a_1, a_2, a_3 \rangle \tag{7.7}$$

이다. 특히 단위벡터는 다음과 같이 표현한다.

- x축 위에 있는 양의 방향으로의 단위벡터 : $\langle 1, 0, 0 \rangle = \mathbf{i}$
- y축 위에 있는 양의 방향으로의 단위벡터 : $\langle 0, 1, 0 \rangle = \mathbf{j}$
- z축 위에 있는 양의 방향으로의 단위벡터 : $\langle 0, 0, 1 \rangle = \mathbf{k}$

그러므로 벡터 $\mathbf{a}$를 다음과 같이 나타낼 수 있다.

$$
\begin{aligned}
\mathbf{a} &= \langle a_1, a_2, a_3 \rangle \\
&= \langle a_1, 0, 0 \rangle + \langle 0, a_2, 0 \rangle + \langle 0, 0, a_3 \rangle && \leftarrow \text{식 (7.4)} \\
&= a_1\langle 1, 0, 0 \rangle + a_2\langle 0, 1, 0 \rangle + a_3\langle 0, 0, 1 \rangle && \leftarrow \text{[정리 7-5] 참고} \\
&= a_1\mathbf{i} + a_2\mathbf{j} + a_3\mathbf{k} && (7.8)
\end{aligned}
$$

예제 7-5

벡터 $\mathbf{a} = \langle 2, 3, -1 \rangle$과 같은 방향의 단위벡터 $\mathbf{u}$를 구하라.

풀이

$|\mathbf{a}| = \sqrt{4+9+1} = \sqrt{14}$ 이므로 단위벡터 $\mathbf{u}$는 다음과 같다.

$$\mathbf{u} = \frac{1}{\sqrt{14}}\langle 2, 3, -1 \rangle$$

예제 7-6

벡터 $\mathbf{a} = \langle 2, 3, -1 \rangle$을 $\mathbf{i}$, $\mathbf{j}$, $\mathbf{k}$로 나타내라.

풀이

식 (7.8)에 의해 다음과 같이 나타낼 수 있다.

$$\mathbf{a} = \langle 2, 3, -1 \rangle = 2\mathbf{i} + 3\mathbf{j} - \mathbf{k}$$

Section 7.2 내적

이 절은 벡터의 내적에 대한 정의와 성질, 활용 등을 살펴본다.

내적의 정의

벡터의 내적은 다음과 같이 정의한다.

정의 7-3 내적

두 벡터 **a**와 **b**의 **내적**dot product 또는 inner product은 다음과 같이 정의한다.

$$\mathbf{a} \cdot \mathbf{b} = |\mathbf{a}|\,|\mathbf{b}| \cos \theta \tag{7.9}$$

이때 θ는 **a**와 **b**의 사잇각(단, $0 \le \theta \le \pi$)이다.

두 벡터 **a**와 **b**의 내적이 스칼라이므로 $\mathbf{a} \cdot \mathbf{b}$를 **a**와 **b**의 **스칼라 곱**scalar product이라고도 한다. [정의 7-3]으로부터 **a**와 **b**의 내적은 **a**를 **b**에 사영시킨 벡터의 크기 $|\mathbf{a}| \cos \theta$와 $|\mathbf{b}|$의 곱 또는 [그림 7-3]과 같이 **b**를 **a**에 사영시킨 $|\mathbf{b}| \cos \theta$와 $|\mathbf{a}|$의 곱임을 알 수 있다.

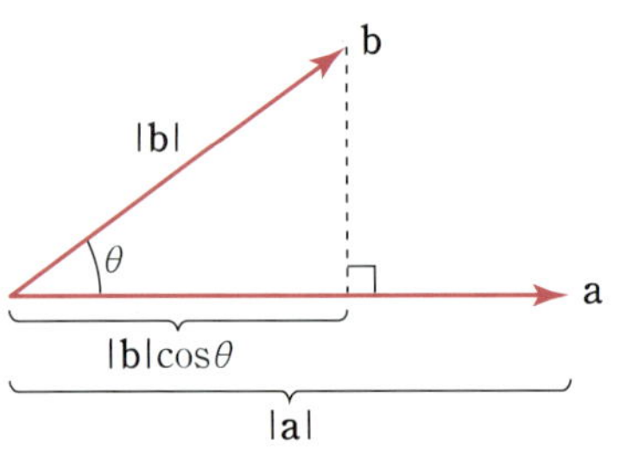

[그림 7-3] a 위로의 b의 사영

내적의 정의로부터 영이 아닌 두 벡터 **a**와 **b**가 수직일 필요충분조건은 $\mathbf{a} \cdot \mathbf{b} = 0$임을 알 수 있다.

이제 두 벡터 $\mathbf{a} = \langle a_1, a_2, a_3 \rangle$와 $\mathbf{b} = \langle b_1, b_2, b_3 \rangle$의 내적에 대해 살펴보자.

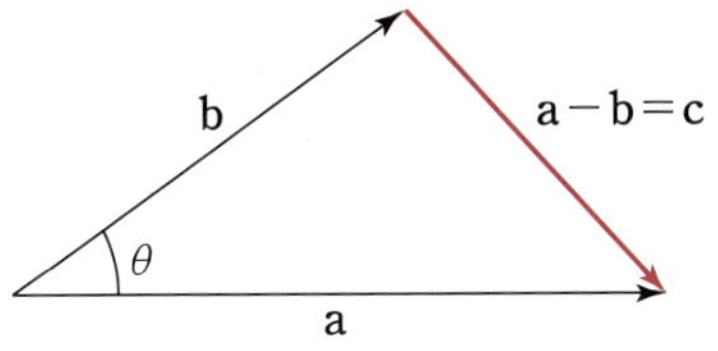

[그림 7-4] 벡터 a, b, c로 이루어진 삼각형

[그림 7-4]는 세 변의 길이가 $|\mathbf{a}|$, $|\mathbf{b}|$, $|\mathbf{c}|$인 삼각형이다. 제2코사인 성리에 의해

$$|\mathbf{c}|^2 = |\mathbf{a}|^2 + |\mathbf{b}|^2 - 2|\mathbf{a}||\mathbf{b}|\cos\theta$$

이므로

$$|\mathbf{a}||\mathbf{b}|\cos\theta = \frac{1}{2}\left(|\mathbf{a}|^2 + |\mathbf{b}|^2 - |\mathbf{c}|^2\right)$$

이다. [정의 7-3]으로부터 $\mathbf{a}\cdot\mathbf{b} = |\mathbf{a}||\mathbf{b}|\cos\theta$이므로

$$\begin{aligned}\mathbf{a}\cdot\mathbf{b} &= \frac{1}{2}\left[\left(a_1^2 + a_2^2 + a_3^2\right) + \left(b_1^2 + b_2^2 + b_3^2\right) - \left\{(a_1 - b_1)^2 + (a_2 - b_2)^2 + (a_3 - b_3)^2\right\}\right] \\ &= a_1b_1 + a_2b_2 + a_3b_3\end{aligned}$$

이다. 이를 다음과 같이 정리할 수 있다.

정리 7-4 벡터의 내적

두 벡터 $\mathbf{a} = \langle a_1, a_2, a_3\rangle$와 $\mathbf{b} = \langle b_1, b_2, b_3\rangle$의 내적은 다음과 같다.

$$\begin{aligned}\mathbf{a}\cdot\mathbf{b} &= (a_1\mathbf{i} + a_2\mathbf{j} + a_3\mathbf{k})\cdot(b_1\mathbf{i} + b_2\mathbf{j} + b_3\mathbf{k}) \\ &= a_1b_1 + a_2b_2 + a_3b_3 \qquad (7.10)\end{aligned}$$

$\mathbf{a} \neq \mathbf{O}$, $\mathbf{b} \neq \mathbf{O}$일 때, $\mathbf{a}\cdot\mathbf{b} = |\mathbf{a}||\mathbf{b}|\cos\theta$이므로 두 벡터의 사잇각을 다음과 같이 구할 수 있다.

$$\cos\theta = \frac{\mathbf{a}\cdot\mathbf{b}}{|\mathbf{a}||\mathbf{b}|} \qquad (7.11)$$

또한, θ의 범위에 따라 내적이 다음과 같음을 알 수 있다.

$$\mathbf{a}\cdot\mathbf{b} = |\mathbf{a}||\mathbf{b}|\cos\theta = \begin{cases} = 0, & \theta = \dfrac{\pi}{2} \\ > 0, & 0 \le \theta < \dfrac{\pi}{2} \\ < 0, & \dfrac{\pi}{2} < \theta \le \pi \end{cases}$$

또한 단위벡터 $\mathbf{i}$, $\mathbf{j}$, $\mathbf{k}$의 내적은 다음과 같다.

$$\mathbf{i}\cdot\mathbf{j}=\mathbf{j}\cdot\mathbf{k}=\mathbf{k}\cdot\mathbf{i}=0$$
$$\mathbf{i}\cdot\mathbf{i}=\mathbf{j}\cdot\mathbf{j}=\mathbf{k}\cdot\mathbf{k}=1$$

내적의 성질

내적의 성질은 다음과 같다.

정리 7-5 내적의 성질

두 벡터 $\mathbf{a}$와 $\mathbf{b}$에 대해 다음이 성립한다.

(1) $\mathbf{a}\cdot\mathbf{b}=\mathbf{b}\cdot\mathbf{a}$

(2) $\mathbf{a}\cdot(\mathbf{b}+\mathbf{c})=\mathbf{a}\cdot\mathbf{b}+\mathbf{a}\cdot\mathbf{c}$

$(\mathbf{a}+\mathbf{b})\cdot\mathbf{c}=\mathbf{a}\cdot\mathbf{c}+\mathbf{b}\cdot\mathbf{c}$

(3) $k(\mathbf{a}\cdot\mathbf{b})=(k\mathbf{a})\cdot\mathbf{b}=\mathbf{a}\cdot(k\mathbf{b})$ (단, k는 스칼라)

(4) $\mathbf{a}\cdot\mathbf{a}=|\mathbf{a}|^2$

(5) $\mathbf{a}\cdot\mathbf{a}=0 \iff \mathbf{a}=\mathbf{O}$

증명

$\mathbf{a}=\langle a_1, a_2, a_3\rangle$라 하자. 여기에서는 (4), (5)만 증명한다.

(4) $\mathbf{a}\cdot\mathbf{a}=\langle a_1, a_2, a_3\rangle\cdot\langle a_1, a_2, a_3\rangle=a_1^2+a_2^2+a_3^2=|\mathbf{a}|^2$

(5) $\mathbf{a}\cdot\mathbf{a}=a_1^2+a_2^2+a_3^2=0 \iff a_1=a_2=a_3=0$, 즉 $\mathbf{a}=\langle 0, 0, 0\rangle=\mathbf{O}$ ■

예제 7-7

두 벡터 $\mathbf{a}=\langle 1, 2, -1\rangle$, $\mathbf{b}=\langle -2, -1, -1\rangle$의 사잇각 θ를 구하라. 단, $0\le\theta<\pi$이다.

풀이

$|\mathbf{a}|=\sqrt{6}$, $|\mathbf{b}|=\sqrt{6}$, $\mathbf{a}\cdot\mathbf{b}=-3$이므로

$$\cos\theta=\frac{-3}{\sqrt{6}\sqrt{6}}=-\frac{1}{2}$$

이다. 따라서 $\theta=\dfrac{2\pi}{3}$이다.

예제 7-8

두 벡터 $\mathbf{a}$와 $\mathbf{b}$에 대해 $|\mathbf{a}|=1$, $|\mathbf{b}|=2$, $\mathbf{a}\cdot\mathbf{b}=\frac{1}{2}$일 때, $|2\mathbf{a}+\mathbf{b}|$를 구하라.

풀이

[정리 7-5(4)]에 의해

$$
\begin{aligned}
|2\mathbf{a}+\mathbf{b}|^2 &= (2\mathbf{a}+\mathbf{b})\cdot(2\mathbf{a}+\mathbf{b}) \\
&= 4\mathbf{a}\cdot\mathbf{a}+2\mathbf{a}\cdot\mathbf{b}+\mathbf{b}\cdot 2\mathbf{a}+\mathbf{b}\cdot\mathbf{b} \\
&= 4|\mathbf{a}|^2+4\mathbf{a}\cdot\mathbf{b}+|\mathbf{b}|^2 \\
&= 4+2+4 \\
&= 10
\end{aligned}
$$

이므로 $|2\mathbf{a}+\mathbf{b}|=\sqrt{10}$ 이다.

내적의 활용

여기에서는 벡터의 방향각, 사영벡터, 벡터가 한 일에 대해 살펴보자.

■ 방향코사인

벡터 $\mathbf{a}=\langle a_1, a_2, a_3\rangle$가 양의 x축, y축, z축과 이루는 각을 각각 α, β, γ라 하자. 이때 이 각을 $\mathbf{a}$의 **방향각**direction angle이라 하고, $\cos\alpha$, $\cos\beta$, $\cos\gamma$를 각각 $\mathbf{a}$의 **방향코사인**direction cosine이라 한다.

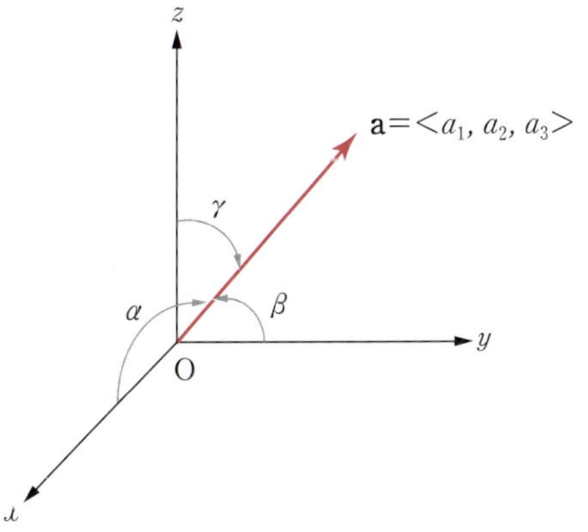

[그림 7-5] $\mathbf{a}$의 방향각

내적의 정의에 의해

$$\mathbf{a}\cdot\mathbf{i}=|\mathbf{a}||\mathbf{i}|\cos\alpha$$

이므로 방향코사인을 다음과 같이 나타낼 수 있다.

$$\begin{aligned}\cos\alpha&=\frac{\mathbf{a}\cdot\mathbf{i}}{|\mathbf{a}||\mathbf{i}|}=\frac{a_1}{|\mathbf{a}|}\\ \cos\beta&=\frac{\mathbf{a}\cdot\mathbf{j}}{|\mathbf{a}||\mathbf{j}|}=\frac{a_2}{|\mathbf{a}|}\\ \cos\gamma&=\frac{\mathbf{a}\cdot\mathbf{k}}{|\mathbf{a}||\mathbf{k}|}=\frac{a_3}{|\mathbf{a}|}\end{aligned}\tag{7.12}$$

이때 벡터 $\mathbf{a}$와 같은 방향의 단위벡터는

$$\mathbf{u}=\frac{\mathbf{a}}{|\mathbf{a}|}=\left\langle\frac{a_1}{|\mathbf{a}|},\ \frac{a_2}{|\mathbf{a}|},\ \frac{a_3}{|\mathbf{a}|}\right\rangle=\langle\cos\alpha,\ \cos\beta,\ \cos\gamma\rangle$$

이고, 다음이 성립한다.

$$|\mathbf{u}|=\cos^2\alpha+\cos^2\beta+\cos^2\gamma=1$$

예제 7-9

벡터 $\mathbf{a}=\langle 1,\ 1,\ -1\rangle$의 방향각과 방향코사인을 구하라.

풀이

먼저 $\mathbf{a}$의 크기를 구하면

$$|\mathbf{a}|=\sqrt{1^2+1^2+(-1)^2}=\sqrt{3}$$

이므로 방향코사인은

$$\cos\alpha=\frac{1}{\sqrt{3}},\ \cos\beta=\frac{1}{\sqrt{3}},\ \cos\gamma=-\frac{1}{\sqrt{3}}$$

이고, 방향각은 다음과 같다.

$$\begin{aligned}\alpha&=\cos^{-1}\frac{1}{\sqrt{3}}\approx 0.9553\,\mathrm{rad}\\ \beta&=\cos^{-1}\frac{1}{\sqrt{3}}\approx 0.9553\,\mathrm{rad}\\ \gamma&=\cos^{-1}\left(-\frac{1}{\sqrt{3}}\right)\approx 2.1863\,\mathrm{rad}\end{aligned}$$

■ **사영벡터**

두 벡터 $\mathbf{a}$와 $\mathbf{b}$에 대해 $\mathbf{b}$를 $\mathbf{a}$에 사영시킨 $\mathbf{a}$ 방향의 벡터를 $\mathbf{a}$에 대한 $\mathbf{b}$의 **사영벡터**라 하고, 이를 $\mathrm{proj}_{\mathbf{a}}\mathbf{b}$로 표기한다.

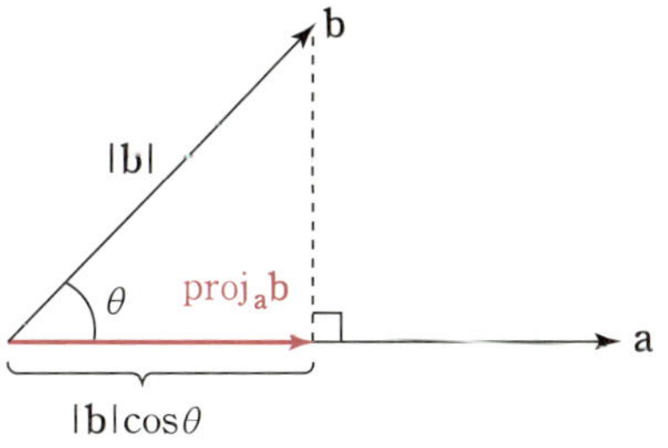

[그림 7-6] a에 대한 b의 사영벡터

그리고 $|\mathbf{b}|\cos\theta = \mathrm{comp}_{\mathbf{a}}\mathbf{b}$로 표기한다. 그러면 사영벡터의 크기는

$$\begin{aligned}|\mathrm{proj}_{\mathbf{a}}\mathbf{b}| &= |\mathrm{comp}_{\mathbf{a}}\mathbf{b}| = ||\mathbf{b}|\cos\theta| \\ &= \left|\frac{|\mathbf{a}\cdot\mathbf{b}|}{|\mathbf{a}|}\right| \\ &= \left|\frac{\mathbf{a}}{|\mathbf{a}|}\cdot\mathbf{b}\right| \end{aligned} \tag{7.13}$$

이다. 따라서 사영벡터는 다음과 같이 구할 수 있다.

$$\begin{aligned}\mathrm{proj}_{\mathbf{a}}\mathbf{b} &= (\mathrm{comp}_{\mathbf{a}}\mathbf{b})\frac{\mathbf{a}}{|\mathbf{a}|} \\ &= \frac{\mathbf{a}\cdot\mathbf{b}}{|\mathbf{a}|}\frac{\mathbf{a}}{|\mathbf{a}|} \\ &= \frac{\mathbf{a}\cdot\mathbf{b}}{|\mathbf{a}|^2}\mathbf{a} \\ &= \frac{\mathbf{a}\cdot\mathbf{b}}{\mathbf{a}\cdot\mathbf{a}}\mathbf{a}\end{aligned} \tag{7.14}$$

예제 7-10

벡터 $\mathbf{a} = \langle -1, 2, 1\rangle$에 대한 벡터 $\mathbf{b} = \langle 1, 3, 2\rangle$의 사영벡터 $\mathrm{proj}_{\mathbf{a}}\mathbf{b}$와 그 크기를 구하라.

풀이

먼저 두 벡터에 대한 내적을 구하면

$$\mathbf{a}\cdot\mathbf{a} = 1 + 4 + 1 = 6$$

$$\mathbf{a}\cdot\mathbf{b} = -1 + 6 + 2 = 7$$

이므로 식 (7.13)과 식 (7.14)에 의해 사영벡터와 그 크기는 각각 다음과 같다.

$$\mathrm{proj}_{\mathbf{a}}\mathbf{b} = \frac{7}{6}\langle -1,\ 2,\ 1\rangle$$

$$|\mathrm{proj}_{\mathbf{a}}\mathbf{b}| = \left|\frac{\mathbf{a}}{|\mathbf{a}|}\cdot\mathbf{b}\right| = \frac{7}{\sqrt{6}}$$

■ 일

일정한 힘 **F**가 물체를 **d**만큼 움직였을 때, 힘 **F**가 물체에 한 일의 양 W는 다음과 같이 나타낸다.

$$W = \mathbf{F}\cdot\mathbf{d} = |\mathbf{F}||\mathbf{d}|\cos\theta \qquad (7.15)$$

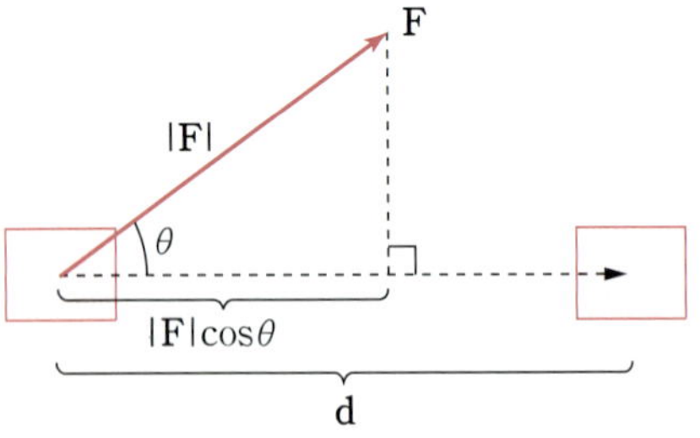

[그림 7-7] 힘 **F**가 한 일

예제 7-11

일정한 힘 $\mathbf{F} = 2\mathbf{i} + 3\mathbf{j} + \mathbf{k}$가 물체를 $P_1(3,\ 1,\ 1)$에서 $P_2(1,\ 4,\ 2)$로 움직였을 때, 힘 **F**가 한 일을 구하라.

풀이

물체가 이동한 변위는

$$\mathbf{d} = \overrightarrow{P_1P_2} = \langle -2,\ 3,\ 1\rangle$$

이므로 힘 **F**가 한 일의 양 W는 다음과 같다.

$$W = \mathbf{F}\cdot\mathbf{d} = \langle 2,\ 3,\ 1\rangle\cdot\langle -2,\ 3,\ 1\rangle = 6$$

Section

7.3 벡터곱

이 절은 벡터곱에 대한 정의와 성질, 활용 등을 살펴본다.

벡터곱의 정의

벡터의 벡터곱은 다음과 같이 정의한다.

정의 7-6 벡터곱

두 벡터 a와 b의 **벡터곱** cross product 또는 vector product 은 다음과 같이 정의되는 벡터이다.

$$\mathbf{a} \times \mathbf{b} = \underbrace{(|\mathbf{a}||\mathbf{b}|\sin\theta)}_{\text{크기}}\underbrace{\mathbf{n}}_{\text{방향}} \tag{7.16}$$

이때 θ는 a와 b의 사잇각이며, n은 a와 b가 이루는 평면에 수직인 단위벡터이다.

벡터곱 $\mathbf{a} \times \mathbf{b}$ 의 방향을 나타내는 단위벡터 n은 [그림 7-8]과 같이 오른손 법칙에 의해 결정한다.

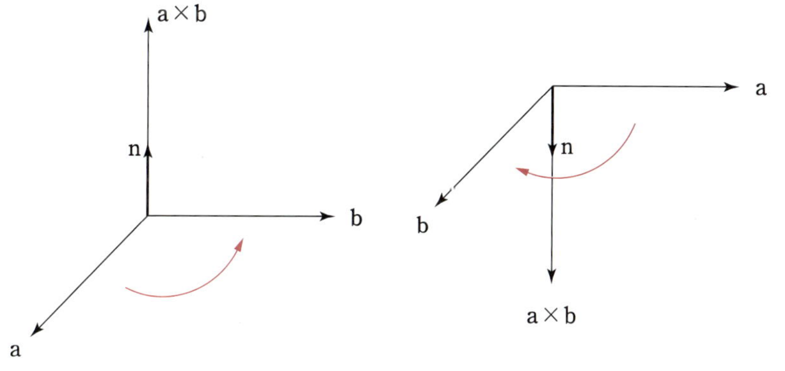

[그림 7-8] $\mathbf{a} \times \mathbf{b}$의 방향

$|\mathbf{a} \times \mathbf{b}| = |\mathbf{a}||\mathbf{b}|\sin\theta$는 [그림 7-9]와 같이 a와 b를 두 변으로 하는 평행사변형의 넓이이다.

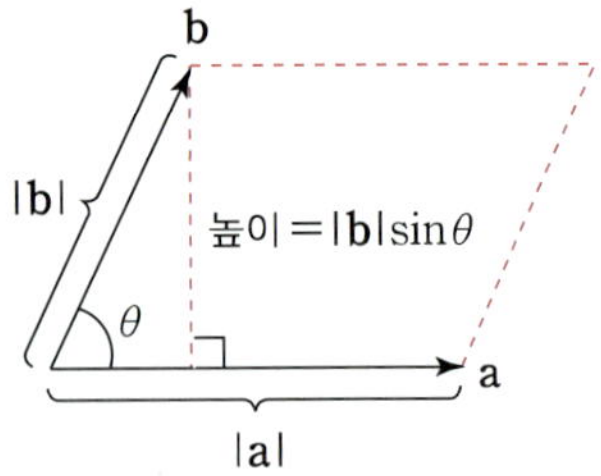

[그림 7-9] $|\mathbf{a}\times\mathbf{b}| = |\mathbf{a}||\mathbf{b}|\sin\theta$

정리 7-7 벡터곱의 크기와 방향

두 벡터 $\mathbf{a}$와 $\mathbf{b}$에 대해 벡터곱은 다음을 만족한다.

$$\mathbf{a}\times\mathbf{b}=\mathbf{v}=\begin{cases}|\mathbf{v}|=|\mathbf{a}||\mathbf{b}|\sin\theta : \mathbf{a}\text{와 }\mathbf{b}\text{가 두 변인 평행사변형의 넓이와 같다.}\\ \mathbf{v}\text{의 방향} : \mathbf{v}\perp\mathbf{a}\text{이고 }\mathbf{v}\perp\mathbf{b}\text{, 오른손 법칙에 의해 결정된다.}\end{cases}$$

벡터곱의 방향을 고려하면

$$\mathbf{a}\times\mathbf{b} = -(\mathbf{b}\times\mathbf{a})$$

이므로 벡터곱은 교환법칙이 성립하지 않는다. 또한, 단위벡터 $\mathbf{i}$, $\mathbf{j}$, $\mathbf{k}$에 대한 벡터곱은 다음과 같다.

$$\mathbf{i}\times\mathbf{j}=\mathbf{k},\quad \mathbf{j}\times\mathbf{k}=\mathbf{i},\quad \mathbf{k}\times\mathbf{i}=\mathbf{j}$$
$$\mathbf{j}\times\mathbf{i}=-\mathbf{k},\quad \mathbf{k}\times\mathbf{j}=-\mathbf{i},\quad \mathbf{i}\times\mathbf{k}=-\mathbf{j}$$

벡터곱의 성질

벡터곱의 성질은 다음과 같다.

정리 7-8 벡터곱의 성질

두 벡터 $\mathbf{a}$와 $\mathbf{b}$에 대해 다음이 성립한다.

(1) $\mathbf{a}\times\mathbf{b} = -\mathbf{b}\times\mathbf{a}$

(2) $k(\mathbf{a}\times\mathbf{b}) = (k\mathbf{a})\times\mathbf{b} = \mathbf{a}\times(k\mathbf{b})$ (단, k는 스칼라)

(3) $\mathbf{a}\times(\mathbf{b}+\mathbf{c}) = \mathbf{a}\times\mathbf{b}+\mathbf{a}\times\mathbf{c}$
$(\mathbf{a}+\mathbf{b})\times\mathbf{c} = \mathbf{a}\times\mathbf{c}+\mathbf{b}\times\mathbf{c}$

이때 주의할 점은 $\mathbf{a}\times(\mathbf{b}\times\mathbf{c}) \neq (\mathbf{a}\times\mathbf{b})\times\mathbf{c}$라는 것이다. 즉 벡터곱은 결합법칙이 성립하지 않는다.

두 벡터 $\mathbf{a} = \langle a_1, a_2, a_3 \rangle$와 $\mathbf{b} = \langle b_1, b_2, b_3 \rangle$에 대해

$$\begin{aligned}
\mathbf{a}\times\mathbf{b} &= (a_1\mathbf{i} + a_2\mathbf{j} + a_3\mathbf{k})\times(b_1\mathbf{i} + b_2\mathbf{j} + b_3\mathbf{k}) \\
&= a_1\mathbf{i}\times(b_1\mathbf{i} + b_2\mathbf{j} + b_3\mathbf{k}) + a_2\mathbf{j}\times(b_1\mathbf{i} + b_2\mathbf{j} + b_3\mathbf{k}) + a_3\mathbf{k}\times(b_1\mathbf{i} + b_2\mathbf{j} + b_3\mathbf{k}) \\
&= a_1b_1\mathbf{i}\times\mathbf{i} + a_1b_2\mathbf{i}\times\mathbf{j} + a_1b_3\mathbf{i}\times\mathbf{k} + a_2b_1\mathbf{j}\times\mathbf{i} + a_2b_2\mathbf{j}\times\mathbf{j} + a_2b_3\mathbf{j}\times\mathbf{k} \\
&\qquad + a_3b_1\mathbf{k}\times\mathbf{i} + a_3b_2\mathbf{k}\times\mathbf{j} + a_3b_3\mathbf{k}\times\mathbf{k} \\
&= a_1b_2\mathbf{k} - a_1b_3\mathbf{j} - a_2b_1\mathbf{k} + a_2b_3\mathbf{i} + a_3b_1\mathbf{j} - a_3b_2\mathbf{i} \\
&= (a_2b_3 - a_3b_2)\mathbf{i} - (a_1b_3 - a_3b_1)\mathbf{j} + (a_1b_2 - a_2b_1)\mathbf{k} \\
&= \begin{vmatrix} a_2 & a_3 \\ b_2 & b_3 \end{vmatrix}\mathbf{i} - \begin{vmatrix} a_1 & a_3 \\ b_1 & b_3 \end{vmatrix}\mathbf{j} + \begin{vmatrix} a_1 & a_2 \\ b_1 & b_2 \end{vmatrix}\mathbf{k} \qquad \leftarrow \text{8.4절의 행렬식 참고} \\
&= \begin{vmatrix} \mathbf{i} & \mathbf{j} & \mathbf{k} \\ a_1 & a_2 & a_3 \\ b_1 & b_2 & b_3 \end{vmatrix}
\end{aligned}$$

가 되어 $\mathbf{a}\times\mathbf{b}$를 행렬식 형태로 나타낼 수 있다. 즉 다음과 같이 정리할 수 있다.

정리 7-9 벡터곱의 계산

두 벡터 $\mathbf{a} = \langle a_1, a_2, a_3 \rangle$와 $\mathbf{b} = \langle b_1, b_2, b_3 \rangle$의 벡터곱은 다음과 같다.

$$\mathbf{a}\times\mathbf{b} = \begin{vmatrix} \mathbf{i} & \mathbf{j} & \mathbf{k} \\ a_1 & a_2 & a_3 \\ b_1 & b_2 & b_3 \end{vmatrix} \tag{7.17}$$

예제 7-12

벡터 $\mathbf{a} = \langle 1, 2, 3 \rangle$, $\mathbf{b} = \langle 2, -1, 3 \rangle$일 때, $\mathbf{a}\times\mathbf{b}$를 구하라.

풀이

[정리 7-9]에 의해 나음과 같이 구할 수 있다.

$$\mathbf{a}\times\mathbf{b} = \begin{vmatrix} \mathbf{i} & \mathbf{j} & \mathbf{k} \\ 1 & 2 & 3 \\ 2 & -1 & 3 \end{vmatrix} = (6+3)\mathbf{i} - (3-6)\mathbf{j} + (-1-4)\mathbf{k} = 9\mathbf{i} + 3\mathbf{j} - 5\mathbf{k}$$

$\mathbf{a} /\!/ \mathbf{b}$이면 $\theta = 0$ 또는 $\theta = \pi$이므로 [정리 7-7]로부터

$$\mathbf{a}\times\mathbf{b} = \mathbf{O}$$

이다. 또한 영이 아닌 두 벡터가 $\mathbf{a}\times\mathbf{b} = \mathbf{O}$이면 $\mathbf{a} = k\mathbf{b}$이거나 $\mathbf{b} = k\mathbf{a}$이므로 다음이 성립한다.

정리 7-10 두 벡터의 평행

두 벡터 $\mathbf{a} \neq \mathbf{O}$와 $\mathbf{b} \neq \mathbf{O}$에 대해 다음을 만족한다.

$$\mathbf{a} // \mathbf{b} \quad \Leftrightarrow \quad \mathbf{a} \times \mathbf{b} = \mathbf{O}$$

예제 7-13

벡터곱을 이용하여 두 벡터 $\mathbf{a} = \langle 1, 2, 3 \rangle$와 $\mathbf{b} = \left\langle \frac{1}{2}, 1, \frac{3}{2} \right\rangle$이 평행함을 보여라.

풀이

[정리 7-10]에 의해

$$\mathbf{a} \times \mathbf{b} = \begin{vmatrix} \mathbf{i} & \mathbf{j} & \mathbf{k} \\ 1 & 2 & 3 \\ \frac{1}{2} & 1 & \frac{3}{2} \end{vmatrix} = \mathbf{O}$$

이므로 $\mathbf{a} // \mathbf{b}$이다.

벡터곱의 활용

여기에서는 삼각형의 넓이, 평행육면체의 부피에 대해 살펴본다.

■ 삼각형의 넓이

[그림 7-10]과 같이 평행하지 않은 두 벡터 $\mathbf{a}$와 $\mathbf{b}$를 두 변으로 하는 평행사변형의 넓이는 다음과 같다.

$$A = |\mathbf{a}||\mathbf{b}|\sin\theta = |\mathbf{a} \times \mathbf{b}| \qquad (7.18)$$

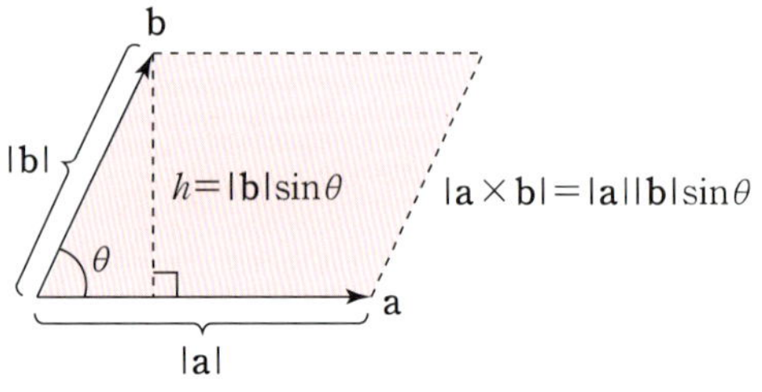

[그림 7-10] 평행사변형의 넓이

이때 두 벡터 $\mathbf{a}$와 $\mathbf{b}$를 두 변으로 하는 삼각형의 넓이는 다음과 같다.

$$A = \frac{1}{2}|\mathbf{a}||\mathbf{b}|\sin\theta = \frac{1}{2}|\mathbf{a} \times \mathbf{b}| \qquad (7.19)$$

예제 7-14

세 점 P(1, 0, 1), Q(0, 1, 2), R(3, 2, 1)이 꼭짓점인 삼각형의 넓이를 구하라.

풀이

점 P를 시점으로 점 Q와 점 R이 종점인 벡터를 각각 구하면

$$\overrightarrow{PQ} = \langle -1, 1, 1 \rangle, \quad \overrightarrow{PR} = \langle 2, 2, 0 \rangle$$

이므로

$$\overrightarrow{PQ} \times \overrightarrow{PR} = \begin{vmatrix} \mathbf{i} & \mathbf{j} & \mathbf{k} \\ -1 & 1 & 1 \\ 2 & 2 & 0 \end{vmatrix} = -2\mathbf{i} + 2\mathbf{j} - 4\mathbf{k}$$

$$|\overrightarrow{PQ} \times \overrightarrow{PR}| = \sqrt{4+4+16} = \sqrt{24} = 2\sqrt{6}$$

이다. 따라서 삼각형의 넓이는 $\sqrt{6}$ 이다.

■ 스칼라 삼중적

세 벡터 **a**, **b**, **c**의 **스칼라 삼중적**scalar triple product은

$$\mathbf{a} \cdot (\mathbf{b} \times \mathbf{c})$$

이다. 이를 성분으로 계산하면 다음과 같다.

$$\begin{aligned}
\mathbf{a} \cdot (\mathbf{b} \times \mathbf{c}) &= (a_1\mathbf{i} + a_2\mathbf{j} + a_3\mathbf{k}) \cdot \begin{vmatrix} \mathbf{i} & \mathbf{j} & \mathbf{k} \\ b_1 & b_2 & b_3 \\ c_1 & c_2 & c_3 \end{vmatrix} \\
&= (a_1\mathbf{i} + a_2\mathbf{j} + a_3\mathbf{k}) \cdot \left(\begin{vmatrix} b_2 & b_3 \\ c_2 & c_3 \end{vmatrix} \mathbf{i} - \begin{vmatrix} b_1 & b_3 \\ c_1 & c_3 \end{vmatrix} \mathbf{j} + \begin{vmatrix} b_1 & b_2 \\ c_1 & c_2 \end{vmatrix} \mathbf{k} \right) \\
&= a_1 \begin{vmatrix} b_2 & b_3 \\ c_2 & c_3 \end{vmatrix} - a_2 \begin{vmatrix} b_1 & b_3 \\ c_1 & c_3 \end{vmatrix} + a_3 \begin{vmatrix} b_1 & b_2 \\ c_1 & c_2 \end{vmatrix} \\
&= \begin{vmatrix} a_1 & a_2 & a_3 \\ b_1 & b_2 & b_3 \\ c_1 & c_2 & c_3 \end{vmatrix}
\end{aligned}$$

$\mathbf{a} \cdot (\mathbf{b} \times \mathbf{c}) = (\mathbf{a}\ \mathbf{b}\ \mathbf{c})$라 하면 행렬식의 성질에 의해

$$(\mathbf{a}\ \mathbf{b}\ \mathbf{c}) = -(\mathbf{a}\ \mathbf{c}\ \mathbf{b}) = (\mathbf{c}\ \mathbf{a}\ \mathbf{b})$$

이므로 다음이 성립한다.

$$\mathbf{a} \cdot (\mathbf{b} \times \mathbf{c}) = \mathbf{c} \cdot (\mathbf{a} \times \mathbf{b}) = (\mathbf{a} \times \mathbf{b}) \cdot \mathbf{c}$$

■ 평행육면체의 부피

스칼라 삼중적을 이용하면 다음과 같이 평행육면체의 부피를 구할 수 있다.

정리 7-11　평행육면체의 부피

동일한 평면상에 있지 않은 세 벡터 $\mathbf{a}, \mathbf{b}, \mathbf{c}$를 모서리로 갖는 평행육면체의 부피는

$$V = |(\mathbf{a}\,\mathbf{b}\,\mathbf{c})| = |\mathbf{a}\cdot(\mathbf{b}\times\mathbf{c})| = |\mathbf{a}||\mathbf{b}\times\mathbf{c}||\cos\theta| \tag{7.20}$$

이다. 이때 θ는 두 벡터 $\mathbf{a}$와 $\mathbf{b}\times\mathbf{c}$ 사이의 각이다.

이때 $|\mathbf{b}\times\mathbf{c}|$는 두 벡터 $\mathbf{b}$와 $\mathbf{c}$를 두 변으로 하는 평행사변형의 넓이로써 평행육면체의 밑넓이이고, 높이는 $h = |\mathbf{a}||\cos\theta|$이다.

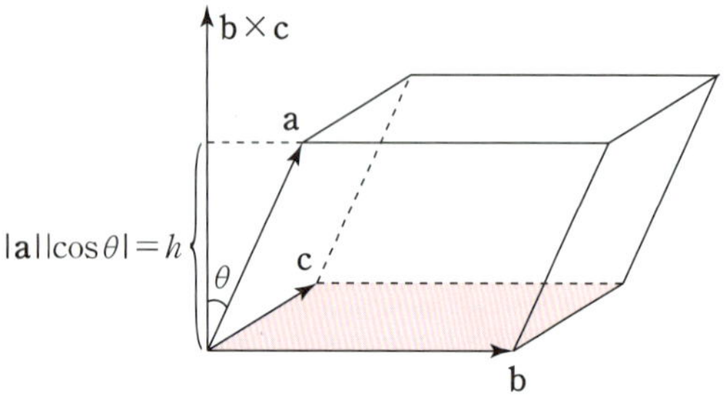

[그림 7-11] 평행육면체의 부피

[정리 7-11]로부터 다음 정리를 유도할 수 있다.

정리 7-12　동일한 평면상의 세 벡터

세 벡터 $\mathbf{a}, \mathbf{b}, \mathbf{c}$가 동일한 평면상에 있을 필요충분조건은 $\mathbf{a}\cdot(\mathbf{b}\times\mathbf{c}) = 0$이다.

Section
7.4 3차원 공간에서의 직선과 평면

지금까지는 벡터의 내적과 벡터곱에 대해 살펴보았다. 이 절에서는 3차원 공간에서 직선의 벡터방정식과 평면의 벡터방정식에 대해 살펴본다.

직선의 벡터방정식

두 점 $P_1(x_1, y_1, z_1)$, $P_2(x_2, y_2, z_2)$를 지나는 직선 l의 벡터방정식을 구해보자.

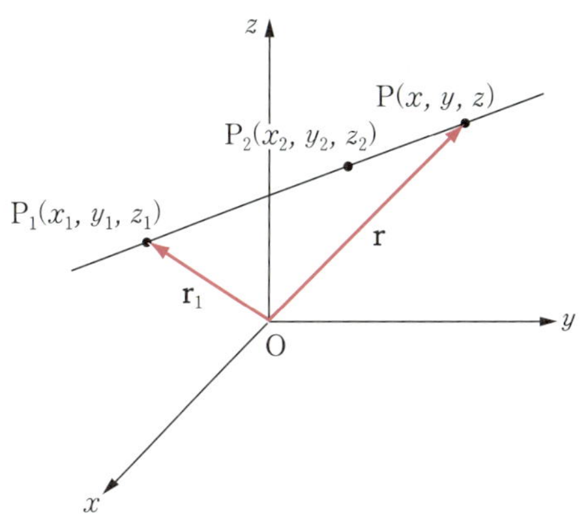

[그림 7-12] 두 점을 지나는 직선

직선 l 위에 있는 임의의 점을 $P(x, y, z)$라 하자. 그러면 직선 l을 나타내는 벡터는

$$\overrightarrow{OP} = \overrightarrow{OP_1} + t\,\overrightarrow{P_1P_2} \qquad (\text{단, } t\text{는 임의의 실수})$$

이고, $\overrightarrow{OP} = \mathbf{r}$, $\overrightarrow{OP_1} = \mathbf{r}_1$, $\overrightarrow{P_1P_2} = \mathbf{a}$로 놓으면 직선 l의 **벡터방정식**vector equation은

$$\mathbf{r} = \mathbf{r}_1 + t\mathbf{a} \qquad (\text{단, } t\text{는 임의의 실수}) \tag{7.21}$$

이다. 직선 l은 점 P_1과 P_2를 지나며 벡터 $\mathbf{a}$에 평행하므로 $\mathbf{a}$를 직선 l의 **방향벡터**라 한다. 직선 l을 성분으로 나타내면

$$\begin{aligned}\langle x, y, z\rangle &= \langle x_1, y_1, z_1\rangle + t\langle x_2 - x_1, y_2 - y_1, z_2 - z_1\rangle \\ &= \langle x_1 + t(x_2 - x_1),\ y_1 + t(y_2 - y_1),\ z_1 + t(z_2 - z_1)\rangle \end{aligned} \tag{7.22}$$

이므로

$$x = x_1 + t(x_2 - x_1)$$
$$y = y_1 + t(y_2 - y_1) \qquad (7.23)$$
$$z = z_1 + t(z_2 - z_1)$$

이고, 이 식을 직선 l의 **매개변수방정식**parametric equation이라 한다. 이 식을 t에 관해 정리하면

$$\frac{x - x_1}{x_2 - x_1} = \frac{y - y_1}{y_2 - y_1} = \frac{z - z_1}{z_2 - z_1} \qquad (7.24)$$

이고, 이 식을 직선 l의 **대칭방정식**symmetric equation이라 한다.

예제 7-15

점 $P_1(1, 2, 3)$을 지나고 벡터 $\mathbf{a} = \langle 4, 5, 6 \rangle$에 평행한 직선을 구하라.

풀이

구하고자 하는 직선 l의 벡터방정식은

$$\langle x, y, z \rangle = \langle 1, 2, 3 \rangle + t\langle 4, 5, 6 \rangle$$

이다. 따라서 매개변수방정식은

$$x = 1 + 4t$$
$$y = 2 + 5t$$
$$z = 3 + 6t$$

이고, 대칭방정식은 다음과 같다.

$$t = \frac{x - 1}{4} = \frac{y - 2}{5} = \frac{z - 3}{6}$$

다음에 소개하는 예제에 따르면 3차원 공간에서 직선은 벡터방정식, 매개변수방정식, 대칭방정식 등 여러 가지로 나타낼 수 있다.

예제 7-16

두 점 $P_1(3, 2, 1)$과 $P_2(4, 5, 6)$을 지나는 직선 l의 벡터방정식, 매개변수방정식, 대칭방정식을 각각 구하라.

풀이

방향벡터를 구하면

$$\mathbf{a} = \overrightarrow{P_1P_2} = \langle 1, 3, 5 \rangle$$

이다. 직선 l은 $P_1(3, 2, 1)$을 지나고 벡터 $\mathbf{a}$에 평행하므로 벡터방정식은

$$\langle x, y, z \rangle = \langle 3, 2, 1 \rangle + t\langle 1, 3, 5 \rangle \quad (\text{단, } t\text{는 임의의 실수})$$

이다. 또는 직선 l이 $P_2(4, 5, 6)$을 지나고 $\mathbf{a}$에 평행하므로 다음과 같이 나타낼 수도 있다.

$$\langle x, y, z \rangle = \langle 4, 5, 6 \rangle + t\langle 1, 3, 5 \rangle$$

따라서 매개변수방정식은

$$\begin{aligned} x &= 3 + t \\ y &= 2 + 3t \\ z &= 1 + 5t \end{aligned} \quad \text{또는} \quad \begin{aligned} x &= 4 + t \\ y &= 5 + 3t \\ z &= 6 + 5t \end{aligned}$$

이고, 대칭방정식은 다음과 같다.

$$x - 3 = \frac{y-2}{3} = \frac{z-1}{5} \quad \text{또는} \quad x - 4 = \frac{y-5}{3} = \frac{z-6}{5}$$

평면의 벡터방정식

평면의 벡터방정식은 다음과 같이 구할 수 있다.

■ 한 점을 지나고 한 벡터에 수직인 평면

한 점을 지나는 평면은 무수히 많다. 그중 한 점을 지나고, 하나의 벡터에 수직인 평면은 유일하다. 한 점 $P_1(x_1, y_1, z_1)$을 지나고 벡터 $\mathbf{n} = \langle a, b, c \rangle$에 수직인 평면을 구해보자. 이때 이 평면 위의 임의의 점을 $P(x, y, z)$라 하자.

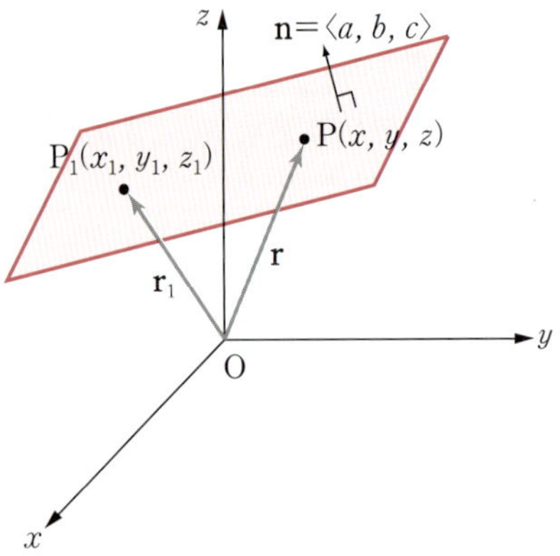

[그림 7-13] 한 점 P_1을 지나고 벡터 n에 수직인 평면

$\overrightarrow{OP} = \mathbf{r} = \langle x, y, z \rangle$, $\overrightarrow{OP_1} = \mathbf{r}_1 = \langle x_1, y_1, z_1 \rangle$이라 하면 $\overrightarrow{P_1P} = \mathbf{r} - \mathbf{r}_1$이고, $\overrightarrow{P_1P}$는 $\mathbf{n}$에 수직이므로

$$(\mathbf{r} - \mathbf{r}_1) \cdot \mathbf{n} = 0 \tag{7.25}$$

이다. 이를 성분으로 나타내면

$$\langle x - x_1,\ y - y_1,\ z - z_1 \rangle \cdot \langle a, b, c \rangle = 0$$
$$a(x - x_1) + b(y - y_1) + c(z - z_1) = 0$$
$$ax + by + cz = ax_1 + by_1 + cz_1 \tag{7.26}$$

이고, 식 (7.26)이 식이 점 $P_1(x_1, y_1, z_1)$을 지나고 벡터 $\mathbf{n} = \langle a, b, c \rangle$에 수직인 평면의 방정식이다. 이때 벡터 $\mathbf{n}$을 평면의 **법선벡터**라 한다.

예제 7-17

점 $P_1(1, 2, 3)$을 지나고 벡터 $\mathbf{n} = \langle 4, 5, 6 \rangle$에 수직인 평면의 방정식을 구하라.

풀이

평면 위 임의의 점을 $P(x, y, z)$라 하면

$$\overrightarrow{P_1P} = \langle x - 1,\ y - 2,\ z - 3 \rangle$$

이고, $\overrightarrow{P_1P}$는 벡터 $\mathbf{n} = \langle 4, 5, 6 \rangle$에 수직이므로 다음을 얻는다.

$$\langle x - 1,\ y - 2,\ z - 3 \rangle \cdot \langle 4,\ 5,\ 6 \rangle = 0$$
$$4(x - 1) + 5(y - 2) + 6(z - 3) = 0$$
$$4x + 5y + 6z = 4 + 10 + 18 = 32$$

■ 세 점을 지나는 평면

서로 다른 세 점을 지나는 평면의 방정식은 이 평면에 수직인 벡터 $\mathbf{n}$을 찾으면 결정할 수 있다.

세 점을 $P_1(x_1, y_1, z_1)$, $P_2(x_2, y_2, z_2)$, $P_3(x_3, y_3, z_3)$라 하면 법선벡터 $\mathbf{n}$은 $\overrightarrow{P_1P_2} = \langle x_2 - x_1, y_2 - y_1, z_2 - z_1 \rangle$과 $\overrightarrow{P_2P_3} = \langle x_3 - x_2, y_3 - y_2, z_3 - z_2 \rangle$에 동시에 수직이므로

$$\mathbf{n} = \overrightarrow{P_1P_2} \times \overrightarrow{P_2P_3} \tag{7.27}$$

이다.

예제 7-18

세 점 $P_1(1, 2, 3)$, $P_2(4, 5, 6)$, $P_3(3, 2, 1)$을 지나는 평면의 방정식을 구하라.

풀이

세 점 P_1, P_2, P_3에 대해

$$\overrightarrow{P_1P_2} = \langle 3, 3, 3 \rangle, \quad \overrightarrow{P_2P_3} = \langle -1, -3, -5 \rangle$$

이므로 법선벡터는

$$\begin{aligned}
\mathbf{n} &= \overrightarrow{P_1P_2} \times \overrightarrow{P_2P_3} \\
&= \begin{vmatrix} \mathbf{i} & \mathbf{j} & \mathbf{k} \\ 3 & 3 & 3 \\ -1 & -3 & -5 \end{vmatrix} \\
&= \begin{vmatrix} 3 & 3 \\ -3 & -5 \end{vmatrix}\mathbf{i} - \begin{vmatrix} 3 & 3 \\ -1 & -5 \end{vmatrix}\mathbf{j} + \begin{vmatrix} 3 & 3 \\ -1 & -3 \end{vmatrix}\mathbf{k} \\
&= (-15+9)\mathbf{i} - (-15+3)\mathbf{j} + (-9+3)\mathbf{k} \\
&= -6\mathbf{i} + 12\mathbf{j} - 6\mathbf{k}
\end{aligned}$$

이다. 따라서 $P_1(1, 2, 3)$을 지나고 $\mathbf{n} = \langle -6, 12, 6 \rangle$에 수직인 평면의 방정식은 다음과 같다.

$$\begin{aligned}
\langle x-1, y-2, z-3 \rangle \cdot \langle -6, 12, -6 \rangle &= 0 \\
-6(x-1) + 12(y-2) - 6(z-3) &= 0 \\
-6x + 12y - 6z &= -6 + 24 - 18 \\
x - 2y + z &= 0
\end{aligned}$$

예제 7-19 응용

다음 두 평면의 교선의 방정식을 구하라.

$$2x+y+z=1$$
$$4x+4y-2z=5$$

풀이

미지수는 세 개이고 주어진 조건은 두 개이므로 세 개의 미지수 중 하나는 임의의 실수로 취하자. $z=t$ (단, t는 임의의 실수)라 놓으면,

$$2x+y=1-t$$
$$4x+4y=5+2t$$

이다. 이 연립방정식을 풀면 $x=-\frac{1}{4}-\frac{3}{2}t$, $y=\frac{3}{2}+2t$이다. 그러므로 교선의 매개변수방정식은

$$x=-\frac{1}{4}-\frac{3}{2}t$$
$$y=\frac{3}{2}+2t$$
$$z=t$$

이고, 대칭방정식은 다음과 같다.

$$\frac{x+\frac{1}{4}}{-\frac{3}{2}}=\frac{y-\frac{3}{2}}{2}=\frac{z}{1}$$

따라서 교선은 점 $\left(-\frac{1}{4}, \frac{3}{2}, 0\right)$을 지나고 벡터 $\mathbf{a}=\left\langle -\frac{3}{2}, 2, 1\right\rangle$에 평행한 직선이다.

예제 7-20 응용

평면 $2x+3y+2z=-5$와 직선 $x=2+t$, $y=1-2t$, $z=-1+3t$의 교점을 구하라.

풀이

평면과 직선의 교점을 $P(x_0, y_0, z_0)$라 하면

$$2x_0+3y_0+2z_0=-5$$
$$x_0=2+t,\ y_0=1-2t,\ z_0=-1+3t$$

이다. 이를 정리하면

$$2(2+t)+3(1-2t)+2(-1+3t)=-5$$
$$t=-5$$

이다. 따라서

$$x_0=2-5=-3,\ y_0=1+10=11,\ z_0=-1-15=-16$$

이므로 평면과 직선의 교점은 $(-3,\ 11,\ -16)$이다.

Section

7.5 벡터공간

자연계의 물리적인 현상은 대부분 3차원 공간에서 발생한다. 그러나 3차원 공간에서 움직이는 입자의 운동을 살펴보려면 입자의 위치 (x, y, z)에 시간축을 고려하여 네 개의 좌표 (x, y, z, t)가 필요하게 된다. 또한 더 다양한 인자들을 고려하면 n개의 좌표 $(x_1, x_2, \cdots, x_n)$이 필요하다. 따라서 이 절에서는 n차원 공간에 대해 살펴본다.

벡터공간과 부분공간

먼저 집합 $\mathbb{R}^n$의 정의를 살펴보자.

정의 7-13 $\mathbb{R}^n$

$\mathbb{R}^n$은 벡터 $\langle x_1, x_2, \cdots, x_n \rangle$을 원소로 하는 집합이다. 단, $x_1, x_2, \cdots, x_n$은 실수이고, n은 자연수이다.

집합 $\mathbb{R}^1$의 원소는 실수이며 실직선을 이룬다. 집합 $\mathbb{R}^2$의 원소는 순서쌍 $\langle x, y \rangle$이며 평면을 이룬다. 집합 $\mathbb{R}^3$의 원소는 $\langle x, y, z \rangle$이며 3차원 공간을 이룬다. $n \geq 4$일 때, 집합 $\mathbb{R}^n$의 벡터를 좌표축 위에 그릴 수는 없다. 그러나 $\mathbb{R}^n$의 원소들 사이에 연산을 정의하고 규칙을 만들어 이를 다룰 수 있다.

정의 7-14 $\mathbb{R}^n$의 덧셈과 스칼라 배

집합 $\mathbb{R}^n$의 두 벡터 $\langle x_1, x_2, \cdots, x_n \rangle$과 $\langle y_1, y_2, \cdots, y_n \rangle$에 대해 다음과 같이 정의한다.

(1) $\langle x_1, x_2, \cdots, x_n \rangle + \langle y_1, y_2, \cdots, y_n \rangle = \langle x_1 + y_1, x_2 + y_2, \cdots, x_n + y_n \rangle$

(2) $k\langle x_1, x_2, \cdots, x_n \rangle = \langle kx_1, kx_2, \cdots, kx_n \rangle$ (단, k는 스칼라)

집합 $\mathbb{R}^n$의 영벡터는 $\mathbf{O} = \langle 0,\ 0, \cdots,\ 0 \rangle$이며, 벡터 $\mathbf{v} = \langle x_1, x_2, \cdots, x_n \rangle$에 (-1)을 곱하면 다음과 같다.

$$(-1)\mathbf{v} = (-1)\langle x_1,\ x_2, \cdots,\ x_n \rangle = \langle -x_1,\ -x_2, \cdots,\ -x_n \rangle = -\mathbf{v}$$

$\mathbb{R}^n$에서 덧셈과 스칼라 배의 성질을 살펴보자.

정리 7-15 $\mathbb{R}^n$에서 덧셈과 스칼라 배에 대한 성질

집합 $\mathbb{R}^n$의 세 벡터 $\mathbf{u}, \mathbf{v}, \mathbf{w}$와 실수 α, β에 대해 다음이 성립한다.

(1) $\mathbf{u} + \mathbf{v} = \mathbf{v} + \mathbf{u}$
(2) $\mathbf{u} + (\mathbf{v} + \mathbf{w}) = (\mathbf{u} + \mathbf{v}) + \mathbf{w}$
(3) $\mathbf{u} + \mathbf{O} = \mathbf{O} + \mathbf{u} = \mathbf{u}$
(4) $\alpha(\mathbf{u} + \mathbf{v}) = \alpha\mathbf{u} + \alpha\mathbf{v}$
(5) $\alpha\mathbf{O} = \mathbf{O}$
(6) $(\alpha + \beta)\mathbf{u} = \alpha\mathbf{u} + \beta\mathbf{u}$
(7) $(\alpha\beta)\mathbf{u} = \alpha(\beta\mathbf{u})$

이제 벡터공간을 정의하자.

정의 7-16 벡터공간

V에 벡터의 덧셈과 스칼라 배가 정의되고 임의의 $\mathbf{u}, \mathbf{v}, \mathbf{w} \in V$와 $\alpha, \beta \in \mathbb{F}$에 대해 V가 다음을 만족할 때, 집합 V를 $\mathbb{F}$상의 **벡터공간**vector space이라 한다.

(1) $\mathbf{u} + \mathbf{v} \in V$
(2) $\mathbf{u} + \mathbf{v} = \mathbf{v} + \mathbf{u}$
(3) $\mathbf{u} + (\mathbf{v} + \mathbf{w}) = (\mathbf{u} + \mathbf{v}) + \mathbf{w}$
(4) $\mathbf{u} + \mathbf{O} = \mathbf{O} + \mathbf{u} = \mathbf{u}$인 유일한 $\mathbf{O}$가 V에 있다.
(5) $\mathbf{v} + (-\mathbf{v}) = (-\mathbf{v}) + \mathbf{v} = \mathbf{O}$가 되는 $-\mathbf{v}$가 V에 있다.
(6) $\alpha\mathbf{v} \in V$
(7) $\alpha(\mathbf{u} + \mathbf{v}) = \alpha\mathbf{u} + \alpha\mathbf{v}$
(8) $(\alpha + \beta)\mathbf{u} = \alpha\mathbf{u} + \beta\mathbf{u}$
(9) $(\alpha\beta)\mathbf{u} = \alpha(\beta\mathbf{u})$
(10) $1\mathbf{u} = \mathbf{u}$

$\mathbb{F}$가 실수 집합일 때 V는 실벡터공간이라 하고, $\mathbb{F}$가 복소수 집합일 때 V는 복소벡터공간이라 한다.

[정의 7-16]에 의해 $\mathbb{R}^n$은 $\mathbb{R}$상의 벡터공간 즉, 실벡터공간이다. 다음 집합들은 벡터공간이다.

- 실수 집합 $\mathbb{R}$
- 순서쌍 $\langle x, y \rangle$ 집합 $\mathbb{R}^2$
- 순서쌍 $\langle x, y, z \rangle$ 집합 $\mathbb{R}^3$
- 순서쌍 $\langle x_1, x_2, \cdots, x_n \rangle$ 집합 $\mathbb{R}^n$
- $m \times n$ 실행렬 집합 $\mathbb{M}_{m \times n}$
- n차 이하의 다항식 집합 P_n
- 실수에서 실수로 보내는 실함수 집합
- 실수에서 실수로 보내는 연속함수 집합
- $[a, b]$에서 실수로 보내는 연속함수 집합

예제 7-21

일반적인 덧셈과 실수의 곱에 대해 집합 $V = \{0\}$과 $W = \{1\}$이 벡터공간인지 결정하라.

풀이

$0 + 0 = 0$이고, 모든 실수 α에 대해 $\alpha \cdot 0 = 0$이며 다른 나머지 조건들도 성립하므로 집합 V는 벡터공간이다. 그러나 집합 $W = \{1\}$은 $1 + 1 = 2 \notin W$이므로 벡터공간이 아니다.

$\mathbb{R}^n$의 벡터 $\mathbf{v} = \langle x_1, x_2, \cdots, x_n \rangle$의 크기는 다음과 같이 정의한다.

$$|\mathbf{v}| = \sqrt{x_1^2 + x_2^2 + \cdots + x_n^2}$$

이제 $\mathbb{R}^n$에서 두 벡터의 내적을 정의하자.

정의 7-17 $\mathbb{R}^n$에서 두 벡터의 내적

집합 $\mathbb{R}^n$의 두 벡터 $\mathbf{v} = \langle x_1, x_2, \cdots, x_n \rangle$과 $\mathbf{w} = \langle y_1, y_2, \cdots, y_n \rangle$에 대해 내적은 다음과 같이 정의한다.

$$\mathbf{v} \cdot \mathbf{w} = x_1 y_1 + x_2 y_2 + \cdots + x_n y_n$$

이로부터 $|\mathbf{v}| = \sqrt{\mathbf{v} \cdot \mathbf{v}}$임을 알 수 있다.

이제 부분공간에 대해 살펴보자.

정의 7-18 부분공간

벡터공간 V의 부분집합 W가 V에서 정의된 덧셈과 스칼라 배에 대해 벡터공간이 될 때, W를 V의 **부분공간**subspace이라 한다.

벡터공간 V는 언제나 V 자신과 $\{\mathbf{O}\}$를 부분공간으로 갖는다. 벡터공간 V의 부분집합 W가 V의 부분공간임을 보이기 위해서는 [정의 7-16]의 10가지 조건을 증명해야 한다. 그러나 (1)과 (6)(닫힘성)을 제외한 조건은 V 안에서 언제나 성립하므로 부분공간이 되기 위한 조건을 다음과 같이 정리할 수 있다.

정리 7-19 부분공간의 조건

집합 W가 벡터공간 V의 공집합이 아닌 부분집합이라 하자. W가 V의 부분공간이기 위한 필요충분조건은 다음과 같다.

(1) $\mathbf{v}, \mathbf{w} \in W$일 때, $\mathbf{v} + \mathbf{w} \in W$이다.
(2) $\mathbf{v} \in W$일 때, 스칼라 α에 대해 $\alpha\mathbf{v} \in W$이다.

벡터공간 $\mathbb{R}^3$의 부분집합 $W = \{(x, y, 0) | x, y \in \mathbb{R}\}$은 $\mathbb{R}^3$의 부분공간이다. 이때 W는 집합 $\mathbb{R}^2$과 동일시할 수 있으므로 $\mathbb{R}^2$은 $\mathbb{R}^3$의 부분공간임을 알 수 있다.

일차독립과 일차종속

벡터 $\mathbf{v}_1, \mathbf{v}_2, \cdots, \mathbf{v}_n$과 스칼라 $c_1, c_2, \cdots, c_n$에 대해

$$c_1\mathbf{v}_1 + c_2\mathbf{v}_2 + \cdots + c_n\mathbf{v}_n$$

을 벡터 $\mathbf{v}_1, \mathbf{v}_2, \cdots, \mathbf{v}_n$의 **일차결합**linear combination이라 한다.

이제 n개의 벡터에 대한 일차독립과 일차종속의 개념을 살펴보자.

정의 7-20 일차독립과 일차종속

벡터 $\mathbf{v}_1, \mathbf{v}_2, \cdots, \mathbf{v}_n$에 대해

$$c_1\mathbf{v}_1 + c_2\mathbf{v}_2 + \cdots + c_n\mathbf{v}_n = \mathbf{O}$$

이 $c_1 = c_2 = \cdots = c_n = 0$일 때만 성립하면 벡터 $\mathbf{v}_1, \mathbf{v}_2, \cdots, \mathbf{v}_n$을 **일차독립**linearly independent이라 한다. 일차독립이 아닌 벡터들을 **일차종속**linearly dependent이라 한다.

$\mathbf{O}$가 아닌 하나의 벡터 $\mathbf{v}$는 언제나 일차독립이다.

만약 $\mathbf{v}_1, \mathbf{v}_2$가 일차종속이라면 $\mathbf{v}_1 = c\mathbf{v}_2$이거나 $\mathbf{v}_2 = c\mathbf{v}_1$이다. 즉 $\mathbf{v}_1$과 $\mathbf{v}_2$는 동일한 직선상에 있다. 만약 $\mathbf{v}_1, \mathbf{v}_2, \mathbf{v}_3$가 일차종속이라면 $\mathbf{v}_1, \mathbf{v}_2, \mathbf{v}_3$가 동일한 직선상에 있거나 동일한 평면상에 있다.

예제 7-22

세 벡터 $\langle 1, 0, 0\rangle$, $\langle 0, 1, 0\rangle$, $\langle 0, 0, 1\rangle$이 일차독립임을 보여라.

풀이

$$c_1\langle 1, 0, 0\rangle + c_2\langle 0, 1, 0\rangle + c_3\langle 0, 0, 1\rangle = \langle 0, 0, 0\rangle$$

이라 하자. 그러면 $\langle c_1, c_2, c_3\rangle = \langle 0, 0, 0\rangle$은 $c_1 = c_2 = c_3 = 0$일 때만 성립하므로 세 벡터는 일차독립이다.

예제 7-23

세 벡터 $\langle 1, 0, 0\rangle$, $\langle 0, 1, 0\rangle$, $\langle 1, 1, 0\rangle$이 일차종속임을 보여라.

풀이

$$c_1\langle 1, 0, 0\rangle + c_2\langle 0, 1, 0\rangle + c_3\langle 1, 1, 0\rangle = \langle 0, 0, 0\rangle$$

이라 하자. 그러면

$$\langle c_1 + c_3,\ c_2 + c_3,\ 0\rangle = \langle 0, 0, 0\rangle$$

$$c_1 + c_3 = 0,\ c_2 + c_3 = 0$$

$$c_3 = t\ (\text{단, } t\text{는 임의의 실수}) \Rightarrow c_1 = -t,\ c_2 = -t$$

이므로 세 벡터는 일차종속이다.

■ 기저

벡터공간을 대표하는 최소의 원소들에 대해 살펴보자.

정의 7-21 벡터공간의 기저

벡터공간 V의 모든 벡터가 일차독립인 벡터 $\mathbf{v}_1, \mathbf{v}_2, \cdots, \mathbf{v}_n$의 일차결합으로 표현될 때, 벡터 $\mathbf{v}_1, \mathbf{v}_2, \cdots, \mathbf{v}_n$을 벡터공간 V의 **기저**basis라 한다.

예제 7-24

세 벡터 $\langle 1, 0, 0 \rangle$, $\langle 0, 1, 0 \rangle$, $\langle 1, 1, 1 \rangle$이 벡터공간 $\mathbb{R}^3$의 기저임을 보여라.

풀이

먼저 세 벡터가 일차독립임을 보이자.

$$c_1 \langle 1, 0, 0 \rangle + c_2 \langle 0, 1, 0 \rangle + c_3 \langle 1, 1, 1 \rangle = \langle 0, 0, 0 \rangle$$

은 $c_1 = c_2 = c_3 = 0$일 때만 성립하므로, 세 벡터는 일차독립이다.

이제 벡터공간 $\mathbb{R}^3$의 모든 벡터가 이들 세 벡터의 일차결합으로 표현됨을 보이자. $\mathbb{R}^3$상의 임의의 벡터 $\mathbf{v} = \langle x, y, z \rangle$에 대해

$$\mathbf{v} = \langle x, y, z \rangle = c_1 \langle 1, 0, 0 \rangle + c_2 \langle 0, 1, 0 \rangle + c_3 \langle 1, 1, 1 \rangle$$

로 놓으면,

$$c_1 = x - z, \ c_2 = y - z, \ c_3 = z$$

이므로 일차결합으로 표현된다. 따라서 $\langle 1, 0, 0 \rangle$, $\langle 0, 1, 0 \rangle$, $\langle 1, 1, 1 \rangle$은 $\mathbb{R}^3$의 기저이다.

[예제 7-22]에서 $\langle 1, 0, 0 \rangle$, $\langle 0, 1, 0 \rangle$, $\langle 0, 0, 1 \rangle$은 일차독립이다. 그리고 $\mathbb{R}^3$상의 임의의 벡터는 $\langle x, y, z \rangle = x \langle 1, 0, 0 \rangle + y \langle 0, 1, 0 \rangle + z \langle 0, 0, 1 \rangle$, 즉 이 세 벡터의 일차결합으로 표현되므로 $\langle 1, 0, 0 \rangle$, $\langle 0, 1, 0 \rangle$, $\langle 0, 0, 1 \rangle$도 $\mathbb{R}^3$의 기저이다. 그러므로 벡터공간의 기저는 여러 형태의 벡터가 될 수 있다. 그러나 기저를 이루는 벡터들의 개수는 변하지 않는다. 기저의 개수를 벡터공간의 **차원**dimension이라 한다.

예제 7-25

벡터공간 $\mathbb{R}^3$이 3차원임을 보여라.

풀이

[예제 7-24]에서 살펴봤듯이 $\langle 1, 0, 0 \rangle$, $\langle 0, 1, 0 \rangle$, $\langle 1, 1, 1 \rangle$이 $\mathbb{R}^3$의 기저이므로 벡터공간 $\mathbb{R}^3$은 3차원이다.

Chapter 07 연습문제

[7.1 벡터]

1. 두 점이 $A(1, -2, 3)$, $B=(0, 3, -8)$일 때, 벡디 $\overrightarrow{AB}$를 구하고 그 크기를 구하라.

2. 두 벡터가 $\mathbf{a}=\langle -1, 2, 3\rangle$, $\mathbf{b}=\langle 2, -1, 1\rangle$일 때, $3\mathbf{a}-2\mathbf{b}$와 같은 방향의 단위벡터를 구하라.

3. 벡터 $\overrightarrow{AB}=\langle 2, -6, 3\rangle$이고 점 $A=(1, 0, 1)$일 때, 점 B의 좌표를 구하라.

4. 벡터 $\overrightarrow{AB}=\langle 1, 1, 3\rangle$이고 점 $B=(0, -1, 2)$일 때, 점 A의 좌표를 구하라.

5. 다음 중 $\mathbf{a}=\langle 2, -1, 0\rangle$과 평행한 벡터는?

   ① $\langle 4, 2, 0\rangle$　　② $\langle -4, 2, 0\rangle$　　③ $\langle 0, 0, 0\rangle$

6. 두 벡터 $\mathbf{a}=\langle 1, -1, 2\rangle$와 $\mathbf{b}=\langle 2t, -2t, 4\rangle$가 평행이 되도록 하는 스칼라 t 값을 구하라.

7. 벡터 $\mathbf{a}=\langle -1, 2, 3\rangle$과 평행하고 반대 방향이며 $|\mathbf{b}|=2$인 벡터 $\mathbf{b}$를 구하라.

8. 세 벡터가 $\mathbf{a}=\langle 2, 3\rangle$, $\mathbf{b}=\langle -1, -1\rangle$, $\mathbf{c}=\langle -1, 1\rangle$일 때, $\mathbf{a}$를 $\mathbf{b}$와 $\mathbf{c}$의 일차결합으로 나타내라.

9. 세 벡터가 $\mathbf{a}=\langle 1, -1, 3\rangle$, $\mathbf{b}=\langle -2, 3, 1\rangle$, $\mathbf{c}=\langle -3, 0, 1\rangle$일 때, $k_1\mathbf{a}+k_2\mathbf{b}+k_3\mathbf{c}=\langle -8, 8, 3\rangle$이 되도록 스칼라 k_1, k_2, k_3를 구하라.

10. 동일한 직선상에 있지 않은 세 점 P, Q, R에 대해 $\overrightarrow{PQ}=\mathbf{a}$, $\overrightarrow{PR}=\mathbf{b}$일 때, 벡터 $\overrightarrow{PM}$을 구하라. 단, M은 $\overline{RQ}$의 중점이다.

11. O가 아닌 벡터 $\mathbf{a}$에 대해 $|k\mathbf{a}|=2$일 때, 스칼라 k를 구하라.

12. 벡터 $\mathbf{a}=\langle 1, -1, 2\rangle$에 대해 $|k\mathbf{a}|=6$일 때, 스칼라 k를 구하라.

13. 세 점 $P(1, 2, -1)$, $Q(7, -2, 2)$, $R(-5, 6, -4)$가 동일한 직선상에 있음을 보여라.

[7.2 내적]

14. 두 벡터 $\mathbf{a}$와 $\mathbf{b}$에 대해 $|\mathbf{a}| = 4$, $|\mathbf{b}| = 3$, $\theta = \frac{\pi}{3}$일 때, $\mathbf{a} \cdot \mathbf{b}$를 구하라. 단, θ는 $\mathbf{a}$와 $\mathbf{b}$의 사잇각이다.

15. 두 벡터 $\mathbf{a} = \langle 1, 0, 1 \rangle$와 $\mathbf{b} = \langle -1, 1, 0 \rangle$의 사잇각 θ를 구하라.

16. xy평면에 있는 벡터 $\mathbf{a}$는 길이가 9이고 양의 x축에서 반시계방향으로 150° 회전한 방향으로 향하고 있고, 벡터 $\mathbf{b}$는 길이가 6이고 양의 y축 방향을 향하고 있다. 이때의 내적 $\mathbf{a} \cdot \mathbf{b}$를 구하라.

17. 세 벡터가 $\mathbf{a} = \langle -2, 1, 4 \rangle$, $\mathbf{b} = \langle 1, 5, 1 \rangle$, $\mathbf{c} = \langle 1, -2, 5 \rangle$일 때, $\mathbf{a} \cdot (\mathbf{b} - \mathbf{c})$를 구하라.

18. 두 벡터 $\mathbf{a} = \langle 3, c, 4 \rangle$, $\mathbf{b} = \langle 2, 2, 3 \rangle$가 서로 수직일 때, 실수 c를 구하라.

19. 두 벡터 $\mathbf{a} = \langle 1, 1, 1 \rangle$과 $\mathbf{b} = \langle -5, 2, 3 \rangle$에 모두 수직인 벡터 $\mathbf{c} = \langle x, 1, z \rangle$를 구하라. (단, x, y는 실수)

20. 벡터 $\mathbf{a} = \langle 2, -6, 4 \rangle$의 방향각과 방향코사인을 각각 구하라.

21. 꼭짓점이 $A(3, 1, 4)$, $B(2, 2, -4)$, $C(1, 1, -2)$인 삼각형 내각들의 코사인을 구하라.

22. 두 벡터가 $\mathbf{a} = \langle 2, 3, -4 \rangle$, $\mathbf{b} = \langle 1, 1, -1 \rangle$일 때, $\mathrm{proj}_{\mathbf{a}}\mathbf{b}$와 그 크기를 구하라.

23. 북동쪽 30° 방향으로 80N의 힘이 물체에 가해진다. 이 힘이 물체를 동쪽으로 100m 움직일 때 한 일을 구하라.

24. 벡터 $\mathbf{a}$와 크기가 같고 $\mathbf{a}$와 수직인 벡터를 $\mathbf{a}^{\perp}$라 하면 다음이 성립한다.

$$\mathrm{proj}_{\mathbf{a}}\mathbf{b} + \mathrm{proj}_{\mathbf{a}^{\perp}}\mathbf{b} = \mathbf{b}$$

[연습문제 22]에서 $\mathrm{proj}_{\mathbf{a}^{\perp}}\mathbf{b}$를 구하라.

[7.3 벡터곱]

25. 두 벡터가 $\mathbf{a} = \langle 1, 1, 0 \rangle$, $\mathbf{b} = \langle 0, 2, 3 \rangle$일 때, $\mathbf{a} \times \mathbf{b}$와 그 크기를 구하라.

26. 세 점이 $P_1(2, 1, 3)$, $P_2(0, -3, 1)$, $P_3(1, 2, -4)$일 때, $\overrightarrow{P_1P_2} \times \overrightarrow{P_1P_3}$를 구하라.

27. 두 벡터 $\mathbf{a} = \langle 2, 3, 5 \rangle$, $\mathbf{b} - \langle -1, 1, 1 \rangle$ 모두에 수직인 벡터를 구하라.

28. 세 벡터 $\mathbf{a} = \langle 1, 3, 1 \rangle$, $\mathbf{b} = \langle 1, -1, 1 \rangle$, $\mathbf{c} = \langle 5, 1, 1 \rangle$이 모서리인 평행육면체의 부피를 구하라.

29. 세 벡터 $\mathbf{a} = \langle 2, 3, 0 \rangle$, $\mathbf{b} = \langle 1, 3, -3 \rangle$, $\mathbf{c} = \langle 5, 6, c \rangle$가 동일한 평면상에 있을 때, 실수 c 값을 구하라.

30. 네 점 $P_1 = (1, 1, 2)$, $P_2 = (3, 4, 2)$, $P_3 = (4, 1, 5)$, $P_4 = (9, 7, 6)$이 동일한 평면상에 있는지의 여부를 보여라.

31. 세 벡터 $\langle 9, 1, 2 \rangle$, $\langle -1, c, 5 \rangle$, $\langle 4, c, 5 \rangle$가 일차독립일 때, 실수 c 값을 구하라.

32. 네 점 $A(3, 4, 1)$, $B(2, 0, 2)$, $C(-2, 0, 3)$, $D(-1, 4, 2)$가 꼭짓점인 평행사변형의 넓이를 구하라.

33. 세 점 $A(3, 6, 5)$, $B(3, 9, 5)$, $C(6, 6, 7)$이 꼭짓점인 삼각형의 넓이를 구하라.

[7.4 3차원 공간에서의 직선과 평면]

34. 두 점 $(1, 2, -2)$와 $(5, 1, -4)$를 지나는 직선의 방정식을 구하라.

35. 점 $(1, -2, 3)$을 지나고 벡터 $\mathbf{a} = \langle 5, 3, -2 \rangle$에 평행한 직선의 방정식을 구하라.

36. 점 $(3, 2, -1)$을 지나고 직선 $\dfrac{x-3}{1} = \dfrac{y-2}{3} = \dfrac{z-1}{5}$에 평행한 직선의 방정식을 구하라.

37. 점 $(2, 1, -1)$을 지나고 평면 $x + 2y + 3z = 0$에 수직인 직선의 방정식을 구하라.

38. 다음 두 직선의 교점을 구하라.

$$x = 4 - t,\ y = 3 + 3t,\ z = -1 + 2t$$
$$x = 3 + s,\ y = 10 - 6s,\ z = -3 + s$$

39. [연습문제 38]에서 두 직선의 교각을 구하라.

40. 두 벡터 **a**와 **b**는 yz평면에 있고 그 사잇각은 $150°$라 하자. $|\mathbf{a}|=6$, $|\mathbf{b}|=4$일 때, $\mathbf{a}\times\mathbf{b}$를 모두 구하라.

41. 세 점 $(3, 4, 2)$, $(2, 4, 3)$, $(1, -1, 4)$를 지나는 평면의 방정식을 구하라.

42. 점 $(1, 2, 3)$을 지나고 평면 $4x-y+z-3$에 평행한 평면의 방정식을 구하라.

43. 점 $(-2, 7, 1)$을 지나고 직선 $x=4+2t$, $y=-2+3t$, $z=-4t$에 수직인 평면의 방정식을 구하라.

44. 점 $(-2, 7, 1)$을 지나고 직선 $x=4+2t$, $y=-2+3t$, $z=-4t$를 포함하는 평면의 방정식을 구하라.

45. x축에 수직이고 점 $(1, 2, 3)$을 지나는 평면의 방정식을 구하라.

46. 두 평면 $x-3y+4z=-1$, $2x-y-z=4$의 교선의 방정식을 구하라.

47. 평면 $2x-2y-z=5$와 직선 $x-1=\dfrac{y-2}{2}=\dfrac{z}{3}$의 교점을 구하라.

[7.5 벡터공간]

※ **(문제 48~49) 다음 집합이 집합 $\mathbb{R}^2$에서 정의된 일반적인 덧셈과 스칼라 배에 대해 벡터공간인지 밝히고, 그 이유를 설명하라.**

48. $\{\langle a_1, a_2\rangle \mid a_1+a_2=0\}$

49. $\{\langle a_1, a_2\rangle \mid a_2=2a_1+1\}$

※ **(문제 50~51) 집합 $\mathbb{R}^3$에 다음과 같은 덧셈과 스칼라 배가 주어질 때, 벡터공간이 되는지 밝혀라. 단, k는 스칼라이다.**

50. $(x_1, y_1, z_1)+(x_2, y_2, z_2)=(x_1+x_2, y_1+y_2, z_1+z_2)$

$k(x, y, z)=(kx, y, z)$

51. $(x_1, y_1, z_1)+(x_2, y_2, z_2)=(x_1+x_2+1, y_1+y_2+1, z_1+z_2+1)$

$k(x, y, z)=(kx, ky, kz)$

※ **(문제 52~56) 다음 집합이 주어진 벡터공간의 부분공간인지 밝히고, 그 이유를 설명하라. 그리고 기저를 구하라.**

52. $\{\langle x, y, z, x\rangle \mid x, y, z$는 실수$\}$: $\mathbb{R}^4$

53. $\{\langle x, 2x, 3x, y\rangle \mid x, y$는 실수$\}$: $\mathbb{R}^4$

54. $A=\{p(x) \mid p(x)=c_1x^2+c_2x^3\}$: P_3

55. $B=\{\mathbf{v}=\langle x_1, x_2\rangle \mid \|\mathbf{v}\|=1\}$: $\mathbb{R}^2$

56. $C=\left\{\begin{pmatrix} a & a \\ b & c\end{pmatrix} \middle| a, b, c \text{는 실수}\right\}$: $M_2=$ 모든 2차 정사각행렬의 집합 8장

57. $y=3x+2$의 점들의 집합이 벡터공간 $\mathbb{R}^2$의 부분공간인지 아닌지 밝혀라.

58. $y=5x$의 점들의 집합이 벡터공간 $\mathbb{R}^2$의 부분공간인지 아닌지 밝혀라.

※ **(문제 59~62) 다음 벡터가 일차독립인지 일차종속인지를 판단하라.**

59. $\langle 1, 0, 1\rangle, \langle 1, 1, 0\rangle, \langle 1, 1, 1\rangle \in \mathbb{R}^3$

60. $\langle 1, 0, 1\rangle, \langle -2, 0, 3\rangle \in \mathbb{R}^3$

61. $\langle 2, -1, 1, 3\rangle, \langle 1, 2, 4, -1\rangle, \langle 6, -1, 8, 5\rangle \in \mathbb{R}^4$

62. $p_1=1-x,\ p_2=5+3x-2x^2,\ p_3=1+3x-x^2 \in P_3$

63. 세 벡터 $\langle 1, 0, 0\rangle, \langle 1, 1, 0\rangle, \langle 1, 1, 1\rangle$이 벡터공간 $\mathbb{R}^3$의 기저임을 보여라. 그리고 벡터 $\mathbf{v}=\langle x, y, z\rangle$를 이들 세 벡터의 일차결합으로 나타내라.

64. 두 벡터 $\langle 1, 1\rangle, \langle 1, -1\rangle$이 벡터공간 $\mathbb{R}^2$의 기저임을 보이고, 벡터 $\langle 1, 2\rangle$를 이 두 벡터의 일차결합으로 나타내라.

65. [연습문제 52]부터 [연습문제 56] 중에서 부분공간이 성립되는 경우 그 공간의 차원을 구하라.

m.e.m.o

Chapter 08

행렬과 연립 선형방정식

Matrix and System of Linear Equations

||| 목차 |||

||| 학습목표 |||

- 행렬의 연산에 대해 이해한다.
- 연립 선형방정식에 대해 이해한다.
- 가우스 소거법을 이용하여 주어진 행렬을 변형한다.
- 행렬의 계수에 대해 이해한다.
- 주어진 행렬의 행렬식을 구한다.
- 주어진 행렬의 역행렬을 구한다.

Section

8.1 행렬과 연산

한 번에 많은 데이터를 처리해야 하는 공학 문제들은 행렬을 이용하여 간결하게 표현할 수 있다. 특히 행렬의 성질을 이용하면 연립 선형방정식의 해를 체계적으로 구할 수 있다.

행렬의 정의와 연산

행렬matrix은 수 또는 함수를 직사각형 모양으로 배열하여 괄호로 묶어 놓은 것이다. 행렬을 구성하고 있는 수 또는 함수를 행렬의 **요소**entry 또는 **원소**element라 한다. 직사각형 배열에서 가로줄을 **행**row, 세로줄을 **열**column이라 하며, 행렬 $\mathbf{A}$의 행의 개수가 m개, 열의 개수가 n개일 때, $\mathbf{A}$는 $m \times n$ 행렬이라 한다. 특히 $m=n$인 경우 $\mathbf{A}$를 n차(혹은 m차) **정사각행렬**square matrix이라 한다.

보통 행렬 $\mathbf{A}$는

$$\mathbf{A} = \begin{pmatrix} a_{11} & a_{12} & \cdots & a_{1n} \\ a_{21} & a_{22} & \cdots & a_{2n} \\ & & \vdots & \\ a_{m1} & a_{m2} & \cdots & a_{mn} \end{pmatrix}$$

로 나타내거나, 대표적인 원소만 이용하여

$$\mathbf{A} = (a_{ij}) \qquad (\text{단, } i = 1, 2, \cdots, m, \ j = 1, 2, \cdots, n)$$

으로 나타낸다. 특히 행이 하나인 행렬, 즉 $1 \times n$ 행렬

$$\mathbf{a} = (a_1 \ a_2 \ \cdots \ a_n) \tag{8.1}$$

을 **행벡터**row vector라 하며, 열이 하나인 행렬, 즉 $m \times 1$ 행렬

$$\mathbf{b} = \begin{pmatrix} b_1 \\ b_2 \\ \vdots \\ b_m \end{pmatrix} \tag{8.2}$$

을 **열벡터**column vector라 한다.

n차 정사각행렬에서 a_{11}, a_{22}, $\cdots$, a_{nn}을 **주대각원소**main diagonal element라 한다. 다음 행렬 B의 주대각원소는 1, 5, 9이다.

$$\mathrm{B}=\begin{pmatrix}1 & 2 & 3\\ 4 & 5 & 6\\ 7 & 8 & 9\end{pmatrix}$$

이제 행렬의 성질 및 연산에 대해 살펴보자.

정의 8-1 행렬의 상등

두 개의 $m\times n$ 행렬 $\mathrm{A}=(a_{ij})$와 $\mathrm{B}=(b_{ij})$를 생각하자. 모든 i와 j에 대해 $a_{ij}=b_{ij}$이면 $\mathrm{A}=\mathrm{B}$이다.

예제 8-1

다음 두 행렬이 상등이 되도록 x와 y 값을 정하라.

$$\mathrm{A}=\begin{pmatrix}1 & y\\ x & -2\end{pmatrix},\ \mathrm{B}=\begin{pmatrix}1 & x-2\\ 3y-1 & -2\end{pmatrix}$$

풀이

$y=x-2$, $x=3y-1$이므로 $x=\dfrac{7}{2}$, $y=\dfrac{3}{2}$이다.

두 행렬의 덧셈은 다음과 같이 정의한다.

정의 8-2 행렬의 덧셈

두 개의 $m\times n$ 행렬 $\mathrm{A}=(a_{ij})$ 와 $\mathrm{B}=(b_{ij})$의 덧셈은 다음과 같다.

$$\mathrm{A}+\mathrm{B}=(a_{ij}+b_{ij})\quad (\text{단, } i=1, 2, \cdots, m,\ j=1, 2, \cdots, n)$$

예제 8-2

다음 두 행렬의 합을 구하라.

(a) $\mathrm{A}=\begin{pmatrix}1 & 2\\ 3 & 4\end{pmatrix}$, $\mathrm{B}=\begin{pmatrix}5 & 6\\ 7 & 8\end{pmatrix}$

(b) $\mathrm{A}=\begin{pmatrix}1 & 2\\ 3 & 4\end{pmatrix}$, $\mathrm{B}=\begin{pmatrix}5 & 6 & 0\\ 7 & 8 & 0\end{pmatrix}$

풀이

(a) $\mathbf{A}+\mathbf{B}=\begin{pmatrix}1+5 & 2+6\\ 3+7 & 4+8\end{pmatrix}=\begin{pmatrix}6 & 8\\ 10 & 12\end{pmatrix}$

(b) 두 행렬 $\mathbf{A}$와 $\mathbf{B}$는 크기가 다르므로 합을 정의하지 않는다.

정의 8-3 행렬의 스칼라 배

스칼라 k에 대해 행렬 $\mathbf{A}$의 스칼라 배는 다음과 같다.

$$k\mathbf{A} - k(u_{ij}) - (k\,u_{ij})$$

예를 들어, 2×2 행렬에 스칼라 배를 한 결과는 다음과 같다.

$$3\begin{pmatrix}1 & 2\\ 3 & 4\end{pmatrix}=\begin{pmatrix}3\times 1 & 3\times 2\\ 3\times 3 & 3\times 4\end{pmatrix}=\begin{pmatrix}3 & 6\\ 9 & 12\end{pmatrix}$$

$$-2\begin{pmatrix}1 & 2\\ 3 & 4\end{pmatrix}=\begin{pmatrix}-2\times 1 & -2\times 2\\ -2\times 3 & -2\times 4\end{pmatrix}=\begin{pmatrix}-2 & -4\\ -6 & -8\end{pmatrix}$$

특히 $(-1)\mathbf{A}=-\mathbf{A}$, $\mathbf{A}-\mathbf{B}=\mathbf{A}+(-\mathbf{B})$로 정의한다.

행렬의 덧셈과 스칼라 배의 정의로부터 다음 성질이 성립함을 알 수 있다.

정리 8-4 행렬의 덧셈과 스칼라 배의 성질

세 개의 $m\times n$ 행렬 $\mathbf{A}$, $\mathbf{B}$, $\mathbf{C}$와 스칼라 α, β에 대해 다음이 성립한다.

(1) $\mathbf{A}+\mathbf{B}=\mathbf{B}+\mathbf{A}$ (덧셈의 교환법칙)

(2) $\mathbf{A}+(\mathbf{B}+\mathbf{C})=(\mathbf{A}+\mathbf{B})+\mathbf{C}$ (덧셈의 결합법칙)

(3) $(\alpha\beta)\mathbf{A}=\alpha(\beta\mathbf{A})$

(4) $1\mathbf{A}=\mathbf{A}$

(5) $\alpha(\mathbf{A}+\mathbf{B})=\alpha\mathbf{A}+\alpha\mathbf{B}$

(6) $(\alpha+\beta)\mathbf{A}=\alpha\mathbf{A}+\beta\mathbf{A}$

이제 행렬의 곱셈에 대해 살펴보자.

정의 8-5 행렬의 곱셈

$m \times p$ 행렬 A와 $p \times n$ 행렬 B에 대해 A와 B의 곱 C= AB는 $m \times n$ 행렬이며, 행렬 C의 (i, j) 원소를 다음과 같이 정의한다.

$$\begin{aligned} c_{ij} &= [\text{A의 } i\text{번째 행벡터}] \cdot [\text{B의 } j\text{번째 열벡터}] \\ &= \begin{pmatrix} a_{i1} & a_{i2} & \cdots & a_{ip} \end{pmatrix} \cdot \begin{pmatrix} b_{1j} \\ b_{2j} \\ \vdots \\ b_{pj} \end{pmatrix} \\ &= a_{i1}b_{1j} + a_{i2}b_{2j} + \cdots + a_{ip}b_{pj} \\ &= \sum_{k=1}^{p} a_{ik}b_{kj} \end{aligned}$$

[정의 8-5]로부터 두 행렬의 곱 AB는 A의 열의 개수와 B의 행의 개수가 같을 때만 정의됨을 알 수 있다.

$$\underset{(m \times p)}{\mathrm{A}} \quad \underset{(p \times n)}{\mathrm{B}} = \underset{(m \times n)}{\mathrm{C}}$$

그러므로 $\mathrm{AB} \neq \mathrm{BA}$ 임을 알 수 있다.

예제 8-3

$\mathrm{A} = \begin{pmatrix} 1 & 2 \\ 3 & 4 \end{pmatrix}$, $\mathrm{B} = \begin{pmatrix} 5 & 6 \\ 7 & 8 \end{pmatrix}$일 때, AB와 BA를 각각 구하여 $\mathrm{AB} \neq \mathrm{BA}$ 임을 보여라.

풀이

AB와 BA를 각각 구하면

$$\mathrm{AB} = \begin{pmatrix} 1 & 2 \\ 3 & 4 \end{pmatrix}\begin{pmatrix} 5 & 6 \\ 7 & 8 \end{pmatrix} = \begin{pmatrix} 1\times5+2\times7 & 1\times6+2\times8 \\ 3\times5+4\times7 & 3\times6+4\times8 \end{pmatrix} = \begin{pmatrix} 19 & 22 \\ 43 & 50 \end{pmatrix}$$

$$\mathrm{BA} = \begin{pmatrix} 5 & 6 \\ 7 & 8 \end{pmatrix}\begin{pmatrix} 1 & 2 \\ 3 & 4 \end{pmatrix} = \begin{pmatrix} 5\times1+6\times3 & 5\times2+6\times4 \\ 7\times1+8\times3 & 7\times2+8\times4 \end{pmatrix} = \begin{pmatrix} 23 & 34 \\ 31 & 46 \end{pmatrix}$$

이다. 그러므로 $\mathrm{AB} \neq \mathrm{BA}$ 이다.

[예제 8-3]과 달리 A가 3×4 행렬이고 B가 4×5 행렬일 때, AB는 3×5 행렬이지만 BA는 정의할 수 없다. 이처럼 행렬의 곱셈은 교환법칙이 성립하지 않지만, 다음과 같은 **결합법칙**associative law이 성립한다.

$$A(BC)=(AB)C$$

또한 다음과 같이 **분배법칙**distributive law도 성립한다.

$$A(B+C)=AB+AC$$

여러 가지 행렬

여기에서는 전치행렬, 영행렬, 삼각행렬, 대각행렬, 스칼라 행렬, 단위행렬, 대칭행렬에 대해 살펴보자.

■ 전치행렬

$A=(a_{ij})$가 $m\times n$ 행렬일 때 A의 **전치행렬**transpose matrix은 $n\times m$ 행렬로서 A의 원소의 행과 열을 바꾼 행렬이다. 이를 기호로는

$$A^T=(a_{ji})$$

로 표기한다. 전치행렬은 다음과 같은 성질을 만족한다.

정리 8-6 전치행렬의 성질

(1) $(A^T)^T=A$

(2) $(A+B)^T=A^T+B^T$

(3) $(AB)^T=B^TA^T$

(4) $(\alpha A)^T=\alpha A^T$ (단, α는 스칼라)

예제 8-4

다음에 주어진 행렬의 전치행렬을 구하라.

(a) $A=\begin{pmatrix}1&2&3\\4&5&6\end{pmatrix}$ (b) $B=(1\ \ 2\ \ 3)$

풀이

(a) $A^T=\begin{pmatrix}1&4\\2&5\\3&6\end{pmatrix}$ (b) $B^T=\begin{pmatrix}1\\2\\3\end{pmatrix}$

■ 영행렬

행렬의 모든 원소가 0인 행렬을 **영행렬**zero matrix이라 하고, O로 표기한다. 예를 들면 크기가 달라도

$$\mathrm{O}=\begin{pmatrix}0\\0\end{pmatrix},\quad \mathrm{O}=\begin{pmatrix}0&0\\0&0\end{pmatrix}$$

이다. 이때 다음이 성립한다.

$$\mathrm{A}+\mathrm{O}=\mathrm{A}$$
$$\mathrm{A}+(-\mathrm{A})=\mathrm{O}$$

■ 삼각행렬

n차 정사각행렬에서 주대각원소의 위 또는 아래의 모든 원소가 0인 행렬을 **삼각행렬**triangular matrix이라 한다. 이 중에서 n차 정사각행렬 $\mathrm{A}=(a_{ij})$가 $i<j$인 모든 i, j에 대해 $a_{ij}=0$일 때, **아래삼각행렬**lower triangular matrix이라 하고, $i>j$인 모든 i, j에 대해 $a_{ij}=0$일 때, **위삼각행렬**upper triangular matrix이라 한다. 예를 들면 다음 두 행렬 A, B는 모두 삼각행렬이다.

$$\mathrm{A}=\begin{pmatrix}1&0&0\\2&3&0\\4&5&6\end{pmatrix}:\text{ 아래삼각행렬}\qquad \mathrm{B}=\begin{pmatrix}1&2&3\\0&4&5\\0&0&6\end{pmatrix}:\text{ 위삼각행렬}$$

■ 대각행렬

정사각행렬의 주대각원소를 제외한 나머지 원소가 0인 행렬을 **대각행렬**diagonal matrix이라 한다. 즉 $i\neq j$일 때, $d_{ij}=0$인 행렬이다.

$$\mathrm{D}=\begin{pmatrix}1&0&0\\0&2&0\\0&0&3\end{pmatrix}$$

■ 스칼라 행렬

대각행렬 중에서 주대각원소가 모두 같은 행렬을 **스칼라 행렬**scalar matrix이라 한다. 예를 들어,

$$\mathrm{S}=\begin{pmatrix}2&0\\0&2\end{pmatrix}$$

는 스칼라 행렬이다.

행렬 A에 스칼라 행렬 S를 곱하면 행렬 A에 스칼라 배를 한 것과 같다.

$$\mathrm{AS}=\begin{pmatrix}1&2\\3&4\end{pmatrix}\begin{pmatrix}5&0\\0&5\end{pmatrix}=\begin{pmatrix}5&10\\15&20\end{pmatrix}=5\begin{pmatrix}1&2\\3&4\end{pmatrix}$$

■ 단위행렬

스칼라 행렬 중에서 주대각원소가 모두 1인 행렬을 **단위행렬**unit 또는 identity matrix이라 한다. 예를 들어,

$$\mathbf{I}_2 = \begin{pmatrix} 1 & 0 \\ 0 & 1 \end{pmatrix}, \quad \mathbf{I}_3 = \begin{pmatrix} 1 & 0 & 0 \\ 0 & 1 & 0 \\ 0 & 0 & 1 \end{pmatrix}$$

은 단위행렬이다. 이때 $\mathbf{AI} = \mathbf{IA} = \mathbf{A}$가 성립한다.

■ 대칭행렬

n차 정사각행렬 $\mathbf{A}$에 대해 $\mathbf{A}^T = \mathbf{A}$일 때, $\mathbf{A}$를 **대칭행렬**symmetric matrix이라 한다. 즉, $a_{ij} = a_{ji}$이다. 예를 들면 다음 행렬 $\mathbf{A}$는 대칭행렬이다.

$$\mathbf{A} = \begin{pmatrix} 1 & 2 & 3 \\ 2 & 4 & 5 \\ 3 & 5 & 6 \end{pmatrix}$$

Section

8.2 연립 선형방정식과 가우스 소거법

자연계의 많은 현상은 연립 선형방정식으로 표현할 수 있다. 연립 선형방정식의 해를 소거법으로 구할 때, 필요한 경우 방정식의 순서를 바꾸거나, 0이 아닌 상수를 곱하거나, 하나의 방정식에 상수를 곱하여 다른 방정식에 더하는 등 세 가지 연산을 사용한다.

연립 선형방정식

연립 선형방정식을 $\mathbf{AX} = \mathbf{b}$로 나타내면 위 세 가지 연산은 행렬의 행연산으로 대응시킬 수 있다. 예를 들어, 다음 연립 선형방정식을 살펴보자.

$$\begin{aligned} 3x + \ y &= 10 \\ x - 2y &= 1 \end{aligned}$$

이 연립 선형방정식을 $\mathbf{AX} = \mathbf{b}$로 나타내면

$$\begin{pmatrix} 3 & 1 \\ 1 & -2 \end{pmatrix}\begin{pmatrix} x \\ y \end{pmatrix} = \begin{pmatrix} 10 \\ 1 \end{pmatrix}$$

이다. 이 연립방정식의 해는 행렬 $\mathbf{A}$와 $\mathbf{b}$에 의해 결정되므로

$$\left(\begin{array}{cc|c} 3 & 1 & 10 \\ 1 & -2 & 1 \end{array}\right)$$

로 나타낼 수 있다. 이제 연립 선형방정식의 해를 구해보자.

❶ 두 방정식을 교환한다. ⇔ 1행과 2행을 교환한다.

$$\begin{aligned} x - 2y &= 1 \\ 3x + \ y &= 10 \end{aligned} \quad \Leftrightarrow \quad \left(\begin{array}{cc|c} 1 & -2 & 1 \\ 3 & 1 & 10 \end{array}\right)$$

❷ 첫 번째 방정식에 3을 곱한다. ⇔ 1행에 3을 곱한다.

$$\begin{aligned} 9x + 3y &= 30 \\ x - 2y &= 1 \end{aligned} \quad \Leftrightarrow \quad \left(\begin{array}{cc|c} 9 & 3 & 30 \\ 1 & -2 & 1 \end{array}\right)$$

❸ 두 번째 방정식에 -3을 곱하고 첫 번째 방정식에 더한다. ⇔ 2행에 -3을 곱하고 1행에 더한다.

$$\begin{aligned} 0x + 7y &= 7 \\ x - 2y &= 1 \end{aligned} \quad \Leftrightarrow \quad \left(\begin{array}{cc|c} 0 & 7 & 7 \\ 1 & -2 & 1 \end{array}\right)$$

이처럼 연립 선형방정식의 해를 구하기 위해 사용하는 세 가지 연산에 대응하는 행렬의 각 행에 대한 연산을 **기본 행연산**elementary row operation이라 한다.

정의 8-7 기본 행연산

A가 $m \times n$ 행렬일 때, A에 행하는 기본 행연산은 다음과 같다.

❶ A의 i행과 j행을 바꾼다. : $R_i \leftrightarrow R_j$

❷ i행에 $\alpha(\neq 0)$를 곱한다. : αR_i

❸ i행에 α배를 하고 이를 j행에 더한다. : $R_j \rightarrow \alpha R_i + R_j$

가우스 소거법

연립 선형방정식의 해를 행렬로 구하는 한 가지 방법인 가우스 소거법에 대해 알아보자. 다음과 같은 연립 선형방정식을 살펴보자.

$$\begin{gathered} a_{11}x_1 + a_{12}x_2 + \cdots + a_{1n}x_n = b_1 \\ a_{21}x_1 + a_{22}x_2 + \cdots + a_{2n}x_n = b_2 \\ \vdots \\ a_{m1}x_1 + a_{m2}x_2 + \cdots + a_{mn}x_n = b_m \end{gathered}$$

이를 행렬을 이용하여

$$\begin{pmatrix} a_{11} & a_{12} & \cdots & a_{1n} \\ a_{21} & a_{22} & \cdots & a_{2n} \\ & & \vdots & \\ a_{m1} & a_{m2} & \cdots & a_{mn} \end{pmatrix} \begin{pmatrix} x_1 \\ x_2 \\ \vdots \\ x_n \end{pmatrix} = \begin{pmatrix} b_1 \\ b_2 \\ \vdots \\ b_m \end{pmatrix} \Leftrightarrow \mathrm{AX} = \mathrm{b}$$

$$\left(\text{단, } \mathrm{A} = \begin{pmatrix} a_{11} & a_{12} & \cdots & a_{1n} \\ a_{21} & a_{22} & \cdots & a_{2n} \\ & & \vdots & \\ a_{m1} & a_{m2} & \cdots & a_{mn} \end{pmatrix}, \ \mathrm{X} = \begin{pmatrix} x_1 \\ x_2 \\ \vdots \\ x_n \end{pmatrix}, \ \mathrm{b} = \begin{pmatrix} b_1 \\ b_2 \\ \vdots \\ b_m \end{pmatrix} \right)$$

로 나타낼 수 있다. 이때 A를 **계수행렬**coefficient matrix이라 하며, 계수행렬 A와 행렬 b를 나란히 이어 붙인 행렬

$$(\mathrm{A} \mid \mathrm{b}) = \left(\begin{array}{cccc|c} a_{11} & a_{21} & \cdots & a_{1n} & b_1 \\ a_{21} & a_{22} & \cdots & a_{2n} & b_2 \\ & & \vdots & & \vdots \\ a_{m1} & a_{m2} & \cdots & a_{mn} & b_m \end{array} \right)$$

를 **첨가행렬**augmented matrix이라 한다.

이제 이 첨가행렬에 기본 행연산을 수행하여 연립 선형방정식을 풀 수 있다. 이 과정을 가우스 소거법이라 하며, [정의 8-8]에서 순서를 확인할 수 있다.

정의 8-8 가우스 소거법

❶ $a_{11} \neq 0$인 경우, 첫 행을 a_{11}으로 나누어 $a_{11}=1$로 만들고, a_{11}을 기준으로 첫 번째 열의 원소 a_{21}, a_{31}, $\cdots$, a_{m1}을 0으로 만든다. 단, $a_{11}=0$이면 행을 교환하고 이 방법을 수행한다.

❷ $a_{22} \neq 0$인 경우, $a_{22}=1$로 만들고 a_{22}를 기준으로 두 번째 열의 원소 a_{32}, a_{42}, $\cdots$, a_{m2}를 0으로 만든다. 단, $a_{22}=0$이면 행을 교환한다.

❸ 과정 ❶, ❷를 주대각원소까지 시행한 후 역대입하여 연립 선형방정식의 해를 구한다.

❶에서 $a_{11} \neq 1$일 때 a_{21}이나 a_{31}이 1이라면 1행과 2행 또는 1행과 3행을 교환해도 된다.

예제 8-5

가우스 소거법을 이용하여 다음 연립 선형방정식의 해를 구하라.

$$2x_1 - x_2 + x_3 = 7$$
$$x_1 + 3x_2 - 2x_3 = -12$$
$$4x_1 - 6x_2 + 9x_3 = 40$$

풀이

계수행렬 A에 행렬 b를 첨가하여 첨가행렬을 만든 후, 가우스 소거법을 이용하여 해를 구한다.

$$(\mathrm{A} \mid \mathrm{b}) = \left(\begin{array}{ccc|c} 2 & -1 & 1 & 7 \\ 1 & 3 & -2 & -12 \\ 4 & -6 & 9 & 40 \end{array}\right) \xrightarrow{R_1 \leftrightarrow R_2} \left(\begin{array}{ccc|c} 1 & 3 & -2 & -12 \\ 2 & -1 & 1 & 7 \\ 4 & -6 & 9 & 40 \end{array}\right)$$

$$\xrightarrow[(-4)R_1 + R_3 \to R_3]{(-2)R_1 + R_2 \to R_2} \left(\begin{array}{ccc|c} 1 & 3 & -2 & -12 \\ 0 & -7 & 5 & 31 \\ 0 & -18 & 17 & 88 \end{array}\right)$$

$$\xrightarrow{\left(-\frac{1}{7}\right)R_2} \left(\begin{array}{ccc|c} 1 & 3 & -2 & -12 \\ 0 & 1 & -\frac{5}{7} & -\frac{31}{7} \\ 0 & -18 & 17 & 88 \end{array}\right)$$

$$\xrightarrow{18R_2 + R_3 \to R_3} \left(\begin{array}{ccc|c} 1 & 3 & -2 & -12 \\ 0 & 1 & -\frac{5}{7} & -\frac{31}{7} \\ 0 & 0 & \frac{29}{7} & \frac{58}{7} \end{array}\right)$$

$$\xrightarrow{\frac{7}{29}R_3} \left(\begin{array}{ccc|c} 1 & 3 & -2 & -12 \\ 0 & 1 & -\frac{5}{7} & -\frac{31}{7} \\ 0 & 0 & 1 & 2 \end{array}\right)$$

이를 정리하면

$$\begin{aligned} x_1 + 3x_2 - 2x_3 &= -12 \\ x_2 - \frac{5}{7}x_3 &= -\frac{31}{7} \\ x_3 &= 2 \end{aligned}$$

이다. $x_3 = 2$를 역대입하면 연립 선형방정식의 해는 다음과 같다.

$$\begin{aligned} &x_3 = 2, \\ &x_2 = -\frac{31}{7} + \frac{5}{7}x_3 = -\frac{31}{7} + \frac{5}{7} \cdot 2 = -3, \\ &x_1 = -12 - 3x_2 + 2x_3 = -12 - 3 \cdot (-3) + 2 \cdot 2 = 1 \end{aligned}$$

예제 8-6

가우스 소거법을 이용하여 다음 연립 선형방정식의 해를 구하라.

$$\begin{aligned} x_1 + x_2 + x_3 &= 2 \\ x_1 - x_2 - x_3 &= -1 \\ 3x_1 + x_2 + x_3 &= 3 \end{aligned}$$

풀이

계수행렬 A에 벡터 b를 첨가하여 첨가행렬을 만든 후, 가우스 소거법을 이용하여 해를 구한다.

$$(\mathrm{A} \mid \mathrm{b}) = \left(\begin{array}{ccc|c} 1 & 1 & 1 & 2 \\ 1 & -1 & -1 & -1 \\ 3 & 1 & 1 & 3 \end{array}\right) \xrightarrow[(-3)R_1 + R_3 \to R_3]{(-1)R_1 + R_2 \to R_2} \left(\begin{array}{ccc|c} 1 & 1 & 1 & 2 \\ 0 & -2 & -2 & -3 \\ 0 & -2 & -2 & -3 \end{array}\right)$$

$$\xrightarrow{\left(-\frac{1}{2}\right)R_2} \left(\begin{array}{ccc|c} 1 & 1 & 1 & 2 \\ 0 & 1 & 1 & \frac{3}{2} \\ 0 & -2 & -2 & -3 \end{array}\right)$$

$$\xrightarrow{2R_2 + R_3 \to R_3} \left(\begin{array}{ccc|c} 1 & 1 & 1 & 2 \\ 0 & 1 & 1 & \frac{3}{2} \\ 0 & 0 & 0 & 0 \end{array}\right)$$

이를 정리하면

$$\begin{aligned} x_1 + x_2 + x_3 &= 2 \\ x_2 + x_3 &= \frac{3}{2} \\ x_3 &= t \qquad \text{(단, } t\text{는 모든 실수)} \end{aligned}$$

이다. 따라서 $x_3 = t$를 대입하면

$$\begin{aligned} x_3 &= t, \\ x_2 &= \frac{3}{2} - t, \\ x_1 &= 2 - x_2 - x_3 = 2 - \frac{3}{2} + t - t = \frac{1}{2} \end{aligned}$$

이므로, 이 연립 선형방정식은 무수히 많은 해를 갖는다.

예제 8-7 응용

가우스 소거법을 이용하여 다음 연립 선형방정식의 해를 구하라.

$$\begin{aligned} x_1 + 2x_2 + 3x_3 &= 3 \\ 2x_1 + x_2 &= 0 \\ -2x_1 + x_2 + 4x_3 &= 5 \end{aligned}$$

풀이

계수행렬 A에 벡터 b를 첨가하여 첨가행렬을 만든 후, 가우스 소거법을 이용하여 해를 구한다.

$$(\mathrm{A} \mid \mathrm{b}) = \left(\begin{array}{ccc|c} 1 & 2 & 3 & 3 \\ 2 & 1 & 0 & 0 \\ -2 & 1 & 4 & 5 \end{array}\right) \xrightarrow[2R_1 + R_3 \,\to\, R_3]{(-2)R_1 + R_2 \,\to\, R_2} \left(\begin{array}{ccc|c} 1 & 2 & 3 & 3 \\ 0 & -3 & -6 & -6 \\ 0 & 5 & 10 & 11 \end{array}\right)$$

$$\xrightarrow{\left(-\frac{1}{3}\right)R_2} \left(\begin{array}{ccc|c} 1 & 2 & 3 & 3 \\ 0 & 1 & 2 & 2 \\ 0 & 5 & 10 & 11 \end{array}\right)$$

$$\xrightarrow{(-5)R_2 + R_3 \,\to\, R_3} \left(\begin{array}{ccc|c} 1 & 2 & 3 & 3 \\ 0 & 1 & 2 & 2 \\ 0 & 0 & 0 & 1 \end{array}\right)$$

이를 정리하면

$$\begin{aligned} x_1 + 2x_2 + 3x_3 &= 3 \\ x_2 + 2x_3 &= 2 \\ 0 &= 1 \end{aligned}$$

이다. 그러나 이는 모순이므로, 이 연립 선형방정식의 해는 존재하지 않는다.

Section 8.3 행렬의 계수

이 절은 행렬의 계수에 대하여 살펴보고, 연립 선형방정식과 계수의 관계를 알아본다.

정의 8-9 행렬의 계수

$m \times n$ 행렬 $\mathbf{A}$의 m개의 행벡터 중에서 일차독립인 행의 최대 개수를 행렬 $\mathbf{A}$의 **계수**rank라 하고, 기호로는 rank $\mathbf{A}$로 표기한다.

예제 8-8

다음 행렬의 계수를 구하라.

$$\mathrm{A} = \begin{pmatrix} 1 & -1 & 4 \\ 1 & 1 & 3 \\ 2 & -1 & 11 \end{pmatrix}$$

풀이

세 개의 행벡터를

$$\mathbf{a} = \langle 1,\ -1,\ 4 \rangle,\ \mathbf{b} = \langle 1,\ 1,\ 3 \rangle,\ \mathbf{c} = \langle 2,\ -1,\ 11 \rangle$$

이라 하자. 일차독립성을 알아보기 위해 스칼라 k_1, k_2, k_3에 대해

$$k_1\mathbf{a} + k_2\mathbf{b} + k_3\mathbf{c} = \langle 0, 0, 0 \rangle$$

으로 놓으면, $k_1 = k_2 = k_3 = 0$이므로 $\mathbf{a}$, $\mathbf{b}$, $\mathbf{c}$는 일차독립이다. 따라서 rank $\mathbf{A} = 3$이다.

예제 8-9

다음 행렬의 계수를 구하라.

$$\mathrm{A} = \begin{pmatrix} 1 & -1 & 4 & 2 \\ 0 & 1 & 3 & 2 \\ 3 & -2 & 15 & 8 \end{pmatrix}$$

풀이

세 행벡터 $\mathbf{a} = \langle 1, -1, 4, 2 \rangle$, $\mathbf{b} = \langle 0, 1, 3, 2 \rangle$, $\mathbf{c} = \langle 3, -2, 15, 8 \rangle$에 대해

$$k_1\mathbf{a} + k_2\mathbf{b} + k_3\mathbf{c} = \langle 0, 0, 0, 0 \rangle$$

으로 놓자. 그러면

$$\langle k_1 + 3k_3,\ -k_1 + k_2 - 2k_3,\ 4k_1 + 3k_2 + 15k_3,\ 2k_1 + 2k_2 + 8k_3 \rangle = \langle 0, 0, 0, 0 \rangle$$

에서

$$\begin{aligned} k_1 + 3k_3 &= 0 \\ k_2 + k_3 &= 0 \end{aligned}$$

으로 정리하고 $k_3 = t$로 놓으면 $k_2 = -t$, $k_1 = -3t$(단, t는 모든 실수)이므로 세 벡터 $\mathbf{a}$, $\mathbf{b}$, $\mathbf{c}$는 일차종속이다. 즉 $\mathbf{a}$와 $\mathbf{b}$는 일차독립이므로 $\operatorname{rank}\mathbf{A} = 2$이다.

기본 행연산에 의해 행렬의 계수가 바뀌지 않으므로 행렬 $\mathbf{A}$의 계수는 가우스 소거법을 이용하여 구할 수 있다. [예제 8-8]에서

$$\mathbf{A} = \begin{pmatrix} 1 & -1 & 4 \\ 1 & 1 & 3 \\ 2 & -1 & 11 \end{pmatrix} \xrightarrow[(-2)R_1 + R_3 \to R_3]{(-1)R_1 + R_2 \to R_2} \begin{pmatrix} 1 & -1 & 4 \\ 0 & 2 & -1 \\ 0 & 1 & 3 \end{pmatrix} \xrightarrow{\frac{1}{2}R_2} \begin{pmatrix} 1 & -4 & 4 \\ 0 & 1 & -\frac{1}{2} \\ 0 & 1 & 3 \end{pmatrix}$$

$$\xrightarrow{(-1)R_2 + R_3 \to R_3} \begin{pmatrix} 1 & -1 & 4 \\ 0 & 1 & -\frac{1}{2} \\ 0 & 0 & \frac{7}{2} \end{pmatrix}$$

이므로, $\mathbf{A}$의 세 행벡터

$$\mathbf{a} = \langle 1, -1, 4 \rangle,\ \mathbf{b} = \langle 1, 1, 3 \rangle,\ \mathbf{c} = \langle 2, -1, 11 \rangle$$

이 가우스 소거법에 의해

$$\mathbf{a}' = \langle 1, -1, 4 \rangle,\ \mathbf{b}' = \left\langle 0, 1, -\frac{1}{2} \right\rangle,\ \mathbf{c}' = \left\langle 0, 0, \frac{7}{2} \right\rangle$$

이 되어 세 행벡터가 일차독립임을 쉽게 알 수 있다. $\operatorname{rank}\mathbf{A} = r$이면 m개의 행벡터 중에서 일차독립인 행벡터의 최대 개수가 r개임을 의미한다.

예제 8-10

네 벡터 $\langle 0, -1, 2, 4\rangle$, $\langle 0, 0, -1, 3\rangle$, $\langle 2, 1, 3, 7\rangle$, $\langle 3, 1, 5, 14\rangle$가 일차종속임을 보여라.

풀이

네 벡터를 행벡터로 갖는 행렬을

$$A = \begin{pmatrix} 0 & -1 & 2 & 4 \\ 0 & 0 & -1 & 3 \\ 2 & 1 & 3 & 7 \\ 3 & 1 & 5 & 14 \end{pmatrix}$$

라 놓자. 가우스 소거법을 이용하면

$$\begin{pmatrix} 1 & \frac{1}{2} & \frac{3}{2} & \frac{7}{2} \\ 0 & 1 & -2 & -4 \\ 0 & 0 & 1 & -3 \\ 0 & 0 & 0 & 0 \end{pmatrix}$$

이다. $\operatorname{rank} A = 3$이므로 일차독립인 행벡터는 최대 3개이다. 따라서 네 벡터는 일차종속이다.

이제 8.2절 예제에 대해 A의 계수를 구하고 연립 선형방정식의 해와 계수의 관계를 알아보자.

- [예제 8-5] : $\operatorname{rank} A = 3 = \operatorname{rank}(A \mid b) =$ (미지수의 개수) $\Leftrightarrow$ 유일한 해가 존재
- [예제 8-6] : $\operatorname{rank} A = 2 = \operatorname{rank}(A \mid b) <$ (미지수의 개수) $\Leftrightarrow$ 무수히 많은 해가 존재
- [예제 8-7] : $(\operatorname{rank} A = 2) \neq (\operatorname{rank}(A \mid b) = 3)$ $\Leftrightarrow$ 해가 존재하지 않음

임을 알 수 있다. 이를 일반화하면 다음과 같다.

정리 8-10 행렬의 계수와 연립 선형방정식의 해 (1)

A가 $m \times n$ 행렬일 때, 미지수가 n개인 m개의 연립 선형방정식 $AX = b$에서 다음을 만족한다.

(1) $\operatorname{rank} A = \operatorname{rank}(A \mid b) = n \quad \Leftrightarrow$ 유일한 해 존재

(2) $\operatorname{rank} A = \operatorname{rank}(A \mid b) < n \quad \Leftrightarrow$ 무수히 많은 해 존재

(3) $\operatorname{rank} A \neq \operatorname{rank}(A \mid b) \quad \Leftrightarrow$ 해가 존재하지 않음

연립 선형방정식에서

$$AX = b, \quad b \neq O \tag{8.3}$$

를 **비제차**non-homogeneous **방정식**이라 하고,

$$AX = O \tag{8.4}$$

를 **제차**homogeneous **방정식**이라 한다.

제차 방정식에서는 rank $\mathbf{A}$ = rank $(\mathbf{A}|\mathbf{b})$이므로, [정리 8-10]의 결론을 다음과 같이 적용할 수 있다.

정리 8-11 행렬의 계수와 연립 선형방정식의 해 (2)

미지수가 n개인 m개의 연립 선형방정식 $\mathbf{AX} = \mathbf{O}$에서 다음을 만족한다.

(1) rank $\mathbf{A}$ = rank $(\mathbf{A}|\mathbf{b}) = n$ ⇔ 유일한 해 존재($\mathbf{X} = \mathbf{O}$인 자명한 해)

(2) rank $\mathbf{A}$ = rank $(\mathbf{A}|\mathbf{b}) < n$ ⇔ 무수히 많은 해 존재($\mathbf{X} \neq \mathbf{O}$인 자명하지 않은 해)

예제 8-11

다음과 같은 연립 선형방정식이 자명한 해만 가짐을 보여라.

$$\begin{aligned} x_1 - x_2 + 2x_3 &= 0 \\ 2x_1 - 4x_2 + 6x_3 &= 0 \\ 3x_1 - 2x_3 &= 0 \end{aligned}$$

풀이

이 연립 선형방정식은 제차 방정식이므로, rank $\mathbf{A}$ = rank $(\mathbf{A}|\mathbf{b})$이다. 따라서 계수행렬에 가우스 소거법을 이용하면

$$\mathbf{A} = \begin{pmatrix} 1 & -1 & 2 \\ 2 & -4 & 6 \\ 3 & 0 & -2 \end{pmatrix} \xrightarrow[(-3)R_1 + R_3 \to R_3]{(-2)R_1 + R_2 \to R_2} \begin{pmatrix} 1 & -1 & 2 \\ 0 & -2 & 2 \\ 0 & 3 & -8 \end{pmatrix} \xrightarrow{\left(-\frac{1}{2}\right)R_2} \begin{pmatrix} 1 & -1 & 2 \\ 0 & 1 & -1 \\ 0 & 3 & -8 \end{pmatrix}$$

$$\xrightarrow{(-3)R_2 + R_3 \to R_3} \begin{pmatrix} 1 & -1 & 2 \\ 0 & 1 & -1 \\ 0 & 0 & -5 \end{pmatrix}$$

이므로 rank $\mathbf{A}$ = 3 = (미지수의 개수)이다. 따라서 이 연립 선형 미분방정식은 $\mathbf{X} = \mathbf{O}$를 유일한 해로 갖는다.

Section 8.4 행렬식

이 절에서는 행렬식의 정의와 성질에 대해 살펴보자. 먼저 행렬식의 정의는 다음과 같다.

정의 8-12 행렬식

A가 n차 정사각행렬일 때, A의 **행렬식**determinant은 det A 또는 |A|로 표기한다.

$$\mathbf{A}=\begin{pmatrix} a_{11} & a_{12} & \cdots & a_{1n} \\ a_{21} & a_{22} & \cdots & a_{2n} \\ & & \vdots & \\ a_{n1} & a_{n2} & \cdots & a_{nn} \end{pmatrix} \text{일 때, } \det \mathbf{A}=|\mathbf{A}|=\begin{vmatrix} a_{11} & a_{12} & \cdots & a_{1n} \\ a_{21} & a_{22} & \cdots & a_{2n} \\ & & \vdots & \\ a_{n1} & a_{n2} & \cdots & a_{nn} \end{vmatrix}$$

[정의 8-12]로부터 1차, 2차, 3차 행렬식은 다음과 같다.

(1) $\mathbf{A}=(a)$가 1×1 행렬일 때, $\det \mathbf{A}=|a|=a$이다.

(2) $\mathbf{A}=\begin{pmatrix} a_{11} & a_{12} \\ a_{21} & a_{22} \end{pmatrix}$일 때, $\det \mathbf{A}=\begin{vmatrix} a_{11} & a_{12} \\ a_{21} & a_{22} \end{vmatrix}=a_{11}a_{22}-a_{12}a_{21}$이다.

(3) $\mathbf{A}=\begin{pmatrix} a_{11} & a_{12} & a_{13} \\ a_{21} & a_{22} & a_{23} \\ a_{31} & a_{32} & a_{33} \end{pmatrix}$일 때,

$$\begin{aligned} \det \mathbf{A}=\begin{vmatrix} a_{11} & a_{12} & a_{13} \\ a_{21} & a_{22} & a_{23} \\ a_{31} & a_{32} & a_{33} \end{vmatrix} &= a_{11}\begin{vmatrix} a_{22} & a_{23} \\ a_{32} & a_{33} \end{vmatrix}-a_{12}\begin{vmatrix} a_{21} & a_{23} \\ a_{31} & a_{33} \end{vmatrix}+a_{13}\begin{vmatrix} a_{21} & a_{22} \\ a_{31} & a_{32} \end{vmatrix} \\ &= a_{11}\mathbf{M}_{11}-a_{12}\mathbf{M}_{12}+a_{13}\mathbf{M}_{13} \\ &= a_{11}\mathbf{C}_{11}+a_{12}\mathbf{C}_{12}+a_{13}\mathbf{C}_{13} \end{aligned}$$

이다. 단, $\mathbf{M}_{ij}$는 행렬 A에서 i행과 j열을 제외한 부분행렬의 행렬식으로 다음과 같다.

$$\mathbf{C}_{ij}=(-1)^{i+j}\mathbf{M}_{ij}$$

이때 $\mathbf{M}_{ij}$를 **소행렬식**minor이라 하고, $\mathbf{C}_{ij}$를 **여인수**cofactor라 한다.

$\mathbf{A}$가 $n \times n$ 행렬이면 n차 행렬식은

$$\begin{aligned}\det \mathbf{A} &= a_{11}\mathbf{M}_{11} - a_{12}\mathbf{M}_{12} + a_{13}\mathbf{M}_{13} - \cdots + (-1)^{1+j}a_{1j}\mathbf{M}_{1j} + \cdots + (-1)^{1+n}a_{1n}\mathbf{M}_{1n} \\ &= a_{11}\mathbf{C}_{11} + a_{12}\mathbf{C}_{12} + \cdots + a_{1n}\mathbf{C}_{1n} = \sum_{j=1}^{n} a_{1j}\mathbf{C}_{1j}\end{aligned}$$

이다. 예를 들면 $|x|$행렬과 2×2행렬의 행렬식은 다음과 같이 구한다.

$$\mathbf{A} = (-2)\text{일 때, } \det \mathbf{A} = |-2| = -2$$

$$\mathbf{A} = \begin{pmatrix} 1 & 2 \\ 3 & 4 \end{pmatrix}\text{일 때, } \det \mathbf{A} = \begin{vmatrix} 1 & 2 \\ 3 & 4 \end{vmatrix} = 1\cdot 4 - 2\cdot 3 = -2$$

예제 8-12

$\det \mathbf{A} = \begin{vmatrix} 1 & 2 & 3 \\ 4 & 5 & 6 \\ 7 & 8 & 9 \end{vmatrix}$를 구하라.

풀이

$$\begin{aligned}\det \mathbf{A} &= \begin{vmatrix} 1 & 2 & 3 \\ 4 & 5 & 6 \\ 7 & 8 & 9 \end{vmatrix} = 1\cdot\begin{vmatrix} 5 & 6 \\ 8 & 9 \end{vmatrix} - 2\cdot\begin{vmatrix} 4 & 6 \\ 7 & 9 \end{vmatrix} + 3\cdot\begin{vmatrix} 4 & 5 \\ 7 & 8 \end{vmatrix} \\ &= (45-48) - 2(36-42) + 3(32-35) = 0\end{aligned}$$

예제 8-13

$\det \mathbf{A} = \begin{vmatrix} 1 & 2 & -1 & 0 \\ 2 & 0 & 0 & -1 \\ -3 & 5 & 5 & 4 \\ 0 & 1 & 0 & 1 \end{vmatrix}$을 구하라.

풀이

$$\begin{aligned}\det \mathbf{A} &= 1\begin{vmatrix} 0 & 0 & -1 \\ 5 & 5 & 4 \\ 1 & 0 & 1 \end{vmatrix} - 2\begin{vmatrix} 2 & 0 & -1 \\ -3 & 5 & 4 \\ 0 & 0 & 1 \end{vmatrix} - 1\begin{vmatrix} 2 & 0 & -1 \\ -3 & 5 & 4 \\ 0 & 1 & 1 \end{vmatrix} + 0\begin{vmatrix} 2 & 0 & 0 \\ -3 & 5 & 5 \\ 0 & 1 & 0 \end{vmatrix} \\ &= (-1)\begin{vmatrix} 5 & 5 \\ 1 & 0 \end{vmatrix} - 2\left(2\begin{vmatrix} 5 & 4 \\ 0 & 1 \end{vmatrix} - 1\begin{vmatrix} -3 & 5 \\ 0 & 0 \end{vmatrix}\right) - \left(2\begin{vmatrix} 5 & 4 \\ 1 & 1 \end{vmatrix} - \begin{vmatrix} -3 & 5 \\ 0 & 1 \end{vmatrix}\right) \\ &= (-1)(-5) - 2(2\cdot 5) - (2(5-4) - (-3)) \\ &= 5 - 20 - 5 \\ &= -20\end{aligned}$$

이제 행렬식의 성질을 살펴보자. 이때 $\mathbf{A}$가 $n\times n$ 행렬이라 하자.

(1) $\det \mathbf{A} = \det \mathbf{A}^T$

예제 8-14

$\mathbf{A}=\begin{pmatrix}1&2\\3&4\end{pmatrix}$일 때, $\mathbf{A}$와 $\mathbf{A}^T$의 행렬식을 구하라.

풀이

$\mathbf{A}=\begin{pmatrix}1&2\\3&4\end{pmatrix}$일 때, $\mathbf{A}^T=\begin{pmatrix}1&3\\2&4\end{pmatrix}$이고 $\mathbf{A}$와 $\mathbf{A}^T$의 행렬식은 각각 다음과 같이 구한다.

$$\det \mathbf{A}=\begin{vmatrix}1&2\\3&4\end{vmatrix}=1\cdot 4-2\cdot 3=-2$$

$$\det \mathbf{A}^{\mathrm{T}}=\begin{vmatrix}1&3\\2&4\end{vmatrix}=1\cdot 4-3\cdot 2=-2$$

(2) 두 행(또는 열)이 같으면 $\det \mathbf{A}=0$이다.

예제 8-15

$\mathbf{A}=\begin{pmatrix}1&2&3\\4&5&6\\1&2&3\end{pmatrix}$의 행렬식을 구하라.

풀이

$$\begin{aligned}\det \mathbf{A}=\begin{vmatrix}1&2&3\\4&5&6\\1&2&3\end{vmatrix}&=1\begin{vmatrix}5&6\\2&3\end{vmatrix}-2\begin{vmatrix}4&6\\1&3\end{vmatrix}+3\begin{vmatrix}4&5\\1&2\end{vmatrix}\\&=(15-12)-2(12-6)+3(8-5)\\&=3-12+9=0\end{aligned}$$

(3) 행렬 $\mathbf{A}$에서 두 행(또는 열)을 교환한 행렬을 $\mathbf{B}$라 하면 $\det \mathbf{B}=-\det \mathbf{A}$이다.

예제 8-16

$\mathbf{A}=\begin{pmatrix}1&2&3\\6&5&4\\-1&0&3\end{pmatrix}$, $\mathbf{B}=\begin{pmatrix}6&5&4\\1&2&3\\-1&0&3\end{pmatrix}$의 행렬식을 각각 구하라.

풀이

$\det \mathbf{A} = \begin{vmatrix} 5 & 4 \\ 0 & 3 \end{vmatrix} - 2\begin{vmatrix} 6 & 4 \\ -1 & 3 \end{vmatrix} + 3\begin{vmatrix} 6 & 5 \\ -1 & 0 \end{vmatrix} = 15 - 2(18+4) + 3(5) = -14$

$\det \mathbf{B} = 6\begin{vmatrix} 2 & 3 \\ 0 & 3 \end{vmatrix} - 5\begin{vmatrix} 1 & 3 \\ -1 & 3 \end{vmatrix} + 4\begin{vmatrix} 1 & 2 \\ -1 & 0 \end{vmatrix} = 6 \cdot 6 - 5 \cdot 6 + 4(2) = 14$

(4) 한 행(또는 열)의 원소가 모두 0이면 $\det \mathbf{A} = 0$이다.

예제 8-17

$\mathbf{A} = \begin{pmatrix} 1 & 2 & 3 \\ 0 & 0 & 0 \\ 4 & 5 & 6 \end{pmatrix}$의 행렬식을 구하라.

풀이

$\det \mathbf{A} = \begin{vmatrix} 1 & 2 & 3 \\ 0 & 0 & 0 \\ 4 & 5 & 6 \end{vmatrix} = -\begin{vmatrix} 0 & 0 & 0 \\ 1 & 2 & 3 \\ 4 & 5 & 6 \end{vmatrix} = 0$

(5) $n \times n$ 행렬 $\mathbf{A}$의 한 행(또는 열)에 0이 아닌 스칼라 k를 곱한 행렬을 $\mathbf{B}$라 하면 $\det \mathbf{B} = k\det \mathbf{A}$이다. 또한, $\det(k\mathbf{A}) = k^n \det \mathbf{A}$이다.

예제 8-18

$\mathbf{A} = \begin{pmatrix} 1 & 2 & 3 \\ 6 & 5 & 4 \\ -1 & 0 & 3 \end{pmatrix}$, $\mathbf{B} = \begin{pmatrix} k & 2k & 3k \\ 6 & 5 & 4 \\ -1 & 0 & 3 \end{pmatrix}$의 행렬식을 각각 구하라. 단, k는 0이 아닌 스칼라이다.

풀이

$\det \mathbf{A} = \quad 14$ ← [예제 8-16] 참고

$\det \mathbf{B} = k\begin{vmatrix} 5 & 4 \\ 0 & 3 \end{vmatrix} - 2k\begin{vmatrix} 6 & 4 \\ -1 & 3 \end{vmatrix} + 3k\begin{vmatrix} 6 & 5 \\ -1 & 0 \end{vmatrix} = -14k$

(6) $\mathbf{A}$의 한 행(또는 열)에 0이 아닌 스칼라 k를 곱하여 다른 행(또는 열)에 더한 행렬을 $\mathbf{B}$라 하면 $\det \mathbf{B} = \det \mathbf{A}$이다.

예제 8-19

$\mathbf{A}=\begin{pmatrix} 1 & 2 & 3 \\ 6 & 5 & 4 \\ -1 & 0 & 3 \end{pmatrix}$, $\mathbf{B}=\begin{pmatrix} 1 & 2 & 3 \\ 6+k & 5+2k & 4+3k \\ -1 & 0 & 3 \end{pmatrix}$의 행렬식을 각각 구하라.

풀이

$\det \mathbf{A} = -14$ ← [예제 8-16] 참고

$$\det \mathbf{B} = \begin{vmatrix} 5+2k & 4+3k \\ 0 & 3 \end{vmatrix} - 2\begin{vmatrix} 6+k & 4+3k \\ -1 & 3 \end{vmatrix} + 3\begin{vmatrix} 6+k & 5+2k \\ -1 & 0 \end{vmatrix}$$

$$= (15+6k) - 2(18+3k+4+3k) + 3(5+2k) = -14$$

(7) 두 개의 $n \times n$ 행렬 $\mathbf{A}$, $\mathbf{B}$에 대해, $\det \mathbf{AB} = \det \mathbf{A} \cdot \det \mathbf{B}$이다.

예제 8-20

$\mathbf{A}=\begin{pmatrix} 1 & 2 \\ 6 & 5 \end{pmatrix}$, $\mathbf{B}=\begin{pmatrix} 2 & 3 \\ 5 & 4 \end{pmatrix}$일 때, $\det \mathbf{AB}$와 $\det \mathbf{A} \cdot \det \mathbf{B}$를 각각 구하라.

풀이

두 행렬 $\mathbf{A}$, $\mathbf{B}$의 곱은

$$\mathbf{AB} = \begin{pmatrix} 1 & 2 \\ 6 & 5 \end{pmatrix}\begin{pmatrix} 2 & 3 \\ 5 & 4 \end{pmatrix} = \begin{pmatrix} 2+10 & 3+8 \\ 12+25 & 18+20 \end{pmatrix} = \begin{pmatrix} 12 & 11 \\ 37 & 38 \end{pmatrix}$$

이고 $\det \mathbf{A} = 5-12 = -7$, $\det \mathbf{B} = 8-15 = -7$이므로

$$\det \mathbf{AB} = 12 \cdot 38 - 11 \cdot 37 = 456 - 407 = 49$$

$$\det \mathbf{A} \cdot \det \mathbf{B} = (-7)(-7) = 49$$

이다.

(8) $\mathbf{A}$가 삼각행렬이면 $\det \mathbf{A} = a_{11}a_{22}\cdots a_{nn}$이다.

예제 8-21

$\mathbf{A}=\begin{pmatrix} 1 & 2 & 3 \\ 0 & 5 & 6 \\ 0 & 0 & 9 \end{pmatrix}$의 행렬식을 구하라.

풀이

$$\det \mathbf{A} = 1\begin{vmatrix} 5 & 6 \\ 0 & 9 \end{vmatrix} - 2\begin{vmatrix} 0 & 6 \\ 0 & 9 \end{vmatrix} + 3\begin{vmatrix} 0 & 5 \\ 0 & 0 \end{vmatrix} = 1 \cdot 5 \cdot 9 - 2 \cdot 0 + 3 \cdot 0$$

$$= 1 \cdot 5 \cdot 9 = 45$$

행렬식의 성질을 종합해볼 때, 행렬에 가우스 소거법을 사용하여 삼각행렬로 만들면 행렬식을 쉽게 계산할 수 있음을 알 수 있다.

예제 8-22

$\begin{vmatrix} 1 & 0 & 1 & 3 \\ 2 & -4 & -1 & -1 \\ 3 & -1 & 0 & 5 \\ -4 & 4 & 1 & 0 \end{vmatrix}$을 구하라.

풀이

주어진 행렬을 내각행렬로 만들어 행렬식을 구하면 다음과 같다.

$$\begin{vmatrix} 1 & 0 & 1 & 3 \\ 2 & -4 & -1 & -1 \\ 3 & -1 & 0 & 5 \\ -4 & 4 & 1 & 0 \end{vmatrix} \xrightarrow[\substack{(-3)R_1 + R_3 \to R_3 \\ 4R_1 + R_4 \to R_4}]{(-2)R_1 + R_2 \to R_2} \begin{vmatrix} 1 & 0 & 1 & 3 \\ 0 & -4 & -3 & -7 \\ 0 & -1 & -3 & -4 \\ 0 & 4 & 5 & 12 \end{vmatrix}$$ ← 행렬식의 성질 (6)

$$\xrightarrow{R_2 \leftrightarrow R_3} -\begin{vmatrix} 1 & 0 & 1 & 3 \\ 0 & -1 & -3 & -4 \\ 0 & -4 & -3 & -7 \\ 0 & 4 & 5 & 12 \end{vmatrix}$$ ← 행렬식의 성질 (3)

$$\xrightarrow[R_3 + R_4 \to R_4]{(-4)R_2 + R_3 \to R_3} -\begin{vmatrix} 1 & 0 & 1 & 3 \\ 0 & -1 & -3 & -4 \\ 0 & 0 & 9 & 9 \\ 0 & 0 & 2 & 5 \end{vmatrix}$$ ← 행렬식의 성질 (6)

$$= -(-1)9\begin{vmatrix} 1 & 0 & 1 & 3 \\ 0 & 1 & 3 & 4 \\ 0 & 0 & 1 & 1 \\ 0 & 0 & 2 & 5 \end{vmatrix}$$ ← 행렬식의 성질 (5)

$$\xrightarrow{(-2)R_3 + R_4 \to R_4} 9\begin{vmatrix} 1 & 0 & 1 & 3 \\ 0 & 1 & 3 & 4 \\ 0 & 0 & 1 & 1 \\ 0 & 0 & 0 & 3 \end{vmatrix}$$ ← 행렬식의 성질 (6)

$$= 9(1 \cdot 1 \cdot 1 \cdot 3) = 27$$ ← 행렬식의 성질 (8)

Section

8.5 역행렬

A가 $n \times n$ 행렬일 때, 연립 선형방정식 $AX = b$에서 A가 역행렬을 가지면 해 X를 쉽게 구할 수 있다. 이 절에서는 역행렬을 이용하여 연립 선형방정식의 해를 구하는 방법을 살펴보자. 먼저 역행렬은 다음과 같이 정의한다.

정의 8-13 역행렬

A가 $n \times n$ 행렬일 때,

$$AB = BA = I_n$$

인 $n \times n$ 행렬 B를 A의 **역행렬**inverse matrix이라 하고, 다음과 같이 나타낸다.

$$B = A^{-1}$$

역행렬을 갖는 행렬을 **정칙행렬**nonsingular matrix 또는 **가역행렬**invertible matrix이라 하고, 역행렬을 갖지 않는 행렬을 **특이행렬**singular matrix이라 한다.

정리 8-14 정칙행렬의 성질

두 행렬 A와 B가 정칙행렬일 때, 다음이 성립한다.

(1) $(A^{-1})^{-1} = A$

(2) $(AB)^{-1} = B^{-1}A^{-1}$

(3) $(A^{T})^{-1} = (A^{-1})^{T}$

증명

(1) $AA^{-1} = I_n = A^{-1}A$이므로 A^{-1}의 역행렬은 A이다. 즉 $(A^{-1})^{-1} = A$이다.

(2) 역행렬의 정의에 의해

$$AB(AB)^{-1} = I_n$$

이고, 양변에 A^{-1}를 곱하면

$$A^{-1}AB(AB)^{-1} = A^{-1}I_n$$
$$B(AB)^{-1} = A^{-1}$$

이므로, 다시 B^{-1}를 양변에 곱하면

$$B^{-1}B(AB)^{-1} = B^{-1}A^{-1}$$

이다. 따라서 $(AB)^{-1} = B^{-1}A^{-1}$ 이다.

(3) $(AA^{-1})^T = I_n{}^T = I_n$이고, [정리 8-6]의 전치행렬의 성질에 의해

$$(A^{-1})^T A^T = I_n$$

이므로, A^T의 역행렬은 $(A^{-1})^T$이다. 즉 $(A^T)^{-1} = (A^{-1})^T$ 이다. ■

또한 A가 정칙행렬일 때, A의 역행렬은 유일하게 존재한다.

■ 수반행렬을 이용한 역행렬 구하기

이제 수반행렬을 이용하여 역행렬을 구하는 방법을 살펴보자. 수반행렬은 다음과 같이 정의한다.

정의 8-15 수반행렬

$n \times n$ 행렬 A에 대해 A의 **수반행렬**adjoint matrix인 adj A는 다음과 같이 정의한다.

$$\text{adj } A = \begin{pmatrix} C_{11} & C_{12} & \cdots & C_{1n} \\ C_{21} & C_{22} & \cdots & C_{2n} \\ & & \vdots & \\ C_{n1} & C_{n2} & \cdots & C_{nn} \end{pmatrix}^T \quad (\text{단, } C_{ij} = (-1)^{i+j} M_{ij})$$

예제 8-23

$A = \begin{pmatrix} 1 & 2 \\ 3 & 4 \end{pmatrix}$의 수반행렬을 구하라.

풀이

$C_{11} = 4$, $C_{21} = -2$, $C_{12} = -3$, $C_{22} = 1$이므로 수반행렬은 다음과 같이 구한다.

$$\text{adj } A = \begin{pmatrix} 4 & -2 \\ -3 & 1 \end{pmatrix}$$

이러한 수반행렬을 이용하여 역행렬을 구해보자.

정리 8-16 역행렬

$n \times n$ 행렬 $\mathbf{A}$에 대해 $\det \mathbf{A} \neq 0$이면 역행렬은 다음과 같다.

$$\mathbf{A}^{-1} = \frac{1}{\det \mathbf{A}} \operatorname{adj} \mathbf{A}$$

증명

행렬 $\mathbf{A}$와 그 수반행렬의 곱은

$$\mathbf{A}(\operatorname{adj} \mathbf{A}) = \begin{pmatrix} a_{11} & a_{12} & \cdots & a_{1n} \\ a_{21} & a_{22} & \cdots & a_{2n} \\ & & \vdots & \\ a_{i1} & a_{i2} & \cdots & a_{in} \\ & & \vdots & \\ a_{n1} & a_{n2} & \cdots & a_{nn} \end{pmatrix} \begin{pmatrix} \mathbf{C}_{11} & \mathbf{C}_{21} & \cdots & \mathbf{C}_{j1} & \cdots & \mathbf{C}_{n1} \\ \mathbf{C}_{12} & \mathbf{C}_{22} & \cdots & \mathbf{C}_{j2} & \cdots & \mathbf{C}_{n2} \\ \vdots & \vdots & & \vdots & & \vdots \\ \mathbf{C}_{1n} & \mathbf{C}_{2n} & \cdots & \mathbf{C}_{jn} & \cdots & \mathbf{C}_{nn} \end{pmatrix}$$

이며, 이때 (i, j)원소는

$$a_{i1}\mathbf{C}_{j1} + a_{i2}\mathbf{C}_{j2} + \cdots + a_{in}\mathbf{C}_{jn} = 0 \qquad (\text{단, } i \neq j)$$

이고 (i, i)원소는

$$a_{i1}\mathbf{C}_{i1} + a_{i2}\mathbf{C}_{i2} + \cdots + a_{in}\mathbf{C}_{in} = \det \mathbf{A}$$

이다. 그러므로 $\mathbf{A}(\operatorname{adj} \mathbf{A})$의 주대각원소는 $\det \mathbf{A}$ 이고, 나머지 원소는 모두 0이다. 따라서

$$\mathbf{A}(\operatorname{adj} \mathbf{A}) = \det \mathbf{A} \cdot \mathbf{I}_n$$

이다. 양변을 $\det \mathbf{A}$로 나누면

$$\frac{1}{\det \mathbf{A}} \mathbf{A}(\operatorname{adj} \mathbf{A}) = \mathbf{I}_n$$

이므로 $\mathbf{A}$의 역행렬은 다음과 같다.

$$\mathbf{A}^{-1} = \frac{1}{\det \mathbf{A}} \operatorname{adj} \mathbf{A}$$

■

[정리 8-16]에서 $\mathbf{A}$가 역행렬을 가지기 위한 필요충분조건은 $\det \mathbf{A} \neq 0$임을 알 수 있다.

정리 8-17 역행렬을 갖기 위한 조건

$n \times n$ 행렬 $\mathbf{A}$가 역행렬을 갖기 위한 필요충분조건은 $\det \mathbf{A} \neq 0$이다.

예제 8-24

$\mathbf{A}=\begin{pmatrix}1&1&2\\3&1&1\\1&3&4\end{pmatrix}$의 역행렬을 구하라.

풀이

$\det\mathbf{A}$ 와 $\mathbf{C}_{ij}$를 구하면

$$\det\mathbf{A}=\begin{vmatrix}1&1&2\\3&1&1\\1&3&4\end{vmatrix}=\begin{vmatrix}1&1&2\\0&-2&-5\\0&2&2\end{vmatrix}=\begin{vmatrix}1&1&2\\0&-2&-5\\0&0&-3\end{vmatrix}=6$$

$$\mathbf{C}_{11}=\begin{vmatrix}1&1\\3&4\end{vmatrix}=1,\quad \mathbf{C}_{21}=-\begin{vmatrix}1&2\\3&4\end{vmatrix}=2,\quad \mathbf{C}_{31}=\begin{vmatrix}1&2\\1&1\end{vmatrix}=-1$$

$$\mathbf{C}_{12}=-\begin{vmatrix}3&1\\1&4\end{vmatrix}=-11,\quad \mathbf{C}_{22}=\begin{vmatrix}1&2\\1&4\end{vmatrix}=2,\quad \mathbf{C}_{32}=-\begin{vmatrix}1&2\\3&1\end{vmatrix}=5$$

$$\mathbf{C}_{13}=\begin{vmatrix}3&1\\1&3\end{vmatrix}=8,\quad \mathbf{C}_{23}=-\begin{vmatrix}1&1\\1&3\end{vmatrix}=-2,\quad \mathbf{C}_{33}=\begin{vmatrix}1&1\\3&1\end{vmatrix}=-2$$

이므로, $\mathbf{A}$의 역행렬은 다음과 같이 구한다.

$$\mathbf{A}^{-1}=\frac{1}{6}\begin{pmatrix}1&2&-1\\-11&2&5\\8&-2&-2\end{pmatrix}$$

수반행렬을 이용하여 $n\times n$ 행렬의 역행렬을 구할 때, n이 커지면 $\mathbf{C}_{11}$부터 $\mathbf{C}_{nn}$을 구하는 계산이 많아지므로 다른 방법이 필요하다.

■ 가우스-조단 소거법을 이용하여 역행렬 구하기

$n\times n$ 행렬 $\mathbf{A}$의 역행렬을 구하기 위해 가우스-조단 소거법Gauss-Jordan elimination을 이용하자. 첨가행렬

$$(\mathbf{A}\,|\,\mathbf{I})$$

에 기본 행연산을 시행하여 $\mathbf{A}$가 $\mathbf{I}$가 될 때, $\mathbf{I}$는 $\mathbf{A}^{-1}$가 된다. 즉, $\mathbf{AX}=\mathbf{I}$, $\mathbf{IX}=\mathbf{A}^{-1}$이므로 $(\mathbf{A}\,|\,\mathbf{I})\Rightarrow(\mathbf{I}\,|\,\mathbf{A}^{-1})$이다.

예제 8-25

가우스-조단 소거법을 이용하여 [예제 8-24]의 행렬 $\mathbf{A}$의 역행렬을 구하라.

풀이

첨가행렬 $(\mathbf{A}\,|\,\mathbf{I})$에 가우스-조단 소거법을 이용하면

$$\left(\begin{array}{ccc|ccc} 1 & 1 & 2 & 1 & 0 & 0 \\ 3 & 1 & 1 & 0 & 1 & 0 \\ 1 & 3 & 4 & 0 & 0 & 1 \end{array}\right) \xrightarrow[(-1)R_1+R_3 \to R_3]{(-3)R_1+R_2 \to R_2} \left(\begin{array}{ccc|ccc} 1 & 1 & 2 & 1 & 0 & 0 \\ 0 & -2 & -5 & -3 & 1 & 0 \\ 0 & 2 & 2 & -1 & 0 & 1 \end{array}\right)$$

$$\xrightarrow{R_2+R_3 \to R_3} \left(\begin{array}{ccc|ccc} 1 & 1 & 2 & 1 & 0 & 0 \\ 0 & -2 & -5 & -3 & 1 & 0 \\ 0 & 0 & -3 & -4 & 1 & 1 \end{array}\right)$$

$$\xrightarrow{\left(-\frac{1}{3}\right)R_3} \left(\begin{array}{ccc|ccc} 1 & 1 & 2 & 1 & 0 & 0 \\ 0 & -2 & -5 & -3 & 1 & 0 \\ 0 & 0 & 1 & \frac{4}{3} & -\frac{1}{3} & -\frac{1}{3} \end{array}\right)$$

$$\xrightarrow[5R_3+R_2 \to R_2]{(-2)R_3+R_1 \to R_1} \left(\begin{array}{ccc|ccc} 1 & 1 & 0 & -\frac{5}{3} & \frac{2}{3} & \frac{2}{3} \\ 0 & -2 & 0 & \frac{11}{3} & -\frac{2}{3} & -\frac{5}{3} \\ 0 & 0 & 1 & \frac{4}{3} & -\frac{1}{3} & -\frac{1}{3} \end{array}\right)$$

$$\xrightarrow{\left(-\frac{1}{2}\right)R_2} \left(\begin{array}{ccc|ccc} 1 & 1 & 0 & -\frac{5}{3} & \frac{2}{3} & \frac{2}{3} \\ 0 & 1 & 0 & -\frac{11}{6} & \frac{1}{3} & \frac{5}{6} \\ 0 & 0 & 1 & \frac{4}{3} & -\frac{1}{3} & -\frac{1}{3} \end{array}\right)$$

$$\xrightarrow{(-1)R_2+R_1 \to R_1} \left(\begin{array}{ccc|ccc} 1 & 0 & 0 & \frac{1}{6} & \frac{1}{3} & -\frac{1}{6} \\ 0 & 1 & 0 & -\frac{11}{6} & \frac{1}{3} & \frac{5}{6} \\ 0 & 0 & 1 & \frac{4}{3} & -\frac{1}{3} & -\frac{1}{3} \end{array}\right)$$

이다. 즉, 첨가행렬 $(\mathbf{A}\,|\,\mathbf{I})$에 기본 행연산을 시행한 결과가 $(\mathbf{I}\,|\,\mathbf{A}^{-1})$이므로 $\mathbf{A}$의 역행렬은 다음과 같다.

$$\mathbf{A}^{-1} = \begin{pmatrix} \frac{1}{6} & \frac{1}{3} & -\frac{1}{6} \\ -\frac{11}{6} & \frac{1}{3} & \frac{5}{6} \\ \frac{4}{3} & -\frac{1}{3} & -\frac{1}{3} \end{pmatrix}$$

■ 역행렬을 이용하여 연립 선형방정식의 해 구하기

연립 선형방정식 $\mathrm{AX} = \mathrm{b}$에서 A가 정사각행렬일 때,

$$\mathrm{A}^{-1}\mathrm{AX} = \mathrm{A}^{-1}\mathrm{b}$$

이므로, 해는 다음과 같다.

$$\mathrm{X} = \mathrm{A}^{-1}\mathrm{b}$$

예제 8-26

가우스-조단 소거법을 이용하여 다음 연립 선형방정식의 해를 구하라.

$$x_1 + x_2 + 2x_3 = 1$$
$$3x_1 + x_2 + x_3 = 2$$
$$x_1 + 3x_2 + 4x_3 = 3$$

풀이

연립 선형방정식을 행렬로 나타내면 $\begin{pmatrix} 1 & 1 & 2 \\ 3 & 1 & 1 \\ 1 & 3 & 4 \end{pmatrix}\begin{pmatrix} x_1 \\ x_2 \\ x_3 \end{pmatrix} = \begin{pmatrix} 1 \\ 2 \\ 3 \end{pmatrix}$이다. 계수행렬의 역행렬을 [예제 8-25]에서 구했으므로

$$\begin{pmatrix} x_1 \\ x_2 \\ x_3 \end{pmatrix} = \begin{pmatrix} 1 & 1 & 2 \\ 3 & 1 & 1 \\ 1 & 3 & 4 \end{pmatrix}^{-1}\begin{pmatrix} 1 \\ 2 \\ 3 \end{pmatrix} = \begin{pmatrix} \frac{1}{6} & \frac{1}{3} & -\frac{1}{6} \\ -\frac{11}{6} & \frac{1}{3} & \frac{5}{6} \\ \frac{4}{3} & -\frac{1}{3} & -\frac{1}{3} \end{pmatrix}\begin{pmatrix} 1 \\ 2 \\ 3 \end{pmatrix} = \begin{pmatrix} \frac{1}{3} \\ \frac{4}{3} \\ -\frac{1}{3} \end{pmatrix}$$

이다. 따라서 $x_1 = \frac{1}{3}$, $x_2 = \frac{4}{3}$, $x_3 = -\frac{1}{3}$이다.

Chapter 08 연습문제

[8.1 행렬과 연산]

1. 두 행렬에 대해 $\begin{pmatrix} x^2 & 4 \\ y & 5 \end{pmatrix} = \begin{pmatrix} 9 & 4 \\ 4x & 5 \end{pmatrix}$일 때, 실수 x, y를 결정하라.

2. $A=\begin{pmatrix} 1 & 2 \\ 3 & 4 \end{pmatrix}$, $B=\begin{pmatrix} 5 & 6 \\ 7 & 8 \end{pmatrix}$일 때, $-\frac{1}{3}A$, $A+2B$, $A-B$, $A-B^T$를 각각 구하라.

3. $A=\begin{pmatrix} 1 & 2 \\ 3 & 4 \end{pmatrix}$, $B=\begin{pmatrix} 0 & 6 \\ 7 & -8 \end{pmatrix}$일 때, AB, BA를 각각 구하고 $AB \neq BA$ 임을 보여라.

4. $A=\begin{pmatrix} 3 & 4 \\ 7 & 2 \end{pmatrix}$, $B=\begin{pmatrix} 5 & 10 \\ 2 & -5 \end{pmatrix}$일 때, $(AB)^T$, B^TA^T를 각각 구하라.

5. $A=\begin{pmatrix} 2 & 1 \\ 6 & 3 \\ 1 & 5 \end{pmatrix}$일 때, AA^T가 대칭행렬임을 보여라.

6. a, b가 실수일 때, $ab=0 \Leftrightarrow (a=0$ 또는 $b=0)$이다. 그러나 행렬에서는 이 성질이 성립하지 않는다. $AB=O$일 때, $A \neq O$, $B \neq O$인 두 행렬 A, B를 찾아라.

7. 실수 a, b, c에 대해 $c \neq 0$일 때, $ca=cb \Leftrightarrow a=b$이다. 그러나 행렬에서는 $(CA=CB,\ C \neq O) \Leftrightarrow A=B$라고 할 수는 없다. 이를 다음 세 행렬로 확인하라.

$$A=\begin{pmatrix} 2 & 5 \\ 3 & 4 \end{pmatrix},\ B=\begin{pmatrix} 1 & 1 \\ 3 & 4 \end{pmatrix},\ C=\begin{pmatrix} 0 & 1 \\ 0 & 2 \end{pmatrix}$$

[8.2 연립 선형방정식과 가우스 소거법]

※ (문제 8~12) 다음 연립 선형방정식의 해를 가우스 소거법을 이용하여 구하라.

8.
$$\begin{aligned} x_1-2x_2+x_3&=3 \\ -2x_1+x_2+3x_3&=0 \\ 3x_1+4x_2-3x_3&=9 \end{aligned}$$

9.
$$\begin{aligned} x_1-2x_2+x_3&=1 \\ 3x_1-x_2+2x_3&=3 \\ 2x_1+x_2+x_3&=2 \end{aligned}$$

10.
$$\begin{aligned} x_1+x_2-x_4&=1 \\ 2x_2+x_3&=4 \\ x_1-x_2+x_4&=1 \\ x_1+x_2+x_3+x_4&=5 \end{aligned}$$

11.
$$\begin{aligned} x_1+2x_2-x_3&=0 \\ 2x_1+x_2+x_3&=0 \\ 5x_1+7x_2+x_3&=0 \end{aligned}$$

12.
$$\begin{aligned} x_1+2x_2+3x_3&=0\\ x_1+x_2+x_3&=0\\ 5x_1+7x_2+9x_3&=0 \end{aligned}$$

[8.3 행렬의 계수]

※ (문제 13~15) 다음 행렬의 계수를 구하라.

13. $\begin{pmatrix} 1 & 2 & 1 \\ 2 & 1 & 1 \\ 6 & 2 & 4 \end{pmatrix}$

14. $\begin{pmatrix} 1 & 2 & 2 \\ 2 & 1 & 0 \\ 1 & 1 & 1 \end{pmatrix}$

15. $\begin{pmatrix} 1 & -1 & -2 \\ 2 & 4 & 5 \\ 6 & 0 & -3 \end{pmatrix}$

※ (문제 16~18) 다음 벡터들이 일차독립인지 일차종속인지를 판단하라.

16. $\langle 1,\ -1\rangle,\ \langle 1,\ 6\rangle,\ \langle 2,\ 3\rangle$

17. $\langle 1,\ 2,\ 1\rangle,\ \langle -1,\ 0,\ 1\rangle,\ \langle 1,\ 1,\ 5\rangle$

18. $\langle 1,\ 3,\ -3,\ 3\rangle,\ \langle -2,\ 0,\ 0,\ 0\rangle,\ \langle -2,\ 0,\ 0,\ 1\rangle$

19. 다음 제차 연립 선형방정식이 자명한 해만 가짐을 보여라.

$$\begin{aligned} 4x_1-x_2+x_3&=0\\ x_1-2x_2-x_3&=0\\ 3x_1+x_2+5x_3&=0 \end{aligned}$$

20. 다음 연립 선형방정식이 자명하지 않은 해를 갖도록 하는 a를 결정하라.

$$\begin{aligned} 4x_1-x_2+x_3&=0\\ x_1-2x_2-x_3&=0\\ 3x_1+x_2+ax_3&=0 \end{aligned}$$

21. 다음 연립 선형방정식이 해를 갖기 위한 조건을 구하라.

$$\begin{aligned} 4x_1+x_2+3x_3&=a\\ 2x_1-x_2+3x_3&=b\\ 2x_1+2x_2&=c \end{aligned}$$

[8.4 행렬식]

※ (문제 22~25) 행렬식의 성질을 이용하여 다음 행렬식의 값을 구하라.

22. $\begin{vmatrix} 1 & 1 & 1 \\ 2 & 3 & 4 \\ x & y & z \end{vmatrix}$

23. $\begin{vmatrix} 1 & 2 & 2 \\ 3 & 2 & 2 \\ 4 & 2 & 2 \end{vmatrix}$

24. $\begin{vmatrix} 2 & -1 & 1 \\ 3 & 2 & -2 \\ 4 & 1 & -1 \end{vmatrix}$

25. $\begin{vmatrix} 1 & 1 & 3 & 0 \\ -1 & 5 & -3 & 1 \\ 1 & -2 & 1 & 0 \\ 4 & 3 & 0 & 0 \end{vmatrix}$

※ (문제 26~27) 다음 식을 만족하는 실수 x를 구하라.

26. $\begin{vmatrix} 1 & 2 \\ 1 & 2x+1 \end{vmatrix} = 1$

27. $\begin{vmatrix} x+1 & 2 & 3 \\ 0 & x-1 & 4 \\ 0 & 0 & x+2 \end{vmatrix} = 12$

※ (문제 28~31) $\begin{vmatrix} a & b & c \\ d & e & f \\ g & h & i \end{vmatrix} = k$일 때, 다음을 간단히 하라.

28. $\begin{vmatrix} a & d & g \\ b & e & h \\ c & f & i \end{vmatrix}$

29. $\begin{vmatrix} b & a & c \\ e & d & f \\ h & g & i \end{vmatrix}$

30. $\begin{vmatrix} 2a & 6b & 2c \\ d & 3e & f \\ g & 3h & i \end{vmatrix}$

31. $\begin{vmatrix} a & b & c \\ -d & -e & -f \\ g-d & h-e & i-f \end{vmatrix}$

※ (문제 32~37) 행렬식의 성질을 이용하여 다음 행렬식의 값을 구하라.

32. $\begin{vmatrix} 2 & -1 & 0 \\ 0 & -3 & 2 \\ 0 & 0 & -4 \end{vmatrix}$

33. $\begin{vmatrix} 0 & 0 & 3 \\ 0 & -2 & 4 \\ 4 & 1 & 2 \end{vmatrix}$

34. $\begin{vmatrix} 3 & 0 & 0 \\ 0 & 2 & 0 \\ 0 & 0 & -1 \end{vmatrix}$

35. $\begin{vmatrix} 1 & 1 & 1 \\ x & y & z \\ y+z & z+x & x+y \end{vmatrix}$

36. $\begin{vmatrix} a-1 & a & a+1 \\ b-1 & b & b+1 \\ c-1 & c & c+1 \end{vmatrix}$

37. $\begin{vmatrix} 1 & a & a^2 \\ 1 & b & b^2 \\ 1 & c & c^2 \end{vmatrix}$

38. 다음 연립방정식이 0인 해만을 가질 때, 행렬식을 이용하여 a 값을 구하라.

$$\begin{aligned} x - ay &= 0 \\ x + y &= 0 \end{aligned}$$

39. 다음 연립방정식이 0이 아닌 해를 가질 때, b 값을 구하라.

$$\begin{aligned} x+by-2z&=0 \\ 2x-2y+\ \ z&=0 \\ 3x-6y+4z&=0 \end{aligned}$$

[8.5 역행렬]

※ **(문제 40~44) 다음 행렬의 역행렬을 (1) 수반행렬을 이용한 방법과 (2) 가우스-조단 소거법을 이용한 방법으로 구하라.**

40. $\begin{pmatrix} 1 & 2 \\ 3 & 4 \end{pmatrix}$

41. $\begin{pmatrix} 2 & 0 & 1 \\ -2 & 3 & 4 \\ -4 & 5 & 6 \end{pmatrix}$

42. $\begin{pmatrix} 1 & -1 & -2 \\ 2 & 4 & 5 \\ 5 & 0 & -3 \end{pmatrix}$

43. $\begin{pmatrix} 0 & 1 & 1 \\ 1 & 0 & 1 \\ 1 & 1 & 1 \end{pmatrix}$

44. $\begin{pmatrix} a & 0 & 0 \\ 0 & b & 0 \\ 0 & 0 & c \end{pmatrix}$ (단, $a \neq 0$, $b \neq 0$, $c \neq 0$인 실수)

※ **(문제 45~46) 다음 연립 선형방정식의 해를 (1) 수반행렬을 이용한 방법과 (2) 가우스-조단 소거법을 이용한 방법으로 구하라.**

45.
$$\begin{aligned} 2x_1-x_2+3x_3&=4 \\ x_1+9x_2-2x_3&=-8 \\ 4x_1-8x_2+11x_3&=15 \end{aligned}$$

46.
$$\begin{aligned} 2x_1+x_3&=-1 \\ -2x_1+3x_2+4x_3&=1 \\ -5x_1+5x_2+6x_3&=0 \end{aligned}$$

47. 다음 연립 선형방정식이 무수히 많은 해를 갖도록 λ를 결정하라.

$$\begin{aligned} (\lambda-2)x_1+2x_2&=0 \\ 3x_1+(\lambda-1)x_2&=0 \end{aligned}$$

48. 다음을 만족하는 행렬 $\mathbf{A}$를 구하라.

$$(\mathbf{I}-2\mathbf{A})^{-1}=\begin{pmatrix} 2 & -1 \\ 3 & 5 \end{pmatrix}$$

m.e.m.o

Chapter 09

행렬의 활용

Matrix and Its Application

||| 목차 |||

||| 학습목표 |||

- 크래머 법칙을 이용하여 연립 선형방정식의 해를 구한다.
- 행렬의 고윳값과 고유벡터를 구한다.
- 고윳값의 활용에 대해 살펴본다.
- 직교행렬을 구한다.
- 행렬을 대각화하며 이차형식의 그래프를 그린다.

Section
9.1 크래머 법칙

연립 선형방정식 $\mathbf{AX}=\mathbf{b}$에서 $\mathbf{A}$가 $n\times n$ 정칙행렬(즉 $\det\mathbf{A}\neq 0$)일 때, 해가 $\mathbf{X}=\mathbf{A}^{-1}\mathbf{b}$임을 8.5절에서 배웠다. 이 절에서는 행렬식을 이용하여 $\mathbf{X}$를 구하는 또 다른 방법을 살펴보자.

다음과 같은 행렬 $\mathbf{A}$, $\mathbf{X}$, $\mathbf{b}$를 생각하자.

$$\mathbf{A}=\begin{pmatrix} a_{11} & a_{12} & \cdots & a_{1n} \\ a_{21} & a_{22} & \cdots & a_{2n} \\ & & \vdots & \\ a_{n1} & a_{n2} & \cdots & a_{nn} \end{pmatrix},\quad \mathbf{X}=\begin{pmatrix} x_1 \\ x_2 \\ \vdots \\ x_n \end{pmatrix},\quad \mathbf{b}=\begin{pmatrix} b_1 \\ b_2 \\ \vdots \\ b_n \end{pmatrix}$$

선형 연립방정식 $\mathbf{AX}=\mathbf{b}$의 해는

$$\mathbf{X}=\mathbf{A}^{-1}\mathbf{b}=\frac{1}{\det\mathbf{A}}\begin{pmatrix} \mathbf{C}_{11} & \mathbf{C}_{21} & \cdots & \mathbf{C}_{n1} \\ \mathbf{C}_{12} & \mathbf{C}_{22} & \cdots & \mathbf{C}_{n2} \\ & & \vdots & \\ \mathbf{C}_{1n} & \mathbf{C}_{2n} & \cdots & \mathbf{C}_{nn} \end{pmatrix}\begin{pmatrix} b_1 \\ b_2 \\ \vdots \\ b_n \end{pmatrix}$$

← [정리 8-16] 참고

$$=\frac{1}{\det\mathbf{A}}\begin{pmatrix} b_1\mathbf{C}_{11}+b_2\mathbf{C}_{21}+\cdots+b_n\mathbf{C}_{n1} \\ b_1\mathbf{C}_{12}+b_2\mathbf{C}_{22}+\cdots+b_n\mathbf{C}_{n2} \\ \vdots \\ b_1\mathbf{C}_{1n}+b_2\mathbf{C}_{2n}+\cdots+b_n\mathbf{C}_{nn} \end{pmatrix}$$

이다. 이제 각각의 k(단, $1\leq k\leq n$)에 대해 열벡터 $\mathbf{X}$의 원소 x_k는

$$x_k=\frac{1}{\det\mathbf{A}}\left(b_1\mathbf{C}_{1k}+b_2\mathbf{C}_{2k}+\cdots+b_n\mathbf{C}_{nk}\right)=\frac{\det\mathbf{A}_k}{\det\mathbf{A}}$$

$$\left(\text{단, } \det\mathbf{A}_k=\begin{vmatrix} a_{11} & \cdots & a_{1\,k-1} & b_1 & a_{1\,k+1} & \cdots & a_{1n} \\ a_{21} & \cdots & a_{2\,k-1} & b_2 & a_{2\,k+1} & \cdots & a_{2n} \\ \vdots & & & \vdots & & \vdots & \\ a_{n1} & \cdots & a_{n\,k-1} & b_n & a_{n\,k+1} & \cdots & a_{nn} \end{vmatrix}\right) \tag{9.1}$$

k번째 열

로 표현된다. 연립 선형방정식의 해를 구하는 이러한 공식을 **크래머 법칙**Cramer's rule이라 한다.

정리 9-1 크래머 법칙

연립 선형방정식 $\mathbf{AX} = \mathrm{b}$에서 $\det \mathbf{A} \neq 0$일 때, 해 $\mathbf{X}$는 다음과 같다(단, $\det \mathbf{A}_k$는 식 (9.1) 참고).

$$x_1 = \frac{\det \mathbf{A}_1}{\det \mathbf{A}},\ x_2 = \frac{\det \mathbf{A}_2}{\det \mathbf{A}},\ \cdots,\ x_n = \frac{\det \mathbf{A}_n}{\det \mathbf{A}}$$

예제 9-1

크래머 법칙을 이용하여 다음 연립 선형방정식의 해를 구하라.

$$x_1 + x_2 + 2x_3 = 1$$
$$3x_1 + x_2 + x_3 = 2$$
$$x_1 + 3x_2 + 4x_3 = 3$$

풀이

주어진 연립 선형방정식을 행렬로 나타내면

$$\begin{pmatrix} 1 & 1 & 2 \\ 3 & 1 & 1 \\ 1 & 3 & 4 \end{pmatrix}\begin{pmatrix} x_1 \\ x_2 \\ x_3 \end{pmatrix} = \begin{pmatrix} 1 \\ 2 \\ 3 \end{pmatrix}$$

이다. $\det \mathbf{A}$, $\det \mathbf{A}_1$, $\det \mathbf{A}_2$, $\det \mathbf{A}_3$를 각각 구하면

$$\det \mathbf{A} = \begin{vmatrix} 1 & 1 & 2 \\ 3 & 1 & 1 \\ 1 & 3 & 4 \end{vmatrix} = \begin{vmatrix} 1 & 1 \\ 3 & 4 \end{vmatrix} - \begin{vmatrix} 3 & 1 \\ 1 & 4 \end{vmatrix} + 2\begin{vmatrix} 3 & 1 \\ 1 & 3 \end{vmatrix}$$
$$= (4-3) - (12-1) + 2(9-1) = 6,$$

$$\det \mathbf{A}_1 = \begin{vmatrix} 1 & 1 & 2 \\ 2 & 1 & 1 \\ 3 & 3 & 4 \end{vmatrix} = \begin{vmatrix} 1 & 1 \\ 3 & 4 \end{vmatrix} - \begin{vmatrix} 2 & 1 \\ 3 & 4 \end{vmatrix} + 2\begin{vmatrix} 2 & 1 \\ 3 & 3 \end{vmatrix}$$
$$= (4-3) - (8-3) + 2(6-3) = 2,$$

$$\det \mathbf{A}_2 = \begin{vmatrix} 1 & 1 & 2 \\ 3 & 2 & 1 \\ 1 & 3 & 4 \end{vmatrix} = \begin{vmatrix} 2 & 1 \\ 3 & 4 \end{vmatrix} - \begin{vmatrix} 3 & 1 \\ 1 & 4 \end{vmatrix} + 2\begin{vmatrix} 3 & 2 \\ 1 & 3 \end{vmatrix}$$
$$= (8-3) - (12-1) + 2(9-2) = 8,$$

$$\det \mathbf{A}_3 = \begin{vmatrix} 1 & 1 & 1 \\ 3 & 1 & 2 \\ 1 & 3 & 3 \end{vmatrix} = \begin{vmatrix} 1 & 2 \\ 3 & 3 \end{vmatrix} - \begin{vmatrix} 3 & 2 \\ 1 & 3 \end{vmatrix} + \begin{vmatrix} 3 & 1 \\ 1 & 3 \end{vmatrix}$$
$$= (3-6) - (9-2) + (9-1) = -2$$

이므로, [정리 9-1]에 의해 연립 선형방정식의 해를 다음과 같이 얻는다.

$$x_1 = \frac{\det \mathbf{A}_1}{\det \mathbf{A}} = \frac{1}{3},\ x_2 = \frac{\det \mathbf{A}_2}{\det \mathbf{A}} = \frac{4}{3},\ x_3 = \frac{\det \mathbf{A}_3}{\det \mathbf{A}} = -\frac{1}{3}$$

예제 9-2

크래머 법칙을 이용하여 다음 연립 선형방정식의 해를 구하라.

$$\begin{aligned} 3x_1 + 2x_2 + 2x_3 - 8 \\ x_1 + 4x_2 - 6x_3 = 1 \\ -2x_2 + 2x_3 = -2 \end{aligned}$$

풀이

주어진 연립 선형방정식을 행렬로 나타내면

$$\begin{pmatrix} -3 & 2 & 2 \\ 1 & 4 & -6 \\ 0 & -2 & 2 \end{pmatrix} \begin{pmatrix} x_1 \\ x_2 \\ x_3 \end{pmatrix} = \begin{pmatrix} 1 \\ 2 \\ 3 \end{pmatrix}$$

이다. $\det \mathbf{A}$, $\det \mathbf{A}_1$, $\det \mathbf{A}_2$, $\det \mathbf{A}_3$를 각각 구하면

$$\det \mathbf{A} = \begin{vmatrix} -3 & 2 & 2 \\ 1 & 4 & -6 \\ 0 & -2 & 2 \end{vmatrix} = -3\begin{vmatrix} 4 & -6 \\ -2 & 2 \end{vmatrix} - \begin{vmatrix} 2 & 2 \\ -2 & 2 \end{vmatrix} = 4,$$

$$\det \mathbf{A}_1 = \begin{vmatrix} 8 & 2 & 2 \\ 1 & 4 & -6 \\ -2 & -2 & 2 \end{vmatrix} = 8\begin{vmatrix} 4 & -6 \\ -2 & 2 \end{vmatrix} - \begin{vmatrix} 2 & 2 \\ -2 & 2 \end{vmatrix} - 2\begin{vmatrix} 2 & 2 \\ 4 & -6 \end{vmatrix} = 0,$$

$$\det \mathbf{A}_2 = \begin{vmatrix} -3 & 8 & 2 \\ 1 & 1 & -6 \\ 0 & -2 & 2 \end{vmatrix} = -3\begin{vmatrix} 1 & -6 \\ -2 & 2 \end{vmatrix} - \begin{vmatrix} 8 & 2 \\ -2 & 2 \end{vmatrix} = 10,$$

$$\det \mathbf{A}_3 = \begin{vmatrix} -3 & 2 & 8 \\ 1 & 4 & 1 \\ 0 & -2 & -2 \end{vmatrix} = -3\begin{vmatrix} 4 & 1 \\ -2 & -2 \end{vmatrix} - \begin{vmatrix} 2 & 8 \\ -2 & -2 \end{vmatrix} = 6$$

이므로, [정리 9-1]에 의해 연립 선형방정식의 해를 다음과 같이 얻는다.

$$x_1 = \frac{\det \mathbf{A}_1}{\det \mathbf{A}} = \frac{0}{4} = 0,\ x_2 = \frac{\det \mathbf{A}_2}{\det \mathbf{A}} = \frac{10}{4} = \frac{5}{2},\ x_3 = \frac{\det \mathbf{A}_3}{\det \mathbf{A}} = \frac{6}{4} = \frac{3}{2}$$

Section
9.2 고윳값과 고유벡터

A가 $n \times n$ 행렬이고 K가 $n \times 1$ 행렬, 즉 열벡터일 때, 일반적으로 선형변환 A로 열벡터 K를 대응시킨 벡터 AK는 K와 평행하지 않다. $K \neq O$일 때, AK와 K가 평행하면 어떠한 스칼라 λ에 대해 $AK = \lambda K$로 나타낼 수 있으며, 이러한 K를 구하는 문제를 **고윳값 문제**eigenvalue problem라고 한다.

정의 9-2 고윳값과 고유벡터

$n \times n$ 행렬 A에 대해

$$AK = \lambda K$$

를 만족하는 벡터 $K \neq O$가 존재할 때, 스칼라 λ를 A의 **고윳값**eigenvalue이라 하고, K를 λ에 대응하는 **고유벡터**eigenvector라 한다.

예제 9-3

열벡터 $K = \begin{pmatrix} -1 \\ -2 \\ 1 \end{pmatrix}$가 행렬 $A = \begin{pmatrix} -2 & 2 & -3 \\ 2 & 1 & -6 \\ -1 & -2 & 0 \end{pmatrix}$의 고유벡터임을 보여라.

풀이

AK를 구하면

$$AK = \begin{pmatrix} -2 & 2 & -3 \\ 2 & 1 & -6 \\ -1 & -2 & 0 \end{pmatrix} \begin{pmatrix} -1 \\ -2 \\ 1 \end{pmatrix} = \begin{pmatrix} -5 \\ -10 \\ 5 \end{pmatrix} = 5\begin{pmatrix} -1 \\ -2 \\ 1 \end{pmatrix} = 5K$$

이다. 따라서 K는 고윳값 $\lambda = 5$에 대응하는 고유벡터이다.

고윳값 문제 $AK = \lambda K$, $K \neq O$는 다음을 만족한다.

$$AK - \lambda K = O \Rightarrow (A - \lambda I)K = O, \ K \neq O$$

$A - \lambda K$가 계수행렬인 제차 연립 선형방정식에서 자명하지 않은 해를 가지려면

$$\det(A - \lambda I) = 0$$

이어야 한다. 이 식은 λ에 관한 n차 방정식으로, **특성방정식**characteristic equation이라 한다.

예제 9-4

행렬 $\mathbf{A}=\begin{pmatrix} 4 & -1 & 0 \\ 0 & -4 & 7 \\ 4 & -1 & 0 \end{pmatrix}$의 고윳값과 고유벡터를 구하라.

풀이

행렬 A의 특성방정식을 구하면

$$\det(\mathbf{A}-\lambda\mathbf{I})=\begin{vmatrix} 4-\lambda & -1 & 0 \\ 0 & -4-\lambda & 7 \\ 4 & -1 & -\lambda \end{vmatrix}=(4-\lambda)\begin{vmatrix} -4-\lambda & 7 \\ -1 & -\lambda \end{vmatrix}+\begin{vmatrix} 0 & 7 \\ 4 & -\lambda \end{vmatrix}$$

$$=-\lambda^3+9\lambda=-\lambda(\lambda^2-9)=0$$

이다. 따라서 고윳값은 $\lambda_1=0$, $\lambda_2=-3$, $\lambda_3=3$이다.

❶ **$\lambda_1=0$인 경우** : $\mathbf{AK}_1=\lambda_1\mathbf{K}_1$, 즉 $\mathbf{AK}_1=0\mathbf{K}_1$인 $\mathbf{K}_1=\begin{pmatrix} x_1 \\ x_2 \\ x_3 \end{pmatrix}\neq\mathbf{O}$를 구하자.

$$\begin{pmatrix} 4 & -1 & 0 \\ 0 & -4 & 7 \\ 4 & -1 & 0 \end{pmatrix}\begin{pmatrix} x_1 \\ x_2 \\ x_3 \end{pmatrix}=\begin{pmatrix} 0 \\ 0 \\ 0 \end{pmatrix}$$

이므로, 가우스 소거법에 의해

$$\begin{pmatrix} 4 & -1 & 0 \\ 0 & -4 & 7 \\ 4 & -1 & 0 \end{pmatrix}\xrightarrow{(-1)R_1+R_3\to R_3}\begin{pmatrix} 4 & -1 & 0 \\ 0 & -4 & 7 \\ 0 & 0 & 0 \end{pmatrix}\Rightarrow\begin{aligned} 4x_1-x_2&=0 \\ -4x_2+7x_3&=0 \end{aligned}$$

이다. 이때 $x_3=t$(단, t는 모든 실수)로 놓으면

$$x_1=\frac{7}{16}t,\ x_2=\frac{7}{4}t,\ x_3=t$$

이다. $t=16$으로 두면 $\lambda_1=0$에 대응하는 고유벡터는

$$\mathbf{K}_1=\begin{pmatrix} 7 \\ 28 \\ 16 \end{pmatrix}$$

이다.

❷ **$\lambda_2 = -3$인 경우** : $AK_2 = -3K_2$인 $K_2 \neq O$를 구하자.

$(A + 3I)K_2 = O$이므로, 가우스 소거법에 의해

$$\begin{pmatrix} 7 & -1 & 0 \\ 0 & -1 & 7 \\ 4 & -1 & 3 \end{pmatrix} \xrightarrow[(-1)R_2]{\left(-\frac{4}{7}\right)R_1 + R_3 \to R_3} \begin{pmatrix} 7 & -1 & 0 \\ 0 & 1 & -7 \\ 0 & -\frac{3}{7} & 3 \end{pmatrix} \xrightarrow{\frac{3}{7}R_2 + R_3 \to R_3} \begin{pmatrix} 7 & -1 & 0 \\ 0 & 1 & -7 \\ 0 & 0 & 0 \end{pmatrix}$$

$$\Rightarrow \begin{aligned} 7x_1 - x_2 &= 0 \\ x_2 - 7x_3 &= 0 \end{aligned}$$

이다. 이때 $x_3 = t$(단, t는 모든 실수)로 놓으면

$$x_1 = t,\ x_2 = 7t,\ x_3 = t$$

이고, $t = 1$로 두면 $\lambda_2 = -3$에 대응하는 고유벡터는

$$K_2 = \begin{pmatrix} 1 \\ 7 \\ 1 \end{pmatrix}$$

이다.

❸ **$\lambda_3 = 3$인 경우** : $AK_3 = 3K_3$인 $K_3 \neq O$를 구하자.

$(A - 3I)K_3 = O$이므로, 가우스 소거법에 의해

$$\begin{pmatrix} 1 & -1 & 0 \\ 0 & -7 & 7 \\ 4 & -1 & -3 \end{pmatrix} \xrightarrow[\left(-\frac{1}{7}\right)R_2]{(-4)R_1 + R_3 \to R_3} \begin{pmatrix} 1 & -1 & 0 \\ 0 & 1 & -1 \\ 0 & 3 & -3 \end{pmatrix} \xrightarrow{(-3)R_2 + R_3 \to R_3} \begin{pmatrix} 1 & -1 & 0 \\ 0 & 1 & -1 \\ 0 & 0 & 0 \end{pmatrix}$$

$$\Rightarrow \begin{aligned} x_1 - x_2 &= 0 \\ x_2 - x_3 &= 0 \end{aligned}$$

이다. 이때 $x_3 = t$(단, t는 모든 실수)로 놓으면

$$x_1 = t,\ x_2 = t,\ x_3 = t$$

이고, $t = 1$로 두면 $\lambda_3 = 3$에 대응하는 고유벡터는

$$K_3 = \begin{pmatrix} 1 \\ 1 \\ 1 \end{pmatrix}$$

이다.

예제 9-5

행렬 $\mathbf{A} = \begin{pmatrix} 0 & 1 & 1 \\ 1 & 0 & 1 \\ 1 & 1 & 0 \end{pmatrix}$의 고윳값과 고유벡터를 구하라.

풀이

행렬 A의 특성방정식을 구하면

$$\det(\mathbf{A} - \lambda \mathbf{I}) = \begin{vmatrix} -\lambda & 1 & 1 \\ 1 & -\lambda & 1 \\ 1 & 1 & -\lambda \end{vmatrix} = -\lambda(\lambda^2 - 1) - (-\lambda - 1) + (1 + \lambda)$$

$$= -\lambda^3 + 3\lambda + 2 = -(\lambda - 2)(\lambda + 1)^2 = 0$$

이다. 따라서 고윳값은 $\lambda_1 = 2$, $\lambda_2 = \lambda_3 = -1$이다.

❶ **$\lambda_1 = 2$인 경우** : $\mathbf{A}\mathbf{K}_1 = \lambda_1 \mathbf{K}_1$, 즉 $\mathbf{A}\mathbf{K}_1 = 2\mathbf{K}_1$인 $\mathbf{K}_1 \neq \mathbf{O}$를 구하자.

$(\mathbf{A} - 2\mathbf{I})\mathbf{K}_1 = \mathbf{O}$이므로, 가우스 소거법에 의해

$$\begin{pmatrix} -2 & 1 & 1 \\ 1 & -2 & 1 \\ 1 & 1 & -2 \end{pmatrix} \xrightarrow{R_1 \leftrightarrow R_2} \begin{pmatrix} 1 & -2 & 1 \\ -2 & 1 & 1 \\ 1 & 1 & -2 \end{pmatrix} \xrightarrow[-R_1 + R_3 \to R_3]{2R_1 + R_2 \to R_2} \begin{pmatrix} 1 & -2 & 1 \\ 0 & -3 & 3 \\ 0 & 3 & -3 \end{pmatrix}$$

$$\xrightarrow[-\frac{1}{3}R_3]{-\frac{1}{3}R_2} \begin{pmatrix} 1 & -2 & 1 \\ 0 & 1 & -1 \\ 0 & -1 & 1 \end{pmatrix} \xrightarrow{R_2 + R_3 \to R_3} \begin{pmatrix} 1 & -2 & 1 \\ 0 & 1 & -1 \\ 0 & 0 & 0 \end{pmatrix}$$

$$\Rightarrow \begin{aligned} x_1 - 2x_2 + x_3 &= 0 \\ x_2 - x_3 &= 0 \end{aligned}$$

이다. 이때 $x_3 = t$(단, t는 모든 실수)로 놓으면

$$x_1 = t, \ x_2 = t, \ x_3 = t$$

이고, $t = 1$로 두면 $\lambda_1 = 2$에 대응하는 고유벡터는 다음과 같다.

$$\mathbf{K}_1 = \begin{pmatrix} 1 \\ 1 \\ 1 \end{pmatrix}$$

❷ **$\lambda_2 = -1$인 경우** : $\mathbf{A}\mathbf{K}_2 = \lambda_2 \mathbf{K}_2$, 즉 $\mathbf{A}\mathbf{K}_2 = -\mathbf{K}_2$인 $\mathbf{K}_2 \neq \mathbf{O}$를 구하자.

$(\mathbf{A} + \mathbf{I})\mathbf{K}_2 = \mathbf{O}$이므로, 가우스 소거법에 의해

$$\begin{pmatrix} 1 & 1 & 1 \\ 1 & 1 & 1 \\ 1 & 1 & 1 \end{pmatrix} \xrightarrow[(-1)R_1 + R_3 \to R_3]{(-1)R_1 + R_2 \to R_2} \begin{pmatrix} 1 & 1 & 1 \\ 0 & 0 & 0 \\ 0 & 0 & 0 \end{pmatrix} \Rightarrow x_1 + x_2 + x_3 = 0$$

이다. 이때 $x_2 = s$, $x_3 = t$(단, s, t는 모든 실수)로 놓으면

$$x_1 = -(s+t), \ x_2 = s, \ x_3 = t$$

이다. $s = 0$, $t = 1$로 두면 $\lambda_2 = -1$에 대응하는 고유벡터는

$$x_1 = -1, \ x_2 = 0, \ x_3 = 1 \Rightarrow \mathbf{K}_2 = \begin{pmatrix} -1 \\ 0 \\ 1 \end{pmatrix}$$

이고, $s = 1$, $t = 0$으로 두면 $\lambda_2 = -1$에 대응하는 고유벡터는 다음과 같다.

$$x_1 = -1, \ x_2 = 1, \ x_3 = 0 \Rightarrow \mathbf{K}_2 = \begin{pmatrix} -1 \\ 1 \\ 0 \end{pmatrix}$$

이제 고윳값과 고유벡터의 성질을 살펴보자.

정리 9-3 고윳값과 고유벡터의 성질

$\mathbf{A}$가 $n \times n$ 행렬이라 하자.

(1) $\mathbf{A}$의 고윳값 $\lambda = \alpha + i\beta$, $\beta \neq 0$에 대응하는 고유벡디가 $\mathbf{K}$이면, 고윳값 $\overline{\lambda} - \alpha - i\beta$, $\beta \neq 0$에 대응하는 고유벡터는 $\overline{\mathbf{K}}$이다.

(2) λ가 고유벡터 $\mathbf{K}$에 대응하는 $\mathbf{A}$의 고윳값이면, λ^k이 고유벡터 $\mathbf{K}$에 대응하는 $\mathbf{A}^k$의 고윳값이다.

(3) λ가 고유벡터 $\mathbf{K}$에 대응하는 $\mathbf{A}$의 고윳값이면, $\dfrac{1}{\lambda}$이 고유벡터 $\mathbf{K}$에 대응하는 $\mathbf{A}^{-1}$의 고윳값이다.

예제 9-6

행렬 $\mathbf{A} = \begin{pmatrix} 1 & 2 \\ -1 & 3 \end{pmatrix}$의 고윳값과 고유벡터를 구하라.

풀이

행렬 $\mathbf{A}$의 특성방정식을 구하면

$$\det(\mathbf{A} - \lambda \mathbf{I}) = \begin{vmatrix} 1-\lambda & 2 \\ -1 & 3-\lambda \end{vmatrix} = (1-\lambda)(3-\lambda) + 2 = \lambda^2 - 4\lambda + 5 = 0$$

이고, $\lambda = 2 \pm \sqrt{4-5} = 2 \pm i$ 이다. 따라서 고윳값은 $\lambda_1 = 2+i$, $\lambda_2 = 2-i$ 이다.

❶ **$\lambda_1 = 2+i$ 인 경우** : $\mathbf{AK}_1 = (2+i)\mathbf{K}_1$ 인 $\mathbf{K}_1 \neq \mathbf{O}$ 를 구하자. $(\mathbf{A}-(2+i)\mathbf{I})\mathbf{K}_1 = \mathbf{O}$ 이므로 가우스 소거법에 의해

$$\begin{pmatrix} -1-i & 2 \\ -1 & 1-i \end{pmatrix} \xrightarrow{(1+i)R_2} \begin{pmatrix} -1-i & 2 \\ -1-i & 2 \end{pmatrix} \xrightarrow{(-1)R_1+R_2} \begin{pmatrix} -1-i & 2 \\ 0 & 0 \end{pmatrix}$$

$$\Rightarrow -(1+i)x_1 + 2x_2 = 0$$

이다. 이때 $x_2 = t$(단, t는 모든 실수)로 놓으면

$$x_1 = \frac{2t}{1+i} = (1-i)t,\ x_2 = t$$

이고, $t=1$ 로 두면 $\lambda_1 = 2+i$ 에 대응하는 고유벡터는 다음과 같다.

$$\mathbf{K}_1 = \begin{pmatrix} 1-i \\ 1 \end{pmatrix}$$

❷ **$\lambda_2 = 2-i$ 인 경우** : [정리 9-3(1)]에 의해 $\mathbf{K}_2 = \overline{\mathbf{K}_1} = \begin{pmatrix} 1+i \\ 1 \end{pmatrix}$ 이다. 이를 검증해보자. $\mathbf{AK}_2 = (2-i)\mathbf{K}_2$ 인 $\mathbf{K}_2 \neq \mathbf{O}$ 를 구하자. $(\mathbf{A}-(2-i)\mathbf{I})\mathbf{K}_2 = \mathbf{O}$ 이므로 가우스 소거법에 의해

$$\begin{pmatrix} -1+i & 2 \\ -1 & 1+i \end{pmatrix} \xrightarrow{(1-i)R_2} \begin{pmatrix} -1+i & 2 \\ -1+i & 2 \end{pmatrix} \xrightarrow{(-1)R_1+R_2} \begin{pmatrix} -1+i & 2 \\ 0 & 0 \end{pmatrix}$$

$$\Rightarrow (-1+i)x_1 + 2x_2 = 0$$

이다. 이때 $x_2 = t$(단, t는 모든 실수)로 놓으면

$$x_1 = (1+i)t,\ x_2 = t$$

이다. $t=1$ 로 두면 $\lambda_2 = 2-i$ 에 대응하는 고유벡터는 다음과 같다.

$$\mathbf{K}_2 = \begin{pmatrix} 1+i \\ 1 \end{pmatrix}$$

이로부터 $\mathbf{K}_2 = \overline{\mathbf{K}_1}$ 임을 알 수 있다.

예제 9-7

행렬 $\mathbf{A}$가 다음과 같을 때, $\mathbf{A}^2$의 고윳값과 고유벡터를 구하라.

$$\mathbf{A} = \begin{pmatrix} 3 & 4 \\ -1 & 7 \end{pmatrix}$$

풀이

행렬 $\mathbf{A}$의 특성방정식을 구하면

$$\begin{aligned} \det(\mathbf{A} - \lambda\mathbf{I}) &= \begin{vmatrix} 3-\lambda & 4 \\ -1 & 7-\lambda \end{vmatrix} = (3-\lambda)(7-\lambda)+4 \\ &= \lambda^2 - 10\lambda + 25 = (\lambda - 5)^2 = 0 \end{aligned}$$

이다. 따라서 고윳값은 $\lambda_1 = \lambda_2 = 5$이다.

이제 $\mathbf{AK} = 5\mathbf{K}$인 $\mathbf{K} \neq \mathbf{O}$를 구하자. $(\mathbf{A} - 5\mathbf{I})\mathbf{K} = \mathbf{O}$이므로, 가우스 소거법에 의해

$$\begin{pmatrix} -2 & 4 \\ -1 & 2 \end{pmatrix} \xrightarrow{-\frac{1}{2}R_1 + R_2 \to R_2} \begin{pmatrix} -2 & 4 \\ 0 & 0 \end{pmatrix} \Rightarrow -2x_1 + 4x_2 = 0$$

이다. 이때 $x_2 = t$(단, t는 모든 실수)로 놓으면

$$x_1 = 2t, \quad x_2 = t$$

이고, $t = 1$로 두면 $\lambda_1 = \lambda_2 = 5$에 대응하는 고유벡터는 다음과 같다.

$$\mathbf{K} = \begin{pmatrix} 2 \\ 1 \end{pmatrix}$$

[정리 9-3(2)]에 의해 $\mathbf{A}^2$의 한 고윳값은 25이고 이에 대응하는 고유벡터는 $\begin{pmatrix} 2 \\ 1 \end{pmatrix}$이다.

예제 9-8

[예제 9-7]의 행렬 $\mathbf{A}$에 대해 $\mathbf{A}^{-1}$의 고윳값과 고유벡터를 구하라.

풀이

행렬 $\mathbf{A}$의 고윳값 5에 대응하는 고유벡터가 $\begin{pmatrix} 2 \\ 1 \end{pmatrix}$이다. 따라서 [정리 9-3(3)]에 의해 $\mathbf{A}^{-1}$의 고윳값은 $\frac{1}{5}$이고, 이에 대응하는 고유벡터는 $\begin{pmatrix} 2 \\ 1 \end{pmatrix}$이다.

[예제 9-7]의 행렬 $\mathbf{A}$에 대해 $\mathbf{A}^2$과 $\mathbf{A}^{-1}$를 직접 구한 후 고윳값과 고유벡터를 구해서 값이 일치하는지 확인해보자.

Section 9.3 고윳값 문제의 활용

어떤 문제들은 고윳값 문제를 활용하여 풀 수 있다. 먼저, 2장과 4장에서 다룬 연립 미분방정식을 고윳값 문제로 바꾸어 풀 수 있다. 추가로 상태의 확률 변화를 나타내는 마르코프 연쇄, 4.2절의 용수철 운동, 일정 시간에 개체수 변화를 예측하는 레슬리 모델 등 몇 가지 사례를 같이 살펴보기로 한다.

연립 미분방정식의 해 구하기

고윳값과 고유벡터를 이용하여 다음 연립 미분방정식의 해를 구해보자.

$$\begin{aligned} y_1' &= a_{11}y_1 + a_{12}y_2 + \cdots + a_{1n}y_n \\ y_2' &= a_{21}y_1 + a_{22}y_2 + \cdots + a_{2n}y_n \\ &\vdots \\ y_n' &= a_{n1}y_1 + a_{n2}y_2 + \cdots + a_{nn}y_n \end{aligned} \tag{9.2}$$

이때

$$\mathbf{A} = \begin{pmatrix} a_{11} & a_{12} & \cdots & a_{1n} \\ a_{21} & a_{22} & \cdots & a_{2n} \\ & & \vdots & \\ a_{n1} & a_{n2} & \cdots & a_{nn} \end{pmatrix}, \quad \mathbf{y}' = \begin{pmatrix} y_1' \\ y_2' \\ \vdots \\ y_n' \end{pmatrix}, \quad \mathbf{y} = \begin{pmatrix} y_1 \\ y_2 \\ \vdots \\ y_n \end{pmatrix}$$

으로 놓으면 주어진 연립 미분방정식을

$$\mathbf{y}' = \mathbf{A}\mathbf{y} \tag{9.3}$$

로 표현할 수 있다. 1장 [예제 1-5]와 [예제 1-6]의 풀이에 따르면 미분방정식 $y' = ky$의 해는 $y = ce^{kt}$이다. 이로부터 이 연립방정식의 해를

$$\mathbf{y} = \mathbf{k}e^{\lambda t} \quad \left(\text{단, } \mathbf{k} = \begin{pmatrix} x_1 \\ x_2 \\ \vdots \\ x_n \end{pmatrix} \neq \mathbf{O}, \ \lambda \in \mathbb{R} \right) \tag{9.4}$$

로 놓을 수 있을 것으로 보인다. 실제로 그런지 확인하자.

먼저 식 (9.4)를 t로 미분하면 $\mathbf{y}' = \lambda\mathbf{k}e^{\lambda t}$이고 이를 식 (9.3)에 대입하면

$$\lambda\mathbf{k}e^{\lambda t} = \mathbf{A}\mathbf{k}e^{\lambda t}$$

이며, 이 식의 양변을 $e^{\lambda t}$으로 나누면

$$\mathbf{A}\mathbf{k} = \lambda\mathbf{k}, \quad \mathbf{k} \neq \mathbf{O}$$

을 얻는다. 그러므로 연립 미분방정식 (9.2)의 해는 $\mathbf{y} = \mathbf{k}e^{\lambda t}$, $\mathbf{k} \neq \mathbf{O}$이며 λ는 행렬 $\mathbf{A}$의 고윳값이고 $\mathbf{k}$는 λ에 대응하는 고유벡터임을 알 수 있다.

정리 9-4 1계 연립 미분방정식의 해

1계 연립 미분방정식 $\mathbf{y}' = \mathbf{A}\mathbf{y}$의 해는

$$\mathbf{y} = \mathbf{k}e^{\lambda t}, \quad \mathbf{k} \neq \mathbf{O}$$

이다. 이때 λ는 행렬 $\mathbf{A}$의 고윳값이고, $\mathbf{k}$는 λ에 대응하는 고유벡터이다.

예제 9-9

$$\begin{aligned} y_1{}' &= 4y_1 - y_2 \\ y_2{}' &= \quad\; -4y_2 + 7y_3 \\ y_3{}' &= 4y_1 - y_2 \end{aligned}$$ 의 해를 구하라.

풀이

주어진 연립 미분방정식을 행렬로 표현하면

$$\mathbf{A} = \begin{pmatrix} 4 & -1 & 0 \\ 0 & -4 & 7 \\ 4 & -1 & 0 \end{pmatrix}, \quad \mathbf{y}' = \begin{pmatrix} y_1{}' \\ y_2{}' \\ y_3{}' \end{pmatrix}, \quad \mathbf{y} = \begin{pmatrix} y_1 \\ y_2 \\ y_3 \end{pmatrix}$$

이다. [예제 9-4]로부터 $\mathbf{A}$의 고윳값은 $\lambda_1 = 0$, $\lambda_2 = -3$, $\lambda_3 = 3$이고 이에 대응하는 고유벡터는 각각 $\mathbf{K}_1 = \begin{pmatrix} 7 \\ 28 \\ 16 \end{pmatrix}$, $\mathbf{K}_2 = \begin{pmatrix} 1 \\ 7 \\ 1 \end{pmatrix}$, $\mathbf{K}_3 = \begin{pmatrix} 1 \\ 1 \\ 1 \end{pmatrix}$이므로

$$\mathbf{y}^{(1)} = \begin{pmatrix} 7 \\ 28 \\ 16 \end{pmatrix}, \quad \mathbf{y}^{(2)} = \begin{pmatrix} 1 \\ 7 \\ 1 \end{pmatrix}e^{-3t}, \quad \mathbf{y}^{(3)} = \begin{pmatrix} 1 \\ 1 \\ 1 \end{pmatrix}e^{3t}$$

이다. 세 벡터가 일차독립이므로 일반해는 다음과 같다.

$$\mathbf{y} = c_1\mathbf{y}^{(1)} + c_2\mathbf{y}^{(2)} + c_3\mathbf{y}^{(3)} = c_1\begin{pmatrix} 7 \\ 28 \\ 16 \end{pmatrix} + c_2\begin{pmatrix} 1 \\ 7 \\ 1 \end{pmatrix}e^{-3t} + c_3\begin{pmatrix} 1 \\ 1 \\ 1 \end{pmatrix}e^{3t}$$

예제 9-10

$y_1{}' = \qquad y_2 + y_3$
$y_2{}' = y_1 \qquad + y_3$ 의 해를 구하라.
$y_3{}' = y_1 + y_2$

풀이

주어진 연립 미분방정식의 계수행렬을 $\mathbf{A} = \begin{pmatrix} 0 & 1 & 1 \\ 1 & 0 & 1 \\ 1 & 1 & 0 \end{pmatrix}$으로 놓자. [예제 9-5]로부터 $\mathbf{A}$의 고윳값은 $\lambda_1 = 2$, $\lambda_2 = \lambda_3 = -1$이고 이에 대응하는 고유벡터는 각각 $\mathbf{K}_1 = \begin{pmatrix} 1 \\ 1 \\ 1 \end{pmatrix}$, $\mathbf{K}_2 = \begin{pmatrix} -1 \\ 0 \\ 1 \end{pmatrix}$, $\mathbf{K}_3 - \begin{pmatrix} -1 \\ 1 \\ 0 \end{pmatrix}$ 이므로

$$\mathbf{y}^{(1)} = \begin{pmatrix} 1 \\ 1 \\ 1 \end{pmatrix} e^{2t},\ \mathbf{y}^{(2)} = \begin{pmatrix} -1 \\ 0 \\ 1 \end{pmatrix} e^{-t},\ \mathbf{y}^{(3)} = \begin{pmatrix} -1 \\ 1 \\ 0 \end{pmatrix} e^{-t}$$

이다. 세 벡터가 일차독립이므로 일반해는 다음과 같다.

$$\mathbf{y} = c_1 \begin{pmatrix} 1 \\ 1 \\ 1 \end{pmatrix} e^{2t} + c_2 \begin{pmatrix} -1 \\ 0 \\ 1 \end{pmatrix} e^{-t} + c_3 \begin{pmatrix} -1 \\ 1 \\ 0 \end{pmatrix} e^{-t}$$

연립 미분방정식

$$y_1{}' = a_{11}y_1 + a_{12}y_2$$
$$y_2{}' = a_{21}y_1 + a_{22}y_2$$

에서 계수행렬 $\mathbf{A} = \begin{pmatrix} a_{11} & a_{12} \\ a_{21} & a_{22} \end{pmatrix}$가 하나의 고윳값 λ만 가지면, 이에 대응하는 고유벡터도 한 개이다. 이 경우 해를 구하기 위해

$$\mathbf{y}^{(1)} = \mathbf{k}e^{\lambda t} \tag{9.5}$$
$$\mathbf{y}^{(2)} = \mathbf{k}te^{\lambda t} + \mathbf{u}e^{\lambda t},\ \mathbf{u} = \begin{pmatrix} u_1 \\ u_2 \end{pmatrix}$$

로 놓자. $\mathbf{y}^{(2)}$를 $\mathbf{y}' = \mathbf{A}\mathbf{y}$에 대입하면

$$\mathbf{y}^{(2)\prime} = \mathbf{k}e^{\lambda t} + \lambda\mathbf{k}te^{\lambda t} + \lambda\mathbf{u}e^{\lambda t}$$
$$\mathbf{k}e^{\lambda t} + \lambda\mathbf{k}te^{\lambda t} + \lambda\mathbf{u}e^{\lambda t} = \mathbf{A}(\mathbf{k}te^{\lambda t} + \mathbf{u}e^{\lambda t})$$

이고 $\mathbf{A}\mathbf{k} = \lambda\mathbf{k}$이므로 $\mathbf{A}\mathbf{u} = \mathbf{k} + \lambda\mathbf{u}$가 된다. 즉, $\mathbf{u}$는

$$(\mathbf{A} - \lambda\mathbf{I})\mathbf{u} = \mathbf{k} \tag{9.6}$$

를 만족한다.

예제 9-11

$\begin{aligned} y_1{}' &= 3y_1 - y_2 \\ y_2{}' &= y_1 + y_2 \end{aligned}$ 의 해를 구하라.

풀이

주어진 연립 미분방정식의 계수행렬을 $\mathbf{A} = \begin{pmatrix} 3 & -1 \\ 1 & 1 \end{pmatrix}$로 놓자. 행렬 $\mathbf{A}$의 특성방정식은

$$\det(\mathbf{A} - \lambda \mathbf{I}) = \begin{vmatrix} 3-\lambda & -1 \\ 1 & 1-\lambda \end{vmatrix} = (3-\lambda)(1-\lambda)+1 = \lambda^2 - 4\lambda + 4 = (\lambda - 2)^2 = 0$$

이므로 고윳값은 $\lambda = 2$이다. $\mathbf{A}\mathbf{k} = \lambda \mathbf{k}$ 에서 $(\mathbf{A} - \lambda \mathbf{I})\mathbf{k} = \mathbf{O}$이므로

$$\begin{pmatrix} 1 & -1 \\ 1 & -1 \end{pmatrix}\mathbf{k} = \mathbf{O}$$

에서 $\mathbf{k} = \begin{pmatrix} 1 \\ 1 \end{pmatrix}$이다. 그러므로

$$\mathbf{y}^{(1)} = \begin{pmatrix} 1 \\ 1 \end{pmatrix} e^{2t}, \ \mathbf{y}^{(2)} = \begin{pmatrix} 1 \\ 1 \end{pmatrix} te^{2t} + \mathbf{u}e^{2t}$$

로 놓고 $\mathbf{u}$를 구하자.

$$(\mathbf{A} - \lambda \mathbf{I})\mathbf{u} = \begin{pmatrix} 1 & -1 \\ 1 & -1 \end{pmatrix}\begin{pmatrix} u_1 \\ u_2 \end{pmatrix} = \begin{pmatrix} 1 \\ 1 \end{pmatrix}$$

이고 $u_1 - u_2 = 1$, $u_1 = 1$과 $u_2 = 0$으로 놓을 수 있으므로 $\mathbf{u} = \begin{pmatrix} 1 \\ 0 \end{pmatrix}$이다. 따라서

$$\mathbf{y}^{(2)} = \begin{pmatrix} 1 \\ 1 \end{pmatrix} te^{2t} + \begin{pmatrix} 1 \\ 0 \end{pmatrix} e^{2t}$$

이고 일반해는 다음과 같다.

$$\begin{aligned} \mathbf{y} &= c_1 \begin{pmatrix} 1 \\ 1 \end{pmatrix} e^{2t} + c_2 \left\{ \begin{pmatrix} 1 \\ 1 \end{pmatrix} te^{2t} + \begin{pmatrix} 1 \\ 0 \end{pmatrix} e^{2t} \right\} \\ &= \left\{ c_1 \begin{pmatrix} 1 \\ 1 \end{pmatrix} + c_2 \begin{pmatrix} 1 \\ 0 \end{pmatrix} \right\} e^{2t} + c_2 \begin{pmatrix} 1 \\ 1 \end{pmatrix} te^{2t} \end{aligned}$$

이제 n계 연립 미분방정식

$$\frac{d^n y}{dt^n} = \mathbf{A}\mathbf{y} \tag{9.7}$$

의 해를 구해보자. λ가 $\mathbf{A}$의 고윳값이고 $\mathbf{k}$는 λ에 대응하는 행렬 $\mathbf{A}$의 고유벡터이며 σ는 λ의 n제곱근 즉, $\sigma^n = \lambda$라 하자. 이때 $\mathbf{y} = e^{\sigma t}\mathbf{k}$로 두면

$$\frac{d^n y}{dt^n} = \sigma^n e^{\sigma t}\mathbf{k} = \lambda \mathbf{y} \text{이고 } \mathbf{A}\mathbf{y} = e^{\sigma t}\mathbf{A}\mathbf{k} = \lambda e^{\sigma t}\mathbf{k} = \lambda \mathbf{y}$$

이므로 $\mathbf{y} = e^{\sigma t}\mathbf{k}$는 n계 연립 미분방정식 (9.7)의 해이다.

정리 9-5 n계 연립 미분방정식의 해

n계 연립 미분방정식 $\frac{d^n y}{dt^n} = \mathbf{A}\mathbf{y}$의 해는

$$\mathbf{y} = e^{\sigma t}\mathbf{k}, \quad \mathbf{k} \neq \mathbf{O}$$

이다. 이때 λ는 행렬 $\mathbf{A}$의 고윳값이고 $\mathbf{k}$는 λ에 대응하는 고유벡터이며 σ는 λ의 n제곱근이다.

예제 9-12

$\begin{aligned} y_1'' &= y_1 - 2y_2 \\ y_2'' &= -2y_1 + y_2 \end{aligned}$ 의 해를 구하라.

풀이

이 연립 미분방정식의 계수행렬을 $\mathbf{A} = \begin{pmatrix} 1 & -2 \\ -2 & 1 \end{pmatrix}$로 놓자. 행렬 $\mathbf{A}$의 특성방정식은

$$\det(\mathbf{A} - \lambda\mathbf{I}) = \begin{vmatrix} 1-\lambda & -2 \\ -2 & 1-\lambda \end{vmatrix} = (1-\lambda)^2 - 4 = \lambda^2 - 2\lambda - 3 = (\lambda+1)(\lambda-3) = 0$$

이므로 고윳값은 $\lambda_1 = -1$, $\lambda_2 = 3$이다. 이에 대응하는 고유벡터를 구하면

$$\mathbf{k}_1 = \begin{pmatrix} 1 \\ 1 \end{pmatrix}, \quad \mathbf{k}_2 = \begin{pmatrix} 1 \\ -1 \end{pmatrix}$$

이다. $\sigma_1 = \pm i$이므로 $e^{it}\mathbf{k}_1$과 $e^{-it}\mathbf{k}_1$이 해이고 $\sigma_2 = \pm\sqrt{3}$이므로 $e^{\sqrt{3}t}\mathbf{k}_2$와 $e^{-\sqrt{3}t}\mathbf{k}_2$가 해이다. 따라서 일반해는

$$\mathbf{y} = c_1' e^{it}\mathbf{k}_1 + c_2 e^{-it}\mathbf{k}_1 + c_3 e^{\sqrt{3}t}\mathbf{k}_2 + c_4 e^{-\sqrt{3}t}\mathbf{k}_2$$

이다. 이를 간단히 하면

$$\begin{aligned} c_1' e \mathbf{k}_1 + c_2 e^{-} \mathbf{k}_1 &= (c_1' e + c_2 e^{-})\mathbf{k}_1 \\ &= [c_1'(\cos t + i\sin t) + c_2'(\cos t - i\sin t)]\mathbf{k}_1 \\ &= [(c_1' + c_2')\cos t + (c_1' i - c_2' i)\sin t]\mathbf{k}_1 \\ &= (c_1 \cos t + c_2 \sin t)\mathbf{k}_1 \end{aligned}$$

이므로 일반해는 다음과 같다.

$$\mathbf{y} = (c_1 \cos t + c_2 \sin t)\mathbf{k}_1 + c_3 e^{\sqrt{3}\,t}\mathbf{k}_2 + c_4 e^{-\sqrt{3}\,t}\mathbf{k}_2$$

마르코프 연쇄

모든 성분이 0보다 크거나 같고 각 열벡터의 성분의 합이 1인 행렬을 **마르코프 행렬**Markov matrix이라 한다. 예를 들면

$$\mathrm{A} = \begin{pmatrix} 0.95 & 0.03 \\ 0.05 & 0.97 \end{pmatrix}$$

은 마르코프 행렬이다. 이 행렬은 확률론적 방법으로 전개되므로 **확률 행렬**Stochastic matrix로도 잘 알려져 있다. 특정 상태의 확률이 직전의 상태에만 의존하는 확률 과정을 **마르코프 연쇄**Markov chain라고 한다. 마르코프 과정에서 오랜 시간이 지났을 때의 해인 정상상태 벡터, 즉 $\mathrm{A}\mathbf{x} = \mathrm{I}\mathbf{x}$를 구하는 경우에 고윳값 문제가 된다.

예제 9-13

초기에 도시 인구가 90,000명이고 교외 인구가 35,000명인 어떤 지역에서 도시 인구와 교외 인구만 이동한다고 하자. 이 지역은 매년 도시 인구의 5%가 교외로 이주하고 교외 인구의 3%가 도시로 이주한다. 이러한 경향이 계속되어 오랜 시간이 지나면 이 지역의 도시 인구와 교외 인구가 궁극적으로 어떻게 될지 분석하라.

풀이

문제의 상황을 표현하는 마르코프 행렬은 다음과 같다.

$$\mathrm{A} = \begin{matrix} & \text{도시} & \text{교외} \\ \text{도시} & 0.95 & 0.03 \\ \text{교외} & 0.05 & 0.97 \end{matrix}$$

$\mathrm{A}\mathbf{x} = \mathbf{x}$를 만족하는 $\mathbf{x}$를 구하자. $(\mathrm{A} - \mathrm{I})\mathbf{x} = \mathrm{O}$이므로

$$\begin{pmatrix} -0.05 & 0.03 \\ 0.05 & -0.03 \end{pmatrix}\begin{pmatrix} x_1 \\ x_2 \end{pmatrix} = \mathrm{O}$$

에서 $-0.05x_1 + 0.03x_2 = 0$이다. 즉, $x_2 = \frac{5}{3}x_1$이므로 $\lambda = 1$에 대응하는 고유벡터는

$$\mathbf{x} = \begin{pmatrix} 3 \\ 5 \end{pmatrix}$$

이다. 오랜 시간이 지나면 도시 인구와 교외 인구의 비율이 궁극적으로 3 : 5가 되므로 전체 인구 125,000명 중 $\frac{3}{8}$인 46,875명이 도시에 거주하고, $\frac{5}{8}$인 78,625명이 교외에 거주할 것이다.

용수철 운동

4.2절에서 2계 연립 선형 미분방정식으로 설명한 용수철 운동을 고윳값 문제로 다룰 수 있다.

예제 9-14

[그림 9-1]과 같이 질량이 $m_1 = 1$, $m_2 = 1$인 두 물체가 외력이 없는 상태에서 용수철 상수가 $k_1 = 3$, $k_2 = 2$인 용수철 A, B에 매달려 있다고 하자.

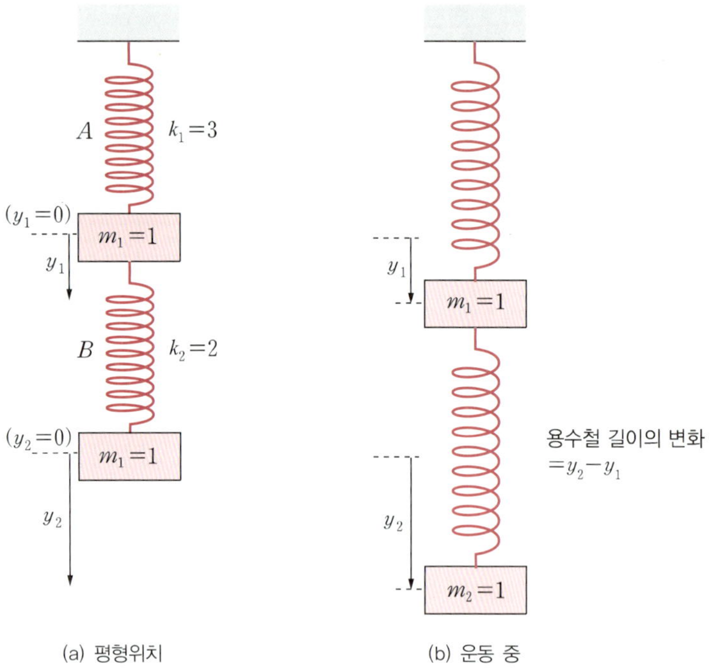

[그림 9-1] 용수철 운동

4.2절의 식 (4.11)과 식 (1.12)를 참고하여 두 용수철의 운동방정식을 미분방정식으로 나타내면

$$\begin{aligned} y_1'' &= -5y_1 + 2y_2 \\ y_2'' &= 2y_1 - 2y_2 \end{aligned} \tag{9.8}$$

가 된다. 이 식은 [예제 4-7]과 동일하다. 여기서 $y_1(t)$와 $y_2(t)$는 질량이 m_1, m_2인 물체가 평형상태($y_1 = 0$, $y_2 = 0$)에서 벗어난 변위를 나타낸다. 이때, $y_1(t)$와 $y_2(t)$를 구하라.

풀이

이를 행렬로 표현하면

$$\mathbf{y}'' = \begin{pmatrix} y_1'' \\ y_2'' \end{pmatrix} = \begin{pmatrix} -5 & 2 \\ 2 & -2 \end{pmatrix} \begin{pmatrix} y_1 \\ y_2 \end{pmatrix} = \mathbf{A}\mathbf{y} \tag{9.9}$$

가 된다. $\mathbf{A}$의 고윳값을 구하자. $\mathbf{A}$의 특성방정식은

$$\begin{aligned} \det(\mathbf{A} - \lambda \mathbf{I}) &= \begin{vmatrix} -5-\lambda & 2 \\ 2 & -2-\lambda \end{vmatrix} = (-5-\lambda)(-2-\lambda) - 4 \\ &= \lambda^2 + 7\lambda + 6 = (\lambda+1)(\lambda+6) = 0 \end{aligned}$$

이므로 고윳값은 $\lambda_1 = -1$, $\lambda_2 = -6$이다. 따라서 $\sigma = \pm i$, $\pm\sqrt{6}\,i$이고 각각의 고윳값에 대응하는 고유벡터는

$$\mathbf{k}_1 = \begin{pmatrix} 1 \\ 2 \end{pmatrix},\ \mathbf{k}_2 = \begin{pmatrix} 2 \\ -1 \end{pmatrix}$$

이므로 일반해는

$$\begin{aligned} \mathbf{y} = \begin{pmatrix} y_1 \\ y_2 \end{pmatrix} &= \mathbf{k}_1(c_1\cos t + c_2\sin t) + \mathbf{k}_2(c_3\cos\sqrt{6}\,t + c_4\sin\sqrt{6}\,t) \\ &= \begin{pmatrix} 1 \\ 2 \end{pmatrix}(c_1\cos t + c_2\sin t) + \begin{pmatrix} 2 \\ -1 \end{pmatrix}(c_3\cos\sqrt{6}\,t + c_4\sin\sqrt{6}\,t) \\ &= \begin{pmatrix} c_1\cos t + c_2\sin t + 2c_3\cos\sqrt{6}\,t + 2c_4\sin\sqrt{6}\,t \\ 2c_1\cos t + 2c_2\sin t - c_3\cos\sqrt{6}\,t - c_4\sin\sqrt{6}\,t \end{pmatrix} \end{aligned}$$

이다. 이때 c_1, c_2, c_3, c_4는 임의의 복소수이다. 따라서 연립 미분방정식의 해는

$$\begin{aligned} y_1 &= c_1\cos t + c_2\sin t + 2c_3\cos\sqrt{6}\,t + 2c_4\sin\sqrt{6}\,t \\ y_2 &= 2c_1\cos t + 2c_2\sin t - c_3\cos\sqrt{6}\,t - c_4\sin\sqrt{6}\,t \end{aligned}$$

이다.

레슬리 모델

레슬리 모델 Leslie model은 일정 기간에 생물 개체군의 개체수 변화를 예측하는 데 사용한다.

예제 9-15

어느 젖소농장에서 치즈 납품량을 일정하게 조절하기 위해 연령대별로 암소 사육 마릿수를 일정하게 유지하려고 한다. 암소 사육 마릿수가 같은 비율로 변화한다고 가정하고 2년에 한 번씩 농장을 점검할 때, 암소 사육 마릿수가 늘어나는 경향을 나타내는 행렬이 다음과 같다고 하자. 단, 2세 이하의 암소는 새끼를 낳지 못하고 7세가 된 암소는 도살된다.

$$\mathbf{L}=\begin{array}{r} \\ \text{1~2세가 생기는 비율} \\ \text{3~4세가 생기는 비율} \\ \text{5~6세가 생기는 비율}\end{array}\begin{array}{c}\begin{array}{ccc}\text{1~2세에서} & \text{3~4세에서} & \text{5~6세에서}\end{array}\\ \begin{pmatrix} 0 & 2.2 & 0.28 \\ 0.7 & 0 & 0 \\ 0 & 0.3 & 0 \end{pmatrix}\end{array}$$

이러한 행렬을 **레슬리 행렬**Leslie matrix이라 한다. 오랜 시간이 흘러도 연령별 암소 사육 마릿수의 비율을 일정하게 하려면, 총 1,000마리로 사업을 시작하는 젖소농장은 처음에 연령별로 암소를 몇 마리씩 두어야 할지 구하라.

풀이

처음에 1~2세 암소가 x_1마리, 3~4세 암소가 x_2마리, 5~6세 암소가 x_3마리라 하면

$$\mathbf{x}_0=\begin{pmatrix} x_1 \\ x_2 \\ x_3 \end{pmatrix}$$

로 둘 수 있다. 행렬 $\mathbf{L}$의 특성방정식을 구하면

$$\begin{aligned}\det(\mathbf{L}-\lambda\mathbf{I})&=\begin{vmatrix} -\lambda & 2.2 & 0.28 \\ 0.7 & -\lambda & 0 \\ 0 & 0.3 & -\lambda \end{vmatrix}=-\lambda^3+1.54\lambda+0.0588 \\ &=-(\lambda-1.4)(\lambda^2+1.4\lambda+0.042)=0\end{aligned}$$

이므로 양의 고윳값은 $\lambda=1.4$이다. 이제 $\mathbf{L}\mathbf{x}_0=1.4\mathbf{x}_0$를 만족하는 $\mathbf{x}_0$(단, $\mathbf{x}_0\neq\mathbf{O}$)를 구하자. $(\mathbf{L}-1.4\mathbf{I})\mathbf{x}_0=\mathbf{O}$이므로 다음과 같은 연립방정식을 얻는다.

$$\begin{pmatrix} -1.4 & 2.2 & 0.28 \\ 0.7 & -1.4 & 0 \\ 0 & 0.3 & -1.4 \end{pmatrix}\begin{pmatrix} x_1 \\ x_2 \\ x_3 \end{pmatrix}=\mathbf{O} \quad\Rightarrow\quad \begin{aligned} -1.4x_1+2.2x_2+0.28x_3&=0 \\ 0.7x_1-1.4x_2\qquad\quad&=0 \\ 0.3x_2-1.4x_3&=0 \end{aligned}$$

$x_1=2x_2$, $x_2=\dfrac{3}{14}x_2$이므로 $x_2=14t$ (단, t는 모든 실수)로 두면 $x_1=28t$, $x_3=3t$이고

$$\mathbf{x}_0=\begin{pmatrix} 28t \\ 14t \\ 3t \end{pmatrix}$$

이다.

따라서 처음에 암소의 비율을

$$(1\sim2\text{세}):(3\sim4\text{세}):(5\sim6\text{세})=28:14:3$$

로 두면 연령별 암소 사육 마릿수 비를 일정하게 유지할 수 있다. 즉, 암소 1,000마리를

$$1\sim2\text{세}:\ 1000\times\frac{28}{45}\approx 622\text{ 마리}$$
$$3\sim4\text{세}:\ 1000\times\frac{14}{45}\approx 311\text{ 마리}$$
$$5\sim6\text{세}:\ 1000\times\frac{3}{45}\approx 67\text{ 마리}$$

로 각각 두면 된다.

Section 9.4 직교행렬

$n \times n$ 행렬 $\mathbf{A}$와 전치행렬 $\mathbf{A}^T$는 서로 다른 행렬이다. 그런데 $\mathbf{A}$의 전치행렬과 $\mathbf{A}$의 역행렬이 서로 같은 경우가 있다. 이러한 행렬 $\mathbf{A}$를 직교행렬이라 한다.

정의 9-6 직교행렬

$n \times n$ 행렬 $\mathbf{A}$가 $\mathbf{A}^{-1} = \mathbf{A}^T$일 때, $\mathbf{A}$를 **직교행렬**orthogonal matrix이라 한다.

이 정의에 따르면 직교행렬은 정칙행렬이다.

예제 9-16

행렬 $\mathbf{A} = \begin{pmatrix} 0 & \frac{1}{\sqrt{3}} & \sqrt{\frac{2}{3}} \\ 1 & 0 & 0 \\ 0 & \sqrt{\frac{2}{3}} & -\frac{1}{\sqrt{3}} \end{pmatrix}$이 직교행렬임을 보여라.

풀이

먼저 $\mathbf{A}$의 전치행렬을 구하면

$$\mathbf{A}^T = \begin{pmatrix} 0 & 1 & 0 \\ \frac{1}{\sqrt{3}} & 0 & \sqrt{\frac{2}{3}} \\ \sqrt{\frac{2}{3}} & 0 & -\frac{1}{\sqrt{3}} \end{pmatrix}$$

이다. 이제 $\mathbf{A}\mathbf{A}^T = \mathbf{I}$임을 보이자.

$$\mathbf{A}\mathbf{A}^T = \begin{pmatrix} 0 & \frac{1}{\sqrt{3}} & \sqrt{\frac{2}{3}} \\ 1 & 0 & 0 \\ 0 & \sqrt{\frac{2}{3}} & -\frac{1}{\sqrt{3}} \end{pmatrix}\begin{pmatrix} 0 & 1 & 0 \\ \frac{1}{\sqrt{3}} & 0 & \sqrt{\frac{2}{3}} \\ \sqrt{\frac{2}{3}} & 0 & -\frac{1}{\sqrt{3}} \end{pmatrix} = \begin{pmatrix} \frac{1}{3}+\frac{2}{3} & 0 & 0 \\ 0 & 1 & 0 \\ 0 & 0 & \frac{2}{3}+\frac{1}{3} \end{pmatrix} = \begin{pmatrix} 1 & 0 & 0 \\ 0 & 1 & 0 \\ 0 & 0 & 1 \end{pmatrix} = \mathbf{I}$$

그러므로 $\mathbf{A}^{-1}=\mathbf{A}^{T}$이며, A는 직교행렬이다.

직교행렬의 성질을 알아보기 전에 먼저 다음의 정의를 살펴보자.

정의 9-7 정규직교

$\mathbb{R}^{n}$의 n개의 벡터 $\mathbf{K}_1, \mathbf{K}_2, \cdots, \mathbf{K}_n$이 다음 조건을 만족할 때, **정규직교**orthonormal라 한다.

(1) 서로 다른 i와 j에 대해 벡터 $\mathbf{K}_i$와 $\mathbf{K}_j$는 직교한다. 즉 $\mathbf{K}_i \cdot \mathbf{K}_j = 0$이다.

(2) 모든 벡터 $\mathbf{K}_i$의 길이가 1이다. 즉 $i=1, 2, \cdots, n$일 때, $|\mathbf{K}_i| = 1$이다.

이제 직교행렬의 성질을 살펴보자.

정리 9-8 직교행렬의 성질

A가 $n \times n$ 실행렬이라 하자. 이때 A가 직교행렬일 필요충분조건은 A의 모든 행벡터(열벡터)들이 정규직교이다.

증명

두 $n \times n$ 행렬 A, B의 곱 AB의 (i, j)원소는 A의 i번째 행벡터와 B의 j번째 열벡터의 내적이다. 또한 $\mathbf{A}^T$의 j번째 열벡터는 A의 j번째 행벡터와 같다. 그러므로

$$\begin{aligned} \mathbf{AA}^T\text{의 } (i, j)\text{원소} &= (\mathbf{A}\text{의 } i\text{번째 행벡터}) \cdot (\mathbf{A}^T\text{의 } j\text{번째 열벡터}) \\ &= (\mathbf{A}\text{의 } i\text{번째 행벡터}) \cdot (\mathbf{A}\text{의 } j\text{번째 행벡터}) \end{aligned}$$

이다. 이제 A가 직교행렬이라 하면 $\mathbf{AA}^T = \mathbf{I}_n$이다. 그러므로 $\mathbf{AA}^T$의 (i, j)원소는 $i \neq j$일 때 모두 0이고, $i=j$일 때 1이다. 그래서 $i \neq j$일 때 A의 i번째 행벡터와 A의 j번째 행벡터는 직교하며, A의 모든 행벡터의 길이는 1이므로 A의 행벡터들은 정규직교이다.

역으로, A의 행벡터들이 정규직교라 하자. 그러면 $i \neq j$일 때 A의 i번째 행벡터와 A의 j번째 행백터의 내적은 0이고 $\mathbf{AA}^T$의 (i, i)원소는 1이다. 그러므로 $\mathbf{AA}^T = \mathbf{I}_n$이고 A는 직교행렬이다.

A의 행벡터가 아닌 A의 열벡터에 대해서도 동일하게 증명할 수 있다. ■

예제 9-17

행렬 $A = \begin{pmatrix} 0 & \frac{1}{\sqrt{3}} & \sqrt{\frac{2}{3}} \\ 1 & 0 & 0 \\ 0 & \sqrt{\frac{2}{3}} & -\frac{1}{\sqrt{3}} \end{pmatrix}$가 [정리 9-8]에 의해 직교행렬임을 보여라.

풀이

먼저 R_i를 행렬 A의 i번째 행벡터라 하고, R_1, R_2, R_3가 직교하는지 알아보자.

$$R_1 \cdot R_2 = \left(0 \ \frac{1}{\sqrt{3}} \ \sqrt{\frac{2}{3}}\right) \cdot (1 \ 0 \ 0) = 0,$$

$$R_2 \cdot R_3 = (1 \ 0 \ 0) \cdot \left(0 \ \sqrt{\frac{2}{3}} \ -\frac{1}{\sqrt{3}}\right) = 0,$$

$$R_3 \cdot R_1 = \left(0 \ \sqrt{\frac{2}{3}} \ -\frac{1}{\sqrt{3}}\right) \cdot \left(0 \ \frac{1}{\sqrt{3}} \ \sqrt{\frac{2}{3}}\right) = 0$$

이므로 서로 직교한다. 이제 R_1, R_2, R_3의 길이를 구하자.

$$|R_1| = \sqrt{0 + \frac{1}{3} + \frac{2}{3}} = 1, \ |R_2| = \sqrt{1 + 0 + 0} = 1, \ |R_3| = \sqrt{0 + \frac{2}{3} + \frac{1}{3}} = 1$$

따라서 A의 세 행벡터 R_1, R_2, R_3는 정규직교이다. [정리 9-8]에 의해 A는 직교행렬이다.

이제 직교행렬과 연관이 많은 대칭행렬에 대해 살펴보자. 먼저 대칭행렬의 정의는 다음과 같다.

정의 9-9 대칭행렬

$n \times n$ 행렬 A가 $A = A^T$일 때, A를 **대칭행렬**symmetric matrix이라 한다.

대칭행렬의 성질을 살펴보기에 앞서 복소수의 기본 성질을 복습하자.

복소수 $z = a \pm ib$의 크기는 $|z| = \sqrt{a^2 + b^2}$이고 z의 켤레복소수는 $\bar{z} = a - ib$이다. 그리고 $z\bar{z} = a^2 + b^2 = |z|^2$이므로 $|z| = \sqrt{z\bar{z}}$이다.

> **정리 9-10 대칭행렬의 성질**
>
> (1) 실대칭행렬의 고윳값은 모두 실수이다.
>
> (2) 실대칭행렬의 서로 다른 고윳값들에 대응하는 고유벡터들은 직교한다.

증명

(1) A의 고윳값 λ에 대응하는 고유벡터를 $K=\begin{pmatrix} k_1 \\ k_2 \\ \vdots \\ k_n \end{pmatrix}$이라 하면 $AK=\lambda K$이고 켤레를 취하면

$$\overline{A}\,\overline{K}=\overline{\lambda}\,\overline{K} \tag{9.10}$$

이다. A의 원소가 실수이므로 $A=\overline{A}$ 이고, 식 (9.10)을 다시 쓰면

$$A\overline{K}=\overline{\lambda}\,\overline{K} \tag{9.11}$$

이다. 식 (9.11)의 양변에 전치를 취하면 $(A\overline{K})^T=(\overline{\lambda}\overline{K})^T$에서

$$\overline{K}^T A^T=\overline{\lambda}\overline{K}^T \tag{9.12}$$

이고, A가 대칭행렬($A^T=A$)이므로 식 (9.12)를 다시 쓰면

$$\overline{K}^T A=\overline{\lambda}\overline{K}^T \tag{9.13}$$

이다. 식 (9.13)의 양변의 오른쪽에 K를 곱하면

$$\overline{K}^T AK=\overline{\lambda}\overline{K}^T K \tag{9.14}$$

이다. 이제 $AK=\lambda K$ 의 양변의 왼쪽에 $\overline{K}^T$을 곱하면

$$\overline{K}^T AK=\lambda\overline{K}^T K \tag{9.15}$$

이고, 식 (9.14)에서 식 (9.15)를 빼면

$$(\overline{\lambda}-\lambda)\overline{K}^T K=0$$

이다. 이때

$$\begin{aligned}\overline{K}^T K=\begin{pmatrix}\overline{k_1} & \overline{k_2} & \cdots & \overline{k_n}\end{pmatrix}\begin{pmatrix} k_1 \\ k_2 \\ \vdots \\ k_n \end{pmatrix} &= \overline{k_1}k_1+\overline{k_2}k_2+\cdots+\overline{k_n}k_n \\ &= |k_1|^2+|k_2|^2+\cdots+|k_n|^2 \\ &> 0\end{aligned}$$

← 적어도 하나 이상의 k_i가 $k_i \neq 0$이므로

이 성립하는데, $\overline{\lambda}-\lambda=0$이고 $\overline{\lambda}=\lambda$이므로 λ는 실수이다.

(2) A의 서로 다른 고윳값 λ_1, λ_2에 대응하는 고유벡터를 K_1, K_2라 하고 $K_1 \perp K_2$임을 보이자. 이때 $K_1 \cdot K_2 = K_1^T K_2$를 이용한다.

$$AK_1 = \lambda_1 K_1 \tag{9.16}$$

$$AK_2 = \lambda_2 K_2 \tag{9.17}$$

식 (9.16)의 양변에 전치를 취하면 $(AK_1)^T = (\lambda_1 K_1)^T$에서

$$K_1^T A^T = \lambda_1 K_1^T$$

이고, $A^T = A$이므로

$$K_1^T A = \lambda_1 K_1^T$$

이다. 양변의 오른쪽에 K_2를 곱하면

$$K_1^T AK_2 = \lambda_1 K_1^T K_2 \tag{9.18}$$

이다. 식 (9.17)의 양변의 왼쪽에 K_1^T를 곱하면

$$K_1^T AK_2 = \lambda_2 K_1^T K_2 \tag{9.19}$$

이다. 식 (9.18)에서 식 (9.19)를 빼면

$$(\lambda_1 - \lambda_2) K_1^T K_2 = 0$$

이다. 이때 $\lambda_1 \neq \lambda_2$이므로 $\lambda_1 - \lambda_2 \neq 0$이다. 따라서 $K_1^T K_2 = K_1 \cdot K_2 = 0$, 즉 $K_1 \perp K_2$이다. ■

이제 대칭행렬의 성질을 이용하여 대칭행렬로부터 직교행렬을 구해보자.

예제 9-18

대칭행렬의 성질을 이용하여 대칭행렬 $A = \begin{pmatrix} 2 & 8 & -2 \\ 8 & -4 & 10 \\ -2 & 10 & -7 \end{pmatrix}$로부터 직교행렬을 구하라.

풀이

행렬 A의 특성방정식을 구하면

$$\det(A - \lambda I) = \begin{vmatrix} 2-\lambda & 8 & -2 \\ 8 & -4-\lambda & 10 \\ -2 & 10 & -7-\lambda \end{vmatrix}$$

$$= (2-\lambda)\begin{vmatrix} -4-\lambda & 10 \\ 10 & -7-\lambda \end{vmatrix} - 8\begin{vmatrix} 8 & 10 \\ -2 & -7-\lambda \end{vmatrix} - 2\begin{vmatrix} 8 & -4-\lambda \\ -2 & 10 \end{vmatrix}$$

$$= -\lambda^3 - 9\lambda^2 + 162\lambda = -\lambda(\lambda+18)(\lambda-9) = 0$$

이다. 따라서 고윳값은 $\lambda_1 = 0$, $\lambda_2 = 9$, $\lambda_3 = -18$이다.

❶ **$\lambda_1 = 0$인 경우** : $AK_1 = 0K_1$인 $K_1 \neq O$를 구하자. $AK_1 = O$이므로 가우스 소거법에 의해

$$\begin{pmatrix} 2 & 8 & -2 \\ 8 & -4 & 10 \\ -2 & 10 & -7 \end{pmatrix} \xrightarrow[R_1 + R_3 \to R_3]{(-4)R_1 + R_2 \to R_2} \begin{pmatrix} 2 & 8 & -2 \\ 0 & -36 & 18 \\ 0 & 18 & -9 \end{pmatrix}$$

$$\xrightarrow{\frac{1}{2}R_1,\ \frac{1}{18}R_2,\ \frac{1}{9}R_3} \begin{pmatrix} 1 & 4 & -1 \\ 0 & -2 & 1 \\ 0 & 2 & -1 \end{pmatrix} \xrightarrow{R_2 + R_3 \to R_3} \begin{pmatrix} 1 & 4 & -1 \\ 0 & -2 & 1 \\ 0 & 0 & 0 \end{pmatrix}$$

$$\Rightarrow \begin{aligned} x_1 + 4x_2 - x_3 &= 0 \\ -2x_2 + x_3 &= 0 \end{aligned}$$

이다. 이때 $x_3 = t$ (단, t는 모든 실수)로 놓으면

$$x_3 = t\,,\ \ x_2 = \frac{1}{2}t\,,\ \ x_1 = \quad t$$

이다. $t = 2$로 두면 $\lambda_1 = 0$에 대응하는 고유벡터는 다음과 같다.

$$K_1 = \begin{pmatrix} -2 \\ 1 \\ 2 \end{pmatrix}$$

❷ **$\lambda_2 = 9$인 경우** : $AK_2 = 9K_2$인 고유벡터 $K_2 \neq O$를 구하면 다음과 같다.

$$K_2 = \begin{pmatrix} 2 \\ 2 \\ 1 \end{pmatrix}$$

❸ **$\lambda_3 = -18$인 경우** : $AK_3 = -18K_3$인 $K_3 \neq O$를 구하면 다음과 같다.

$$K_3 = \begin{pmatrix} 1 \\ -2 \\ 2 \end{pmatrix}$$

[정리 9-10(2)]에 의해 K_1, K_2, K_3는 서로 직교하므로 $\dfrac{K_1}{|K_1|}$, $\dfrac{K_2}{|K_2|}$, $\dfrac{K_3}{|K_3|}$는 정규직교이고, [정리 9-8]에 의해 $P = \left(\dfrac{K_1}{|K_1|}\ \ \dfrac{K_2}{|K_2|}\ \ \dfrac{K_3}{|K_3|} \right)$는 직교행렬이다.

K_1, K_2, K_3의 길이를 구하면

$$|\mathrm{K}_1| = \sqrt{4+1+4} = 3,\ |\mathrm{K}_2| = \sqrt{4+4+1} = 3,\ |\mathrm{K}_3| = \sqrt{1+4+4} = 3$$

이므로 직교행렬은 다음과 같다.

$$\mathbf{P} = \begin{pmatrix} -\frac{2}{3} & \frac{2}{3} & \frac{1}{3} \\ \frac{1}{3} & \frac{2}{3} & -\frac{2}{3} \\ \frac{2}{3} & \frac{1}{3} & \frac{2}{3} \end{pmatrix}$$

예제 9-19

대칭행렬 $\mathbf{A} = \begin{pmatrix} 1 & -2 & -2 \\ -2 & 1 & -2 \\ -2 & -2 & 1 \end{pmatrix}$로부터 직교행렬을 구하라.

풀이

행렬 $\mathbf{A}$의 특성방정식을 구하면

$$\det(\mathbf{A} - \lambda\mathbf{I}) = \begin{vmatrix} 1-\lambda & -2 & -2 \\ -2 & 1-\lambda & -2 \\ -2 & -2 & 1-\lambda \end{vmatrix} = -(3+\lambda)(3-\lambda)^2 = 0$$

이다. 따라서 고윳값은 $\lambda_1 = -3$, $\lambda_2 = \lambda_3 = 3$이다.

❶ **$\lambda_1 = -3$인 경우** : $\mathbf{A}\mathrm{K}_1 = -3\mathrm{K}_1$인 $\mathrm{K}_1 \neq \mathbf{O}$를 구하자. $(\mathbf{A}+3\mathbf{I})\mathrm{K}_1 = \mathbf{O}$이므로 가우스 소거법에 의해

$$\begin{pmatrix} 4 & -2 & -2 \\ -2 & 4 & -2 \\ -2 & -2 & 4 \end{pmatrix} \xrightarrow{\left(-\frac{1}{2}\right)R_2 \leftrightarrow R_1} \begin{pmatrix} 1 & -2 & 1 \\ 4 & -2 & -2 \\ -2 & -2 & 4 \end{pmatrix} \xrightarrow[2R_1 + R_3 \to R_3]{(-4)R_1 + R_2 \to R_2} \begin{pmatrix} 1 & -2 & 1 \\ 0 & 6 & -6 \\ 0 & -6 & 6 \end{pmatrix}$$

$$\xrightarrow{R_2 + R_3 \to R_3} \begin{pmatrix} 1 & -2 & 1 \\ 0 & 6 & -6 \\ 0 & 0 & 0 \end{pmatrix} \xrightarrow{\frac{1}{6}R_2} \begin{pmatrix} 1 & -2 & 1 \\ 0 & 1 & -1 \\ 0 & 0 & 0 \end{pmatrix}$$

$$\Leftrightarrow \begin{aligned} x_1 - 2x_2 + x_3 &= 0 \\ x_2 - x_3 &= 0 \end{aligned}$$

이다. 이때 $x_3 = t$(단, t는모든 실수)로 놓으면

$$x_1 = x_2 = x_3 = t$$

이다. $t=1$로 두면 $\lambda_1=-3$에 대응하는 고유벡터는 다음과 같다.

$$\mathrm{K}_1=\begin{pmatrix}1\\1\\1\end{pmatrix}$$

❷ **$\lambda_2=\lambda_3=3$인 경우** : $\mathrm{AK}_2=3\mathrm{K}_2$인 $\mathrm{K}_2\neq\mathrm{O}$를 구하자. $(\mathrm{A}-3\mathrm{I})\mathrm{K}_2=\mathrm{O}$이므로 가우스 소거법에 의해

$$\begin{pmatrix}-2&-2&-2\\-2&-2&-2\\-2&-2&-2\end{pmatrix}\xrightarrow[\left(-\frac{1}{2}\right)R_3]{\left(-\frac{1}{2}\right)R_1,\ \left(-\frac{1}{2}\right)R_2}\begin{pmatrix}1&1&1\\1&1&1\\1&1&1\end{pmatrix}\xrightarrow[(-1)R_1+R_3\to R_3]{(-1)R_1+R_2\to R_2}\begin{pmatrix}1&1&1\\0&0&0\\0&0&0\end{pmatrix}$$

$$\Leftrightarrow\ x_1+x_2+x_3=0$$

이다. 이때 $x_2=s$, $x_3=t$(단, s, t는 모든 실수)로 놓으면

$$x_1=-(s+t)$$

이다. $t=0$, $s=1$로 두면 $\lambda_2=\lambda_3=3$에 대응하는 고유벡터는

$$\mathrm{K}_2=\begin{pmatrix}-1\\1\\0\end{pmatrix}$$

이다. 이제 $\mathrm{K}_2\perp\mathrm{K}_3$인 $\mathrm{K}_3=\begin{pmatrix}-(s+t)\\s\\t\end{pmatrix}$를 구하자.

$$0=\mathrm{K}_2\cdot\mathrm{K}_3=\begin{pmatrix}-1\\1\\0\end{pmatrix}\cdot\begin{pmatrix}-(s+t)\\s\\t\end{pmatrix}=s+t+s=2s+t$$

이므로 $t=-2s$를 만족한다. 그러므로 $\mathrm{K}_3=\begin{pmatrix}s\\s\\-2s\end{pmatrix}$이고, $s=1$로 두면

$$\mathrm{K}_3=\begin{pmatrix}1\\1\\-2\end{pmatrix}$$

이다. K_1, K_2, K_3는 서로 직교하므로 $\mathrm{P}=\begin{pmatrix}\frac{\mathrm{K}_1}{|\mathrm{K}_1|}&\frac{\mathrm{K}_2}{|\mathrm{K}_2|}&\frac{\mathrm{K}_3}{|\mathrm{K}_3|}\end{pmatrix}$는 직교행렬이다.

K_1, K_2, K_3의 길이를 구하면

$$|\mathrm{K}_1|=\sqrt{3},\ |\mathrm{K}_2|=\sqrt{2},\ |\mathrm{K}_3|=\sqrt{6}$$

이므로, 직교행렬은 다음과 같다.

$$\mathbf{P} = \begin{pmatrix} \frac{1}{\sqrt{3}} & -\frac{1}{\sqrt{2}} & \frac{1}{\sqrt{6}} \\ \frac{1}{\sqrt{3}} & \frac{1}{\sqrt{2}} & \frac{1}{\sqrt{6}} \\ \frac{1}{\sqrt{3}} & 0 & -\frac{2}{\sqrt{6}} \end{pmatrix}$$

Section 9.5 대각화

이 절에서는 행렬의 대각화, 직교대각화, 이차형식에 대해 살펴본다. 먼저 행렬의 대각화에 대해 알아보자.

대각화

A가 $n \times n$ 행렬일 때, 서로 다른 고윳값 λ_1, λ_2, $\cdots$, λ_n을 갖고 이에 대응하는 고유벡터가 K_1, K_2, $\cdots$, K_n이라 하자. 즉

$$\mathrm{AK}_i = \lambda_i \mathrm{K}_i \quad (\text{단, } i = 1, 2, \cdots, n)$$

이라 하면, 열벡터 AK_i가 i번째 열이 되는 행렬은

$$(\mathrm{AK}_1 \ \mathrm{AK}_2 \ \cdots \ \mathrm{AK}_n) = \mathrm{A}(\mathrm{K}_1 \ \mathrm{K}_2 \ \cdots \ \mathrm{K}_n) \ : \ n \times n \text{ 행렬}$$

이며, 또한

$$(\mathrm{AK}_1 \ \mathrm{AK}_2 \ \cdots \ \mathrm{AK}_n) = (\lambda_1\mathrm{K}_1 \ \lambda_2\mathrm{K}_2 \ \cdots \ \lambda_n\mathrm{K}_n) = (\mathrm{K}_1 \ \mathrm{K}_2 \ \cdots \ \mathrm{K}_n)\begin{pmatrix} \lambda_1 & 0 & \cdots & 0 \\ 0 & \lambda_2 & \cdots & 0 \\ & & \vdots & \\ 0 & 0 & \cdots & \lambda_n \end{pmatrix}$$

이다. 그러므로

$$\mathrm{A}(\mathrm{K}_1 \ \mathrm{K}_2 \ \cdots \ \mathrm{K}_n) = (\mathrm{K}_1 \ \mathrm{K}_2 \ \cdots \ \mathrm{K}_n)\begin{pmatrix} \lambda_1 & 0 & \cdots & 0 \\ 0 & \lambda_2 & \cdots & 0 \\ & & \vdots & \\ 0 & 0 & \cdots & \lambda_n \end{pmatrix}$$

이다. 이때 $\mathrm{P} = (\mathrm{K}_1 \ \mathrm{K}_2 \ \cdots \ \mathrm{K}_n)$, $\mathrm{D} = \mathrm{diag}(\lambda_1 \ \lambda_2 \ \cdots \ \lambda_n)$으로 놓으면

$$\mathrm{AP} = \mathrm{PD} \quad \Rightarrow \quad \mathrm{P}^{-1}\mathrm{AP} = \mathrm{D} \ : \ \text{대각행렬}$$

로 나타낼 수 있다.

즉 행렬 A는 n개의 고유벡터를 열벡터로 갖는 행렬 P와 역행렬 P^{-1}에 의해 대각행렬 D로 나타낼 수 있다.

정의 9-11 대각화 가능 행렬

$n \times n$ 행렬 $\mathbf{A}$에 대해

$$\mathbf{P}^{-1}\mathbf{A}\mathbf{P} = \mathbf{D} \ : \ \text{대각행렬}$$

를 만족하는 정칙행렬(또는 가역행렬) $\mathbf{P}$가 존재할 때, $\mathbf{A}$는 **대각화 가능**diagonalizable **행렬**이라 하고, $\mathbf{P}$는 $\mathbf{A}$를 **대각화**한다고 한다.

예제 9-20

행렬 $\mathbf{A} = \begin{pmatrix} 1 & 2 \\ 0 & 3 \end{pmatrix}$을 대각화하라.

풀이

행렬 $\mathbf{A}$의 특성방정식을 구하면

$$\det(\mathbf{A} - \lambda \mathbf{I}) = \begin{vmatrix} 1-\lambda & 2 \\ 0 & 3-\lambda \end{vmatrix} = (1-\lambda)(3-\lambda) = 0$$

이다. 따라서 고윳값은 $\lambda_1 = 1$, $\lambda_2 = 3$이다.

❶ **$\lambda_1 = 1$인 경우** : $\mathbf{A}\mathbf{K}_1 = \mathbf{K}_1$인 $\mathbf{K}_1 \neq \mathbf{O}$를 구하자. $(\mathbf{A} - \mathbf{I})\mathbf{K}_1 = \mathbf{O}$이므로 가우스 소거법에 의해

$$\begin{pmatrix} 0 & 2 \\ 0 & 2 \end{pmatrix} \xrightarrow{(-1)R_1 + R_2 \rightarrow R_2} \begin{pmatrix} 0 & 2 \\ 0 & 0 \end{pmatrix} \Leftrightarrow 2x_2 = 0$$

이므로 $x_2 = 0$ 이다. 이때 $x_1 = t$ (단, t는 모든 실수)로 놓고 $t = 1$로 두면 $\lambda_1 = 1$에 대응하는 고유벡터는 $\mathbf{K}_1 = \begin{pmatrix} 1 \\ 0 \end{pmatrix}$이다.

❷ **$\lambda_2 = 3$인 경우** : $\mathbf{A}\mathbf{K}_2 = 3\mathbf{K}_2$인 $\mathbf{K}_2 \neq \mathbf{O}$를 구하자. $(\mathbf{A} - 3\mathbf{I})\mathbf{K}_2 = \mathbf{O}$이므로 같은 방법으로 구한 고유벡터는 $\mathbf{K}_2 = \begin{pmatrix} 1 \\ 1 \end{pmatrix}$이다. 그러므로

$$\mathbf{P} = (\mathbf{K}_1 \ \mathbf{K}_2) = \begin{pmatrix} 1 & 1 \\ 0 & 1 \end{pmatrix},$$

$$\mathbf{P}^{-1} = \begin{pmatrix} 1 & -1 \\ 0 & 1 \end{pmatrix}$$

이고, $\mathbf{A}$를 대각화하면 다음과 같다.

$$\mathbf{P}^{-1}\mathbf{A}\mathbf{P} = \begin{pmatrix} 1 & -1 \\ 0 & 1 \end{pmatrix}\begin{pmatrix} 1 & 2 \\ 0 & 3 \end{pmatrix}\begin{pmatrix} 1 & 1 \\ 0 & 1 \end{pmatrix} = \begin{pmatrix} 1 & 0 \\ 0 & 3 \end{pmatrix} = \mathbf{D}$$

고윳값을 $\lambda_1 = 3$, $\lambda_2 = 1$로 두고 행렬 $\mathbf{A}$를 대각화하면 다음과 같다.

$$\mathbf{D} = \begin{pmatrix} 3 & 0 \\ 0 & 1 \end{pmatrix}$$

예제 9-21

행렬 $\mathbf{A} = \begin{pmatrix} 4 & -1 & 0 \\ 0 & -4 & 7 \\ 4 & -1 & 0 \end{pmatrix}$을 대각화하라.

풀이

[예제 9-4]에서 살펴봤듯이 행렬 $\mathbf{A}$의 고윳값은 $\lambda_1 = 0$, $\lambda_2 = -3$, $\lambda_3 = 3$이고, 이에 대응하는 고유벡터는

$$\mathbf{K}_1 = \begin{pmatrix} 7 \\ 28 \\ 16 \end{pmatrix},\ \mathbf{K}_2 = \begin{pmatrix} 1 \\ 7 \\ 1 \end{pmatrix},\ \mathbf{K}_3 = \begin{pmatrix} 1 \\ 1 \\ 1 \end{pmatrix}$$

이므로 $\mathbf{A}$를 대각화하는 행렬은

$$\mathbf{P} = \begin{pmatrix} 7 & 1 & 1 \\ 28 & 7 & 1 \\ 16 & 1 & 1 \end{pmatrix}$$

이다. 그러면

$$\mathbf{P}^{-1} = -\frac{1}{54}\begin{pmatrix} 6 & 0 & -6 \\ -12 & -9 & 21 \\ -84 & 9 & 21 \end{pmatrix} = \begin{pmatrix} -\frac{1}{9} & 0 & \frac{1}{9} \\ \frac{2}{9} & \frac{1}{6} & -\frac{7}{18} \\ \frac{14}{9} & -\frac{1}{6} & -\frac{7}{18} \end{pmatrix}$$

이다. 그러므로 행렬 $\mathbf{A}$를 대각화하면 다음과 같다.

$$\begin{pmatrix} -\frac{1}{9} & 0 & \frac{1}{9} \\ \frac{2}{9} & \frac{1}{6} & -\frac{7}{18} \\ \frac{14}{9} & -\frac{1}{6} & -\frac{7}{18} \end{pmatrix}\begin{pmatrix} 4 & -1 & 0 \\ 0 & -4 & 7 \\ 4 & -1 & 0 \end{pmatrix}\begin{pmatrix} 7 & 1 & 1 \\ 28 & 7 & 1 \\ 16 & 1 & 1 \end{pmatrix} = \begin{pmatrix} 0 & 0 & 0 \\ 0 & -3 & 0 \\ 0 & 0 & 3 \end{pmatrix}$$

예제 9-22

행렬 $\mathbf{A}=\begin{pmatrix}0&1&1\\1&0&1\\1&1&0\end{pmatrix}$을 대각화하라.

풀이

행렬 $\mathbf{A}$의 고윳값 $\lambda_1=2$에 대응하는 고유벡터는 $\mathbf{K}_1=\begin{pmatrix}1\\1\\1\end{pmatrix}$이고, 고윳값 $\lambda_2=-1$에 대응하는 고유벡터는 $\mathbf{K}_2=\begin{pmatrix}-1\\0\\1\end{pmatrix}$, $\mathbf{K}_3=\begin{pmatrix}-1\\1\\0\end{pmatrix}$이다. 따라서 $\mathbf{A}$를 대각화하는 행렬은 $\mathbf{P}=\begin{pmatrix}1&-1&-1\\1&0&1\\1&1&0\end{pmatrix}$이다. 즉

$$\mathbf{P}^{-1}=-\frac{1}{3}\begin{pmatrix}-1&-1&-1\\1&1&-2\\1&-2&1\end{pmatrix}=\begin{pmatrix}\frac{1}{3}&\frac{1}{3}&\frac{1}{3}\\-\frac{1}{3}&-\frac{1}{3}&\frac{2}{3}\\-\frac{1}{3}&\frac{2}{3}&-\frac{1}{3}\end{pmatrix}$$

이다. 그러므로 행렬 $\mathbf{A}$를 대각화하면 다음과 같다.

$$\begin{pmatrix}\frac{1}{3}&\frac{1}{3}&\frac{1}{3}\\-\frac{1}{3}&-\frac{1}{3}&\frac{2}{3}\\-\frac{1}{3}&\frac{2}{3}&-\frac{1}{3}\end{pmatrix}\begin{pmatrix}0&1&1\\1&0&1\\1&1&0\end{pmatrix}\begin{pmatrix}1&-1&-1\\1&0&1\\1&1&0\end{pmatrix}=\begin{pmatrix}2&0&0\\0&-1&0\\0&0&-1\end{pmatrix}$$

고윳값이 모두 다른 행렬은 언제나 대각화 가능하다. 또한 대칭행렬이 서로 다른 고윳값을 갖는 경우 서로 직교인 고유벡터를 구할 수 있는데, 이러한 고유벡터들로 구성된 직교행렬 $\mathbf{P}$를 이용하여 행렬을 대각화할 수 있다.

정의 9-12 직교대각화 가능 행렬

$n\times n$ 행렬 $\mathbf{A}$에 대해

$$\mathbf{P}^{-1}\mathbf{A}\mathbf{P}=\mathbf{D} \quad : \text{대각행렬}$$

를 만족하는 직교행렬 $\mathbf{P}$가 존재할 때, $\mathbf{A}$는 **직교대각화 가능**orthogonally diagonalizable **행렬**이라 하고, $\mathbf{P}$는 $\mathbf{A}$를 **직교대각화**한다고 한다.

실대칭행렬은 항상 직교대각화 가능하다.

예제 9-23

대칭행렬 $\mathbf{A}=\begin{pmatrix} 2 & 8 & -2 \\ 8 & -4 & 10 \\ -2 & 10 & -7 \end{pmatrix}$를 직교대각화하라.

풀이

[예제 9-18]로부터 $\mathbf{A}$의 고윳값은 $\lambda_1=0$, $\lambda_2=9$, $\lambda_3=-18$이고 이에 대응하는 고유벡터는 $\mathbf{K}_1=\begin{pmatrix} -2 \\ 1 \\ 2 \end{pmatrix}$, $\mathbf{K}_2=\begin{pmatrix} 2 \\ 2 \\ 1 \end{pmatrix}$, $\mathbf{K}_3=\begin{pmatrix} 1 \\ -2 \\ 2 \end{pmatrix}$이며, 직교행렬은

$$\mathbf{P}=\begin{pmatrix} -\frac{2}{3} & \frac{2}{3} & \frac{1}{3} \\ \frac{1}{3} & \frac{2}{3} & -\frac{2}{3} \\ \frac{2}{3} & \frac{1}{3} & \frac{2}{3} \end{pmatrix}$$

이다. 그러므로 행렬 $\mathbf{A}$를 직교대각화하면 다음과 같다.

$$\mathbf{P}^{-1}\mathbf{A}\mathbf{P}=\mathbf{P}^{T}\mathbf{A}\mathbf{P}=\mathbf{D}=\begin{pmatrix} 0 & 0 & 0 \\ 0 & 9 & 0 \\ 0 & 0 & -18 \end{pmatrix}$$

예제 9-24

대칭행렬 $\mathbf{A}=\begin{pmatrix} 1 & -2 & -2 \\ -2 & 1 & -2 \\ -2 & -2 & 1 \end{pmatrix}$를 직교대각화하는 직교행렬 $\mathbf{P}$를 구하라.

풀이

[예제 9-19]로부터 $\mathbf{A}$의 고윳값은 $\lambda_1=-3$, $\lambda_2=\lambda_3=3$이고 이에 대응하는 고유벡터는 각각 $\mathbf{K}_1=\begin{pmatrix} 1 \\ 1 \\ 1 \end{pmatrix}$, $\mathbf{K}_2=\begin{pmatrix} -1 \\ 1 \\ 0 \end{pmatrix}$, $\mathbf{K}_3=\begin{pmatrix} 1 \\ 1 \\ -2 \end{pmatrix}$이며, 직교행렬은

$$\mathbf{P}=\begin{pmatrix} \frac{1}{\sqrt{3}} & -\frac{1}{\sqrt{2}} & \frac{1}{\sqrt{6}} \\ \frac{1}{\sqrt{3}} & \frac{1}{\sqrt{2}} & \frac{1}{\sqrt{6}} \\ \frac{1}{\sqrt{3}} & 0 & -\frac{2}{\sqrt{6}} \end{pmatrix}$$

이다. 이때

$$P^{-1}AP = P^TAP = D = \begin{pmatrix} -3 & 0 & 0 \\ 0 & 3 & 0 \\ 0 & 0 & 3 \end{pmatrix}$$

이므로 행렬 P는 행렬 A를 대각화하는 직교행렬이다.

행렬 A가 대각화 가능할 때

$$P^{-1}AP = D \quad \Leftrightarrow \quad A = PDP^{-1}$$

이므로, 다음이 성립함을 알 수 있다.

$$\begin{aligned} A^2 &= (PDP^{-1})(PDP^{-1}) = PD^2P^{-1} \\ &\vdots \\ A^n &= PD^nP^{-1} \end{aligned}$$

예제 9-25

행렬 $A = \begin{pmatrix} 0 & 1 & 1 \\ 1 & 0 & 1 \\ 1 & 1 & 0 \end{pmatrix}$에 대해 A^5을 구하라.

풀이

[예제 9-22]에서 $D = \begin{pmatrix} 2 & 0 & 0 \\ 0 & -1 & 0 \\ 0 & 0 & -1 \end{pmatrix}$이므로

$$D^5 = \begin{pmatrix} 2 & 0 & 0 \\ 0 & -1 & 0 \\ 0 & 0 & -1 \end{pmatrix} = \begin{pmatrix} 2^5 & 0 & 0 \\ 0 & (-1)^5 & 0 \\ 0 & 0 & (-1)^5 \end{pmatrix} = \begin{pmatrix} 32 & 0 & 0 \\ 0 & -1 & 0 \\ 0 & 0 & -1 \end{pmatrix}$$

이다. 따라서 A^5는 다음과 같이 구한다.

$$A^5 = PD^5P^{-1} = \begin{pmatrix} 1 & -1 & -1 \\ 1 & 0 & 1 \\ 1 & 1 & 0 \end{pmatrix} \begin{pmatrix} 32 & 0 & 0 \\ 0 & -1 & 0 \\ 0 & 0 & -1 \end{pmatrix} \begin{pmatrix} \frac{1}{3} & \frac{1}{3} & \frac{1}{3} \\ -\frac{1}{3} & -\frac{1}{3} & \frac{2}{3} \\ -\frac{1}{3} & \frac{2}{3} & -\frac{1}{3} \end{pmatrix} = \begin{pmatrix} 10 & 11 & 11 \\ 11 & 10 & 11 \\ 11 & 11 & 10 \end{pmatrix}$$

이차형식

다음과 같은 형태

$$ax^2 + bxy + cy^2 \tag{9.20}$$

을 **이차형식** quadratic form 이라 한다. 이차형식의 그래프를 좀 더 쉽게 그리기 위해서는 좌표축을 적당히 회전시켜야 한다. 이를 위해 식 (9.20)을 다음과 같이 나타낸다.

$$ax^2 + \frac{1}{2}bxy + \frac{1}{2}bxy + cy^2 = (x\ \ y)\begin{pmatrix} a & \frac{b}{2} \\ \frac{b}{2} & c \end{pmatrix}\begin{pmatrix} x \\ y \end{pmatrix} = \mathbf{X}^T\mathbf{A}\mathbf{X} \tag{9.21}$$

이때 $\mathbf{A}$는 대칭행렬이므로 직교행렬 $\mathbf{P}$를 이용하여 직교대각화 가능하다. 또한 $\mathbf{P}^{-1}\mathbf{A}\mathbf{P} = \mathbf{P}^T\mathbf{A}\mathbf{P} = \mathbf{D}$ 이므로 새로운 축 $\mathbf{X}' = \begin{pmatrix} x' \\ y' \end{pmatrix}$에 대해 $\mathbf{X} = \mathbf{P}\mathbf{X}'$으로 놓으면

$$\begin{aligned}\mathbf{X}^T\mathbf{A}\mathbf{X} &= (\mathbf{P}\mathbf{X}')^T\mathbf{A}(\mathbf{P}\mathbf{X}') = \mathbf{X}'^T(\mathbf{P}^T\mathbf{A}\mathbf{P})\mathbf{X}' \\ &= \mathbf{X}'^T\mathbf{D}\mathbf{X}' = (x'\ \ y')\begin{pmatrix} \lambda_1 & 0 \\ 0 & \lambda_2 \end{pmatrix}\begin{pmatrix} x' \\ y' \end{pmatrix} \\ &= \lambda_1 x'^2 + \lambda_2 y'^2\end{aligned}$$

이 되어 $x'y'$ 평면에서 그래프를 그릴 수 있다.

예제 9-26

이차형식 $2x^2 + 2xy + 2y^2 = 1$의 그래프를 그려라.

풀이

이차형식을 식 (9.21)과 같이 나타내면

$$2x^2 + 2xy + 2y^2 = (x\ \ y)\begin{pmatrix} 2 & 1 \\ 1 & 2 \end{pmatrix}\begin{pmatrix} x \\ y \end{pmatrix} = \mathbf{X}^T\mathbf{A}\mathbf{X}$$

이므로 $\mathbf{A} = \begin{pmatrix} 2 & 1 \\ 1 & 2 \end{pmatrix}$로부터 직교행렬 $\mathbf{P}$를 구하자. 먼저

$$\begin{aligned}\det(\mathbf{A} - \lambda\mathbf{I}) &= \begin{vmatrix} 2-\lambda & 1 \\ 1 & 2-\lambda \end{vmatrix} = (2-\lambda)^2 - 1 = \lambda^2 - 4\lambda + 3 \\ &= (\lambda - 1)(\lambda - 3) = 0\end{aligned}$$

이므로 고윳값은 $\lambda_1 = 1$, $\lambda_2 = 3$이다. 이들에 대응하는 고유벡터를 구하면

$$\mathbf{K}_1 = \begin{pmatrix} \frac{\sqrt{2}}{2} \\ -\frac{\sqrt{2}}{2} \end{pmatrix}, \quad \mathbf{K}_2 = \begin{pmatrix} \frac{\sqrt{2}}{2} \\ \frac{\sqrt{2}}{2} \end{pmatrix}$$

이다. 따라서 직교행렬은

$$P=\begin{pmatrix}\frac{\sqrt{2}}{2} & \frac{\sqrt{2}}{2}\\ -\frac{\sqrt{2}}{2} & \frac{\sqrt{2}}{2}\end{pmatrix}$$

이다. 이때 $X = PX'$으로 놓으면

$$\begin{aligned}2x^2+2xy+2y^2 &= X^TAX=(PX')^TA(PX')=X'^T(P^TAP)X'\\ &= X'^TDX=(x'\ \ y')\begin{pmatrix}1 & 0\\ 0 & 3\end{pmatrix}\begin{pmatrix}x'\\ y'\end{pmatrix}=1\end{aligned}$$

이므로 $x'^2+3y'^2=1$인 타원이 된다. 즉, 고유벡터 K_1을 지나는 x'축과 고유벡터 K_2를 지나는 y'축으로 된 평면 위에서 타원 $x'^2+3y'^2=1$은 점 $(1, 0)$과 점 $\left(0, \frac{1}{\sqrt{3}}\right)$을 지난다. 따라서 이 그래프를 그리면 [그림 9-2]와 같다.

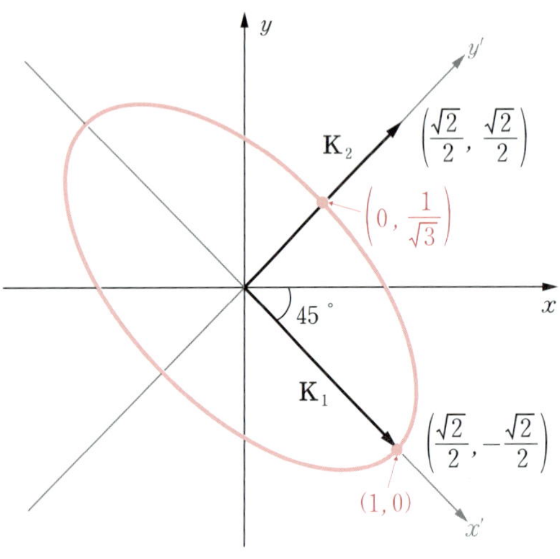

[그림 9-2] $2x^2+2xy+2y^2=1$의 그래프

예제 9-27

이차형식 $2x^2+6xy+2y^2=10$의 그래프를 그려라.

풀이

이차형식을 식 (9.21)과 같이 나타내면

$$2x^2+6xy+2y^2=(x\ \ y)\begin{pmatrix}2 & 3\\ 3 & 2\end{pmatrix}\begin{pmatrix}x\\ y\end{pmatrix}=X^TAX$$

이므로 $\mathbf{A}=\begin{pmatrix}2 & 3\\ 3 & 2\end{pmatrix}$로부터 직교행렬 $\mathbf{P}$를 구하자. 먼저

$$\begin{aligned}\det(\mathbf{A}-\lambda\mathbf{I}) &= \begin{vmatrix}2-\lambda & 3\\ 3 & 2-\lambda\end{vmatrix} = (2-\lambda)^2-9=\lambda^2-4\lambda-5\\ &= (\lambda+1)(\lambda-5)=0\end{aligned}$$

이므로 고윳값은 $\lambda_1=-1$, $\lambda_2=5$이다. 이들에 대응하는 고유벡터를 구하면

$$\mathbf{K}_1=\begin{pmatrix}\frac{\sqrt{2}}{2}\\ -\frac{\sqrt{2}}{2}\end{pmatrix},\ \mathbf{K}_2=\begin{pmatrix}\frac{\sqrt{2}}{2}\\ \frac{\sqrt{2}}{2}\end{pmatrix}$$

이다. 따라서 직교행렬은

$$\mathbf{P}=\begin{pmatrix}\frac{\sqrt{2}}{2} & \frac{\sqrt{2}}{2}\\ -\frac{\sqrt{2}}{2} & \frac{\sqrt{2}}{2}\end{pmatrix}$$

이다. 이때 $\mathbf{X}=\mathbf{P}\mathbf{X}'$으로 놓으면

$$\begin{aligned}2x^2+6xy+2y^2 &= \mathbf{X}^T\mathbf{A}\mathbf{X}=(\mathbf{P}\mathbf{X}')^T\mathbf{A}(\mathbf{P}\mathbf{X}')=\mathbf{X}'^T(\mathbf{P}^T\mathbf{A}\mathbf{P})\mathbf{X}'\\ &= \mathbf{X}'^T\mathbf{D}\mathbf{X}=(x'\ \ y')\begin{pmatrix}-1 & 0\\ 0 & 5\end{pmatrix}\begin{pmatrix}x'\\ y'\end{pmatrix}=10\end{aligned}$$

이므로 $-\frac{1}{10}x'^2+\frac{1}{2}y'^2=1$인 쌍곡선이 된다. 따라서 이 그래프를 그리면 [그림 9-3]과 같다.

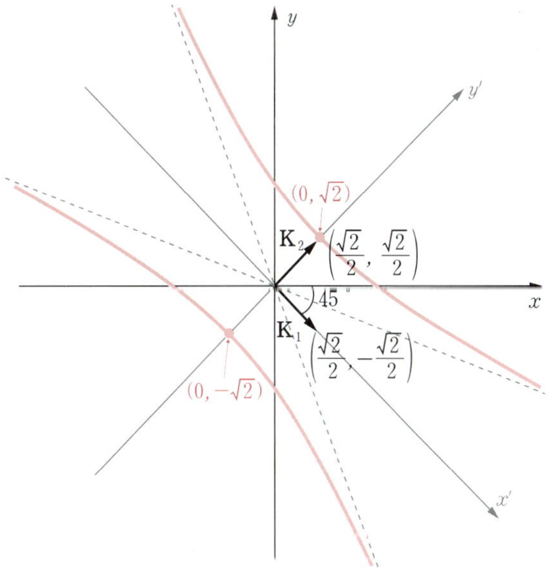

[그림 9-3] $2x^2+6xy+2y^2=10$의 그래프

Chapter 09 연습문제

[9.1 크래머 법칙]

※ (문제 1~2) 크래머 법칙을 이용하여 다음 연립 선형방정식의 해를 구하라.

1. $$\begin{aligned} 2x_1 - x_2 + 3x_3 &= 4 \\ x_1 + 9x_2 - 2x_3 &= -8 \\ 4x_1 - 8x_2 + 11x_3 &= 15 \end{aligned}$$

2. $$\begin{aligned} 2x_1 \qquad + x_3 &= -1 \\ -2x_1 + 3x_2 + 4x_3 &= 1 \\ -5x_1 + 5x_2 + 6x_3 &= 0 \end{aligned}$$

3. 크래머 법칙을 이용하여 다음 연립 선형방정식의 해를 구하라. 또한 해를 갖지 않기 위한 실수 k 값을 구하라.

$$\begin{aligned} (k-3)x_1 - kx_2 &= 1 \\ -kx_1 + (k-2)x_2 &= 2 \end{aligned}$$

[9.2 고윳값과 고유벡터]

※ (문제 4~10) 다음 행렬의 고윳값과 고유벡터를 구하라.

4. $\begin{pmatrix} 1 & 2 \\ 3 & 1 \end{pmatrix}$

5. $\begin{pmatrix} 4 & 0 \\ 3 & -4 \end{pmatrix}$

6. $\begin{pmatrix} 0 & 0 \\ 1 & 0 \end{pmatrix}$

7. $\begin{pmatrix} 1 & 2 & 3 \\ 0 & -1 & 0 \\ 0 & 0 & 2 \end{pmatrix}$

8. $\begin{pmatrix} 1 & 0 & 0 \\ 0 & 2 & 0 \\ 0 & 0 & 3 \end{pmatrix}$

9. $\begin{pmatrix} 2 & 2 & 3 \\ 1 & 4 & 4 \\ 1 & -2 & 0 \end{pmatrix}$

10. $\begin{pmatrix} 2 & 2 & 3 \\ 1 & 4 & 4 \\ 1 & -2 & 0 \end{pmatrix}^{-1}$

[9.3 고윳값 문제의 활용]

※ (문제 11~15) 다음 연립 미분방정식의 일반해를 구하라.

11. $$\begin{aligned} y_1' &= y_1 - y_2 + 4y_3 \\ y_2' &= 3y_1 + 2y_2 - y_3 \\ y_3' &= 2y_1 + y_2 - y_3 \end{aligned}$$

12. $$\begin{aligned} y_1' &= \qquad\qquad -2y_3 \\ y_2' &= y_1 + 2y_2 + y_3 \\ y_3' &= y_1 \qquad + 3y_3 \end{aligned}$$

13. $$\begin{aligned} y_1' &= 4y_1 + y_2 \\ y_2' &= -y_1 + 2y_2 \end{aligned}$$

14. $$\begin{aligned} y_1'' &= 2y_1 + y_2 \\ y_2'' &= y_1 + 2y_2 \end{aligned}$$

15. $$\begin{aligned} y_1'' &= -2y_1 \\ y_2'' &= 3y_1 + y_2 \end{aligned}$$

16. 두 개의 텔레비전 방송국 1과 방송국 2가 경쟁 관계에 있다. 초기 두 방송국의 시청점유율은 각각 50%, 50%이다. 해마다 방송국 1은 방송국 2의 시청점유율을 5%씩 잠식하고 방송국 2는 방송국 1의 시청점유율을 10%씩 잠식한다고 하자. 오랜 시간이 지난 후에 두 방송의 시청점유율 분포를 구하라.

17. 렌트카 회사가 지역 1, 지역 2, 지역 3에 지역 대리점을 가지고 있다. 고객은 세 지점 중 한 지점에서 자동차를 빌려 어느 지점에서든 반납할 수 있다. 이 회사의 고객이 자동차를 빌려 반납하는 경향은 [표 9-1]의 확률을 따른다. 이 상황을 마르코프 연쇄로 모델링할 수 있다고 가정하고 정상상태 벡터를 구하라.

[표 9-1] 렌트카 회사의 지역 대리점별 대출·반납 비율

대출 \ 반납	지역 1	지역 2	지역 3
지역 1	$\frac{1}{5}$	$\frac{2}{5}$	$\frac{2}{5}$
지역 2	$\frac{1}{5}$	$\frac{2}{5}$	$\frac{3}{10}$
지역 3	$\frac{3}{5}$	$\frac{1}{5}$	$\frac{3}{10}$

18. 시장 조사 기관에서 매주 캔 커피 하나를 살 수 있는 커피 구매자 그룹에 대해 연구하고 있다. 조사에 의하면 A 브랜드 커피 구매자 중 50%가 다음 주에 다시 A 브랜드를 구매하고 25%는 B 브랜드를, 25%는 C 브랜드를 구매할 것이다. 그리고 B 브랜드 커피 구매자 중 30%가 다음 주에 다시 B 브랜드를 구매하고 60%는 A 브랜드를, 10%는 C 브랜드를 구매할 것이다. 마지막으로 C 브랜드 커피 구매자 중 30%가 다음 주에 다시 C 브랜드를 구매하고 40%는 A 브랜드를, 30%는 B 브랜드를 구매할 것이다. 이를 마르코프 연쇄로 모델링할 때, 정상상태 벡터를 구하라.

※ **(문제 19~20) 다음은 [예제 9-14]와 같이 암소 사육 마릿수가 늘어가는 경향을 나타내는 레슬리 행렬이다. 오랜 시간이 흘러도 연령별 암소 사육 마릿수의 비율을 일정하게 하려면, 처음에 연령별로 암소를 몇 마리씩 두어야 할지 구하라. 단, 초기에 암소 1,000마리로 시작한다.**

19. $L = \begin{pmatrix} 0 & \frac{16}{3} & 0 \\ \frac{3}{4} & 0 & 0 \\ 0 & \frac{3}{10} & 0 \end{pmatrix}$

20. $L = \begin{pmatrix} 0 & 1 & \frac{1}{5} \\ \frac{10}{11} & 0 & 0 \\ 0 & \frac{1}{2} & 0 \end{pmatrix}$

[9.4 직교행렬]

※ (문제 21~24) 다음 대칭행렬로부터 직교행렬을 구하라.

21. $\begin{pmatrix} 1 & 2 \\ 2 & 1 \end{pmatrix}$

22. $\begin{pmatrix} \frac{1}{2} & -\frac{1}{6} \\ -\frac{1}{6} & \frac{1}{2} \end{pmatrix}$

23. $\begin{pmatrix} 1 & 0 & 1 \\ 0 & 1 & 0 \\ 1 & 0 & 1 \end{pmatrix}$

24. $\begin{pmatrix} 0 & 1 & 0 \\ 1 & 0 & 0 \\ 0 & 0 & 1 \end{pmatrix}$

[9.5 대각화]

※ (문제 25~31) 다음 행렬을 대각화하고 A^5, B^7, C^9, E^{11}, F^{13}, G^{15}, H^{17}을 구하라.

25. $A = \begin{pmatrix} 1 & 2 \\ 0 & 3 \end{pmatrix}$

26. $B = \begin{pmatrix} 1 & 2 \\ 2 & 4 \end{pmatrix}$

27. $C = \begin{pmatrix} 2 & 2 & 3 \\ 1 & 4 & 4 \\ 1 & -2 & 0 \end{pmatrix}$

28. $E = \begin{pmatrix} 1 & 2 & 3 \\ 0 & -1 & 0 \\ 0 & 0 & 2 \end{pmatrix}$

29. $F = \begin{pmatrix} 4 & 2 & -1 & 4 \\ 0 & 2 & 0 & 0 \\ 1 & 3 & 2 & 1 \\ 0 & 0 & 0 & 2 \end{pmatrix}$

30. $G = \begin{pmatrix} 1 & -2 & 2 \\ -2 & 1 & -2 \\ 2 & -2 & 1 \end{pmatrix}$

31. $H = \begin{pmatrix} 5 & -2 & 0 \\ -2 & 6 & -2 \\ 0 & -2 & 7 \end{pmatrix}$

※ (문제 32~35) 다음 이차형식의 그래프를 그려라.

32. $2x^2 - 4xy - y^2 = 10$

33. $3x^2 + 8xy - 3y^2 = 25$

34. $2x^2 + 2xy + 2y^2 + \sqrt{2}\,x + \sqrt{2}\,y = 10$

35. $4x^2 + 12xy + 9y^2 - 3x + 2y = 0$

Chapter 10

벡터 미적분

Vector Differential Calculus

||| 목차 |||

||| 학습목표 |||

- 벡터함수를 이해한다.
- 벡터함수의 속도, 가속도, 곡률을 구한다.
- 방향도함수를 구한다.
- 발산과 회전을 구한다.
- 선적분을 계산한다.
- 경로와 무관한 선적분을 계산한다.
- 이중적분과 삼중적분을 계산한다.
- 그린 정리를 이해하고 이를 활용하여 문제를 푼다.
- 면적분을 계산한다.
- 발산정리를 이해하고 이를 활용하여 문제를 푼다.
- 스토크스 정리를 이해하고 이를 활용하여 문제를 푼다.

Section 10.1 벡터함수

벡터를 포함하는 함수의 극한, 연속, 미분, 적분을 살펴보고 이를 응용하여 곡선의 길이를 구해본다.

벡터함수의 정의

지금까지는 주로 $y = x^3$, $z = xy^2$과 같은 스칼라함수를 다루었다. 이 장에서 배울 **벡터함수**vector function는 각각의 성분이 스칼라함수인 벡터이다. 벡터함수를 이용하면 움직이는 물체의 운동, 유체의 흐름, 열전달, 파동 등을 설명할 수 있다. 이 책에서는 2차원과 3차원의 벡터함수를 다룬다. 먼저, xy평면 위의 곡선은 다음과 같이 나타낼 수 있다.

(1) $y = f(x)$

(2) $x = g(t)$, $y = h(t)$ (단, t는 매개변수)

(3) 벡터함수 $\mathbf{r}(t) = g(t)\mathbf{i} + h(t)\mathbf{j} = < g(t), h(t) >$

이때 $g(t)$, $h(t)$를 벡터함수 $\mathbf{r}(t)$의 **성분함수**라 한다.

예를 들어 [그림 10-1]과 같은 평면 위의 포물선 $y = x^2$을 다음과 같이 나타낼 수 있다.

(1) 일변수함수 $y = x^2$

(2) 실수 t에 대하여 $x = t$, $y = t^2$

(3) 벡터함수 $\mathbf{r}(t) = t\mathbf{i} + t^2\mathbf{j} = < t, t^2 >$

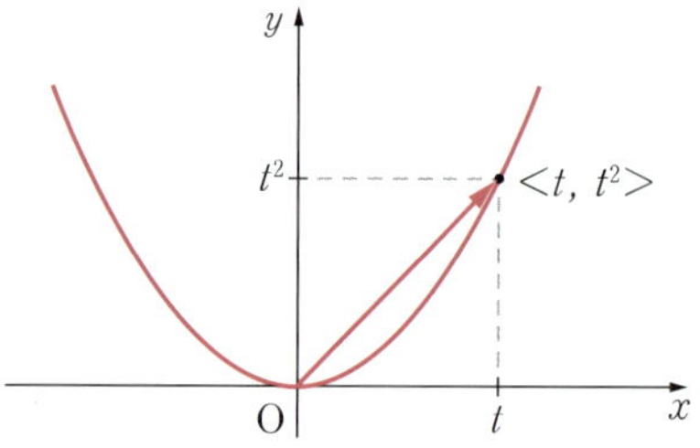

[그림 10-1] 포물선 $y = x^2$의 그래프

또한, 3차원 공간 위의 곡선은 다음과 같이 나타낸다.

(1) $x = f(t)$, $y = g(t)$, $z = h(t)$ (단, t는 매개변수)

(2) 벡터함수 $\mathbf{r}(t) = f(t)\mathbf{i} + g(t)\mathbf{j} + h(t)\mathbf{k} = < f(t), g(t), h(t) >$

이때 $f(t)$, $g(t)$, $h(t)$를 벡터함수 $\mathbf{r}(t)$의 **성분함수**라 한다.

예제 10-1

$t \geq 0$일 때 벡터함수 $\mathbf{r}(t) = \cos t\,\mathbf{i} + \sin t\,\mathbf{j} + t\,\mathbf{k}$의 그래프를 그려라.

풀이

이 곡선은 $x = \cos t$, $y = \sin t$, $z = t$이므로 $\cos^2 t + \sin^2 t = 1$임을 이용하면

$$x^2 + y^2 = 1,\ z = t\ (\text{단, } t \geq 0)$$

로 표현할 수 있다. 이 곡선은 [그림 10-2]와 같이 반지름이 1인 원기둥을 감아 올라가는 나선이다.

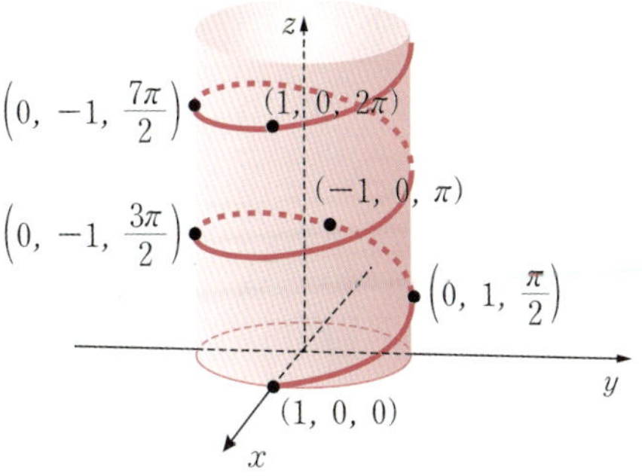

[그림 10-2] $\mathbf{r}(t) = \cos t\,\mathbf{i} + \sin t\,\mathbf{j} + t\,\mathbf{k}$의 그래프

예제 10-2

벡터함수 $\mathbf{r}(t) = 2\cos t\,\mathbf{i} + \sin t\,\mathbf{j} + \mathbf{k}$의 그래프를 그려라.

풀이

이 곡선은 $x = 2\cos t$, $y = \sin t$, $z = 1$이므로 $\cos^2 t + \sin^2 t = 1$임을 이용하면

$$\left(\frac{x}{2}\right)^2 + y^2 = 1,\ z = 1$$

이다. 이 곡선은 [그림 10-3]과 같이 평면 $z = 1$ 위의 타원이다.

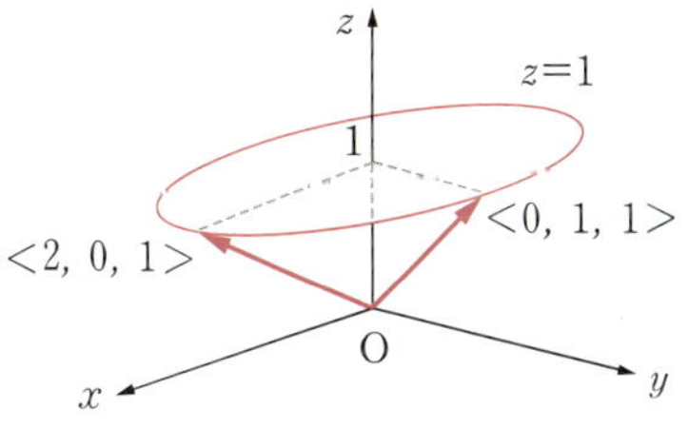

[그림 10-3] $\mathbf{r}(t) = 2\cos t\,\mathbf{i} + \sin t\,\mathbf{j} + \mathbf{k}$의 그래프

벡터함수의 극한, 연속, 도함수

미분적분학에서 다룬 함수의 극한, 연속과 도함수의 개념을 벡터함수에도 자연스럽게 적용할 수 있다.

정의 10-1 벡터함수의 극한

벡터함수 $\mathbf{r}(t) = < f(t), g(t), h(t) >$에 대하여 $\lim_{t \to a} f(t)$, $\lim_{t \to a} g(t)$, $\lim_{t \to a} h(t)$가 각각 존재하면 벡터함수의 극한은 다음과 같다.

$$\lim_{t \to a} \mathbf{r}(t) = < \lim_{t \to a} f(t), \lim_{t \to a} g(t), \lim_{t \to a} h(t) >$$

벡터함수는 극한값도 벡터임을 유념하자.

정리 10-2 벡터함수 극한의 성질

$\lim_{t \to a} \mathbf{r}_1(t) = \mathbf{L}_1$, $\lim_{t \to a} \mathbf{r}_2(t) = \mathbf{L}_2$일 때, 다음이 성립한다.

(1) $\lim_{t \to a} c\mathbf{r}_1(t) = c\mathbf{L}_1$

(2) $\lim_{t \to a} [\mathbf{r}_1(t) + \mathbf{r}_2(t)] = \mathbf{L}_1 + \mathbf{L}_2$

(3) $\lim_{t \to a} [\mathbf{r}_1(t) \cdot \mathbf{r}_2(t)] = \mathbf{L}_1 \cdot \mathbf{L}_2$

(4) $\lim_{t \to a} [\mathbf{r}_1(t) \times \mathbf{r}_2(t)] = \mathbf{L}_1 \times \mathbf{L}_2$

벡터함수의 연속은 미분적분학에서의 연속과 동일하게 정의한다.

정의 10-3 벡터함수의 연속

벡터함수 $\mathbf{r}(t)$가 조건 (1)~(3)을 모두 만족하면 $\mathbf{r}(t)$는 $t = a$에서 **연속**이다.

(1) $\mathbf{r}(a)$가 정의된다.

(2) $\lim_{t \to a} \mathbf{r}(t)$가 존재한다.

(3) $\lim_{t \to a} \mathbf{r}(t) = \mathbf{r}(a)$

벡터함수도 특정한 값에서 순간변화율을 생각할 수 있다.

정의 10-4 벡터함수의 도함수

벡터함수 $\mathbf{r}(t)$의 도함수는 다음과 같다.

$$\mathbf{r}'(t) = \lim_{\Delta t \to 0} \frac{\mathbf{r}(t+\Delta t) - \mathbf{r}(t)}{\Delta t} = \lim_{\Delta t \to 0} \frac{\Delta \mathbf{r}}{\Delta t}$$

벡터함수 $\mathbf{r}(t)$의 도함수가 존재할 때 $\mathbf{r}(t)$는 **미분가능**differentiable하다고 한다.

[정의 10-4]에서 $\Delta \mathbf{r} = \mathbf{r}(t+\Delta t) - \mathbf{r}(t)$와 $\dfrac{\Delta \mathbf{r}}{\Delta t} = \dfrac{1}{\Delta t}[\mathbf{r}(t+\Delta t) - \mathbf{r}(t)]$는 평행하다.

$\displaystyle\lim_{\Delta t \to 0} \frac{\Delta \mathbf{r}}{\Delta t}$이 존재할 때, $\Delta t \to 0$이면 $\mathbf{r}(t+\Delta t)$가 $\mathbf{r}(t)$로 접근하므로 $\mathbf{r}'(t) = \displaystyle\lim_{\Delta t \to 0} \frac{\Delta \mathbf{r}}{\Delta t}$은 [그림 10-4]와 같이 점 P에서의 **접선벡터**tangent vector임을 알 수 있다.

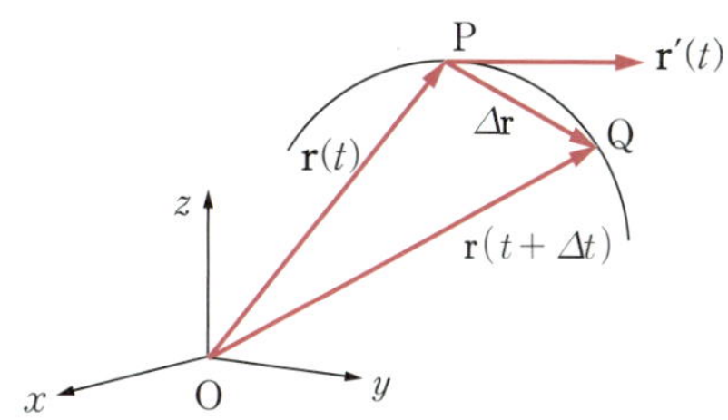

[그림 10-4] 벡터함수 $\mathbf{r}(t)$의 도함수

[정의 10-4]로부터 다음이 성립함을 알 수 있다.

$$\begin{aligned}
\mathbf{r}'(t) &= \lim_{\Delta t \to 0} \frac{\mathbf{r}(t+\Delta t) - \mathbf{r}(t)}{\Delta t} \\
&= \lim_{\Delta t \to 0} \frac{< f(t+\Delta t), g(t+\Delta t), h(t+\Delta t) > - < f(t), g(t), h(t) >}{\Delta t} \\
&= < \lim_{\Delta t \to 0} \frac{f(t+\Delta t) - f(t)}{\Delta t}, \lim_{\Delta t \to 0} \frac{g(t+\Delta t) - g(t)}{\Delta t}, \lim_{\Delta t \to 0} \frac{h(t+\Delta t) - h(t)}{\Delta t} > \\
&= < f'(t), g'(t), h'(t) > \\
&= f'(t)\mathbf{i} + g'(t)\mathbf{j} + h'(t)\mathbf{k}
\end{aligned}$$

예제 10-3

벡터함수 $\mathbf{r}(t) = < t, \sin t, -2t^2 + t >$에 대하여 $t=0$에서 접선벡터를 구하고, 접선의 방정식을 구하라.

풀이

도함수가 $\mathbf{r}'(t) = < 1, \cos t, -4t+1 >$이므로 $t=0$에서 접선벡터는 $\mathbf{r}'(t) = < 1, 1, 1 >$이다. 접선은 접점 $(0, 0, 0)$을 지나고 기울기가 $< 1, 1, 1 >$인 직선이므로 접선의 방정식은 다음과 같다.

(1) 접선의 벡터방정식은 $\mathbf{r} = \mathbf{O} + t\,\mathbf{r}'(t) = t < 1, 1, 1 > = < t, t, t >$

(2) 접선을 성분으로 나타내면 $\mathbf{r} = < 0, 0, 0 > + < 1, 1, 1 > t = < t, t, t >$

(3) $x = t,\ y = t,\ z = t$

벡터함수의 미분에서도 스칼라함수와 마찬가지로 연쇄법칙이 적용된다.

정리 10-5 벡터함수의 연쇄법칙

벡터함수 $\mathbf{r}(s)$와 스칼라함수 $s=u(t)$에 대하여 다음이 성립한다.

$$\frac{d\mathbf{r}}{dt}=\frac{d\mathbf{r}}{ds}\frac{ds}{dt}=\mathbf{r}'(s)u'(t)$$

예제 10-4

벡터함수 $\mathbf{r}(s)=<\cos 2s,\ \sin s,\ e^{-2s}>$에 대하여 $s=t^2$일 때, $\dfrac{d\mathbf{r}}{dt}$를 구하라.

풀이

벡터함수의 연쇄법칙에 의해 다음과 같이 구한다.

$$\begin{aligned}\frac{d\mathbf{r}}{dt}&=\frac{d\mathbf{r}}{ds}\frac{ds}{dt}\\&=2t<2\sin 2s,\ \cos s,\ -2e^{-2s}>\\&=2t<2\sin 2t^2,\ \cos t^2,\ -2e^{-2t^2}>\end{aligned}$$

벡터함수의 도함수는 스칼라함수의 도함수와 비슷한 성질을 만족한다.

정리 10-6 벡터함수의 도함수의 성질

미분가능한 벡터함수 $\mathbf{r}_1(t)$, $\mathbf{r}_2(t)$와 스칼라함수 $u(t)$에 대해 다음이 성립한다.

(1) $\dfrac{d}{dt}[\mathbf{r}_1(t)+\mathbf{r}_2(t)]=\dfrac{d}{dt}\mathbf{r}(t)+\dfrac{d}{dt}\mathbf{r}_2(t)=\mathbf{r}_1'(t)+\mathbf{r}_2'(t)$

(2) $\dfrac{d}{dt}[u(t)\mathbf{r}_1(t)]=\dfrac{d}{dt}u(t)\mathbf{r}_1(t)+u(t)\dfrac{d}{dt}\mathbf{r}_1(t)=u'(t)\mathbf{r}_1(t)+u(t)\mathbf{r}_1'(t)$

(3) $\dfrac{d}{dt}[\mathbf{r}_1(t)\cdot\mathbf{r}_2(t)]=\dfrac{d}{dt}\mathbf{r}_1(t)\cdot\mathbf{r}_2(t)+\mathbf{r}_1(t)\cdot\dfrac{d}{dt}\mathbf{r}_2(t)$

$=\mathbf{r}_1'(t)\cdot\mathbf{r}_2(t)+\mathbf{r}_1(t)\cdot\mathbf{r}_2'(t)$

(4) $\dfrac{d}{dt}[\mathbf{r}_1(t)\times\mathbf{r}_2(t)]=\dfrac{d}{dt}\mathbf{r}_1(t)\times\mathbf{r}_2(t)+\mathbf{r}_1(t)\times\dfrac{d}{dt}\mathbf{r}_2(t)$

$=\mathbf{r}_1'(t)\times\mathbf{r}_2(t)+\mathbf{r}_1(t)\times\mathbf{r}_2'(t)$

벡터함수의 적분

벡터함수 $\mathbf{r}(t) = < f(t), g(t), h(t) >$의 부정적분은

$$\int \mathbf{r}(t)\,dt = \left\langle \int f(t)\,dt, \int g(t)\,dt, \int h(t)\,dt \right\rangle + \mathrm{C}$$

이다. 단, $\mathrm{C} = < c_1, c_2, c_3 >$이고 c_1, c_2, c_3는 임의의 상수이다.

벡터함수의 정적분은 $\int_a^b \mathbf{r}(t)\,dt = \left\langle \int_a^b f(t)\,dt, \int_a^b g(t)\,dt, \int_a^b h(t)\,dt \right\rangle$로 정의한다.

예제 10-5

벡터함수 $\mathbf{r}(t) = < 6t^2,\ 2e^{2t},\ 4\sin 2t >$의 부정적분을 구하라.

풀이

벡터함수의 부정적분은 다음과 같이 구한다.

$$\begin{aligned}\int \mathbf{r}(t)\,dt &= \left\langle \int 6t^2\,dt, \int 2e^{2t}\,dt, \int 4\sin 2t\,dt \right\rangle + \mathrm{C} \\ &= < 2t^3, e^{2t}, -2\cos 2t > + \mathrm{C}\end{aligned}$$

이때 $\mathrm{C} = < c_1, c_2, c_3 >$이고 c_1, c_2, c_3는 임의의 상수이다.

곡선의 길이

곡선 C의 벡터함수가 $\mathbf{r}(t) = < f(t), g(t), h(t) >$라 하자. $a \le t \le b$에 해당하는 곡선의 길이를 다음 방법으로 구할 수 있다.

구간 $[a,\ b]$를 [그림 10-5]처럼 n개의 구간 $a = t_0 < t_1 < t_2 < \cdots < t_{n-1} < t_n = b$로 나누고, 벡터 $\mathbf{r}(t_0)$, $\mathbf{r}(t_1)$, $\mathbf{r}(t_2)$, $\cdots$, $\mathbf{r}(t_{n-1})$, $\mathbf{r}(t_n)$의 종점을 각각 P_0, P_1, P_2, $\cdots$, P_{n-1}, P_n이라 하자.

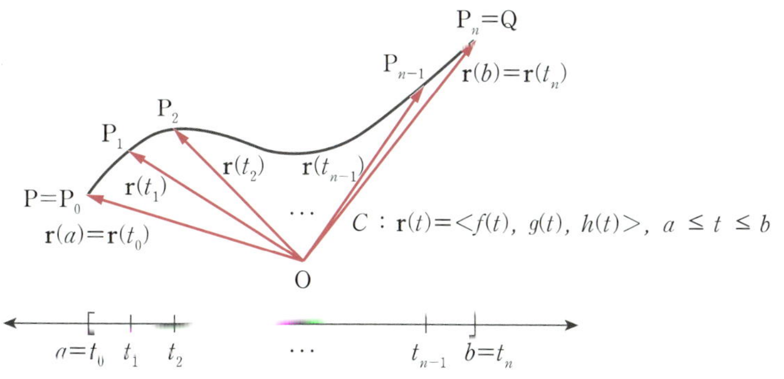

[그림 10-5] $a \le t \le b$일 때 곡선 $\mathbf{r}(t) = < f(t), g(t), h(t) >$의 길이

$a \leq t \leq b$일 때 곡선의 길이 l은 호 $\mathrm{P}_{n-1}\mathrm{P}_n$의 길이의 합과 같으므로 다음과 같다.

$$l = \widehat{\mathrm{P}_0\mathrm{P}_n} = \sum_{i=1}^{n} \widehat{\mathrm{P}_{i-1}\mathrm{P}_i} = \lim_{n\to\infty}\sum_{i=1}^{n} \overline{\mathrm{P}_{i-1}\mathrm{P}_i}$$

여기서 점 P_{i-1}, P_i의 좌표가 각각 $(f(t_{i-1}), g(t_{i-1}), h(t_{i-1}))$, $(f(t_i), g(t_i), h(t_i))$임을 이용하면 곡선의 길이를 다음과 같이 나타낼 수 있다.

$$\begin{aligned} l &= \lim_{n\to\infty}\sum_{i=1}^{n}\sqrt{[f(t_i)-f(t_{i-1})]^2+[g(t_i)-g(t_{i-1})]^2+[h(t_i)-h(t_{i-1})]^2} \\ &= \int_a^b \sqrt{f'(t)^2+g'(t)^2+h'(t)^2}\,dt = \lim_{n\to\infty}\sum_{i=1}^{n}\sqrt{\left(\frac{\Delta f}{\Delta t}\right)^2+\left(\frac{\Delta g}{\Delta t}\right)^2+\left(\frac{\Delta h}{\Delta t}\right)^2}\,\Delta t \\ &= \int_a^b \|\mathbf{r}'(t)\|\,dt \end{aligned}$$

← [정의 7.2] 참고

예제 10-6

벡터함수 $\mathbf{r}(t) = \left\langle \cos t, \sin t, \frac{t}{2} \right\rangle$에 대하여 $0 \leq t \leq 2\pi$일 때 곡선의 길이를 구하라.

풀이

$\mathbf{r}'(t) = \left\langle -\sin t, \cos t, \frac{1}{2} \right\rangle$이고 $\|\mathbf{r}'(t)\| = \sqrt{(-\sin t)^2+\cos^2 t+\frac{1}{4}} = \frac{\sqrt{5}}{2}$이므로 구하는 곡선의 길이 l은 다음과 같다.

$$l = \int_0^{2\pi}\frac{\sqrt{5}}{2}\,dt = \sqrt{5}\,\pi$$

[예제 10-6]을 다시 살펴보자. $\mathbf{r}(0)$에서 임의의 점까지 곡선의 길이는 $s = \int_0^t \frac{\sqrt{5}}{2}\,dt = \frac{\sqrt{5}}{2}t$이므로 $t = \frac{2}{\sqrt{5}}s$이다. 따라서 곡선 C를 나타내는 벡터함수를 s로 표현하면 $\mathbf{r}(s) = \left\langle \cos\frac{2}{\sqrt{5}}s, \sin\frac{2}{\sqrt{5}}s, \frac{1}{\sqrt{5}}s \right\rangle$로 나타낼 수 있다.

이때, $\mathbf{r}'(s) = \left\langle -\frac{2}{\sqrt{5}}\sin\frac{2}{\sqrt{5}}s, \frac{2}{\sqrt{5}}\cos\frac{2}{\sqrt{5}}s, \frac{1}{\sqrt{5}} \right\rangle$이고

$$\|\mathbf{r}'(s)\| = \sqrt{\frac{4}{5}\left(\sin^2\frac{2}{\sqrt{5}}s+\cos^2\frac{2}{\sqrt{5}}s\right)+\frac{1}{5}} = 1$$

이므로 $\mathbf{r}'(s)$는 단위접선벡터임을 알 수 있다.

Section
10.2 속도, 가속도, 곡률과 가속도의 성분

움직이는 물체의 속도와 가속도, 곡률에 대해 살펴본다.

속도와 가속도

시간 t에 따라 움직이는 물체의 위치 또는 변위를 나타내는 벡터함수를

$$\mathbf{r}(t) = < f(t),\ g(t),\ h(t) >$$

라 하면, 속도와 가속도는 다음과 같이 정의한다.

$$\mathbf{v}(t) = \mathbf{r}'(t) = < f'(t),\ g'(t),\ h'(t) > \qquad (10.1)$$

$$\mathbf{a}(t) = \mathbf{r}''(t) = < f''(t),\ g''(t),\ h''(t) > \qquad (10.2)$$

예제 10-7

시간 t에 따라 움직이는 물체의 위치를 $\mathbf{r}(t) = < 2\cos t,\ 2\sin t,\ 1 >$로 나타낼 때, $t = \frac{\pi}{4}$에서 속도와 가속도를 그려라.

풀이

속도와 가속도는 각각 다음과 같다.

$$\mathbf{v}(t) = \mathbf{r}'(t) = < -2\sin t,\ 2\cos t,\ 0 >,$$
$$\mathbf{a}(t) = \mathbf{r}''(t) = < -2\cos t,\ -2\sin t,\ 0 >$$

따라서 $t = \frac{\pi}{4}$일 때 점 $P(\sqrt{2}, \sqrt{2}, 1)$에서의 속도와 가속도는

$$\mathbf{v}\left(\frac{\pi}{4}\right) = < -\sqrt{2},\ \sqrt{2},\ 0 >,$$
$$\mathbf{a}\left(\frac{\pi}{4}\right) = < -\sqrt{2},\ -\sqrt{2},\ 0 >$$

이고, [그림 10-6]과 같이 시점이 P인 벡터로 그릴 수 있다.

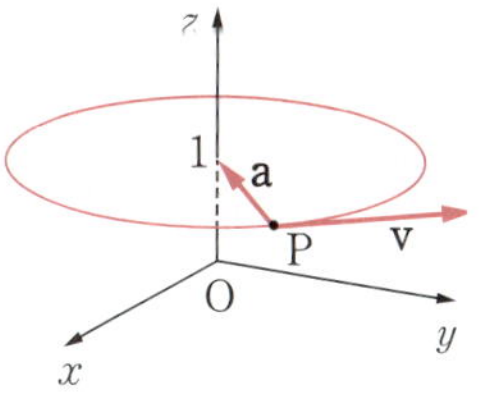

[그림 10-6] $t = \frac{\pi}{4}$에서 속도벡터와 가속도벡터

곡률

$\mathbf{r}'(t) \neq 0$일 때, $\mathbf{r}'(t)$는 접점 P에서의 접선벡터임을 알고 있다. 그러므로 길이가 1인 단위접선벡터는 다음과 같다.

$$\mathbf{T}(t) = \frac{\mathbf{r}'(t)}{\|\mathbf{r}'(t)\|} = \frac{v}{\|v\|} \tag{10.3}$$

또한, 곡선 C의 벡터함수가 $\mathbf{r}(t)$일 때, 호의 길이 s에 대하여

$$\frac{d\mathbf{r}(t)}{dt} = \frac{d\mathbf{r}(s)}{ds}\frac{ds}{dt} \tag{10.4}$$

$$\Rightarrow \frac{d\mathbf{r}(s)}{ds} = \frac{\frac{d\mathbf{r}}{dt}}{\frac{ds}{dt}} = \frac{\mathbf{r}'(t)}{\|\mathbf{r}'(t)\|} = \mathbf{T}$$

이기도 하다.

이제 곡선 C 상의 각 점에서 곡률을 정의하자.

정의 10-7 곡률

곡선의 **곡률**curvature은 다음과 같다.

$$\kappa(s) = \left\| \frac{d\mathbf{T}}{ds} \right\|$$

곡선 C가 벡터함수 $\mathbf{r}(t)$로 주어질 때,

$$\frac{d\mathbf{T}}{ds} = \frac{d\mathbf{T}}{dt} \cdot \frac{dt}{ds} = \frac{\frac{d\mathbf{T}}{dt}}{\frac{ds}{dt}} = \frac{\mathbf{T}'(t)}{\|\mathbf{r}'(t)\|}$$

이므로 곡률은 다음과 같다.

$$\kappa = \frac{\|\mathbf{T}'(t)\|}{\|\mathbf{r}'(t)\|} \tag{10.5}$$

예제 10-8

점 $P(x_1, y_1, z_1)$를 지나고 벡터 $\mathbf{a} = < a, b, c >$에 평행한 직선의 곡률을 구하라.

풀이

직선을 벡터함수로 나타내면

$$\mathbf{r}(t) = \overrightarrow{OP} + t\mathbf{a} = < x_1 + at, y_1 + bt, z_1 + ct >$$

이고, 도함수와 그 크기는 각각

$$\mathbf{r}'(t) = < a, b, c >, \ \|\mathbf{r}'(t)\| = \sqrt{a^2 + b^2 + c^2}$$

이다. 따라서 단위접선벡터는 $\mathbf{T} = \dfrac{1}{\sqrt{a^2 + b^2 + c^2}} < a, b, c >$ 이고, $\mathbf{T}$가 상수함수이므로 $\mathbf{T}'(t) = \mathbf{O}$ 이며 곡률은 다음과 같다.

$$\kappa = \frac{0}{\|\mathbf{r}'(t)\|} = 0$$

예제 10-9

평면 $z = 2$ 상에서 반지름 길이가 a인 원의 곡률을 구하라.

풀이

원을 벡터함수로 나타내면

$$\mathbf{r}(t) = < a\cos t, a\sin t, 2 >$$

이고, 도함수와 그 크기는 각각

$$\mathbf{r}'(t) = < -a\sin t, a\cos t, 0 >, \quad \|\mathbf{r}'(t)\| = a$$

이다. 따라서 단위접선벡터는

$$\mathbf{T} = \frac{1}{a} < -a\sin t, a\cos t, 0 > = < -\sin t, \cos t, 0 >$$

이다. 이를 t로 미분하면 도함수와 그 크기는 각각

$$\mathbf{T}'(t) = < -\cos t, \sin t, 0 >, \ \|\mathbf{T}'(t)\| = 1$$

이다. 따라서 곡률은 $\kappa = \dfrac{1}{a}$ 이다.

단위접선벡터 $\mathbf{T}$에 대해

$$\mathbf{T} \cdot \mathbf{T} = 1$$

이 성립한다. 이를 t에 대해 미분하면

$$\mathbf{T}' \cdot \mathbf{T} = 0$$

이므로 $\mathbf{T}' \perp \mathbf{T}$이다. 즉 $\mathbf{T}'(t)$는 법선벡터이다. 이때 **단위법선벡터**unit normal vector는

$$\mathbf{N} = \frac{\mathbf{T}'(t)}{\|\mathbf{T}'(t)\|}$$

가 된다. 또한 곡률 $\kappa = \dfrac{\|\mathbf{T}'(t)\|}{\|\mathbf{r}'(t)\|}$에서 $\|\mathbf{T}'(t)\| = \kappa\|\mathbf{r}'(t)\|$이므로

$$\mathbf{N} = \frac{\mathbf{T}'(t)}{\|\mathbf{T}'(t)\|} = \frac{\mathbf{T}'(t)}{\kappa\|\mathbf{r}'(t)\|} \tag{10.6}$$

이고, $\mathbf{T}'(t) = \dfrac{d\mathbf{T}}{ds}\dfrac{ds}{dt} = \dfrac{d\mathbf{T}}{ds}\|\mathbf{r}'(t)\|$로부터

$$\mathbf{N} = \frac{1}{\kappa}\mathbf{T}'(s) \tag{10.7}$$

임을 알 수 있다.

예제 10-10

다음 원형나선 벡터함수에 대하여 단위접선벡터 $\mathbf{T}(s)$와 단위법선벡터 $\mathbf{N}(s)$를 구하라.

$$\mathbf{r}(t) = <\cos t,\ \sin t,\ t>$$

풀이

주어진 함수의 도함수와 그 크기는 $\mathbf{r}'(t) = <-\sin t,\ \cos t,\ 1>$, $\|\mathbf{r}'(t)\| = \sqrt{2}$이므로 단위접선벡터는

$$\mathbf{T}(t) = \frac{1}{\sqrt{2}}<-\sin t,\ \cos t,\ 1>$$

이다. 또한 시간 t일 때 곡선의 길이가

$$s = \int_0^t \|\mathbf{r}'(t)\|\,dt = \sqrt{2}\,t$$

이므로 $t = \frac{1}{\sqrt{2}}s$ 이고 단위접선벡터는

$$\mathbf{T}(s) = \frac{1}{\sqrt{2}}\left\langle -\sin\frac{s}{\sqrt{2}},\ \cos\frac{s}{\sqrt{2}},\ 1\right\rangle$$

이다. 이를 s에 대해 미분하면

$$\mathbf{T}'(s) = \frac{1}{2}\left\langle -\cos\frac{s}{\sqrt{2}},\ -\sin\frac{s}{\sqrt{2}},\ 0\right\rangle$$

이므로 곡률은 $\kappa = \|\mathbf{T}'(s)\| = \frac{1}{2}$ 이다. 단위법선벡터는 다음과 같다.

$$\mathbf{N} = \left\langle -\cos\frac{s}{\sqrt{2}},\ -\sin t\frac{s}{\sqrt{2}},\ 0\right\rangle$$

가속도의 접선성분과 법선성분

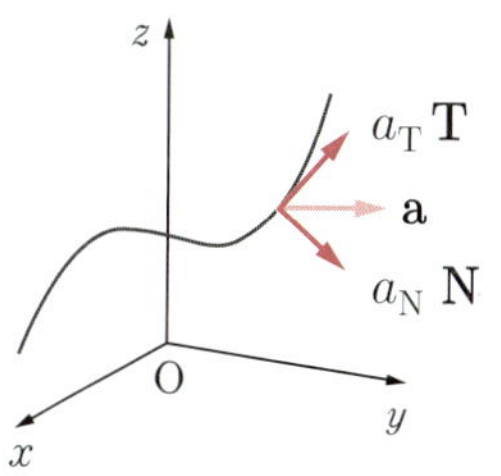

[그림 10-7] 가속도의 성분

벡터함수 $\mathbf{r}(t)$가 나타내는 곡선 C를 따라 움직이는 물체의 가속도를 접선성분과 법선성분의 합

$$\mathbf{a} = a_{\mathrm{T}}\,\mathbf{T} + a_{\mathrm{N}}\,\mathbf{N}$$

으로 나타낼 수 있다.

정리 10-8 가속도의 접선성분과 법선성분

가속도의 접선성분 a_{T}와 법선성분 a_{N}은 각각 다음과 같다.

$$a_{\mathrm{T}} = \frac{dv}{dt},\quad a_{\mathrm{N}} = v^2\kappa \tag{10.8}$$

단, 속력은 $v(t) = \|\mathbf{v}(t)\|$ 이다.

증명

먼저 $\mathbf{T}(t) = \frac{\mathbf{r}'(t)}{\|\mathbf{r}'(t)\|} = \frac{\mathbf{v}(t)}{v(t)}$ 이므로

$$\mathbf{v} = v\mathbf{T}$$

이다. t에 대해 미분하면

$$\mathbf{a} = \frac{d}{dt}\mathbf{v} = \frac{dv}{dt}\mathbf{T} + v\frac{d\mathbf{T}}{dt} = \frac{dv}{dt}\mathbf{T} + v\frac{ds}{dt}\frac{d\mathbf{T}}{ds} = \frac{dv}{dt}\mathbf{T} + v^2\frac{d\mathbf{T}}{ds}$$
$$= \frac{dv}{dt}\mathbf{T} + v^2\kappa\mathbf{N}$$

이므로 접선성분과 법선성분은 각각

$$a_{\mathrm{T}} = \frac{dv}{dt}, \quad a_{\mathrm{N}} = v^2\kappa$$

이다. ■

식 (10.8)을 사용하기 편리한 공식으로 나타내보자. $\boldsymbol{v} = v\mathbf{T}$이므로

$$\mathbf{v} \cdot \mathbf{a} = v\mathbf{T} \cdot (a_{\mathrm{T}}\mathbf{T} + a_{\mathrm{N}}\mathbf{N}) = va_{\mathrm{T}}\mathbf{T} \cdot \mathbf{T} + va_{\mathrm{N}}\mathbf{T} \cdot \mathbf{N} = va_{\mathrm{T}}$$

로부터 접선성분은

$$a_{\mathrm{T}} = \frac{\mathbf{v} \cdot \mathbf{a}}{v} = \frac{\mathbf{r}'(t) \cdot \mathbf{r}''(t)}{\|\mathbf{r}'(t)\|} \tag{10.9}$$

이다. 또한 종법선벡터binormal vector $\mathbf{B}$를 $\mathbf{B} = \mathbf{T} \times \mathbf{N}$으로 정의하면

$$\mathbf{v} \times \mathbf{a} = va_{\mathrm{T}}\mathbf{T} \times \mathbf{T} + va_{\mathrm{N}}\mathbf{T} \times \mathbf{N} = va_{\mathrm{N}}\mathbf{B}$$

이고, $\|\mathbf{B}\| = 1$이므로 법선성분은

$$a_{\mathrm{N}} = \frac{\|\mathbf{v} \times \mathbf{a}\|}{v} = \frac{\|\mathbf{r}'(t) \times \mathbf{r}''(t)\|}{\|\mathbf{r}'(t)\|} \tag{10.10}$$

이다. 식 (10.10)을 곡률에 대하여 정리하면

$$\kappa(t) = \frac{\|\mathbf{v} \times \mathbf{a}\|}{v^3} = \frac{\|\mathbf{r}'(t) \times \mathbf{r}''(t)\|}{\|\mathbf{r}'(t)\|^3} \tag{10.11}$$

을 얻을 수 있다.

예제 10-11

벡터함수 $\mathbf{r}(t) = < t^2, t^3, -t >$에 대하여 가속도의 접선성분, 법선성분과 곡률을 구하라.

풀이

먼저 식 (10.9), 식 (10.10), 식 (10.11)을 사용할 때 필요한 계산을 수행하자.

$$\mathbf{r}'(t) = < 2t, 3t^2, -1 >, \ \mathbf{r}''(t) = < 2, 6t, 0 >, \ \|\mathbf{r}'(t)\| = \sqrt{4t^2 + 9t^4 + 1},$$

$$\mathbf{r}'(t) \times \mathbf{r}''(t) = \begin{vmatrix} \mathbf{i} & \mathbf{j} & \mathbf{k} \\ 2t & 3t^2 & -1 \\ 2 & 6t & 0 \end{vmatrix} = < 6t, -2, 6t^2 >$$

이므로 다음을 얻는다.

- 접선성분 : $a_{\mathrm{T}} = \dfrac{4t + 18t^3}{\sqrt{4t^2 + 9t^4 + 1}}$
- 법선성분 : $a_{\mathrm{N}} = \dfrac{\sqrt{36t^2 + 4 + 36t^4}}{\sqrt{4t^2 + 9t^4 + 1}}$
- 곡률 : $\kappa = \dfrac{\sqrt{36t^2 + 4 + 36t^4}}{\left(\sqrt{4t^2 + 9t^4 + 1}\right)^3}$

Section

10.3 방향도함수

스칼라함수 $\phi(x, y, z)$의 편도함수는 세 좌표축 방향으로의 변화율을 의미한다. 이 개념을 확장하여 임의의 방향을 갖는 단위벡터 **u** 방향으로의 변화율에 대해 살펴보자.

기울기

먼저 함수 ϕ의 기울기를 정의한다.

정의 10-9 기울기

스칼라함수 $\phi(x, y, z)$에 대해 다음 벡터를 ϕ의 **기울기**gradient라 한다.

$$\text{grad}\,\phi = \nabla\phi = \left\langle \frac{\partial\phi}{\partial x}, \frac{\partial\phi}{\partial y}, \frac{\partial\phi}{\partial z} \right\rangle$$

예제 10-12

$\phi(x, y, z) = xy^2\sin(yz)$ 의 기울기를 구하라.

풀이

$\nabla\phi = < y^2\sin(yz), 2xy\sin(yz) + xy^2z\cos(yz), xy^3\cos(yz) >$

예제 10-13

$\phi(x, y) = (x^2 + y)\sin y$일 때, $(1, \pi)$에서의 기울기를 구하라.

풀이

$\nabla\phi = < 2x\sin y, \sin y + (x^2 + y)\cos y >$이므로 $\nabla\phi(1, \pi) = < 0, -1-\pi >$이다.

$\phi(x, y, z)$를 스칼라함수라 하고 $\mathbf{u}$를 단위벡터라 하자. 점 P에서 벡터 $\mathbf{u}$ 방향으로 ϕ의 변화율은 다음과 같다.

정의 10-10 방향도함수

점 P에서 스칼라함수 $\phi(x, y, z)$의 단위벡터 $\mathbf{u} = < a, b, c >$ 방향으로의 **방향도함수**directional dorivatives는

$$D_{\mathbf{u}}\phi = \lim_{s \to 0} \frac{\phi(\mathrm{P}) - \phi(\mathrm{P}_0)}{s}$$

로 정의한다. 단, s는 두 점 P와 P_0 사이의 거리이다.

[그림 10-8]에서 직선 L은

$$\begin{aligned}\mathbf{r} &= \mathbf{r}_0 + s\mathbf{u} < x, y, z > \\ &= < x_0, y_0, z_0 > + s < a, b, c > \\ &= < x_0 + as, y_0 + bs, z_0 + cs >\end{aligned}$$

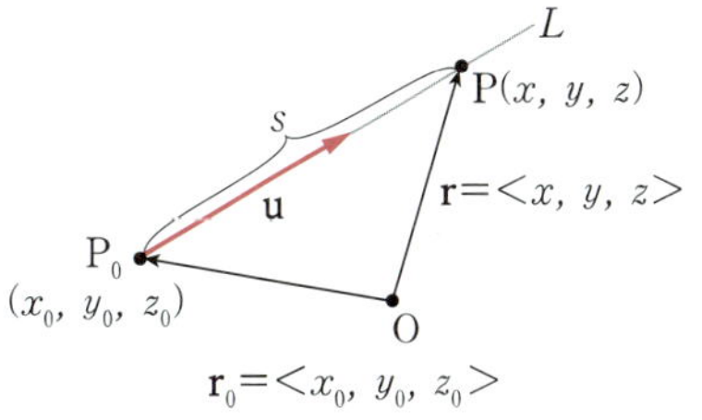

[그림 10-8] 방향도함수

이고, $\mathbf{r}$을 s에 대해 미분하면

$$\frac{d\mathbf{r}}{ds} = \left\langle \frac{dx}{ds}, \frac{dy}{ds}, \frac{dz}{ds} \right\rangle = \mathbf{u} = < a, b, c >$$

이다. 연쇄법칙을 이용하면 다음과 같다.

$$\begin{aligned}D_{\mathbf{u}}\phi &= \frac{d\phi}{ds} = \frac{\partial\phi}{\partial x}\frac{dx}{ds} + \frac{\partial\phi}{\partial y}\frac{dy}{ds} + \frac{\partial\phi}{\partial z}\frac{dz}{ds} \\ &= \left\langle \frac{\partial\phi}{\partial x}, \frac{\partial\phi}{\partial y}, \frac{\partial\phi}{\partial z} \right\rangle \cdot \left\langle \frac{dx}{ds}, \frac{dy}{ds}, \frac{dz}{ds} \right\rangle \\ &= \nabla\phi \cdot \frac{d\mathbf{r}}{ds} = \nabla\phi \cdot \mathbf{u}\end{aligned}$$

예제 10-14

점 $(0, 2, 1)$에서 $\phi(x, y, z) = 2xy + e^y z^2$의 $\mathbf{v} = < 1, 2, 2 >$ 방향으로의 방향도함수를 구하라.

풀이

$\nabla\phi = < 2y, 2x + e^y z^2, 2e^y z >$이고 $\mathbf{v}$의 단위벡터가 $\mathbf{u} = \frac{1}{3} < 1, 2, 2 >$이므로

$$D_{\mathbf{u}}\phi(0, 2, 1) = \nabla\phi(0, 2, 1) \cdot \mathbf{u} = \frac{4}{3} + \frac{2}{3}e^2 + \frac{2}{3} \cdot 2e^2 = \frac{4}{3} + 2e^2$$

ϕ의 $\mathbf{u}$ 방향으로의 방향도함수는

$$\begin{aligned} D_{\mathbf{u}}\phi &= \nabla\phi \cdot \mathbf{u} \\ &= \|\nabla\phi\|\|\mathbf{u}\|\cos\theta \quad \leftarrow \theta\text{는 } \nabla\phi\text{와 } \mathbf{u}\text{의 사잇각} \\ &= \|\nabla\phi\|\cos\theta \end{aligned}$$

이므로

$$-\|\nabla\phi\| \le D_{\mathbf{u}}\phi \le \|\nabla\phi\|$$

이다. 따라서 $D_{\mathbf{u}}\phi$는 $\theta=\pi$ (즉, $\nabla\phi$와 $\mathbf{u}$가 반대 방향)일 때, 최솟값 $-\|\nabla\phi\|$를 갖고 $\theta=0$ (즉, $\nabla\phi$와 $\mathbf{u}$가 같은 방향)일 때, 최댓값 $\|\nabla\phi\|$를 갖는다.

예제 10-15

[예제 10-14]에 대해 점 $(1, 2, 1)$에서 ϕ가 가장 크게 증가하는 방향과 그때의 증가율을 구하라.

풀이

$\nabla\phi(0, 2, 1) = <4, e^2, 2e^2>$이 ϕ가 가장 크게 증가하는 방향이고, 이때의 증가율은 $\|\nabla\phi(1, 2, 1)\| = \sqrt{16+e^4+4e^4} = \sqrt{16+5e^4}$이다. 따라서 $D_{\mathbf{u}}\phi(0, 2, 1) \le \sqrt{16+5e^4}$임을 알 수 있다.

예제 10-16

모닥불 주위의 온도를 나타내는 스칼라함수가

$$T = 2x^2 + 4xy - 3z^2$$

일 때, 점 $(1, 3, -1)$에서 열이 전달되는 방향을 구하라. 단, 열은 온도가 가장 크게 감소하는 방향으로 흐른다.

풀이

스칼라함수 T에 대해

$$\begin{aligned} \nabla T &= <4x+4y,\ 4x,\ \ 6z> \\ \nabla T(1, 3, -1) &= <16, 4, 6> \end{aligned}$$

이므로 열전달 방향은 $-\nabla T(1, 3, -1) = <-16, -4, -6>$이다.

기울기의 기하학적 해석

곡면 $z = f(x, y)$ 위의 점 $P(x_0, y_0)$를 지나는 등위곡선level curves은, $f(x_0, y_0) = c$ 일 때 $f(x, y) = c$이다. 이 등위곡선을 매개변수 t에 대해

$$x = g(t),\ y = h(t) \text{이고 } x_0 = g(t_0),\ y_0 = h(t_0)$$

로 나타낼 수 있으며 $f(g(t), h(t)) = c$이다. 이를 t에 대해 미분하면

$$\frac{\partial f}{\partial x}\frac{dx}{dt} + \frac{\partial f}{\partial y}\frac{dy}{dt} = 0$$

$$\left\langle \frac{\partial f}{\partial x}, \frac{\partial f}{\partial y} \right\rangle \cdot \left\langle \frac{dx}{dt}, \frac{dy}{dt} \right\rangle = 0$$

$$\nabla f \cdot \mathbf{r}'(t) = 0$$

이다. 즉 $\nabla f(x_0, y_0)$는 점 $P(x_0, y_0)$에서 접선벡터 $\mathbf{r}'(t_0)$에 수직이다. 그러므로 기울기 ∇f는 점 P에서 등위곡선에 수직이다.

또한 $w = F(x, y, z)$ 위의 점 $P(x_0, y_0, z_0)$를 지나는 등위곡면level surface은, $F(x_0, y_0, z_0) = c$일 때 $F(x, y, z) = c$이다. 등위곡면 위에서 점 P를 지나는 곡선 C는 매개변수 t에 대해

$$x = f(t), \quad y = g(t), \quad z = h(t)$$
$$x_0 = f(t_0),\ y_0 = g(t_0),\ z_0 = h(t_0)$$

로 나타낼 수 있으며 이 곡선 C는 $F(f(t), g(t), h(t)) = c$이다. 이를 t로 미분하면

$$\frac{\partial F}{\partial x}\frac{dx}{dt} + \frac{\partial F}{\partial y}\frac{dy}{dt} + \frac{\partial F}{\partial z}\frac{dy}{dt} = 0$$

$$\left\langle \frac{\partial F}{\partial x}, \frac{\partial F}{\partial y}, \frac{\partial F}{\partial z} \right\rangle \cdot \left\langle \frac{dx}{dt}, \frac{dy}{dt}, \frac{dz}{dt} \right\rangle = 0$$

$$\nabla F \cdot \mathbf{r}'(t) = 0$$

이다. 즉 $\nabla F(x_0, y_0, z_0)$는 점 $P(x_0, y_0, z_0)$에서 접선벡터 $\mathbf{r}'(t_0)$에 수직이다. 그러므로 기울기 ∇F는 점 P에서 등위곡면에 수직이다. 이로부터 등위곡면 $F(x, y, z) = c$ 위의 점 $P(x_0, y_0, z_0)$에서 접평면의 방정식과 법선의 방정식을 구할 수 있다.

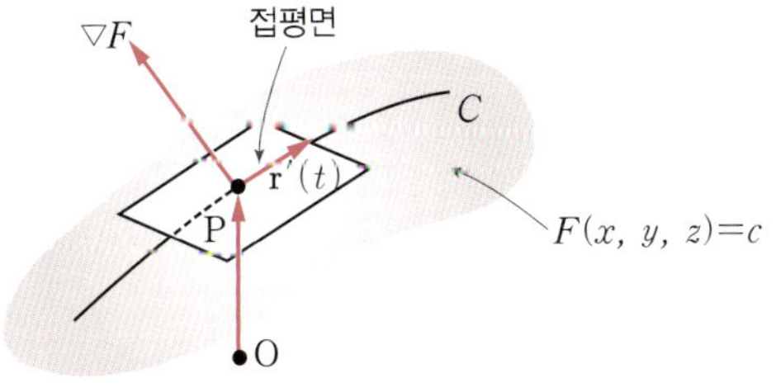

[그림 10-9] 등위곡면의 법선벡터로서의 기울기

정리 10-11 접평면의 방정식

$\nabla F(x_0, y_0, z_0) \neq \mathrm{O}$일 때, 등위곡면 $F(x, y, z) = c$ 위의 점 $\mathrm{P}(x_0, y_0, z_0)$에서 접평면의 방정식은 다음과 같다.

$$\frac{\partial F}{\partial x}(x_0, y_0, z_0)(x - x_0) + \frac{\partial F}{\partial y}(x_0, y_0, z_0)(y - y_0) + \frac{\partial F}{\partial z}(x_0, y_0, z_0)(z - z_0) = 0$$

증명

구하고자 하는 접평면 위 임의의 점을 $\mathrm{Q}(x, y, z)$라 하자.

벡터 $\overrightarrow{\mathrm{QP}} = < x - x_0, y - y_0, z - z_0 >$가 $\nabla F(x_0, y_0, z_0)$에 수직이므로 7장 식 (7.25)에 의해 접평면의 방정식은 다음과 같다.

$$< x - x_0, y - y_0, z - z_0 > \cdot \left\langle \frac{\partial F}{\partial x}, \frac{\partial F}{\partial y}, \frac{\partial F}{\partial z} \right\rangle = 0$$

$$\frac{\partial F}{\partial x}(x - x_0) + \frac{\partial F}{\partial y}(y - y_0) + \frac{\partial F}{\partial z}(z - z_0) = 0$$

■

예제 10-17

$4x^2 - y^2 + 2z^2 = 8$ 위의 점 $(5, 10, 2)$에서 접평면의 방정식을 구하라.

풀이

$F(x, y, z) = 4x^2 - y^2 + 2z^2$이라 하면 점 $(5, 10, 2)$를 지나는 등위곡면은 $F(x, y, z) = 18$이다.

$$\nabla F = < 8x, -2y, 4z >, \quad \nabla F(5, 10, 2) = < 40, -20, 8 >$$

이므로 접평면의 방정식은 다음과 같다.

$$40(x - 5) - 20(y - 10) + 8(z - 2) = 0$$
$$40x - 20y + 8z = 16$$
$$10x - 5y + 2z = 4$$

예제 10-18

$z=\dfrac{x+2y}{y}$ 위의 점 $(3,\ 1,\ 5)$에서 접평면의 방정식을 구하라.

풀이

$F(x,\ y,\ z)=\dfrac{x+2y}{y}-z$라 하면 $F(3,\ 1,\ 5)=0$이므로 $F(x,\ y,\ z)=0$이다.

$$\nabla F=\left\langle \frac{1}{y},\ -\frac{x}{y^2},\ -1\right\rangle,\quad \nabla F(3,\ 1,\ 5)=<1,\ -3,\ -1>$$

이므로 접평면의 방정식은 다음과 같다.

$$(x-3)-3(y-1)-(z-5)=0$$
$$x-3y-z=-5$$

이제 등위곡면 $F(x,\ y,\ z)=c$ 위의 점 $\mathrm{P}(x_0,\ y_0,\ z_0)$에서 법선의 방정식을 구하자. $\nabla F(x_0,\ y_0,\ z_0)$가 법선의 방향벡터이므로 7장 식 (7.21)에 의해 법선의 방정식은 다음과 같다.

$$\mathbf{r}(t)=\overrightarrow{\mathrm{OP}}+t\nabla F$$
$$<x,\ y,\ z>\ =\ <x_1,\ y_1,\ z_1>+t\left\langle \frac{\partial F}{\partial x},\ \frac{\partial F}{\partial y},\ \frac{\partial F}{\partial z}\right\rangle$$

예제 10-19

[예제 10-18]에서 점 $(3,\ 1,\ 5)$에서 법선의 방정식을 구하라.

풀이

법선벡터가 $\nabla F(3,\ 1,\ 5)=<1,\ -3,\ -1>$이므로 점 $(3,\ 1,\ 5)$에서 법선의 방정식은 다음과 같다.

$$<x,\ y,\ z>\ =\ <3,\ 1,\ 5>+t<1,\ -3,\ -1>$$
$$=\ <3+t,\ 1-3t,\ 5-t>$$

Section 10.4

발산과 회전

F가 스칼라함수이면 ∇F는 벡터함수이다. 이 절에서는 벡터장을 스칼라함수로 만드는 연산과 벡터장을 다른 벡터장으로 만드는 연산을 살펴본다. 벡터함수가 정의된 공간을 **벡터장**vector field이라 한다.

발산

정의 10-12 발산

벡터함수 $\mathbf{F}(x, y, z) = \langle P(x, y, z), Q(x, y, z), R(x, y, z) \rangle$의 **발산**divergence은 스칼라함수

$$\operatorname{div}\mathbf{F} = \nabla \cdot \mathbf{F} = \left\langle \frac{\partial}{\partial x}, \frac{\partial}{\partial y}, \frac{\partial}{\partial z} \right\rangle \cdot \langle P, Q, R \rangle = \frac{\partial P}{\partial x} + \frac{\partial Q}{\partial y} + \frac{\partial R}{\partial z}$$

이다.

예제 10-20

벡터함수 $\mathbf{F} = \langle xy^2, x^2yz - \cos(yz), ze^{x+y} \rangle$의 발산을 구하라.

풀이

$$\operatorname{div}\mathbf{F} = y^2 + x^2z + z\sin(yz) + e^{x+y}$$

발산의 물리적 의미

벡터함수 $\mathbf{F}(x, y, z) = P(x, y, z)\mathbf{i} + Q(x, y, z)\mathbf{j} + R(x, y, z)\mathbf{k}$가 점$(x, y, z)$에서 유체fluid의 속도라 할 때, [그림 10-10]처럼 단위시간당 넓이가 ΔS인 곡면을 통해 유출되는 유체의 부피 즉, 유량flux의 근삿값은

$$(\text{높이})(\text{밑면의 넓이}) = (\text{comp}_{\mathbf{n}}\mathbf{F})\Delta S = (\mathbf{F} \cdot \mathbf{n})\Delta S \qquad (10.12)$$

이다. 단, $\mathbf{n}$은 곡면에 수직인 단위벡터이다.

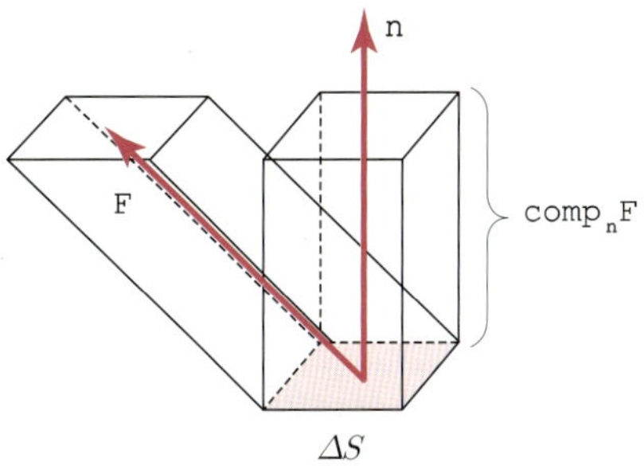

[그림 10-10] 넓이가 ΔS인 사각형을 통과하는 유량

이제 [그림 10-11]과 같이 유체가 들어 있는 직육면체 상자를 생각해보자. 6개의 면을 통하여 밖으로 흘러 나가는 **F**의 전체 유량을 계산하려고 한다. 먼저 서로 평행한 면을 통하여 유출되는 유량을 계산해보자.

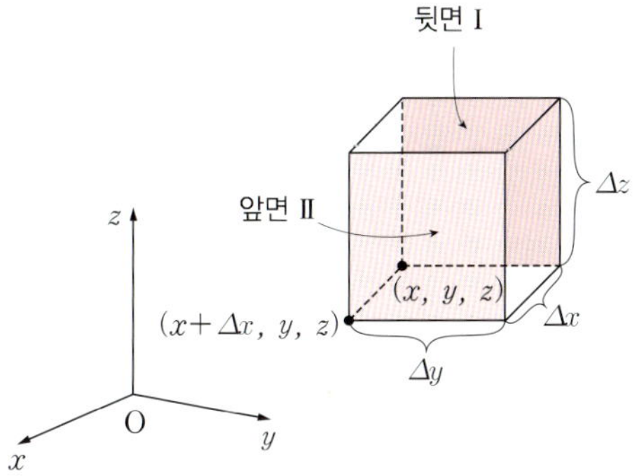

[그림 10-11] 앞면과 뒷면을 통과하는 유량

앞면 II의 넓이는 $\Delta y \Delta z$이고 앞면 II에서 바깥 방향으로의 단위법선벡터는 **i**이므로 식 (10.12)에 의해 앞면 II를 통과하는 **F**의 유량의 근삿값은

$$\mathbf{F} \cdot \mathbf{i} \Delta y \Delta z = \mathrm{P}(x + \Delta x, y, z) \Delta y \Delta z$$

이다. 마찬가지로 뒷면 I에서 바깥 방향으로의 단위법선벡터는 $-\mathbf{i}$이므로 뒷면 I을 통과하는 **F**의 유량의 근삿값은

$$\mathbf{F} \cdot (-\mathbf{i}) \Delta y \Delta z = -\mathrm{P}(x, y, z) \Delta y \Delta z$$

이다. 따라서 앞면과 뒷면을 통과하는 유량의 근삿값은 다음과 같다.

$$[\mathrm{P}(x + \Delta x, y, z) - \mathrm{P}(x, y, z)] \Delta y \Delta z$$

마찬가지로 xz평면과 xy평면에 각각 평행한 두 면으로부터 유출되는 유량은 각각

$$[\mathrm{Q}(x, y + \Delta y, z) - \mathrm{Q}(x, y, z)] \Delta x \Delta z$$

$$[\mathrm{R}(x, y, z+\Delta z)-\mathrm{R}(x, y, z)]\Delta x\,\Delta y$$

이다. 그러므로 직육면체 상자를 통과하여 밖으로 흘러나가는 **F**의 전체 유량은

$$[\mathrm{P}(x+\Delta x, y, z)-\mathrm{P}(x, y, z)]\Delta y\,\Delta z+[\mathrm{Q}(x, y+\Delta y, z)-\mathrm{Q}(x, y, z)]\Delta x\,\Delta z \\ +[\mathrm{R}(x, y, z+\Delta z)-\mathrm{R}(x, y, z)]\Delta x\,\Delta y$$

이며, 단위부피당 **F**의 바깥 방향으로 흘러나가는 유량은 다음과 같다.

$$\lim_{\substack{\Delta x\to 0\\ \Delta y\to 0\\ \Delta z\to 0}}\left\{\frac{[\mathrm{P}(x+\Delta x, y, z)-\mathrm{P}(x, y, z)]\Delta y\,\Delta z+[\mathrm{Q}(x, y+\Delta y, z)-\mathrm{Q}(x, y, z)]\Delta x\,\Delta z}{\Delta x\,\Delta y\,\Delta z}\right.$$
$$\left.\frac{+[\mathrm{R}(x, y, z+\Delta z)-\mathrm{R}(x, y, z)]\Delta x\,\Delta y}{}\right\}$$
$$=\lim_{\Delta x\to 0}\frac{\mathrm{P}(x+\Delta x, y, z)-\mathrm{P}(x, y, z)}{\Delta x}+\lim_{\Delta y\to 0}\frac{\mathrm{Q}(x, y+\Delta y, z)-\mathrm{Q}(x, y, z)}{\Delta y} \\ +\lim_{\Delta z\to 0}\frac{\mathrm{R}(x, y, z+\Delta z)-\mathrm{R}(x, y, z)}{\Delta z}$$
$$=\frac{\partial \mathrm{P}}{\partial x}+\frac{\partial \mathrm{Q}}{\partial y}+\frac{\partial \mathrm{R}}{\partial z}$$

$\mathrm{div}\,\mathbf{F}(\mathrm{P})$ 값에 따라 다음을 알 수 있다.

(1) $\mathrm{div}\,\mathbf{F}(\mathrm{P})>0$: 점 P 주위에서 유체가 밖으로 유출되는 양이 유입되는 양보다 많다. 점 P에서 발산divergence한다.

(2) $\mathrm{div}\,\mathbf{F}(\mathrm{P})<0$: 점 P 주위에서 유체가 안으로 유입되는 양이 유출되는 양보다 많다. 점 P에서 흡입sink한다.

(3) $\mathrm{div}\,\mathbf{F}(\mathrm{P})=0$: 점 P 주위에서 발산이나 흡입이 없다.

벡터장의 발산은 한 점에서 유체 밀도의 변화율로도 해석된다. 유체의 밀도가 증가하면 $\mathrm{div}\,\mathbf{F}<0$이고, 밀도가 감소하면 $\mathrm{div}\,\mathbf{F}>0$이다. 밀도가 일정하여 유체가 압축되지 않으면 $\mathrm{div}\,\mathbf{F}=0$이다. 이를 비압축성incompressible이라 한다. 참고로 전자기학에서 $\mathrm{div}\,\mathbf{F}=0$이면(예를 들어 전기장) 벡터장 **F**를 솔레노이달solenoidal하다고 한다.

예제 10-21 응용

실린더(원기둥) 용기 내에서 회전하는 비압축 유체의 선속도 벡터 $\mathbf{v}$가

$$\mathbf{v}=\omega\times\mathbf{r} \quad (\text{단, } \omega\text{는 각속도, } \mathbf{r}\text{은 위치벡터})$$

이다. 이때, $\mathrm{div}\,\mathbf{v}=0$임을 보여라.

풀이

[그림 10-12]와 같이 회전축을 z축으로 잡고 각속력을 $\|\boldsymbol{\omega}\| = \omega$라 하면, $\boldsymbol{\omega} = \omega\mathbf{k}$이다.

위치벡터를 $\mathbf{r} = < x, y, z >$라고 하면

$$\mathbf{v} = \boldsymbol{\omega} \times \mathbf{r} = \begin{vmatrix} \mathbf{i} & \mathbf{j} & \mathbf{k} \\ 0 & 0 & \omega \\ x & y & z \end{vmatrix} = < \omega y, \omega x, 0 >$$

이고

$$\operatorname{div} \mathbf{v} = 0$$

이다. 이로써 회전체의 속도벡터의 발산이 0임을 알 수 있다.

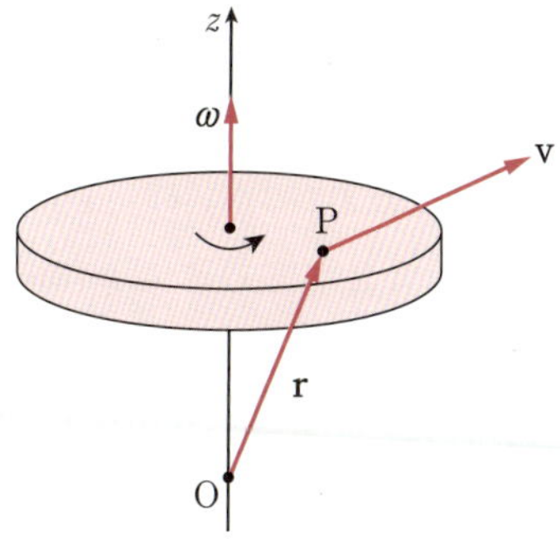

[그림 10-12] 회전체 위의 한 점 P에서의 선속도와 각속도

회전

정의 10-13 회전

벡터함수 $\mathbf{F}(x, y, z) = < \mathrm{P}(x, y, z), \mathrm{Q}(x, y, z), \mathrm{R}(x, y, z) >$의 **회전**curl은 다음과 같다.

$$\operatorname{curl}\mathbf{F} = \nabla \times \mathbf{F} = \begin{vmatrix} \mathbf{i} & \mathbf{j} & \mathbf{k} \\ \dfrac{\partial}{\partial x} & \dfrac{\partial}{\partial y} & \dfrac{\partial}{\partial z} \\ \mathrm{P} & \mathrm{Q} & \mathrm{R} \end{vmatrix}$$

$$= \left(\frac{\partial \mathrm{R}}{\partial y} - \frac{\partial \mathrm{Q}}{\partial z}\right)\mathbf{i} - \left(\frac{\partial \mathrm{R}}{\partial x} - \frac{\partial \mathrm{P}}{\partial z}\right)\mathbf{j} + \left(\frac{\partial \mathrm{Q}}{\partial x} - \frac{\partial \mathrm{P}}{\partial \mathrm{y}}\right)\mathbf{k}$$

예제 10-22

[예제 10-20]에서 벡터함수 $\mathbf{F}$의 회전을 구하라.

풀이

$$\operatorname{curl}\mathbf{F} = \begin{vmatrix} \mathbf{i} & \mathbf{j} & \mathbf{k} \\ \dfrac{\partial}{\partial x} & \dfrac{\partial}{\partial y} & \dfrac{\partial}{\partial z} \\ xy^2 & x^2yz - \cos(yz) & ze^{x+y} \end{vmatrix}$$

$$= [ze^{x+y} - x^2y - y\sin(yz)]\mathbf{i} - ze^{x+y}\mathbf{j} + 2xy(z-1)\mathbf{k}$$

회전의 물리적 의미

선속도의 회전에 대해 살펴보자. [예제 10-21]과 같이 각속도를 ω, 위치벡터를 $\mathbf{r}$이라 하면 선속도는 $\mathbf{v} = \boldsymbol{\omega} \times \mathbf{r}$이다. 회전축을 z축으로 잡으면 $\boldsymbol{\omega} = \omega\mathbf{k}$이고 $\mathbf{r} = \langle x, y, z \rangle$이므로 $\mathbf{v} = \boldsymbol{\omega} \times \mathbf{r} = \langle -\omega y, \omega x, 0 \rangle$에 대해 $\text{curl}\,\mathbf{v} = 2\boldsymbol{\omega}$임을 알 수 있다. 즉 $\text{curl}\,\mathbf{v}$는 회전축 방향($\boldsymbol{\omega}$ 방향)을 갖고 각속도 $\boldsymbol{\omega}$의 2배 크기를 갖는 벡터이다. 그래서 $\text{curl}\,\mathbf{v}$를 $\mathbf{v}$의 회전이라 한다. 그러므로 벡터장 $\mathbf{F}$의 curl은 수직축 주위에서 회전을 측정하는 것이다. 만약 $\text{curl}\,\mathbf{F} = \mathbf{O}$이면 유체의 흐름은 비회전적 irrotational이라 한다. [그림 10-13]에서 '비회전적'의 의미를 잘 나타내고 있다.

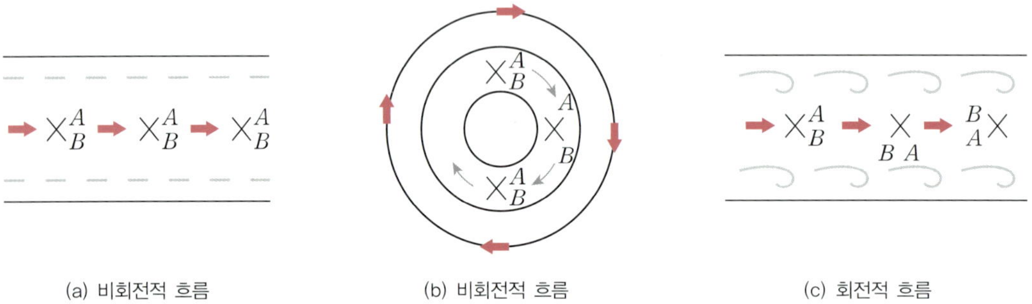

[그림 10-13] 벡터장의 회전

Section 10.5 선적분

정적분을 일반화하여 선적분을 정의하고 그 의미를 살펴보자.

정적분 $\int_a^b f(x)dx$는 $f(x)$를 x축을 따라 $x=a$에서 $x=b$까지 적분한다. 이와 비슷하게 선적분은 피적분함수를 곡선에 따라 적분하는 것을 의미한다. 곡선 C를 다음과 같이 나타내자.

$$\mathbf{r}(t)=<x(t),\, y(t),\, z(t)>,\quad a\le t\le b$$

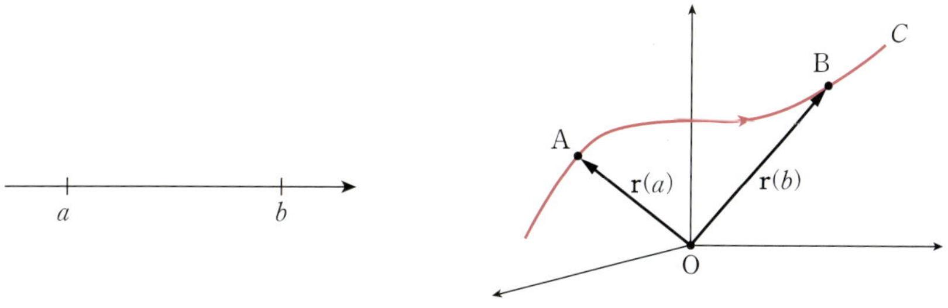

(a) 정적분 (b) 선적분

[그림 10-14] 정적분과 선적분의 적분경로

이때, 곡선 C를 **적분경로**라 한다. 곡선 C에서 시작점 A($\mathbf{r}(a)$의 종점)로부터 끝점 B($\mathbf{r}(b)$의 종점)로의 방향을 **양의 방향**이라 한다. 점 A와 B가 일치할 때 곡선 C를 **닫힌곡선**closed curve이라 한다. 적분경로가 닫힌곡선이면 선적분은 적분기호 $\oint_C$를 사용한다. 곡선 C 상의 각 점에서 접선이 유일하고 연속적으로 변하면 곡선 C를 **매끄러운 곡선**smooth curve이라 한다. [그림 10-15(b)]와 같이 매끄러운 곡선 C_1과 C_2에 대해 $C=C_1\cup C_2$일 때, C를 **조각별로 매끄러운 곡선**piecewise smooth curve이라 하며, 곡선이 교차하지 않는 곡선을 **단순곡선**simple curve이라 한다. 그리고 단순곡선으로 둘러싸인 영역을 **단순연결영역**이라 한다.

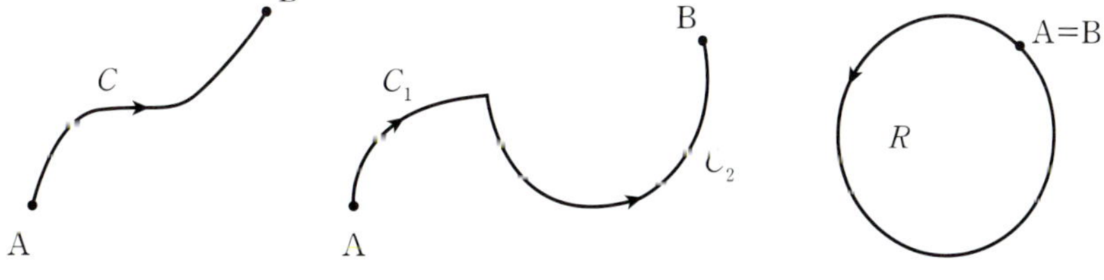

(a) 매끄러운 곡선 (b) 조각별로 매끄러운 곡선 (c) 단순닫힌곡선, R : 단순연결영역

[그림 10-15] 곡선의 종류

선적분

정의 10-14 선적분

매끄러운 곡선 $C : x = x(t),\ y = y(t),\ z = z(t),\ a \le t \le b$에 대해 함수 $\mathrm{P}(x, y, z)$, $\mathrm{Q}(x, y, z)$, $\mathrm{R}(x, y, z)$가 C 위에서 연속일 때 선적분은 다음과 같다.

$$\int_C \mathrm{P}(x, y, z)\,dx + \mathrm{Q}(x, y, z)\,dy + \mathrm{R}(x, y, z)\,dz$$
$$= \int_a^b \left[f(x(t), y(t), z(t))\frac{dx}{dt} + g(x(t), y(t), z(t))\frac{dy}{dt} + h(x(t), y(t), z(t))\frac{dz}{dt} \right] dt$$

곡선 C를 벡터함수 $\mathbf{r}(t) = <x(t), y(t), z(t)>$라 하고

$$\mathbf{F}(x, y, z) = <\mathrm{P}(x, y, z), \mathrm{Q}(x, y, z), \mathrm{R}(x, y, z)>$$

로 두면 선적분은 다음과 같다.

$$\int_C \mathrm{P}\,dx + \mathrm{Q}\,dy + \mathrm{R}\,dz = \int_C \mathbf{F}(x, y, z) \cdot d\mathbf{r}$$
$$= \int_a^b \mathbf{F}(\mathbf{r}(t)) \cdot \mathbf{r}'\,dt \quad \left(\text{단, } \mathbf{r}' = \frac{d\mathbf{r}}{dt} \right)$$

즉, 힘 $\mathbf{F}$가 곡선 C를 따라 움직일 때 선적분 $\int_C \mathbf{F} \cdot d\mathbf{r}$은 힘 $\mathbf{F}$가 곡선 C를 따라 한 일을 나타낸다.

예제 10-23

$\int_C x^2dx - y^2z\,dy + e^z\,dz$를 계산하라. 단, $C : x = t^2,\ y = -t,\ z = t^3\ ;\ 1 \le t \le 2$이다.

풀이

$dx = 2t\,dt,\ dy = -dt,\ dz = 3t^2dt$이므로

$$\int_C x^2dx - y^2zdy + e^zdz = \int_1^2 (t^4 \cdot 2t + t^2 \cdot t^3 + e^{t^3} \cdot 3t^2)\,dt$$
$$= \int_1^2 (3t^5 + e^{t^3} \cdot 3t^2)dt = \int_1^2 3t^5dt + 3\int_1^2 t^2e^{t^3}dt$$
$$= \frac{1}{2}\left[t^6\right]_1^2 + \left[e^{t^3}\right]_1^2$$
$$= \frac{63}{2} + e^8 - e$$

예제 10-24

$\mathbf{F}(x, y, z) = < x, y, z >$이고 곡선 C가 $\mathbf{r}(t) = < \cos t, \sin t, 2t >$, $0 \le t \le \pi$라 하자. 힘 $\mathbf{F}$가 곡선 C를 따라 한 일을 구하라.

풀이

$\mathbf{F}(\mathbf{r}(t)) = < \cos t, \sin t, 2t >$이고 $\mathbf{r}'(t) = < -\sin t, \cos t, 2 >$이므로 $\mathbf{F}$가 한 일은

$$\begin{aligned} W &= \int_C \mathbf{F}(\mathbf{r}) \cdot d\mathbf{r} = \int_0^\pi \mathbf{F}(\mathbf{r}(t)) \cdot \mathbf{r}'(t)\, dt \\ &= \int_0^\pi 4t\, dt = \left[2t^2\right]_0^\pi = 2\pi^2 \end{aligned}$$

이다.

예제 10-25

두 점 $(1, 2, 1)$과 $(-2, 2, 3)$을 이은 직선을 따른 선적분 $\int_C xyz\,dx + \sin(xy)\,dy + xz\,dz$를 구하라.

풀이

적분경로 C가 점 $(1, 2, 1)$을 지나고 $< -3, 0, 2 >$에 평행한 직선이므로

$$x = 1 - 3t,\ y = 2,\ z = 1 + 2t \quad (\text{단, } 0 \le t \le 1)$$

이다. 따라서 선적분을 구하면 다음과 같다.

$$\begin{aligned} &\int_C xyz\,dx + \sin(xy)\,dy + xz\,dz \\ &= \int_0^1 2(1-3t)(1+2t)(-3\,dt) + \sin(2-6t) \cdot 0 + (1-3t)(1+2t)(2\,dt) \\ &= \int_0^1 (24t^2 + 4t - 4)\,dt = \left[8t^3 + 2t^2 - 4t\right]_0^1 \\ &= 6 \end{aligned}$$

예제 10-26

반지름이 1인 원을 따라 선적분 $\oint_C x^2\,dx + y^2\,dy$ 를 구하라.

풀이

반지름이 1인 원은

$$x = \cos t,\ \ y = \sin t \qquad (\text{단, } 0 \le t \le 2\pi)$$

이므로 선적분을 구하면

$$\begin{aligned}\oint_C x^2\,dx + y^2\,dy &= \int_0^{2\pi} \cos^2 t(-\sin t)\,dt + \sin^2 t\cos t\,dt \\ &= \left[\frac{1}{3}\cos^3 t\right]_0^{2\pi} + \left[\frac{1}{3}\sin^3 t\right]_0^{2\pi} = 0\end{aligned}$$

이다.

예제 10-27

곡선 C가 $y = x^2$ (단, $1 \le x \le 3$)일 때, 선적분 $\int_C x^2 y\,dx + x\,dy$ 를 구하라.

풀이

방법 1

곡선 C를 다음과 같이 나타낼 수 있다.

$$x = t,\ \ y = t^2 \qquad (\text{단, } 1 \le t \le 3)$$

그러므로 선적분은 다음과 같다.

$$\begin{aligned}\int_C x^2 y\,dx + x\,dy &= \int_1^3 t^2 \cdot t^2\,dt + t(2t\,dt) = \int_1^3 (t^4 + 2t^2)\,dt \\ &= \left[\frac{1}{5}t^5 + \frac{2}{3}t^3\right]_1^3 = \frac{242}{5} + \frac{52}{3} = \frac{986}{15}\end{aligned}$$

방법 2

곡선 C에서 $dy = 2x\,dx$ 이고, 선적분은 다음과 같다.

$$\int_C x^2 y\,dx + x\,dy = \int_1^3 x^2 \cdot x^2\,dx + x \cdot 2x\,dx = \int_1^3 (x^4 + 2x^2)\,dx = \frac{986}{15}$$

비슷한 방법으로 $\int_C \mathbf{F}(x, y, z)\,dx$, $\int_C \mathbf{F}(x, y, z)\,dy$, $\int_C \mathbf{F}(x, y, z)\,dz$, $\int_C \mathbf{F}(x, y, z)\,ds$ (단, s는 곡선의 길이)를 계산할 수 있다.

예제 10-28

$\mathbf{F}(x, y, z) = z$이고 곡선 C가 $x = \cos t$, $y = \sin t$, $z = t$ $\left(단,\ 0 \le t \le \dfrac{\pi}{2}\right)$라 하자. 다음을 구하라.

(a) $\int_C \mathbf{F}(x, y, z)\,dx$

(b) $\int_C \mathbf{F}(x, y, z)\,dy$

(c) $\int_C \mathbf{F}(x, y, z)\,dz$

(d) $\int_C \mathbf{F}(x, y, z)\,ds$

풀이

곡선 C에서 $dx = -\sin t\,dt$, $dy = \cos t\,dt$, $dz = dt$임을 이용하면 다음과 같이 구할 수 있다.

(a)
$$\int_C \mathbf{F}(x, y, z)\,dx = \int_C z\,dx = \int_0^{\frac{\pi}{2}} t(-\sin t)\,dt$$
$$= -\int_0^{\frac{\pi}{2}} t\sin t\,dt$$
$$= [t\cos t]_0^{\frac{\pi}{2}} - [\sin t]_0^{\frac{\pi}{2}} = -1$$

연계 [예제 B-47]
$$\int x\sin x\,dx = -x\cos x + \sin x + c$$

(b)
$$\int_C \mathbf{F}(x, y, z)\,dy = \int_C z\,dy = \int_0^{\frac{\pi}{2}} t \cdot \cos t\,dt$$

← $u = t$, $v' = \cos t$
$u' = 1$, $v = \sin t$

$$= [t\sin t]_0^{\frac{\pi}{2}} - \int_0^{\frac{\pi}{2}} \sin t\,dt = \frac{\pi}{2} + [\cos t]_0^{\frac{\pi}{2}} = \frac{\pi}{2} - 1$$

(c)
$$\int_C \mathbf{F}(x, y, z)\,dz = \int_C z\,dz = \int_0^{\frac{\pi}{2}} t\,dt = \frac{1}{2}[t^2]_0^{\frac{\pi}{2}} = \frac{\pi^2}{8}$$

(d)
$$\int_C \mathbf{F}(x, y, z)\,ds = \int_C z\,ds = \int_0^{\frac{\pi}{2}} z\frac{ds}{dt}\,dt = \int_0^{\frac{\pi}{2}} t\sqrt{(-\sin t)^2 + (\cos t)^2 + 1}\,dt$$
$$= \frac{\sqrt{2}}{2}[t^2]_0^{\frac{\pi}{2}} = \frac{\sqrt{2}}{8}\pi^2$$

Section
10.6 경로에 무관한 선적분

선적분 값이 곡선 C의 경로에 상관없이 C의 시점과 종점에 따라 결정되는 경우를 살펴본다. 이를 위해 먼저 보존벡터장에 대해 정의를 내리자.

정의 10-15 보존벡터장 conservative vector field

D를 3차원 공간 상의 점으로 이루어진 집합이라고 하자. D의 모든 점 (x, y, z)에 대해서 $\mathbf{F} = \nabla\phi$ 가 성립하는 스칼라함수 $\phi(x, y, z)$가 존재할 때, 벡터장 $\mathbf{F}(x, y, z)$를 D 상에서 **보존적** conservative이라 한다. 이때 $\phi(x, y, z)$를 D 상에서 $\mathbf{F}$에 대한 **포텐셜함수** potential function라고 한다.

벡터장 $\mathbf{F}(x, y, z)$가 보존적이면

$$\mathbf{F} = \left\langle \frac{\partial\phi}{\partial x}, \frac{\partial\phi}{\partial y}, \frac{\partial\phi}{\partial z} \right\rangle$$

이고 선적분은

$$\begin{aligned}
\int_C \mathbf{F} \cdot d\mathbf{r} &= \int_C \frac{\partial\phi}{\partial x}dx + \frac{\partial\phi}{\partial y}dy + \frac{\partial\phi}{\partial z}dz \\
&= \int_a^b \left(\frac{\partial\phi}{\partial x}\frac{dx}{dt} + \frac{\partial\phi}{\partial y}\frac{dy}{dt} + \frac{\partial\phi}{\partial z}\frac{dz}{dt} \right) dt \\
&= \int_a^b \frac{d}{dt}(\phi(x(t), y(t), z(t)))\, dt \\
&= \phi(x(b), y(b), z(b)) - \phi(x(a), y(a), z(a))
\end{aligned}$$

이다. 즉, 곡선 C의 시점을 $\mathrm{P} = (x(a), y(a), z(a))$, 종점을 $\mathrm{Q} = (x(b), y(b), z(b))$라 하면

$$\int_C \mathbf{F} \cdot d\mathbf{r} = \phi(\mathrm{Q}) - \phi(\mathrm{P})$$

으로 나타낼 수 있다. 이로써 이 선적분은 포텐셜함수 ϕ에 대해 종점과 시점에 의해서만 결정됨을 알 수 있다. 이 경우에 선적분이 **경로에 무관**하다고 한다. 예를 들면 물리학에서 입자가 보존벡터장(중력장 등)의 영향 아래서 경로를 따라 움직일 때 한 일은 보존에너지의 양 끝점 값의 차이로 결정된다.

예제 10-29

[그림 10-16]과 같은 경로를 따르는 선적분을 구하라.

(a) $\int_{C_1} y\,dx + x\,dy$

(b) $\int_{C_2} y\,dx + x\,dy$

(c) $\int_{C_3} y\,dx + x\,dy$

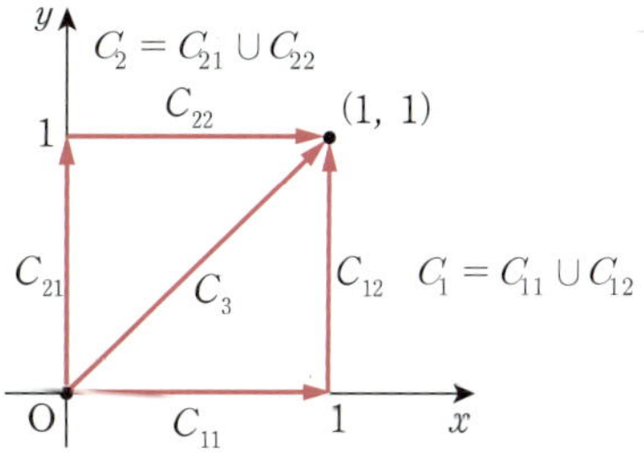

[그림 10-16] 선적분의 경로

풀이

(a) 경로 C_1은 $C_{11} : y = 0,\ 0 \le x \le 1$과 $C_{12} : x = 1,\ 0 \le y \le 1$로 이루어져 있다. 경로 C_{11}에서 $dy = 0$이고 경로 C_{12}에서 $dx = 0$이므로 선적분은 다음과 같다.

$$\begin{aligned}\int_{C_1} y\,dx + x\,dy &= \int_{C_{11}} y\,dx + x\,dy + \int_{C_{12}} y\,dx + x\,dy \\ &= \int_0^1 0\,dx + x \cdot 0 + \int_0^1 y \cdot 0 + 1\,dy = [y]_0^1 = 1\end{aligned}$$

(b) 경로 C_2는 $C_{21} : x = 0,\ 0 \le y \le 1$과 $C_{22} : y = 1,\ 0 \le x \le 1$로 이루어져 있다. 경로 C_{21}에서 $dx = 0$이고 경로 C_{22}에서 $dy = 0$이므로 선적분은 다음과 같다.

$$\begin{aligned}\int_{C_2} y\,dx + x\,dy &= \int_{C_{21}} y\,dx + x\,dy + \int_{C_{22}} y\,dx + x\,dy \\ &= \int_0^1 y \cdot 0 + 0\,dy + \int_0^1 1\,dx + x \cdot 0 = [x]_0^1 = 1\end{aligned}$$

(c) 경로 C_3는 $y = x,\ 0 \le x \le 1$이다. $dy = dx$이므로 선적분은 다음과 같다.

$$\int_{C_3} y\,dx + x\,dy = \int_0^1 x\,dx + x\,dx = [x^2]_0^1 = 1$$

[예제 10-29]에서 알 수 있듯이 선적분 $\int_C y\,dx + x\,dy$는 $(0, 0)$에서 $(1, 1)$까지의 경로에 무관하다.

정리 10-16 적분경로 무관성

D를 단순닫힌곡선 C로 둘러싸인 영역일 때, $\mathbf{F}=<\mathrm{P}, \mathrm{Q}, \mathrm{R}>$이 보존벡터장이고 P, Q, R이 D 상에서 연속인 1계 편도함수를 갖는다고 하자. $\int_C \mathrm{P}\,dx+\mathrm{Q}\,dy+\mathrm{R}\,dz$가 적분경로에 무관할 필요충분조건은

$$\frac{\partial \mathrm{P}}{\partial y}=\frac{\partial \mathrm{Q}}{\partial x}, \quad \frac{\partial \mathrm{P}}{\partial z}=\frac{\partial \mathrm{R}}{\partial x}, \quad \frac{\partial \mathrm{Q}}{\partial z}=\frac{\partial \mathrm{R}}{\partial y}$$

이다. 즉 $\mathbf{F}=<\mathrm{P}, \mathrm{Q}, \mathrm{R}>$이 보존벡터장이면 다음이 성립한다.

$$\nabla \times \mathbf{F}=\mathbf{O}$$

증명

벡터함수가 $\mathbf{F}=<\mathrm{P}, \mathrm{Q}, \mathrm{R}>$이고 P, Q, R이 D 상에서 연속인 1계 편도함수를 갖는다고 하자. $\mathbf{F}=\nabla\phi$이므로 $\nabla\times\mathbf{F}=\nabla\times\nabla\phi=\mathbf{O}$이다([연습문제 23] 참고). 이 정리의 역은 스토크스 정리를 이용해야 하므로 10.11절에서 다룬다. ■

예제 10-30

$\int_C y\,dx+x\,dy$를 구하라. 단, C는 시점이 $(0,0)$이고 종점이 $(1,1)$인 임의의 곡선이다.

풀이

벡터함수가 $\mathbf{F}=<y, x, 0>$이라 하자. [정리 10-16]에 의해

$$\nabla\times\mathbf{F}=\begin{vmatrix} \mathbf{i} & \mathbf{j} & \mathbf{k} \\ \dfrac{\partial}{\partial x} & \dfrac{\partial}{\partial y} & \dfrac{\partial}{\partial z} \\ y & x & 0 \end{vmatrix}=\mathbf{O}$$

이므로 선적분은 경로에 무관하다. 따라서

$$\frac{\partial\phi}{\partial x}=y \qquad (10.13)$$

$$\frac{\partial\phi}{\partial y}=x \qquad (10.14)$$

인 $\phi(x,y)$가 존재한다. 식 (10.13)을 x에 대해 적분하면

$$\phi=xy+g(y)$$

이고, 이를 y에 대해 편미분하고 식 (10.14)와 비교하면

$$\frac{\partial\phi}{\partial y}=x+g'(y), \quad g'(y)=0 \quad \Rightarrow \quad g(y)=c(\text{상수})$$

이므로 구하고자 하는 선적분은 다음과 같다.

$$\int_C y\,dx + x\,dy = \int_{(0,0)}^{(1,1)} d(xy) = \left[xy\right]_{(0,0)}^{(1,1)} = 1$$

예제 10-31

C가 시점이 $(1, 0, 1)$이고 종점이 $(2, 3, 2)$인 임의의 곡선일 때, $\int_C ze^{xz}\,dx + dy + xe^{xz}\,dz$를 구하라.

풀이

벡터함수가 $\mathbf{F} = < ze^{xz},\ 1,\ xe^{xz} >$이라 하자.

$$\nabla \times \mathbf{F} = \begin{vmatrix} \mathbf{i} & \mathbf{j} & \mathbf{k} \\ \frac{\partial}{\partial x} & \frac{\partial}{\partial y} & \frac{\partial}{\partial z} \\ ze^{xz} & 1 & xe^{xz} \end{vmatrix} = \left\langle 0,\ -\frac{\partial}{\partial x}(xe^{xz}) + \frac{\partial}{\partial z}ze^{xz},\ 0 \right\rangle = < 0, 0, 0 >$$

이므로 선적분은 경로에 무관하다. 그러므로

$$\frac{\partial \phi}{\partial x} = ze^{xz} \qquad (10.15)$$

$$\frac{\partial \phi}{\partial y} = 1 \qquad (10.16)$$

$$\frac{\partial \phi}{\partial z} = xe^{xz} \qquad (10.17)$$

인 $\phi(x, y, z)$가 존재한다. 식 (10.15)를 x에 대해 적분하면

$$\phi = e^{xz} + g(y, z)$$

이고, 이를 y에 대해 편미분하고 식 (10.16)과 비교하면

$$\frac{\partial \phi}{\partial y} = \frac{\partial g}{\partial y} = 1 \Rightarrow g = y + h(z)$$

이므로 $\phi = e^{xz} + y + h(z)$이다. 이를 z에 대해 편미분하고 식 (10.17)과 비교하자.

$$\frac{\partial \phi}{\partial z} = xe^{xz} + h'(z) = xe^{xz} \Rightarrow h'(z) = 0,\quad h(z) = c(\text{상수})$$

이므로 $\phi = e^{xz} + y$이다. 따라서 구하고자 하는 선적분은 다음과 같다.

$$\int_C ze^{xz}\,dx + dy + xe^{xz}\,dz = \int_{(1,0,1)}^{(2,3,2)} d(e^{xz} + y) = \left[e^{xz} + y\right]_{(1,0,1)}^{(2,3,2)} = e^4 + 3 - e$$

Section 10.7 중적분

이 절은 이중적분과 삼중적분에 대해 살펴본다. 미분적분학에서 학습했다면 생략해도 좋다.

이중적분

xy 평면 위의 닫힌 유계영역 R에서 정의되고 연속인 함수 $z=f(x,y)$의 이중적분을 정의하자. 먼저 [그림 10-17]과 같은 영역 R을 x축과 y축에 평행한 직선에 의해 n개의 직사각형으로 나누자. k번째 영역인 R_k의 넓이를 $\Delta A_k = \Delta x_k \Delta y_k$라 하고 R_k의 임의의 점을 $(x_k{}^*, y_k{}^*)$라 하면 다음과 같이 정의할 수 있다.

정의 10-17 이중적분

영역 R에서 정의된 연속함수 $f(x,y)$의 **이중적분**double integral은 다음과 같이 정의한다.

$$\iint_R f(x,y)\,dA = \lim_{n\to\infty}\sum_{k=1}^{n} f(x_k{}^*, y_k{}^*)\Delta A_k$$

이때, $f(x,y)=1$이면 $\iint_R dA$는 영역 R의 넓이이다.

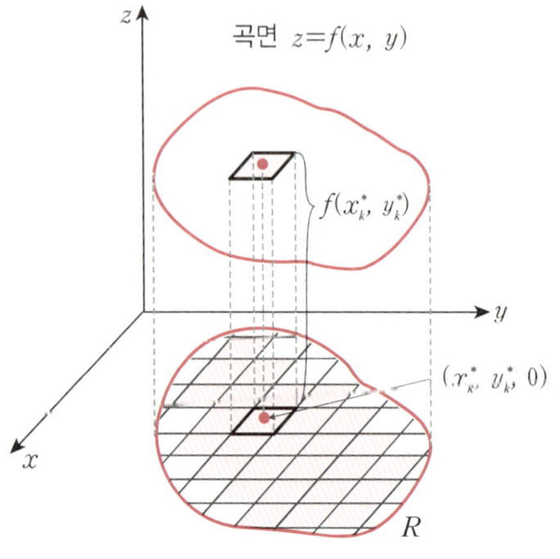

[그림 10-17] 이중적분

이중적분의 정의가 정적분의 정의와 유사했듯이 이중적분의 성질도 정적분의 성질과 유사하다.

정리 10-18 이중적분의 성질

두 함수 f와 g가 영역 R에서 적분가능한 함수라 하자.

(1) $\iint_R kf(x, y)\,dA = k\iint_R f(x, y)\,dA$ (단, k는 상수)

(2) $\iint_R [f(x, y) \pm g(x, y)]\,dA = \iint_R f(x, y)\,dA \pm \iint_R g(x, y)\,dA$

(3) $\iint_R f(x, y)\,dA = \iint_{R_1} f(x, y)\,dA + \iint_{R_2} f(x, y)\,dA$

(단, R_1과 R_2는 서로 중복되지 않으며 $R = R_1 \cup R_2$)

이중적분의 계산

영역 R에서 함수 $f(x, y)$가 연속일 때, R에 따라 두 가지 방법으로 이중적분을 계산한다.

❶ 영역 R이 $R : a \le x \le b,\ g_1(x) \le y \le g_2(x)$일 때

$$\iint_R f(x, y)\,dA = \int_a^b \left[\int_{g_1(x)}^{g_2(x)} f(x, y)\,dy\right] dx$$

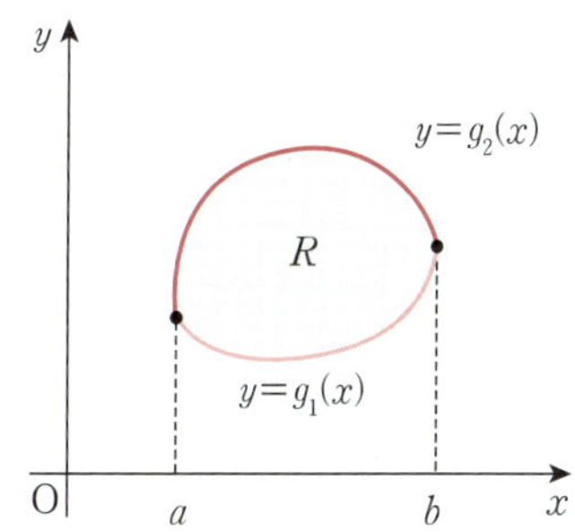

[그림 10-18] 영역 R의 표현 (1)

❷ 영역 R이 $R : h_1(y) \le x \le h_2(y),\ c \le y \le d$일 때

$$\iint_R f(x, y)\,dA = \int_c^d \left[\int_{h_1(y)}^{h_2(y)} f(x, y)\,dx\right] dy$$

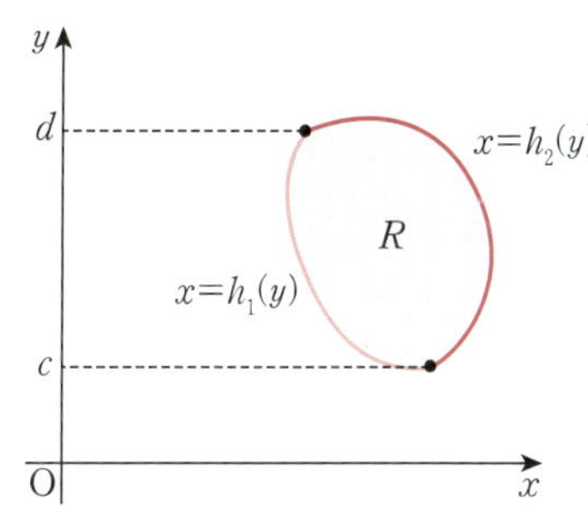

[그림 10-19] 영역 R의 표현 (2)

예제 10-32

$x=1,\ x=3,\ y=x,\ y=\frac{1}{2}x$로 둘러싸인 영역 R에서 $\iint_R \cos(x+y)\,dA$를 계산하라.

풀이

주어진 영역은 [그림 10-20]과 같다. 이중영역의 계산 방법 중 ❶을 사용하면 다음과 같이 계산할 수 있다.

$$\begin{aligned}
&\iint_R \cos(x+y)\,dA \\
&= \int_1^3 \int_{\frac{1}{2}x}^{x} \cos(x+y)\,dy\,dx \\
&= \int_1^3 \left([\sin(x+y)]_{\frac{x}{2}}^{x} \right) dx \\
&= \int_1^3 \left(\sin 2x - \sin\frac{3}{2}x \right) dx \\
&= \left[-\frac{1}{2}\cos 2x + \frac{2}{3}\cos\frac{3}{2}x \right]_1^3 \\
&= -\frac{1}{2}(\cos 6 - \cos 2) + \frac{2}{3}\left(\cos\frac{9}{2} - \cos\frac{3}{2} \right)
\end{aligned}$$

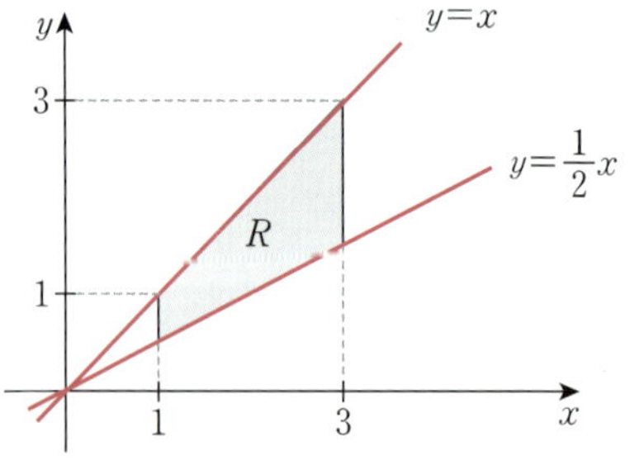

[그림 10-20] 영역 R

정리 10-19 푸비니 정리 Fubini's theorem

함수 $f(x, y)$가 영역 R에서 연속일 때 다음을 만족한다.

(1) $R: a \le x \le b,\ g_1(x) \le y \le g_2(x)$인 영역과 연속함수 $g_1(x),\ g_2(x)$에 대해

$$\iint_R f(x, y)\,dA = \int_a^b \left[\int_{g_1(x)}^{g_2(x)} f(x, y)\,dy \right] dx$$

(2) $R: h_1(y) \le x \le h_2(y),\ c \le y \le d$인 영역과 연속함수 $h_1(y),\ h_2(y)$에 대해

$$\iint_R f(x, y)\,dA = \int_c^d \left[\int_{h_1(y)}^{h_2(y)} f(x, y)\,dx \right] dy$$

따라서 이중적분의 값은 두 변수에 대한 적분의 순서와 무관함을 알 수 있다.

예제 10-33

$\int_0^1 \int_{2y}^2 e^{-\frac{y}{x}}\, dx\, dy$를 계산하라.

풀이

$\int_{2y}^2 e^{-\frac{y}{x}}\, dx$의 계산이 불가능하므로 직분순서를 바꿔보자.
$R : 0 \leq x \leq 2,\ 0 \leq y \leq \frac{1}{2}x$로 놓으면 다음과 같다.

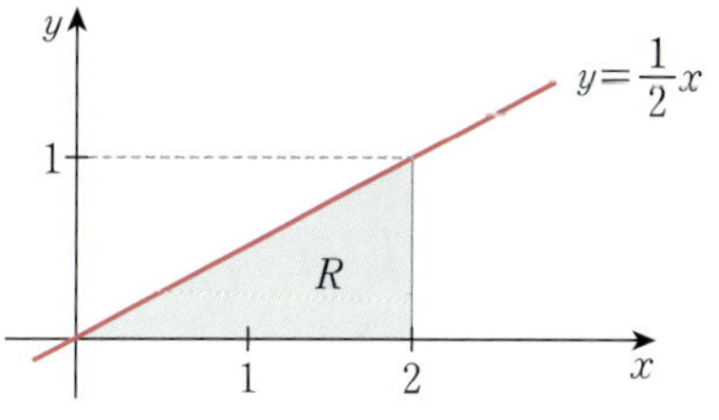

[그림 10-21] 영역 R

$$\begin{aligned}&\int_0^2 \int_0^{\frac{1}{2}x} e^{-\frac{y}{x}}\, dy\, dx \\ &= \int_0^2 \left(\left[-xe^{-\frac{y}{x}} \right]_0^{\frac{1}{2}x} \right) dx = -\int_0^2 x\left(e^{-\frac{1}{2}} - 1\right) dx \\ &= -\frac{1}{2}\left(e^{-\frac{1}{2}} - 1\right)\left[x^2\right]_0^2 = 2\left(1 - e^{-\frac{1}{2}}\right)\end{aligned}$$

물리학에서 이중적분을 활용하는 예를 한 가지 살펴보자. 이중적분을 이용하면 밀도함수가 주어진 얇은 판의 질량을 설명할 수 있다.

얇은 판 R의 밀도함수가 $\rho(x, y)$라 하자. 그 질량은

$$m = \iint_R \rho(x, y)\, dA$$

이고, 질량중심의 좌표 $(\overline{x}, \overline{y})$는 다음과 같다.

$$\overline{x} = \frac{M_y}{m},\quad \overline{y} = \frac{M_x}{m} \tag{10.18}$$

이때 $M_x = \iint_R y\rho(x, y)\, dA$, $M_y = \iint_R x\rho(x, y)\, dA$이다. 또한 x축과 y축에 대한 관성모멘트 moment of inertia는 다음과 같다.

$$I_x = \iint_R y^2 \rho(x, y)\, dA,\quad I_y = \iint_R x^2 \rho(x, y)\, dA$$

예제 10-34 응용

얇은 판이 $y=x$, $x=0$, $y=2$로 둘러싸인 영역 R이고 밀도함수가 $\rho(x, y)=y$일 때, 이 얇은 판의 x축과 y축에 대한 관성모멘트를 구하라.

풀이

[그림 10-22]와 같이 영역 R이 $R: x \le y \le 2,\ 0 \le x \le 2$이므로 x축에 대한 관성모멘트는

$$I_x = \iint_R y^3\,dA = \int_0^2 \int_x^2 y^3\,dy\,dx$$

$$= \int_0^2 \left(\left[\frac{1}{4} y^4 \right]_x^2 \right) dx = \frac{1}{4} \int_0^2 (16 - x^4)\,dx$$

$$= \frac{1}{4} \left[16x - \frac{1}{5} x^5 \right]_0^2 = \frac{32}{5}$$

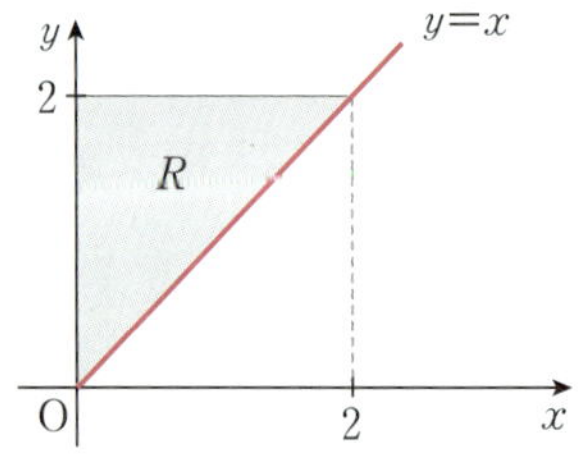

[그림 10-22] 영역 R

이다. 또한, y축에 대한 관성모멘트는

$$I_y = \iint_R x^2 y\,dA = \int_0^2 \int_x^2 x^2 y\,dy\,dx$$

$$= \int_0^2 x^2 \left(\left[\frac{1}{2} y^2 \right]_x^2 \right) dx = \frac{1}{2} \int_0^2 x^2 (4 - x^2)\,dx$$

$$= \frac{1}{2} \left[\frac{4}{3} x^3 - \frac{1}{5} x^5 \right]_0^2 = \frac{1}{2} \left[\frac{32}{3} - \frac{32}{5} \right] = \frac{32}{15}$$

이다.

극 좌표계의 이중적분

극 좌표계 위의 영역 R이 $g_1(\theta) \le r \le g_2(\theta)$, $\alpha \le \theta \le \beta$이고 함수 $f(r, \theta)$가 R에서 연속함수라 하자. [그림 10-23]처럼 영역 R을 사선과 동심원에 의해 n개의 부분영역으로 나누자.

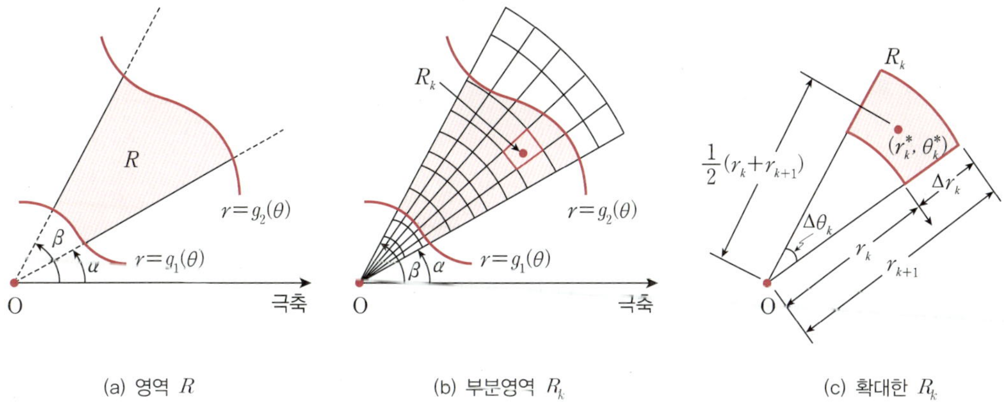

(a) 영역 R (b) 부분영역 R_k (c) 확대한 R_k

[그림 10-23] 극 좌표계에서 이중적분의 영역

k번째 영역인 R_k의 넓이를 ΔA_k라 하면

$$\begin{aligned}\Delta A_k = \frac{1}{2}r_{k+1}^2\,\Delta\theta_k - \frac{1}{2}r_k^2\,\Delta\theta_k &= \frac{1}{2}(r_{k+1}^2 - r_k^2)\Delta\theta_k \\ &= \frac{1}{2}(r_{k+1} + r_k)(r_{k+1} - r_k)\Delta\theta_k \\ &= r_k{}^*\Delta r_k\,\Delta\theta_k\end{aligned}$$

(단, $\Delta r_k = r_{k+1} - r_k$이고 $r_k{}^* = \frac{1}{2}(r_{k+1} - r_k)$는 평균반지름)

이다. 영역 R_k의 임의의 점을 $(r_k{}^*, \theta_k{}^*)$이라 하자. R에서 f의 이중적분은

$$\lim_{n\to\infty}\sum_{k=1}^{n} f(r_k{}^*, \theta_k{}^*)r_k\Delta r_k\,\Delta\theta_k = \iint_R f(r, \theta)\,dA$$

이며

$$\iint_R f(r, \theta)\,dA = \int_\alpha^\beta \int_{g_1(\theta)}^{g_2(\theta)} f(r, \theta)r\,dr\,d\theta$$

이다. 또한, 극 좌표계 위의 영역 R이 $a \le r \le b$, $h_1(r) \le \theta \le h_2(r)$이면 이중적분은

$$\iint_R f(r, \theta)\,dA = \int_a^b \int_{h_1(\theta)}^{h_2(\theta)} f(r, \theta)r\,d\theta\,dr$$

이다.

예제 10-35 응용

영역 R이 제1사분면 위에 있고 식으로 나타내면 $r = 2\sin 2\theta\left(\text{단, } 0 \le \theta \le \frac{\pi}{2}\right)$라고 하자. 이 영역을 그래프로 나타내면 [그림 10-24]와 같다. 영역 R의 밀도함수가 $\rho(r,\theta) = kr$일 때, 질량중심을 구하라. 단, k는 $k \ge 0$인 실수이다.

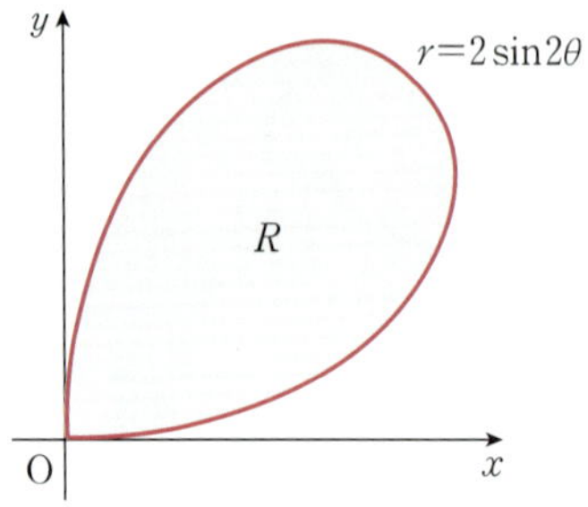

[그림 10-24] $r = 2\sin 2\theta$인 영역 R

풀이

영역 R은 $0 \le r \le 2\sin 2\theta\left(\text{단, } 0 \le \theta \le \frac{\pi}{2}\right)$이므로 질량 m은

$$m = \iint_R kr\,dA = \frac{k}{3}\int_0^{\frac{\pi}{2}}\left[r^3\right]_0^{2\sin 2\theta}d\theta = \frac{8k}{3}\int_0^{\frac{\pi}{2}}\sin^3 2\theta\,d\theta$$

$$= \frac{8}{3}k\int_0^{\frac{\pi}{2}}(1-\cos^2 2\theta)\sin 2\theta\,d\theta$$

$$= \frac{8}{3}k\cdot\left(-\frac{1}{2}\right)\int_1^{-1}(1-t^2)dt \quad \leftarrow \cos 2\theta = t,\ \sin 2\theta\,d\theta = -\frac{1}{2}dt$$

$$= \frac{4}{3}k\left[t - \frac{t^3}{3}\right]_{-1}^{1} = \frac{16}{9}k$$

이다. $x = r\cos\theta$이므로

$$M_y = k\iint_R xr\,dA = k\int_0^{\frac{\pi}{2}}\int_0^{2\sin 2\theta} r^3\cos\theta\,dr\,d\theta$$

$$= k\int_0^{\frac{\pi}{2}}\left(\left[\frac{r^4}{4}cos\theta\right]_0^{2\sin 2\theta}\right)d\theta$$

$$= 4k\int_0^{\frac{\pi}{2}}\sin^4 2\theta\cos\theta\,d\theta = 4k\int_0^{\frac{\pi}{2}}16\sin^4\theta\cos^4\theta\cos\theta\,d\theta$$

$$= 64k\int_0^{\frac{\pi}{2}}(1-\sin^2\theta)^2\sin^4\theta\cos\theta\,d\theta$$

$$= 64k\int_0^1(1-t^2)^2t^4\,dt \quad \leftarrow \sin\theta = t,\ \cos\theta\,d\theta = dt$$

$$= 64k\left[\frac{1}{9}t^9 - \frac{2}{7}t^7 + \frac{1}{5}t^5\right]_0^1 = \frac{512}{315}k$$

이다. 마찬가지로

$$M_x = \frac{512}{315}k$$

이다. 따라서 식 (10.18)에 의해 질량중심의 좌표는 다음과 같다.

$$(\bar{x}, \bar{y}) = \left(\frac{32}{35}, \frac{32}{35}\right)$$

직교좌표계에서 $\iint_R f(x, y)dA$를 계산하기 어려우면 영역 R을 $\alpha \le \theta \le \beta$, $h_1(\theta) \le \theta \le h_2(\theta)$로 나타내어 다음과 같이 계산할 수 있다.

$$\iint_R f(x, y)\,dA = \int_\alpha^\beta \int_{h_1(\theta)}^{h_2(\theta)} f(r\cos\theta, r\sin\theta)r\,dr\,d\theta$$

예제 10-36

$\int_0^{\sqrt{2}} \int_x^{\sqrt{4-x^2}} \frac{1}{1+x^2+y^2}\,dy\,dx$를 계산하라.

풀이

좌표평면 위의 영역 $R: x \le y \le \sqrt{4-x^2}$, $0 \le x \le \sqrt{2}$를 그래프로 나타내면 [그림 10-25]와 같다. 원을 극 좌표로 표현하는 게 훨씬 간단하므로 $r^2 = x^2 + y^2$임을 이용하여 $x^2 + y^2 = 4$를 극 좌표계에서 $r = 2$로 나타낸다. 이제 영역 R은 극 좌표계에서 $0 \le r \le 2$, $\frac{\pi}{4} \le \theta \le \frac{\pi}{2}$이다. 피적분함수의 분모는 $1 + x^2 + y^2 = 1 + r^2$이므로 이중적분을 구하면 다음과 같다.

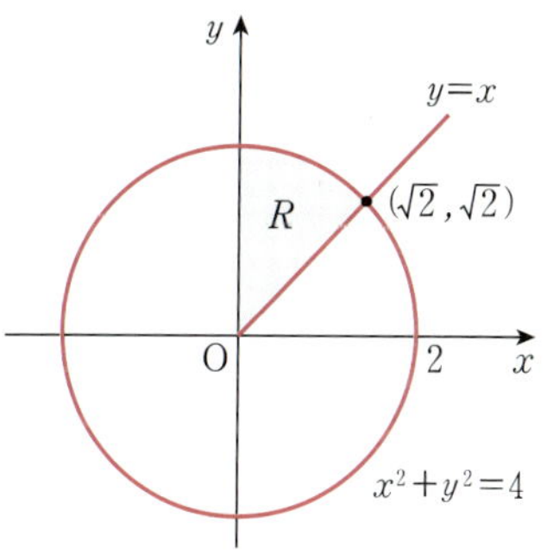

[그림 10-25] 영역 R

$$\begin{aligned}\int_0^{\sqrt{2}} \int_x^{\sqrt{4-x^2}} \frac{1}{1+x^2+y^2}\,dy\,dx &= \int_{\frac{\pi}{4}}^{\frac{\pi}{2}} \int_0^2 \frac{1}{1+r^2} r\,dr\,d\theta = \frac{1}{2}\int_{\frac{\pi}{4}}^{\frac{\pi}{2}} \left[\ln(1+r^2)\right]_0^2 d\theta \\ &= \frac{1}{2}\int_{\frac{\pi}{4}}^{\frac{\pi}{2}} \ln 5\,d\theta = \frac{1}{2}\ln 5\left(\frac{\pi}{2} - \frac{\pi}{4}\right) \\ &= \frac{\pi}{8}\ln 5\end{aligned}$$

삼중적분

3차원 공간의 영역 D에서 함수 $w=f(x, y, z)$의 삼중적분을 정의하자. 먼저 [그림 10-26]과 같은 영역 D를 n개의 직육면체로 나누자. k번째 영역 V_k의 부피를 $\Delta V_k=\Delta x_k \Delta y_k \Delta z_k$라 하고 V_k의 임의의 점을 $(x_k{}^*, y_k{}^*, z_k{}^*)$라 하면 다음과 같은 정의를 얻는다.

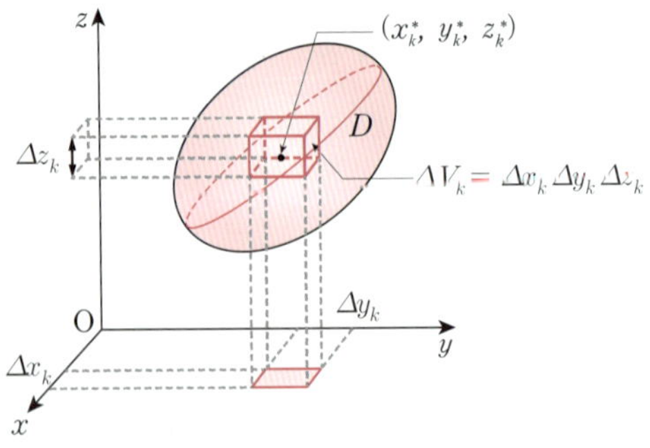

[그림 10-26] 삼중적분

정의 10-20 삼중적분

3차원 공간의 영역 D에서 정의된 함수 $f(x, y, z)$의 **삼중적분**triple integral은 다음과 같이 정의한다.

$$\iiint_D f(x, y, z)\,dV=\lim_{n \to \infty} \sum_{k=1}^{n} f(x_k{}^*, y_k{}^*, z_k{}^*)\Delta V_k$$

이때, $f(x, y, z)=1$ 이면 $\iiint_D dV$는 영역 D의 부피이다.

예제 10-37

[그림 10-27]과 같은 3차원 공간의 입체 D의 경계가 다음과 같다고 하자.

$$x^2+y^2=1,\ z=x+y,\ \text{좌표평면, 제1 팔분공간}$$

입체 D의 부피를 구하라.

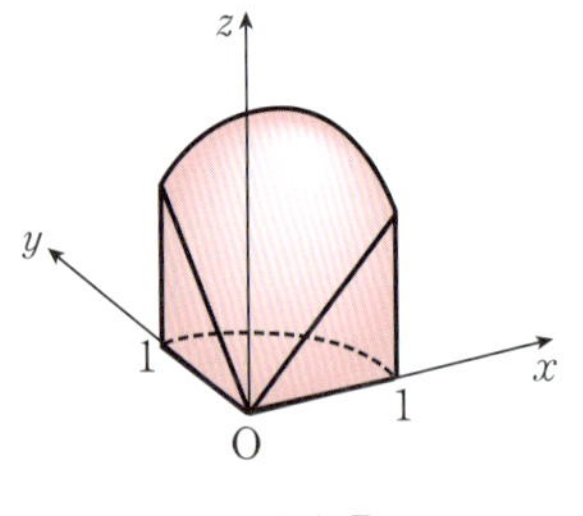

[그림 10-27] 입체 D

풀이

영역 D는 $D: 0 \le x \le 1,\ 0 \le y \le \sqrt{1-x^2},\ 0 \le z \le x+y$로 둘러싸인 입체이다. 이때, $f(x, y, z)=1$로 두면 영역 D의 부피를 다음과 같이 얻는다.

$$\iiint_D dV = \int_0^1 \int_0^{\sqrt{1-x^2}} \int_0^{x+y} dz\,dy\,dx = \int_0^1 \int_0^{\sqrt{1-x^2}} [z]_0^{x+y} dy\,dx$$

$$= \int_0^1 \int_0^{\sqrt{1-x^2}} (x+y)\,dy\,dx = \int_0^1 \left(\left[xy + \frac{1}{2}y^2 \right]_0^{\sqrt{1-x^2}} \right) dx$$

$$= \int_0^1 x\sqrt{1-x^2} + \frac{1}{2}(1-x^2)\,dx$$

$$= \left[\frac{2}{3}(1-x^2)^{\frac{3}{2}} \left(-\frac{1}{2} \right) + \frac{1}{2}x - \frac{1}{6}x^3 \right]_0^1$$

$$= -\frac{1}{3}(-1) + \frac{1}{2} - \frac{1}{6} = \frac{2}{3}$$

삼중적분도 이중적분과 마찬가지로 푸비니 정리가 성립하므로 적분 순서를 바꾸어 계산할 수 있다.

예제 10-38

$\int_0^4 \int_0^{2-\frac{1}{2}y} \int_{2x+y}^4 F(x, y, z)\,dz\,dx\,dy$ 의 적분순서를 $dy\,dz\,dx$ 로 바꿔라.

풀이

주어진 삼중적분의 영역 D를 나타내면 $D: 2x+y \le z \le 4,\ 0 \le x \le 2 - \frac{1}{2}y,\ 0 \le y \le 4$ 이다. 이때 $2x+y \le z$ 이면 $y \le z - 2x$ 이고, 이를 zx 평면 위로 사영하면

$$D: 0 \le y \le z - 2x,\ 2x \le z \le 4,\ 0 \le x \le 2$$

이므로 적분순서를 바꾸면 다음과 같다.

$$\int_0^2 \int_{2x}^4 \int_0^{z-2x} F(x, y, z)\,dy\,dz\,dx$$

물리학에서 삼중적분을 활용하는 예를 한 가지 살펴보자. 삼중적분을 이용하면 밀도함수가 주어진 입체의 질량을 설명할 수 있다.

입체 D의 밀도함수가 $\rho(x, y, z)$라 하자. 이 입체의 질량은

$$m = \iiint_D \rho(x, y, z)\,dV$$

이고, 질량중심의 좌표 $(\bar{x}, \bar{y}, \bar{z})$는 다음과 같다.

$$\bar{x} = \frac{M_{yz}}{m},\ \bar{y} = \frac{M_{xz}}{m},\ \bar{z} = \frac{M_{xy}}{m}$$

이다. 이때

$$M_{xy} = \iiint_D z\rho(x, y, z)\,dV,$$
$$M_{yz} = \iiint_D x\rho(x, y, z)\,dV,$$
$$M_{xz} = \iiint_D y\rho(x, y, z)\,dV$$

이다. 또한 x축, y축, z축에 대한 관성모멘트는 다음과 같다.

$$I_x = \iiint_D (y^2 + z^2)\rho(x, y, z)\,dV,$$
$$I_y = \iiint_D (x^2 + z^2)\rho(x, y, z)\,dV,$$
$$I_z = \iiint_D (x^2 + y^2)\rho(x, y, z)\,dV$$

원기둥 좌표계의 삼중적분

원기둥 좌표계cylindrical coordinates에서는 [그림 10-28]과 같이 3차원 공간의 점 P를 (r, θ, z)로 나타낸다. 점 P를 xy평면 위로 사영시킨 점을 P′이라고 하면 P′은 극 좌표이다. 즉, r은 P′과 원점과의 거리이며 θ는 P′이 양의 x축과 이루는 각이다.

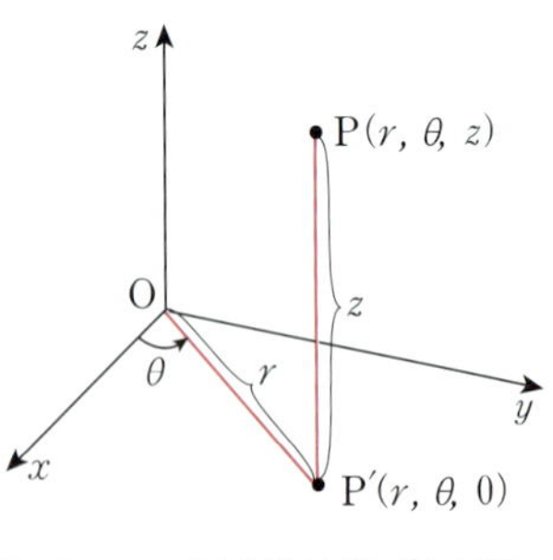

[그림 10-28] 점 P의 원기둥 좌표

원기둥 좌표계와 직교좌표계의 관계는 다음과 같다.

$$x = r\cos\theta,\ y = r\sin\theta,\ z = z$$

극 좌표계의 이중적분에서 영역 R의 넓이 변화량은 $\Delta A = r^* \Delta r \Delta\theta$임을 확인했다. 이와 비슷하게 [그림 10-29]에서 원기둥 쐐기의 부피 변화량은 $\Delta V = r^* \Delta\theta \Delta z$이다.

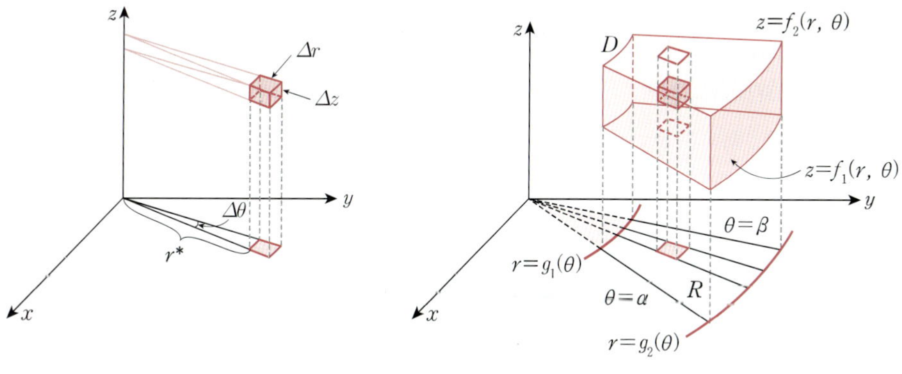

[그림 10-29] 원기둥 좌표계에서 삼중적분의 영역

따라서 함수 $F(r, \theta, z)$가 영역

$$D = \{(x,\, y,\, z) \mid (x,\, y) \in R,\ f_1(x,\, y) \le z \le f_2(x,\, y)\}$$

$$(\text{단, } R = \{(r,\, \theta) \mid \alpha \le \theta \le \beta,\ g_1(\theta) \le r \le g_2(\theta)\})$$

에서 연속이면 D 상에서 F 의 삼중적분은 다음과 같다.

$$\begin{aligned}\iiint_D F(r, \theta, z)\, dV &= \iint_R \left[\int_{f_1(r,\theta)}^{f_2(r,\theta)} F(r, \theta, z)\, dz \right] dA \\ &= \int_\alpha^\beta \int_{g_1(\theta)}^{g_2(\theta)} \int_{f_1(r,\theta)}^{f_2(r,\theta)} F(r, \theta, z) r\, dz\, dr\, d\theta\end{aligned}$$

예제 10-39

삼중적분을 이용하여 밑면의 반지름이 a이고 높이가 h인 원기둥의 부피를 구하라.

풀이

원기둥의 영역은 $D: 0 \le r \le a,\ 0 \le \theta \le 2\pi,\ 0 \le z \le h$로 나타낼 수 있다. 따라서 $f(r,\, \theta,\, z) = 1$로 두면 원기둥의 부피는 다음과 같이 구한다.

$$\begin{aligned}V = \iiint_D dV &= \int_0^h \int_0^{2\pi} \int_0^a r\, dr\, d\theta dz \\ &= \int_0^a r\, dr \int_0^{2\pi} d\theta \int_0^h dz = \frac{a^2}{2} \cdot 2\pi \cdot h = \pi a^2 h\end{aligned}$$

예제 10-40 응용

제1 팔분공간에서 옆면이 원기둥 $x^2+y^2=4$이고 윗면이 포물면 $z=x^2+y^2$이며 밑면이 평면 $z=0$인 영역 D를 생각하자. 밀도가 일정할 때, 영역 D의 질량중심을 구하라.

풀이

영역 D를 원기둥 좌표로 나타내면 $0\le r\le 2$, $0\le\theta\le\frac{\pi}{2}$, $0\le z\le r^2$이므로 질량 m은

$$m=\iiint_D k\,dV=k\int_0^2\int_0^{\frac{\pi}{2}}\int_0^{r^2} r\,dz\,d\theta\,dr=k\int_0^2\int_0^{\frac{\pi}{2}} r\,[z]_0^{r^2}\,d\theta\,dr$$

$$=k\int_0^2\int_0^{\frac{\pi}{2}} r^3\,d\theta\,dr=k\int_0^2 r^3\,[\theta]_0^{\frac{\pi}{2}}\,dr$$

$$=k\int_0^2\frac{\pi}{2}r^3\,dr=\frac{\pi}{2}k\cdot\frac{1}{4}\,[r^4]_0^2=2k\pi$$

이다. 이제 M_{xy}, M_{xz}, M_{yz}를 구하면 각각 다음과 같다.

$$M_{xy}=k\iiint_D z\,dV=k\int_0^2\int_0^{\frac{\pi}{2}}\int_0^{r^2} zr\,dz\,d\theta\,dr=k\int_0^2\int_0^{\frac{\pi}{2}}\frac{r}{2}\,[z^2]_0^{r^2}\,d\theta\,dr$$

$$=k\int_0^2\int_0^{\frac{\pi}{2}}\frac{1}{2}r^5\,d\theta\,dr=\frac{k}{2}\int_0^2 r^5\,[\theta]_0^{\frac{\pi}{2}}\,dr$$

$$=\frac{k\pi}{4}\int_0^2 r^5\,dr=\frac{k\pi}{24}\,[r^6]_0^2=\frac{4k}{3}\pi$$

$$M_{xz}=k\iiint_D y\,dV=k\int_0^2\int_0^{\frac{\pi}{2}}\int_0^{r^2} r\sin\theta\,r\,dz\,d\theta\,dr=k\int_0^2\int_0^{\frac{\pi}{2}} r^2\sin\theta\,[z]_0^{r^2}\,d\theta\,dr$$

$$=k\int_0^2\int_0^{\frac{\pi}{2}} r^4\sin\theta\,d\theta\,dr=k\int_0^2 r^4\,[-\cos\theta]_0^{\frac{\pi}{2}}\,dr$$

$$=k\int_0^2 r^4\,dr=\frac{k}{5}\,[r^5]_0^2=\frac{32k}{5}$$

$$M_{yz}=k\iiint_D x\,dV=k\int_0^2\int_0^{\frac{\pi}{2}}\int_0^{r^2} r\cos\theta\,r\,dz\,d\theta\,dr=k\int_0^2\int_0^{\frac{\pi}{2}} r^2\cos\theta\,[z]_0^{r^2}\,d\theta\,dr$$

$$=k\int_0^2\int_0^{\frac{\pi}{2}} r^4\cos\theta\,d\theta\,dr=k\int_0^2 r^4\,[\sin\theta]_0^{\frac{\pi}{2}}\,dr$$

$$=k\int_0^2 r^4\,dr=\frac{32k}{5}$$

즉, $\overline{x}=\frac{M_{yz}}{m}=\frac{16}{5\pi}$, $\overline{y}=\frac{M_{xz}}{m}=\frac{16}{5\pi}$, $\overline{z}=\frac{M_{xy}}{m}=\frac{2}{3}$이므로 질량중심의 좌표는

$$\left(\frac{16}{5\pi},\frac{16}{5\pi},\frac{2}{3}\right)$$

이다.

구 좌표계의 삼중적분

공간상의 점 P를 직교좌표로 나타내면 (x, y, z)이다. 동일한 점 P를 새로운 좌표계인 **구 좌표**spherical coordinate인 (ρ, ϕ, θ)로도 나타낼 수 있다. 여기서 ρ는 원점에서 P까지의 거리이고 ϕ는 양의 z축과 $\overrightarrow{OP}$ 사이의 각이며, θ는 양의 x축과 $\overrightarrow{OP}$의 사영인 $\overrightarrow{OQ}$ 사이의 각이다.

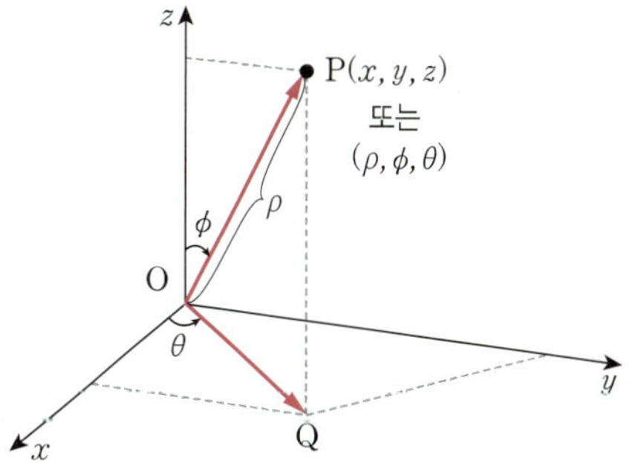

[그림 10-30] 점 P의 구 좌표

구 좌표를 이용하면 직교좌표를 원기둥 좌표로도 변환할 수 있다. 직교좌표의 x, y, z좌표를 각각

$$x = \|\overrightarrow{OQ}\|\cos\theta = \rho\sin\phi\cos\theta,$$
$$y = \|\overrightarrow{OQ}\|\sin\theta = \rho\sin\phi\sin\theta,$$
$$z = \|\overrightarrow{OP}\|\cos\theta = \rho\cos\phi$$

로 나타낼 수 있다. 이때 $\rho \ge 0$, $0 \le \phi \le \pi$이고 $\|\overrightarrow{OQ}\| = \rho\sin\phi = r$이므로

$$r = \rho\sin\phi, \ \theta = \theta, \ z = \rho\cos\phi$$

인 관계가 성립한다.

이제 구 좌표계에서 삼중적분을 살펴보자. [그림 10-31]에서 보듯이 구형 쐐기 부피의 변화량은

$$\Delta V \approx \rho^2\sin\phi\,\Delta\rho\,\Delta\phi\,\Delta\theta$$

이다. 따라서 함수 $F(\rho, \phi, \theta)$를 삼중적분할 때 dV는

$$dV = \rho^2\sin\phi\,d\rho\,d\phi\,d\theta$$

이므로 구 좌표계에서 삼중적분은

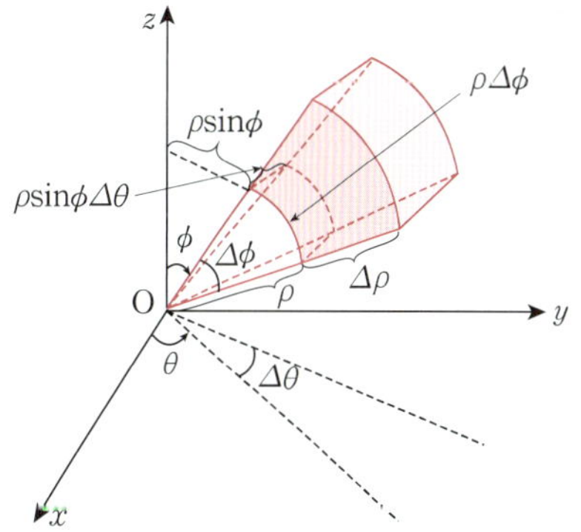

[그림 10-31] 구형 쐐기

$$\iiint_D F(\rho, \phi, \theta)\,dV = \int_\alpha^\beta \int_{g_1(\theta)}^{g_2(\theta)} \int_{f_1(r,\theta)}^{f_2(r,\theta)} F(\rho, \phi, \theta)\,\rho^2\sin\phi\,d\rho\,d\phi\,d\theta$$

이다.

예제 10-41

원뿔면 $z=\sqrt{x^2+y^2}$ 위와 구면 $x^2+y^2+z^2=9$ 아래로 둘러싸인 입체의 부피를 구하라.

풀이

원기둥 좌표계로 생각하면 $\rho=\sqrt{x^2+y^2+z^2}=3$이다. $z=\rho\cos\phi$를 $z=\sqrt{x^2+y^2}$에 대입하면

$$\begin{aligned}\rho\cos\phi &= \sqrt{\rho^2\sin^2\phi\cos^2\theta+\rho^2\sin^2\phi\sin^2\theta}\\ &= \sqrt{\rho^2\sin^2\phi}\\ &= |\rho\sin\phi| = \rho\sin\phi \qquad \leftarrow 0\le\phi\le\pi\text{이므로}\end{aligned}$$

이다. 이 방정식을 만족하는 값은 $\rho=0$ 또는 $\phi=\frac{\pi}{4}$인데, $\rho=0$는 원점에 대응하므로 $\phi=\frac{\pi}{4}$이다. 따라서 $D: 0\le\rho\le 3,\ 0\le\phi\le\frac{\pi}{4},\ 0\le\theta\le 2\pi$ (구 둘레의 모든 구간)일 때 부피는 다음과 같다.

$$\begin{aligned}V=\iiint_D dV &= \int_0^{2\pi}\int_0^{\frac{\pi}{4}}\int_0^3 \rho^2\sin\phi\, d\rho\, d\phi\, d\theta\\ &= \int_0^{2\pi}\int_0^{\frac{\pi}{4}}\left[\frac{1}{3}\rho^3\right]_0^3\sin\phi\, d\phi\, d\theta\\ &= \int_0^{2\pi}\int_0^{\frac{\pi}{4}} 9\sin\phi\, d\phi\, d\theta\\ &= -9\int_0^{2\pi}\left[\cos\phi\right]_0^{\frac{\pi}{4}} d\theta\\ &= -9\int_0^{2\pi}\left(\frac{\sqrt{2}}{2}-1\right)d\theta\\ &= 9(2-\sqrt{2})\pi\end{aligned}$$

Section
10.8 그린 정리

이 절은 평면상에서 선적분과 이중적분 사이의 관계를 살펴본다.

그린 정리

평면상에서 조각별로 매끄러운 닫힌곡선 C를

$$x = x(t),\ y = y(t)\quad (\text{단, } a \le t \le b)$$

라 하자. 영역 R이 C의 진행 방향의 왼쪽에 있거나 t가 a에서 b로 갈 때 $(x(t),\ y(t))$가 곡선 C를 따라 반시계방향으로 움직이면, 곡선 C가 **양의 방향**positive direction을 갖는다고 한다.

정리 10-21 그린 정리

평면상의 곡선 C가 조각별로 매끄럽고 양의 방향을 갖는 단순닫힌곡선이고, 영역 R은 곡선 C로 둘러싸여 있다고 하자. $\mathrm{P}(x,\ y)$, $\mathrm{Q}(x,\ y)$, $\dfrac{\partial \mathrm{Q}}{\partial x}$, $\dfrac{\partial \mathrm{P}}{\partial y}$가 R에서 연속일 때 다음이 성립한다.

$$\oint_C \mathrm{P}\,dx + \mathrm{Q}\,dy = \iint_R \left(\frac{\partial \mathrm{Q}}{\partial x} - \frac{\partial \mathrm{P}}{\partial y}\right) dx\,dy$$

증명

영역 R을 [그림 10-32]와 같이 두 가지 경우로 생각하자.

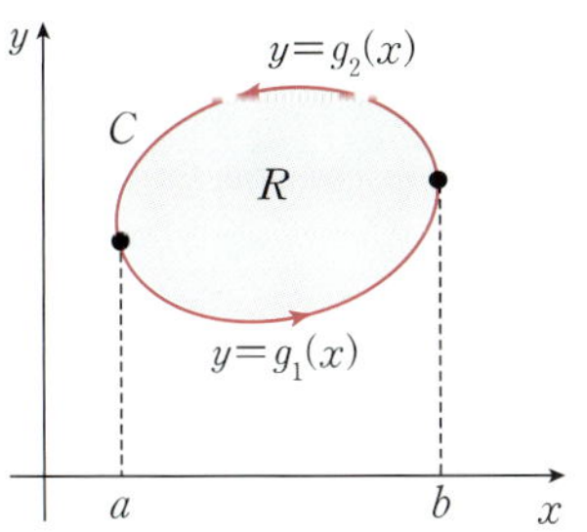

(a) $R : g_1(x) \le y \le g_2(x),\ a \le x \le b$

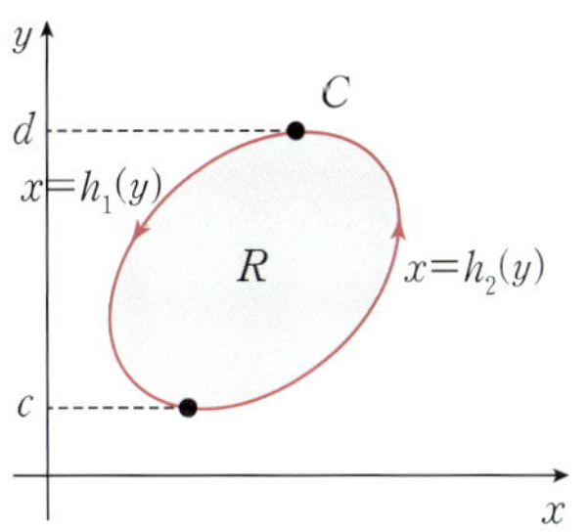

(b) $R : h_1(y) \le x \le h_2(y),\ c \le y \le d$

[그림 10-32] 두 형태의 영역 R

먼저 영역이 [그림 10-32(a)]처럼 $R : g_1(x) \le y \le g_2(x)$, $a \le x \le b$라 하자.

$$\begin{aligned}
-\iint_R \frac{\partial \mathrm{P}}{\partial y}\,dx\,dy &= -\int_a^b \int_{g_1(x)}^{g_2(x)} \frac{\partial \mathrm{P}}{\partial y}\,dy\,dx \\
&= -\int_a^b \left[\mathrm{P}(x,\ g_2(x)) - \mathrm{P}(x,\ g_1(x))\right] dx \\
&= \int_a^b \mathrm{P}(x,\ g_1(x))\,dx + \int_b^a \mathrm{P}(x,\ g_2(x))\,dx \\
&= \oint_C \mathrm{P}(x,\ y)\,dx
\end{aligned}$$

이고, 마찬가지 방법으로

$$\iint_R \frac{\partial \mathrm{Q}}{\partial x}\,dx\,dy = \oint_C \mathrm{Q}(x,y)\,dy$$

이다. 따라서 그린 정리가 증명된다. 영역이 [그림 10-32(b)]와 같이 $R : h_1(y) \le x \le h_2(y)$, $c \le y \le d$일 때도 동일하게 증명할 수 있다. ■

예제 10-42

곡선 C가 반지름이 1인 원일 때 $\oint_C (x^4 + 4y)\,dx + (3x - e^y)\,dy$를 구하라.

풀이

$\mathrm{P} = x^4 + 4y$, $\mathrm{Q} = 3x - e^y$으로 두면 $\frac{\partial \mathrm{P}}{\partial y} = 4$, $\frac{\partial \mathrm{Q}}{\partial x} = 3$이므로 그린 정리를 이용하여 다음과 같이 구한다.

$$\begin{aligned}
\oint_C (x^4 + 4y)\,dx + (3x - e^y)\,dy &= \iint_R (3-4)\,dx\,dy \\
&= -\iint_R dx\,dy = -\pi
\end{aligned}$$

이때 R은 반지름이 1인 원으로 둘러싸인 영역이다.

예제 10-43

곡선 C_1, C_2, C_3가 [그림 10-33]과 같고, 영역 R이 단순곡선 닫힌 $C = C_1 \cup C_2 \cup C_3$ 로 둘러싸여 있다고 하자.

힘 $\mathbf{F} = < -16y + \sin x^2,\ 4e^y + 3x^2 >$이 곡선 C를 따라 한 일 w를 구하라.

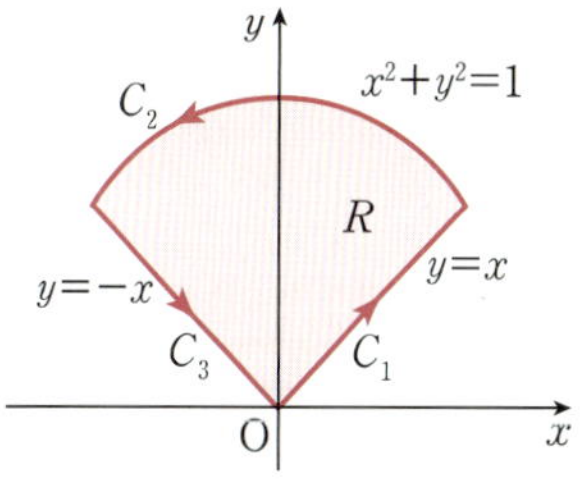

[그림 10-33] 곡선 C_1, C_2, C_3으로 둘러싸인 영역 R

풀이

$\mathrm{P} = -16y + \sin x^2$, $\mathrm{Q} = 4e^y + 3x^2$으로 두면

$\dfrac{\partial \mathrm{P}}{\partial y} = -16$, $\dfrac{\partial \mathrm{Q}}{\partial x} = 6x$이고, 그린 정리를 이용하면 힘 $\mathbf{F}$가 한 일 w는

$$w = \oint_C \mathbf{F} \cdot d\mathbf{r} = \oint_C \mathrm{P}\,dx + \mathrm{Q}\,dy = \iint_R (6x + 16)\,dx\,dy$$

이다. 영역 R을 극 좌표계로 생각하면 $0 \le r \le 1$, $\dfrac{\pi}{4} \le \theta \le \dfrac{3\pi}{4}$이고 $x = r\cos\theta$ 이므로

$$\begin{aligned} w &= \int_{r=0}^{1} \int_{\theta=\frac{\pi}{4}}^{\frac{3\pi}{4}} (6r\cos\theta + 16) r\,dr\,d\theta \\ &= \int_{r=0}^{1} \int_{\theta=\frac{\pi}{4}}^{\frac{3\pi}{4}} (6r^2\cos\theta + 16r)\,d\theta\,dr \\ &= \int_0^1 \left(\Big[6r^2\sin\theta + 16r\theta \Big]_{\frac{\pi}{4}}^{\frac{3\pi}{4}} \right) dr \\ &= 8\pi \int_0^1 r\,dr \\ &= 4\pi \end{aligned}$$

를 얻는다.

그린 정리의 응용

그린 정리를 사용하면 영역 R의 넓이를 구할 수 있다. [정의 10-17]에서 영역 R의 넓이가 $\iint_R dA$임을 안다. 여기에 그린 정리를 사용하기 위해 $\dfrac{\partial \mathrm{Q}}{\partial x} - \dfrac{\partial \mathrm{P}}{\partial y} = 1$을 만족하는 P, Q를 찾아보자. 예를 들어 $\mathrm{P} = 0$, $\mathrm{Q} = x$이면 $\dfrac{\partial \mathrm{Q}}{\partial x} = 1$, $\dfrac{\partial \mathrm{P}}{\partial y} = 0$이므로

$$\oint_C x\,dy = \iint_R dx\,dy = A \qquad (10.19)$$

이다. 또한 $\mathrm{P}=-y$, $\mathrm{Q}=0$이면 $\frac{\partial \mathrm{Q}}{\partial x}=0$, $\frac{\partial \mathrm{P}}{\partial y}=-1$이므로

$$-\oint_C y\,dx=\iint_R dx\,dy=A \tag{10.20}$$

이다. 식 (10.19)와 식 (10.20)의 양변을 더한 후 2로 나누자. 영역 R의 넓이를 선적분

$$A=\iint_R dx\,dy=\frac{1}{2}\oint_C x\,dy-y\,dx \tag{10.21}$$

로도 구할 수 있다.

예제 10-44 응용

타원 $\frac{x^2}{a^2}+\frac{y^2}{b^2}=1$의 넓이를 구하라.

풀이

타원은 $x=a\cos t$, $y=b\sin t$이고 $dx=-a\sin t\,dt$, $dy=b\cos t\,dt$이므로 식 (10.21)을 사용하면 타원의 넓이 A는 다음과 같다.

$$\begin{aligned}A&=\frac{1}{2}\oint_C x\,dy-y\,dx\\&=\frac{1}{2}\int_0^{2\pi}(a\cos t)(b\cos t)\,dt-b\sin t(-a\sin t)\,dt\\&=\frac{1}{2}\int_0^{2\pi}ab\,dt=ab\pi\end{aligned}$$

이번에는 극 좌표계로 나타낸 영역 R의 넓이를 그린 정리로 나타내자. 극 좌표계에서 $x=r\cos\theta$, $y=r\sin\theta$이므로

$$dx=-r\sin\theta\,d\theta+\cos\theta\,dr,\quad dy=r\cos\theta\,d\theta+\sin\theta\,dr$$

이다. 식 (10.16)에 대입하면 영역 R의 넓이는 다음과 같다.

$$\begin{aligned}A&=\frac{1}{2}\oint_C r\cos\theta(r\cos\theta\,d\theta+\sin\theta\,dr)-r\sin\theta(-r\sin\theta\,d\theta+\cos\theta\,d\theta)\\&=\frac{1}{2}\oint_C r^2\,d\theta\end{aligned}$$

구멍이 있는 영역에서의 선적분

영역에 구멍이 있어도 그린 정리를 적용하여 선적분을 계산할 수 있다.

예제 10-45

영역 R이 각각 (a), (b)와 같을 때, $\oint_C \frac{-y}{x^2+y^2}dx + \frac{x}{x^2+y^2}dy$를 각각 계산하라.

(a)

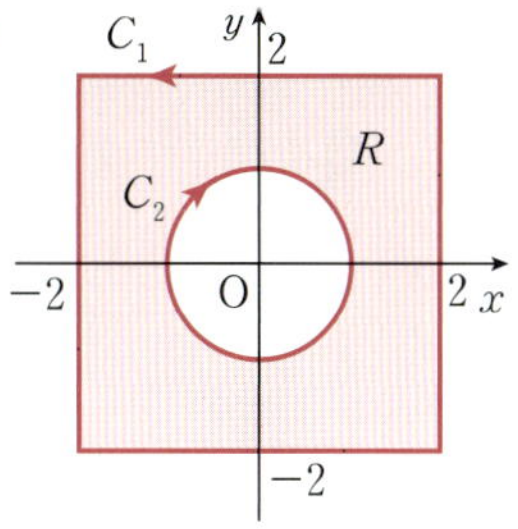

[그림 10-34] 영역 R
(단, $C = C_1 \cup C_2$)

(b)

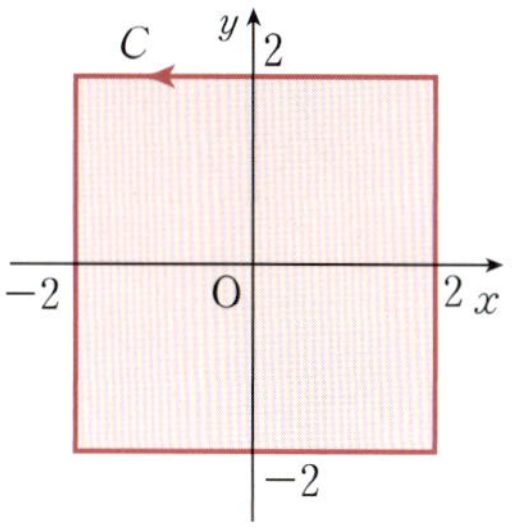

[그림 10-35] 영역 R

풀이

(a) P, Q, $\frac{\partial P}{\partial y}$, $\frac{\partial Q}{\partial x}$가 원점을 포함하는 영역에서 연속이 아니므로 그린 정리를 사용할 수 없다. [그림 10-36]과 같이

$$C_1 \cup \widetilde{C_1} \cup C_2 \cup \widetilde{C_2} = C_1 \cup \widetilde{C_1} \cup C_2 \cup (-\widetilde{C_1}) = C_1 \cup C_2 = C$$

는 단순닫힌곡선이며, 영역 R이 항상 곡선 C의 왼쪽에 위치하므로 C는 양의 방향이고, R은 곡선 C로 둘러싸인 영역이다. 그리고

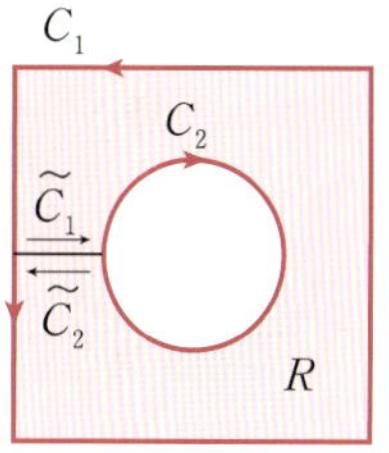

[그림 10-36] 곡선 C

$\mathrm{P} = \frac{-y}{x^2+y^2}$, $Q = \frac{x}{x^2+y^2}$, $\frac{\partial P}{\partial y} = \frac{y^2-x^2}{(x^2+y^2)^2}$, $\frac{\partial Q}{\partial x} = \frac{y^2-x^2}{(x^2+y^2)^2}$이 영역 R에서 연속이므로 그린 정리에 의해

$$\oint_C \mathrm{P}\,dx + \mathrm{Q}\,dy = \iint_R \left(\frac{\partial Q}{\partial x} - \frac{\partial P}{\partial y}\right) dA = 0$$

이다.

(b) [그림 10-37]에서 $C = C_1 \cup C_2 \cup C_3 \cup C_4$이므로 C를 따른 선적분을 계산하려면 C_1, C_2, C_3, C_4를 따라 선적분을 네 번 해야 한다. 그러나 여기에서는 하나의 닫힌곡선에 대한 선적분으로 간단히 계산하고자 한다.

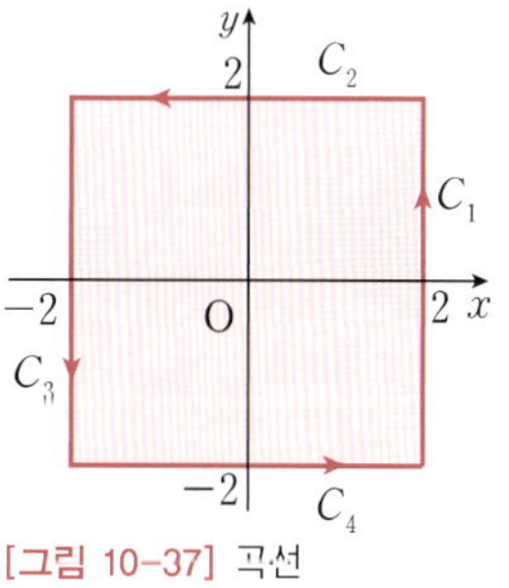

[그림 10-37] 곡선
$C = C_1 \cup C_2 \cup C_3 \cup C_4$

먼저, (a)의 곡선은 $C = C_1 \cup C_2$ 이다. C_1은 반시계방향, C_2는 시계방향이고 P와 Q는 $\frac{\partial P}{\partial y} = \frac{\partial Q}{\partial x}$ 를 만족하는 연속인 1계 편도함수를 갖는다. 이때 $\oint_C P\,dx + Q\,dy = 0$이었으므로 $C = C_1 \cup C_2$를 다시 쓰면

$$\oint_{C_1} P\,dx + Q\,dy + \oint_{C_2} P\,dx + Q\,dy = 0$$

이다. 또, 이 식을 적절히 이항하면 다음을 얻는다.

$$\oint_{C_1} P\,dx + Q\,dy = -\oint_{C_2} P\,dx + Q\,dy = \oint_{-C_2} P\,dx + Q\,dy$$

(단, 곡선 C_1, C_2는 반시계방향)

그러므로 닫힌곡선 C'을 [그림 10-38]처럼 반시계방향이고 반지름이 1인 원이라 하자. 즉, $C' : x = \cos t,\ y = \sin t,\ 0 \le t \le 2\pi$라 하면

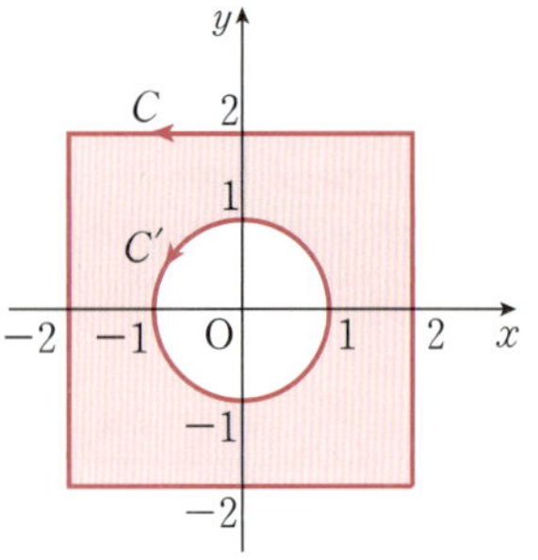

[그림 10-38] 곡선 C

$$\begin{aligned}
&\oint_C \frac{-y}{x^2+y^2}\,dx + \frac{x}{x^2+y^2}\,dy \\
&= \oint_{C'} \frac{-y}{x^2+y^2}\,dx + \frac{x}{x^2+y^2}\,dy \\
&= \int_0^{2\pi} -\sin t(-\sin t)\,dt + \cos t \cdot \cos t\,dt \\
&= \int_0^{2\pi} dt = 2\pi
\end{aligned}$$

이다.

Section 10.9 면적분

평면상에서 함수를 적분하는 선적분과 비슷하게 곡면상에서 함수를 적분할 수 있다. 이를 **면적분**surface integral이라 한다.

다음 표현은 모두 3차원 공간(xyz공간) 위의 곡면을 나타낸다. 특히 매개변수가 2개인 벡터함수로 표현할 수 있다.

(1) 이변수함수 $z = f(x, y)$ 또는 $g(x, y, z) = 0$

(2) 매개변수 u, v에 대하여 벡터함수 $\mathbf{r}(u, v) = < x(u, v), y(u, v), z(u,v) >$

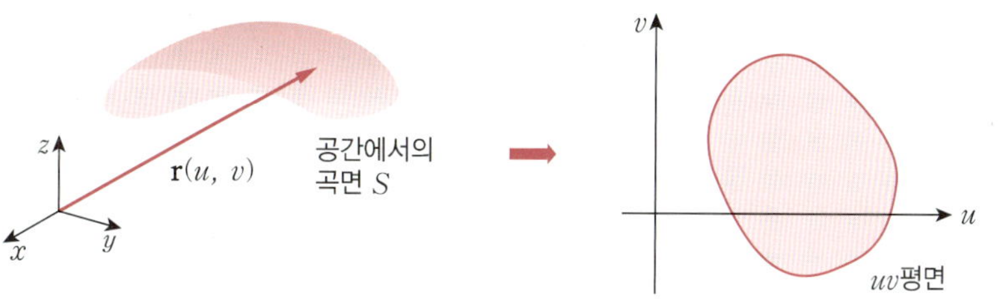

[그림 10-39] 곡면의 매개변수 표현

예제 10-46

원기둥 $x^2 + y^2 = a^2$, $-1 \le z \le 1$을 벡터함수로 표현하라.

풀이

$x^2 + y^2 = a^2$이므로 $x = a\cos u$, $y = a\sin u$로 표현할 수 있다. 따라서 벡터함수로 나타내면

$$\mathbf{r}(u, v) = < a\cos u,\ a\sin u,\ v >,\ 0 \le u \le 2\pi,\ -1 \le v \le 1$$

이다.

예제 10-47

구 $x^2+y^2+z^2=a^2$을 벡터함수로 표현하라.

풀이

구의 반지름이 a이므로 $z=a\sin v$로 놓으면 $z^2=a^2\sin^2 v$이다. 따라서 $x^2+y^2=a^2\cos^2 v$이다. 따라서 $x=a\cos v\cos u$, $y=a\cos v\sin u$로 놓을 수 있으므로 벡터함수로 나타내면

$$\mathbf{r}(u,v)=<a\cos v\cos u,\ a\cos v\sin u,\ a\sin v>,\ 0\le u\le 2\pi,\ -\frac{\pi}{2}\le v\le\frac{\pi}{2}$$

이다.

예제 10-48

원뿔 $z=\sqrt{x^2+y^2}$을 벡터함수로 표현하라.

풀이

$z=u$로 놓으면 $x^2+y^2=u^2$이다. 따라서 $x=u\cos v$, $y=u\sin v$로 놓을 수 있으므로 벡터함수로 나타내면

$$\mathbf{r}(u,v)=<u\cos v,\ u\sin v,\ u>,\ u\ge 0,\ 0\le\theta\le 2\pi$$

이다.

곡면의 넓이

평면 위 곡선 $y=f(x)$에 대하여 $a\le x\le b$에서 곡선 $y=f(x)$의 길이는

$$s=\int_a^b\sqrt{1+\left(\frac{dy}{dx}\right)^2}\,dx$$

이다. 이 개념을 3차원으로 확장하여 xy평면상의 닫힌영역 R 위에서 정의된 곡면 $S:\ z=f(x,y)$를 생각하고, 곡면 S의 넓이 $A(S)$를 구하고자 한다.

[그림 10-40(a)]와 같이 영역 R을 x축과 y축에 평행한 직선에 의해 직사각형으로 분할하고 k번째 영역 R_k의 한 점을 $P(x_k, y_k, 0)$이라 하자. 영역 R_k에 대응하는 분할된 곡면을 S_k라 하면, 곡면 S의 넓이는

$$A(S) = \sum_{k=1}^{n} A(S_k)$$

이다. 점 P에 대응하는 곡면 S상의 점 $Q(x_k,\ y_k,\ f(x_k, y_k))$를 생각하자. $A(S_k)$의 근삿값을 점 Q에서의 접평면 넓이 ΔT_k로 놓으면 다음이 성립한다.

$$A(S) = \lim_{n \to \infty} \sum_{k=1}^{n} \Delta T_k$$

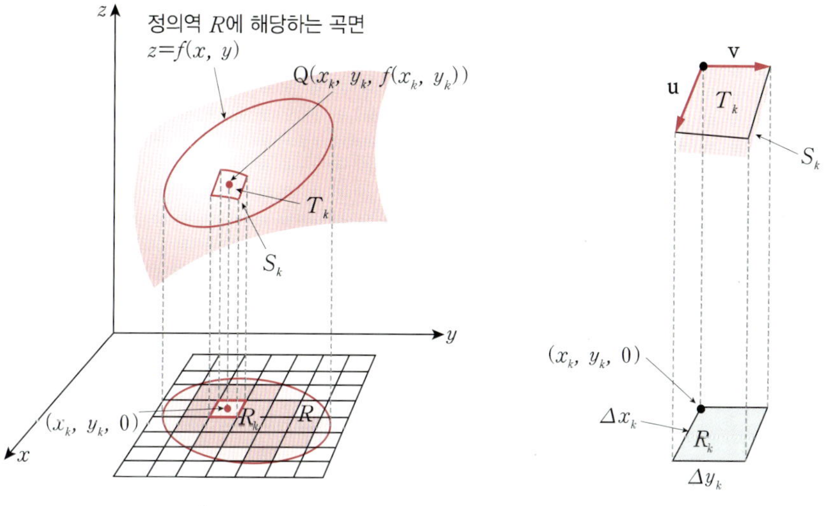

(a) 곡면의 넓이

(b) 확대한 R_k, S_k, T_k

[그림 10-40] 곡면의 넓이 구하기

이때 [그림 10-40(b)]를 참고하면 T_k의 두 변은

$$\mathbf{u} = <\Delta x_k,\ 0,\ f_x(x_k, y_k)\Delta x_k>$$
$$\mathbf{v} = <0,\ \Delta y_k,\ f_y(x_k, y_k)\Delta y_k>$$

이므로 $\Delta T_k = \|\mathbf{u} \times \mathbf{v}\|$이다. 이때, $\mathbf{u} \times \mathbf{v}$와 $\|\mathbf{u} \times \mathbf{v}\|$는 각각

$$\mathbf{u} \times \mathbf{v} = \begin{vmatrix} \mathbf{i} & \mathbf{j} & \mathbf{k} \\ \Delta x_k & 0 & f_x(x_k, y_k)\Delta x_k \\ 0 & \Delta y_k & f_y(x_k, y_k)\Delta y_k \end{vmatrix} = <-f_x,\ -f_y,\ 1> \Delta x_k \Delta y_k$$

$$\|\mathbf{u} \times \mathbf{v}\| = \sqrt{1 + f_x^{\ 2} + f_y^{\ 2}}\ \Delta x_k \Delta y_k$$

이다. 곡면 S의 넓이가 $A(S)=\lim_{n\to\infty}\sum_{k=1}^{n}\triangle T_k$ 이므로 다음과 같이 정의할 수 있다.

정의 10-22 곡면의 넓이

xy평면상의 닫힌영역 R 위에서 정의된 곡면 S가 $z=f(x,y)$일 때, 곡면 S의 넓이 $A(S)$는 다음과 같다.

$$\begin{aligned}A(S)&=\lim_{n\to\infty}\sum_{k=1}^{n}\sqrt{1+f_x^2+f_y^2}\,\Delta x_k\Delta y_k\\&=\iint_R\sqrt{1+f_x^2+f_y^2}\,dx\,dy\end{aligned}$$

곡면 넓이의 미분은 다음과 같다.

$$dS=\sqrt{1+f_x^2+f_y^2}\,dA$$

예제 10-49

평면 $z=4$ 아래에 있는 포물면 $z=x^2+y^2$의 넓이를 구하라.

풀이

[그림 10-41]과 같이 평면 $z=4$ 아래에 있는 포물면이 $z=f(x,y)=x^2+y^2$이므로 곡면 S는 xy평면상의 영역 $R:x^2+y^2=4$에서 정의된다. $f_x=2x$, $f_y=2y$이므로 [정의 10-22]에 의해 곡면 S의 넓이를

$$A(S)=\iint_R\sqrt{1+4x^2+4y^2}\,dA$$

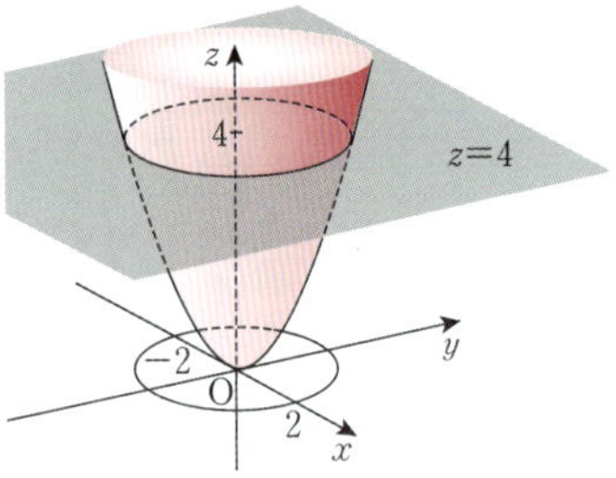

[그림 10-41] $z=4$ 아래에 있는 포물면 $z=x^2+y^2$

로 나타낼 수 있다. 이때 $x=r\cos\theta$, $y=r\sin\theta$로 두고 극 좌표계로 변환하면 영역 R은 $R^*:0\le r\le 2,\ 0\le\theta\le 2\pi$로 나타낼 수 있고, 위 식은 다음과 같이 구한다.

$$\begin{aligned}A(S)&=\iint_{R^*}\sqrt{1+4r^2}\,r\,dr\,d\theta\\&=\int_0^{2\pi}\int_0^2\sqrt{1+4r^2}\,r\,dr\,d\theta=\int_0^{2\pi}\left[\frac{1}{12}(1+4r^2)^{\frac{3}{2}}\right]_0^2d\theta\\&=\frac{1}{12}(17\sqrt{17}-1)2\pi=\frac{17\sqrt{17}-1}{6}\pi\end{aligned}$$

면적분

면적분은 곡면 S가 스칼라함수 또는 벡터함수로 표현되는 두 경우로 나누어 구할 수 있다.

■ 곡면 S 가 $z=f(x,y)$ 인 경우

곡면 S를 포함하는 공간에서 정의된 함수 $G(x,y,z)$를 생각하자. 함수 G에 대해 곡면 S에서의 면적분은 선적분과 유사하게 구할 수 있다. 곡면 S의 정의역 R을 넓이가 ΔA_k인 n개의 직사각형 R_k로 나누고, 각 R_k에 대응하는 n개의 각 곡면 S_k로 곡면 S를 분할한다. 곡면 S_k의 넓이를 ΔS_k라 하자. 그리고 각 부분곡면 S_k에서 점 $(x_k{}^*, y_k{}^*, z_k{}^*)$를 선택한다. 따라서

$$\iint_S G(x,y,z)\,dS = \lim_{n\to\infty}\sum_{k=1}^{n} G(x_k{}^*, y_k{}^*, z_k{}^*)\Delta S_k$$

로 정의된다. G, f, $\dfrac{\partial f}{\partial x}$, $\dfrac{\partial f}{\partial y}$가 S를 포함하는 영역에서 연속일 때, 곡면 S에서 함수 G의 면적분은 이중적분을 이용하여 다음과 같이 계산한다.

$$\iint_S G(x,y,z)\,dS = \iint_R G(x,y,f(x,y))\sqrt{1+f_x^2+f_y^2}\,dA \tag{10.22}$$

예제 10-50

곡면 S가 $z=1+y^2$, $0\le x\le 1$, $0\le y\le 1$일 때 면적분 $\iint_S xyz\,dS$를 계산하라.

풀이

곡면 S는 xy평면 위의 영역 R : $0\le x\le 1$, $0\le y\le 1$에서 정의된다. $f_x=0$, $f_y=2y$이므로 식 (10.22)에 의해 면적분을 다음과 같이 구할 수 있다.

$$\begin{aligned}
\iint_S xyz\,dS &= \iint_R xy(1+y^2)\sqrt{1+4y^2}\,dA = \int_0^1\int_0^1 xy(1+y^2)\sqrt{1+4y^2}\,dx\,dy\\
&= \int_0^1\left(\left[\frac{1}{2}x^2\right]_0^1\right)y(1+y^2)\sqrt{1+4y^2}\,dy\\
&= \frac{1}{2}\int_0^1 y(1+y^2)\sqrt{1+4y^2}\,dy\\
&= \frac{1}{2}\cdot\frac{1}{8}\int_1^5\left(\frac{u-1}{4}+1\right)\sqrt{u}\,du \quad \leftarrow 1+4y^2=u,\ y\,dy=\frac{1}{8}du\\
&= \frac{1}{64}\int_1^5 (u+3)\sqrt{u}\,du = \frac{1}{64}\left[\frac{2}{5}u^{\frac{5}{2}}+2u^{\frac{3}{2}}\right]_1^5\\
&= \frac{1}{160}(25\sqrt{5}-1)+\frac{1}{32}(5\sqrt{5}-1) = \frac{25\sqrt{5}-3}{80}
\end{aligned}$$

■ 곡면 S가 벡터함수 $\mathbf{r}(u, v) = < x(u, v),\ y(u, v),\ z(u,v) >$인 경우

[그림 10-42]와 같이 곡면 S를 n개로 분할할 때 k번째 조각 S_k를 생각하자. 한 점 $\mathrm{P}(u_i^*, v_i^*)$에서 벡터함수 $\mathbf{r}(u, v)$의 편도함수를

$$\mathbf{r}_u^* = \mathbf{r}_u(u_i^*, v_i^*),\ \ \mathbf{r}_v^* = \mathbf{r}_v(u_i^*, v_i^*)$$

라 하자. 이때 편도함수의 정의에 의해

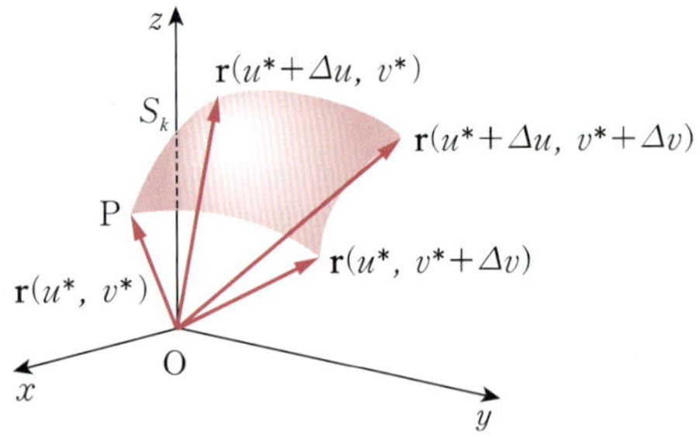

[그림 10-42] 곡면 S의 k번째 조각 S_k

$$\mathbf{r}_u^* \approx \frac{\mathbf{r}(u^* + \Delta u,\ v^*) - \mathbf{r}(u^*,\ v^*)}{\Delta u},\ \ \mathbf{r}_v^* \approx \frac{\mathbf{r}(u^*,\ v^* + \Delta v) - \mathbf{r}(u^*,\ v^*)}{\Delta v}$$

이므로

$$\mathbf{r}(u^* + \Delta u,\ v^*) - \mathbf{r}(u^*,\ v^*) \approx \Delta u\, \mathbf{r}_u^*,$$
$$\mathbf{r}(u^*,\ v^* + \Delta v) - \mathbf{r}(u^*,\ v^*) \approx \Delta v\, \mathbf{r}_v^*$$

이다. 곡면의 넓이의 근삿값은

$$\Delta S_k \approx \|\Delta u\, \mathbf{r}_u^* \times \Delta v\, \mathbf{r}_v^*\| = \|\mathbf{r}_u^* \times \mathbf{r}_v^*\| \Delta u\, \Delta v$$

이다. 여기서 $\mathbf{r}_u \times \mathbf{r}_v$는 점 P에서 곡면에 수직인 법선벡터이므로

$$\mathbf{N} = \mathbf{r}_u \times \mathbf{r}_v$$

로 두면 곡면의 넓이는

$$A(S) = \lim_{n \to \infty} \sum_{k=1}^{n} \Delta S_k = \lim_{n \to \infty} \sum_{k=1}^{n} \|\mathbf{r}_u^* \times \mathbf{r}_v^*\|\, \Delta u\, \Delta v = \iint_R \|\mathbf{r}_u \times \mathbf{r}_v\| du\, dv$$

이고 $dS = \|\mathbf{r}_u \times \mathbf{r}_v\| du\, dv$이다. 그러므로 곡면 S 상의 면적분은 다음과 같다.

$$\iint_S G(x, y, z)\,dS = \iint_R G(u, v)\,\|\mathbf{r}_u \times \mathbf{r}_v\|\,du\,dv$$
$$= \iint_R G(u, v)\,\|\mathbf{N}\|\,du\,dv$$

단, $G(u, v) = G(x(u, v), y(u, v), z(u, v))$이다.

예제 10-51

[예제 10-50]의 곡면을 벡터함수로 나타내어 면적분을 다시 계산하라.

풀이

$x = u$, $y = v$라 놓고 곡면 S를 벡터함수로 나타내면

$$\mathbf{r}(u, v) = < u,\ v,\ 1 + v^2 > \quad (\text{단, } 0 \le u \le 1,\ 0 \le v \le 1)$$

이고 $G(x, y, z) = xyz = uv(1 + v^2) = G(u, v)$이다. $\mathbf{r}_u = < 1, 0, 0 >$, $\mathbf{r}_v = < 0, 1, 2v >$ 이므로

$$\mathbf{r}_u \times \mathbf{r}_v = \begin{vmatrix} \mathbf{i} & \mathbf{j} & \mathbf{k} \\ 1 & 0 & 0 \\ 0 & 1 & 2v \end{vmatrix} = < 0, -2v, 1 >$$
$$\|\mathbf{r}_u \times \mathbf{r}_v\| = \sqrt{1 + 4v^2}$$

이고 면적분은 다음과 같다.

$$\iint_S xyz\,dS = \iint_R uv(1 + v^2)\sqrt{1 + 4v^2}\,du\,dv$$
$$= \int_0^1 \int_0^1 uv(1 + v^2)\sqrt{1 + 4v^2}\,du\,dv \quad \leftarrow R : 0 \le u \le 1,\ 0 \le v \le 1$$
$$= \frac{25\sqrt{5} - 3}{80}$$

벡터의 면적분

유향곡면oriented surface S에서 단위법선벡터를 $\mathbf{n}$이라 하고, 곡면의 밀도를 $\rho(x, y, z)$라 하자. 속도벡터장이 $\mathbf{v}(x, y, z)$인 어떤 유체가 곡면 S를 통과하면 속도 $\mathbf{v}$의 $\mathbf{n}$ 방향 성분만 ΔS를 통과하므로, 유체의 부피는 $\rho\mathbf{v} \cdot \mathbf{n}\,\Delta S$이다. 전체 곡면 S를 통해 단위시간당 유출되는 유체의 부피는 $\iint_S \rho\mathbf{v} \cdot \mathbf{n}\,dS$이다. 이때 $\mathbf{F} = \rho\mathbf{v}$로 놓으면

$$\iint_S \mathbf{F}\cdot\mathbf{n}\,dS$$

인데, 이를 S 상에서 벡터장 $\mathbf{F}$의 **유량**flux이라 한다. 또한 $\mathbf{F}$의 유량을

$$\iint_S \mathbf{F}\cdot\mathbf{n}\,dS = \iint_S \mathbf{F}\cdot(\mathbf{r}_u\times\mathbf{r}_v)\,du\,dv$$

로도 나타낸다.

예제 10-52

단위구면 $x^2+y^2+z^2=1$을 통과하는 벡터장 $\mathbf{F}(x,y,z)=<z,\,y,\,x>$의 유량을 구하라.

풀이

영역 $R:0\le u\le 2\pi,\ 0\le v\le \pi$에서 단위구면 S를 $\mathbf{r}(u,v)=<\cos v\cos u,\,\cos v\sin u,\,\sin v>$로 나타내면

$$\mathbf{F}(u,v)=<\sin v,\,\cos v\sin u,\,\cos v\cos u>$$

이고

$$\mathbf{r}_u\times\mathbf{r}_v=\begin{vmatrix}\mathbf{i} & \mathbf{j} & \mathbf{k}\\ -\cos v\sin u & \cos v\cos u & 0\\ -\sin v\cos u & -\sin v\sin u & \cos v\end{vmatrix}$$

$$=<\cos^2 v\cos u,\,\cos^2 v\sin u,\,\cos v\sin v>$$

이다. 따라서 유량을 구하면 다음과 같다.

$$\begin{aligned}\iint_S \mathbf{F}\cdot\mathbf{n}\,dS &= \iint_R(\sin v\cos^2 v\cos u+\sin^2 u\cos^3 v+\cos u\sin v\cos^2 v)\,du\,dv\\ &=\int_0^{\pi}\int_0^{2\pi}(2\sin v\cos^2 v\cos u+\sin^2 u\cos^3 v)\,du\,dv\\ &=\int_0^{\pi}\left(2[\sin u]_0^{2\pi}\sin v\cos^2 v+\left[\frac{1}{2}u-\frac{1}{4}\sin 2u\right]_0^{2\pi}\cos^3 v\right)dv\\ &=\int_0^{\pi}\pi\cos^3 v\,dv\\ &=2\pi\int_0^{\frac{\pi}{2}}(1-\sin^2 v)\cos v\,dv=2\pi\int_0^1(1-t^2)\,dt=\frac{4}{3}\pi\end{aligned}$$

Section 10.10 발산정리

곡면 S를 통해 유출되는 벡터장 $\mathbf{F}(x, y, z)$의 유량은 면적분 $\iint_S \mathbf{F} \cdot \mathbf{n}\, dS$로 나타냈다. 마찬가지로 함수 $\mathbf{F}(x, y) = <\mathrm{P}(x, y),\ \mathrm{Q}(x, y)>$가 닫힌곡선 C를 통해 유출되는 양을 $\oint_C \mathbf{F} \cdot \mathbf{n}\, ds$로 나타낼 수 있다. 이때 곡선 C를 $\mathbf{r} = <x(t),\ y(t)>$(단, $a \le t \le b$)라 하자. $\frac{d\mathbf{r}}{dt} = \left\langle \frac{dx}{dt},\ \frac{dy}{dt} \right\rangle$이므로 단위법선벡터 $\mathbf{n}$은

$$\mathbf{n} = \frac{\left\langle \frac{dy}{dt}, -\frac{dx}{dt} \right\rangle}{\sqrt{\left(\frac{dy}{dt}\right)^2 + \left(\frac{dx}{dt}\right)^2}} = \frac{\left\langle \frac{dy}{dt}, -\frac{dx}{dt} \right\rangle}{\frac{ds}{dt}}$$

이다. 그러면 함수 $\mathbf{F}$가 곡선 C를 통해 유출되는 양은

$$\begin{aligned}
\oint_C \mathbf{F} \cdot \mathbf{n}\, ds &= \int_a^b \mathbf{F} \cdot \mathbf{n} \frac{ds}{dt} dt \qquad \leftarrow \frac{ds}{dt} = \sqrt{\left(\frac{dx}{dt}\right)^2 + \left(\frac{dy}{dt}\right)^2} \\
&= \int_a^b <\mathrm{P}, \mathrm{Q}> \cdot \left\langle \frac{dy}{dt},\ -\frac{dx}{dt} \right\rangle dt \\
&= \int_a^b \left(\mathrm{P}\frac{dy}{dt} - \mathrm{Q}\frac{dx}{dt}\right) dt \\
&= \oint_C \mathrm{P}\, dy - \mathrm{Q}\, dx \\
&= \iint_R \left(\frac{\partial \mathrm{P}}{\partial x} + \frac{\partial \mathrm{Q}}{\partial y}\right) dx\, dy \qquad \leftarrow \text{그린 정리([정리 10-21] 참고)}
\end{aligned}$$

가 되어

$$\oint_C \mathbf{F} \cdot \mathbf{n}\, ds = \iint_R \nabla \cdot \mathbf{F}\, dA = \iint_R \mathrm{div}\, \mathbf{F}\, dA$$

가 된다. 이것을 3차원 공간으로 일반화하자.

정리 10-23 발산정리 divergence theorem

단순입체 D가 조각별로 매끄러운 곡면 S를 경계로 갖는 닫힌 유계영역이고, 곡면 S의 바깥 방향 단위법선벡터를 $\mathbf{n}$이라고 하자. P, Q, R과 이들의 1계 편도함수들이 D를 포함하는 영역에서 연속인 $\mathbf{F}(x, y, z) = <\mathrm{P}(x, y, z), \mathrm{Q}(x, y, z), \mathrm{R}(x, y, z)>$에 대해 다음이 성립한다.

$$\iint_S \mathbf{F} \cdot \mathbf{n}\, dS = \iiint_D \mathrm{div}\mathbf{F}\, dV$$

예제 10-53

$\mathbf{F} = <x,\ y,\ z-1>$이고 D가 반구 $x^2+y^2+(z-1)^2 = 16$(단, $1 \le z \le 5$)와 평면 $z=1$로 둘러싸인 영역일 때, 발산정리를 증명하라.

풀이

먼저 발산정리의 우변인 삼중적분을 계산하자.

$\mathbf{F} = <x,\ y,\ z-1>$이므로 $\mathrm{div}\,\mathbf{F} = 3$이다. 그러므로 다음과 같이 계산한다.

$$\iiint_D \mathrm{div}\mathbf{F}\, dV = \iiint_D 3\, dV = 3\iiint_D dV$$
$$= 3 \times (\text{반구의 부피}) = 3 \times \left(\frac{1}{2} \times \frac{4}{3}\pi \times 4^3\right) = 3 \times \frac{128\pi}{3} = 128\pi$$

이번에는 발산정리의 좌변인 면적분을 계산하자.

곡면 S는 [그림 10-43]과 같이 반구면 $S_1 : g(x, y, z) = x^2+y^2+(z-1)^2 = 16$과 평면 $S_2 : z=1$로 이루어져 있으므로 $\iint_S = \iint_{S_1} + \iint_{S_2}$이다. 반구면 S_1의 단위법선벡터를 $\mathbf{n}_1$이라 하면

$$\mathbf{n}_1 = \frac{\nabla g}{\|\nabla g\|} = \frac{<2x,\ 2y,\ 2(z-1)>}{2\sqrt{x^2+y^2+(z-1)^2}}$$
$$= \frac{1}{8} < 2x,\ 2y,\ 2(z-1) > = \frac{1}{4} < x,\ y,\ z-1 >$$

이므로 S_1을 통해 유출되는 양은

$$\iint_{S_1} \mathbf{F} \cdot \mathbf{n}_1\, dS = \iint_{S_1} \left(\frac{x^2}{4} + \frac{y^2}{4} + \frac{(z-1)^2}{4}\right) dS = 4\iint_{S_1} dS$$
$$= 4 \times (\text{반구의 겉넓이}) = 4 \times \frac{1}{2} \times 4\pi \times 4^2 = 128\pi$$

이다. 평면 S_2의 단위법선벡터는 $\mathbf{n}_2 = <0,\ 0,\ -1>$이므로 S_2를 통해 유출되는 양은

$$\iint_{S_2} \mathbf{F}\cdot\mathbf{n}_2\,dS = \iint_{S_2}(1-z)\,dS = \iint_{S_2}(1-1)\,dS = 0$$

이므로 $\iint_S \mathbf{F}\cdot\mathbf{n}\,dS = 128\pi$이다.

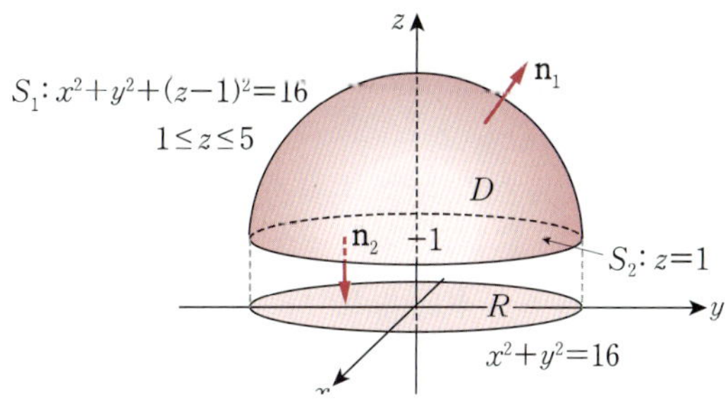

[그림 10-43] 반구면 S_1과 평면 S_2로 이루어진 영역 D

따라서 $\iint_S \mathbf{F}\cdot\mathbf{n}\,dS = \iiint_D \mathrm{div}\mathbf{F}\,dV$가 성립한다.

예제 10-54

흐르는 물속에 x, y, z축과 평행하게 놓인, [그림 10-44]와 같은 가상의 직육면체 상자를 생각하자. 물의 밀도가 ρ이고 속도가 $\mathbf{v} = <\mathrm{P}(x, y, z), \mathrm{Q}(x, y, z), \mathrm{R}(x, y, z)>$일 때, 물리적 의미를 이용하여 발산정리를 증명하라. 이때, [그림 10-44]에서 $S = S_1 \cup S_2 \cup S_3 \cup S_4 \cup S_5 \cup S_6$이다.

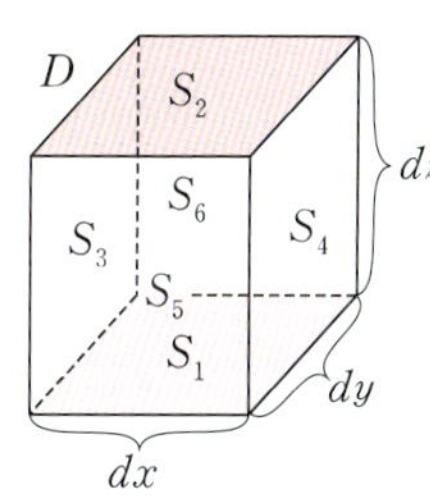

[그림 10-44] 직육면체 D

풀이

면 S를 통해 단위시간당 유출되는 양은

$$\iint_S (\rho\mathbf{v})\cdot\mathbf{n}\,dS$$

이다. 면 $S_1(=dxdy)$을 통해 흘러 들어가는 질량 $\rho\mathbf{v}$의 유량은

$$\rho\mathbf{v}\cdot(-\mathbf{k})\,dxdy = \rho\mathrm{R}(x, y, z)\,dxdy$$

이고, 면 S_2를 통해 흘러 나가는 질량 $\rho\mathbf{v}$의 유량은

$$\rho\mathbf{v}\cdot\mathbf{k}\,dxdy = \rho\mathrm{R}(x, y, z+\Delta z)\,dxdy$$

이다. xy평면에 평행한 면 S_1과 S_2에서 나오는 유량은

$$\rho[\mathrm{R}(x, y, z+\Delta z)-\mathrm{R}(x, y, z)]\, dxdy\Delta z$$
$$\approx \frac{\rho[\mathrm{R}(x, y, z+\Delta z)-\mathrm{R}(x, y, z)]}{\Delta z} dxdy\Delta z \approx \rho\frac{\partial \mathrm{R}}{\partial z}dxdydz$$

이다. 마찬가지로 yz 평면에 평행한 면 S_3, S_4 와 zx 평면에 평행한 면 S_5, S_6 를 통해 유출되는 유량은 각각

$$\rho\frac{\partial \mathrm{P}}{\partial z}dxdydz,\quad \rho\frac{\partial \mathrm{Q}}{\partial z}dxdydz$$

이다. 이를 모두 더하면 직육면체 D에서 유출되는 질량 $\rho\mathbf{v}$ 의 유량은 근사적으로

$$\iint_S (\rho\mathbf{v})\cdot \mathbf{n}\,dS = \rho\left(\frac{\partial \mathrm{P}}{\partial z}+\frac{\partial \mathrm{Q}}{\partial z}+\frac{\partial \mathrm{R}}{\partial z}\right)dxdydz$$

이다. 이 식을 $dxdydz$로 나누면 단위부피당 질량 $\rho\mathbf{v}$ 의 유출은

$$\rho\left(\frac{\partial \mathrm{P}}{\partial z}+\frac{\partial \mathrm{Q}}{\partial z}+\frac{\partial \mathrm{R}}{\partial z}\right)=\mathrm{div}(\rho\mathbf{v})$$

가 되어

$$\iint_S (\rho\mathbf{v})\cdot \mathbf{n}\,dS = \iiint_D \mathrm{div}(\rho\mathbf{v})\,dxdydz$$

가 성립한다.

예제 10-55

$\mathbf{F} = < x^2,\ y^2,\ z^2 >$ 이고 S 가 $0 \le x \le 1,\ 0 \le y \le 1,\ 0 \le z \le 1$ 인 정육면체의 표면일 때 $\iint_S \mathbf{F}\cdot\mathbf{n}\,dS$를 구하라.

풀이

$\mathbf{F} = < x^2,\ y^2,\ z^2 >$ 일 때 $\mathrm{div}\mathbf{F} = 2x+2y+2z$ 이므로 발산정리를 이용하면 다음과 같다.

$$\begin{aligned}\iint_S \mathbf{F}\cdot\mathbf{n}\,dS &= 2\iiint_D (x+y+z)\,dV \\ &= 2\int_0^1\int_0^1\int_0^1 (x+y+z)\,dx\,dy\,dz \\ &= 2\int_0^1\int_0^1\left(\left[\frac{1}{2}x^2\right]_0^1+y+z\right)dy\,dz \\ &= 2\int_0^1\left(\left[\frac{1}{2}y+\frac{1}{2}y^2+yz\right]_0^1\right)dz \\ &= 2\int_0^1(1+z)\,dz = 2\left[z+\frac{1}{2}z^2\right]_0^1 = 3\end{aligned}$$

Section

10.11 스토크스 정리

평면상에서 영역 D와 그 경계선 C에 대하여, 10.8절의 그린 정리는 영역 D 상의 이중적분을 곡선 C 상의 선적분으로 계산할 수 있음을 설명하였다. 이제 이 내용을 3차원 공간으로 확장하여, 곡면 S 상의 면적분을 S의 경계선인 C 상의 선적분으로 나타내고자 한다.

정리 10-24 스토크스 정리 Stokes' theorem

곡면 S가 조각별로 매끄러운 유향곡면이고, 경계 C가 조각별로 매끄러운 단순닫힌곡선이라 하자. 벡터함수 $\mathbf{F}(x, y, z) = <\mathrm{P}(x, y, z),\ \mathrm{Q}(x, y, z),\ \mathrm{R}(x, y, z)>$에 대해 S를 포함하는 3차원 공간의 영역에서 P, Q, R과 그 편도함수가 연속일 때

$$\int_C \mathbf{F}\cdot d\mathbf{r} = \iint_S \mathrm{curl}\mathbf{F}\cdot\mathbf{n}\,dS$$

이다.

이때 $\int_C \mathbf{F}\cdot d\mathbf{r} = \int_C \mathbf{F}\cdot <dx, dy, dz> = \int_C \mathbf{F}\cdot\left\langle \frac{dx}{ds}, \frac{dy}{ds}, \frac{dz}{ds}\right\rangle ds = \int_C \mathbf{F}\cdot T\,ds$ 이므로 스토크스 정리는 곡면 S 의 경계선 위에서 $\mathbf{F}$의 접선방향의 선적분이 curl$\mathbf{F}$ 의 법선방향의 면적분과 같음을 설명한다.

증명

곡면 S가 특별한 경우로 제한하여 증명하고자 한다.

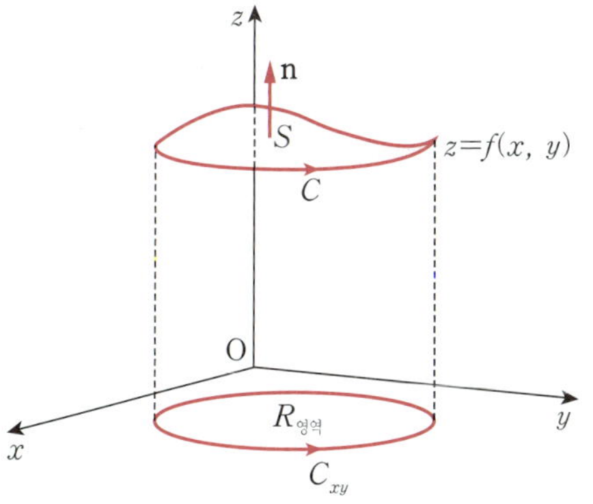

[그림 10-45] 곡면 S와 xy평면으로 정사영 한 $R_{영역}$

곡면이 $S: z = f(x, y)$이고 연속인 2계 편도함수를 갖는다고 하자. 이때 $\mathbf{F}$의 회전은

$$\text{curl}\mathbf{F} = \left\langle \left(\frac{\partial \mathrm{R}}{\partial y} - \frac{\partial \mathrm{Q}}{\partial z}\right), \left(\frac{\partial \mathrm{P}}{\partial z} - \frac{\partial \mathrm{R}}{\partial x}\right), \left(\frac{\partial \mathrm{Q}}{\partial x} - \frac{\partial \mathrm{P}}{\partial y}\right) \right\rangle$$

이고, $g(x, y, z) = z - f(x, y) = 0$이라 하면 곡면 S의 단위법선벡터는

$$\mathbf{n} = \frac{\left\langle -\frac{\partial f}{\partial x}, -\frac{\partial f}{\partial y}, 1 \right\rangle}{\sqrt{1 + \left(\frac{\partial f}{\partial x}\right)^2 + \left(\frac{\partial f}{\partial y}\right)^2}}$$

이다. 그러므로

$$\begin{aligned}
\iint_S \text{curl}\mathbf{F} \cdot \mathbf{n}\, dS &= \iint_S \frac{-\left(\frac{\partial \mathrm{R}}{\partial y} - \frac{\partial \mathrm{Q}}{\partial z}\right)\frac{\partial f}{\partial x} - \left(\frac{\partial \mathrm{P}}{\partial z} - \frac{\partial \mathrm{R}}{\partial x}\right)\frac{\partial f}{\partial y} + \left(\frac{\partial \mathrm{Q}}{\partial x} - \frac{\partial \mathrm{P}}{\partial y}\right)}{\sqrt{1 + \left(\frac{\partial f}{\partial x}\right)^2 + \left(\frac{\partial f}{\partial y}\right)^2}} dS \\
&= \iint_{R_{\text{영역}}} \left[-\left(\frac{\partial \mathrm{R}}{\partial y} - \frac{\partial \mathrm{Q}}{\partial z}\right)\frac{\partial f}{\partial x} - \left(\frac{\partial \mathrm{P}}{\partial z} - \frac{\partial \mathrm{R}}{\partial x}\right)\frac{\partial f}{\partial y} + \left(\frac{\partial \mathrm{Q}}{\partial x} - \frac{\partial \mathrm{P}}{\partial y}\right) \right] dA
\end{aligned}$$

이다. 또한 경계선 C가 $x = x(t)$, $y = y(t)$, $z = z(t)$ (단, $a \le t \le b$)일 때

$$\begin{aligned}
\oint_C \mathbf{F} \cdot d\mathbf{r} &= \int_a^b \left(\mathrm{P}\frac{dx}{dt} + \mathrm{Q}\frac{dy}{dt} + \mathrm{R}\frac{dz}{dt} \right) dz \\
&= \int_a^b \left[\mathrm{P}\frac{dx}{dt} + \mathrm{Q}\frac{dy}{dt} + \mathrm{R}\left(\frac{\partial z}{\partial x}\frac{dx}{dt} + \frac{\partial z}{\partial y}\frac{dy}{dt} \right) \right] dt \\
&= \int_a^b \left[\left(\mathrm{P} + \mathrm{R}\frac{\partial z}{\partial x} \right)\frac{dx}{dt} + \left(\mathrm{Q} + \mathrm{R}\frac{\partial z}{\partial y} \right)\frac{dy}{dt} \right] dt \\
&= \int_{C_{xy}} \left(\mathrm{P} + \mathrm{R}\frac{\partial z}{\partial x} \right) dx + \left(\mathrm{Q} + \mathrm{R}\frac{\partial z}{\partial y} \right) dy \quad \leftarrow \text{[그림 10-45] 참고} \\
&= \iint_{R_{\text{영역}}} \left[\frac{\partial}{\partial x}\left(\mathrm{Q} + \mathrm{R}\frac{\partial z}{\partial y} \right) - \frac{\partial}{\partial y}\left(\mathrm{P} + \mathrm{R}\frac{\partial z}{\partial x} \right) \right] dA \quad \leftarrow \text{그린 정리} \\
&= \iint_{R_{\text{영역}}} \left[\left(\frac{\partial \mathrm{Q}}{\partial x} + \frac{\partial \mathrm{Q}}{\partial z}\frac{\partial z}{\partial x} + \frac{\partial \mathrm{R}}{\partial x}\frac{\partial z}{\partial y} + \frac{\partial \mathrm{R}}{\partial z}\frac{\partial z}{\partial x}\frac{\partial z}{\partial y} + \mathrm{R}\frac{\partial^2 z}{\partial x \partial y} \right) \right. \\
&\qquad \left. - \left(\frac{\partial \mathrm{P}}{\partial y} + \frac{\partial \mathrm{P}}{\partial z}\frac{\partial z}{\partial y} + \frac{\partial \mathrm{R}}{\partial y}\frac{\partial z}{\partial x} + \frac{\partial \mathrm{R}}{\partial z}\frac{\partial z}{\partial y}\frac{\partial z}{\partial x} + \mathrm{R}\frac{\partial^2 z}{\partial y \partial x} \right) \right] dA \\
&= \iint_{R_{\text{영역}}} \left[-\left(\frac{\partial \mathrm{R}}{\partial y} - \frac{\partial \mathrm{Q}}{\partial z}\right)\frac{\partial f}{\partial x} - \left(\frac{\partial \mathrm{P}}{\partial z} - \frac{\partial \mathrm{R}}{\partial x}\right)\frac{\partial f}{\partial y} + \left(\frac{\partial \mathrm{Q}}{\partial x} - \frac{\partial \mathrm{P}}{\partial y}\right) \right] dA
\end{aligned}$$

이다. ■

예제 10-56

$\mathbf{F}=<y^2,\ x,\ z^2>$이고 C가 평면 $y+z=2$와 원기둥 $x^2+y^2=1$의 교선이라 할 때, $\int_C \mathbf{F}\cdot d\mathbf{r}$을 구하라. 단, C의 방향은 위에서 볼 때 반시계방향이다.

풀이

먼저 $\mathbf{F}$의 회전은

$$\text{curl}\mathbf{F}=\nabla\times\mathbf{F}=\begin{vmatrix}\mathbf{i} & \mathbf{j} & \mathbf{k}\\ \dfrac{\partial}{\partial x} & \dfrac{\partial}{\partial y} & \dfrac{\partial}{\partial z}\\ y^2 & x & z^2\end{vmatrix}=<0,\ 0,\ 1-2y>$$

이다. 곡면 S를 $g(x,y,z)=y+z-2=0$으로 놓으면 단위법선벡터는

$$\mathbf{n}=\frac{\nabla g}{\|\nabla g\|}=\frac{1}{\sqrt{2}}<0,\ 1,\ 1>$$

이고, $z=f(x,y)=2-y$로 놓으면 $f_x=0$, $f_y=-1$이다. 스토크스 정리에 의해

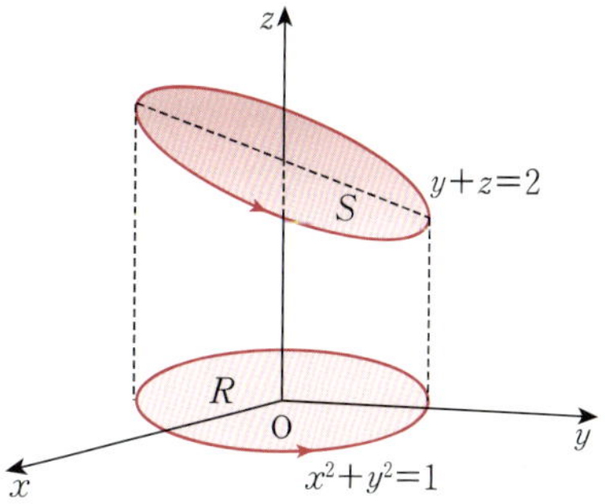

[그림 10-46] 곡면 S

$$\begin{aligned}\int_C \mathbf{F}\cdot d\mathbf{r}&=\iint_S \text{curl}\mathbf{F}\cdot\mathbf{n}dS=\iint_R \text{curl}\,\mathbf{F}\cdot\mathbf{n}\sqrt{1+{f_x}^2+{f_y}^2}\,dA\\&=\iint_R(1-2y)\,dA\\&=\int_0^{2\pi}\int_0^1(1-2r\sin\theta)r\,dr\,d\theta\\&=\int_0^{2\pi}\left(\left[\frac{1}{2}r^2-\frac{2}{3}r^3\sin\theta\right]_0^1\right)d\theta=\int_0^{2\pi}\left(\frac{1}{2}-\frac{2}{3}\sin\theta\right)d\theta\\&=\left[\frac{1}{2}\theta+\frac{2}{3}\cos\theta\right]_0^{2\pi}=\pi\end{aligned}$$

를 얻는다.

예제 10-57

$\mathbf{F} = < xz,\ yz,\ xy >$이고 곡면 S가 구 $x^2 + y^2 + z^2 = 9$에서 원기둥 $x^2 + y^2 = 4$ 내부의 윗부분에 해당할 때, $\iint_S \text{curl}\mathbf{F} \cdot dS$를 구하라.

풀이

[그림 10-47]과 같은 곡면 S의 경계선에서 $z^2 = 5$ (단, $z > 0$)이므로 $z = \sqrt{5}$이고 경계선 C는 $x^2 + y^2 = 4$, $z = \sqrt{5}$인 원이다. C의 벡터함수는

$$\mathbf{r}(t) = < 2\cos t,\ 2\sin t,\ \sqrt{5} > \ (\text{단, } 0 \le t \le 2\pi)$$

이고 그 도함수는

$$\mathbf{r}'(t) = < -2\sin t,\ 2\cos t,\ 0 >$$

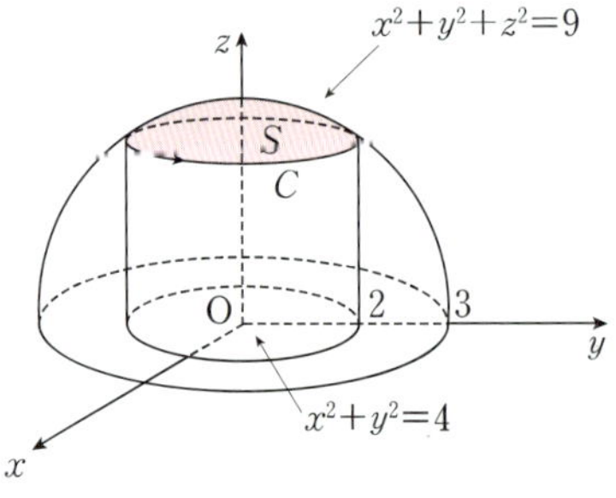

[그림 10-47] 곡면 S

이다. 스토크스 정리에 의해

$$\iint_S \text{curl}\mathbf{F} \cdot dS$$
$$= \int_C \mathbf{F} \cdot d\mathbf{r}$$
$$= \int_0^{2\pi} (-8\cos t \sin^2 t + 2\sqrt{5}\cos t \sin t)\,dt$$
$$= 0$$

← $X = \sin t,\ dX = \cos t$

$\int_0^{2\pi} \cos t \sin^2 t\, dt = \int_0^0 X^2\, dX = 0$

$\int_0^{2\pi} \cos t \sin t\, dt = \int_0^0 X\, dX = 0$

을 얻는다.

Chapter 10 연습문제

[10.1 벡터함수]

※ (문제 1~2) 다음 곡선을 벡터함수로 나타내고 그래프로 그려라.

1. $x^2 + y^2 = 4$

2. $z = \cos^{-1}\frac{1}{2}x$

3. [연습문제 1]과 [연습문제 2]의 $t = 2\pi$ 에서 접선의 방정식을 구하라.

4. $\mathbf{r}'(t) = < 12t,\ -3t^{-\frac{1}{2}},\ 2 >$, $\mathbf{r}(0) = < 1,\ 2,\ 1 >$을 만족하는 벡터함수 $\mathbf{r}(t)$를 구하라.

※ (문제 5~6) 다음 곡선의 길이를 구하라.

5. $x = t,\ y = \cosh t\ ,\ z = 1$ (단, $0 \le t \le \pi$)

6. $\mathbf{r}(t) = < e^{2t}\cos 2t,\ e^{2t}\sin 2t,\ e^{2t} >$ (단, $0 \le t \le 1$)

[10.2 속도, 가속도, 곡률과 가속도의 성분]

※ (문제 7~12) 다음 벡터함수에 대하여 (1) 속도, (2) 속력, (3) 가속도, (4) 가속도의 접선성분과 법선성분, (5) 곡률, (6) 단위접선벡터, (7) 종법선벡터를 각각 구하라.

7. $\mathbf{r}(t) = < 2t,\ 1,\ t^2 >$

8. $\mathbf{r}(t) = < t\cos t,\ t\sin t, 1 >$

9. $\mathbf{r}(t) = < a\cos t,\ bt,\ a\sin t >$

10. $\mathbf{r}(t) = < 0,\ \sinh t,\ -\cosh t >$

11. $\mathbf{r}(t) = < -\ln t,\ \ln t,\ 2\ln t >$

12. $\mathbf{r}(t) = < \tan^{-1}t,\ \ln(1 + t^2) >$

[10.3 방향도함수]

※ (문제 13~15) 다음 함수의 점 P에서 (1) 주어진 벡터 방향으로의 방향도함수, (2) 함수가 가장 크게 증가하는 방향과 그때의 최대 변화율을 각각 구하라.

13. $\phi(x,\ y) = \dfrac{xy}{x^2 + y^2}$; P$(-2,\ 1)$, $< 3,\ 4 >$

14. $\phi(x,\ y,\ z) = \sqrt{xy^2 + 2yz^2}$; P$(2,\ 1,\ -2)$; 음의 z축 방향

15. $\phi(x,\ y,\ z) = \ln\dfrac{xz}{y}$; P$\left(\frac{1}{2},\ \frac{1}{3},\ \frac{1}{6}\right)$; 점 $(3,\ 2,\ 1)$에서 점 $(5,\ 3,\ 2)$로의 방향

※ (문제 16~17) 다음 함수 위의 점 P에서 (1) 접평면의 방정식, (2) 법선의 방정식을 각각 구하라.

16. $x^2+y^2+z^2=4$; $P(1,\ -1,\ \sqrt{2})$

17. $z=2e^{-2y}\sin 2x$; $P\left(\frac{\pi}{12},\ 0,\ 1\right)$

[10.4 발산과 회전]

※ (문제 18~22) 다음 벡터함수 $\mathbf{F}$의 (1) 발산, (2) 회전, (3) $\operatorname{div}(\operatorname{curl}\mathbf{F})$를 각각 구하라.

18. $\mathbf{F}=<x,\ y,\ z>$

19. $\mathbf{F}=<0,\ \cosh(xyz),\ 0>$

20. $\mathbf{F}=<x^2,\ y^2,\ z^2>$

21. $\mathbf{F}=<\cosh x,\ \sinh(xyz),\ -(x+y+z)>$

22. $\mathbf{F}=<e^{-x},\ ye^{x},\ z\cosh x>$

23. ϕ가 연속인 1계, 2계 편도함수를 갖는 연속함수일 때, $\nabla\times\nabla\phi=\mathbf{O}$ 즉, $\operatorname{curl}(\nabla\phi)=\mathbf{O}$임을 보여라.

[10.5 선적분]

24. 곡선 C가 $\mathbf{r}(t)=<\cos t,\ \sin t,\ 2t>,\ 0\le t\le\frac{\pi}{4}$일 때, $\int_C \mathbf{F}\cdot d\mathbf{r}$을 계산하라.

25. $\mathbf{F}=\sin(xy)\mathbf{k}$이고 곡선 C: $x=1,\ z=t-1,\ 0\le t\le\pi$일 때, $\int_C \mathbf{F}\cdot d\mathbf{r}$을 계산하라.

26. 곡선 C가 $x=\cos t,\ y=\sin t,\ z=3,\ 0\le t\le\frac{\pi}{2}$일 때, $\int_C xy^2 ds$를 계산하라.

27. 곡선 C가 $x=\cos t,\ y=2,\ z=\sin t,\ 0\le t\le\pi$일 때, $\int_C (x+y+z)\,ds$를 계산하라.

28. 곡선 C가 $x=1,\ y=\sqrt{z},\ 4\le z\le 9$일 때, $\int_C xyz\,dy$를 계산하라.

29. 힘 $\mathbf{F}=<x^2,\ 2yz,\ z>$가 $(1,\ 1,\ 1)$부터 $(2,\ 2,\ 2)$까지의 직선을 따라 한 일을 구하라.

[10.6 경로에 무관한 선적분]

※ (문제 30~33) $\mathbf{F}$의 포텐셜함수 ϕ를 구하라.

30. $\mathbf{F}=<y^3,\ 3xy^2-4>$

31. $\mathbf{F}=<2xy\cos(x^2),\ \sin(x^2)>$

32. $\mathbf{F}=\left\langle\frac{2x}{x^2+y^2},\ \frac{2y}{x^2+y^2}\right\rangle$

33. $\mathbf{F}=<\sinh(x+y),\ \sinh(x+y)>$

※ **(문제 34~39) 다음을 계산하라.**

34. $\displaystyle\int_{(0,0,0)}^{(1,2,1)} e^{x^2+y^2-2z}(xdx+ydy-dz)$

35. $\displaystyle\int_{(0,0,0)}^{(1,2,1)} 2xy\,dx+x^2dy+\sinh z\,dz$

36. $\displaystyle\int_{(0,0,0)}^{(1,2,1)} \cosh(xz)(z\,dx+x\,dz)$

37. $\displaystyle\int_{(0,0,0)}^{(1,2\pi,1)} 2x\sin y\,dx+x^2\cos y\,dy+z^2dz$

38. $\displaystyle\int_{(0,0,0)}^{\left(1,\frac{\pi}{4},1\right)} e^x\cos 2y\,dx-2e^x\sin 2y\,dy-z\,dz$

39. $\displaystyle\int_{(0,0,0)}^{(1,1,1)} yz\cosh x\,dx+z\sinh x\,dy+y\sinh x\,dz$

[10.7 중적분]

※ **(문제 40~42) 이중적분을 이용해서 다음 물음에 답하라.**

40. $y=x^2,\ y+z=2,\ z=0$으로 둘러싸인 입체의 부피를 구하라.

41. 얇은 판이 $y=x^2,\ y=\sqrt{x}$로 둘러싸인 영역이고 밀도함수가 $\rho(x,\ y)=x$일 때, x축에 대한 관성모멘트를 구하라.

42. 얇은 판이 타원 $\dfrac{x^2}{a^2}+\dfrac{y^2}{b^2}=1$ 모양이고 밀도함수가 $\rho(x,\ y)=1$일 때, y축에 대한 관성모멘트를 구하라.

※ **(문제 43~45) 극 좌표계의 이중적분을 이용해서 다음 물음에 답하라.**

43. $x^2+y^2=1,\ x^2+y^2=4,\ z=\sqrt{16-x^2-y^2},\ z=0$으로 둘러싸인 입체의 부피를 구하라.

44. 얇은 판이 $r=a$이고 밀도함수가 $\rho(r,\ \theta)=\dfrac{1}{1+r^2}$일 때, 관성모멘트 I_x를 구하라.

45. $\displaystyle\int_0^1\int_{\sqrt{1-x^2}}^{\sqrt{9-x^2}}\frac{x^2}{x^2+y^2}dy\,dx+\int_1^3\int_0^{\sqrt{9-x^2}}\frac{x^2}{x^2+y^2}dy\,dx$를 계산하라.

※ **(문제 46~47) 삼중적분을 이용해서 다음 물음에 답하라.**

46. $x=y^2,\ 2-x=y^2,\ z=0,\ z=2$로 둘러싸인 입체의 부피를 구하라.

47. $x^2+z^2=1,\ y=0,\ y=2$로 둘러싸인 입체의 질량을 구하라. 단, 점 P의 밀도는 xy평면으로부터의 거리에 비례한다.

48. 원기둥 좌표를 이용하여 다음 곡면으로 둘러싸인 입체의 부피를 구하라.

$$x^2+y^2=1,\ x^2+y^2+z^2=9,\ z=0$$

49. 구 좌표를 이용하여 다음 곡면으로 둘러싸인 입체의 부피를 구하라.

$$z=\sqrt{x^2+y^2},\ x^2+y^2+z^2=4$$

[10.8 그린 정리]

※ (문제 50~53) 그린 정리를 이용하여 선적분 $\oint_C \mathbf{F}\cdot d\mathbf{r}$을 계산하라.

50. $\mathbf{F}=\langle e^{2x+y},\ e^{2x-y}\rangle$; C : $(0,0)$, $(1,1)$, $(1,2)$를 꼭짓점으로 하는 삼각형

51. $\mathbf{F}=\langle x\sinh y, x^2\cosh y\rangle$; $R : x^2\le y\le x$

52. $\mathbf{F}=\langle 2x+y, y\rangle$; $C : (x-1)^2+(y-2)^2=4$

53. $\mathbf{F}=\left\langle \dfrac{x}{\sqrt{x^2+y^2}}+2x,\ \dfrac{y}{\sqrt{x^2+y^2}}-2y^2\right\rangle$; C : 원점을 포함하지 않는 단순닫힌곡선

54. [그림 10-48]과 같은 곡선 C_1, C_2에 대하여 $C=C_1\cup C_2$일 때, 다음을 계산하라.

$$\oint_C (\sin x^2-2y)\,dx+\sqrt{y+1}\,dy$$

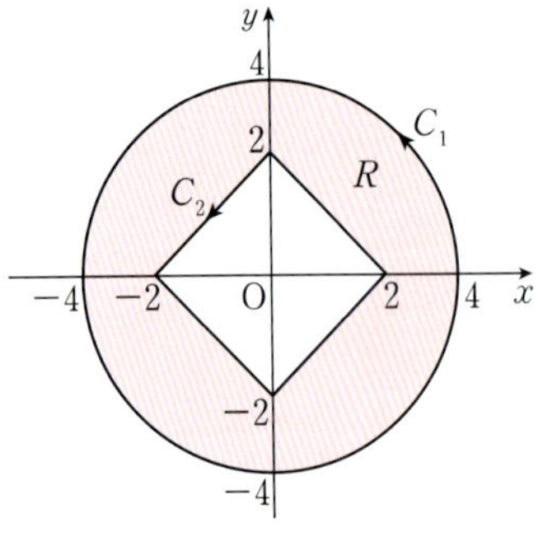

[그림 10-48] 경계가 C_1과 C_2인 영역 R

[10.9 면적분]

※ (문제 55~58) 다음을 계산하라.

55. $\iint_S (x+y+z)\,dS$; S : $x=u-v,\ y=u+v,\ z=1+u+2v,\ 0\le u\le 2,\ 0\le v\le 1$

56. $\iint_S z\,dS$; S : $\mathbf{r}(u,v)=<u\cos v, u\sin v, v>,\ 0\le u\le 1,\ 0\le v\le \pi$ 인 나선면

57. $\iint_S xy^2z\,dS$; S : 평면 $z=1+2x+3y,\ 0\le x\le 2,\ 0\le y\le 3$

58. $\iint_S y^2z^2\,dS$; S : 평면 $z=1$과 $z=4$ 사이의 원뿔곡면 $z^2=x^2+y^2$에 해당하는 부분

59. 함수 $\mathbf{F}=<x, y, -z>$가 제1팔분공간의 평면 $x+2y+z=8$을 통해 유출되는 양을 구하라.

[10.10 발산정리]

※ (문제 60~64) 다음에서 $\iint_S \mathbf{F}\cdot\mathbf{n}\,dS$를 구하라.

60. $\mathbf{F}=<x, y, z>$; S : 중심이 $(1, 1, 1)$이고 반지름이 2인 구면

61. $\mathbf{F}=\left\langle y^2, xz^2, \frac{1}{2}(z-1)^2\right\rangle$; D : 원기둥 $x^2+y^2=9$와 평면 $z=1,\ z=5$로 둘러싸인 영역

62. $\mathbf{F}=\dfrac{1}{x^2+y^2+z^2}<-x, -y, -z>$;

D : $x^2+y^2+z^2=a^2$과 $x^2+y^2+z^2=b^2$(단, $b>a$)으로 둘러싸인 영역

63. $\mathbf{F}=<y^2z, z^3, x^2y>$; D : 타원면 $\dfrac{x^2}{a^2}+\dfrac{y^2}{b^2}+\dfrac{z^2}{c^2}=1$로 둘러싸인 영역

64. $\mathbf{F}=<xy^2, x^2y, 3\cos x>$; D : 원뿔 $z=\sqrt{x^2+y^2}$과 평면 $z=2,\ z=4$로 둘러싸인 영역

[10.11 스토크스 정리]

※ (문제 65~66) $\iint_S \mathrm{curl}\mathbf{F}\cdot\mathbf{n}\,dS$를 구하라.

65. $\mathbf{F}(x, y, z)=<xz, yz, xyz>$;

S : 방향이 위쪽(단위법선벡터가 위로 향함)인 포물면 $z=x^2+y^2$ 중 원기둥 $x^2+y^2=1$의 안쪽에 해당하는 곡면

66. $\mathbf{F}(x, y, z)=<\tan^{-1}(xy^2z^2), xy^2, xz^2>$;

S : 양의 x 축으로 향하는 원뿔 $x=\sqrt{y^2+z^2},\ 0\le x\le 2$인 곡면

※ (문제 67~69) $\int_C \mathbf{F} \cdot d\mathbf{r}$을 구하라.

67. $\mathbf{F}(x, y, z) = < e^x, e^{-x}, e^z >$;

C : 평면 $2x + y + 2z = 2$ 중 제1팔분공간에 있는 부분의 경계

68. $\mathbf{F}(x, y, z) = < yz, xz, e^{xy} >$; C : 원 $x^2 + y^2 = 16$, $z = 5$

69. $\mathbf{F}(x, y, z) = < xy^2, x, xy >$;

C : 쌍곡포물면 $z = y^2 - x^2$과 원기둥 $x^2 + y^2 = 1$의 교선이며 위에서 내려볼 때 반시계방향

PART 03

푸리에 해석과 편미분방정식

Fourier Analysis and Partial Differential Equation

||| 목차 |||

PART 03에서는 무엇을 배울까?

PART 03에서는 푸리에 급수와 편미분방정식에 대해 배운다.

Chapter 11

주기함수를 푸리에 급수로 나타내는 방법을 살펴보고, 우함수와 기함수를 각각 푸리에 코사인 급수와 사인 급수로 나타낸다.

Chapter 12

비주기함수의 푸리에 적분과 적분 변환을 구하는 방법을 살펴본다. 또한 우함수와 기함수에 대한 푸리에 코사인 적분과 사인 적분을 구하고, 복소 푸리에 급수를 일반화하여 복소 푸리에 적분을 구한다. 마지막으로 푸리에 변환을 구하는 방법을 살펴본다.

Chapter 13

유체역학, 고체역학, 열전달, 전자기학, 양자역학 등에서 다루는 여러 문제는 편미분방정식으로 나타낼 수 있다. 이 중에서 가장 중요한 열전도방정식과 파동방정식, 라플라스 방정식을 살펴본다.

Chapter 11

푸리에 급수

Fourier Series

||| 목차 |||

||| 학습목표 |||

- 주기함수의 푸리에 급수를 구한다.
- 우함수의 푸리에 코사인 급수와 기함수의 사인 급수를 구한다.
- 유한 구간에서 정의된 비주기함수의 푸리에 급수를 구한다.
- 푸리에 급수를 복소 지수함수로 나타낸다.

Section 11.1 푸리에 급수

푸리에 급수 Fourier series는 상미분방정식, 또는 선형 편미분방정식과 관련된 경곗값 문제의 해를 구하는 데 중요한 개념이다. 푸리에 급수는 불연속인 주기함수를 코사인과 사인의 합으로 표현할 수 있으므로 테일러 급수보다 널리 쓰인다.

이번 절에서 주기함수를 푸리에 급수로 나타내보자.

주기함수

주기가 p인 주기함수를 $f(x)$라 하자. 즉, 모든 x에 대해 다음과 같은 관계식이 성립한다고 하자.

$$f(x+p)=f(x)$$

이때 $f(x+2p)=f((x+p)+p)=f(x+p)=f(x)$이므로 임의의 자연수 n에 대해

$$f(x+np)=f(x)$$

도 성립한다. 또한 $f(x)$와 $g(x)$가 주기가 p인 함수라면 $af(x)+bg(x)$도 주기가 p인 함수이다.

$\{1, \cos x, \cos 2x, \cdots, \sin x, \sin 2x, \cdots\}$는 주기가 2π인 함수의 집합이다. 따라서 삼각급수

$$\begin{aligned} &a_0 + a_1 \cos x + a_2 \cos 2x + \cdots + b_1 \sin x + b_2 \sin 2x + \cdots \\ &= a_0 + \sum_{n=1}^{\infty} (a_n \cos nx + b_n \sin nx) \end{aligned}$$

가 수렴한다면 이 합은 주기가 2π인 주기함수이다. 그리고 주기가 2π인 함수 $f(x)$를 위와 같은 삼각급수로 표현할 수 있다면 이 급수가 수렴하며 그 합이 $f(x)$임을 의미한다. 그러므로 이 삼각급수의 계수 a_0, a_1, a_2, $\cdots$를 적당히 설정하면 주기가 2π인 주기함수를 만들 수 있다. 그러므로 주기가 p인 $f(x)$는 다음과 같이 주기가 p인 코사인 함수와 사인 함수의 합으로 나타낼 수 있다.

$$f(x) = a_0 + \sum_{n=1}^{\infty}\left(a_n \cos \frac{2n\pi}{p}x + b_n \sin \frac{2n\pi}{p}x\right) \tag{11.1}$$

여기서 a_0, a_n, b_n(단, $n=1, 2, \cdots$)을 **푸리에 계수**Fourier coefficients라 한다. 먼저 a_0를 결정하기 위해 식 (11.1)의 양변을 $-\frac{p}{2}$에서 $\frac{p}{2}$까지 적분해보면

$$\begin{aligned}\int_{-\frac{p}{2}}^{\frac{p}{2}} f(x)\,dx &= \int_{-\frac{p}{2}}^{\frac{p}{2}} a_0\,dx + \int_{-\frac{p}{2}}^{\frac{p}{2}} \left[\sum_{n=1}^{\infty}\left(a_n\cos\frac{2n\pi}{p}x + b_n\sin\frac{2n\pi}{p}x\right)\right]dx \\ &= \int_{-\frac{p}{2}}^{\frac{p}{2}} a_0\,dx + \sum_{n=1}^{\infty}\underbrace{\left(a_n\int_{-\frac{p}{2}}^{\frac{p}{2}}\cos\frac{2n\pi}{p}x\,dx + b_n\int_{-\frac{p}{2}}^{\frac{p}{2}}\sin\frac{2n\pi}{p}x\,dx\right)}_{\int_{-\frac{p}{2}}^{\frac{p}{2}}\cos\frac{2n\pi}{p}x\,dx=0=\int_{-\frac{p}{2}}^{\frac{p}{2}}\sin\frac{2n\pi}{p}x\,dx} \\ &= a_0 p\end{aligned}$$

이다. 이 식을 a_0에 대해 정리하면 식 (11.2)와 같다.

$$a_0 = \frac{1}{p}\int_{-\frac{p}{2}}^{\frac{p}{2}} f(x)\,dx \tag{11.2}$$

이번에는 a_n을 결정하자. 식 (11.1)의 양변에 $\cos\frac{2m\pi}{p}x$ (단, m은 자연수)를 곱하고 $-\frac{p}{2}$에서 $\frac{p}{2}$까지 적분하자.

$$\begin{aligned}&\int_{-\frac{p}{2}}^{\frac{p}{2}} f(x)\cos\frac{2m\pi}{p}x\,dx \\ &= \int_{-\frac{p}{2}}^{\frac{p}{2}} a_0\cos\frac{2m\pi}{p}x\,dx + \int_{-\frac{p}{2}}^{\frac{p}{2}}\cos\frac{2m\pi}{p}x\sum_{n=1}^{\infty}\left(a_n\cos\frac{2n\pi}{p}x + b_n\sin\frac{2n\pi}{p}x\right)dx \\ &= \underbrace{\int_{-\frac{p}{2}}^{\frac{p}{2}} a_0\cos\frac{2m\pi}{p}x\,dx}_{=0} + \sum_{n=1}^{\infty} a_n \underbrace{\int_{-\frac{p}{2}}^{\frac{p}{2}}\cos\frac{2m\pi}{p}x\,\cos\frac{2n\pi}{p}x\,dx}_{=\begin{cases}\frac{p}{2}, & m=n\\ 0, & m\neq n\end{cases}} \\ &\qquad + \sum_{n=1}^{\infty} b_n \underbrace{\int_{-\frac{p}{2}}^{\frac{p}{2}}\cos\frac{2m\pi}{p}x\,\sin\frac{2n\pi}{p}x\,dx}_{=0} \\ &= a_m\int_{-\frac{p}{2}}^{\frac{p}{2}}\left(\cos\frac{2m\pi}{p}x\right)^2 dx \\ &= \frac{p}{2}a_m\end{aligned}$$

이 식을 a_m에 대해 정리하면

$$a_m = \frac{2}{p}\int_{-\frac{p}{2}}^{\frac{p}{2}} f(x)\cos\frac{2m\pi}{p}x\,dx \qquad (\text{단, } m = 1, 2, \cdots)$$

이다. 이 식에서 m을 n으로 바꾸면 식 (11.3)과 같이 나타낼 수 있다.

$$a_n = \frac{2}{p}\int_{-\frac{p}{2}}^{\frac{p}{2}} f(x)\cos\frac{2n\pi}{p}x\,dx \qquad n = 1, 2, \cdots \tag{11.3}$$

이제 b_n을 결정하자. a_n을 구한 방법과 같게 식 (11.1)의 양변에 $\sin\frac{2m\pi}{p}x$(단, m은 자연수)를 곱하고 $-\frac{p}{2}$에서 $\frac{p}{2}$까지 적분하자.

$$\begin{aligned}
&\int_{-\frac{p}{2}}^{\frac{p}{2}} f(x)\sin\frac{2m\pi}{p}x\,dx \\
&= \int_{-\frac{p}{2}}^{\frac{p}{2}} a_0\sin\frac{2m\pi}{p}x\,dx + \int_{-\frac{p}{2}}^{\frac{p}{2}} \sin\frac{2m\pi}{p}x \sum_{n=1}^{\infty}\left(a_n\cos\frac{2n\pi}{p}x + b_n\sin\frac{2n\pi}{p}x\right)dx \\
&= \underbrace{\int_{-\frac{p}{2}}^{\frac{p}{2}} a_0\sin\frac{2m\pi}{p}x\,dx}_{=0} + \sum_{n=1}^{\infty} a_n \underbrace{\int_{-\frac{p}{2}}^{\frac{p}{2}} \sin\frac{2m\pi}{p}x\cos\frac{2n\pi}{p}x\,dx}_{=0} \\
&\qquad + \sum_{n=1}^{\infty} b_n \underbrace{\int_{-\frac{p}{2}}^{\frac{p}{2}} \sin\frac{2m\pi}{p}x\sin\frac{2n\pi}{p}x\,dx}_{=\begin{cases}\frac{p}{2}, & m=n \\ 0, & m\neq n\end{cases}} \\
&= \frac{p}{2}b_m
\end{aligned}$$

이 식을 b_m에 대해 정리하면 $b_m = \frac{2}{p}\int_{-\frac{p}{2}}^{\frac{p}{2}} f(x)\sin\frac{2m\pi}{p}x\,dx$(단, $m = 1, 2, \cdots$)이다. 이 식에서 m을 n으로 바꾸면 식 (11.4)와 같이 나타낼 수 있다.

$$b_n = \frac{2}{p}\int_{-\frac{p}{2}}^{\frac{p}{2}} f(x)\sin\frac{2n\pi}{p}x\,dx \qquad (\text{단, } n = 1, 2, \cdots) \tag{11.4}$$

식 (11.2)~식 (11.4)를 이용하여 함수 $f(x)$를 푸리에 급수로 표현하면 다음과 같다.

정의 11-1 $f(x)$의 푸리에 급수

구간 $\left[-\frac{p}{2}, \frac{p}{2}\right]$에서 정의된 함수 $f(x)$의 푸리에 급수는 다음과 같이 전개할 수 있다. 단, a_0, a_n, b_n은 푸리에 계수이다.

$$f(x) = a_0 + \sum_{n-1}^{\infty}\left(a_n \cos\frac{2n\pi}{p}x + b_n \sin\frac{2n\pi}{p}x\right),$$

$$a_0 = \frac{1}{p}\int_{-\frac{p}{2}}^{\frac{p}{2}} f(x)\,dx,$$

$$a_n = \frac{2}{p}\int_{-\frac{p}{2}}^{\frac{p}{2}} f(x)\cos\frac{2n\pi}{p}x\,dx, \qquad n = 1, 2, \cdots$$

$$b_n = \frac{2}{p}\int_{-\frac{p}{2}}^{\frac{p}{2}} f(x)\sin\frac{2n\pi}{p}x\,dx, \qquad n = 1, 2, \cdots \tag{11.5}$$

예제 11-1

[그림 11-1]과 같은 함수 $f(x)$를 푸리에 급수로 전개하라.

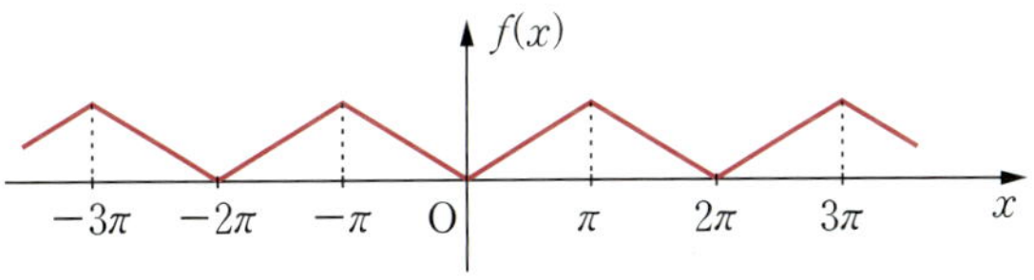

[그림 11-1] 함수 $y = f(x)$의 그래프

풀이

함수 $f(x)$는 주기가 2π이며 식이 다음과 같다.

$$f(x) = \begin{cases} -\frac{1}{\pi}x, & -\pi < x < 0 \\ \frac{1}{\pi}x, & 0 \le x < \pi \end{cases}$$

푸리에 계수를 구해보자. 먼저 a_0를 구하면

$$\begin{aligned} a_0 &= \frac{1}{2\pi}\int_{-\pi}^{\pi} f(x)dx \\ &= \frac{1}{2\pi}\left[-\frac{1}{\pi}\int_{-\pi}^{0} x\,dx + \frac{1}{\pi}\int_{0}^{\pi} x dx\right] \\ &= \frac{1}{2\pi}\left(-\frac{1}{\pi}\cdot\frac{1}{2}\left[x^2\right]_{-\pi}^{0} + \frac{1}{\pi}\cdot\frac{1}{2}\left[x^2\right]_{0}^{\pi}\right) \\ &= \frac{1}{2\pi}\left[-\frac{1}{2\pi}(-\pi^2) + \left(\frac{1}{2\pi}\cdot\pi^2\right)\right] \\ &= \frac{1}{2\pi}\left(\frac{\pi}{2}+\frac{\pi}{2}\right) = \frac{1}{2} \end{aligned}$$

이고, a_n을 구하면

$$\begin{aligned} a_n &= \frac{2}{2\pi}\int_{-\pi}^{\pi} f(x)\cos nx\,dx \\ &= \frac{1}{\pi}\left[-\frac{1}{\pi}\int_{-\pi}^{0} x\cos nx\,dx + \frac{1}{\pi}\int_{0}^{\pi} x\cos nx\,dx\right] \end{aligned} \tag{11.6}$$

이다. $\int_{-\pi}^{0} x\cos nx\,dx$에서 $u = x$, $v' = \cos nx$라 두면 $u' = 1$, $v = \frac{1}{n}\sin nx$이므로 부분적분법을 적용하면

$$\begin{aligned} \int_{-\pi}^{0} x\cos nx\,dx &= \frac{1}{n}x\sin nx\Big|_{-\pi}^{0} - \frac{1}{n}\int_{-\pi}^{0}\sin nx dx \\ &= \left[\frac{1}{n}x\sin nx + \frac{1}{n^2}\cos nx\right]_{-\pi}^{0} \\ &= -\frac{1}{n^2}\left[(-1)^n - 1\right] \end{aligned}$$

이다. 한편

$$\begin{aligned} \int_{0}^{\pi} x\cos nx\,dx &= \left[\frac{1}{n}x\sin nx + \frac{1}{n^2}\cos nx\right]_{0}^{\pi} \\ &= \frac{1}{n^2}[(-1)^n - 1] \end{aligned}$$

이므로

$$\begin{aligned} a_n &= -\frac{1}{\pi^2}\left(-\frac{1}{n^2}\right)[(-1)^n - 1] + \frac{1}{\pi^2}\cdot\frac{1}{n^2}[(-1)^n - 1] \\ &= \frac{2}{\pi^2 n^2}\left[(-1)^n - 1\right] \end{aligned}$$

이다. b_n도 같은 방법으로 구해보면

$$b_n = \frac{2}{2\pi}\int_{-\pi}^{\pi} f(x)\sin nx\,dx$$
$$= \frac{1}{\pi}\left(-\frac{1}{\pi}\int_{-\pi}^{0} x\sin nx\,dx + \frac{1}{\pi}\int_{0}^{\pi} x\sin nx\,dx\right) \qquad (11.7)$$

이다. 식 (11.7)의 $\int_{-\pi}^{0} x\sin nx\,dx$를 계산하기 위해 $u=x$, $v'=\sin nx$라 두면 $u'=1$, $v=-\frac{1}{n}\cos nx$이므로 부분적분법을 적용하면

$$\int_{-\pi}^{0} x\sin nx\,dx = \left(-\frac{1}{n}x\cos nx\Big|_{-\pi}^{0} + \frac{1}{n}\int_{-\pi}^{0}\cos nx\,dx\right)$$
$$= \left[-\frac{1}{n}x\cos nx + \frac{1}{n^2}\sin nx\right]_{-\pi}^{0}$$
$$= -\frac{1}{n}(0+\pi\cos n\pi) = -\frac{\pi}{n}(-1)^n$$

이다. 한편

$$\int_{0}^{\pi} x\sin nx\,dx = \left[-\frac{1}{n}x\cos nx + \frac{1}{n^2}\sin nx\right]_{0}^{\pi} = -\frac{1}{n}(\pi\cos n\pi + 0) = -\frac{\pi}{n}(-1)^n$$

이므로

$$b_n = -\frac{1}{\pi^2}\left[\frac{\pi}{n}(-1)^n\right] + \frac{1}{\pi^2}\left[-\frac{\pi}{n}(-1)^n\right] = 0$$

이다. 그러므로 $f(x)$의 푸리에 급수는 다음과 같다.

$$f(x) = \frac{1}{2} + \sum_{n=1}^{\infty}\frac{2}{\pi^2 n^2}\{(-1)^n - 1\}\cos nx$$

예제 11-2 응용

주기가 $2a$인 함수 $f(x)$가 다음과 같을 때, $f(x)$를 푸리에 급수로 전개하라.

$$f(x) = \begin{cases} 1, & 0 < x < a \\ -1, & a \le x < 2a \end{cases}$$

풀이

함수 $f(x)$의 주기가 $2a$이므로 다음과 같이 나타낼 수 있다.

$$f(x)=\begin{cases}-1, & -a \le x \le 0 \\ 1, & 0 < x < a\end{cases}$$

푸리에 계수를 구해보자. 먼저 a_0를 구하면

$$\begin{aligned} a_0 &= \frac{1}{2a}\int_{-a}^{a} f(x)\,dx \\ &= \frac{1}{2a}\left(-\int_{-a}^{0} dx + \int_{0}^{a} dx\right) \\ &= \frac{1}{2a}(-a+a)-0 \end{aligned}$$

이다. 따라서 a_n은

$$\begin{aligned} a_n &= \frac{1}{a}\int_{-a}^{a} f(x)\cos\frac{n\pi}{a}x\,dx \\ &= \frac{1}{a}\left(-\int_{-a}^{0}\cos\frac{n\pi}{a}x\,dx + \int_{0}^{a}\cos\frac{n\pi}{a}x\,dx\right) \\ &= -\frac{1}{a}\left[\frac{a}{n\pi}\sin\frac{n\pi}{a}x\right]_{-a}^{0} + \frac{1}{a}\left[\frac{a}{n\pi}\sin\frac{n\pi}{a}x\right]_{0}^{a} \\ &= 0 \end{aligned}$$

이고, b_n은

$$\begin{aligned} b_n &= \frac{1}{a}\int_{-a}^{a} f(x)\sin\frac{n\pi}{a}x\,dx \\ &= \frac{1}{a}\left(-\int_{-a}^{0}\sin\frac{n\pi}{a}x\,dx + \int_{0}^{a}\sin\frac{n\pi}{a}x\,dx\right) \\ &= \frac{1}{a}\left(\frac{a}{n\pi}\left[\cos\frac{n\pi}{a}x\right]_{-a}^{0} - \frac{a}{n\pi}\left[\cos\frac{n\pi}{a}x\right]_{0}^{a}\right) \\ &= \frac{1}{n\pi}(1-\cos n\pi) - \frac{1}{n\pi}(\cos n\pi - 1) \\ &= \frac{2}{n\pi}[1-(-1)^n] \end{aligned}$$

이다. 그러므로 $f(x)$의 푸리에 급수는 다음과 같다.

$$f(x)=\sum_{n=1}^{\infty}\frac{2}{n\pi}[1-(-1)^n]\sin\frac{n\pi}{a}x$$

[예제 11-2]로부터 $f(x)$가 구간 $[-p, p]$에서 불연속점을 유한개 가질 때에도 푸리에 급수로 전개할 수 있음을 알 수 있다.

푸리에 급수의 수렴

다음 정리는 푸리에 급수가 수렴할 충분조건을 나타낸다.

정리 11-2 수렴 조건

함수 f와 f'이 구간 $[-p, p]$에서 조각별로 연속piecewise continuous이라고 하자. 즉, f와 f'이 구간 $[-p, p]$에서 불연속점을 유한개 갖는다고 하자. 그러면 함수 f의 푸리에 급수는 구간 내의 연속인 점에서 $f(x)$에 수렴한다. 불연속점에서 푸리에 급수는 그 불연속점의 우극한과 좌극한의 산술평균

$$\frac{f(x^+)+f(x^-)}{2}$$

에 수렴한다.

[예제 11-2]의 함수 $f(x)$에서 $x=a, 2a, \cdots$일 때 푸리에 급수는 $\frac{1+(-1)}{2}=0$에 수렴한다.

Section

11.2 푸리에 코사인 급수와 사인 급수

우함수와 기함수는 푸리에 급수를 좀 더 간단히 구할 수 있다. 이에 대해 살펴본다.

우함수와 기함수

함수 f가 다음과 같은 관계를 만족하면 **우함수**even function 또는 **짝함수**라고 한다. 우함수는 y축에 대해 대칭이다.

$$f(-x) = f(x)$$

함수 f가 다음과 같은 관계를 만족하면 **기함수**odd function 또는 **홀함수**라고 한다. 기함수는 원점에 대해 대칭이다.

$$f(-x) = -f(x)$$

우함수와 기함수에는 다음과 같은 특성이 있다.

정리 11-3 우함수와 기함수의 성질

(1) 두 우함수의 합(또는 차)은 우함수이다.
(2) 두 기함수의 합(또는 차)은 기함수이다.
(3) 두 우함수의 곱은 우함수이다.
(4) 두 기함수의 곱은 우함수이다.
(5) 우함수와 기함수의 곱은 기함수이다.
(6) f가 우함수이면 $\int_{-a}^{a} f(x)\,dx = 2\int_{0}^{a} f(x)\,dx$ 이다.
(7) f가 기함수이면 $\int_{-a}^{a} f(x)\,dx = 0$ 이다.

증명

(3) $f(x)$와 $g(x)$가 우함수라 하자. 그러면 다음과 같이 나타낼 수 있다.

$$f(-x) = f(x), \quad g(-x) = g(x)$$

$F(x)=f(x)g(x)$라 두면 $F(-x)$는 다음과 같이 나타낼 수 있다.

$$F(-x)=f(-x)g(-x)=f(x)g(x)$$

따라서 $F(x)=f(x)g(x)$는 우함수이다.

(5) $f(x)$는 우함수, $g(x)$는 기함수라 하자. 그러면 다음과 같이 나타낼 수 있다.

$$f(-x)=f(x),\ g(-x)=-g(x)$$

$G(x)=f(x)g(x)$라 두면 $G(-x)$는 다음과 같이 나타낼 수 있다.

$$G(-x)=f(-x)g(-x)=f(x)(-g(x))=-f(x)g(x)$$

따라서 $G(x)=f(x)g(x)$는 기함수이다.

나머지는 증명을 생략한다. ■

푸리에 코사인 급수와 사인 급수

함수 f가 구간 $(-p, p)$에서 우함수일 때, f의 푸리에 계수는 다음과 같다.

$$a_0=\frac{1}{2p}\int_{-p}^{p}f(x)\,dx=\frac{1}{p}\int_{0}^{p}f(x)\,dx,$$

$$a_n=\frac{1}{p}\int_{-p}^{p}f(x)\cos\frac{n\pi}{p}x\,dx=\frac{2}{p}\int_{0}^{p}f(x)\cos\frac{n\pi}{p}\,dx,$$

$$b_n=\frac{1}{p}\int_{-p}^{p}f(x)\sin\frac{n\pi}{p}x\,dx=0$$

함수 f가 구간 $(-p, p)$에서 기함수일 때, f의 푸리에 계수는 다음과 같다.

$$a_0=\frac{1}{2p}\int_{-p}^{p}f(x)\,dx=0,$$

$$a_n=\frac{1}{p}\int_{-p}^{p}f(x)\cos\frac{n\pi}{p}x\,dx=0,$$

$$b_n=\frac{1}{p}\int_{-p}^{p}f(x)\sin\frac{n\pi}{p}x\,dx=\frac{2}{p}\int_{0}^{p}f(x)\sin\frac{n\pi}{p}x\,dx$$

이 결과를 [정의 11-1]에 적용하면 다음과 같다.

정의 11-4 푸리에 코사인 급수와 사인 급수

(1) 구간 $(-p, p)$에서 정의되고 주기가 $2p$인 우함수 f의 푸리에 급수는

$$f(x) = a_0 + \sum_{n=1}^{\infty} a_n \cos \frac{n\pi}{p} x, \tag{11.8}$$

$$a_0 = \frac{1}{p}\int_0^p f(x)\,dx, \quad a_n = \frac{2}{p}\int_0^p f(x)\cos\frac{n\pi}{p}x\,dx \tag{11.9}$$

이며, 이를 f의 **코사인 급수**cosine series라고 한다.

(2) 구간 $(-p, p)$에서 정의되고 주기가 $2p$인 기함수 f의 푸리에 급수는

$$f(x) = \sum_{n=1}^{\infty} b_n \sin \frac{n\pi}{p} x, \tag{11.10}$$

$$b_n = \frac{2}{p}\int_0^p f(x)\sin\frac{n\pi}{p}x\,dx \tag{11.11}$$

이며, 이를 f의 **사인 급수**sine series라고 한다.

예제 11-3

다음과 같이 주기가 $2a$인 함수 $f(x)$를 $-a \le x \le a$에서 푸리에 급수로 전개하라.

$$f(x) = \begin{cases} 1, & -a \le x < 0 \\ -1, & 0 \le x \le a \end{cases}$$

풀이

[정의 11-4]를 이용하기 전에 먼저 주어진 함수가 우함수인지 기함수인지 확인하자.

$$\begin{aligned} f(-x) &= \begin{cases} 1, & -a \le -x < 0 \quad \rightarrow 0 < x \le a \\ -1, & 0 \le -x \le a \quad \rightarrow -a \le x \le 0 \end{cases} \\ &= \begin{cases} -1, & -a \le x \le 0 \\ 1, & 0 < x \le a \end{cases} \\ &= -f(x) \end{aligned}$$

$f(-x) = -f(x)$이므로 $f(x)$는 구간 $(-a, a)$에서 기함수이다. 푸리에 계수를 구하면

$$b_n = \frac{2}{a}\int_0^a \sin\frac{n\pi}{a}x\,dx = \frac{2}{a}\left(-\frac{a}{n\pi}\right)\left[\cos\frac{n\pi}{a}x\right]_0^a$$
$$= -\frac{2}{n\pi}(\cos n\pi - 1) = \frac{2}{n\pi}(1-\cos n\pi) = \frac{2}{n\pi}[1-(-1)^n]$$

이고, $f(x)$의 사인 급수는 다음과 같다.

$$f(x) = \frac{2}{\pi}\sum_{n=1}^{\infty}\frac{1-(-1)^n}{n}\sin\frac{n\pi}{a}x$$

반구간 확장

유한 구간 $(0, L)$에서만 정의된 함수 $f(x)$는 주기함수가 아니어도 푸리에 급수를 전개할 수 있다. 함수 $f(x)$를 우함수 또는 기함수 형태이면서 주기가 $2L$인 함수로 확장하면 된다. 이 개념을 그림으로 나타내면 [그림 11-1]과 같다.

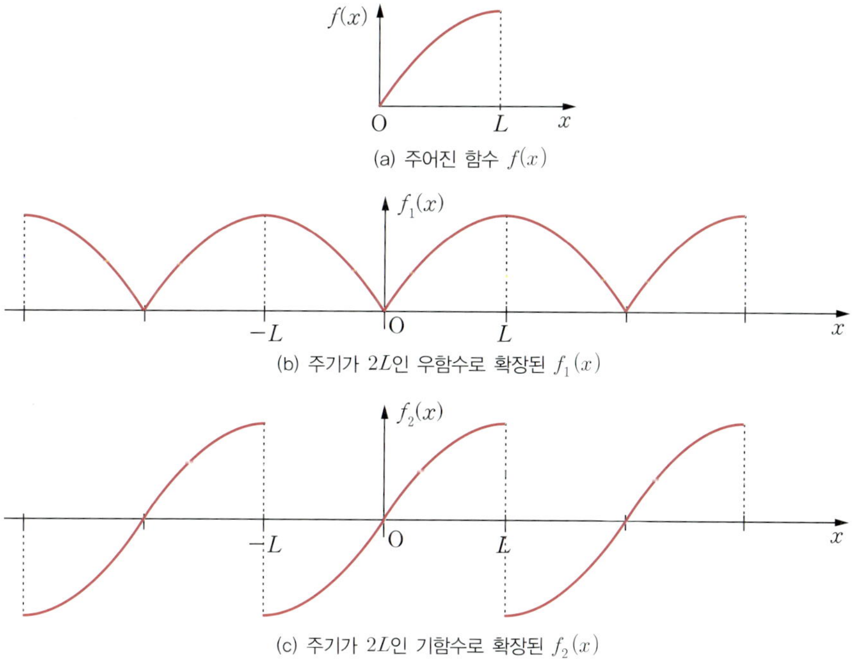

[그림 11-2] $f(x)$의 반구간 확장

함수 f를 [그림 11 2(b)]의 주기함수 f_1과 같이 우함수로 확장함으로써 푸리에 계수 (11.9)를 사용하여 코사인 급수 (11.8)을 얻을 수 있다. 또한 함수 f를 [그림 11-2(c)]의 주기함수 f_2와 같이 기함수로 확장함으로써 푸리에 계수 (11.11)을 사용하여 사인 급수 (11.10)을 얻을 수 있다.

두 경우 모두 함수 f의 주기가 $2L$이지만 그 주기의 반구간 범위 안에서 푸리에 급수를 구할 수 있다. 그래서 이를 **반구간 확장**half range expansion이라 한다.

예제 11-4

[그림 11-3]과 같이 $0 < x < 1$에서 정의된 함수 $f(x) = x$에 대해 (a) 우함수 확장 또는 (b) 기함수 확장을 적용하여 푸리에 급수를 구하라

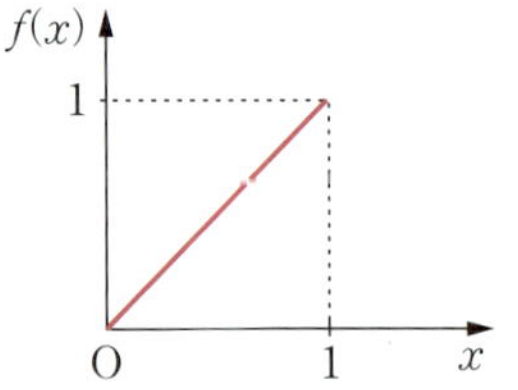

[그림 11-3] 함수 $y = f(x)$의 그래프

풀이

(a) $f(x)$를 우함수로 확장하면 [그림 11-4]와 같은 함수 $f_1(x)$를 만들 수 있다.

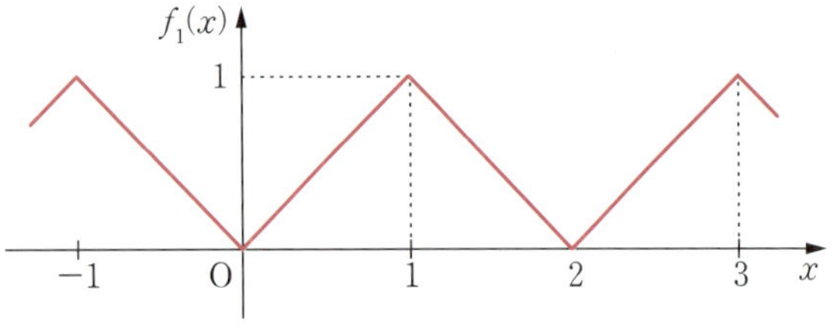

[그림 11-4] 함수 $y = f_1(x)$의 그래프

$f_1(x)$는 주기가 $p = 2$인 우함수이므로 푸리에 계수 a_0, a_n을 다음과 같이 구한다.

$$a_0 = \frac{1}{p}\int_{-\frac{p}{2}}^{\frac{p}{2}} f_1(x)\,dx = \frac{1}{2}\int_{-1}^{1} f_1(x)\,dx = \int_0^1 f(x)\,dx = \int_0^1 x\,dx = \left[\frac{x^2}{2}\right]_0^1 = \frac{1}{2},$$

$$\begin{aligned} a_n &= \frac{2}{p}\int_{-\frac{2}{p}}^{\frac{2}{p}} f_1(x)\cos\frac{2n\pi}{p}x\,dx \\ &= \int_{-1}^{1} f_1(x)\cos n\pi x\,dx = 2\int_0^1 f(x)\cos n\pi x\,dx = 2\int_0^1 x\cos n\pi x\,dx \\ &= 2\left[\frac{1}{n\pi}x\sin n\pi x + \frac{1}{n^2\pi^2}\cos n\pi x\right]_0^1 \\ &= \frac{2}{n^2\pi^2}(\cos n\pi - 1) = \frac{2}{n^2\pi^2}[(-1)^n - 1)] \end{aligned}$$

← [예제 B-64] 참고

$f_1(x)$의 푸리에 급수는

$$f_1(x) = \frac{1}{2} + \sum_{n=1}^{\infty}\frac{2}{n^2\pi^2}[(-1)^n - 1]\cos n\pi x$$

이므로, $f(x)$의 코사인 급수는 다음과 같다.

$$f(x) = \frac{1}{2} + \sum_{n=1}^{\infty} \frac{2}{n^2\pi^2}[(-1)^n - 1]\cos n\pi x \quad (\text{단, } 0 \le x \le 1)$$

(b) $f(x)$를 기함수로 확장하면 [그림 11-5]와 같은 함수 $f_2(x)$를 만들 수 있다.

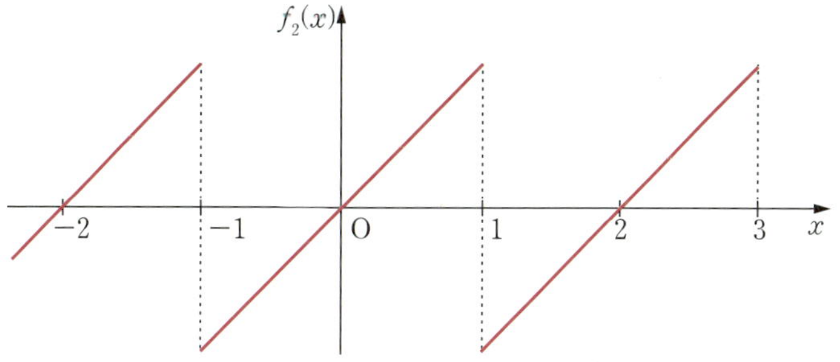

[그림 11-5] 함수 $y = f_2(x)$의 그래프

$f_2(x)$는 주기가 $p = 2$인 기함수이므로 푸리에 계수 b_n을 다음과 같이 구한다.

$$\begin{aligned} b_n &= \frac{2}{p}\int_{-\frac{p}{2}}^{\frac{p}{2}} f_2(x)\sin\frac{2n\pi}{p}x\,dx \\ &= \int_{-1}^{1} f_2(x)\sin n\pi x\,dx = 2\int_0^1 f(x)\sin n\pi x\,dx = 2\int_0^1 x\sin n\pi x\,dx \\ &= 2\left[-\frac{1}{n\pi}x\cos n\pi x + \frac{1}{n^2\pi^2}\sin n\pi x\right]_0^1 \\ &= 2\left(-\frac{1}{n\pi}\cos n\pi\right) = -\frac{2}{n\pi}(-1)^n = \frac{(-1)^{n+1}\cdot 2}{n\pi} \end{aligned}$$

← [예제 B-65] 참고

$f_2(x)$의 푸리에 급수는

$$f_2(x) = \sum_{n=1}^{\infty} \frac{(-1)^{n+1}\cdot 2}{n\pi}\sin n\pi x$$

이므로, $f(x)$의 사인 급수는 다음과 같다.

$$f(x) = \sum_{n=1}^{\infty} \frac{(-1)^{n+1}\cdot 2}{n\pi}\sin n\pi x \quad (\text{단, } 0 \le x \le 1)$$

Section

11.3 복소 푸리에 급수

함수 f의 푸리에 급수를 복소지수함수로 나타내고자 한다. 복소지수함수 $e^{ix}=\cos x+i\sin x$는 $\cos x$와 $\sin x$로 표현되므로 주기함수의 푸리에 급수를 복소지수함수로 나타낼 수 있게 되어 다루기가 더욱 편리해진다. 푸리에 급수의 계산도 간단해지는데, [예제 11-5]에서 그 효용성을 알 수 있다. 복소지수함수의 표현은 추후 14.6절에서 상세하게 다룬다. 먼저 오일러 공식을 살펴본다.

e^x의 매클로린 급수Maclaurin series는 $e^x=1+\frac{x}{1!}+\frac{x^2}{2!}+\frac{x^3}{3!}+\frac{x^4}{4!}+\frac{x^5}{5!}+\cdots$이다. 이 급수에 x 대신 ix를 대입하면

$$\begin{aligned}e^{ix}&=1+\frac{ix}{1!}+\frac{(ix)^2}{2!}+\frac{(ix)^3}{3!}+\frac{(ix)^4}{4!}+\frac{(ix)^5}{5!}+\cdots\\&=1+\frac{ix}{1!}-\frac{x^2}{2!}-\frac{ix^3}{3!}+\frac{x^4}{4!}+\frac{ix^5}{5!}+\cdots\\&=\left(1-\frac{x^2}{2!}+\frac{x^4}{4!}+\cdots\right)+i\left(\frac{x}{1!}-\frac{x^3}{3!}+\frac{x^5}{5!}-\cdots\right)\\&=\cos x+i\sin x\end{aligned}$$

이다. 따라서 x가 실수일 때 e^{ix}(단, $i=\sqrt{-1}$)은 다음과 같다.

$$e^{ix}=\cos x+i\sin x,\quad e^{-ix}=\cos x-i\sin x \tag{11.12}$$

식 (11.12)를 **오일러 공식**Euler's formula이라 한다.

식 (11.12)를 더하거나 빼면 $\cos x$와 $\sin x$에 대한 식을 다음과 같이 얻는다.

$$\cos x=\frac{e^{ix}+e^{-ix}}{2},\quad \sin x=\frac{e^{ix}-e^{-ix}}{2i}$$

이를 $f(x)$의 푸리에 급수 $f(x)=a_0+\sum_{n=1}^{\infty}\left(a_n\cos\frac{2n\pi}{p}x+b_n\sin\frac{2n\pi}{p}x\right)$에 대입하면

$$\begin{aligned}f(x)&=a_0+\sum_{n=1}^{\infty}\left(a_n\frac{e^{i\frac{2n\pi x}{p}}+e^{-i\frac{2n\pi x}{p}}}{2}+b_n\frac{e^{i\frac{2n\pi x}{p}}-e^{-i\frac{2n\pi x}{p}}}{2i}\right)\\&=a_0+\sum_{n=1}^{\infty}\left(\frac{a_n-ib_n}{2}e^{i\frac{2n\pi x}{p}}+\frac{a_n+ib_n}{2}e^{-i\frac{2n\pi x}{p}}\right)\end{aligned} \tag{11.13}$$

이다. 식 (11.13)에서 복소수 $\frac{a_n - ib_n}{2}$ 을 c_n 이라 놓으면(단, $c_0 = a_0$) 식 (11.13)의 푸리에 계수를 다음과 같이 나타낼 수 있다.

$$c_0 = a_0 = \frac{1}{p}\int_{-\frac{p}{2}}^{\frac{p}{2}} f(x)\,dx,$$

$$\begin{aligned} c_n = \frac{a_n - ib_n}{2} &= \frac{1}{2}\left(\frac{2}{p}\int_{-\frac{p}{2}}^{\frac{p}{2}} f(x)\cos\frac{2n\pi x}{p}\,dx - i\,\frac{2}{p}\int_{-\frac{p}{2}}^{\frac{p}{2}} f(x)\sin\frac{2n\pi x}{p}\,dx\right) \\ &= \frac{1}{p}\int_{-\frac{p}{2}}^{\frac{p}{2}} f(x)\left(\cos\frac{2n\pi x}{p} - i\sin\frac{2n\pi x}{p}\right)dx \\ &= \frac{1}{p}\int_{-\frac{p}{2}}^{\frac{p}{2}} f(x)\,e^{-i\frac{2n\pi x}{p}}\,dx, \end{aligned}$$

$$\begin{aligned} c_{-n} = \frac{a_n + ib_n}{2} &= \frac{1}{2}\left(\frac{2}{p}\int_{-\frac{p}{2}}^{\frac{p}{2}} f(x)\cos\frac{2n\pi x}{p}\,dx + i\,\frac{2}{p}\int_{-\frac{p}{2}}^{\frac{p}{2}} f(x)\sin\frac{2n\pi x}{p}\,dx\right) \\ &= \frac{1}{p}\int_{-\frac{p}{2}}^{\frac{p}{2}} f(x)\left(\cos\frac{2n\pi x}{p} + i\sin\frac{2n\pi x}{p}\right)dx \\ &= \frac{1}{p}\int_{-\frac{p}{2}}^{\frac{p}{2}} f(x)\,e^{i\frac{2n\pi x}{p}}\,dx \end{aligned}$$

따라서 식 (11.13)은 다음과 같이 간단하게 나타낼 수 있다.

$$\begin{aligned} f(x) &= c_0 + \sum_{n=1}^{\infty}\left(c_n e^{i\frac{2n\pi x}{p}} + c_{-n} e^{-i\frac{2n\pi x}{p}}\right) \\ &= \sum_{n=-\infty}^{\infty} c_n e^{i\frac{2n\pi x}{p}} \end{aligned}$$

이를 요약하면 다음과 같다.

정의 11-5 복소 푸리에 급수

구간 $\left[-\frac{p}{2}, \frac{p}{2}\right]$ 에서 정의된 함수 f 의 **복소 푸리에 급수** complex Fourier series 는

$$f(x) = \sum_{n=-\infty}^{\infty} c_n e^{i\frac{2n\pi x}{p}},$$

$$c_n = \frac{1}{p}\int_{-\frac{p}{2}}^{\frac{p}{2}} f(x)\,e^{-i\frac{2n\pi x}{p}}\,dx, \quad n = 0, \pm 1, \pm 2, \cdots \qquad (11.14)$$

이다.

예제 11-5

$-\frac{\pi}{2} < x < \frac{\pi}{2}$ 에서 정의되고 주기가 π인 함수 $f(x) = e^{-x}$을 복소 푸리에 급수로 전개하라.

풀이

주기가 π이므로 식 (11.14)를 이용하면 다음과 같다.

$$\begin{aligned} c_n &= \frac{1}{\pi}\int_{-\frac{\pi}{2}}^{\frac{\pi}{2}} e^{-x}e^{-i2nx}\,dx \\ &= \frac{1}{\pi}\int_{-\frac{\pi}{2}}^{\frac{\pi}{2}} e^{-(1+i2n)x}\,dx \\ &= \frac{1}{\pi}\left[-\frac{1}{(1+i2n)}e^{-(1+i2n)x}\right]_{-\frac{\pi}{2}}^{\frac{\pi}{2}} \\ &= \frac{1}{\pi(1+i2n)}\left(e^{(1+i2n)\frac{\pi}{2}} - e^{-(1+i2n)\frac{\pi}{2}}\right) \end{aligned} \tag{11.15}$$

복소지수함수에서 지수법칙이 성립(14.6절 참고)한다는 사실과 오일러 공식을 이용하면 다음이 성립한다.

$$e^{(1+i2n)\frac{\pi}{2}} = e^{\frac{\pi}{2}}e^{in\pi} = (-1)^n e^{\frac{\pi}{2}}$$

$$e^{-(1+i2n)\frac{\pi}{2}} = e^{-\frac{\pi}{2}}e^{-in\pi} = (-1)^n e^{-\frac{\pi}{2}}$$

$$(\text{단, } e^{\pm in\pi} = \cos n\pi \pm i\sin n\pi = (-1)^n)$$

위 식을 이용하여 식 (11.15)를 간략하게 나타내면

$$\begin{aligned} c_n &= \frac{1}{\pi(1+i2n)}(-1)^n\left[e^{\frac{\pi}{2}} - e^{-\frac{\pi}{2}}\right] \\ &= \frac{(-1)^n \cdot 2}{\pi(1+i2n)}\,\frac{e^{\frac{\pi}{2}} - e^{-\frac{\pi}{2}}}{2} \\ &= \frac{(-1)^n \cdot 2}{\pi(1+i2n)}\sinh\frac{\pi}{2} \end{aligned}$$

이다. 그러므로 f의 복소 푸리에 급수는 다음과 같다.

$$f(x) = \sum_{n=-\infty}^{\infty}\frac{(-1)^n \cdot 2}{\pi(1+i2n)}\sinh\frac{\pi}{2}\,e^{i2nx}$$

예제 11-6

주기함수 $f(x)$가 [그림 11-6]과 같을 때, $f(x)$를 복소 푸리에 급수로 전개하라.

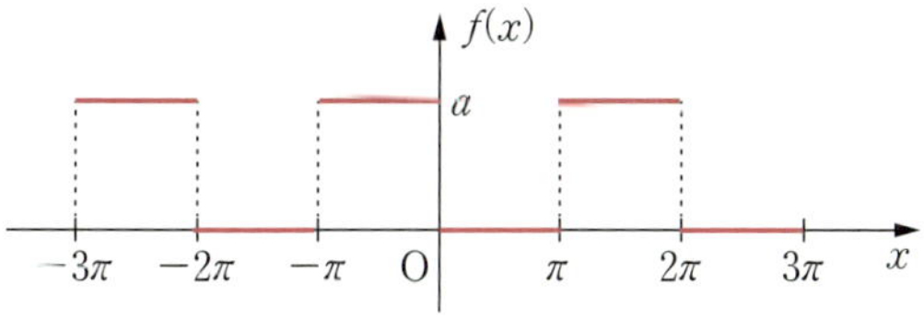

[그림 11-6] 함수 $y=f(x)$의 그래프

풀이

주기가 2π인 함수 $f(x)=\begin{cases} 0, & -\pi \le x < 0 \\ a, & 0 \le x < \pi \end{cases}$ 에 대해 식 (11.14)로부터 푸리에 계수를 구하면

$$\begin{aligned} c_n &= \frac{1}{2\pi}\int_{-\pi}^{\pi} f(x)e^{-inx}\,dx \\ &= \frac{1}{2\pi}\int_{-\pi}^{0} a\,e^{-inx}\,dx \\ &= \frac{a}{2\pi}\int_{-\pi}^{0} e^{-inx}\,dx \\ &= \frac{a}{2\pi}\left[-\frac{1}{in}e^{-inx}\right]_{-\pi}^{0} \\ &= \frac{ia}{2n\pi}(1-e^{in\pi}) \end{aligned}$$

이다. 그러므로 f의 복소 푸리에 급수는 다음과 같다.

$$f(x)=\sum_{n=-\infty}^{\infty}\frac{ia}{2n\pi}(1-e^{in\pi})e^{inx}$$

예제 11-7

다음 주기함수 $f(x)$를 복소 푸리에 급수로 전개하라.

$$f(x)=\begin{cases} 0, & -1 < x \le -\frac{1}{2} \\ -1, & -\frac{1}{2} < x \le \frac{1}{2} \\ 0, & \frac{1}{2} < x \le 1 \end{cases}$$

풀이

$f(x)$의 주기가 2이므로 식 (11.14)에서 푸리에 계수를 구하면

$$c_n = \frac{1}{2}\int_{-1}^{1} f(x)e^{-in\pi x}dx = \frac{1}{2}\left(-\int_{-\frac{1}{2}}^{\frac{1}{2}} e^{-in\pi x}dx\right)$$

$$= -\frac{1}{2}\left(\frac{1}{-in\pi}\right)[e^{-in\pi x}]_{-\frac{1}{2}}^{\frac{1}{2}}$$

$$= \frac{1}{i2n\pi}\left(e^{-\frac{in\pi}{2}} - e^{\frac{in\pi}{2}}\right) = \frac{-i}{2n\pi}\left(e^{\frac{in\pi}{2}} - e^{-\frac{in\pi}{2}}\right)$$

$$= -\frac{i}{2n\pi}\sinh\frac{n\pi}{2} \quad (\text{단, } n \neq 0),$$

$$c_0 = \frac{1}{2}\int_{-1}^{1} f(x)\,dx = \frac{1}{2}\int_{-1}^{1} -1\,dx = -\frac{1}{2}\int_{-1}^{1} dx = -1$$

이다. 그러므로 f의 복소 푸리에 급수는 다음과 같다.

$$f(x) = -1 - \sum_{\substack{n=-\infty \\ n \neq 0}}^{\infty} \frac{i}{2n\pi}\sinh\frac{n\pi}{2}e^{in\pi x}$$

Chapter 11 연습문제

[11.1 푸리에 급수]

※ (문제 1~10) 다음 주기함수의 푸리에 급수를 구하라. 그리고 각 함수의 불연속점에서 푸리에 급수의 수렴값을 구하라.

1. $f(x)=\begin{cases}1, & 0\le x<\pi\\ 0, & \pi\le x<2\pi\end{cases}$

2. $f(x)=\begin{cases}\pi, & -\pi\le x<0\\ \pi-x, & 0\le x<\pi\end{cases}$

3. $f(x)=\begin{cases}1+x, & -1\le x<0\\ 1, & 0\le x<1\end{cases}$

4. $f(x)=\begin{cases}1, & 0<x\le 4\\ 0, & 4<x\le 5\\ 1, & 5<x\le 6\end{cases}$

5. $f(x)=\begin{cases}x^2, & 0\le x<\pi\\ 0, & \pi\le x<2\pi\end{cases}$

6. $f(x)=\begin{cases}0, & -2\le x<1\\ 1, & -1\le x<1\\ 0, & 1\le x<2\end{cases}$

7. $f(x)=x-|x|,\ -\pi\le x<\pi$

예제 B-64, 예제 B-65

8. $f(x)=\begin{cases}0, & -2\le x<-1\\ -1, & -1\le x<0\\ 1, & 0\le x<1\\ 0, & 1\le x<2\end{cases}$

9. $f(x)=\begin{cases}\sin x, & -\pi\le x<0\\ 0, & 0\le x<\pi\end{cases}$

곱을 합 또는 차로 변형하는 공식

10. $f(x)=\begin{cases}\cos x, & -\dfrac{\pi}{2}\le x<0\\ 0, & 0\le x<\dfrac{\pi}{2}\end{cases}$

곱을 합 또는 차로 변형하는 공식

[11.2 푸리에 코사인 급수와 사인 급수]

※ (문제 11~18) 다음 함수가 우함수인지 기함수인지, 또는 둘 다 아닌지 결정하라.

11. $f(x)=\cos 2x$

12. $f(x)=x^2\sin x$

13. $f(x)=x^2+x^3$

14. $f(x)=x^5-2x^3$

15. $f(x)=\sinh x$

16. $f(x)=x^3,\ 0\le x\le 1$

17. $f(x)=\begin{cases}-x^2, & -1\le x<0\\ x^2, & 0\le x<1\end{cases}$

18. $f(x)=|x^3|$

※ (문제 19~22) 다음 주기함수를 푸리에 코사인 또는 사인 급수로 전개하라.

19. $f(x)=|x|,\ -1<x<1$

20. $f(x)=\begin{cases}0, & -2<x\leq -1\\ 1, & -1<x\leq 1\\ 0, & 1<x\leq 2\end{cases}$

21. $f(x)=\begin{cases}x+\pi, & -\pi<x\leq 0\\ x-\pi, & 0<x\leq \pi\end{cases}$

22. $f(x)=\sin x,\ -\dfrac{\pi}{2}<x\leq\dfrac{\pi}{2}$

※ (문제 23~26) 주어진 구간에서 정의된 다음 함수를 우함수와 기함수로 확장하라.

23. $f(x)=x^2,\ 0<x<\pi$

24. $f(x)=\pi-x,\ 0<x<\pi$

25. $f(x)=\cos x,\ 0<x<\dfrac{\pi}{2}$

26. $f(x)=\sin x,\ 0<x<\pi$

[11.3 복소 푸리에 급수]

※ (문제 27~33) 다음과 같이 주기가 2π인 주기함수에 대한 복소 푸리에 급수를 구하라.

27. $f(x)=\begin{cases}\pi-x, & 0<x\leq\pi\\ x, & \pi<x<2\pi\end{cases}$

28. $f(x)=-x+|x|,\ -\pi<x<\pi$

29. $f(x)=\begin{cases}x, & -\pi<x\leq 0\\ 0, & 0<x<\pi\end{cases}$

30. $f(x)=x,\ -\pi<x<\pi$

31. $f(x)=\begin{cases}-1, & -1\leq x<0\\ 1, & 0\leq x<1\end{cases},\ p=2$

32. $f(x)=e^{-|x|},\ -1\leq x\leq 1,\ p=2$

33. $f(x)=\begin{cases}0, & -1\leq x<\dfrac{1}{2}\\ 1, & -\dfrac{1}{2}\leq x<\dfrac{1}{2}\\ 0, & \dfrac{1}{2}\leq x<1\end{cases},\ p=2$

Chapter 12

푸리에 적분과 푸리에 변환

Fourier Integrals and Fourier Transform

||| 목차 |||

||| 학습목표 |||

- 비주기함수를 푸리에 급수로 나타낸다.
- 비주기함수가 우함수와 기함수일 때 푸리에 급수로 나타낸다.
- 복소 푸리에 급수를 일반화하여 복소 푸리에 적분을 구한다.
- 함수의 푸리에 변환을 구한다.

Section 12.1 푸리에 적분

공학의 수많은 문제들이 비주기함수를 나타내므로, 이렇게 주기함수가 아닌 함수에도 푸리에 급수를 적용하는 방법을 찾아볼 필요가 있다. 이번 장에서는 푸리에 급수 개념을 확장하여 비주기함수를 사인 함수와 코사인 함수의 합으로 나타내보자.

비주기함수의 푸리에 적분

모든 구간에서 정의된 비주기함수는 주기가 ∞ 인 주기함수로 볼 수 있다. 주어진 비주기함수와 가장 비슷한 주기함수를 찾아 주기를 점점 크게 하여 ∞ 가 되게 하면, 모든 구간에서 정의된 비주기함수와 같아진다는 개념을 이용하고자 한다.

구간 $\left(-\frac{p}{2}, \frac{p}{2}\right)$에서 정의된 함수 f의 푸리에 급수는

$$f_p(x)=\frac{1}{p}\int_{-\frac{p}{2}}^{\frac{p}{2}} f(t)\,dt+\frac{2}{p}\sum_{n=1}^{\infty}\left[\left(\int_{-\frac{p}{2}}^{\frac{p}{2}} f(t)\cos\frac{2n\pi}{p}t\,dt\right)\cos\frac{2n\pi}{p}x+\left(\int_{-\frac{p}{2}}^{\frac{p}{2}} f(t)\sin\frac{2n\pi}{p}t\,dt\right)\sin\frac{2n\pi}{p}x\right]$$

이다. 이때 혼돈을 피하기 위해 [정의 11-1]의 x를 t로 수정했다.

$\omega_n=\frac{2n\pi}{p}$, $\Delta\omega=\omega_{n+1}-\omega_n=\frac{2(n+1)\pi}{p}-\frac{2n\pi}{p}=\frac{2\pi}{p}$라 두고 식을 다시 쓰면

$$f_p(x)=\frac{1}{p}\int_{-\frac{p}{2}}^{\frac{p}{2}} f(t)\,dt+\frac{1}{\pi}\sum_{n=1}^{\infty}\left[\left(\int_{-\frac{p}{2}}^{\frac{p}{2}} f(t)\cos\omega_n t\,dt\right)\cos\omega_n x+\left(\int_{-\frac{p}{2}}^{\frac{p}{2}} f(t)\sin\omega_n t\,dt\right)\sin\omega_n x\right]\Delta\omega$$

이다. 양변에 p의 극한 $\lim_{p\to\infty}$를 취하면, 우변의 첫 번째 항은

$$\lim_{p\to\infty}\frac{1}{p}\int_{-\frac{p}{2}}^{\frac{p}{2}} f(t)\,dt=\left(\lim_{p\to\infty}\frac{1}{p}\right)\left(\lim_{p\to\infty}\int_{-\frac{p}{2}}^{\frac{p}{2}} f(t)\,dt\right)=0 \quad \leftarrow \lim_{p\to\infty}\frac{1}{p}=0$$

이다. $p \to \infty$ 이면 $\Delta\omega = \dfrac{2\pi}{p} \to 0$ 이므로 다음과 같이 정적분의 형태로 나타낼 수 있다.

$$\lim_{\Delta\omega \to 0} \frac{1}{\pi} \sum_{n=1}^{\infty} \left[\left(\int_{-\frac{p}{2}}^{\frac{p}{2}} f(t) \cos \omega_n t \, dt \right) \cos \omega_n x + \left(\int_{-\frac{p}{2}}^{\frac{p}{2}} f(t) \sin \omega_n t \, dt \right) \sin \omega_n x \right] \Delta\omega$$
$$= \frac{1}{\pi} \int_0^{\infty} \left[\cos \omega x \int_{-\infty}^{\infty} f(t) \cos \omega t \, dt + \sin \omega x \int_{-\infty}^{\infty} f(t) \sin \omega t \, dt \right] d\omega$$

따라서 $\lim_{p \to \infty} f_p(x) = f(x)$ 의 식을 다시 쓰면

$$f(x) = \frac{1}{\pi} \int_0^{\infty} \left[\cos \omega x \int_{-\infty}^{\infty} f(t) \cos \omega t \, dt + \sin \omega x \int_{-\infty}^{\infty} f(t) \sin \omega t \, dt \right] d\omega$$

이다. 이 식을 구간 $(-\infty, \infty)$ 에서 정의된 함수 f 의 **푸리에 적분** Fourier integral 이라 한다.

정의 12-1 비주기함수의 푸리에 적분

구간 $(-\infty, \infty)$ 에서 정의된 함수 f 의 푸리에 적분은 다음과 같다.

$$f(x) = \frac{1}{\pi} \int_0^{\infty} [A(\omega) \cos \omega x + B(\omega) \sin \omega x] \, d\omega,$$
$$A(\omega) = \int_{-\infty}^{\infty} f(t) \cos \omega t \, dt,$$
$$B(\omega) = \int_{-\infty}^{\infty} f(t) \sin \omega t \, dt$$

이때 $A(\omega)$, $B(\omega)$ 를 **푸리에 계수**라고 한다.

예제 12-1

다음 함수의 푸리에 적분을 구하라.

$$f(x) = \begin{cases} 0 \ , & x < 0 \\ e^{-x}, & x > 0 \end{cases}$$

풀이

푸리에 계수 $A(\omega)$, $B(\omega)$ 는 다음과 같다.

$$\begin{aligned} A(\omega) &= \int_{-\infty}^{\infty} f(t)\cos\omega t\,dt = \int_{0}^{\infty} e^{-t}\cos\omega t\,dt \\ &= \mathcal{L}\{\cos\omega t\}_{s=1} \\ &= \left(\frac{s}{s^2+\omega^2}\right)_{s=1} \\ &= \frac{1}{1+\omega^2} \end{aligned}$$

← [표 6-1] 참고

연계 식 (6.1)

$$\mathcal{L}\{f(t)\} = \int_0^\infty e^{-st} f(t)\,dt$$

$$\begin{aligned} B(\omega) &= \int_{-\infty}^{\infty} f(t)\sin\omega t\,dt = \int_{0}^{\infty} e^{-t}\sin\omega t\,dt \\ &= \mathcal{L}\{\sin\omega t\}_{s=1} \\ &= \left(\frac{\omega}{s^2+\omega^2}\right)_{s=1} \\ &= \frac{\omega}{1+\omega^2} \end{aligned}$$

← [표 6-1] 참고

연계 식 (6.1)

$$\mathcal{L}\{f(t)\} = \int_0^\infty e^{-st} f(t)\,dt$$

그러므로 구하려는 푸리에 적분은

$$f(x) = \frac{1}{\pi}\int_0^\infty \left(\frac{1}{\omega^2+1}\cos\omega x + \frac{\omega}{\omega^2+1}\sin\omega x\right)d\omega$$

이다.

예제 12-2

함수 $f(x)$의 그래프가 [그림 12-1]과 같을 때, 푸리에 적분을 구하라.

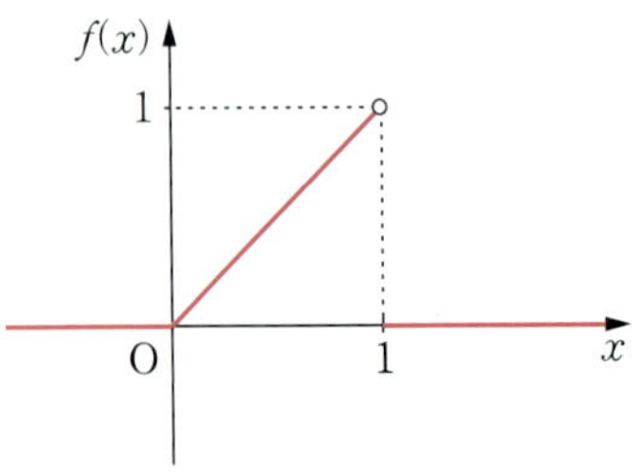

[그림 12-1] 함수 $y-f(x)$의 그래프

풀이

각 구간에 따라 함수 $f(x)$를 나타내면

$$f(x)=\begin{cases}0, & x<0\\ x, & 0\le x<1\\ 0, & x>1\end{cases}$$

이다. 이때 푸리에 계수 $A(\omega)$는

$$\begin{aligned}A(\omega)&=\int_{-\infty}^{\infty}f(t)\cos\omega t\,dt\\&=\int_0^1 t\cos\omega t\,dt\\&=\left[\frac{t}{\omega}\sin\omega t\right]_0^1-\frac{1}{\omega}\int_0^1\sin\omega t\,dt\\&=\frac{1}{\omega}\sin\omega+\frac{1}{\omega^2}[\cos\omega t]_0^1\\&=\frac{1}{\omega}\sin\omega+\frac{1}{\omega^2}(\cos\omega-1)\end{aligned}$$

연계 [예제 B-64]

$u=t \quad v'=\cos\omega t$

$u'=1 \quad v=\frac{1}{\omega}\sin\omega t$

이고 푸리에 계수 $B(\omega)$는

$$\begin{aligned}B(\omega)&=\int_{-\infty}^{\infty}f(t)\sin\omega t\,dt\\&=\int_0^1 t\sin\omega t\,dt\\&=\left[-\frac{t}{\omega}\cos\omega t\right]_0^1+\frac{1}{\omega}\int_0^1\cos\omega t\,dt\\&=-\frac{1}{\omega}\cos\omega+\frac{1}{\omega^2}[\sin\omega t]_0^1\\&=-\frac{1}{\omega}\cos\omega+\frac{1}{\omega^2}\sin\omega\end{aligned}$$

연계 [예제 B-65]

$u=t \quad v'=\sin\omega t$

$u'=1 \quad v=-\frac{1}{\omega}\cos\omega t$

이다. 그러므로 구하려는 푸리에 적분은 다음과 같다.

$$\begin{aligned}f(x)=\frac{1}{\pi}\int_0^{\infty}\Bigg[&\left(\frac{1}{\omega}\sin\omega+\frac{1}{\omega^2}\cos\omega-\frac{1}{\omega^2}\right)\cos\omega x\\&+\left(-\frac{1}{\omega}\cos\omega+\frac{1}{\omega^2}\sin\omega\right)\sin\omega x\Bigg]d\omega\end{aligned}$$

푸리에 적분의 수렴

[정의 12-1]에 소개한 푸리에 적분이 항상 수렴하는 것은 아니다. 다음 정리는 푸리에 적분이 함수 $f(x)$로 수렴하기 위한 충분조건을 나타낸다.

정리 12-2 푸리에 적분의 수렴 조건

함수 f와 f'이 구간 $(-p, p)$에서 조각별로 연속이고 $\int_{-\infty}^{\infty} |f(x)|\, dx$가 수렴한다고 하자. 그러면 f의 푸리에 적분은 구간 내의 연속인 점에서 $f(x)$로 수렴하고, 불연속 점에서는

$$\frac{f(x^{+}) + f(x^{-})}{2}$$

에 수렴한다.

푸리에 코사인 적분과 사인 적분

비주기함수 $f(x)$가 우함수(짝함수)이거나 기함수(홀함수)이면 푸리에 적분을 간단하게 나타낼 수 있다. 각각의 경우를 살펴보자.

비주기함수 $f(x)$가 우함수이면, $f(x)\cos\omega x$가 우함수이고 $f(x)\sin\omega x$는 기함수이므로 푸리에 계수는 각각

$$A(\omega) = \int_{-\infty}^{\infty} f(t)\cos\omega t\, dt = 2\int_{0}^{\infty} f(t)\cos\omega t\, dt,$$
$$B(\omega) = \int_{-\infty}^{\infty} f(t)\sin\omega t\, dt = 0$$

이다. 그러므로

$$f(x) = \frac{1}{\pi}\int_{0}^{\infty} A(\omega)\cos\omega x\, d\omega, \quad A(\omega) = 2\int_{0}^{\infty} f(t)\cos\omega t\, dt$$

가 되고, 이를 **푸리에 코사인 적분**이라 한다.

반면에 비주기함수 $f(x)$가 기함수이면, $f(x)\cos\omega x$가 기함수이고 $f(x)\sin\omega x$는 우함수이므로 이때의 푸리에 계수는 같은 방법으로

$$A(\omega) = \int_{-\infty}^{\infty} f(t)\cos\omega t\, dt = 0,$$
$$B(\omega) = \int_{-\infty}^{\infty} f(t)\sin\omega t\, dt = 2\int_{0}^{\infty} f(t)\sin\omega t\, dt$$

임을 알 수 있다. 그러므로

$$f(x)=\frac{1}{\pi}\int_0^\infty B(\omega)\sin\omega x\,d\omega,\quad B(\omega)=2\int_0^\infty f(t)\sin\omega t\,dt$$

가 되고 이를 **푸리에 사인 적분**이라 한다.

정리 12-3 푸리에 코사인 적분과 사인 적분

(1) 구간 $(-\infty,\infty)$에서 우함수 $f(x)$의 푸리에 코사인 적분은 다음과 같다.

$$f(x)=\frac{1}{\pi}\int_0^\infty A(\omega)\cos\omega x\,d\omega \qquad \left(\text{단, } A(\omega)=2\int_0^\infty f(x)\cos\omega x\,dx\right)$$

(2) 구간 $(-\infty,\infty)$에서 기함수 $f(x)$의 푸리에 사인 적분은 다음과 같다.

$$f(x)=\frac{1}{\pi}\int_0^\infty B(\omega)\sin\omega x\,d\omega \qquad \left(\text{단, } B(\omega)=2\int_0^\infty f(x)\sin\omega x\,dx\right)$$

예제 12-3

다음 함수를 푸리에 코사인 적분으로 나타내라(단, $a>0$).

$$f(x)=\begin{cases}1, & |x|<a\\ 0, & |x|>a\end{cases}$$

풀이

$f(x)$는 우함수이므로

$$\begin{aligned}A(\omega)&=2\int_0^\infty f(x)\cos\omega x\,dx=2\int_0^a\cos\omega x\,dx=\frac{2}{\omega}[\sin\omega x]_0^a\\&=\frac{2}{\omega}\sin a\omega\end{aligned}$$

이다. 따라서 $f(x)$의 푸리에 코사인 적분은

$$f(x)=\frac{2}{\pi}\int_0^\infty\frac{\sin a\omega\cos\omega x}{\omega}\,d\omega$$

이다.

예제 12-4

다음 함수를 푸리에 사인 적분으로 나타내라.

$$f(x) = \begin{cases} x, & |x| < 1 \\ 0, & |x| > 1 \end{cases}$$

풀이

$f(x)$는 기함수이므로

$$\begin{aligned} B(\omega) &= 2\int_0^\infty f(x)\sin\omega x\, dx = 2\int_0^1 x\sin\omega x\, dx \\ &= -\frac{2}{\omega}\left[x\cos\omega x\right]_0^1 + \frac{2}{\omega}\int_0^1 \cos\omega x\, dx \\ &= -\frac{2}{\omega}\cos\omega + \frac{2}{\omega^2}\left[\sin\omega x\right]_0^1 \\ &= -\frac{2}{\omega}\cos\omega + \frac{2}{\omega^2}\sin\omega \end{aligned}$$

연계 [예제 B-65]

$u = x \quad v' = \sin\omega x$

$u' = 1 \quad v = -\frac{1}{\omega}\cos\omega x$

이다. 따라서 $f(x)$의 푸리에 사인 적분은

$$f(x) = \frac{2}{\pi}\int_0^\infty \left(-\frac{1}{\omega}\cos\omega + \frac{1}{\omega^2}\sin\omega\right)\sin\omega x\, d\omega$$

이다.

Section 12.2 복소 푸리에 적분

이번 절은 11.3절에서 학습한 복소 푸리에 급수를 일반화하여 복소 푸리에 적분을 구한다. 복소 푸리에 적분을 통해 12.3절의 푸리에 변환을 구할 수 있다.

[정의 11-5]처럼 구간 $\left(-\frac{p}{2}, \frac{p}{2}\right)$에서 정의되고 주기가 p인 함수 f의 복소 푸리에 급수를 생각하자. $\omega_n = \frac{2n\pi}{p}$라 하면

$$f_p(x) = \sum_{n=-\infty}^{\infty} c_n e^{i\frac{2n\pi}{p}x} = \sum_{n=-\infty}^{\infty} c_n e^{i\omega_n x},$$

$$c_n = \frac{1}{p}\int_{-\frac{p}{2}}^{\frac{p}{2}} f(x) e^{-i\omega_n x}\,dx \tag{12.1}$$

이다. c_n을 $f_p(x)$에 대입하면

$$\begin{aligned} f_p(x) &= \sum_{n=-\infty}^{\infty}\left[\frac{1}{p}\int_{-\frac{p}{2}}^{\frac{p}{2}} f(v)e^{-i\omega_n v}\,dv\right]e^{i\omega_n x} \\ &= \frac{1}{p}\sum_{n=-\infty}^{\infty}\left[\int_{-\frac{p}{2}}^{\frac{p}{2}} f(v)e^{-i\omega_n v}\,dv\right]e^{i\omega_n x} \end{aligned} \tag{12.2}$$

이다. 이제 $\Delta\omega$를 다음과 같이 정의하자.

$$\Delta\omega = \omega_{n+1} - \omega_n - \frac{2(n+1)\pi}{p} - \frac{2n\pi}{p} = \frac{2\pi}{p} \tag{12.3}$$

식 (12.3)에서 $\frac{\Delta\omega}{2\pi} = \frac{1}{p}$이고, 이를 식 (12.2)에 대입하면

$$f_p(x) = \frac{1}{2\pi}\sum_{n=-\infty}^{\infty}\left[\int_{-\frac{p}{2}}^{\frac{p}{2}} f(v)e^{-i\omega_n v}\,dv\right]e^{i\omega_n x}\,\Delta\omega$$

이다. 이 식의 양변에 $\lim_{p\to\infty}$을 취하면 다음과 같다.

$$\lim_{p\to\infty} f_p(x) = f(x) = \frac{1}{2\pi}\int_{-\infty}^{\infty}\left(\int_{-\infty}^{\infty} f(v)e^{-i\omega v}\,dv\right)e^{i\omega x}\,d\omega \tag{12.4}$$

식 (12.4)에서 괄호 안의 식을

$$F(\omega)=\int_{-\infty}^{\infty} f(v)e^{-i\omega v}dv \tag{12.5}$$

라고 정의하고 이를 함수 $f(x)$의 **푸리에 변환**Fourier transform이라 한다. 이제 $f(x)$에 대한 식 (12.4)를 푸리에 변환 $F(x)$로 나타내면

$$f(x)=\frac{1}{2\pi}\int_{-\infty}^{\infty} F(\omega)e^{i\omega x}d\omega \tag{12.6}$$

이다. 이를 함수 $f(x)$의 **복소 푸리에 적분**complex Fourier integral이라 한다.

예제 12-5

다음 함수의 복소 푸리에 적분을 구하라.

$$f(x)=\begin{cases}1, & -1<x<1\\ 0, & x<-1,\ x>1\end{cases}$$

풀이

함수 $f(x)$의 푸리에 변환은

$$\begin{aligned}F(\omega)&=\int_{-1}^{1} e^{i\omega v}dv\\ &=\frac{1}{i\omega}\left[e^{i\omega v}\right]_{-1}^{1}\\ &=\frac{1}{i\omega}(e^{i\omega}-e^{-i\omega})\end{aligned}$$

이므로 함수 $f(x)$의 복소 푸리에 적분은

$$f(x)=\frac{1}{2\pi}\int_{-\infty}^{\infty}\frac{1}{i\omega}(e^{i\omega}-e^{-i\omega})e^{i\omega x}d\omega$$

이다.

예제 12-6

다음 함수의 복소 푸리에 적분을 구하라. 단, $a>0$이다.

$$f(x)=\begin{cases} x, & 0<x<a \\ 0, & x<0,\ x>a \end{cases}$$

풀이

함수 $f(x)$의 푸리에 변환은 부분적분을 사용하여

$$\begin{aligned} F(\omega) &= \int_0^a v e^{i\omega v} dv \\ &= \frac{1}{i\omega}\left[v e^{i\omega v}\right]_0^a - \frac{1}{i\omega}\int_0^a e^{i\omega v} dv \\ &= \frac{1}{i\omega} a e^{i\omega a} - \frac{1}{i\omega}\cdot\frac{1}{i\omega}(e^{i\omega a}-1) \\ &= \frac{1}{i\omega}\left[a e^{i\omega a} - \frac{1}{i\omega}(e^{i\omega a}-1)\right] \end{aligned}$$

연계 [예제 B-49]

$\alpha = v \quad \beta' = e^{i\omega v}$

$\alpha' = 1 \quad \beta = \frac{1}{i\omega}e^{i\omega v}$

로 나타낼 수 있다. 따라서 함수 $f(x)$의 복소 푸리에 적분은

$$f(x)=\frac{1}{2\pi}\int_{-\infty}^{\infty}\frac{1}{i\omega}\left[ae^{i\omega}-\frac{1}{i\omega}(e^{i\omega a}-1)\right]e^{i\omega x}d\omega$$

이다.

Section

12.3 푸리에 변환

6장에서 라플라스 변환을 이용하여 대수적인 조작만으로 미분방정식을 풀 수 있었다. 이와 비슷하게 적분변환을 이용해도 미분방정식을 풀 수 있다.

푸리에 변환

12.2절에서 함수 $f(x)$의 복소 푸리에 적분은

$$f(x) = \frac{1}{2\pi}\int_{-\infty}^{\infty} F(\omega)e^{i\omega x}\,d\omega\,,$$
$$F(\omega) = \int_{-\infty}^{\infty} f(v)e^{-i\omega v}\,dv$$

임을 알았다. 이때 $F(\omega)$는 $f(x)$의 푸리에 변환이고 $\mathcal{F}\{f(x)\}$로 표기한다. 그리고 $f(x)$를 $F(\omega)$의 **푸리에 역변환**inverse Fourier transformation이라 하며 $\mathcal{F}^{-1}\{F(\omega)\}$로 표기한다.

정의 12-4 푸리에 변환과 푸리에 역변환

(1) $f(x)$의 푸리에 변환 : $\mathcal{F}\{f(x)\} = F(\omega) = \int_{-\infty}^{\infty} f(x)e^{-i\omega x}\,dx$

(2) $F(\omega)$의 푸리에 역변환 : $\mathcal{F}^{-1}\{F(\omega)\} = f(x) = \frac{1}{2\pi}\int_{-\infty}^{\infty} F(\omega)e^{i\omega x}\,d\omega$

함수 $f(x)$의 푸리에 변환이 존재하기 위한 충분조건은 f가 절대적분가능하고($\int_{-\infty}^{\infty} |f(x)|\,dx$가 수렴), f와 f'이 모든 유한 구간에서 조각별로 연속인 것이다. 그리고 $f(x)$가 주기함수일 필요는 없다.

푸리에 코사인 적분은 [예제 12-3]처럼 함수 $f(x)$가 우함수임을 이용하여 나타낼 수도 있지만 [예제 12-7]과 같이 푸리에 변환을 이용하여 나타낼 수도 있다.

예제 12-7

다음 함수의 푸리에 변환을 구하라.

$$f(x)=\begin{cases}1, & |x|<1\\ 0, & |x|>1\end{cases}$$

풀이

$f(x)$의 푸리에 변환은 다음과 같이 구한다.

$$\begin{aligned}\mathcal{F}\{f(x)\} &= \int_{-\infty}^{\infty} f(x)e^{-i\omega x}dx\\ &= \int_{-1}^{1} e^{-i\omega x}dx\\ &= -\frac{1}{i\omega}\left[e^{-i\omega x}\right]_{-1}^{1} = -\frac{1}{i\omega}(e^{-i\omega}-e^{i\omega})\\ &= \frac{2}{\omega}\sin\omega\end{aligned}$$

← $e^{i\omega}=\cos\omega+i\sin\omega$
$e^{-i\omega}=\cos\omega-i\sin\omega$

예제 12-8

다음 함수의 푸리에 변환을 구하라.

$$f(x)=\begin{cases}e^{-ax}, & x>0\\ 0\ \ , & x<0\end{cases}$$

풀이

$f(x)$의 푸리에 변환은 다음과 같이 구한다.

$$\begin{aligned}\mathcal{F}\{f(x)\} &= \int_{-\infty}^{\infty} f(x)e^{-\omega x i}dx\\ &= \int_{0}^{\infty} e^{-ax}e^{-\omega x i}dx = \int_{0}^{\infty} e^{-(a+i\omega)x}dx\\ &= -\frac{1}{a+i\omega}\left[e^{-(a+i\omega)x}\right]_{0}^{\infty} = -\frac{1}{a+i\omega}(-1)\\ &= \frac{1}{a+i\omega}\end{aligned}$$

푸리에 변환은 다음과 같이 선형성을 만족한다.

정리 12-5 푸리에 변환의 선형성

푸리에 변환은 선형변환이다. 즉 a, b가 상수일 때, 다음을 만족한다.

$$\mathcal{F}\{af(x)+bg(x)\}=a\mathcal{F}\{f(x)\}+b\mathcal{F}\{g(x)\}$$

증명

함수 $f(x)$와 $g(x)$의 푸리에 변환이 존재한다고 하자. [정의 12-4]에 따라 $af(x)+bg(x)$의 푸리에 변환은 다음과 같이 구한다.

$$\begin{aligned}\mathcal{F}\{af(x)+bg(x)\}&=\int_{-\infty}^{\infty}[af(x)+bg(x)]e^{-\omega x i}dx\\&=a\int_{-\infty}^{\infty}f(x)e^{-\omega x i}dx+b\int_{-\infty}^{\infty}g(x)e^{-\omega x i}dx\\&=a\mathcal{F}\{f(x)\}+b\mathcal{F}\{g(x)\}\end{aligned}$$

■

예제 12-9

$u(x)$가 단위계단함수([정의 6-7] 참고)일 때, $\mathcal{F}\left\{(2e^{-2x}+3e^{-3x})u(x)\right\}$를 구하라.

풀이

푸리에 변환의 선형성과 [예제 12-8]의 푸리에 변환을 이용하면 다음과 같이 구한다.

$$\begin{aligned}\mathcal{F}\left\{(2e^{-2x}+3e^{-3x})u(x)\right\}&=2\mathcal{F}\left\{e^{-2x}u(x)\right\}+3\mathcal{F}\left\{e^{-3x}u(x)\right\}\\&=\frac{2}{2+i\omega}+\frac{3}{3+i\omega}\end{aligned}$$

$f(x)$의 도함수 $f'(x)$의 푸리에 변환을 구해보자.

정리 12-6 도함수의 푸리에 변환

함수 $f(x)$가 구간 $(-\infty,\infty)$에서 연속이고 절대적분가능하다고 하자. 또한 $f'(x)$가 모든 유한 구간에서 조각별로 연속이라 하자. 만일 $x\to\pm\infty$일 때 $f(x)\to 0$이면 다음이 성립한다.

$$\mathcal{F}\{f'(x)\}=i\omega\mathcal{F}\{f(x)\}$$

증명

$f'(x)$의 푸리에 변환은 [정의 12-4]와 부분적분법을 이용하여

$$\mathcal{F}\{f'(x)\} = \int_{-\infty}^{\infty} f'(x)e^{-i\omega x}dx$$
$$= \left[f(x)e^{-i\omega x}\right]_{-\infty}^{\infty} + i\omega\int_{-\infty}^{\infty} f(x)e^{-i\omega x}dx \leftarrow \begin{matrix} u = e^{-i\omega x} & v' = f'(x) \\ u' = -i\omega e^{-i\omega x} & v = f(x) \end{matrix}$$

라고 나타낼 수 있다. [정리 12-6]의 조건에서 $\lim_{x\to\infty} f(x) = 0$, $\lim_{x\to-\infty} f(x) = 0$이므로 첫 번째 식은 0이다. 따라서 다음이 성립한다.

$$\mathcal{F}\{f'(x)\} = i\omega\mathcal{F}\{f(x)\}$$ ■

이계도함수의 푸리에 변환은 도함수의 푸리에 변환과 비슷하게

$$\mathcal{F}\{f''(x)\} = i\omega\mathcal{F}\{f'(x)\} = (i\omega)^2\mathcal{F}\{f(x)\}$$

이다. 따라서 n계도함수의 푸리에 변환은

$$\mathcal{F}\{f^{(n)}(x)\} = (i\omega)^n\mathcal{F}\{f(x)\}$$

임을 알 수 있다.

예제 12-10 응용

$u(x)$가 단위계단함수일 때, 푸리에 변환으로 $y' + y = e^{-2x}u(x)$의 해를 구하라.

풀이

주어진 미분방정식의 양변에 푸리에 변환을 취하고 함수 $y(x)$의 푸리에 변환을 $Y(\omega)$라 하면

$$\begin{aligned} \mathcal{F}\{y'\} + \mathcal{F}\{y\} &= \mathcal{F}\{e^{-2x}u(x)\} \\ i\omega Y(\omega) + Y(\omega) &= \frac{1}{2+i\omega} \quad \leftarrow \text{[예제 12-8] 참고} \\ (i\omega+1)Y(\omega) &= \frac{1}{2+i\omega} \end{aligned}$$

이다. 마지막 식의 양변을 $i\omega+1$로 나누면 부분분수로 나타낼 수 있다.

$$Y(\omega) = \frac{1}{(1+i\omega)(2+i\omega)} = \frac{A}{1+i\omega} + \frac{B}{2+i\omega}$$

A, B 값을 결정하기 위해 식의 양변에 $(1+i\omega)(2+i\omega)$를 곱하면

$$\begin{aligned} 1 &= B(1+i\omega)+A(2+i\omega) \\ &= (B+2A)+i(B\omega+A\omega) \end{aligned}$$

이다. $B+2A=1$이고 $B\omega+A\omega=0$이므로 $A=1$, $B=-1$이며

$$Y(\omega)=\frac{1}{1+i\omega}-\frac{1}{2+i\omega}$$

이다. 이 식이 양변에 푸리에 역변환을 취하면 미분방정식의 해는 다음과 같다.

$$\begin{aligned} y &= \mathcal{F}^{-1}\{Y(\omega)\}=\mathcal{F}^{-1}\left\{\frac{1}{1+i\omega}-\frac{1}{2+i\omega}\right\} \\ &= \mathcal{F}^{-1}\left\{\frac{1}{1+i\omega}\right\}-\mathcal{F}^{-1}\left\{\frac{1}{2+i\omega}\right\} \\ &= e^{-x}u(x)-e^{-2x}u(x) \\ &= (e^{-x}-e^{-2x})u(x) \end{aligned}$$

푸리에 변환의 성질

함수 $f(x)$의 푸리에 변환을 알고 있으면 $e^{\alpha xi}f(x)$의 푸리에 변환을 쉽게 구할 수 있다.

정리 12-7 제1이동정리(ω축 평행이동)

$\mathcal{F}\{f(x)\}=F(\omega)$일 때 다음이 성립한다.

$$\mathcal{F}\{e^{\alpha xi}f(x)\}=\mathcal{F}\{f(\omega-\alpha)\}$$

증명

푸리에 변환의 정의인 [정의 12-4]에 따르면

$$\begin{aligned} \mathcal{F}\{e^{\alpha xi}f(x)\} &= \int_{-\infty}^{\infty} e^{\alpha xi}f(x)e^{-\omega xi}dx \\ &= \int_{-\infty}^{\infty} f(x)c^{-(\omega-\alpha)xi}dx \\ &= F(\omega-\alpha) \end{aligned}$$

이다. 즉, 다음과 같이 나타낼 수 있다.

$$\mathcal{F}\{e^{\alpha xi}f(x)\}=\mathcal{F}\{f(x)\}\big|_{\omega\to\omega-\alpha}=F(\omega)\big|_{\omega\to\omega-\alpha}=F(\omega-\alpha)$$ ■

예제 12-11

함수 $f(x)$가 다음 식과 같다고 하자. $\mathcal{F}\{e^{2xi}f(x)\}$를 구하라.

$$f(x)=\begin{cases}1, & |x|<1\\ 0, & |x|>1\end{cases}$$

풀이

[예제 12-7]에서 확인했듯이 $f(x)$의 푸리에 변환은 $\mathcal{F}\{f(x)\}=\dfrac{2}{\omega}\sin\omega$이다. 이 식에 제1이동정리를 적용하면 다음이 성립한다.

$$\mathcal{F}\{e^{2xi}f(x)\}=\frac{2}{\omega}\sin\omega\Big|_{\omega\to\omega-2}=\frac{2}{\omega-2}\sin(\omega-2)$$

이번에는 함수 $f(x)$의 푸리에 변환을 알고 있을 때, $f(x-a)$의 푸리에 변환을 구하자.

정리 12-8 제2이동정리(x축 평행이동)

$\mathcal{F}\{f(x)\}=F(\omega)$일 때 다음이 성립한다.

$$\mathcal{F}\{f(x-a)\}=e^{-a\omega i}F(\omega)$$

증명

푸리에 변환의 정의인 [정의 12-4]에 따르면 $\mathcal{F}\{f(x-a)\}=\int_{-\infty}^{\infty}f(x-a)e^{-\omega xi}dx$이다. 이 식에서 $x-a=t$라 두면 $x=t+a$, $dx=dt$이므로 치환적분에 의해 다음이 성립한다.

$$\begin{aligned}\mathcal{F}\{f(x-a)\}&=\int_{-\infty}^{\infty}f(x)e^{-\omega xi}dx=\int_{-\infty}^{\infty}f(t)e^{-\omega(t+a)i}dt\\&=e^{-a\omega i}\int_{-\infty}^{\infty}f(t)e^{-\omega ti}dt\\&=e^{-a\omega i}F(\omega)\end{aligned}$$

■

예제 12-12

함수 $f(x)$가 다음 식과 같다고 하자. $\mathcal{F}\{f(x-2)\}$를 구하라.

$$f(x)=\begin{cases}1, & |x|<1\\ 0, & |x|>1\end{cases}$$

풀이

[예제 12-7]에서 확인했듯이 함수 $f(x)$의 푸리에 변환은 $\mathcal{F}\{f(x)\}=\dfrac{2}{\omega}\sin\omega$이다. 이 식에 제2이동정리를 적용하면 다음이 성립한다.

$$\mathcal{F}\{f(x-2)\}=e^{-2\omega i}\frac{2}{\omega}\sin\omega$$

6장 [정리 6-11]에서 두 함수 f, g에 대한 합성곱을 살펴본 바 있다. 합성곱을 푸리에 변환으로 나타내면 다음과 같다.

정리 12-9 합성곱의 푸리에 변환

함수 $f(x)$, $g(x)$에 대하여 다음이 성립한다.

$$\mathcal{F}\{f(x)*g(x)\}=\mathcal{F}\{f(x)\}\mathcal{F}\{g(x)\}$$

증명

$f(x)$와 $g(x)$의 합성곱이 $f(x)*g(x)=\int_{-\infty}^{\infty}f(t)g(x-t)\,dt$임을 이용하면 푸리에 변환은

$$\begin{aligned}\mathcal{F}\{f(x)*g(x)\}&=\int_{-\infty}^{\infty}(f(x)*g(x))e^{-\omega xi}dx=\int_{-\infty}^{\infty}\left\{\int_{-\infty}^{\infty}f(t)g(x-t)\,dt\right\}e^{-\omega xi}dx\\&=\int_{-\infty}^{\infty}f(t)\left\{\int_{-\infty}^{\infty}g(x-t)e^{-\omega xi}dx\right\}dt\\&=\int_{-\infty}^{\infty}f(t)\,\mathcal{F}\{g(x-t)\}\,dt\\&=\int_{-\infty}^{\infty}f(t)e^{-i\omega t}\mathcal{F}\{g(x)\}\,dt\qquad\leftarrow \text{제2이동정리 참고}\\&=\left\{\int_{-\infty}^{\infty}f(t)e^{-i\omega t}dt\right\}\mathcal{F}\{g(x)\}\\&=\mathcal{F}\{f(x)\}\mathcal{F}\{g(x)\}\}\end{aligned}$$

이다. ∎

예제 12-13

다음과 같이 주어진 함수 $f(x)$, $g(x)$에 대해 $\mathscr{F}\{f(x)*g(x)\}$를 구하라. 단, a, b는 상수이고 $u(x)$는 단위계단함수이다.

$$f(x)=e^{-ax}u(x),\ g(x)=e^{-bx}u(x)$$

풀이

[예제 12-8]에 의해

$$\mathscr{F}\{f(x)\}=\mathscr{F}\{e^{-ax}u(x)\}=\frac{1}{a+i\omega},\ \mathscr{F}\{g(x)\}=\mathscr{F}\{e^{-bx}u(x)\}=\frac{1}{b+i\omega}$$

이다. 그러므로 합성곱의 푸리에 변환은 [정리 12-9]에 의해 다음과 같다.

$$\begin{aligned}\mathscr{F}\{f(x)*g(x)\}&=\mathscr{F}\{f(x)\}\mathscr{F}\{g(x)\}\\&=\frac{1}{(a+i\omega)(b+i\omega)}\end{aligned}$$

6.4절에서 소개한 디랙 델타 함수는 다음과 같은 성질을 만족함을 상기하자.

$$\delta(t-t_0)=\begin{cases}\infty, & t=t_0\\ 0\ , & t\neq t_0\end{cases}$$

이번에는 이 디랙 델타 함수의 푸리에 변환을 구해본다.

정리 12-10 디랙 델타 함수의 푸리에 변환

$$\mathscr{F}\{\delta(x-x_0)\}=e^{-\omega x_0 i}\quad (\text{단, } x_0>0)$$

증명

푸리에 변환의 정의인 [정의 12-4]에 따르면

$$\mathscr{F}\{\delta(x-x_0)\}=\int_{-\infty}^{\infty}\delta(x-x_0)e^{-\omega x i}dx$$

이다. 디랙 델타 함수의 정의인 [정의 6-13]을 이용하면

$$\begin{aligned}\int_{-\infty}^{\infty}\delta(x-x_0)e^{-\omega x i}dx &= \int_{-\infty}^{\infty}\lim_{\tau\to 0}\delta_\tau(x-x_0)e^{-\omega x i}dx \\ &= \lim_{\tau\to 0}\int_{-\infty}^{\infty}\delta_\tau(x-x_0)e^{-\omega x i}dx\end{aligned}$$

이고, $\delta_\tau(t-t_0)=\dfrac{1}{2\tau}[u(t-(t_0-\tau))-u(t-(t_0-\tau))]$ 이므로

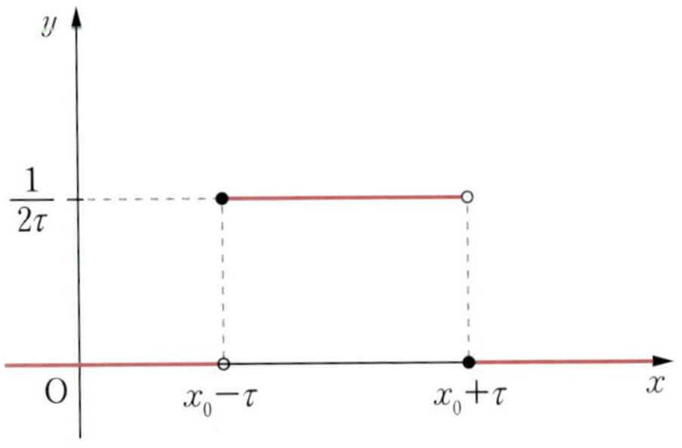

[그림 12-2] $\delta_\tau(x-x_0)$ 의 그래프

$$\begin{aligned}\lim_{\tau\to 0}\int_{-\infty}^{\infty}\delta_\tau(x-x_0)e^{-\omega x i}dx &= \lim_{\tau\to 0}\int_{-\infty}^{\infty}\frac{1}{2\tau}[u(x-(x_0-\tau))-u(x-(x_0+\tau))]e^{-i\omega x}dx \\ &= \lim_{\tau\to 0}\frac{1}{2\tau}\int_{x_0-\tau}^{x_0+\tau}e^{-\omega x i}dx \\ &= \lim_{\tau\to 0}\frac{1}{2\tau}(2\tau e^{-\omega x_\tau i}) \quad \leftarrow \text{적분의 중간값 정리에 의해 } x_\tau\in(x_0-\tau,\ x_0+\tau)\text{가 존재} \\ &= \lim_{\tau\to 0}e^{-\omega x_\tau i} \\ &= e^{-i\omega x_0}\end{aligned}$$

이다. 따라서 $\mathcal{F}\{\delta(x-x_0)\}=e^{-\omega x_0 i}$ 이 성립한다. ■

$\delta(x)$는 디랙 델타 함수 $\delta(x-x_0)$ 를 x축으로 평행이동한 식이므로 [정리 12-8]의 제2이동정리를 이용하면 다음과 같이 $\delta(x)$의 푸리에 변환이 1임을 알 수 있다.

$$\begin{aligned}\mathcal{F}\{\delta(x)\} &= e^{\omega x_0 i}\mathcal{F}\{\delta(x-x_0)\} \\ &= e^{\omega x_0 i}\cdot e^{-\omega x_0 i} \\ &= 1\end{aligned}$$

푸리에 사인 변환과 코사인 변환

[정리 12-3]에서 우함수 $f(x)$의 푸리에 코사인 적분은

$$f(x)=\frac{2}{\pi}\int_0^{\infty} A(\omega)\cos\omega x\,d\omega \qquad \left(단,\ A(\omega)=\int_0^{\infty} f(x)\cos\omega x\,dx\right)$$

이고 기함수 $f(x)$의 푸리에 사인 적분은

$$f(x)=\frac{2}{\pi}\int_0^{\infty} A(\omega)\sin\omega x\,d\omega \qquad \left(단,\ B(\omega)=\int_0^{\infty} f(x)\sin\omega x\,dx\right)$$

임을 알고 있다. 이와 비슷한 방법으로 $f(x)$의 푸리에 코사인 변환과 사인 변환을 정의한다.

정의 12-11 푸리에 코사인 변환과 사인 변환

(1) 푸리에 코사인 변환 : $\mathcal{F}_c\{f(x)\}=\int_0^{\infty} f(x)\cos\omega x\,dx=F_c(\omega)$

푸리에 코사인 역변환 : $\mathcal{F}_c^{-1}\{F_c(\omega)\}=\frac{2}{\pi}\int_0^{\infty} F_c(\omega)\cos\omega x\,d\omega=f(x)$

(2) 푸리에 사인 변환 : $\mathcal{F}_s\{f(x)\}=\int_0^{\infty} f(x)\sin\omega x\,dx=F_s(\omega)$

푸리에 사인 역변환 : $\mathcal{F}_s^{-1}\{F_s(\omega)\}=\frac{2}{\pi}\int_0^{\infty} F_s(\omega)\sin\omega x\,d\omega=f(x)$

푸리에 적분과 비교했을 때 푸리에 코사인 변환에서 $f(x)$는 우함수일 필요가 없으며 푸리에 사인 변환에서 $f(x)$는 기함수일 필요가 없다는 차이점이 있다.

예제 12-14

함수 $f(x)=e^{-ax}$(단, $a>0$)의 (a) 푸리에 코사인 변환과 (b) 푸리에 사인 변환을 구하라.

풀이

(a) 함수 f의 푸리에 코사인 변환은

$$\mathcal{F}_c\{e^{-ax}\}=\int_0^{\infty} e^{-ax}\cos\omega x\,dx$$

이다. $u=e^{-ax}$, $v'=\cos\omega x$라 두면 $u'=-ae^{-ax}$, $v=\frac{1}{\omega}\sin\omega x$이므로 부분적분법을 적용하여

$$\int_0^{\infty} e^{-ax}\cos\omega x\,dx = \frac{1}{\omega}e^{-ax}\sin\omega x\Big|_0^{\infty} + \frac{a}{\omega}\int_0^{\infty} e^{-ax}\sin\omega x\,dx$$

이다.

$$\lim_{x\to\infty}\frac{\sin\omega x}{e^{ax}} = 0,\ \lim_{x\to 0}\frac{\sin\omega x}{e^{ax}} = 0$$

이므로 등식의 첫 번째 식은 0이고, 우변의 적분식에서 다시 $u = e^{-ax}$, $v' = \sin\omega x$라 두면 $u' = -ae^{-ax}$, $v = -\frac{1}{\omega}\cos\omega x$이므로 부분적분법을 적용하여

$$\begin{aligned}\int_0^{\infty} e^{-ax}\cos\omega x\,dx &= 0 + \frac{a}{\omega}\int_0^{\infty} e^{-ax}\sin\omega x\,dx \\ &= \frac{a}{\omega}\left(-\frac{1}{\omega}e^{-ax}\cos\omega x\Big|_0^{\infty} - \frac{a}{\omega}\int_0^{\infty} e^{-ax}\cos\omega x\,dx\right) \\ &= -\frac{a}{\omega^2}(0-1) - \frac{a^2}{\omega^2}\mathcal{F}_c\{e^{-ax}\} \\ &= \frac{a}{\omega^2} - \frac{a^2}{\omega^2}\mathcal{F}_c\{e^{-ax}\}\end{aligned}$$

이다. 식을 정리하면

$$\begin{aligned}\mathcal{F}_c\{e^{-ax}\} &= \frac{a}{\omega^2} - \frac{a^2}{\omega^2}\mathcal{F}_c\{e^{-ax}\} \\ \left(1 + \frac{a^2}{\omega^2}\right)\mathcal{F}_c\{e^{-ax}\} &= \frac{a}{\omega^2}\end{aligned}$$

이므로 $\mathcal{F}_c\{e^{-ax}\} = \dfrac{a}{\omega^2 + a^2}$이다.

(b) 함수 f의 푸리에 사인 변환은

$$\mathcal{F}_s\{e^{-ax}\} = \int_0^{\infty} e^{-ax}\sin\omega x\,dx$$

이다. $u = e^{-ax}$, $v' = \sin\omega x$라 두면 $u' = -ae^{-ax}$, $v = -\frac{1}{\omega}\cos\omega x$이므로 부분적분법을 적용하여

$$\int_0^{\infty} e^{-ax}\sin\omega x\,dx = \frac{1}{\omega}e^{-ax}\cos\omega x\Big|_0^{\infty} - \frac{a}{\omega}\int_0^{\infty} e^{-ax}\cos\omega x\,dx$$

이다

$$\lim_{x\to\infty}\frac{\cos\omega x}{e^{ax}}=0,\ \lim_{x\to 0}\frac{\cos\omega x}{e^{ax}}=1$$

이고 (a)의 결과를 이용하면 다음과 같다.

$$\begin{aligned}
\mathcal{F}_s\{e^{-ax}\} &= \int_0^\infty e^{-ax}\sin\omega x\,dx \\
&= \frac{1}{\omega}e^{-ax}\cos\omega x\Big|_0^\infty - \frac{a}{\omega}\int_0^\infty e^{-ax}\cos\omega x\,dx \\
&= -\frac{1}{\omega}(0-1) - \frac{a}{\omega}\mathcal{F}_c\{e^{-ax}\} \\
&= \frac{1}{\omega}\left(1-\frac{a^2}{\omega^2+a^2}\right) \\
&= \frac{1}{\omega}\cdot\frac{\omega^2}{\omega^2+a^2} \\
&= \frac{\omega}{\omega^2+a^2}
\end{aligned}$$

Chapter 12 연습문제

[12.1 푸리에 적분]

※ (문제 1~5) 다음 함수의 푸리에 적분을 구하라.

1. $f(x)=\begin{cases} x^2, & 0<x<1 \\ 0\ , & x<0,\ x>1 \end{cases}$ 예제 B-64, 예제 B-65

2. $f(x)=\begin{cases} 1-x, & 0<x<1 \\ 0\ , & x<0,\ x>1 \end{cases}$ 예제 B-64

3. $f(x)=\begin{cases} \sin x, & 0\le x\le \pi \\ 0\ , & x<0,\ x>\pi \end{cases}$ 곱을 합 또는 차로 변형하는 공식

4. $f(x)=\begin{cases} 0, & x<\pi \\ 2, & \pi<x<2\pi \\ 0, & x>2\pi \end{cases}$

5. $f(x)=\begin{cases} 0\ , & x<-\dfrac{\pi}{2} \\ \cos x\ , & -\dfrac{\pi}{2}<x<\dfrac{\pi}{2} \\ 0\ , & x>\dfrac{\pi}{2} \end{cases}$ 곱을 합 또는 차로 변형하는 공식

※ (문제 6~9) 다음 함수를 푸리에 코사인 적분 또는 푸리에 사인 적분으로 표현하라.

6. $f(x)=e^{-|x|}$ 예제 B-62

7. $f(x)=\begin{cases} \cos x\ , & -\dfrac{\pi}{2}<x\le\dfrac{\pi}{2} \\ 0, & x<-\dfrac{\pi}{2},\ x>\dfrac{\pi}{2} \end{cases}$ 곱을 합 또는 차로 변형하는 공식

8. $f(x)=\begin{cases} \sin x\ , & -\dfrac{\pi}{2}<x\le\dfrac{\pi}{2} \\ 0, & x<-\dfrac{\pi}{2},\ x>\dfrac{\pi}{2} \end{cases}$ 곱을 합 또는 차로 변형하는 공식

9. $f(x)=\begin{cases} |x|, & |x|<1 \\ 0, & |x|>1 \end{cases}$ 예제 B-64

[12.2 복소 푸리에 적분]

※ (문제 10~14) 다음 함수의 복소 푸리에 적분을 구하라.

10. $f(x)=\begin{cases}\pi-x, & 0<x<\pi \\ 0 &, x<0,\ x>\pi\end{cases}$ 예제 12-6

11. $f(x)=\begin{cases}-x+|x|, & -\pi<x<\pi \\ 0 &, x<-\pi,\ x>\pi\end{cases}$ 예제 12-6

12. $f(x)=\begin{cases}e^{x}, & 0<x<1 \\ 0, & x<0,\ x>1\end{cases}$

13. 예제 12-6

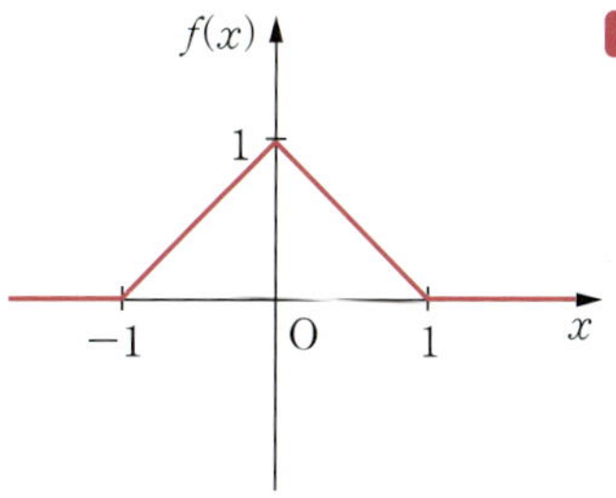

[그림 12-3] $f(x)$의 그래프

14. 예제 12-6

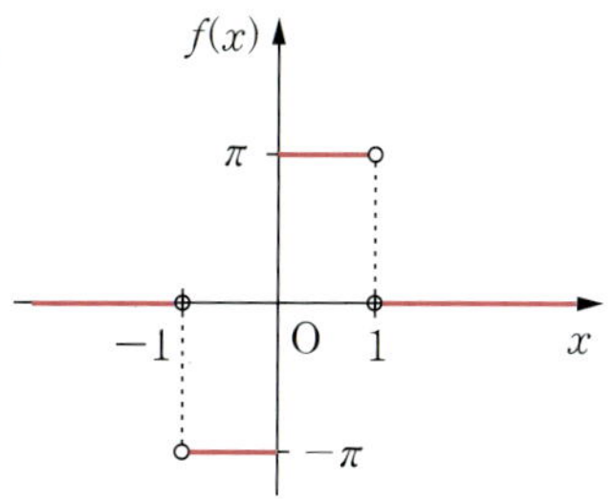

[그림 12-4] $f(x)$의 그래프

[12.3 푸리에 변환]

※ (문제 15~16) 다음 함수의 푸리에 변환을 구하라.

15. $f(x)=\begin{cases}1, & a<x<b \\ 0, & x<a,\ x>b\end{cases}$

16. $f(x)=\begin{cases}e^{axi}, & |x|<b \\ 0 &, |x|>b\end{cases}$

※ (문제 17~18) 함수 $f(x)=\begin{cases}x, & |x|<a \\ 0, & |x|>a\end{cases}$에 대하여 다음을 구하라. 예제 B-52

17. $\mathcal{F}\{f(x)e^{-2xi}\}$

18. $\mathcal{F}\{f(x-2)\}$

※ (문제 19~21) 함수 $\mathcal{F}\{e^{-x^2}\}=\sqrt{\pi}\,e^{-\frac{\omega^2}{4}}$에 대하여 다음을 구하라.

19. $\mathcal{F}\{xe^{-x^2}\}$

20. $\mathcal{F}\{e^{-(x-5)^2}\}$

21. $\mathcal{F}\{e^{-\frac{x^2}{4}}u(x-k)\}$

22. $y''+5y'+6y=\delta(x-3)$의 해를 구하라.

※ (문제 23~25) 다음 함수의 푸리에 코사인 변환을 구하라.

23. $f(x) = e^{-ax}u(x)$ (단, $a > 0$) 예제 B-50

24. $f(x) = \begin{cases} 1, & 0 < x < a \\ 0, & x < 0,\ x > a \end{cases}$

25. $f(x) = \begin{cases} \cos x, & 0 < x < a \\ 0, & x < 0,\ x > a \end{cases}$ 곱을 합 또는 차로 변형하는 공식

※ (문제 26~28) 다음 함수의 푸리에 사인 변환을 구하라.

26. $f(x) = e^{-ax}u(x)$ (단, $a > 0$) 예제 B-50

27. $f(x) = \begin{cases} 1, & 0 < x < a \\ 0, & x < 0,\ x > a \end{cases}$

28. $f(x) = \begin{cases} \cos x, & 0 < x < a \\ 0, & x < 0,\ x > a \end{cases}$ 곱을 합 또는 차로 변형하는 공식

29. 함수 $f(x) = e^{-2|x|}$, $g(x) = e^{-|x|}$에 대하여 $\mathscr{F}\{f(x) * g(x)\}$를 구하라.

Chapter 13

편미분방정식

Partial Differential Equation

||| 목차 |||

||| 학습목표 |||

- 편미분방정식의 기본 개념을 살펴본다.
- 1차원 열전도방정식의 해를 구한다.
- 1차원 파동방정식의 해를 구한다.
- 2차원 라플라스 방정식의 해를 구한다.

Section 13.1 기본 개념

이 장을 시작하기 전에 먼저 [부록 A]이 A.3절에 수록한 편도함수의 개념 및 1장 ~ 5장에 수록한 미분방정식의 풀이법을 숙지하고 학습하길 권한다.

두 개 이상의 독립변수에 대한 미분(편도함수)를 포함하는 미분방정식을 **편미분방정식(PDE)** Partial Differential Equation이라 한다. 이때 미분방정식이 시간에 따른 현상을 다루면 시간 t는 독립변수가 된다. 편미분방정식에 포함된 편도함수의 미분 횟수를 편도함수의 **계수** order라 하는데, 각 항의 계수 중에서 가장 큰 값을 편미분방정식의 **계수**로 정한다.

예를 들어 이변수함수 $u(x, y)$에 대한 2계 편미분방정식은

$$a\frac{\partial^2 u}{\partial x^2} + b\frac{\partial^2 u}{\partial x \partial y} + c\frac{\partial^2 u}{\partial y^2} + d\frac{\partial u}{\partial x} + e\frac{\partial u}{\partial y} + fu = g(x, y)$$

(단, a, b, c, d, e, f는 상수)

이다. 이때 u와 그 편도함수 $\frac{\partial u}{\partial x}$, $\frac{\partial u}{\partial y}$, $\frac{\partial^2 u}{\partial x^2}$, $\frac{\partial^2 u}{\partial x \partial y}$, $\frac{\partial^2 u}{\partial y^2}$의 차수가 1이면 **선형** linear이라 한다. 그리고 $g(x, y) = 0$이면 **제차** homogeneous, $g(x, y) \neq 0$이면 **비제차** nonhomogeneous 편미분방정식이라 한다.

다음은 공학에서 중요하게 다루는 2계 선형 편미분방정식이다.

(1) 1차원 열전도방정식 : $\frac{\partial u}{\partial t} = c^2 \frac{\partial^2 u}{\partial x^2}$

(2) 2차원 열전도방정식 : $\frac{\partial u}{\partial t} = c^2 \left(\frac{\partial^2 u}{\partial x^2} + \frac{\partial^2 u}{\partial y^2} \right)$

(3) 1차원 파동방정식 : $\frac{\partial^2 u}{\partial t^2} = c^2 \frac{\partial^2 u}{\partial x^2}$

(4) 2차원 파동방정식 : $\frac{\partial^2 u}{\partial t^2} = c^2 \left(\frac{\partial^2 u}{\partial x^2} + \frac{\partial^2 u}{\partial y^2} \right)$

(5) 2차원 라플라스 방정식 : $\frac{\partial^2 u}{\partial x^2} + \frac{\partial^2 u}{\partial y^2} = 0$

(6) 3차원 라플라스 방정식 : $\frac{\partial^2 u}{\partial x^2} + \frac{\partial^2 u}{\partial y^2} + \frac{\partial^2 u}{\partial z^2} = 0$

3.2절에서는 선형 미분방정식의 해를 일차결합한 것도 그 선형 미분방정식의 해임을 살펴보았다. 선형 편미분방정식에서도 비슷한 결과를 얻을 수 있다.

정리 13-1 선형 편미분방정식의 성질

u_1, u_2, $\cdots$, u_n이 제차 선형 편미분방정식의 해이면, 이들의 일차결합

$$c_1u_1 + c_2u_2 + \cdots + c_nu_n$$

도 그 제차 선형 편미분방정식의 해이다. 단, c_1, c_2, $\cdots$, c_n은 임의의 상수이다.

[정리 13-1]의 증명은 생략한다. 이는 3장 [정리 3-3]의 선형 미분방정식의 해의 성질을 이용하면 쉽게 증명할 수 있다.

예제 13-1

방정식 $u_{yy} - u = 0$의 해를 구하라. 단, $u = u(x, y)$이고 $u_{yy} = \dfrac{\partial^2 y}{\partial y^2}$이다.

풀이

편미분방정식에 x에 대한 도함수가 없으므로 x를 상수로 생각하자. $u_{yy} = u''$이라 두면 주어진 방정식은 $u'' - u = 0$이다. 3.3절을 참고하면 보조방정식은 $m^2 - 1 = 0$이고, 해는 $m = \pm 1$이다. 그러므로 미분방정식 $u'' - u = 0$의 해는 $u = e^y$과 $u = e^{-y}$이다. 따라서 [정리 13-1]에 의해 해는

$$u = A(x)e^y + B(x)e^{-y}$$

이다. $A(x)$, $B(x)$는 x에 대한 임의의 함수로, y로 편미분할 때 상수로 취급한다.

편미분방정식의 해를 구하는 과정은 간단하지 않다. 다음에서 비교적 간단하게 해를 구할 수 있는 편미분방정식의 예를 살펴보자.

예제 13-2

방정식 $u_{xt} = u_x$의 해를 구하라. 단, $u = u(x, t)$이다.

풀이

$u_x = p(x, t)$라 두고 t로 편미분하면 $p_t = p$이므로 $\frac{p_t}{p} = 1$이다. 이 식을 t에 관해 적분하면 $\ln|p| = t + \widetilde{C}(x)$이다. 이 식을 p에 대하여 쓰면 $p = e^{t+\widetilde{C}(x)} = e^t e^{\widetilde{C}(x)} = C(x)e^t$(단, $C(x) = e^{\widetilde{C}(x)}$)이다. 이 식을 x에 관해 적분하면 구하려는 해는

$$\begin{aligned} u(x, t) &= e^t \int C(x)\,dx + g(t) \\ &= e^t f(x) + g(t) \qquad \leftarrow \int C(x)\,dx = f(x) \end{aligned}$$

이다. 이때 $f(x)$와 $g(t)$는 임의의 함수이다.

Section 13.2 열전도방정식

물리학이나 수학에서 시간에 따라 열heat이 전도되는 과정은 2계 편미분방정식으로 나타낼 수 있다. 이를 **열전도방정식**heat conduction equation 또는 heat equation이라 한다. 열전도방정식은

$$\frac{\partial u}{\partial t} = c^2 \nabla^2 u\,,\ \ c^2 = \frac{k}{\sigma\rho} \qquad (\text{단, } k : \text{열전도도, } \sigma : \text{비열, } \rho : \text{밀도})$$

로 표현된다. ∇ 의 정의는 [정의 10-9]를 참고하라. 차원에 따라 방정식을 다시 나타내면 다음과 같다.

(1) 1차원 열전도방정식 : $\dfrac{\partial u}{\partial t} = c^2 \dfrac{\partial^2 u}{\partial x^2}$

(2) 2차원 열전도방정식 : $\dfrac{\partial u}{\partial t} = c^2 \left(\dfrac{\partial^2 u}{\partial x^2} + \dfrac{\partial^2 u}{\partial y^2} \right)$

(3) 3차원 열전도방정식 : $\dfrac{\partial u}{\partial t} = c^2 \left(\dfrac{\partial^2 u}{\partial x^2} + \dfrac{\partial^2 u}{\partial y^2} + \dfrac{\partial^2 u}{\partial z^2} \right)$

이 절에서는 1차원 열전도방정식에 관해서만 간략히 다룬다.

1차원 열전도방정식

어떠한 막대의 길이가 $L(>0)$이고 물성이 균질하다고 가정할 때, 이 막대의 1차원 열전도방정식을 살펴본다. 현재 위치가 x이고 시간이 t일 때 막대의 온도를 $u(x, t)$라 하자. 함수 u에 대한 1차원 열전도방정식은

$$\frac{\partial u}{\partial t} = c^2 \frac{\partial^2 u}{\partial x^2}$$

이다. 먼저 이 식을 유도해보자.

길이가 L이고 단면적이 A인, 균질의 원통형 막대를 생각하자. 그리고 열이 x축 방향으로만 전도된다고 가정하자. 즉, 열이 옆면으로는 빠져나가지 못하게 양끝이 절연되어 있다.

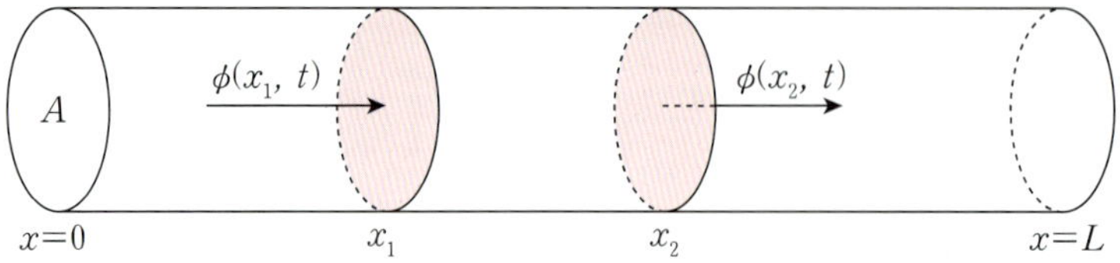

[그림 13-1] 길이가 L인 막대의 열전도

시간 t일 때 x_1에서 x_2까지 막대의 시간에 따른 열의 변화는

$$(\text{단위시간당 } x_1\text{의 단면을 통해 들어오는 열의 양}) - (\text{단위시간당 } x_2\text{의 단면을 통해 나가는 열의 양})$$
$$= \phi(x_1, t)A - \phi(x_2, t)A$$

로 나타낸다. 이때 $\phi(x_1, t)$는 $x = x_1$면을 통해서 들어가는 열류 밀도(단위면적당 및 단위시간당 열의 흐름)heat flux density이고, $\phi(x_2, t)$는 $x = x_2$면을 통해서 들어가는 열류 밀도이다. 이 식은 열량 Q의 시간에 대한 변화와 동일하다. 즉

$$\frac{dQ}{dt} = \{\phi(x_1, t) - \phi(x_2, t)\}A \tag{13.1}$$

이다. x_1에서 x_2까지의 영역에서 총열량 Q는

$$Q(t) = \int_{x_1}^{x_2} u(x, t)\sigma\rho A\, dx$$

이다. 이때 $u(x, t)$는 시간 t일 때 위치 x에서 막대의 온도이고, σ는 비열specific heat, ρ는 밀도이다. $Q(t)$를 t로 미분하면

$$\frac{dQ}{dt} = \int_{x_1}^{x_2} \sigma\rho \frac{\partial u(x, t)}{\partial t} A\, dx \tag{13.2}$$

이므로 식 (13.2)가 식 (13.1)과 같다고 놓으면 $A(x)$가 일정하다는 가정하에

$$\phi(x_2, t) - \phi(x_1, t) = \int_{x_1}^{x_2} \sigma\rho \frac{\partial u(x, t)}{\partial t} dx$$

이다. 한편 푸리에 열전도 법칙Fourier's law of heat conduction에 따르면 K가 열전도도thermal conductivity일 때 열류 밀도 ϕ는

$$\phi(x, t) = -K\frac{\partial u(x, t)}{\partial x}$$

로 나타낼 수 있다. 그러므로

$$K\frac{\partial u(x_2, t)}{\partial x} - K\frac{\partial u(x_1, t)}{\partial x} = \int_{x_1}^{x_2} \sigma\rho \frac{\partial u(x, t)}{\partial t} dx \tag{13.3}$$

이다. 한편

$$K\frac{\partial u(x_2, t)}{\partial x} - K\frac{\partial u(x_1, t)}{\partial x} = \int_{x_1}^{x_2} \frac{\partial}{\partial x}\left[K\frac{\partial u(x, t)}{\partial x}\right] dx$$

로도 나타낼 수 있으므로, 이 식을 식 (13.3)의 좌변에 대입하면

$$\frac{\partial}{\partial x}\left[K\frac{\partial u(x, t)}{\partial x}\right] = \sigma\rho\frac{\partial u(x, t)}{\partial t}$$

라는 관계가 성립한다. 위 식의 좌변은

$$\frac{\partial}{\partial x}\left[K\frac{\partial u(x, t)}{\partial x}\right] = K\frac{\partial^2 u(x, t)}{\partial x^2}$$

이므로 $K\dfrac{\partial^2 u(x, t)}{\partial x^2} = \sigma\rho\dfrac{\partial u(x, t)}{\partial t}$ 이다. 이를 정리하면

$$\frac{\partial u}{\partial t} = \frac{K}{\sigma\rho}\frac{\partial^2 u}{\partial x^2} = c^2\frac{\partial^2 u}{\partial x^2} \qquad \left(\text{단, } c^2 = \frac{K}{\sigma\rho}\right)$$

이다.

1차원 열전도방정식의 풀이

먼저 막대의 양 끝에서 온도가 0이고 초기온도가 $f(x)$인 경우를 생각하자. 1차원 열전도방정식과 경계조건, 초기조건이 각각

$$\frac{\partial u}{\partial t} = c^2\frac{\partial^2 u}{\partial x^2} \tag{13.4}$$

$$\text{경계조건 : } u(0, t) = 0,\ u(L, t) = 0 \tag{13.5}$$

$$\text{초기조건 : } u(x, 0) = f(x) \tag{13.6}$$

로 주어질 때, 해 $u(x, t)$를 구해보자. 다음과 같이 세 가지 단계로 나누어 구할 수 있다.

■ 1단계 : 상미분방정식 두 개로 변수분리

열전도방정식의 해가 x만의 함수 $F(x)$와 t만의 함수 $G(t)$의 곱으로 변수가 분리된다고 가정한다. 편미분방정식의 해를 구할 때 이 방법이 매우 유용하게 쓰인다.

$u(x,\, t) = F(x)G(t)$라 놓고 방정식 (13.4)에 대입하면

$$F\dot{G} = c^2F''G \qquad \left(단,\ \dot{G} = \frac{dG}{dt}\right)$$

이고, 양변을 c^2GF로 나누면 $\frac{\dot{G}}{c^2G} = \frac{F''}{F}$이다. 이 식의 좌변은 t만의 함수이고 우변은 x만의 함수이므로, 등식이 성립하려면 양변이 모두 상수(λ^2)이어야 한다. 그러므로 상미분방정식

$$\dot{G} \quad \lambda^2c^2G = 0$$
$$F'' - \lambda^2F = 0$$

을 얻는다.

■ **2단계 : 경계조건 확인**

$\frac{\dot{G}}{c^2G} = \frac{F''}{F}(=\lambda)$ 값이 양수, 0, 음수인 경우로 각각 나누어 해를 구한다. 이때의 λ를 **분리상수** separation constant라고 한다.

(i) $\frac{\dot{G}}{c^2G} = \frac{F''}{F} = \lambda = \mu^2(>0)$**인 경우** : 상미분방정식 $\dot{G} - \mu^2c^2G = 0$, $F'' - \mu^2F = 0$의 해를 각각 구한다.

❶ $\dot{G} - \mu^2c^2G = 0$의 해는 $G(t) = c_1e^{\int \mu^2c^2dt} = c_1e^{\mu^2c^2t}$이다.

❷ $F'' - \mu^2F = 0$은 상수계수를 갖는 2계 제차 선형 미분방정식이므로 보조방정식은 $m^2 = \mu^2$이고 그 해는 $m = \pm\mu$이다. 그러므로 일반해는 $F(x) = c_2{}'e^{\mu x} \pm c_3{}'e^{-\mu x}$ 또는 $F(x) = c_2\cosh\mu x + c_3\sinh\mu x$이다.

경계조건 (13.5)를 다시 쓰면

$$u(0,\, t) = F(0)\,G(t) = 0,\ \ u(L,\, t) = F(L)G(t) = 0$$

인데, $G(t) = 0$이면 $u(x,\, t) = 0$이므로 1차원 열전도방정식 (13.4)의 해는 자명한 해이다. 반면에 $G(t) \neq 0$이면 $F(0) = 0$, $F(L) = 0$을 동시에 만족해야 한다. 즉

$$F(0) = c_2\cosh 0 + c_3\sinh 0 - c_2 = 0,$$
$$F(L) = c_2\cosh\mu L + c_3\sinh\mu L = c_3\sinh\mu L = 0$$

이며 쌍곡선함수 $\sinh x$의 성질에 따라 $c_3 = 0$이다. 즉 $c_2 = c_3 = 0$이므로 $F(x) = 0$이고, $u(x,\, t) = 0$이다. 따라서 1차원 열전도방정식 (13.4)의 해는 자명하다.

(ii) $\dfrac{\dot{G}}{c^2 G} = \dfrac{F''}{F} = \lambda = 0$**인 경우** : 분자의 식이 모두 0이므로

$$\dot{G} = 0 \Rightarrow G(t) = c_1$$
$$F'' = 0 \Rightarrow F(x) = c_2 x + c_3$$

이다. 경계조건 (13.5)를 적용하면 $F(0) = c_3 = 0$이고 $F(L) = c_2 L + c_3 = 0$에서 $L > 0$이므로 $c_2 = 0$이다. 그러므로 $F(x) = 0$이고 $u(x, t) = 0$이다. 따라서 1차원 열전도방정식 (13.4)의 해는 자명하다.

(iii) $\dfrac{\dot{G}}{c^2 G} = \dfrac{F''}{F} = \lambda = -\mu^2 (< 0)$**인 경우** : 상미분방정식 $\dot{G} + \mu^2 c^2 G = 0$, $F'' + \mu^2 F = 0$의 해를 각각 구한다.

❶ $\dot{G} + \mu^2 c^2 G = 0$ 의 해는 $G(t) = c_1 e^{-\int \mu^2 c^2 dt} = c_1 e^{-\mu^2 c^2 t}$이다.

❷ $F'' + \mu^2 F = 0$은 상수계수를 갖는 2계 제차 선형 미분방정식이므로 보조방정식은 $m^2 = -\mu^2$이고 그 해는 $m = \pm \mu i$이다. 그러므로 일반해는 $F(x) = c_2 \cos \mu x + c_3 \sin \mu x$이다.

경계조건 (13.5)를 다시 쓰면

$$F(0) = c_2 \cos 0 + c_3 \sin 0 = c_2 = 0,$$
$$F(L) = c_2 \cos \mu L + c_3 \sin \mu L = c_3 \sin \mu L = 0$$

이다. 이때 $F(L) = 0$에서 $c_3 = 0$ 또는 $\sin \mu L = 0$이어야 한다. $c_3 = 0$이면 $u(x, t) = 0$이므로 $\sin \mu L = 0$이어야 한다. $c_3 \neq 0$이면 $\mu L = n\pi$(단, $n = 1, 2, \cdots$)에서 $\mu = \dfrac{n\pi}{L}$ (단, $n = 1, 2, \cdots$)이다. $n = 1, 2, \cdots$일 때 $\mu_n = \dfrac{n\pi}{L}$이라 놓으면

$$G_n(t) = c_1 e^{-c^2 \left(\frac{n\pi}{L}\right)^2 t}, \quad F_n(x) = c_3 \sin \frac{n\pi x}{L}$$

이다. 그러므로 $n = 1, 2, \cdots$일 때 $u_n(x, t)$는

$$u_n(x, t) = F_n(t) G_n(t) = A_n \sin \frac{n\pi x}{L} e^{-(c\mu_n)^2 t} \quad (단,\ A_n = c_1 c_3)$$

이다. [정리 3-3]에 따르면 제차 선형 미분방정식에서 해의 일차결합도 해이므로 1차원 열전도방정식 (13.4)의 해는

$$u(x, t) = \sum_{n=1}^{\infty} u_n(x, t) = \sum_{n=1}^{\infty} A_n \sin \frac{n\pi x}{L} e^{-(c\mu_n)^2 t}$$

이다. 따라서 세 번째 해가 비자명해임을 알 수 있다.

■ 3단계 : 초기조건 확인

2단계 (iii)에서 얻은 열전도방정식의 해에 초기조건 (13.6)을 적용하면

$$u(x,0)=\sum_{n=1}^{\infty}A_n\sin\frac{n\pi x}{L}=f(x)$$

이다. 이 식은 푸리에 사인 급수이므로 [정의 11-4]에 의해

$$A_n=\frac{2}{L}\int_0^L f(x)\sin\frac{n\pi x}{L}dx$$

로 둘 수 있다. 따라서 경계조건 (13.5)와 초기조건 (13.6)을 모두 만족하는 1차원 열전도방정식 (13.4)의 해는

$$\begin{aligned}u(x,t)&=\sum_{n=1}^{\infty}A_n\sin\frac{n\pi x}{L}e^{-(c\lambda_n)^2 t},\\ A_n&=\frac{2}{L}\int_0^L f(x)\sin\frac{n\pi x}{L}dx,\\ \lambda_n&=\frac{n\pi}{L},\ n=1,2,\cdots\end{aligned}$$

이다. 이때 $c^2=\dfrac{kL}{\sigma\rho}$이고 k는 열전도도, σ는 비열, ρ는 밀도이다.

예제 13-3

길이가 L인 막대에 대하여 열전도방정식이

$$\frac{\partial u}{\partial t}=c^2\frac{\partial^2 u}{\partial x^2}$$

이고, 경계조건은 $u(0,t)=0$, $u(L,t)=0$이며 초기조건이 다음과 같다고 하자.

$$u(x,0)=f(x)=\begin{cases}x\ , & 0<x<\dfrac{L}{2}\\ L-x\ , & \dfrac{L}{2}<x<L\end{cases}$$

이 방정식의 해를 구하라.

풀이

$A_n=\dfrac{2}{L}\displaystyle\int_0^L f(x)\sin\frac{n\pi x}{L}dx$이다. 이때 함수 $f(x)$의 정의역을 생각하면

$$\begin{aligned}\frac{2}{L}\int_0^L f(x)\sin\frac{n\pi x}{L}dx&=\frac{2}{L}\left[\int_0^{\frac{L}{2}}x\sin\frac{n\pi x}{L}dx+\int_{\frac{L}{2}}^{L}(L-x)\sin\frac{n\pi x}{L}dx\right]\\&=\frac{2}{L}\left[\int_0^{\frac{L}{2}}x\sin\frac{n\pi x}{L}dx-\int_{\frac{L}{2}}^{L}x\sin\frac{n\pi x}{L}dx+L\int_{\frac{L}{2}}^{L}\sin\frac{n\pi x}{L}dx\right]\end{aligned}$$

이다. $u=x$, $v'=\sin\frac{n\pi x}{L}$라 두면 $u'=1$, $v=-\frac{L}{n\pi}\cos\frac{n\pi x}{L}$이므로 부분적분법을 적용하면

$$\frac{2}{L}\left[\int_0^{\frac{L}{2}} x\sin\frac{n\pi x}{L}dx-\int_{\frac{L}{2}}^{L} x\sin\frac{n\pi x}{L}dx+\int_{\frac{L}{2}}^{L}\sin\frac{n\pi x}{L}dx\right]$$

$$=\frac{2}{L}\left[\left(-\frac{L}{n\pi}x\cos\frac{n\pi x}{L}\Big|_0^{\frac{L}{2}}+\frac{L}{n\pi}\int_0^{\frac{L}{2}}\cos\frac{n\pi x}{L}dx\right)\right.$$
$$\left.-\left(-\frac{L}{n\pi}x\cos\frac{n\pi x}{L}\Big|_{\frac{L}{2}}^{L}+\frac{L}{n\pi}\int_{\frac{L}{2}}^{L}\cos\frac{n\pi x}{L}dx\right)-\frac{L^2}{n\pi}\cos\frac{n\pi x}{L}\Big|_{\frac{L}{2}}^{L}\right]$$

$$=\frac{2}{L}\left[-\frac{L}{n\pi}\cdot\frac{L}{2}\cos\frac{n\pi}{2}+\frac{L^2}{n^2\pi^2}\sin\frac{n\pi x}{L}\Big|_0^{\frac{L}{2}}\right.$$
$$\left.+\frac{L}{n\pi}\left(L\cos n\pi-\frac{L}{2}\cos\frac{n\pi}{2}\right)-\frac{L^2}{n^2\pi^2}\sin\frac{n\pi x}{L}\Big|_{\frac{L}{2}}^{L}-\frac{L^2}{n\pi}\left(\cos n\pi-\cos\frac{n\pi}{2}\right)\right]$$

$$=\frac{2}{L}\left[-\frac{L^2}{2n\pi}\cos\frac{n\pi}{2}+\frac{L^2}{n^2\pi^2}\sin\frac{n\pi}{2}\right.$$
$$\left.+\left(\frac{(-1)^nL^2}{n\pi}-\frac{L^2}{2n\pi}\cos\frac{n\pi}{2}\right)+\frac{L^2}{n^2\pi^2}\sin\frac{n\pi}{2}+\left(-\frac{(-1)^nL^2}{n\pi}+\frac{L^2}{n\pi}\cos\frac{n\pi}{2}\right)\right]$$

$$=\frac{2}{L}\left(\frac{2L^2}{n^2\pi^2}\sin\frac{n\pi}{2}\right)$$

$$=\frac{4L}{n^2\pi^2}\sin\frac{n\pi}{2}$$

이다. 따라서 이 열전도방정식의 해는

$$u(x,t)=\sum_{n=1}^{\infty}\frac{4L}{n^2\pi^2}\sin\frac{n\pi}{2}\sin\frac{n\pi x}{L}e^{-\left(\frac{cn\pi}{L}\right)^2t}$$
$$=\frac{4L}{\pi^2}\sin\frac{\pi x}{L}e^{-\left(\frac{c\pi}{L}\right)^2t}-\frac{4L}{3^2\pi^2}\sin\frac{3\pi x}{L}e^{-\left(\frac{3c\pi}{L}\right)^2t}+\cdots$$

이다.

예제 10-4 응용

길이가 L인 막대에 대하여 열전도방정식이

$$\frac{\partial u}{\partial t}=c^2\frac{\partial^2u}{\partial x^2}$$

이고, 경계조건(단열조건)은 $u_x(0, t)=0=u_x(L, t)$이며 초기조건이 다음과 같다고 하자.

$$u(x, 0)=f(x)=\begin{cases} x\ , & 0<x<\dfrac{L}{2} \\ L-x, & \dfrac{L}{2}<x<L \end{cases}$$

이 방정식의 해를 구하라.

풀이

$u(x, t)=F(x)G(t)$로 두면 경계조건은

$$u_x(0, t)=F'(0)G(t)=0,\quad u_x(L, t)=F'(L)G(t)=0$$

이다. 미분방정식 $F''+\lambda^2F=0$의 일반해 $F(x)=c_2\cos\lambda x+c_3\sin\lambda x$를 미분하면 $F'(x)=-c_2\lambda\sin\lambda x+c_3\lambda\cos\lambda x$이다. $G(t)\neq 0$이므로

$$F'(0)=c_3\lambda=0,\quad F'(L)=-c_2\lambda\sin\lambda L=0$$

이고, $\lambda=\lambda_n=\dfrac{n\pi}{L}$(단, $n=0, 1, 2, \cdots$)이므로 $F'(0)=0$ 에서 $c_3=0$이다. $F'(L)=0$에서 $c_2\neq 0$ 이므로 $c_2=1$로 놓으면 $F_n(x)=\cos\dfrac{n\pi x}{L}$(단, $n=0, 1, 2, \cdots$)가 된다. 그러므로 $n=0, 1, 2, \cdots$ 일 때 $u_n(x, t)$는

$$u_n(x, t)=F_n(x)G_n(t)=A_n\cos\frac{n\pi x}{L}e^{-(c\lambda_n)^2t}$$

이다. 이 식은

$$u(x, t)=\sum_{n=0}^{\infty}u_n(x, t)=\sum_{n=0}^{\infty}A_n\cos\frac{n\pi x}{L}e^{-(c\lambda_n)^2t}\qquad \left(\text{단, }\lambda_n=\frac{n\pi}{L}\right)$$

으로 푸리에 코사인 급수이다. 초기조건에 따르면

$$u(x, 0)=\sum_{n=0}^{\infty}A_n\cos\frac{n\pi x}{L}=f(x)$$

이고 [정의 11-4]에 의해 $n=0, 1, 2, \cdots$ 일 때

$$A_0=\frac{1}{L}\int_0^L f(x)\,dx,\quad A_n=\frac{2}{L}\int_0^L f(x)\cos\frac{n\pi x}{L}\,dx$$

로 표현한다. A_0는

$$A_0 = \frac{1}{L}\left[\int_0^{\frac{L}{2}} x\,dx + \int_{\frac{L}{2}}^{L}(L-x)\,dx\right] = \frac{1}{L}\left[\frac{1}{2}x^2\Big|_0^{\frac{L}{2}} + \left(Lx - \frac{1}{2}x^2\right)\Big|_{\frac{L}{2}}^{L}\right] = \frac{1}{4}L$$

이고, A_n은

$$A_n = \frac{2}{L}\left[\int_0^{\frac{L}{2}} x\cos\frac{n\pi x}{L}\,dx + \int_{\frac{L}{2}}^{L}(L-x)\cos\frac{n\pi x}{L}\,dx\right]$$

이다. $u = x$, $v' = \cos\dfrac{n\pi x}{L}$라 두면 $u' = 1$, $v = \dfrac{L}{n\pi}\sin\dfrac{n\pi x}{L}$이므로 부분적분법을 적용하면

$$\begin{aligned}
&\frac{2}{L}\left[\int_0^{\frac{L}{2}} x\cos\frac{n\pi x}{L}\,dx + \int_{\frac{L}{2}}^{L}(L-x)\cos\frac{n\pi x}{L}\,dx\right] \\
&= \frac{2}{L}\left[\frac{L}{n\pi}x\sin\frac{n\pi x}{L}\Big|_0^{\frac{L}{2}} - \frac{L}{n\pi}\int_0^{\frac{L}{2}}\sin\frac{n\pi x}{L}\,dx\right. \\
&\qquad\left. + \frac{L^2}{n\pi}\sin\frac{n\pi x}{L}\Big|_{\frac{L}{2}}^{L} - \left(\frac{L}{n\pi}x\sin\frac{n\pi x}{L}\Big|_{\frac{L}{2}}^{L} - \frac{L}{n\pi}\int_{\frac{L}{2}}^{L}\sin\frac{n\pi x}{L}\,dx\right)\right] \\
&= \frac{2}{L}\left[\frac{L^2}{2n\pi}\sin\frac{n\pi}{2} + \frac{L^2}{n^2\pi^2}\cos\frac{n\pi x}{L}\Big|_0^{\frac{L}{2}}\right. \\
&\qquad\left. + \frac{L^2}{n\pi}\left(-\sin\frac{n\pi}{2}\right) - \frac{L}{n\pi}\left(-\frac{L}{2}\sin\frac{n\pi}{2}\right) + \frac{L^2}{n^2\pi^2}\cos\frac{n\pi x}{L}\Big|_{\frac{L}{2}}^{L}\right] \\
&= \frac{2}{L}\left[\frac{L^2}{2n\pi}\sin\frac{n\pi}{2} + \frac{L^2}{n^2\pi^2}\left(\cos\frac{n\pi}{2} - 1\right)\right. \\
&\qquad\left. - \frac{L^2}{n\pi}\sin\frac{n\pi}{2} + \frac{L^2}{2n\pi}\sin\frac{n\pi}{2} + \frac{L^2}{n^2\pi^2}\left(\cos n\pi - \cos\frac{n\pi}{2}\right)\right] \\
&= \frac{2}{L}\left[\frac{L^2}{n^2\pi^2}(\cos n\pi - 1)\right] \\
&= \frac{2L}{n^2\pi^2}\left[(-1)^n - 1\right]
\end{aligned}$$

이다. 따라서 이 열전도방정식의 해는 다음과 같다.

$$\begin{aligned}
u(x, t) &= A_0 + \sum_{n=1}^{\infty}\frac{2L}{n^2\pi^2}\left[(-1)^n - 1\right]\cos\frac{n\pi x}{L}e^{-(c\lambda_n)^2 t} \\
&= \frac{L}{4} + \frac{2L}{\pi^2}\left[-2\cos\frac{\pi x}{L}e^{-\left(\frac{c\pi}{L}\right)^2 t} - \frac{2}{3^2}\cos\frac{3\pi x}{L}e^{-\left(\frac{3c\pi}{L}\right)^2 t} + \cdots\right]
\end{aligned}$$

푸리에 적분으로 열전도방정식 풀기

막대나 전선의 길이가 아주 길면 열전도방정식의 해를 푸리에 적분으로 나타낸다. 이 경우 초기조건만 주어지므로 열전도방정식은 다음과 같다.

$$\frac{\partial u}{\partial t} = c^2 \frac{\partial^2 u}{\partial x^2} \tag{13.7}$$

$$\text{초기조건 : } u(x,\,0) = f(x),\ -\infty < x < \infty \tag{13.8}$$

해를 구하기 위해 1차원 열전도방정식의 풀이 [1단계]처럼 $u(x,t) = F(x)G(t)$라 놓고 방정식 (13.7)에 대입하면 두 상미분방정식

$$\dot{G} + \mu^2 c^2 G = 0$$
$$F'' + \mu^2 F = 0$$

을 얻는다. 이 상미분방정식의 해는

$$F(x) = A\cos\mu x + B\sin\mu x \qquad (\text{단, } A,\ B\text{는 임의의 상수})$$
$$G(t) = e^{-\int \mu^2 c^2 dt} = e^{-\mu^2 c^2 t}$$

이다. 따라서 열전도방정식 (13.7)의 해는

$$u(x,\,t) = F(x)\,G(t) = (A\cos\mu x + B\sin\mu x)e^{-c^2\mu^2 t}$$

이다.

■ 푸리에 적분의 사용

길이가 L인 막대의 열전도에서 $L \to \infty$이므로 $\mu = \dfrac{n\pi}{L} \to 0$이다. μ가 연속적인 값을 취하므로 다음과 같이 적분 형태의 해를 가진다. 이때 A. B가 임의의 상수이므로 μ에 대한 함수 $A(\mu)$, $B(\mu)$로 나타낼 수 있다.

$$u(x,\,t) = \int_0^\infty u(x,\,t\,;\,\mu)\,d\mu = \frac{1}{\pi}\int_0^\infty [A(\mu)\cos\mu x + B(\mu)\sin\mu x]e^{-c^2\mu^2 t}\,d\mu$$

초기조건 (13.8)을 적용하면

$$u(x,\,0) = f(x) = \frac{1}{\pi}\int_0^\infty [A(\mu)\cos\mu x + B(\mu)\sin\mu x]\,d\mu$$

이다. [정의 12-1]에 의해 $A(\mu)$, $B(\mu)$가 푸리에 코사인 적분과 푸리에 사인 적분을 만족하도록 선택한다.

$$A(\mu) = \int_{-\infty}^{\infty} f(v)\cos \mu v\, dv$$
$$B(\mu) = \int_{-\infty}^{\infty} f(v)\sin \mu v\, dv$$

그러므로 푸리에 적분에 의한 해는 다음과 같다.

$$u(x,\, t) = \frac{1}{\pi}\int_{-\infty}^{\infty} f(v)\left[\int_{0}^{\infty} e^{-c^2\mu^2 t}\cos \mu(x-v)d\mu\right]dv$$
$$= \frac{1}{2c\sqrt{\pi t}}\int_{-\infty}^{\infty} f(v)e^{-\frac{(x-v)^2}{4c^2 t}}dv$$

연계 16장 [연습문제 61]

$$\int_0^{\infty} e^{-s^2}\cos 2bs\, ds = \frac{\sqrt{\pi}}{2}e^{-b^2}$$

예제 13-5 응용

길이가 무한대인 1차원 막대에 대하여 열전도방정식이

$$\frac{\partial u}{\partial t} = k\frac{\partial^2 u}{\partial x^2}$$

이고, 초기조건이 다음과 같다고 하자.

$$u(x,\, 0) = f(x) = \begin{cases} 1, & |x| < 1 \\ 0, & |x| > 1 \end{cases}$$

푸리에 적분을 사용하여 열전도방정식의 해 $u(x,\, t)$를 구하라.

풀이

열전도방정식의 일반해를 이용하자. 비주기함수 $f(x)$가 우함수이므로 $u(x,\, t)$와 $u(x,\, 0) = f(x)$를 각각 푸리에 코사인 적분으로 표현할 수 있다.

$$u(x,\, t) = \int_0^{\infty} A(\mu)\cos \mu x \cdot e^{-k\mu^2 t}d\mu$$
$$u(x,\, 0) = f(x) = \int_0^{\infty} A(\mu)\cos \mu x\, d\mu$$

이때 $A(\mu) = \dfrac{1}{\pi}\displaystyle\int_{-\infty}^{\infty} f(x)\cos \mu x\, dx = \dfrac{2\sin\mu}{\pi\mu}$ 이다. 그러므로 구하려는 열전도방정식의 해는

$$u(x,\, t) = \frac{2}{\pi}\int_0^{\infty} \frac{\sin\mu}{\mu}\cos \mu x \cdot e^{-k\mu^2 t}d\mu$$

이다.

푸리에 변환으로 열전도방정식 풀기

푸리에 변환을 이용하여 열전도방정식을 상미분방정식으로 전환하여 해를 구할 수 있다. [예제 13-5]를 푸리에 변환으로 다시 풀어보자.

예제 13-6 응용

길이가 무한대인 1차원 막대에 대하여 열전도방정식이

$$\frac{\partial u}{\partial t}=k\frac{\partial^2 u}{\partial x^2}$$

이고, 초기조건이 다음과 같다고 하자.

$$u(x,0)=f(x)=\begin{cases}1, & |x|<1\\ 0, & |x|>1\end{cases}$$

푸리에 변환을 사용하여 열전도방정식의 해 $u(x,t)$를 구하라.

풀이

$F\{u\}=\int_{-\infty}^{\infty}u(x,t)e^{-\omega\xi}dx=U(\omega,t)$로 정의할 때, 열전도방정식 $\frac{\partial u}{\partial t}=k\frac{\partial^2 u}{\partial x^2}$의 양변에 푸리에 변환을 적용하면

$$\frac{dU}{dt}=-k\omega^2U(\omega,t)$$

를 얻는다. 이 상미분방정식의 해는 $U(\omega,t)=ce^{-k\omega^2t}$이다.

이제 초기조건을 푸리에 변환하면

$$U(\omega,0)=\int_{-1}^{1}1\cdot e^{-i\omega x}dx=\frac{2\sin\omega}{\omega}$$

이다. 일반해에서 $t=0$을 대입하고 위 식과 같다고 두면 $c=c(\omega)=\frac{2\sin w}{w}$이다.

이제 $U(\omega,t)=c(\omega)e^{-k\omega^2t}$을 역변환하면

$$u(x,t)=\frac{1}{2\pi}F^{-1}\{U(\omega,t)\}=\frac{1}{\pi}\int_{-\infty}^{\infty}\frac{\sin\omega}{\omega}e^{-k\omega^2t}e^{i\omega x}d\omega$$

이며, 이 결과는 [예제 13-5]에서 푸리에 적분을 이용한 결과와 동일하다.

Section

13.3 파동방정식

물리학이나 수학에서 파동은 어떤 곳에서 진동이 발생하고 퍼져나가는 현상을 나타낸다. 이러한 파동의 형태는 2계 편미분방정식으로 나타낼 수 있으며, 이를 **파동방정식** wave equation이라 한다. 파동방정식은

$$\frac{\partial^2 u}{\partial t^2} = c^2 \nabla^2 u, \quad c^2 = \frac{T}{\rho} \qquad (T : \text{장력}, \ \rho : \text{선밀도})$$

라는 식으로 표현한다. 차원에 따라 방정식을 다시 나타내면 다음과 같다.

(1) 1차원 파동방정식 : $\dfrac{\partial^2 u}{\partial t^2} = c^2 \dfrac{\partial^2 u}{\partial x^2}$

(2) 2차원 파동방정식 : $\dfrac{\partial^2 u}{\partial t^2} = c^2 \left(\dfrac{\partial^2 u}{\partial x^2} + \dfrac{\partial^2 u}{\partial y^2} \right)$

(3) 3차원 파동방정식 : $\dfrac{\partial^2 u}{\partial t^2} = c^2 \left(\dfrac{\partial^2 u}{\partial x^2} + \dfrac{\partial^2 u}{\partial y^2} + \dfrac{\partial^2 u}{\partial z^2} \right)$

이 절에서는 1차원 파동방정식에 관해서만 간략히 다룬다.

1차원 파동방정식

현악기에 팽팽하게 당겨진 현을 튕기면 현이 진동하며 소리가 난다. 진동하는 현의 변위 deflection는 각 점 x와 시간 t에 따라 달라지므로 변수가 2개인 함수 $u(x, t)$로 나타낸다. 현을 x축 상에서 길이 L만큼 늘이고 양 끝을 $x = 0$과 $x = L$로 고정하자. 임의의 시각 t에서 현을 잡아당긴 후 놓을 때의 진동을 편미분방정식으로 나타낼 수 있다. 문제를 단순화하기 위해 다음을 가정한다.

❶ 현은 수직 방향으로만 진동한다.

❷ 현은 선형탄성체이며, 휨에 대한 저항력이 없다.

❸ 현의 단면적이 일정하고 물성이 균질하므로 단위길이당 현의 질량(선밀도 linear density) ρ는 일정하다.

❹ 현에 작용하는 중력은 무시한다.

전체 길이가 L인 현을 생각하자. 시각 t에서 현을 잡아당긴 후 작은 구간 x와 $x+\Delta x$에 작용하는 힘을 그림으로 나타내면 [그림 13-2]와 같다. 가정 ❷에 따르면 현이 휠 때 저항이 없으므로 장력 tension은 각 점에서 접선 방향으로 작용한다. 점 P와 Q에서의 장력을 각각 T_1과 T_2라 하자. 현이 수직으로만 진동하므로 수평방향으로는 운동하지 않는다.

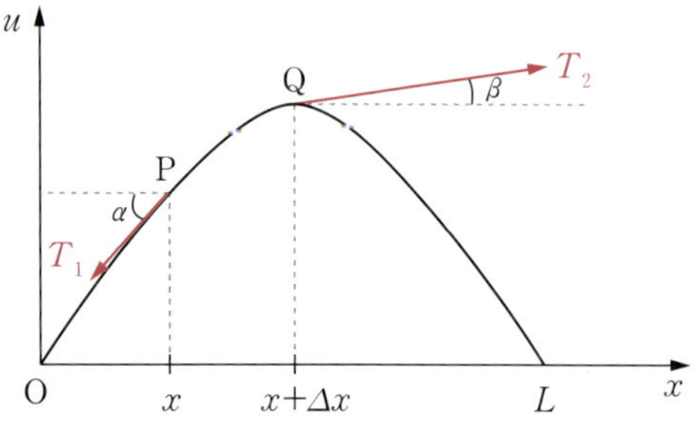

[그림 13-2] 고정된 시각 t에서 휘어진 현

그러므로 장력 T_1과 T_2의 수평성분은 모두 식 (13.9)처럼 일정하다.

$$T_1 \cos\alpha = T_2 \cos\beta = T \quad (\text{단, } T\text{는 상수}) \tag{13.9}$$

장력 T_1은 아래를 향하므로 수직성분은 $-T_1\sin\alpha$이고, 장력 T_2는 위를 향하므로 수직성분은 $T_2\sin\beta$이다. 뉴턴 제2법칙(가속도 법칙)에서 $F=ma$이므로

$$F = T_2\sin\beta - T_1\sin\alpha,\quad m=\rho\Delta x,\quad a = \frac{\partial^2 u}{\partial t^2}$$

$$(\text{단, } \rho\text{는 밀도, } \Delta x\text{는 길이, } u\text{는 변위})$$

라 두면

$$T_2\sin\beta - T_1\sin\alpha = \rho\Delta x\frac{\partial^2 u}{\partial t^2} \tag{13.10}$$

가 성립한다. 식 (13.10)의 양변을 T로 나누고 관계식 (13.9)를 이용하면

$$\tan\beta - \tan\alpha = \frac{\rho\Delta x}{T}\frac{\partial^2 u}{\partial t^2}$$

이다. $\tan\alpha$와 $\tan\beta$는 각각 점 x와 $x+\Delta x$에서 접선의 기울기이므로

$$\left(\frac{\partial u}{\partial x}\right)_{x+\Delta x} - \left(\frac{\partial u}{\partial x}\right)_x = \frac{\rho\Delta x}{T}\frac{\partial^2 u}{\partial t^2}$$

라 나타낼 수 있다. 이 식의 양변을 Δx로 나누고 $\Delta x\to 0$으로 극한을 취하면

$$\lim_{\Delta x \to 0} \frac{1}{\Delta x}\left[\left(\frac{\partial u}{\partial x}\right)_{x+\Delta x} - \left(\frac{\partial u}{\partial x}\right)_{x}\right] = \frac{\rho}{T}\frac{\partial^2 u}{\partial t^2}$$

$$\frac{\partial^2 u}{\partial x^2} = \frac{\rho}{T}\frac{\partial^2 u}{\partial t^2}$$

$$\frac{T}{\rho}\frac{\partial^2 u}{\partial x^2} = \frac{\partial^2 u}{\partial t^2}$$

이다. 이제 $c^2 = \dfrac{T}{\rho}$라 두면 1차원 파동방정식

$$c^2 \frac{\partial^2 u}{\partial x^2} = \frac{\partial^2 u}{\partial t^2}$$

를 얻는다.

1차원 파동방정식의 풀이

1차원 파동방정식의 경계조건, 초기조건(변위, 속도)이

$$\frac{\partial^2 u}{\partial t^2} = c^2 \frac{\partial^2 u}{\partial x^2} \tag{13.11}$$

$$\text{경계조건 : } u(0, t) = 0, \; u(L, t) = 0 \tag{13.12}$$

$$\text{초기변위 : } u(x, 0) = f(x)$$

$$\text{초기속도 : } \left.\frac{\partial u}{\partial t}\right|_{t=0} = g(x) \tag{13.13}$$

로 주어질 때, 특수해 $u(x, t)$를 구해보자. 다음과 같이 세 가지 단계로 나누어 구할 수 있다.

■ 1단계 : 상미분방정식 두 개로 변수분리

$u(x, t) = F(x)\,G(t)$라 놓고 방정식 (13.11)에 대입하면

$$F\ddot{G} = c^2 F'' G$$

$$\frac{1}{c^2}\frac{\ddot{G}}{G} = \frac{F''}{F} \qquad \left(\text{단, } \ddot{G} = \frac{d^2 G}{dt^2}\right)$$

이다. 이 식의 좌변은 t만의 함수이고 우변은 x만의 함수이므로, 등식이 성립하려면 양변이 모두 상수(k)이어야 한다. 그러므로 상수계수를 갖는 2계 상미분방정식

$$F'' - kF = 0$$

$$\ddot{G} - c^2 k\, G = 0$$

을 얻는다.

■ 2단계 : 경계조건 확인

경계조건 (13.12)를 다시 쓰면

$$u(0, t) = F(0)G(t) = 0, \quad u(L, t) = F(L)G(t) = 0$$

이다. 이때 $G(t) = 0$이면 $u(x, t) = F(x)G(t) = 0$이므로 현이 전혀 움직이지 않는다는 의미이다. 그러므로 $G(t) \neq 0$이고 $F(0) = 0$, $F(L) = 0$이다. 이제 두 2계 상미분방정식을 각각 풀어보자.

(i) 미분방정식 $F'' - kF = 0$을 k 값의 범위에 따라 세 가지로 나누어 푼다.

❶ **$k = 0$인 경우** : $F'' = 0$이므로 일반해는

$$F = ax + b$$

이다. $F(0) = b = 0$, $F(L) = aL + b = 0$을 연립하면 $a = b = 0$이므로 $F = 0$이고 $u = FG = 0$이 되어 해로서 의미가 없다.

❷ **$k > 0$인 경우** : $k = \mu^2$이라 놓으면 $F'' - \mu^2 F = 0$의 일반해는

$$F = Ae^{\mu x} + Be^{-\mu x}$$

이다. 경계조건을 다시 쓰면

$$F(0) = A + B = 0$$
$$F(L) = Ae^{\mu L} + Be^{-\mu L} = 0$$

이며, 이를 연립하면 $A = B = 0$을 얻는다. 즉 $F = 0$이므로 $u = 0$이고, 해로서 의미가 없다.

❸ **$k < 0$인 경우** : $k = -p^2$이라 놓으면 $F'' + p^2 F = 0$의 보조방정식 $m^2 + p^2 = 0$의 해가 켤레복소근이므로(3.3절 참조) 그 일반해는

$$F(x) = A\cos px + B\sin px \quad (\text{단, } A, B\text{는 임의의 상수})$$

이다. 경계조건을 다시 쓰면

$$F(0) = A = 0, \quad F(L) = B\sin pL = 0$$

이다. 이때 $B = 0$이면 $F = 0$이고 의미가 없어지므로 $\sin pL = 0$이다. 이 방정식을 풀면 $pL = n\pi$, $p = \dfrac{n\pi}{L}$이므로 구하려는 미분방정식의 해는

$$F_n(x) = B\sin\frac{n\pi x}{L} \quad (\text{단, } n = 1, 2, \cdots)$$

이다.

(ii) 미분방정식 $\ddot{G}-c^2kG=0$을 풀어보자. (i)의 ❸에서 $k=-p^2=-\left(\frac{n\pi}{L}\right)^2$이므로 미분방정식에 대입하면

$$\ddot{G}+\left(\frac{cn\pi}{L}\right)^2 G=0$$

이다. $\frac{cn\pi}{L}=\lambda_n$이라 놓으면

$$\ddot{G}+\lambda_n^2 G=0$$

이며, 이 미분방정식의 일반해는 $G_n(t)=b_n\cos\lambda_n t+b_n^*\sin\lambda_n t$(단, b_n, b_n^*은 상수)이다. 그러므로 $b_nB=B_n$, $b_n^*B=B_n^*$이라 두면 1차원 파동방정식 (13.11)의 해는

$$\begin{aligned}u_n(x,t)&=F_n(x)G_n(t)\\&=(b_n\cos\lambda_n t+b_n^*\sin\lambda_n t)B\sin\frac{n\pi x}{L}\\&=(B_n\cos\lambda_n t+B_n^*\sin\lambda_n t)\sin\frac{n\pi x}{L}\end{aligned}$$

이다.

■ 3단계 : 초기조건 확인

2단계 (ii)에서 얻은 파동방정식의 해에 초기변위 (13.13)을 적용하면

$$u_n(x,0)=B_n\sin\frac{n\pi x}{L}$$

이다. [정리 3-3]에 따르면 제차 선형 미분방정식에서 해의 일차결합도 해이므로 파동방정식의 해를

$$u(x,t)=\sum_{n=1}^{\infty}u_n(x,t)=\sum_{n=1}^{\infty}(B_n\cos\lambda_n t+B_n^*\sin\lambda_n t)\sin\frac{n\pi x}{L}$$

로 나타낼 수 있다. 이 식에 $t=0$을 대입하면

$$u(x,0)=\sum_{n=1}^{\infty}u_n(x,0)=\sum_{n=1}^{\infty}B_n\sin\frac{n\pi x}{L}=f(x)$$

이다. 이 식은 $f(x)$의 푸리에 사인 급수이므로 [정의 11-4]에 의해

$$B_n=\frac{2}{L}\int_0^L f(x)\sin\frac{n\pi x}{L}\,dx$$

이다. 초기속도 $\left.\frac{\partial u}{\partial t}\right|_{t=0}=g(x)$를 적용하면

$$\left.\frac{\partial u}{\partial t}\right|_{t=0} = \left[\sum_{n=1}^{\infty}(-B_n\lambda_n \sin\lambda_n t + B_n^* \lambda_n \cos\lambda_n t)\sin\frac{n\pi x}{L}\right]_{t=0}$$
$$= \sum_{n=1}^{\infty} B_n^* \lambda_n \sin\frac{n\pi x}{L} = g(x)$$

이다. 이 식은 $g(x)$의 푸리에 사인 급수이므로 [정의 11-4]에 의해

$$B_n^*\lambda_n = \frac{2}{L}\int_0^L g(x)\sin\frac{n\pi x}{L}\,dx$$
$$B_n^* = \frac{2}{cn\pi}\int_0^L g(x)\sin\frac{n\pi x}{L}\,dx$$

이며, 이때 $\lambda_n = \dfrac{cn\pi}{L}$ 이다. 그러므로 경계조건 (13.12)와 두 초기조건 (13.13)을 만족하는 1차원 파동방정식 (13.11)의 해는

$$u(x, t) = \sum_{n=1}^{\infty}(B_n\cos\lambda_n t + B_n^*\sin\lambda_n t)\sin\frac{n\pi x}{L},$$
$$B_n = \frac{2}{L}\int_0^L f(x)\sin\frac{n\pi x}{L}\,dx,$$
$$B_n^* = \frac{2}{cn\pi}\int_0^L g(x)\sin\frac{n\pi x}{L}\,dx,$$
$$\lambda_n = \frac{cn\pi}{L} \quad (\text{단, } n = 1, 2, \cdots)$$

이다. 만약 초기속도가 0이면, 즉 $g(x)=0$이면 $B_n^* = 0$이므로

$$u(x, t) = \sum_{n=1}^{\infty} B_n \cos\lambda_n t \sin\frac{n\pi x}{L}$$

이다. 식의 우변은 삼각함수의 곱을 합으로 변형하는 공식을 적용하면

$$\cos\frac{cn\pi}{L}t\sin\frac{n\pi x}{L} = \frac{1}{2}\left[\sin\left(\frac{n\pi}{L}(x-ct)\right)+\sin\left(\frac{n\pi}{L}(x+ct)\right)\right]$$

이므로 정리하면

$$u(x, t) = \frac{1}{2}\sum_{n=1}^{\infty} B_n \sin\left(\frac{n\pi}{L}(x-ct)\right) + \frac{1}{2}\sum_{n=1}^{\infty} B_n \sin\left(\frac{n\pi}{L}(x+ct)\right)$$

이다.

예제 13-7

길이가 L인 현에 대하여 초기변위가

$$f(x)=\begin{cases}\dfrac{2k}{L}x & , \quad 0<x<\dfrac{L}{2}\\[2mm] \dfrac{2k}{L}(L-x), & \dfrac{L}{2}<x<L\end{cases}$$

이고, 초기속도가 $g(x)=0$이라고 하자. 1차원 파동방정식 $\dfrac{\partial^2 u}{\partial t^2}=c^2\dfrac{\partial^2 u}{\partial x^2}$의 해를 구하라.

풀이

$g(x)=0$이면 $B_n^*=0$이므로 $u(x,t)=\displaystyle\sum_{n=1}^{\infty}B_n\cos\lambda_n t\sin\frac{n\pi x}{L}$이다. 그러면 B_n은

$$B_n=\frac{2}{L}\left[\int_0^{\frac{L}{2}}\frac{2k}{L}x\sin\frac{n\pi x}{L}\,dx+\int_{\frac{L}{2}}^{L}\frac{2k}{L}(L-x)\sin\frac{n\pi x}{L}\,dx\right]$$

이다. $u=x$, $v'=\sin\dfrac{n\pi x}{L}$라 두면 $u'=1$, $v=-\dfrac{L}{n\pi}\cos\dfrac{n\pi x}{L}$이므로 부분적분법을 적용하면

$$\begin{aligned}&\frac{2}{L}\left[\int_0^{\frac{L}{2}}\frac{2k}{L}x\sin\frac{n\pi x}{L}\,dx+\int_{\frac{L}{2}}^{L}\frac{2k}{L}(L-x)\sin\frac{n\pi x}{L}\,dx\right]\\&=\frac{4k}{L^2}\left[\int_0^{\frac{L}{2}}x\sin\frac{n\pi x}{L}\,dx+L\int_{\frac{L}{2}}^{L}\sin\frac{n\pi x}{L}\,dx-\int_{\frac{L}{2}}^{L}x\sin\frac{n\pi x}{L}\,dx\right]\\&=\left[-\frac{L}{n\pi}x\cos\frac{n\pi x}{L}\Big|_0^{\frac{L}{2}}+\frac{L}{n\pi}\int_0^{\frac{L}{2}}\cos\frac{n\pi x}{L}\,dx-\frac{L^2}{n\pi}\cos\frac{n\pi x}{L}\Big|_{\frac{L}{2}}^{L}\right.\\&\qquad\left.+\frac{L}{n\pi}x\cos\frac{n\pi x}{L}\Big|_{\frac{L}{2}}^{L}-\frac{L}{n\pi}\int_{\frac{L}{2}}^{L}\cos\frac{n\pi x}{L}\,dx\right]\\&=\frac{8k}{n^2\pi^2}\sin\frac{n\pi}{2}\end{aligned}$$

이다. 그러므로

$$\begin{aligned}u(x,t)&=\frac{8k}{\pi^2}\sum_{n=1}^{\infty}\frac{1}{n^2}\sin\frac{n\pi}{2}\cos\frac{cn\pi t}{L}\sin\frac{n\pi x}{L}\\&=\frac{8k}{\pi^2}\left(\cos\frac{c\pi t}{L}\sin\frac{\pi x}{L}-\frac{1}{3^2}\cos\frac{3c\pi t}{L}\sin\frac{3\pi x}{L}+\cdots\right)\end{aligned}$$

이다.

Section

13.4 라플라스 방정식

물리학과 공학에서 중요하게 다루는 방정식을 소개한다. 특정 상태의 공간에서 시간에 따라 변하지 않는 물리 현상의 정상상태steady state를 2계 편미분방정식으로 나타낼 수 있다. 이를 **라플라스 방정식** Laplace's equation이라 하며, 전자기학에서는 전위electric potential, 천문학에서는 중력퍼텐셜gravitational potential 등을 다룰 때 쓰인다. 라플라스 방정식은

$$\nabla^2 u = \frac{\partial^2 u}{\partial x^2} + \frac{\partial^2 u}{\partial y^2} + \frac{\partial^2 u}{\partial z^2} = 0$$

으로 표현된다. 라플라스 방정식의 해를 **조화함수**harmonic function라고 한다.

예제 13-8

한 점 (X, Y, Z)에 위치한 단위질량으로부터 한 점 (x, y, z)에 작용하는 중력퍼텐셜이 $u(x, y, z) = \frac{c}{r}$라 하자. 단, $r = \sqrt{(x-X)^2 + (y-Y)^2 + (z-Z)^2}$, $c = GMm$, G는 중력, M, m은 두 물체의 질량이다. $u(x, y, z)$가 조화함수임을 보여라.

풀이

중력퍼텐셜 $u(x, y, z)$의 x에 관한 편도함수는

$$\begin{aligned}\frac{\partial u}{\partial x} &= \frac{\partial}{\partial x}\left(\frac{c}{r}\right) = \frac{\partial}{\partial x}\left[c\{(x-X)^2 + (y-Y)^2 + (z-Z)^2\}^{-\frac{1}{2}}\right] \\ &= -\frac{1}{2} \cdot \frac{2c(x-X)}{\{(x-X)^2 + (y-Y)^2 + (z-Z)^2\}^{\frac{3}{2}}} \\ &= -\frac{c(x-X)}{r^3}\end{aligned}$$

이고 2계 편도함수는

$$\begin{aligned}\frac{\partial^2 u}{\partial x^2} &= -\frac{c}{\{(x-X)^2 + (y-Y)^2 + (z-Z)^2\}^{\frac{3}{2}}} + \frac{3c(x-X)^2}{\{(x-X)^2 + (y-Y)^2 + (z-Z)^2\}^{\frac{5}{2}}} \\ &= -\frac{c}{r^3} + \frac{3c(x-X)^2}{r^5}\end{aligned}$$

이다. 같은 방법으로 y와 z 각각에 관한 2계 편도함수를 구하면

$$\frac{\partial^2 u}{\partial y^2} = -\frac{c}{r^3} + \frac{3c(y-Y)^2}{r^5},$$
$$\frac{\partial^2 u}{\partial z^2} = -\frac{c}{r^3} + \frac{3c(z-Z)^2}{r^5}$$

이다. 이로부터

$$\frac{\partial^2 u}{\partial x^2} + \frac{\partial^2 u}{\partial y^2} + \frac{\partial^2 u}{\partial z^2} = c\left(-\frac{3}{r^3} + \frac{3r^2}{r^5}\right) = 0$$

이 성립함을 확인할 수 있다.

13.2절에서 다룬 열전도방정식

$$\frac{\partial u}{\partial t} = c^2 \nabla^2 u$$

가 정상상태이면, 즉 시간이 지나도 온도가 더 이상 변하지 않으면 $\frac{\partial u}{\partial t} = 0$이므로 라플라스 방정식 $c^2 \nabla^2 u = 0$을 만족한다.

예제 13-9

[그림 13-3]과 같은 직사각형 영역을 생각하자. 조건

$$\nabla^2 u = \frac{\partial^2 u}{\partial x^2} + \frac{\partial^2 u}{\partial y^2} = 0$$

을 만족하는 직사각형 판의 정상 온도 $u(x, y)$를 변수분리법으로 구하라. 단, $\left.\frac{\partial u}{\partial x}\right|_{x=0} = \left.\frac{\partial u}{\partial x}\right|_{x=a} = 0$, $u(x, 0) = f(x)$, $u(x, b) = g(x)$이다.

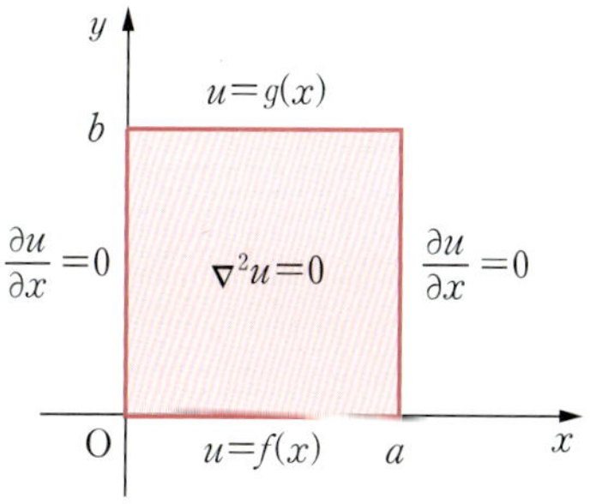

[그림 13-3] 직사각형 영역

풀이

x방향의 경계조건 $\left.\frac{\partial u}{\partial x}\right|_{x=0} = \left.\frac{\partial u}{\partial x}\right|_{x=a} = 0$을 만족시키기 위해 푸리에 코사인 급수

$$u(x, y) = a_0(y) + \sum_{n=1}^{\infty} a_n(y) \cos\frac{n\pi}{a}x$$

로 나타내자. 이를 $\nabla^2 u = 0$에 대입하면

$$-\sum_{n=1}^{\infty}\left(\frac{n\pi}{a}\right)^2 a_n(y)\cos\frac{n\pi}{a}x + a_0''(y) + \sum_{n=1}^{\infty} a_n''(y)\cos\frac{n\pi}{a}x = 0$$

$$a_0''(y) + \sum_{n=1}^{\infty}\left[a_n''(y) - \left(\frac{n\pi}{a}\right)^2 a_n(y)\right]\cos\frac{n\pi}{a}x = 0$$

이다. 따라서

$$a_0''(y) = 0 \Rightarrow a_0(y) = A_0 + B_0 y$$

$$a_n''(y) - \left(\frac{n\pi}{a}\right)^2 a_n(y) - 0 \Rightarrow a_n(y) = A_n e^{\frac{n\pi}{a}y} + B_n e^{-\frac{n\pi}{a}y} \text{ 또는}$$

$$a_n(y) = A_n\cosh\frac{n\pi}{a}y + B_n\sinh\frac{n\pi}{a}y$$

이므로

$$u(x, y) = A_0 + B_0 y + \sum_{n=1}^{\infty}\left(A_n\cosh\frac{n\pi}{a}y + B_n\sinh\frac{n\pi}{a}y\right)\cos\frac{n\pi}{a}x$$

이다. 이제 y방향의 경계조건 $u(x, 0) = f(x)$, $u(x, b) = g(x)$를 적용하면

$$u(x, 0) = f(x) = A_0 + \sum_{n=1}^{\infty} A_n\cos\frac{n\pi}{a}x$$

$$u(x, b) = g(x) = A_0 + B_0 b + \sum_{n=1}^{\infty}\left(A_n\cosh\frac{n\pi b}{a} + B_n\sinh\frac{n\pi b}{a}\right)\cos\frac{n\pi}{a}x$$

이다. $u(x, 0)$은 $f(x)$의 푸리에 코사인 급수이어야 하므로

$$A_0 = \frac{1}{a}\int_0^a f(x)\,dx,\quad A_n = \frac{2}{a}\int_0^a f(x)\cos\frac{n\pi}{a}x\,dx$$

이다. $u(x, b)$는 $g(x)$의 푸리에 코사인 급수이어야 하므로

$$A_0 + B_0 b = \frac{1}{a}\int_0^a g(x)\,dx$$

$$A_n\cosh\frac{n\pi b}{a} + B_n\sinh\frac{n\pi b}{a} = \frac{2}{a}\int_0^a g(x)\cos\frac{n\pi}{a}x\,dx$$

이다. 따라서

$$B_0 = \frac{1}{ab}\int_0^a g(x)\,dx - \frac{A_0}{b}$$

$$B_n = \left(\frac{2}{a}\int_0^a g(x)\cos\frac{n\pi}{a}x\,dx - A_n\cosh\frac{n\pi b}{a}\right)\Big/\sinh\frac{n\pi b}{a}$$

가 된다.

디리클레 문제

직사각형 영역 R에 대하여 R의 경계에서 해의 값이 조건으로 주어진 라플라스 방정식을 풀어보자. 이러한 방정식을 **디리클레 문제**Dirichlet problem라고 한다. 이 디리클레 문제는 많은 종류의 편미분방정식을 풀 수 있게 하며, 특히 라플라스 방정식의 해를 구하는 데 유용하게 쓰인다.

예제 13-10

[그림 13-4]와 같은 직사각형 영역을 생각하자. 라플라스 방정식

$$\nabla^2 u = \frac{\partial^2 u}{\partial x^2} + \frac{\partial^2 u}{\partial y^2} = 0$$

의 해 $u(x, y)$를 구하라. 단, $u(0, y) = 0$, $u(a, y) = 0$, $u(x, 0) = f(x)$, $u(x, b) = g(x)$이다.

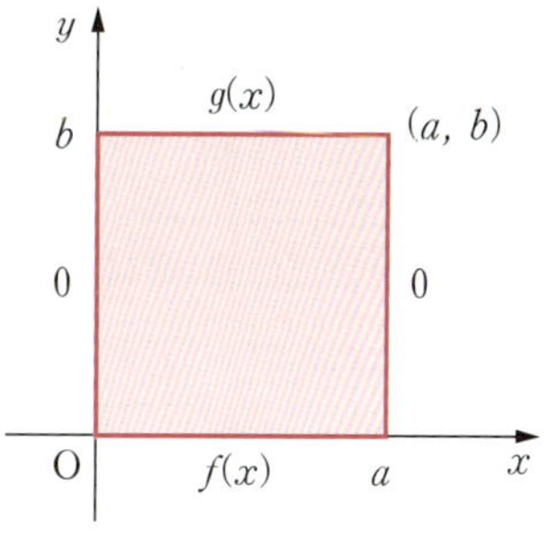

[그림 13-4] 직사각형 영역

풀이

$u(x, y) = M(x, y)N(x, y)$라고 두자. 2차원 라플라스 방정식에 대입하면

$$\frac{M''}{M} = -\frac{N''}{N} = k$$

가 되고

$$M''(x) - kM(x) = 0,$$
$$N''(y) + kN(y) = 0$$

이다. $k = -p^2(< 0)$이라 두자. [예제 13-9]의 풀이를 참고하면 일반해가 각각

$$M(x) = C\cos px + D\sin px,$$
$$N(y) = A\cosh py + B\sinh py$$

이다. 문제의 조건에 따르면 $u(0, y) - M(0)N(y) = 0$에서 $N(y) \neq 0$이므로 $M(0) = 0$이며, 따라서 $C = 0$이다. 마찬가지로 $u(a, y) = M(a)N(y) = 0$에서 $M(a) = 0$이므로 $D\sin pa = 0$이다. 만약 $D = 0$이면 $u(x, y) = 0$이므로 $D \neq 0$이다. 편의상 $D = 1$이라 두자. $\sin pa = 0$이므로 $n = 1, 2, 3, \cdots$에 대하여 $p = \frac{n\pi}{a}$이다. 따라서 라플라스 방정식의 해는

$$u_n(x, y) = M_n(x)N_n(y) = \left(A_n \cosh\frac{n\pi}{a}y + B_n \sinh\frac{n\pi}{a}y\right)\sin\frac{n\pi}{a}x$$

이며, 이를 일차결합하면

$$u(x, y) = \sum_{n=1}^{\infty}\left(A_n \cosh\frac{n\pi}{a}y + B_n \sinh\frac{n\pi}{a}y\right)\sin\frac{n\pi}{a}x$$

이다. 이제 푸리에 사인 급수의 정의를 이용하여 A_n과 B_n을 구하자.

$y=0$이면 $f(x)=u(x,0)=\sum_{n=1}^{\infty} A_n \sin\frac{n\pi}{a}x$이고

$$A_n = \frac{2}{a}\int_0^a f(x)\sin\frac{n\pi}{a}x\,dx$$

이다. $y=b$이면 $g(x)=u(x,b)=\sum_{n=1}^{\infty}\left(A_n\cosh\frac{n\pi}{a}b+B_n\sinh\frac{n\pi}{a}b\right)\sin\frac{n\pi}{a}x$이고

$$A_n\cosh\frac{n\pi}{a}b+B_n\sinh\frac{n\pi}{a}b=\frac{2}{a}\int_0^a g(x)\sin\frac{n\pi}{a}x\,dx$$

이므로 이를 B_n에 대해 정리하면

$$B_n\sinh\frac{n\pi}{a}b=\frac{2}{a}\int_0^a g(x)\sin\frac{n\pi}{a}x\,dx-A_n\cosh\frac{n\pi}{a}b$$
$$B_n=\left(\frac{2}{a}\int_0^a g(x)\sin\frac{n\pi}{a}x\,dx-A_n\cosh\frac{n\pi}{a}b\right)\Big/\sinh\frac{n\pi}{a}b$$

이다.

예제 13-11

[그림 13-5]와 같은 직사각형 영역을 생각하자. 라플라스 방정식

$$\nabla^2 u=\frac{\partial^2 u}{\partial x^2}+\frac{\partial^2 u}{\partial y^2}=0$$

의 해 $u(x,y)$를 구하라. 단, $0<y<b$일 때 $u(0,y)=F(y)$, $u(a,y)=G(y)$이고, $0<x<a$일 때 $u(x,0)=0$, $u(x,b)=0$이다.

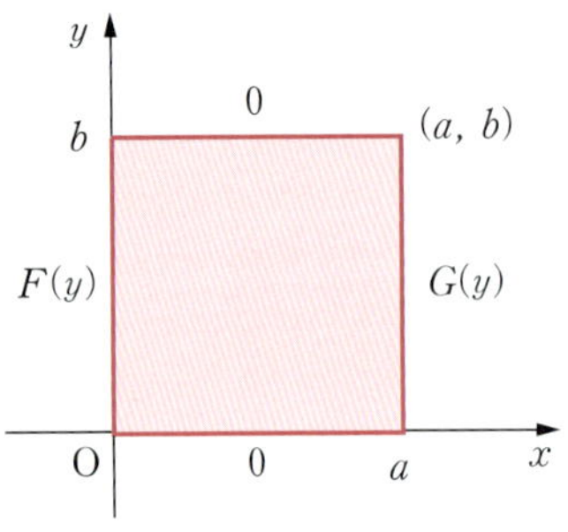

[그림 13-5] 직사각형 영역

풀이

$u(x,y)=M(x)N(y)$라고 두자. 2차원 라플라스 방정식에 대입하면

$$\frac{M''}{M}=-\frac{N''}{N}=k$$

가 되고

$$M''(x)-kM(x)=0,$$
$$N''(y)+kN(y)=0$$

이다. $k=-p^2$이라 두자. 그러면

$$M(x)=A\cosh px+B\sinh px,$$
$$N(y)=C\cos py+D\sin py$$

이다. $u(x, 0)=M(x)N(0)=0$에서 $M(x)\neq 0$이므로 $N(0)=0$이고, 따라서 $C=0$이다. 마찬가지로 $u(x, b)=M(x)N(b)=0$에서 $N(b)=0$이고 $D\sin pb=0$이다. 만약 $D=0$이면 $u(x, y)=0$이므로 $D\neq 0$이다. 편의상 $D=1$이라 두자. $\sin pb=0$이므로 $n=1, 2, 3, \cdots$에 대하여 $pb=n\pi$, 즉 $p=\dfrac{n\pi}{b}$이다. 따라서 라플라스 방정식의 해는

$$u_n(x, y)=M_n(x)N_n(y)=\left(A_n\cosh\frac{n\pi}{b}x+B_n\sinh\frac{n\pi}{b}x\right)\sin\frac{n\pi}{b}y$$

이다. 이를 일차결합하면

$$u(x, y)=\sum_{n=1}^{\infty}\left(A_n\cosh\frac{n\pi}{b}x+B_n\sinh\frac{n\pi}{b}x\right)\sin\frac{n\pi}{b}y$$

이다. 이제 푸리에 사인 급수의 정의를 이용하여 A_n과 B_n을 구하자.

$x=0$이면 $u(0, y)=F(y)=\displaystyle\sum_{n=1}^{\infty}A_n\sin\frac{n\pi}{b}y$ 이고

$$A_n=\frac{2}{b}\int_0^b F(y)\sin\frac{n\pi}{b}y\,dy$$

이다. $x=a$이면 $G(y)=u(a, y)=\displaystyle\sum_{n=1}^{\infty}\left(A_n\cosh\frac{n\pi}{b}a+B_n\sinh\frac{n\pi}{b}a\right)\sin\frac{n\pi}{b}y$이고

$$A_n\cosh\frac{n\pi}{b}a+B_n\sinh\frac{n\pi}{b}a=\frac{2}{b}\int_0^b G(y)\sin\frac{n\pi}{b}y\,dy$$

이므로 이를 B_n에 대해 정리하면 다음과 같다.

$$B_n\sinh\frac{n\pi}{b}a=\frac{2}{b}\int_0^b G(y)\sin\frac{n\pi}{b}y\,dy-A_n\cosh\frac{n\pi}{b}a$$
$$B_n=\left(\frac{2}{b}\int_0^b G(y)\sin\frac{n\pi}{b}y\,dy-A_n\cosh\frac{n\pi}{b}a\right)\Big/\sinh\frac{n\pi}{b}a$$

예제 13-12

[그림 13-6]과 같은 직사각형 영역을 생각하자. 라플라스 방정식

$$\nabla^2 u = \frac{\partial^2 u}{\partial x^2} + \frac{\partial^2 u}{\partial y^2} = 0$$

의 해 $u(x, y)$를 구하라. 단, $0 < y < b$일 때 $u(0, y) = F(y)$, $u(a, y) = G(y)$이고, $0 < x < a$일 때 $u(x, 0) = f(x)$, $u(x, b) = g(x)$이다.

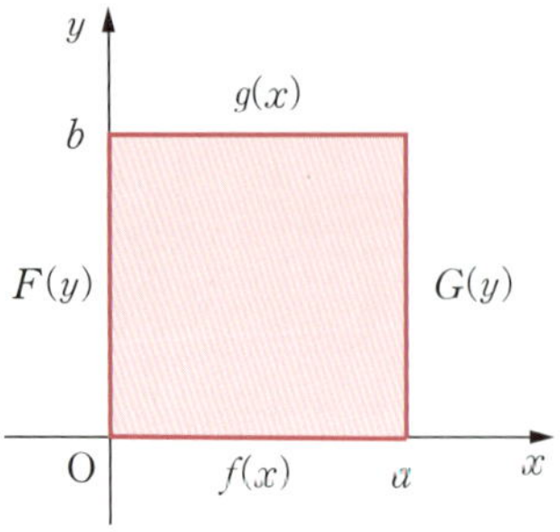

[그림 13-6] 직사각형 영역

풀이

[예제 13-10]의 해 $u(x, y)$를 $u_1(x, y)$라 두고 [예제 13-11]의 해 $u(x, y)$를 $u_2(x, y)$라 두자. 그러면 [정리 13-1]에 의해 $u(x, y) = u_1(x, y) + u_2(x, y)$임을 알 수 있다. 그러므로 구하려는 라플라스 방정식의 해는

$$u(x, y) = \sum_{n=1}^{\infty}\left(A_n \cosh\frac{n\pi}{a}y + B_n \sinh\frac{n\pi}{a}y\right)\sin\frac{n\pi}{a}x + \sum_{n=1}^{\infty}\left(C_n \cosh\frac{n\pi}{b}x + D_n \sinh\frac{n\pi}{b}x\right)\sin\frac{n\pi}{b}y,$$

$$A_n = \frac{2}{a}\int_0^a f(x)\sin\frac{n\pi}{a}x\,dx,$$

$$B_n = \left(\frac{2}{a}\int_0^a g(x)\sin\frac{n\pi}{a}x\,dx - A_n\cosh\frac{n\pi}{a}b\right)\Big/\sinh\frac{n\pi}{a}b,$$

$$C_n = \frac{2}{b}\int_0^b F(y)\sin\frac{n\pi}{b}y\,dy,$$

$$D_n = \left(\frac{2}{b}\int_0^b G(y)\sin\frac{n\pi}{b}y\,dy - C_n\cosh\frac{n\pi}{b}a\right)\Big/\sinh\frac{n\pi}{b}a$$

이다.

Chapter 13 연습문제

[13.1 기본 개념]

※ (문제 1~5) 다음 편미분방정식의 해를 구하라.

1. $u_{xx} - u = 0$ (단, $u = u(x, y)$)

2. $u_{xt} = 0$ (단, $u = u(x, t)$)

3. $u_{xx} = 0$ (단, $u = u(x, t)$)

4. $u_x - u = e^{xy}$ (단, $u = u(x, t)$) 식 (3.33)

5. $u_{xx} - 4u_x + 4u = e^{-x}$ (단, $u = u(x, t)$) 예제 5-19

[13.2 열전도방정식]

※ (문제 6~9) 길이가 L인 막대에 대하여 1차원 열전도방정식의 경계조건이 $u(0, t) = 0$, $u(L, t) = 0$이고 초기조건이 $u(x, 0) = f(x)$라고 하자. 1차원 열전도방정식의 해 $u(x, t)$를 구하라.

6. $f(x) = \sin\dfrac{\pi x}{2}$, $0 < x < L$ 곱을 합 또는 차로 변형하는 공식

7. $f(x) = \begin{cases} x & , \ 0 < x < 2 \\ 2 & , \ 2 < x < 8 \\ 10 - x, & 8 < x < L \end{cases}$ 예제 B-65

8. $f(x) = \begin{cases} \alpha, & 0 \le x \le \dfrac{L}{2} \\ 0, & \dfrac{L}{2} < x \le L \end{cases}$

9. $f(x) = x\cos x$, $0 < x < \pi$ 곱을 합 또는 차로 변형하는 공식, 예제 B-65

※ (문제 10~13) 길이가 $L = \pi$인 막대를 생각하자. 1차원 열전도방정식의 경계조건이 $u_x = (0, t) = 0$, $u_x(L, t) = 0$이고, 초기조건 $u(x, 0) = f(x)$가 다음과 같을 때, 1차원 열전도방정식의 해 $u(x, t)$를 구하라.

10. $f(x) = x^2$ 예제 B-49, 예제 B-65

11. $f(x) = 2\cos 2x$ 곱을 합 또는 차로 변형하는 공식

12. $f(x) = e^x$ 예제 B-56

13. $f(x) = \sin x$ 곱을 합 또는 차로 변형하는 공식

[13.3 파동방정식]

※ (문제 14~17) 길이가 L인 현에 대하여 초기속도가 $g(x)=0$이고 초기변위가 다음과 같다고 하자. 1차원 파동방정식의 해를 구하라.

14. $f(x)=\sin 2\pi x$ 곱을 합 또는 차로 변형하는 공식

15. $f(x)=x(2-x)$, $L=2$ 예제 B-49, 예제 B-65

16. $f(x)=\begin{cases} x &, 0<x<\frac{1}{3} \\ 1-2x, & \frac{1}{3}<x<1 \end{cases}$, $L=1$ 예제 B-65

17. $f(x)=\begin{cases} x &, 0<x<\frac{1}{6} \\ -x+\frac{1}{3}, & \frac{1}{6}<x<\frac{2}{3} \\ x-1 &, \frac{2}{3}<x<1 \end{cases}$, $L=1$ 예제 B-65

※ (문제 18~20) 초기변위 $f(x)$와 초기속도 $g(x)$가 각각 다음과 같다고 하자. $0<x<\pi$일 때 1차원 파동방정식의 해를 구하라.

18. $f(x)=e^{x}$, $g(x)=\cos x$ 곱을 합 또는 차로 변형하는 공식, 예제 B-65

19. $f(x)=x$, $g(x)=11-x$ 예제 B-65

20. $f(x)=1-x$, $g(x)=\sin x$ 예제 B-65

※ (문제 21~22) 길이가 L인 현에 대하여 초기변위가 $f(x)=0$이고 초기속도 $g(x)$가 다음과 같다고 하자. 1차원 파동방정식의 해를 구하라.

21. $g(x)=\begin{cases} x, & 0\le x\le 1 \\ 0, & 1<x<2 \end{cases}$, $L=2$ 예제 B-65

22. $g(x)=5-x$(단, $0<x<5$), $L=5$

[13.4 라플라스 방정식]

23. 정사각형 영역 $\{(x, y)\,|\,0<x<\pi,\ 0<y<\pi\}$에서 라플라스 방정식

$$\nabla^2 u=\frac{\partial^2 u}{\partial x^2}+\frac{\partial^2 u}{\partial y^2}=0$$

의 해 $u(x, y)$를 구하라. 단, $\left.\frac{\partial u}{\partial x}\right|_{x=0}=u(0, y)$, $u(\pi, y)=1$, $u(x, 0)=0$, $u(x, \pi)=0$이다.

24. 직사각형 영역 $\{(x, y) \mid 0 < x < a,\ 0 < y < b\}$에서 라플라스 방정식

$$\nabla^2 u = \frac{\partial^2 u}{\partial x^2} + \frac{\partial^2 u}{\partial y^2} = 0$$

의 해 $u(x, y)$를 구하라. 단, $u(x, 0) = 0$, $u(0, y) = u(a, y) = 0$, $u(x, b) = (a - x)\sin x$이다.

곱을 합 또는 차로 변형하는 공식, 예제 B-64

25. 정사각형 영역 $\{(x, y) \mid 0 < x < 2,\ 0 < y < 2\}$에서 라플라스 방정식

$$\nabla^2 u = \frac{\partial^2 u}{\partial x^2} + \frac{\partial^2 u}{\partial y^2} = 0$$

의 해 $u(x, y)$를 구하라. 단, $u(0, y) = 0$, $u(2, y) = 2y - y^2$, $u(x, 0) = 0$,

$u(x, 2) = \begin{cases} x &, \quad 0 < x < 1 \\ 1 - x, & \quad 1 \le x < 2 \end{cases}$이다. 예제 B-49, 예제 B-56

26. 직사각형 영역 $\{(x, y) \mid 0 \le x \le 1,\ 0 \le y \le 4\}$에서 라플라스 방정식

$$\nabla^2 u = \frac{\partial^2 u}{\partial x^2} + \frac{\partial^2 u}{\partial y^2} = 0$$

의 해 $u(x, y)$를 구하라. 단, $u(0, y) = u(1, y) = 0$ $u(x, 0) = 0$, $u(x, 4) = x\cos\dfrac{\pi x}{2}$이다.

곱을 합 또는 차로 변형하는 공식, 예제 B-65

27. 직사각형 영역 $\{(x, y) \mid 0 \le x \le 1,\ 0 \le y \le \pi\}$에서 라플라스 방정식

$$\nabla^2 u = \frac{\partial^2 u}{\partial x^2} + \frac{\partial^2 u}{\partial y^2} = 0$$

의 해 $u(x, y)$를 구하라. 단, $u(0, y) = 0$, $u(1, y) = \sin y$, $u(x, 0) = 0$, $u(x, \pi) = x\sin(\pi x)$이다.

곱을 합 또는 차로 변형하는 공식, 예제 B-64

28. 정사각형 영역 $\{(x, y) \mid 0 \le x \le \pi,\ 0 \le y \le \pi\}$에서 라플라스 방정식

$$\nabla^2 u = \frac{\partial^2 u}{\partial x^2} + \frac{\partial^2 u}{\partial y^2} = 0$$

의 해 $u(x, y)$를 구하라. 단, $u(0, y) = \cos y$, $u(\pi, y) = 0$, $u(x, 0) = x(\pi - x)$, $u(x, \pi) = 0$이다.

예제 B-49, 예제 B-65

m.e.m.o

PART 04

복소해석

Complex Analysis

||| 목차 |||

PART 04에서는 무엇을 배울까?

PART 04에서는 복소해석에 대해 배운다. 복소변수함수는 실변수함수를 복소수로 확장한 함수이며, 공학 문제를 해결하는 기본 도구로 다양하게 쓰인다.

Chapter 14

해석함수를 정의하고 여러 가지 복소함수를 살펴본다.

Chapter 15

복소함수를 적분하는 방법을 살펴본다.

Chapter 16

해석함수를 테일러 급수와 로랑 급수로 나타내고, 복소함수의 급수와 유수 및 유수정리에 대해 알아본다.

Chapter 14

복소함수

Complex Function

||| 목차 |||

||| 학습목표 |||

- 복소수의 연산을 알아본다.
- 복소수를 극형식으로 나타낸다.
- 복소수의 거듭제곱과 거듭제곱근에 대해 알아본다.
- 복소수 집합에서 용어를 알아본다.
- 복소함수를 정의하고 극한, 연속, 미분가능성의 정의를 알아본다.
- 복소함수가 미분가능하기 위한 필요조건인 코시-리만 방정식을 알아본다.
- 복소지수함수와 복소로그함수에 대해 알아본다.
- 복소삼각함수와 복소쌍곡선함수에 대해 알아본다.
- 복소역삼각함수와 복소역쌍곡선함수에 대해 알아본다.

Section 14.1 복소수

모든 실수는 제곱하면 0 이상이다. 그런데 간단한 이차방정식 $x^2+1=0$의 근 $x=\pm\sqrt{-1}$은 실수가 아니다. 그래서 제곱해서 음수가 되는 수를 **허수**imaginary number라는 이름을 붙이고 제곱해서 -1이 되는 수, 즉

$$i^2=-1$$

을 만족하는 i를 **허수의 기본 단위**라고 한다.

정의 14-1 복소수

임의의 실수 x, y에 대해서

$$z=x+iy$$

를 **복소수**complex number라고 한다. 이때, $i^2=-1$이다.

이때 x를 복소수 z의 **실수부**real part라 하고 y를 z의 **허수부**imaginary part라 하며 다음과 같이 표기한다.

$$x=\mathrm{Re}(z),\quad y=\mathrm{Im}(z)$$

복소수는 실제로 존재하는 수가 아니므로 두 복소수 사이에 대소 관계를 정의하지 않는다. 서로 같은 두 복소수는 다음과 같이 정의한다.

정의 14-2 복소수의 상등

두 복소수 $z_1=x_1+iy_1$과 $z_2=x_2+iy_2$에 대해

$$\mathrm{Re}(z_1)=\mathrm{Re}(z_2),\quad \mathrm{Im}(z_1)=\mathrm{Im}(z_2)$$

이면 두 복소수는 **서로 같다**고 하고, $z_1=z_2$로 표기한다.

복소수의 사칙연산

두 복소수의 사칙연산은 다음과 같이 정의한다.

(1) 덧셈 : $z_1 + z_2 = (x_1 + iy_1) + (x_2 + iy_2) = (x_1 + x_2) + i(y_1 + y_2)$

(2) 뺄셈 : $z_1 - z_2 = (x_1 + iy_1) - (x_2 + iy_2) = (x_1 - x_2) + i(y_1 - y_2)$

(3) 곱셈 : $z_1 z_2 = (x_1 + iy_1)(x_2 + iy_2) = (x_1 x_2 - y_1 y_2) + i(y_1 x_2 + x_1 y_2)$

(4) 나눗셈 : $\dfrac{z_1}{z_2} = \dfrac{x_1 + iy_1}{x_2 + iy_2} = \dfrac{x_1 x_2 + y_1 y_2}{x_2^2 + y_2^2} + i\dfrac{y_1 x_2 - x_1 y_2}{x_2^2 + y_2^2}$ ← $= \dfrac{(x_1 + iy_1)(x_1 - iy_2)}{(x_1 + iy_2)(x_1 - iy_2)}$

실수와 마찬가지로 복소수도 덧셈과 곱셈에 대하여 교환법칙, 결합법칙, 분배법칙이 성립한다.

예제 14-1

두 복소수 $z_1 = 1 + i$, $z_2 = 2 - i$에 대해 다음을 계산하라.

(a) $z_1 z_2$

(b) $\dfrac{z_2}{z_1}$

풀이

(a) $z_1 z_2 = (1 + i)(2 - i) = (2 + 1) + i(2 - 1) = 3 + i$

(b) $\dfrac{z_2}{z_1} = \dfrac{2 - i}{1 + i} = \dfrac{(2 - i)(1 - i)}{(1 + i)(1 - i)} = \dfrac{(2 - 1) + i(-1 - 2)}{2} = \dfrac{1}{2} - \dfrac{3}{2}i$

복소평면

복소수를 좌표평면 위에 나타내면 복소수를 기하학적으로 이해할 수 있다. [그림 14-1]과 같이 평면에 직교하는 두 좌표축을 설정하고, 교점을 원점 O라고 둔다. 복소수 $z_1 = x_1 + iy_1$을 좌표평면 위의 점 (x_1, y_1)에 대응시키자. 이러한 xy평면을 **복소평면**complex plane이라고 한다.

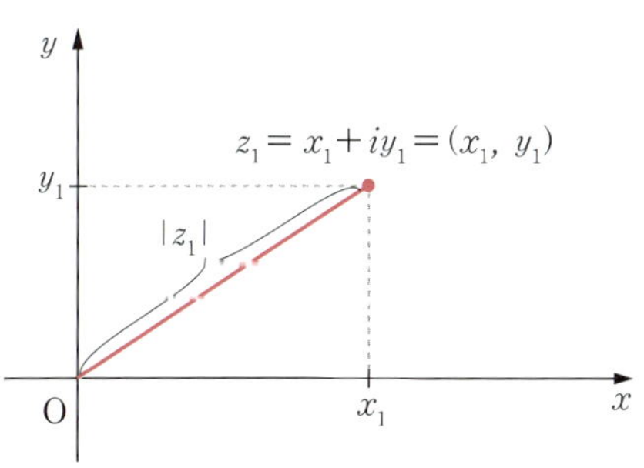

[그림 14-1] 복소평면

복소평면의 원점에서 점 z_1까지의 거리를 복소수 z_1의 **절댓값**이라 하며, 기호로는 $|z_1|$으로 표시한다. 이를 식으로 나타내면

$$|z_1| = \sqrt{x_1^2 + y_1^2}$$

이다.

예제 14-2

$z - 3 \quad 4i$의 절댓값을 구하라.

풀이

절댓값의 정의에 의해 $|z| = \sqrt{3^2 + (-4)^2} = 5$이다.

Section
14.2 거듭제곱과 거듭제곱근

복소수를 극형식으로 나타내면 거듭제곱이나 거듭제곱근 등 복소수를 더욱 다양한 방법으로 계산할 수 있다.

극형식

복소수 $z = x + iy$를 [그림 14-2]처럼 극 좌표 $P(r, \theta)$로 나타낼 수 있다. 이때 직교좌표와 극 좌표 사이에 $x = r\cos\theta$, $y = r\sin\theta$(단, $r > 0$)인 관계가 성립한다.

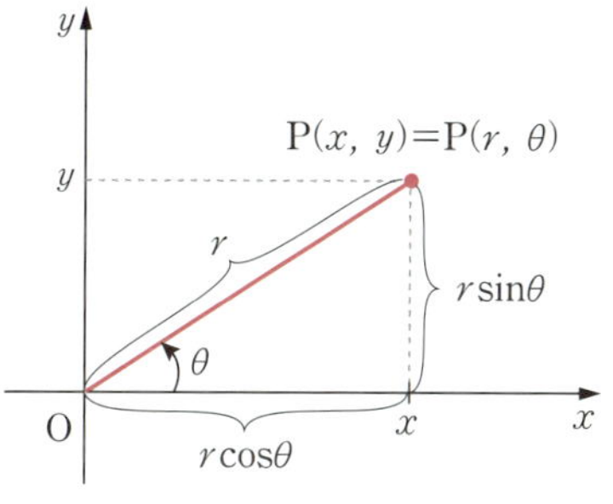

[그림 14-2] 복소수의 극좌표

이로부터 0이 아닌 복소수 $z = x + iy$는

$$z = x + iy = r\cos\theta + ir\sin\theta = r(\cos\theta + i\sin\theta)$$

라고 쓸 수 있다. 이 등식의 마지막 식을 가리켜 복소수 z의 **극형식**polar form이라고 한다.

복소수의 절댓값 정의를 생각하면 [그림 14-2]에서 보듯이 $r = |z|$이고, 이는 원점으로부터 복소수 z까지의 거리를 의미한다. 복소수 z와 양의 x축 사이의 각을 z의 **편각**argument이라 한다. 이를 기호로 $\theta = \arg(z)$라고 표시하며, 단위는 라디안(rad)이다. 또한 $\tan\theta = \dfrac{y}{x}$이다. 이때 $-\pi < \theta \le \pi$인 편각을 **주편각**principal argument $\operatorname{Arg}(z)$라고 한다. 따라서 편각과 주편각 사이의 관계를 $\theta = \arg(z) = \operatorname{Arg}(z) \pm 2k\pi$(단, $k = 0, \pm 1, \pm 2, \cdots$)로 나타낼 수 있다.

예제 14-3

$z=1-i$를 극형식으로 나타내라.

풀이

$x=1,\ y=-1$이므로 $r=\sqrt{1+(-1)^2}=\sqrt{2}$이고
$\tan\theta=\dfrac{1}{-1}=-1$이므로 $\theta=-\dfrac{\pi}{4}$이다. 그러므로

$$z=\sqrt{2}\left(\cos\left(-\frac{\pi}{4}\right)+i\sin\left(-\frac{\pi}{4}\right)\right)$$

이다. 이 복소수를 복소평면에 나타내면 [그림 14-3]과 같다.

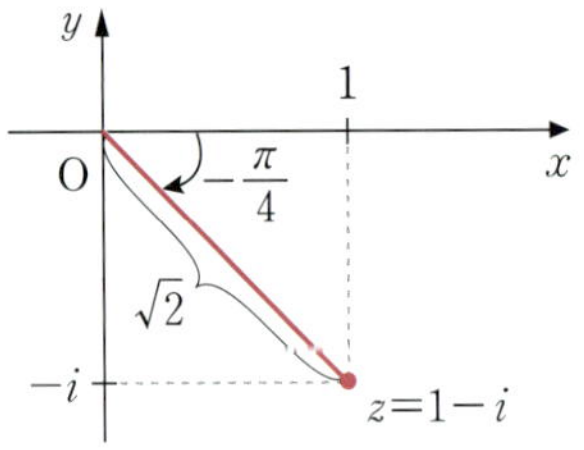

[그림 14-3] 복소수 $1-i$

z의 편각은 $\dfrac{7\pi}{4},\ -\dfrac{\pi}{4}\pm 2\pi,\ -\dfrac{7\pi}{4}\pm 2\pi,\ \cdots$이다. 따라서 임의의 정수 k에 대하여 $\arg(z)=-\dfrac{\pi}{4}\pm 2k\pi$라고 나타낼 수 있다. 주편각은 $\mathrm{Arg}(z)=-\dfrac{\pi}{4}$이다. 이때 편각을 $\theta=\dfrac{7\pi}{4}$라고 나타내면 $z=\sqrt{2}\left(\cos\dfrac{7\pi}{4}+i\sin\dfrac{7\pi}{4}\right)$라고 나타낼 수 있다.

즉, 복소수를 극좌표로 나타내면 여러 가지 형태가 나올 수 있다.

■ 극형식으로 표현한 복소수의 곱셈과 나눗셈

두 복소수의 곱셈과 나눗셈은 극형식으로 나타내면 아주 편리하게 표현할 수 있다.

두 복소수 $z_1=r_1(\cos\theta_1+i\sin\theta_1)$과 $z_2=r_2(\cos\theta_2+i\sin\theta_2)$를 생각하자. 복소수의 곱셈 정의와 삼각함수의 덧셈정리를 이용하면 두 복소수의 곱셈은

$$\begin{aligned} z_1z_2 &= r_1r_2[(\cos\theta_1\cos\theta_2-\sin\theta_1\sin\theta_2)+i(\sin\theta_1\cos\theta_2+\cos\theta_1\sin\theta_2)] \\ &= r_1r_2[\cos(\theta_1+\theta_2)+i\sin(\theta_1+\theta_2)] \end{aligned}$$

이다. 이때 z_1z_2의 절댓값은 r_1r_2이고, 편각은 $\theta_1+\theta_2$이다. 유사한 방식으로 두 복소수의 나눗셈은

$$\begin{aligned} \frac{z_1}{z_2} &= \frac{r_1}{r_2}\frac{\cos\theta_1+i\sin\theta_1}{\cos\theta_2+i\sin\theta_2} \\ &= \frac{r_1}{r_2}\frac{(\cos\theta_1+i\sin\theta_1)(\cos\theta_2-i\sin\theta_2)}{(\cos\theta_2+i\sin\theta_2)(\cos\theta_2-i\sin\theta_2)} \\ &= \frac{r_1}{r_2}\frac{(\cos\theta_1\cos\theta_2+\sin\theta_1\sin\theta_2)+i(\sin\theta_1\cos\theta_2-\cos\theta_1\sin\theta_2)}{\cos^2\theta_2+\sin^2\theta_2} \end{aligned}$$

$$= \frac{r_1}{r_2}[(\cos\theta_1\cos\theta_2 + \sin\theta_1\sin\theta_2) + i(\sin\theta_1\cos\theta_2 - \cos\theta_1\sin\theta_2)]$$

$$= \frac{r_1}{r_2}[\cos(\theta_1 - \theta_2) + i\sin(\theta_1 - \theta_2)]$$

이다. 이때 $\frac{z_1}{z_2}$의 절댓값은 $\frac{r_1}{r_2}$이고, 편각은 $\theta_1 - \theta_2$이다. 지금까지의 내용을 정리하면 다음 표와 같다.

[표 14-1] 복소수의 곱셈·나눗셈과 극형식

	$z_1 z_2$	$\frac{z_1}{z_2}$
절댓값	$\lvert z_1 z_2\rvert = \lvert z_1\rvert\lvert z_2\rvert$	$\left\lvert\frac{z_1}{z_2}\right\rvert = \frac{\lvert z_1\rvert}{\lvert z_2\rvert}$
편각	$\arg(z_1 z_2) = \arg(z_1) + \arg(z_2)$	$\arg\left(\frac{z_1}{z_2}\right) = \arg(z_1) - \arg(z_2)$

예제 14-4

$z_1 = -i$, $z_2 = 1 - i$일 때 다음을 극형식으로 나타내라.

(a) $z_1 z_2$ (b) $\frac{z_1}{z_2}$

풀이

복소수 z_1의 절댓값과 주편각은 각각 $|z_1| = |-i| = 1$, $\arg(z_1) = -\frac{\pi}{2}$이고, 복소수 z_2의 절댓값과 주편각은 각각 $|z_2| = |1 - i| = \sqrt{2}$, $\arg(z_2) = -\frac{\pi}{4}$이다.

(a) $|z_1 z_2| = \sqrt{2}$, $\arg(z_1 z_2) = -\frac{\pi}{2} + \left(-\frac{\pi}{4}\right) = -\frac{3\pi}{4}$이므로 다음과 같다.

$$z_1 z_2 = \sqrt{2}\left(\cos\left(-\frac{3\pi}{4}\right) + i\sin\left(-\frac{3\pi}{4}\right)\right)$$

(b) $\left|\frac{z_1}{z_2}\right| = \frac{1}{\sqrt{2}}$, $\arg\left(\frac{z_1}{z_2}\right) = -\frac{\pi}{2} - \left(-\frac{\pi}{4}\right) = -\frac{\pi}{4}$이므로 다음과 같다.

$$\frac{z_1}{z_2} = \frac{1}{\sqrt{2}}\left(\cos\left(-\frac{\pi}{4}\right) + i\sin\left(-\frac{\pi}{4}\right)\right)$$

복소수의 거듭제곱

복소수를 극형식으로 나타내면 거듭제곱을 편리하게 나타낼 수 있다. $z = r(\cos\theta + i\sin\theta)$라 두고 거듭제곱을 몇 가지 살펴보자. 삼각함수의 덧셈정리를 이용하면 식을 간단하게 정리할 수 있다.

- $z^2 = r^2[\cos(\theta+\theta) + i\sin(\theta+\theta)] = r^2(\cos 2\theta + i\sin 2\theta)$
- $z^3 = r^3[\cos(2\theta+\theta) + i\sin(2\theta+\theta)] = r^2(\cos 3\theta + i\sin 3\theta)$
- $z^{-1} = \dfrac{1}{z} = \dfrac{1}{r(\cos\theta + i\sin\theta)} = \dfrac{1}{r}(\cos\theta - i\sin\theta) = \dfrac{1}{r}[\cos(-\theta) + i\sin(-\theta)]$
- $z^{-2} = \dfrac{1}{z^2} = \dfrac{1}{r^2}[\cos(-\theta-\theta) + i\sin(-\theta-\theta)] = \dfrac{1}{r^2}[\cos(-2\theta) + i\sin(-2\theta)]$

따라서 정수 n에 대하여

$$z^n = r^n(\cos n\theta + i\sin n\theta)$$

가 성립한다. 이는 수학적 귀납적으로도 증명할 수 있으며 증명 과정은 생략한다.

이 식에 $z = r(\cos\theta + i\sin\theta)$를 대입하면 $[r(\cos\theta + i\sin\theta)]^n = r^n(\cos\theta + i\sin\theta)^n$인데 위 식과 비교하면

$$(\cos\theta + i\sin\theta)^n = \cos n\theta + i\sin n\theta$$

가 성립함을 알 수 있다. 이 식을 **드 무아브르 공식**De Moivre's formula이라 한다. 드 무아브르 공식은 삼각함수의 여러 등식을 유도하는 데 유용하게 쓰인다.

예제 14-5

$z = 1 - i$일 때 z^5을 구하라.

풀이

$|z| = \sqrt{2}$, $\mathrm{Arg}(z) = -\dfrac{\pi}{4}$이므로 $|z^5| = (\sqrt{2})^5 = 4\sqrt{2}$, $\mathrm{Arg}(z) = -\dfrac{5\pi}{4}$이다. 그러므로

$$z^5 = 4\sqrt{2}\left(\cos\left(-\frac{5\pi}{4}\right) + i\sin\left(-\frac{5\pi}{4}\right)\right)$$

이다.

복소수의 거듭제곱근

0이 아닌 복소수 z에 대해 방정식 $\omega^n = z$를 만족하는 복소수 ω를 z의 **n제곱근**이라 하고, 기호로는 $\omega = \sqrt[n]{z} = z^{\frac{1}{n}}$이라고 표시한다. z의 n제곱근을 극형식으로 나타내보자. $z = r(\cos\theta + i\sin\theta)$일 때 $\omega = R(\cos\phi + i\sin\phi)$라고 두면

$$\omega^n = R^n(\cos n\phi + i\sin n\phi) = r(\cos\theta + i\sin\theta)$$

이므로 복소수의 상등에 의해 $R^n = r$, $n\phi = \theta + 2k\pi$(단, $k = 0, 1, \cdots, n-1$)이다. 여기서 $k = 0, 1, 2, \cdots, n-1$일 때만 서로 다른 해를 가지며, $k > n$이면 근이 중복된다. 따라서

$$R = \sqrt[n]{r}\,,\ \phi = \frac{\theta}{n} + \frac{2k\pi}{n} \quad (\text{단, } k = 0, 1, \cdots, n-1)$$

이다. 그러므로 z의 n제곱근은

$$\sqrt[n]{z} = \sqrt[n]{r}\left(\cos\frac{\theta + 2k\pi}{n} + i\sin\frac{\theta + 2k\pi}{n}\right) \quad (\text{단, } k = 0, 1, \cdots, n-1) \tag{14.1}$$

이며 총 n개 존재한다.

예제 14-6

$z = i$의 세제곱근을 구하라.

풀이

정수 k에 대하여 $z = i = \cos\left(\frac{\pi}{2} + 2k\pi\right) + i\sin\left(\frac{\pi}{2} + 2k\pi\right)$라고 나타낼 수 있으므로 z의 세제곱근은

$$\omega_k = \cos\left(\frac{\frac{\pi}{2} + 2k\pi}{3}\right) + i\sin\left(\frac{\frac{\pi}{2} + 2k\pi}{3}\right) \quad (\text{단, } k = 0, 1, 2)$$

이다. 세제곱근을 각각 나타내면

$$\omega_0 = \cos\frac{\pi}{6} + i\sin\frac{\pi}{6} = \frac{\sqrt{3}}{2} + \frac{1}{2}i,$$
$$\omega_1 = \cos\frac{5\pi}{6} + i\sin\frac{5\pi}{6} = -\frac{\sqrt{3}}{2} + \frac{1}{2}i,$$
$$\omega_2 = \cos\frac{3\pi}{2} + i\sin\frac{3\pi}{2} = -i$$

이다. 이 세제곱근을 복소평면 위에 나타내면 [그림 14-4]와 같다.

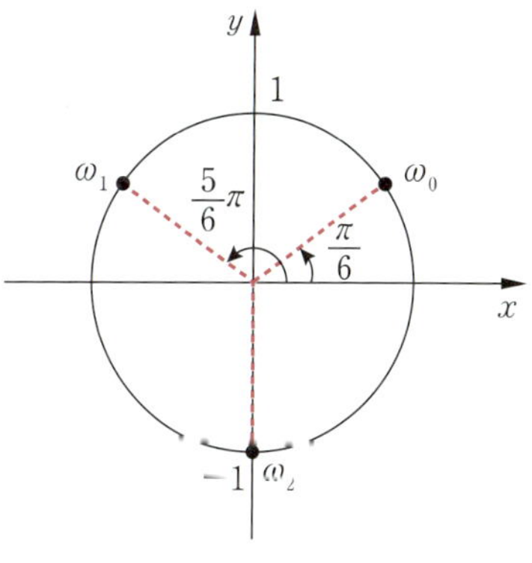

[그림 14-4] $z = i$의 세제곱근

예제 14-7

$z=1-i$의 네제곱근을 구하라.

풀이

정수 k에 대하여 $z=1-i=\sqrt{2}\left(\cos\left(-\frac{\pi}{4}+2k\pi\right)+i\sin\left(-\frac{\pi}{4}+2k\pi\right)\right)$라고 나타낼 수 있으므로 z의 네제곱근은

$$\omega_k=\sqrt[4]{\sqrt{2}}\left[\cos\left(\frac{-\frac{\pi}{4}+2k\pi}{4}\right)+i\sin\left(\frac{-\frac{\pi}{4}+2k\pi}{4}\right)\right]\quad (\text{단, } k=0, 1, 2, 3)$$

이다. 네제곱근을 각각 나타내면

$$\omega_0=\sqrt[8]{2}\left(\cos\left(-\frac{\pi}{16}\right)+i\sin\left(-\frac{\pi}{16}\right)\right),$$
$$\omega_1=\sqrt[8]{2}\left(\cos\frac{7\pi}{16}+i\sin\frac{7\pi}{16}\right),$$
$$\omega_2=\sqrt[8]{2}\left(\cos\frac{15\pi}{16}+i\sin\frac{15\pi}{16}\right),$$
$$\omega_3=\sqrt[8]{2}\left(\cos\frac{23\pi}{16}+i\sin\frac{23\pi}{16}\right)$$

이다. 이 네제곱근을 복소평면 위에 나타내면 [그림 14-5]와 같다.

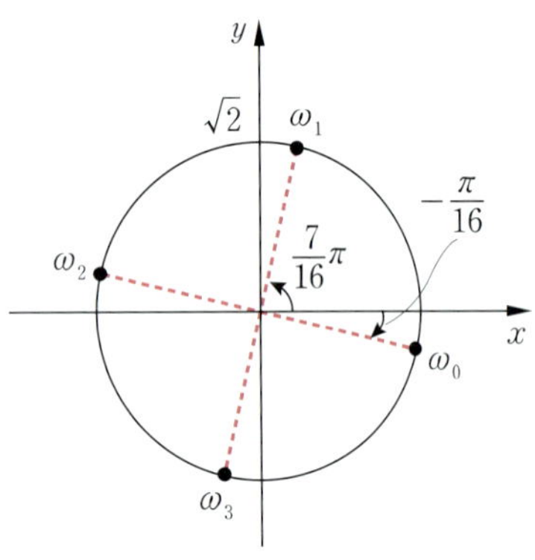

[그림 14-5] $z=1-i$의 네제곱근

$z=1$일 때 $|z|=1$, $\arg z=0$이므로 1의 n제곱근을

$$\sqrt[n]{1}=\cos\frac{2k\pi}{n}+i\sin\frac{2k\pi}{n}\quad (\text{단, } k=0, 1, 2, \cdots, n-1)$$

라고 나타낼 수 있다. 이를 **단위 n제곱근**이라 한다.

단위 n제곱근은 [그림 14-6]과 같이 중심이 원점이고 반지름이 1인 원 위에 있으며 정n각형의 꼭짓점이다. $k=1$에 대응하는 n제곱근 ω_1을 ω라 놓으면 단위 n제곱근을

$$1,\ \omega,\ \omega^2,\ \cdots,\ \omega^{n-1}$$

으로 쓸 수 있다.

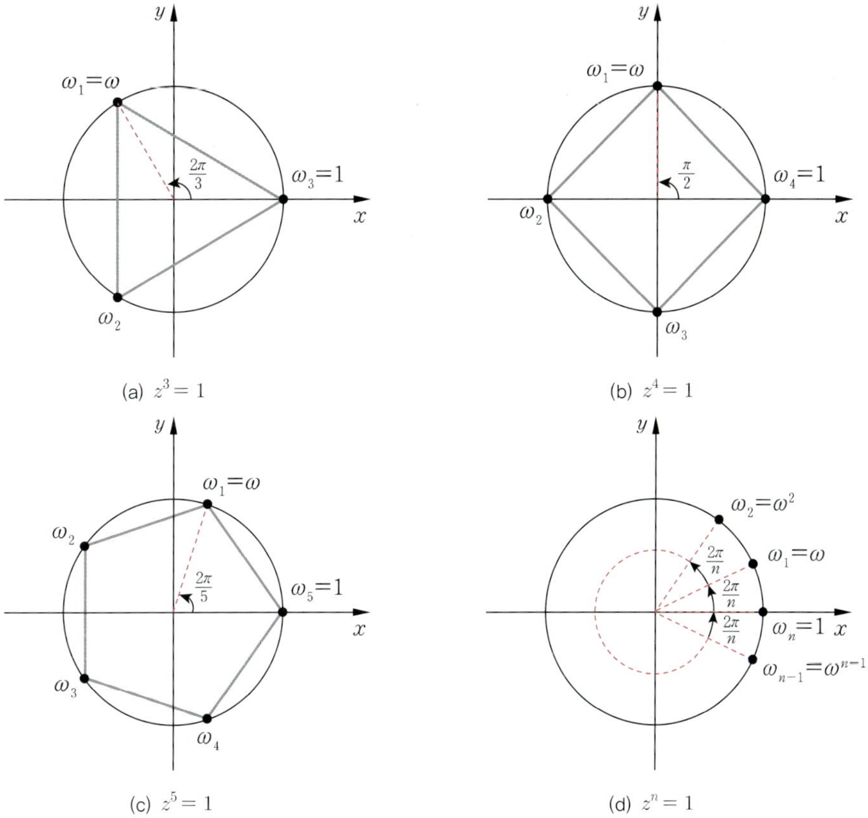

[그림 14-6] 단위 n제곱근의 예

Section 14.3 복소수 집합

복소평면에서 자주 사용하는 기본 용어를 살펴보자.

복소평면에서 중심이 z_0이고 반지름이 ρ인 **원**circle은 [그림 14-7]과 같으며, 원의 방정식은

$$\{z : |z - z_0| = \rho\}$$

이다.

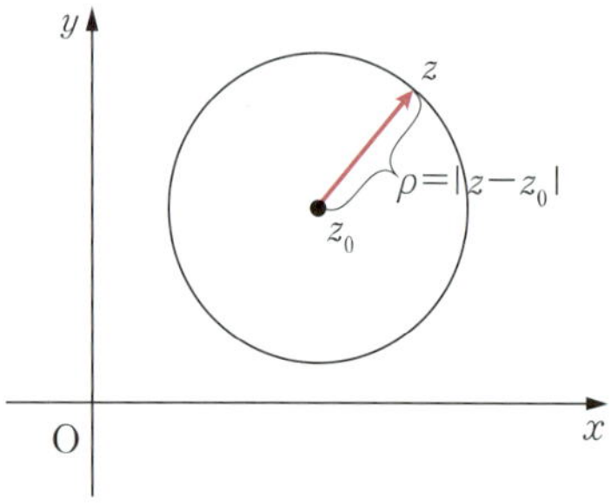

[그림 14-7] 중심이 z_0이고 반지름의 길이가 ρ인 원

원의 경계를 포함하지 않는 원의 내부를 **열린원판**open circular disc이라 하고, 원의 경계를 포함하는 원판을 **닫힌원판**closed circular disc이라 하며 식으로는 다음과 같이 나타낸다.

- 중심이 z_0이고 반지름이 ρ인 열린원판 : $\{z : |z - z_0| < \rho\}$
- 중심이 z_0이고 반지름이 ρ인 닫힌원판 : $\{z : |z - z_0| \le \rho\}$

열린원판을 z_0의 **근방**neighborhood이라고도 한다. 복소수 집합 S에 대해 복소수 z_0의 적당한 근방이 S 안에 완전히 포함될 때, z_0를 S의 **내부점**interior point이라 한다. 그리고 집합 S의 모든 원소가 내부점일 때, S를 **열린집합**open set이라 한다.

예제 14-8

부등식 $\text{Re}(z) \ge 1$을 만족하는 영역은 열린집합이 아님을 보여라.

풀이

복소평면에서 $\text{Re}(z) \ge 1$을 만족하는 영역은 [그림 14-8]과 같이 직선 $\text{Re}(z) = 1$을 포함하여 색칠된 영역이다. 직선 $\text{Re}(z) = 1$ 위의 점은 반지름 ρ를 아무리 작게 해서 근방을 잡아도 그 근방이 색칠된 영역 안에 모두 포함되지 않으므로, $\text{Re}(z) \ge 1$은 열린집합이 아니다.

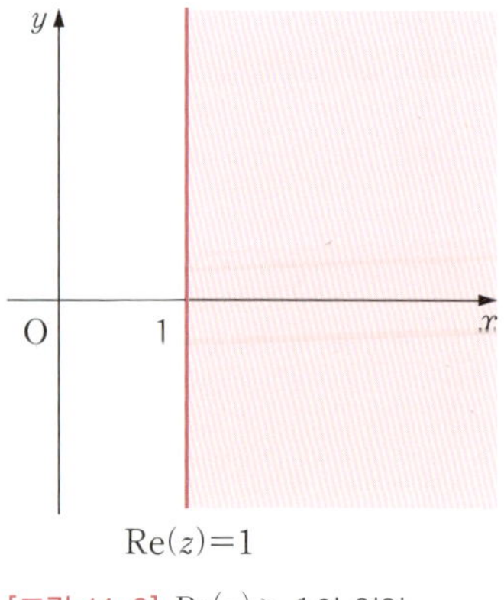

[그림 14-8] $\text{Re}(z) \ge 1$의 영역

복소평면 위의 한 점 z_0에서부터 거리가 ρ_1과 ρ_2 사이에 있는 모든 점 z의 집합을

$$\rho_1 < |z - z_0| < \rho_2$$

로 나타낼 수 있다. 이를 **열린원환** open annulus이라 하며, 복소평면에 나타내면 [그림 14-9]와 같다.

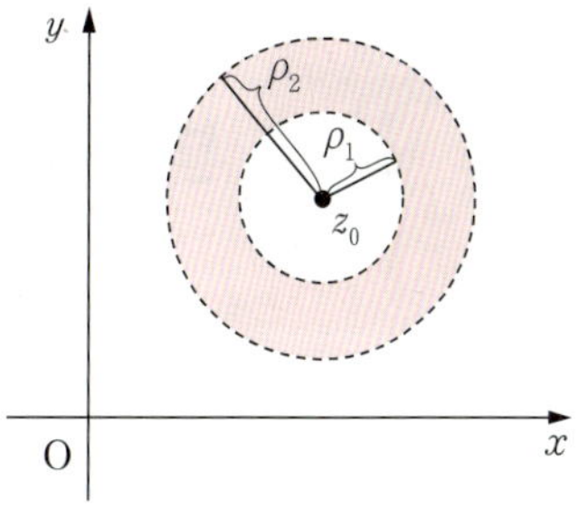

[그림 14-9] 열린원환

열린집합 S에 포함된 임의의 두 점 z_1과 z_2를 S에 포함된 꺾은 선들로 연결할 수 있을 때, S를 **연결영역** connected domain이라 한다.

예제 14-9

집합 $S = \{z : \mathrm{Re}(z) \neq 1\}$은 연결영역이 아님을 보여라.

풀이

$\mathrm{Re}(z) = x = 1$의 왼쪽 점과 오른쪽 점을 연결할 때 직선 $x = 1$을 반드시 지나야 하므로 연결영역이 아니다.

집합 S에 속하는 점 z_0를 생각하자. 점 z_0의 모든 근방이 S에 속하는 점과 S에 속하지 않는 점을 동시에 포함할 때, z_0를 S의 **경계점** boundary point이라고 한다. 경계점을 모두 포함한 영역을 **닫혀있다** closed고 한다. 예를 들어 집합 $S = \{|z - z_0| \leq 1\}$의 경계점은 중심이 z_0이고 반지름이 1인 원 위의 점으로 $|z - z_0| = 1$을 만족한다. 따라서 S는 닫혀있다.

Section 14.4 복소함수

함수를 다룰 때 자주 사용하는 기본 용어를 살펴보자. 집합 A의 모든 원소 각각에 집합 B의 원소를 하나씩 대응시키는 규칙을 **함수**function라고 하고, 이를 기호로 $f(a)=b$(단, $a\in A$, $b\in B$)로 표기한다. 이때 집합 A를 함수 f의 **정의역**domain, b를 f에 의한 a의 **상**image이라고 한다. B의 부분집합 $\{b\in B\,|\,f(a)=b\}$를 함수 f의 **치역**range이라고 한다. 정의역과 치역이 실수 집합일 때, 함수 f를 **실변수함수**real valued function 또는 **실함수**real function라고 한다.

복소함수

복소평면에 주어진 정의역 A의 모든 복소수 z에 대해 복소수 $w=f(z)$를 대응시키는 함수 f를 **복소변수함수**complex valued function 또는 **복소함수**complex function라고 한다.

두 복소수를 $z=x+iy$, $w=u+iv$라고 두면

$$w=f(z)=u(x,\,y)+i\,v(x,\,y)$$

라고 쓸 수 있다. 그러나 복소변수함수의 그래프를 3차원 공간에 그릴 수는 없다. z와 w가 각각 이변수이므로 점 $(z,\,w)$는 4차원에 그려지기 때문이다. 따라서 $u=u(x,\,y)$, $v=v(x,\,y)$에 대해 xy평면 위의 점을 uv평면 위의 점으로 대응하는 관계를 보여주는 **사상**mapping 또는 **변환**transformation을 이용하면 함수에 관한 정보를 나타낼 수 있다.

예제 14-10

사상 $f(z)=z^2$에 의한 $\text{Im}(z)=1$의 상을 구하라.

풀이

사상 $f(z)$는 $f(z)=z^2=(x+iy)^2=(x^2-y^2)+i\,2xy$이므로

$$u(x,\,y)=x^2-y^2,\quad v(x,\,y)=2xy$$

이다. $\text{Im}(z)=y=1$이면 $u=x^2-1$, $v=2x$이므로 두 식을 연립해서 $u=\dfrac{1}{4}v^2-1$을 얻는다. 그러므로 $f(z)=z^2$은 [그림 14-10]처럼 z평면(xy평면) 위의 직선 $y=1$을 w평면(uv평면) 위의 포물선 $u=\dfrac{1}{4}v^2-1$로 변환한다.

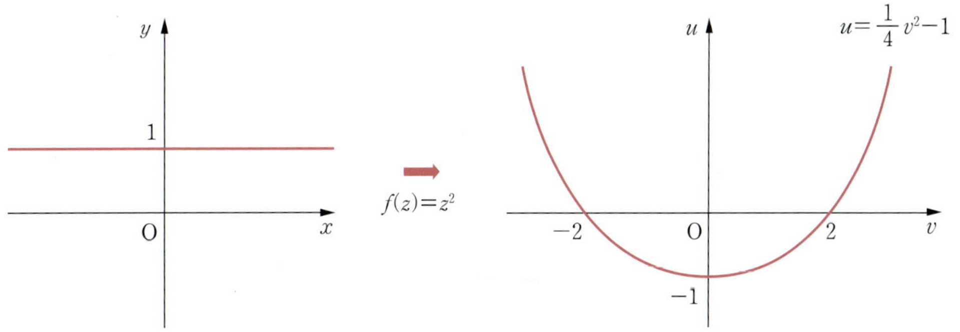

[그림 14-10] 사상 $f(z)=z^2$ 에 의한 변환

예제 14-11

함수 $f(z)=\bar{z}+iz$에 대하여 $f(1+2i)$를 구하라. 단, $\bar{z}=x-iy$이다.

풀이

$f(z)=x-iy+i(x+iy)=(x-y)+i(x-y)$이므로 $f(1+2i)=-1-i$이다.

복소함수의 극한과 연속

정의 14-3 복소함수의 극한

함수 $f(z)$가 z_0의 근방에서 정의(z_0에서 정의되지 않아도 좋다)되어 있다고 하자. 임의의 ε에 대해 적당한 $\delta(>0)$가 존재하여 $0<|z-z_0|<\delta$이면 항상 $|f(z)-L|<\varepsilon$이 성립한다고 하자. 그러면 함수 $f(z)$가 $z=z_0$에서 **극한값** L을 가진다고 정의한다. 이를 기호로는 다음과 같이 표기한다.

$$\lim_{z\to z_0} f(z)=L$$

[정의 14-3]은 겉으로 보면 실함수의 극한 정의와 일치하지만 실제 의미는 조금 다르다. 실함수에서 $\lim_{x\to x_0} f(x)=L$은 x가 실직선 위 x_0의 좌우에서 x_0에 접근할 때 함수 $f(x)$가 L에 한없이 가까워짐을 의미한다. 그러나 복소함수에서는 임의의 z가 복소평면 위에 있으며, 모든 방향에서 z_0에 접근한다는 차이점이 있다. 그러므로 $\lim_{z\to z_0} f(z)=L$은 z가 모든 방향에서 z_0에 접근할 때 함수 $f(z)$가 L에 한없이 가까워짐을 의미한다.

복소함수의 극한은 다음과 같은 성질을 만족한다.

정리 14-4 복소함수 극한의 성질

$\lim_{z \to z_0} f(z) = L_1$ 이고 $\lim_{z \to z_0} g(z) = L_2$ 일 때, 다음이 성립한다.

(1) $\lim_{z \to z_0} [f(z) + g(z)] = L_1 + L_2$

(2) $\lim_{z \to z_0} f(z)g(z) = L_1 L_2$

(3) $\lim_{z \to z_0} \dfrac{f(z)}{g(z)} = \dfrac{L_1}{L_2}$ (단, $L_2 \neq 0$)

복소함수의 연속도 실함수의 극한과 동일하다.

정의 14-5 연속성

복소함수 $f(z)$가 정의되고

$$\lim_{z \to z_0} f(z) = f(z_0)$$

일 때, f는 $z = z_0$ 에서 **연속**continuous이라고 한다.

복소함수 $f(z)$가 정의역의 각 점에서 연속일 때, $f(z)$는 그 영역에서 연속이라고 한다.

예제 14-12

함수 $f(z)$가

$$f(z) = \begin{cases} \dfrac{\mathrm{Re}(z^2)}{|z|}, & z \neq 0 \\ 0, & z = 0 \end{cases}$$

로 정의될 때, $f(z)$가 $z = 0$에서 연속임을 보여라.

풀이

복소수 z를 $z = r(\cos\theta + i\sin\theta)$라고 두면 $f(z) = \dfrac{\mathrm{Re}(z^2)}{|z|} = \dfrac{r^2 \cos 2\theta}{r}$이다.

$$\lim_{z \to 0} f(z) = \lim_{r \to 0} \frac{r^2 \cos 2\theta}{r} = 0 = f(0)$$

이므로 $f(z)$는 $z = 0$ 에서 연속이다.

복소함수의 도함수

정의 14-6 복소함수의 도함수

열린집합 S에서 정의된 복소함수 $f(z)$를 생각하자. S의 임의의 점 z에서 $f(z)$의 **도함수**derivative는

$$f'(z) = \lim_{\Delta z \to 0} \frac{f(z + \Delta z) - f(z)}{\Delta z} \quad (\text{단, } \Delta z = \Delta x + i\,\Delta y)$$

로 정의한다. S의 한 점 z_0에서의 $f'(z_0)$를 z_0에서의 **미분계수**라 하며, 이때 $f(z)$는 점 z_0에서 **미분가능**differentiable하다고 한다.

$w = f(z)$의 도함수를 $\frac{dw}{dz}$로 표기한다.

복소함수 극한의 정의와 유사하게, 복소함수 미분계수의 정의는 증분 Δz가 모든 방향에서(임의의 경로로) 0에 접근할 때 $\frac{f(z_0 + \Delta z) - f(z_0)}{\Delta z}$가 항상 어떤 일정한 값에 한없이 가까워짐을 의미한다.

예제 14-13

함수 $f(z) = z^2 - z$의 도함수를 구하라.

풀이

[정의 14-6]을 적용하면 다음과 같이 구할 수 있다.

$$\begin{aligned} f'(z) &= \lim_{\Delta z \to 0} \frac{f(z + \Delta z) - f(z)}{\Delta z} \\ &= \lim_{\Delta z \to 0} \frac{[(z + \Delta z)^2 - (z + \Delta z)] - (z^2 - z)}{\Delta z} \\ &= \lim_{\Delta z \to 0} \frac{\Delta z(2z + \Delta z - 1)}{\Delta z} \\ &= 2z - 1 \end{aligned}$$

정리 14-7 복소함수 미분법의 기본 공식

미분가능한 두 복소함수 $f(z)$와 $g(z)$에 대해 다음이 성립한다.

(1) 상수 곱의 미분법 : $\frac{d}{dz}(kf(z)) = kf'(z)$

(2) 합과 차의 미분법 : $\frac{d}{dz}(f(z) \pm g(z)) = f'(z) \pm g'(z)$

(3) 곱의 미분법 : $\frac{d}{dz}(f(z)\,g(z)) = f'(z)g(z) + f(z)g'(z)$

(4) 몫의 미분법 : $\frac{d}{dz}\left(\frac{f(z)}{g(z)}\right) = \frac{f'(z)g(z) - f(z)g'(z)}{(g(z))^2}$ (단, $g(z) \neq 0$)

(5) 연쇄법칙 : $\frac{d}{dz}f(g(z)) = f'(g(z))g'(z)$

예제 14-14

함수 $f(z) = z - 3yi$는 모든 점에서 미분가능하지 않음을 보여라.

풀이

$z = x + iy$라 하면 $f(z) = (x + iy) - 3yi = x - 2yi$이고 $\Delta z = \Delta x + i\Delta y$이므로

$$\begin{aligned} f(z + \Delta z) - f(z) &= (x + \Delta x) - 2(y + \Delta y)i - (x - 2yi) \\ &= \Delta x - 2\Delta yi \end{aligned}$$

이다. 그러므로 $f(z)$의 도함수는

$$\lim_{\Delta z \to 0} \frac{f(z + \Delta z) - f(z)}{\Delta z} = \lim_{\Delta z \to 0} \frac{\Delta x - 2i\Delta y}{\Delta x + i\Delta y} \tag{14.2}$$

이다. [그림 14-11]의 경로 I을 따라 접근하여 극한 (14.2)를 구하자. 먼저 $\Delta y \to 0$이고 $\Delta x \to 0$이므로 극한 (14.2)는 1이다. 이번에는 경로 II를 따라 접근하자. 먼저 $\Delta x \to 0$이고 $\Delta y \to 0$이므로 극한 (14.2)는 -2이다. 두 경로를 따라 구한 극한값이 서로 일치하지 않으므로, $f(z)$는 모든 점에서 미분가능하지 않다.

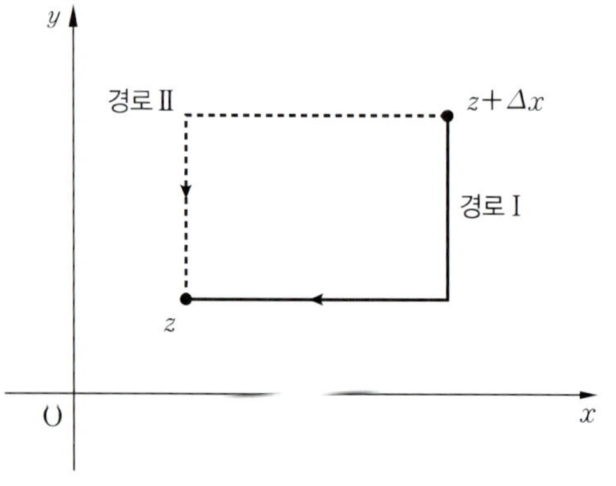

[그림 14-11] $z + \Delta z$에서 z로 가는 두 경로

[예제 14-14]로부터 복소함수의 미분가능성은 실함수의 미분가능성보다 강한 조건을 요구하고 있음을 알 수 있다. 미분가능한 복소함수를 해석함수라고 한다.

정의 14-8 해석함수

복소함수 $f(z)$와 정의역의 한 점 $z=z_0$를 생각하자. $f(z)$가 z_0의 적당한 근방에 속하는 모든 점에서 미분가능하면 $f(z)$는 $z=z_0$에서 **해석적**analytic이라 한다. 정의역 내의 모든 점에서 해석적인 함수 $f(z)$를 **해석함수**analytic function라고 하고, 복소평면의 모든 점에서 해석적인 함수 $f(z)$를 **완전함수**entire function 또는 **전해석함수**라고 한다.

Section 14.5 코시-리만 방정식

[정의 14-8]에서 복소함수 $f(z)$가 z_0의 적당한 근방의 모든 점에서 미분가능할 때 $z=z_0$에서 해석적이라고 정의했다. 그러므로 $f(z)$가 z_0에서 해석적이려면 z_0에서 미분가능할 때보다 더 많은 조건을 만족해야 한다. 이번 절에서는 $f(z)$가 해석적인지를 알아보는 판별법을 소개한다. 먼저 필요조건을 살펴보자.

정리 14-9 코시-리만 방정식

복소함수 $f(z)=u(x, y)+iv(x, y)$가 한 점 $z=x+iy$에서 미분가능하다고 하자. 그러면 그 점에서 u와 v의 1계 편도함수가 존재하고 다음 **코시-리만 방정식** Cauchy-Riemann equation을 만족한다.

$$\frac{\partial u}{\partial x}=\frac{\partial v}{\partial y}, \quad \frac{\partial u}{\partial y}=-\frac{\partial v}{\partial x} \tag{14.3}$$

증명

$f(z)$가 z에서 미분가능하므로 그 도함수는

$$f'(z)=\lim_{\Delta z\to 0}\frac{f(z+\Delta z)-f(z)}{\Delta z}$$

이다. $\Delta z=\Delta x+i\Delta y$라 하면

$$f'(z)=\lim_{\Delta z\to 0}\frac{u(x+\Delta x, y+\Delta y)+iv(x+\Delta x, y+\Delta y)-(u(x, y)+iv(x, y))}{\Delta x+i\Delta y}$$

가 된다. 우변의 극한이 존재하므로 Δz가 임의의 경로로 0에 접근해도 극한값은 같다. 즉, [그림 14-12]와 같이 두 경로로 각각 접근해도 극한값이 서로 같다.

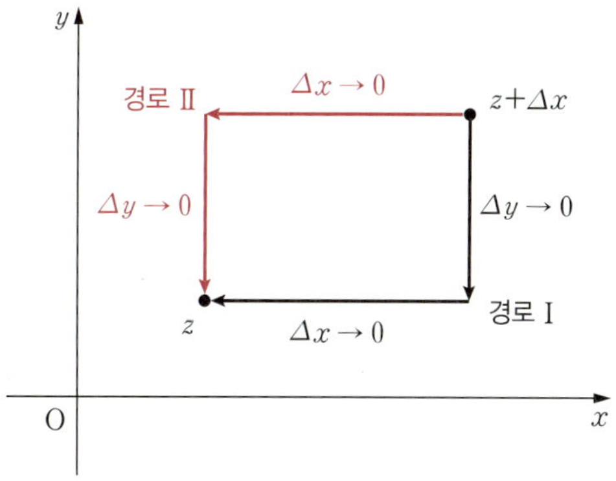

[그림 14-12] $z+\Delta z$ 에서 z 로 가는 두 경로

먼저 $\Delta y \to 0$ 으로 접근한 뒤 $\Delta x \to 0$ 으로 접근하는 경로 I을 생각하자. $\Delta y \to 0$ 이면 $\Delta z = \Delta x$ 이므로

$$
\begin{aligned}
f'(z) &= \lim_{\Delta x \to 0} \frac{u(x+\Delta x, y) - u(x, y)}{\Delta x} + \lim_{\Delta x \to 0} \frac{v(x+\Delta x, y) - v(x, y)}{\Delta x} \\
&= \frac{\partial u}{\partial x} + i \frac{\partial v}{\partial x} \qquad (14.4)
\end{aligned}
$$

이다. 이번에는 $\Delta x \to 0$ 으로 접근한 뒤 $\Delta y \to 0$ 으로 접근하는 경로 II를 생각하자. $\Delta x \to 0$ 이면 $\Delta z = i\,\Delta y$ 이므로

$$
\begin{aligned}
f'(z) &= \lim_{\Delta y \to 0} \frac{u(x, y+\Delta y) - u(x, y)}{i\,\Delta y} + \lim_{\Delta y \to 0} \frac{v(x, y+\Delta y) - v(x, y)}{\Delta y} \\
&= -i \frac{\partial u}{\partial y} + i\left(-i \frac{\partial v}{\partial y}\right) \\
&= \frac{\partial v}{\partial y} - i \frac{\partial u}{\partial y} \qquad (14.5)
\end{aligned}
$$

이다. 식 (14.4)와 식 (14.5)가 서로 일치하므로 [정의 14-2]에 의해

$$
\frac{\partial u}{\partial x} = \frac{\partial v}{\partial y} \text{ 이고 } \frac{\partial u}{\partial y} = -\frac{\partial v}{\partial x}
$$

이다. ■

증명 과정에서 도출된 식 (14.4)와 식 (14.5)로부터 f 의 도함수는

$$
f'(z) = \frac{\partial u}{\partial x} + i \frac{\partial v}{\partial x} = \frac{\partial v}{\partial y} - i \frac{\partial u}{\partial y}
$$

임을 알 수 있다.

예제 14-15

함수 $f(z) = z^2 + 1$은 모든 z에서 해석적이다. 그러므로 [정리 14-9]에 의해 코시-리만 방정식을 만족한다. $z = x + iy$라고 두면 $f(z) = (x^2 - y^2 + 1) + 2xyi$에서 $u = x^2 - y^2 + 1$이고 $v = 2xy$이므로

$$\frac{\partial u}{\partial x} = 2x = \frac{\partial v}{\partial y},\quad \frac{\partial u}{\partial y} = -2y = -\frac{\partial v}{\partial x}$$

이다.

[정리 14-9]는 코시-리만 방정식을 만족하지 않는 함수는 미분가능하지 않음을 시사한다.

예제 14-16

함수 $f(z) = \dfrac{x}{x^2 + y^2} + i\dfrac{y}{x^2 + y^2}$는 해석적이지 않음을 보여라.

풀이

코시-리만 방정식이 성립하는지 확인하기 위해 다음을 각각 계산한다.

$$\frac{\partial u}{\partial x} = \frac{x^2 + y^2 - x \cdot 2x}{(x^2 + y^2)^2} = \frac{-x^2 + y^2}{(x^2 + y^2)^2},$$
$$\frac{\partial v}{\partial y} = \frac{x^2 + y^2 - y \cdot 2y}{(x^2 + y^2)^2} = \frac{x^2 - y^2}{(x^2 + y^2)^2}$$

$\dfrac{\partial u}{\partial x} \neq \dfrac{\partial v}{\partial y}$이므로 $f(z)$는 해석적이지 않다.

[정리 14-9]는 $f(z)$가 z에서 해석적이기 위한 필요충분조건은 아니다. 충분조건이 되려면 조건이 더 필요하다.

정리 14-10 해석적이기 위한 충분조건

실함수 $u(x, y)$와 $v(x, y)$가 연속이고 u와 v의 1계 편도함수 $\dfrac{\partial u}{\partial x}$, $\dfrac{\partial u}{\partial y}$, $\dfrac{\partial v}{\partial x}$, $\dfrac{\partial v}{\partial y}$가 연속이라 하자. 만약 u와 v가 정의역 D의 모든 점에서 코시-리만 방정식을 만족하면 복소함수 $f(z) = u(x, y) + iv(x, y)$는 D에서 해석적이다.

이 정리의 증명은 생략한다.

예제 14-17

함수 $f(z) = u(x, y) + iv(x, y)$가 $u = \dfrac{x}{x^2+y^2}$, $v = \dfrac{y}{x^2+y^2}$라고 하자. $f(z)$가 0이 아닌 모든 z에서 해석적임을 보여라.

풀이

$f(z)$의 편도함수에 대하여

$$\frac{\partial u}{\partial x} = \frac{x^2+y^2-x\cdot 2x}{(x^2+y^2)^2} = \frac{-x^2+y^2}{(x^2+y^2)^2} = \frac{\partial v}{\partial y},$$
$$\frac{\partial u}{\partial y} = -\frac{x\cdot 2y}{(x^2+y^2)^2} = -\frac{\partial v}{\partial x}$$

가 성립한다. $u(x, y)$와 $v(x, y)$가 연속이고 u와 v의 1계 편도함수도 연속이므로 [정리 14-10]에 의해 f는 $x^2+y^2 \neq 0$, 즉 $z \neq 0$인 모든 점에서 해석적이다.

해석함수는 실수부와 허수부가 각각 라플라스 방정식을 만족하므로 응용수학에서 매우 중요한 역할을 한다. 라플라스 방정식에 관한 내용은 13.4절을 참고하라.

정의 14-11 조화함수

실함수 $f(x, y)$가 열린영역 D에서 연속인 2계 편도함수를 갖고 라플라스 방정식

$$\nabla^2 f = \frac{\partial^2 f}{\partial x^2} + \frac{\partial^2 f}{\partial y^2} = 0$$

을 만족한다고 하자. 이러한 함수 $f(x, y)$를 D에서 **조화함수**harmonic function라고 한다.

정리 14-12 조화함수이기 위한 충분조건

복소함수 $f(z) = u(x, y) + iv(x, y)$가 열린영역 D에서 해석적이면 $u(x, y)$와 $v(x, y)$는 조화함수이다.

증명

$f(z)=u(x, y)+iv(x, y)$가 해석적이므로 코시-리만 방정식

$$\frac{\partial u}{\partial x}=\frac{\partial v}{\partial y},\quad \frac{\partial u}{\partial y}=-\frac{\partial v}{\partial x}$$

를 만족한다. 코시-리만 방정식을 이용하여 $\nabla^2 u$를 구하면

$$\begin{aligned}\nabla^2 u &= \frac{\partial^2 u}{\partial x^2}+\frac{\partial^2 u}{\partial y^2}=\frac{\partial}{\partial x}\left(\frac{\partial v}{\partial y}\right)+\frac{\partial}{\partial y}\left(-\frac{\partial v}{\partial x}\right)\\ &= \frac{\partial^2 v}{\partial x\partial y}-\frac{\partial^2 v}{\partial y\partial x}\end{aligned}$$

인데, $v(x, y)$의 2계 편도함수가 연속이므로

$$\frac{\partial^2 v}{\partial y\partial x}=\frac{\partial^2 v}{\partial x\partial y}$$

이 성립한다. 그러므로 $\nabla^2 u=0$이고 $u(x, y)$는 조화함수이다. 동일한 방법으로 $v(x, y)$도 조화함수임을 보일 수 있다. ■

만약 $u(x, y)$가 열린영역 D에서 조화함수라면 $u(x, y)+iv(x, y)$가 D에서 해석함수가 되게 하는 조화함수 $v(x, y)$가 존재한다. 이때 $v(x, y)$를 $u(x, y)$의 **켤레조화함수** conjugate harmonic function라고 한다.

예제 14-18 응용

$u=x^2-y^2-xy$가 조화함수임을 보이고 켤레조화함수 $v(x, y)$를 구하라.

풀이

u가 조화함수임을 보이기 위해 1, 2계 편도함수를 각각 구하면

$$\begin{aligned}\frac{\partial u}{\partial x}&=2x-y, & \frac{\partial^2 u}{\partial x^2}&=2,\\ \frac{\partial u}{\partial y}&=-2y-x, & \frac{\partial^2 u}{\partial y^2}&=-2\end{aligned}$$

이다. 라플라스 방성식

$$\frac{\partial^2 u}{\partial x^2}+\frac{\partial^2 u}{\partial y^2}=0$$

을 만족하므로 $u(x, y)$는 조화함수이다. 이제 u의 켤레조화함수 $v(x, y)$를 구하자. 코시-리만 방정식 (14.3)의 첫 번째 식에 따르면

$$\frac{\partial u}{\partial x} = \frac{\partial v}{\partial y} = 2x - y$$

이고 이를 y로 적분하면

$$v = 2xy - \frac{1}{2}y^2 + g(x)$$

이다. 이번에는 $g(x)$를 구하기 위해 v를 x로 편미분하면

$$\frac{\partial v}{\partial x} = 2y + g'(x)$$

이다. 이 식을 코시-리만 방정식 (14.3)의 두 번째 식인

$$\frac{\partial u}{\partial y} = -\frac{\partial v}{\partial x} = -2y - x$$

와 비교하면

$$g'(x) = x$$

이다. 따라서 이 식을 x로 적분하면

$$g(x) = \frac{1}{2}x^2 + c$$

이므로(단, c는 적분상수) 구하려는 켤레조화함수 v는

$$v = 2xy - \frac{1}{2}y^2 + \frac{1}{2}x^2 + c$$

이다.

Section

14.6 지수함수와 로그함수

이 절에서는 복소함수에서 중요한 해석함수인 지수함수와 로그함수의 특징을 살펴본다.

복소지수함수

실수에서 정의된 지수함수를 복소수로 확장하자. 먼저 실수 y에 대하여 허수지수함수

$$e^{iy} = \cos y + i\sin y$$

를 생각하자. 이 식을 **오일러 공식**Euler's formula이라고 한다. e^{iy}을 실함수에서의 매클로린 급수와 같은 방식으로 나타내면 다음과 같다.

$$\begin{aligned} e^{iy} &= \sum_{n=0}^{\infty} \frac{(iy)^n}{n!} = 1 + (iy) + \frac{(iy)^3}{2!} + \frac{(iy)^4}{3!} + \frac{(iy)^5}{4!} + \cdots \\ &= \left(1 - \frac{y^2}{2!} + \frac{y^4}{4!} - \frac{y^6}{6!} + \cdots\right) + i\left(y - \frac{y^3}{3!} + \frac{y^5}{5!} - \frac{y^7}{7!} + \cdots\right) \\ &= \cos y + i\sin y \end{aligned}$$

이처럼 실수에서 성립하는 지수법칙은 복소수로 자연스럽게 확장할 수 있으므로 $z = x + iy$일 때

$$e^z = e^{x+iy} = e^x e^{iy}$$

이라고 둘 수 있다. 이 식에 오일러 공식을 적용하면 **지수함수**exponential function를

$$e^z = e^x(\cos y + i\sin y)$$

이라고 정의할 수 있다.

예제 14-19

$e^{\frac{\pi}{2} - \frac{\pi}{4}i}$을 $u + iv$로 나타내라.

풀이

지수함수의 정의에 대입하면 다음을 얻는다.

$$e^{\frac{\pi}{2}-\frac{\pi}{4}i} = e^{\frac{\pi}{2}}\left[\cos\left(-\frac{\pi}{4}\right)+i\sin\left(-\frac{\pi}{4}\right)\right]$$
$$= e^{\frac{\pi}{2}}\left(\cos\frac{\pi}{4}-i\sin\frac{\pi}{4}\right)=\frac{e^{\pi}}{2}\left(\frac{\sqrt{2}}{2}-\frac{\sqrt{2}}{2}i\right)$$
$$= \frac{\sqrt{2}\,e^{\pi}}{4}-i\,\frac{\sqrt{2}\,e^{\pi}}{4}$$

■ 복소지수함수의 성질

복소지수함수의 도함수와 지수법칙을 간략하게 살펴보자. 지수함수 $e^z = e^x(\cos y + i\sin y)$를 $f(z) = u(x, y) + iv(x, y)$로 나타내면 $u = e^x\cos y$, $v = e^x\sin y$이다. 도함수를 구하는 식 (14.4)를 적용하면 지수함수 e^z의 도함수는

$$\begin{aligned}\frac{d}{dz}e^z &= \frac{\partial}{\partial x}(e^x\cos y)+i\frac{\partial}{\partial x}(e^x\sin y)\\ &= e^x\cos y + ie^x\sin y\\ &= e^z\end{aligned} \tag{14.6}$$

이다. 복소수 z_1, z_2에 대하여

$$\begin{aligned}e^{z_1}e^{z_2} &= e^{x_1+iy_1}e^{x_2+iy_2} = e^{x_1}e^{x_2}e^{iy_1}e^{iy_2}\\ &= e^{x_1+x_2}(\cos y_1 + i\sin y_1)(\cos y_2 + i\sin y_2)\\ &= e^{x_1+x_2}[(\cos y_1\cos y_2 - \sin y_1\sin y_2) + i(\sin y_1\cos y_2 + \cos y_1\sin y_2)]\\ &= e^{x_1+x_2}[\cos(y_1+y_2) + i\sin(y_1+y_2)]\\ &= e^{z_1+z_2}\end{aligned} \tag{14.7}$$

이고, 같은 방법으로

$$\frac{e^{z_1}}{e^{z_2}} = e^{z_1-z_2} \tag{14.8}$$

이 성립함을, 즉 지수법칙이 성립함을 보일 수 있다. 도함수 (14.6)과 지수법칙 (14.7), (14.8)은 실수에서 정의된 지수법칙이 복소수에서도 성립함을 알려준다.

$z = 2\pi i$이면 지수함수의 값은

$$e^{2\pi i} = \cos 2\pi + i\sin 2\pi = 1$$

이다. 이 식을 지수법칙 (14.7)에 적용하면

$$e^{z+2\pi i} = e^z e^{2\pi i} = e^z$$

이 성립하므로 e^z은 주기가 $2\pi i$인 주기함수이다. 즉, [그림 14-13]과 같이 **기본영역** fundamental region $-\pi < \text{Im}\, z \le \pi$에 속하는 임의의 z 값에서 $e^z = e^{z+2\pi i} = e^{z-2\pi i} = e^{z+4\pi i} = e^{z-4\pi i} = \cdots$이다.

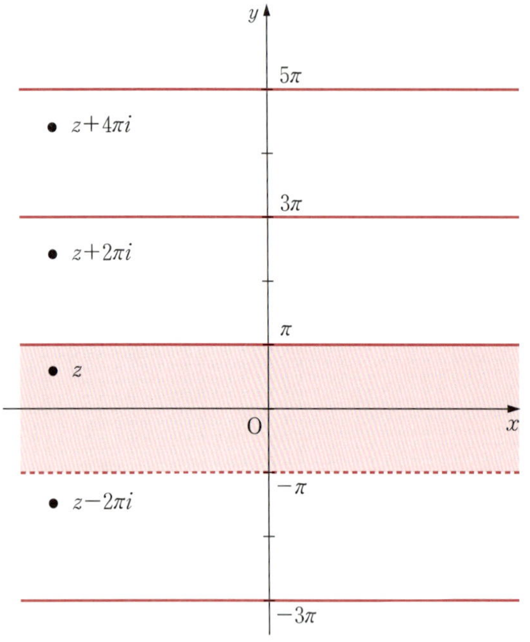

[그림 14-13] 복소지수함수의 주기

그러므로 $-\pi < y \le \pi$를 지수함수 e^z의 기본영역이라 한다.

함수 $f(z) = e^z$을 구체적으로 살펴보면 [그림 14-14]와 같다.

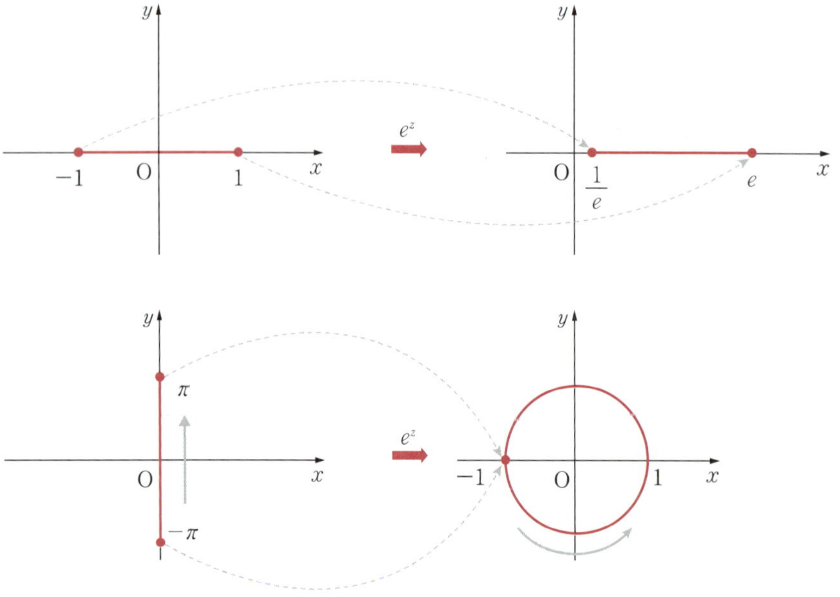

[그림 14-14] $f(z) = e^z$의 그래프

예제 14-20

$\dfrac{e^{5+2\pi i}}{e^{3+\pi i}}$을 $u+iv$로 나타내라.

풀이

$$\frac{e^{5+2\pi i}}{e^{3+\pi i}} = e^{(5+2\pi i)-(3+\pi i)} = e^{2+\pi i} = e^2(\cos\pi + i\sin\pi) = -e^2$$

복소로그함수

복소지수함수와 비슷하게, 실수에서 정의된 로그함수를 복소수로 확장하자. 0이 아닌 복소수 $z = x+iy$에 대해

$$e^w = z$$

를 만족하는 **자연로그**natural logarithm w는 다음과 같이 표기한다.

$$w = \ln z$$

즉 로그함수는 복소수에서도 지수함수의 역으로 정의된다. 이제 $w = \ln z$의 실수부와 허수부를 찾기 위해 $w = u+iv$라 놓자.

$$\begin{aligned} x+iy &= e^{u+iv} = e^u(\cos v + i\sin v) \\ &= e^u\cos v + ie^u\sin v \end{aligned}$$

이므로

$$x = e^u\cos v,\ \ y = e^u\sin v$$

이다. 두 식을 만족하는 u와 v를 찾아보자. u를 찾기 위해 x와 y의 세곱의 합을 구하면

$$x^2+y^2 = e^{2u}(\cos^2 v + \sin^2 v) = e^{2u} = |z|^2$$

이므로

$$u = \log_e|z|$$

이다. 이번에는 v를 찾기 위해 y를 x로 나누면

$$\frac{y}{x} = \frac{\sin v}{\cos v} = \tan v$$

이므로, 편각의 정의에 의해 $v = \arg z = \theta$이다. 이때 θ를 일반각으로 표현하면

$$v = \theta + 2n\pi \qquad (\text{단, } n = 0, \pm 1, \pm 2, \cdots)$$

이다.

정의 14-13 복소수의 로그

복소수 z에 대하여 $z \neq 0$이고 편각이 $\arg z = \theta$일 때, 자연로그 $\ln z$는 다음과 같이 정의한다.

$$\ln z = \ln|z| + i(\theta + 2n\pi) \qquad (\text{단, } n = 0, \pm 1, \pm 2, \cdots)$$

14.2절에서 $-\pi < \theta \leq \pi$를 복소수 z의 주편각 $\mathrm{Arg}(z)$이라 소개했다. z의 편각이 $\mathrm{Arg}(z)$일 때의 $\ln z$를 $\ln z$의 **주값**이라 하고, $\mathrm{Ln}\, z$로 표기한다. 즉,

$$\mathrm{Ln}\, z = \ln|z| + i\,\mathrm{Arg}(z)$$

라고 나타낸다. $\mathrm{Arg}(z)$는 유일하므로 $z \neq 0$인 모든 복소수 z에 대해 $\mathrm{Ln}\, z$ 값은 유일하다.

예제 14-21

복소수 $z = 1 - i$에 대해 $\ln z$와 $\mathrm{Ln}\, z$ 값을 각각 구하라.

풀이

복소수 z의 크기는 $|z| = \sqrt{2}$이고 편각이 $\arg(z) = -\dfrac{\pi}{4} + 2k\pi$(단, k는 정수)이므로 [정의 14-13]에 의해

$$\begin{aligned}\ln(1-i) &= \ln\sqrt{2} + i\left(-\frac{\pi}{4} + 2k\pi\right) \\ &= \frac{1}{2}\ln 2 + i\left(-\frac{\pi}{4} + 2k\pi\right)\end{aligned}$$

이다. $\mathrm{Arg}(z) = -\dfrac{\pi}{4}$이므로 Ln 값은

$$\mathrm{Ln}(1-i) = \frac{1}{2}\ln 2 - \frac{\pi}{4}i$$

이다. [그림 14-15]에서 보듯이 $\ln(1-i)$ 값은 여러 개 존재하며, $-\pi < \arg(z) \leq \pi$에 있는 $\mathrm{Ln}(1-i)$는 한 개이다.

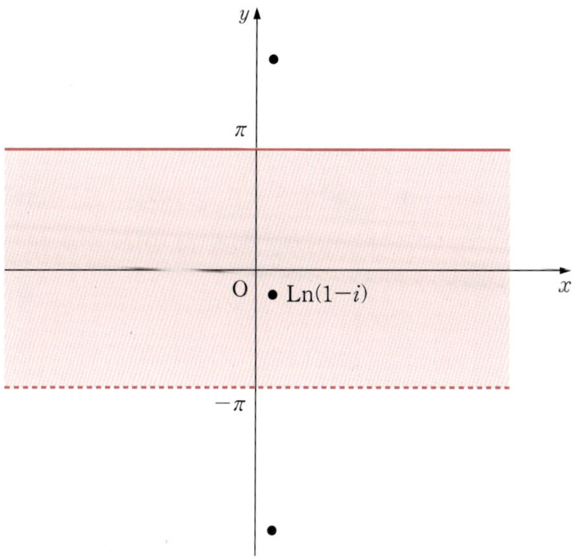

[그림 14-15] $\ln(1-i)$의 여러 값

■ 복소로그함수의 성질

복소로그함수의 도함수와 로그의 성질을 간략하게 살펴보자. 복소수 $z = x + iy$에 대하여 $\ln z$의 도함수를 구하자. k가 정수일 때 $\arg z = \theta = \tan^{-1}\dfrac{y}{x}$이므로

$$\begin{aligned}\ln z &= \ln|z| + i\arg(z)\\ &= \ln\sqrt{x^2+y^2} + i\left(\tan^{-1}\frac{y}{x} + 2k\pi\right)\end{aligned}$$

이다. 여기서 편각이 $\mathrm{Arg}(z)$이고 $k=0$일 때의 값을 로그함수의 **주치**principle value라고 한다. 즉, $\mathrm{Ln}\,z = \log_e|z| + i\,\mathrm{Arg}(z)$이다. $\ln z = u(x, y) + iv(x, y)$라고 두면

$$\begin{aligned}u(x, y) &= \ln\sqrt{x^2+y^2} = \frac{1}{2}\ln(x^2+y^2),\\ v(x, y) &= \tan^{-1}\frac{y}{x} + 2k\pi\end{aligned}$$

이다. 이때 u와 v의 1계 편도함수가 각각

$$\frac{\partial u}{\partial x} = \frac{1}{2}\cdot\frac{2x}{x^2+y^2} = \frac{x}{x^2+y^2}, \quad \frac{\partial u}{\partial y} = \frac{\frac{1}{x}}{1+\left(\frac{y}{x}\right)^2} = \frac{y}{x^2+y^2},$$

$$\frac{\partial v}{\partial x} = \frac{-\frac{y}{x^2}}{1+\left(\frac{y}{x}\right)^2} = \frac{-y}{x^2+y^2}, \quad \frac{\partial v}{\partial y} = \frac{\frac{1}{x}}{1+\left(\frac{y}{x}\right)^2} = \frac{x}{x^2+y^2}$$

이고

$$\frac{\partial u}{\partial x}=\frac{\partial v}{\partial y},\ \frac{\partial u}{\partial y}=-\frac{\partial v}{\partial x}$$

를 만족한다. 이를 종합하면 $\ln z$는 $x^2+y^2=0$, 즉 $x=0$, $y=0$ $(z=0)$을 제외한 모든 점에서 코시-리만 방정식을 만족하고 u, v의 1계 편도함수가 모두 연속이므로, [정리 14-9]에 의해 $\ln z$는 해석적이다. 따라서

$$\begin{aligned}\frac{d}{dz}\ln z &= \frac{\partial u}{\partial x}+i\frac{\partial v}{\partial x}\\ &= \frac{x}{x^2+y^2}-i\frac{y}{x^2+y^2}\\ &= \frac{x-iy}{x^2+y^2}\\ &= \frac{1}{z}\end{aligned} \tag{14.9}$$

이다. 그리고 실함수에서와 마찬가지로 $z_1\neq 0$, $z_2\neq 0$일 때

$$\begin{aligned}\ln(z_1z_2)&=\ln z_1+\ln z_2,\\ \ln\left(\frac{z_1}{z_2}\right)&=\ln z_1-\ln z_2\end{aligned}$$

가 성립한다.

예제 14-22

다음 값을 구하라.

(a) $\ln 1$ (b) $\ln(-i)$

풀이

(a) $\text{Arg}(1)=0$이므로 $\ln(1)=\log_e 1+i\,2k\pi=i\,2k\pi$ (단, $k=0,\pm 1,\pm 2,\cdots$)이다.

(b) $\text{Arg}(-i)=-\frac{\pi}{2}$이므로 $\ln(-i)=\log_e 1+i\left(-\frac{\pi}{2}+2k\pi\right)=i\left(-\frac{\pi}{2}+2k\pi\right)$
(단, $k=0,\pm 1,\pm 2,\cdots$)이다.

예제 14-23

$z_1 = -1$, $z_2 = -i$에 대하여 $\ln z_1 = \pi i$, $\ln z_2 = \dfrac{3\pi i}{2}$라고 특정하자. 다음 값을 구하라.

(a) $\ln(z_1 z_2)$

(b) $\ln\left(\dfrac{z_1}{z_2}\right)$

풀이

(a) $z_1 z_2 = (-1)(-i) = i$이며, 로그의 성질을 이용하면

$$\begin{aligned} \ln(z_1 z_2) &= \ln z_1 + \ln z_2 \\ \ln i &= \pi i + \frac{3\pi i}{2} + 2k\pi i \\ &= \frac{5\pi i}{2} + 2k\pi i \end{aligned}$$

이다.

(b) $\dfrac{z_1}{z_2} = \dfrac{-1}{-i} = -i$이며, 로그의 성질을 이용하면

$$\begin{aligned} \ln\left(\frac{z_1}{z_2}\right) &= \ln z_1 - \ln z_2 \\ \ln(-i) &= \pi i - \frac{3\pi i}{2} + 2k\pi i \\ &= -\frac{\pi i}{2} + 2k\pi i \end{aligned}$$

이다.

Section

14.7 삼각함수와 쌍곡선함수

이 절에서는 복소수로 확장한 삼각함수와 쌍곡선함수의 특징을 살펴본다.

삼각함수

x가 실수일 때 오일러 공식에 의해

$$e^{ix} = \cos x + i\sin x, \quad e^{-ix} = \cos x - i\sin x$$

가 성립한다. 두 식을 각각 $\sin x$와 $\cos x$에 대하여 정리하면

$$\sin x = \frac{e^{ix} - e^{-ix}}{2i}, \quad \cos x = \frac{e^{ix} + e^{-ix}}{2}$$

임을 알 수 있다. 이제 복소수 z에 대해 삼각함수를 정의하자.

정의 14-14 사인함수와 코사인함수

복소수 $z = x + iy$에 대해 **사인함수**sine function와 **코사인함수**cosine function를 각각 다음과 같이 정의한다.

$$\sin z = \frac{e^{iz} - e^{-iz}}{2i}, \quad \cos z = \frac{e^{iz} + e^{-iz}}{2}$$

실함수에서와 마찬가지로 다른 삼각함수를 다음과 같이 정의한다.

$$\tan z = \frac{\sin z}{\cos z}, \quad \cot z = \frac{1}{\tan z}, \quad \sec z = \frac{1}{\cos z}, \quad \csc z = \frac{1}{\sin z}$$

■ 삼각함수의 성질

삼각함수의 도함수와 삼각함수 사이의 관계를 간략하게 살펴보자.

e^{iz}과 e^{-iz}이 모든 복소수 z에서 해석적, 즉 완전함수이므로 $\sin z$와 $\cos z$도 복소평면의 모든 점에서 해석적이다.

$\sin z$의 도함수는 다음과 같이 지수함수로 바꾸어 구한다.

$$\frac{d}{dz}\sin z = \frac{d}{dz}\left(\frac{e^{iz}-e^{-iz}}{2i}\right) = \frac{ie^{iz}+ie^{-iz}}{2i} = \frac{e^{iz}+e^{-iz}}{2} = \cos z$$

마찬가지로 $\cos z$ 의 도함수도 다음과 같이 지수함수로 바꾸어 구한다.

$$\frac{d}{dz}\cos z = \frac{d}{dz}\left(\frac{e^{iz}+e^{-iz}}{2}\right) = \frac{ie^{iz}-ie^{-iz}}{2} = -\frac{e^{iz}-e^{-iz}}{2i} = -\sin z$$

기본적인 삼각함수의 도함수는 다음과 같이 구한다.

정리 14-15 삼각함수의 미분법

(1) $\frac{d}{dz}\sin z = \cos z$ (2) $\frac{d}{dz}\cos z = -\sin z$

(3) $\frac{d}{dz}\tan z = \sec^2 z$ (4) $\frac{d}{dz}\cot z = -\csc^2 z$

(5) $\frac{d}{dz}\sec z = \sec z\tan z$ (6) $\frac{d}{dz}\csc z = -\csc z\cot z$

사인함수와 코사인함수에 z 대신 $-z$를 대입하면 다음과 같다.

$$\sin(-z) = -\sin z, \quad \cos(-z) = \cos z$$

사인함수와 코사인함수의 관계는 다음과 같다.

$$\cos^2 z + \sin^2 z = 1$$

삼각함수의 덧셈정리는 다음과 같다.

$$\sin(z_1 \pm z_2) = \sin z_1 \cos z_2 \pm \cos z_1 \sin z_2,$$
$$\cos(z_1 \pm z_2) = \cos z_1 \cos z_2 \mp \sin z_1 \sin z_2$$

삼각함수의 배각에 대하여 다음이 성립한다.

$$\sin 2z = 2\sin z\cos z, \quad \cos 2z = \cos^2 z - \sin^2 z$$

$\cos z$와 $\sin z$를 실수부와 허수부로 나타내자. 먼저 $\cos z$ 를 지수함수의 성질에 따라 전개한 뒤, [정의 A-9]의 쌍곡선함수를 이용하면

$$\begin{aligned}\cos z &= \frac{e^{iz}+e^{-iz}}{2} = \frac{e^{i(x+iy)}+e^{-i(x+iy)}}{2} \\ &= \frac{e^{-y+ix}}{2}+\frac{e^{y-ix}}{2} \\ &= \frac{1}{2}e^{-y}(\cos x + i\sin x)+\frac{1}{2}e^{y}(\cos x - i\sin x) \\ &= \frac{e^{-y}+e^{y}}{2}\cos x + i\,\frac{e^{-y}-e^{y}}{2}\sin x \\ &= \cos x\cosh y - i\sin x\sinh y \qquad (14.10)\end{aligned}$$

이다. 비슷한 방법으로 $\sin z$를 지수함수의 성질에 따라 전개한 뒤, [정의 A 9]의 쌍곡신함수를 이용하면

$$\begin{aligned}\sin z &= \frac{e^{iz}-e^{-iz}}{2i} = \frac{e^{i(x+iy)}-e^{-i(x+iy)}}{2i} \\ &= \frac{e^{-y+ix}-e^{y-ix}}{2i} \\ &= \frac{1}{2i}e^{-y}(\cos x + i\sin x)-\frac{1}{2i}e^{y}(\cos x - i\sin x) \\ &= \frac{e^{-y}-e^{y}}{2i}\cos x + \frac{e^{-y}+e^{y}}{2}\sin x \\ &= \frac{i(e^{y}-e^{-y})}{2}\cos x + \frac{e^{y}+e^{-y}}{2}\sin x \\ &= i\cos x\sin hy \\ &= \sin x\cosh y + i\cos x\sinh y \qquad (14.11)\end{aligned}$$

이다.

쌍곡선함수

실수에서 정의한 쌍곡사인함수와 쌍곡코사인함수 모두 복소수로 확장할 수 있다.

정의 14-16 쌍곡사인함수와 쌍곡코사인함수

복소수 $z = x + iy$에 대해, **쌍곡사인함수**hyperbolic sine function와 **쌍곡코사인함수**hyperbolic cosine function를 각각 다음과 같이 정의한다.

$$\sinh z = \frac{e^{z}-e^{-z}}{2}, \quad \cosh z = \frac{e^{z}+e^{-z}}{2}$$

실함수에서와 마찬가지로 다른 쌍곡선함수를 다음과 같이 정의한다.

$$\tanh z = \frac{\sinh z}{\cosh z}, \quad \coth z = \frac{1}{\tanh z}, \quad \operatorname{sech} z = \frac{1}{\cosh z}, \quad \operatorname{csch} z = \frac{1}{\sinh z}$$

■ 쌍곡선함수의 성질

쌍곡선함수의 도함수를 살펴보고 쌍곡선함수와 삼각함수 사이에 어떤 관계가 성립하는지 확인하자.

e^{iz}과 e^{-iz}이 모든 복소수 z에서 해석적, 즉 완전함수이므로 $\sinh z$와 $\cosh z$ 도 복소평면의 모든 점에서 해석적이다. $\sinh z$와 $\cosh z$ 의 도함수는 각각 다음과 같다.

$$\frac{d}{dz}\sinh z = \frac{d}{dz}\left(\frac{e^{z} - e^{-z}}{2}\right) = \frac{e^{z}+e^{-z}}{2} = \cosh z,$$

$$\frac{d}{dz}\cosh z = \frac{d}{dz}\left(\frac{e^{z}+e^{-z}}{2}\right) = \frac{e^{z}-e^{-z}}{2} = \sinh z$$

[부록 B]의 [정리 B-10]에서 살펴본 쌍곡선함수의 항등식은 복소수에서도 성립한다.

예제 14-24

$\cosh^2 z - \sinh^2 z = 1$임을 증명하라.

풀이

[정의 14-16]의 쌍곡선함수를 대입하여 전개하면

$$\begin{aligned}\cosh^2 z - \sinh^2 z &= \frac{(e^{z}+e^{-z})^2}{4} - \frac{(e^{z}-e^{-z})^2}{4} \\ &= \frac{(e^{2z}+2+e^{-2z})-(e^{2z}-2+e^{-2z})}{4} \\ &= \frac{2-(-2)}{4} = 1\end{aligned}$$

이다.

쌍곡선함수와 삼각함수는 다음과 같이 서로 밀접한 관계가 성립한다.

정리 14-17 쌍곡선함수와 삼각함수의 관계

(1) $\sinh(iz) = \dfrac{e^{iz}-e^{-iz}}{2} = \dfrac{i}{2i}(e^{iz}-e^{-iz}) = i\sin z$

(2) $\cosh(iz) = \dfrac{e^{iz}+e^{-iz}}{2} = \cos z$

(3) $\sin(iz) = \dfrac{e^{-z}-e^{z}}{2i} = \dfrac{i}{2}(e^{z}-e^{-z}) = i\sinh z$

(4) $\cos(iz) = \dfrac{e^{-z}+e^{z}}{2} = \cosh z$

이번에는 삼각함수의 주기를 살펴보자. $z=x+iy$라 두고 삼각함수의 덧셈정리에 [정리 14-17]의 (3), (4)를 적용하면

$$\begin{aligned}\sin(z+2\pi) &= \sin((x+2\pi)+iy)\\ &= \sin(x+2\pi)\cos(iy)+\cos(x+2\pi)\sin(iy)\\ &= \sin(x+2\pi)\cosh y+i\cos(x+2\pi)\sinh y\\ &= \sin x\cosh y+i\cos x\sinh y\\ &= \sin z \quad \leftarrow \text{식 (14.11) 참고}\end{aligned}$$

이므로 $\sin z$의 주기는 2π이다. 비슷한 방법으로 $\cos z$의 주기도 2π임을 알 수 있다. 다시 비슷한 방법으로

$$\sinh(z+2\pi i)=\sinh z,\quad \cosh(z+2\pi i)=\cosh z$$

임을 보일 수 있다. 따라서 $\sinh z$와 $\cosh z$의 주기는 $2\pi i$이다.

Section

14.8 역삼각함수와 역쌍곡선함수

14.7절에서 살펴보았듯이 삼각함수와 쌍곡선함수는 모두 주기함수이므로 일대일대응이 아니다. 일대일 대응이 아닌 함수는 역함수를 정의할 수 없지만, 이 경우 다가함수multivalued function 관점에서 각각의 역함수를 정의할 수 있다.

역삼각함수

복소수 w에 대하여 사인함수

$$z = \sin w$$

를 생각하자. 이를 w에 대하여

$$w = \sin^{-1} z \quad \text{또는} \quad w = \arcsin z$$

로 표기하고, z의 **역사인함수**inverse sine function 또는 **아크사인함수**arcsine function이라 한다. 역사인함수를 유도하는 과정을 자세히 살펴보자. $z = \sin w$ 에 [정의 14-14]를 적용하면

$$\frac{e^{iw} - e^{-iw}}{2i} = z \ ; \ e^{2iw} - 2ize^{iw} - 1 = 0$$

이다. e^{iw}에 대한 근의 공식에 의해 이차방정식의 해를 구하면

$$e^{iw} = iz + \sqrt{-z^2 + 1} = iz + (1 - z^2)^{\frac{1}{2}}$$

이다. 여기서 $1 - z^2$의 거듭제곱근 $(1 - z^2)^{\frac{1}{2}}$은 값이 $\pm\sqrt{1 - z^2}$ 으로 두 개이다(14.2절 참조). 양변에 자연로그를 적용하면

$$\begin{aligned} iw &= \ln\left[iz + (1 - z^2)^{\frac{1}{2}}\right] \\ w &= -i\ln\left[iz + (1 - z^2)^{\frac{1}{2}}\right] \end{aligned}$$

이다. 이제 앞선 식의 우변을 다음과 같이 사인함수의 역함수로 정의한다.

$$w = \sin^{-1} z = -i\ln\left[iz + (1-z^2)^{\frac{1}{2}}\right]$$

같은 방법으로 **역코사인함수**inverse cosine function를

$$\cos^{-1} z = -i\ln\left[z + i(1-z^2)^{\frac{1}{2}}\right]$$

으로 정의하고, **역탄젠트함수**inverse tangent function를

$$\tan^{-1} z = \frac{i}{2}\ln\frac{i+z}{i-z}$$

로 정의한다.

예제 14-25

$\cos^{-1}\sqrt{2}$ 값을 모두 구하라.

풀이

역코사인함수의 정의에 $z = \sqrt{2}$ 를 대입하면

$$\cos^{-1}\sqrt{2} = -i\ln[\sqrt{2} + i\sqrt{1-(\sqrt{2})^2}]$$

이다. 복소수의 거듭제곱근(14.2절 참고)에 따르면 $\sqrt{1-(\sqrt{2})^2} = (-1)^{\frac{1}{2}} = \pm i$ 이므로

$$\begin{aligned}\cos^{-1}\sqrt{2} &= -i\ln(\sqrt{2}\pm 1)\\ &= -i\left[\ln(\sqrt{2}\pm 1) + 2n\pi i\right]\\ &\quad (\text{단, } n = 0, \pm 1, \pm 2, \cdots)\end{aligned}$$

← [정의 14-13] 참고

이다. $\ln(\sqrt{2}-1) = \ln\dfrac{1}{\sqrt{2}+1} = -\ln(\sqrt{2}+1)$ 이므로

$$\cos^{-1}\sqrt{2} = 2n\pi \pm i\ln(\sqrt{2}+1)$$

이다.

■ 역삼각함수의 도함수

이번에는 역삼각함수의 도함수를 유도한다. 대표로 역사인함수의 도함수를 구하자. $z = \sin w$를 z로 미분하면

$$\begin{aligned} \frac{d}{dz} z &= \frac{d}{dz} \sin w \\ &= \frac{dw}{dz} \frac{d}{dw} \sin w \\ &= \frac{dw}{dz} \cos w \end{aligned}$$

이다. 이때 $w = \sin^{-1} z$ 이므로

$$\begin{aligned} \frac{dw}{dz} &= \frac{d}{dz} \sin^{-1} z \\ &= \frac{1}{\cos w} \end{aligned}$$

이고, 이 식과 삼각함수 사이의 관계인

$$\cos w = (1 - \sin^2 w)^{\frac{1}{2}} = (1 - z^2)^{\frac{1}{2}}$$

을 이용하면

$$\frac{d}{dz} \sin^{-1} z = \frac{1}{(1 - z^2)^{\frac{1}{2}}}$$

같은 방법으로 역삼각함수의 도함수를 구할 수 있다. 이를 정리하면 다음과 같다.

(1) $\frac{d}{dz} \sin^{-1} z = \frac{1}{(1 - z^2)^{\frac{1}{2}}}$

(2) $\frac{d}{dz} \cos^{-1} z = -\frac{1}{(1 - z^2)^{\frac{1}{2}}}$

(3) $\frac{d}{dz} \tan^{-1} z = \frac{1}{1 + z^2}$

예제 14-26

$z=\sqrt{2}$ 일 때, $z=\cos^{-1}z$ 의 도함수를 구하라.

풀이

[예제 14-25]의 풀이에 따르면 $(1-z^2)^{\frac{1}{2}}\Big|_{z=\sqrt{2}}=\pm i$ 이므로 $(1-(\sqrt{2})^2)^{\frac{1}{2}}=i$ 일 때

$$\frac{dw}{dz}\Big|_{z=\sqrt{2}}=-\frac{1}{(1-(\sqrt{2})^2)^{\frac{1}{2}}}=-\frac{1}{i}=i$$

이고 $(1-(\sqrt{2})^2)^{\frac{1}{2}}=-i$ 일 때는

$$\frac{dw}{dz}\Big|_{z=\sqrt{2}}=-\frac{1}{-i}=-i$$

이다.

역쌍곡선함수

복소수 w에 대하여 쌍곡사인함수

$$z=\sinh w$$

를 생각하자. 이를 w에 대하여

$$w=\sinh^{-1}z$$

로 표기하고, z의 **역쌍곡사인함수**inverse hyperbolic sine function라고 한다. 역쌍곡사인함수를 유도하는 과정을 자세히 살펴보자. $z=\sinh w$ 에 [정의 14-16]을 적용하면

$$\frac{e^w-e^{-w}}{2}=z\ ;\ e^{2w}-2ze^w-1=0$$

이다. e^w에 대한 이차방정식의 해를 구하고, 이를 w에 대하여 나타내면

$$e^w=z\pm\sqrt{z^2+1}$$
$$w=\ln(z+\sqrt{z^2+1})$$

이다. 이제 위 식의 우변을 다음과 같이 쌍곡사인함수의 역함수로 정의한다.

$$w=\sinh^{-1}z=\ln(z+\sqrt{z^2+1})$$

같은 방법으로 **역쌍곡코사인함수**inverse hyperbolic cosine function를

$$\cosh^{-1} z = \ln(z + \sqrt{z^2 - 1})$$

로 정의하고, **역쌍곡탄젠트함수**inverse hyperbolic tangent function를

$$\tanh^{-1} z = \frac{1}{2} \ln \frac{1+z}{1-z}$$

로 정의한다.

예제 14-27

$\sinh^{-1}(i)$ 값을 모두 구하라.

풀이

역쌍곡사인함수의 정의에 $z = 1$을 대입하면

$$\sinh^{-1}(i) = \ln(i)$$

이다. 따라서 $n = 0, \pm 1, \pm 2, \cdots$에 대하여 다음을 얻는다.

$$\sinh^{-1}(i) = \log_e 1 + i\left(\frac{\pi}{2} + 2n\pi\right) = i\left(\frac{\pi}{2} + 2n\pi\right)$$

앞 절에서 소개한 방식과 같이 역쌍곡선함수의 도함수를 구할 수 있으며, 이를 정리하면 다음과 같다.

정리 14-18 역쌍곡선함수의 미분법

(1) $\dfrac{d}{dz} \sinh^{-1} z = \dfrac{1}{\sqrt{z^2 + 1}}$

(2) $\dfrac{d}{dz} \cosh^{-1} z = \dfrac{1}{\sqrt{z^2 - 1}}$

(3) $\dfrac{d}{dz} \tanh^{-1} z = \dfrac{1}{1 - z^2}$

Chapter 14 연습문제

[14.1 복소수]

※ (문제 1~7) 복소수 $z=x+iy$에 대하여 다음을 간단히 하라.

1. $\mathrm{Im}\left(\dfrac{1}{z}\right)$

2. $\mathrm{Re}(z^2)$

3. $\mathrm{Im}\left(\dfrac{1}{z^2}\right)$

4. $\mathrm{Re}\left(\dfrac{\bar{z}}{z}\right)$

5. $|z-2-i|$

6. $|z-2\bar{z}|$

7. $\left|\dfrac{2i}{-3+6i}\right|$

[14.2 거듭제곱과 거듭제곱근]

※ (문제 8~9) 다음 복소수를 극형식으로 표시하고 복소평면에 그려라.

8. $z=1+i$

9. $z=-1+i$

※ (문제 10~11) 다음 복소수의 주편각을 구하라.

10. $z=-1-\dfrac{1}{\sqrt{3}}i$

11. $z=-1+\sqrt{3}\,i$

※ (문제 12~13) 다음 복소수를 $u+iv$ 형태로 나타내고 복소평면 위에 나타내라.

12. $\cos\dfrac{\pi}{4}+i\sin\dfrac{\pi}{4}$

13. $2\left(\cos\dfrac{\pi}{3}-i\sin\dfrac{\pi}{3}\right)$

※ (문제 14~16) 다음을 만족하는 복소수 ω를 모두 구하라.

14. $\omega^3=1-i$

15. $\omega^4=-1$

16. $\omega^2=1-\sqrt{3}\,i$

※ (문제 17~18) 두 복소수를 $z_1=2\left(\cos\dfrac{\pi}{12}+i\sin\dfrac{\pi}{12}\right)$, $z_2=3\left(\cos\dfrac{\pi}{6}+i\sin\dfrac{\pi}{6}\right)$라 하자. 다음 식을 (a) 극형식과 (b) $u+iv$ 꼴로 각각 나타내라.

17. $z_1^4 z_2^5$

18. $\dfrac{z_1^2}{z_2^3}$

※ (문제 19~21) 다음을 구하라.

19. $(i)^{\frac{1}{3}}$

20. $(1+i)^{\frac{1}{3}}$

21. $(2\sqrt{3}-2i)^{\frac{1}{2}}$

※ (문제 22~23) 다음 방정식의 해를 모두 구하라.

22. $z^5+1=0$

23. $z^4-2z^2+1=0$

[14.3 복소수 집합]

※ (문제 24~28) 다음 식을 만족하는 영역을 복소평면에 그리고 열린집합인지 닫힌집합인지 어느 것도 아닌지 결정하라.

24. $1<|z-1+i|\le 2$

25. $1\le \mathrm{Im}(z)\le 2$

26. $|\arg(z)|<\frac{\pi}{4}$

27. $\mathrm{Im}(z)<1$

28. $|z-1|\le|z+i|$

※ (문제 29~31) 다음 방정식의 그래프를 복소평면 위에 그려라.

29. $\mathrm{Re}(z+i)=\mathrm{Im}(z-3+i)$

30. $|z-1-i|=1$

31. $\mathrm{Im}(z^2)=1$

[14.4 복소함수]

※ (문제 32~34) 사상 $f(z)=z^2$에 의한 다음 식의 상을 구하라.

32. $x=1$

33. $y=-2$

34. $y=x$

※ (문제 35~36) 함수 $f(z)=z+i\bar{z}+\mathrm{Im}(z)$에 대하여 다음의 함숫값을 구하라.

35. $2-i$

36. $-1+i$

※ (문제 37~38) 다음 극한값을 구하라.

37. $\lim_{z\to 1+i}\frac{z^2+z+1}{z-1}$

38. $\lim_{z\to i}\frac{z^2+1}{z-i}$

※ (문제 39~40) 다음 함수가 $z=0$에서 연속인지의 여부를 결정하라.

39. $f(z)=\begin{cases}\frac{\mathrm{Im}(z)}{|z|}, & z\ne 0\\ 0, & z=0\end{cases}$

40. $f(z)=\begin{cases}\frac{\mathrm{Re}(z)}{1+|z|}, & z\ne 0\\ 0, & z=0\end{cases}$

※ (문제 41~43) 다음 복소함수의 도함수를 구하라.

41. $(z^3-4i)^2$

42. $(z^2+1)(-z+iz^3+2iz)$

43. $\dfrac{2z-2+i}{z+i}$

※ (문제 44~45) 주어진 함수의 해석적이지 않은 점을 구하라.

44. $f(z)=\dfrac{z}{z-i}$

45. $f(z)=\dfrac{z-6+2i}{z^2-4z+9}$

[14.5 코시-리만 방정식]

※ (문제 46~50) 다음 함수가 해석적인지의 여부를 결정하라.

46. $f(z)=e^z$

47. $f(z)=(x^2-y^2-x)+i(2xy-y+3)$

48. $f(z)=|z|^2$

49. $f(z)=z+\mathrm{Re}(z)$

50. $f(z)=z-\dfrac{1}{z}$

※ (문제 51~52) 다음 함수가 조화함수임을 보이고 그 켤레조화함수를 구하라.

51. $u(x, y)=-x^2+y^2$

52. $u(x, y)=2xy+x+3$

※ (문제 53~54) 다음 함수가 조화함수가 되도록 실수 a와 b를 구하고, 그 켤레조화함수를 구하라.

53. $u(x, y)=e^{2x}\sin ay$

54. $u(x, y)=\dfrac{bx}{x^2+y^2}$

[14.6 지수함수와 로그함수]

※ (문제 55~57) 다음 복소수를 $u+iv$ 꼴로 나타내라.

55. $e^{1+\pi i}$

56. $e^{\pi-\frac{\pi}{4}i}$

57. $e^{0.5+i}$

※ (문제 58~59) 다음 지수방정식의 해를 구하라.

58. $e^z=\sqrt{2}+\sqrt{2}\,i$

59. $e^{2z}=4$

※ (문제 60~62) 다음 복소수 z에 대하여 $\ln z$와 $\mathrm{Ln}\, z$를 $u+iv$ 형태로 나타내라.

60. $z=-1+\sqrt{3}\,i$

61. $z=1-i$

62. $z=\sqrt{6}+\sqrt{2}\,i$

※ (문제 63~65) 다음 복소수를 $u+iv$ 꼴로 나타내라.

63. i^{2+i}

64. $(1+i)^{-3i}$

65. $(1+\sqrt{3}\,i)^{1+3i}$

[14.7 삼각함수와 쌍곡선함수]

※ (문제 66~71) 다음 삼각함수의 값을 $a+ib$ 꼴로 나타내라.

66. $\sin 3i$

67. $\tan\left(\frac{\pi}{2}+i\right)$

68. $\sec(\pi-i)$

69. $\sin(1+4i)$

70. $\cos(3-2i)$

71. $\cot 2i$

※ (문제 72~75) 다음 쌍곡선함수의 값을 $a+ib$ 꼴로 나타내라.

72. $\sinh\left(-\frac{\pi}{2}i\right)$

73. $\cosh\left(1+\frac{\pi}{3}i\right)$

74. $\operatorname{csch}(1+i)$

75. $\coth 3i$

※ (문제 76~77) 다음 방정식의 해를 모두 구하라.

76. $\cos z = i$

77. $\sin z = 10$

[14.8 역삼각함수와 역쌍곡선함수]

※ (문제 78~83) 다음 역삼각함수의 값을 $a+ib$ 꼴로 나타내라.

78. $\cos^{-1} i$

79. $\sin^{-1}(-i)$

80. $\tan^{-1}(2i)$

81. $\cos^{-1}(2)$

82. $\sin^{-1}(2)$

83. $\tan^{-1}(2)$

※ (문제 84~89) 다음 역쌍곡선함수의 값을 $a+ib$ 꼴로 나타내라.

84. $\cosh^{-1} i$

85. $\sinh^{-1}(-i)$

86. $\tanh^{-1} i$

87. $\cosh^{-1}(2)$

88. $\sinh^{-1}(2)$

89. $\tanh^{-1}(2)$

※ (문제 90~92) $z=\sqrt{3}$ 일 때 다음 함수의 미분계수를 구하라.

90. $\sinh^{-1}z$

91. $\cosh^{-1}z$

92. $\tanh^{-1}z$

93. $\dfrac{d}{dz}\sinh^{-1}z=\dfrac{1}{(z^2+1)^{\frac{1}{2}}}$ 임을 증명하라.

Chapter 15

복소적분법

Complex Integral

||| 목차 |||

||| 학습목표 |||

- 복소평면 위에서 선적분을 구한다.
- 단순연결영역에서 코시 적분정리에 대해 이해한다.
- 경로에 무관한 선적분을 알아본다.
- 코시 적분정리를 이용하여 코시 적분공식을 알아본다.

Section

15.1 선적분

복소함수 $f(z)$의 적분은 실함수의 선적분과 정의가 비슷하다. 복소평면 위의 곡선을 따라 복소함수 $f(z)$의 적분을 정의해보자.

선적분의 정의

10.5절에서는 평면에서 곡선을 따라 벡터함수 $\mathbf{r}(t)$의 선적분을 정의했다. 복소평면에서도 곡선 C를 따라 복소함수 $f(z)$를 정의할 수 있다.

평면에서의 곡선은 매개방정식

$$x = x(t),\ y = y(t),\ a \le t \le b$$

로 정의한다. 이와 비슷하게 복소평면 위의 곡선 C는

$$z(t) = x(t) + iy(t),\ a \le t \le b$$

로 정의한다.

이때 매개변수 t가 증가하는 방향으로 곡선의 양의 방향을 정의하고 복소평면에서 매끄러운 곡선, 구간별 매끄러운 곡선, 단순닫힌곡선, 단순연결영역 등의 정의도 10.5절에서와 똑같이 정의한다.

복소평면에서 매끄러운 곡선 C를 따라 복소함수 $f(z)$의 선적분을 정의하자.

복소함수 $f(z)$가 $z(t) = x(t) + iy(t)$, $a \le t \le b$로 정의된 곡선 C 위의 점에서 정의된다고 하자. 곡선 C를 [그림 15-1]과 같이 n개의 점으로 나누고 각 점을 z_0, z_1, z_2, $\cdots$, z_n이라 하자.

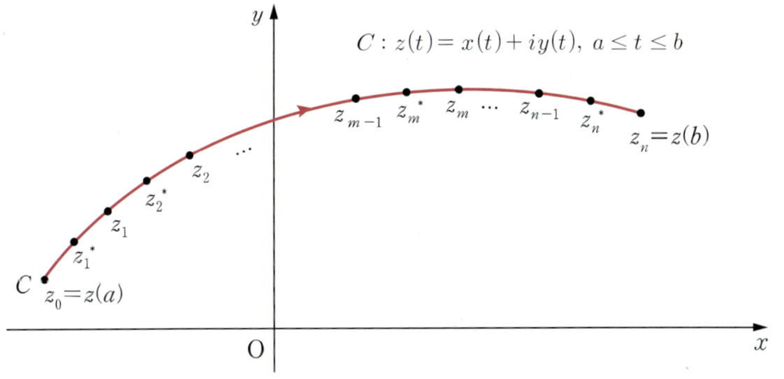

[그림 15-1] 복소선적분

$z_i^* \in \widehat{z_{i-1}z_i}$라 하고 $\Delta z_i = z_i - z_{i-1}$, $i = 1, 2, \cdots, n$이라 하자. 그리고 부분합을

$$S_n = \sum_{i=1}^{n} f(z_i^*) \Delta z_i \tag{15.1}$$

라고 하자. $n \to \infty$ 이면 $\lim_{n\to\infty} S_n = \lim_{n\to\infty} \sum_{i=1}^{n} f(z_i^*) \Delta z_i$이다. 이 극한값이 존재하면

$$\lim_{n\to\infty} \sum_{i=1}^{n} f(z_i^*) \Delta z_i = \int_C f(z)\, dz$$

로 표기하고, 이를 경로 C를 따르는 $f(z)$의 **복소선적분**complex line integral이라 한다. 만약 경로 C가 단순닫힌곡선이면

$$\int_C f(z)\, dz = \oint_C f(z)\, dz$$

로 표기한다.

정의 15-1 복소선적분

함수 $f(z)$가 매끄러운 곡선 $C : x = x(t),\ y = y(t),\ a \le t \le b$ 위의 점에서 정의된다고 하자. $f(z)$의 곡선 C를 따른 선적분은 다음과 같다.

$$\int_C f(z)\, dz = \lim_{n\to\infty} \sum_{i=1}^{n} f(z_i^*) \Delta z_i$$

복소선적분의 성질

[정의 15-1]에서 알 수 있듯이 복소선적분은 실함수의 정적분과 비슷한 성질을 가진다.

두 함수 $f(z)$, $g(z)$가 열린영역 D에서 적분가능하고, 경로 C는 영역 D 안에 있는 매끄러운 곡선이라 하자. 그러면 다음이 성립한다.

(1) $\int_C kf(z)\,dz = k\int_C f(z)\,dz$ (단, k는 실수)

(2) $\int_C [k_1 f(z) + k_2 g(z)]\,dz = k_1\int_C f(z)\,dz + k_2\int_C g(z)\,dz$: 적분의 선형성

(3) $\int_C f(z)\,dz = \int_{C_1} f(z)\,dz + \int_{C_2} f(z)\,dz$ (단, C_1, C_2는 겹치지 않으며 $C = C_1 \cup C_2$)

정리 15-2 복소선적분의 계산

적분경로가 $C : z(t) = x(t) + iy(t)$, $a \le t \le b$일 때 복소함수 $f(z)$의 복소선적분은

$$\int_C f(z)\,dz = \int_a^b f(z(t))\,z'(t)\,dt$$

와 같이 계산한다.

예제 15-1

적분경로가 $C: z(t) = t + it$, $1 \le t \le 2$일 때 $\int_C z^2\,dz$를 계산하라.

풀이

$z = x(t) + iy(t)$를 미분하면 $dz = dt + i\,dt = (1+i)dt$이므로

$$\begin{aligned}\int_C z^2\,dz &= \int_1^2 (t+it)^2(1+i)\,dt = \int_1^2 (-2t^2 + 2t^2 i)\,dt \\ &= \int_1^2 (-2t^2)\,dt + i\int_1^2 2t^2\,dt \\ &= -\frac{2}{3}t^3\Big|_1^2 + i\,\frac{2}{3}t^3\Big|_1^2 = -\frac{2}{3}(8-1) + i\,\frac{2}{3}(8-1) \\ &= -\frac{14}{3} + \frac{14}{3}i\end{aligned}$$

이제 시점과 종점이 같지만 경로가 다른 두 곡선을 따라 함수를 적분하자.

예제 15-2

[그림 15-2]의 적분경로를 따라 $\int_C \bar{z}\,dz$를 계산하라.

(a) $C = C_1 \cup C_2$　　　(b) C_3

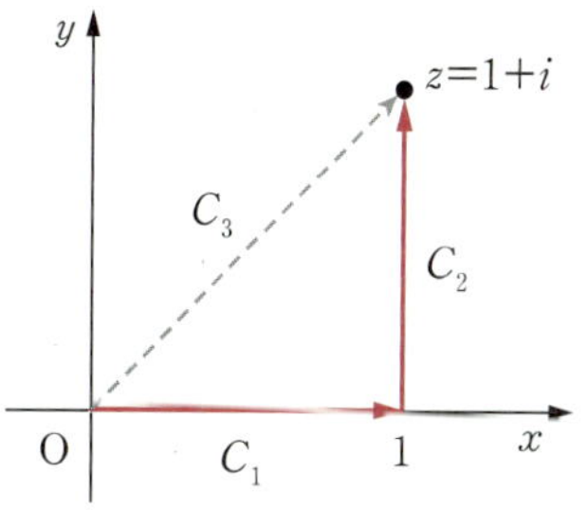

[그림 15-2] 적분경로 C_1, C_2, C_3

풀이

(a) 적분경로를 식으로 나타내면 각각 $C_1 : z(t) = t$, $0 \le t \le 1$, $C_2 : z(t) = 1 + it$, $0 \le t \le 1$이므로

$$\begin{aligned}\int_C \bar{z}\,dz &= \int_{C_1} \bar{z}\,dz + \int_{C_2} \bar{z}\,dz \\ &= \int_0^1 t\,dt + \int_0^1 (1 - it)i\,dt \\ &= \frac{1}{2}t^2\Big|_0^1 + \left[\frac{1}{2}t^2 + it\right]_0^1 = \frac{1}{2} + \frac{1}{2} + i \\ &= 1 + i\end{aligned}$$

이다.

(b) 적분경로를 식으로 나타내면 $C_3 : z(t) = t + it$, $0 \le t \le 1$이고 $dz = (1+i)dt$이므로

$$\int_{C_3} \bar{z}\,dz = \int_0^1 (t - it)(1+i)dt = \int_0^1 2t\,dt = t^2\Big|_0^1 = 1$$

이다.

예제 15-3

적분경로가 $C : z(t) = \cos t + i\sin t$, $0 \le t \le 2\pi$일 때, $\oint_C z^2\,dz$를 계산하라.

풀이

적분경로를 $C : z(t) = e^{it}$으로 나타낼 수 있고, $dz = ie^{it}\,dt$이므로

$$\begin{aligned}\oint_C z^2\,dz &= \int_0^{2\pi} e^{2ti} i e^{ti}\,dt = i\int_0^{2\pi} e^{3ti}\,dt \\ &= \frac{i}{3i}e^{3ti}\Big|_0^{2\pi} = \frac{1}{3}(e^{6\pi i} - 1) \\ &= \frac{1}{3}[(\cos 6\pi + i\sin 6\pi) - 1] \\ &= 0\end{aligned}$$

이다.

예제 15-4

적분경로가 $C : |z - z_0| = \rho$일 때, $\oint_C (z - z_0)^m dz$를 계산하라(단, m은 정수).

풀이

적분경로 C는 중심이 z_0이고 반지름이 ρ인 원이므로 $z = z_0 + \rho e^{it}$이다. $f(z) = (z - z_0)^m$이라 두면

$$\begin{aligned} f(z) = (z - z_0)^m &= (\rho e^{it} + z_0 - z_0)^m \\ &= (\rho e^{it})^m \\ &= \rho^m e^{imt} \end{aligned}$$

라고 할 수 있다. $C : z(t) = \rho e^{it} + z_0$, $0 \le t \le 2\pi$로 나타낼 수 있고 $dz = i\rho e^{it} dt$이므로

$$\begin{aligned} \oint_C (z - z_0)^m dz &= \int_0^{2\pi} \rho^m e^{imt} i\rho e^{it} dt \\ &= i\rho^{m+1} \int_0^{2\pi} e^{i(m+1)t} dt \\ &= i\rho^{m+1} \frac{1}{i(m+1)} e^{i(m+1)t} \Big|_0^{2\pi} \\ &= \frac{\rho^{m+1}}{m+1} (e^{i2\pi(m+1)} - 1) \\ &= \frac{\rho^{m+1}}{m+1} [\cos 2\pi(m+1) - i\sin 2\pi(m+1) - 1] \\ &= 0 \qquad (\text{단, } m \ne -1) \end{aligned}$$

이다. 한편 $m = -1$이면 $(z - z_0)^{-1} = (\rho e^{it})^{-1} = \frac{1}{\rho} e^{-it}$이므로

$$\begin{aligned} \oint_C (z - z_0)^{-1} dz &= \frac{1}{\rho} \int_0^{2\pi} e^{-it} i\rho e^{it} dt \\ &= i \int_0^{2\pi} dt \\ &= 2\pi i \end{aligned}$$

이다. 이를 정리하면 구하는 적분은 다음과 같다.

$$\oint_C (z - z_0)^m dz = \begin{cases} 0 &, m \ne -1 \\ 2\pi i, & m = 1 \end{cases}$$

정리 15-3 복소선적분의 상한

적분경로 C의 모든 점에서 $|f(z)|$의 최댓값이 M이고, 곡선 C의 길이가 L이라 하면 다음이 성립한다.

$$\left| \int_C f(z)\,dz \right| \leq ML$$

증명

복소선적분의 정의에서 식 (15.1)로 표현된 부분합 S_n의 절댓값은 삼각부등식을 이용하여 다음과 같이 나타낼 수 있다.

$$|S_n| = \left| \sum_{k=1}^{n} f(z_k^*)\,\Delta z_k \right| \leq \sum_{k=1}^{n} |f(z_k^*)||\Delta z_k| \leq M \sum_{k=1}^{n} |\Delta z_k|$$

$|\Delta z_k|$는 두 점 z_{k-1}과 z_k 사이의 거리이므로 $\lim_{n\to\infty} \sum_{k=1}^{n} |\Delta z_k| = L$이다. 따라서

$$\left| \int_C f(z)\,dz \right| \leq ML$$

이 성립한다. ■

Section 15.2 코시 적분정리

[예제 15-2]에서 복소함수 $f(z)$의 선적분이 시점과 종점뿐만 아니라 적분경로에 따라 달라지는 것을 보았다. $f(z)$가 단순연결영역 D에서 해석적이면, D 안에 있는 모든 단순닫힌곡선 C 위에서의 선적분 값이 동일함을 살펴보자.

열린영역 D의 임의의 단순닫힌곡선 C가 D를 벗어나지 않으면서 D 안의 한 점으로 줄어들 수 있을 때, 즉 영역에 구멍이 없는 D를 **단순연결영역**simply connected domain이라 한다. 단순연결영역이 아닌 영역 D를 **다중연결영역**multiply connected domain이라 한다. [그림 15-3]에서 볼 수 있듯이 단순연결영역 D에는 구멍이 없고, 다중연결영역 D에는 구멍이 한 개 이상 존재한다.

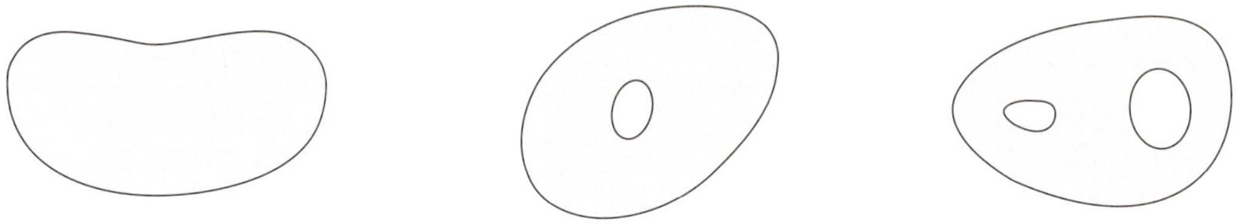

(a) 단순연결영역 (b) 이중연결영역 (c) 삼중연결영역

[그림 15-3] 다중연결영역

정리 15-4 코시 적분정리 Cauchy's theorem

함수 $f(z)$가 단순연결영역 D에서 해석적이면, D에 있는 모든 단순닫힌곡선 C에 대하여

$$\oint_C f(z)\,dz = 0$$

이다.

증명

$f(z) = u(x, y) + i\,u(x, y)$라 하자. $z = x + iy$로 두면 $dz = dx + i\,dy$이므로

$$\begin{aligned}\oint_C f(z)\,dz &= \oint_C [u(x, y) + i\,v(x, y)](dx + i\,dy)\\ &= \oint_C [u(x, y)dx - v(x, y)dy] + i\oint_C [v(x, y)\,dx + u(x, y)dy]\end{aligned}$$

이다. 함수 $f(z)$가 D에서 해석적이므로 14.5절의 코시-리만 방정식

$$\frac{\partial u}{\partial x} = \frac{\partial v}{\partial y}, \quad \frac{\partial u}{\partial y} = -\frac{\partial v}{\partial x} \tag{15.2}$$

를 만족한다. f가 D에서 해석적이므로 f와 f'이 D에서 연속이고, 그린 정리와 식 (15.2)에 의해

$$\oint_C u(x, y)dx - v(x, y)dy = \iint_R \left(-\frac{\partial v}{\partial x} - \frac{\partial u}{\partial y}\right)dxdy = 0,$$
$$\oint_C v(x, y)dx + u(x, y)dy = \iint_R \left(\frac{\partial u}{\partial x} - \frac{\partial v}{\partial y}\right)dxdy = 0$$

을 얻는다. 이때 R은 적분경로 C에 의해 둘러싸인 영역이다. 그러므로

$$\oint_C f(z)\,dz = 0$$

이다. 따라서 모든 단순닫힌곡선에 대한 완전함수의 선적분은 0이다. ■

예를 들어, 복소평면에서 함수 $f(z) = e^{z^2}$은 해석적이므로 복소평면에 있는 임의의 단순닫힌곡선 C에 대해 $\oint_C e^{z^2}dz = 0$이다.

예제 15-5

원점이 중심인 단위원 C가 적분경로일 때, $\oint_C \frac{1}{z^2 - 4}dz$를 계산하라.

풀이

함수 $\frac{1}{z^2 - 4}$은 $z = \pm 2$를 제외한 모든 복소평면에서 해석적이므로 단위원 C로 둘러싸인 영역에서 해석적이다. 따라서 [정리 15-4]의 코시 적분정리에 의해 다음이 성립한다.

$$\oint_C \frac{1}{z^2 - 4}dz = 0$$

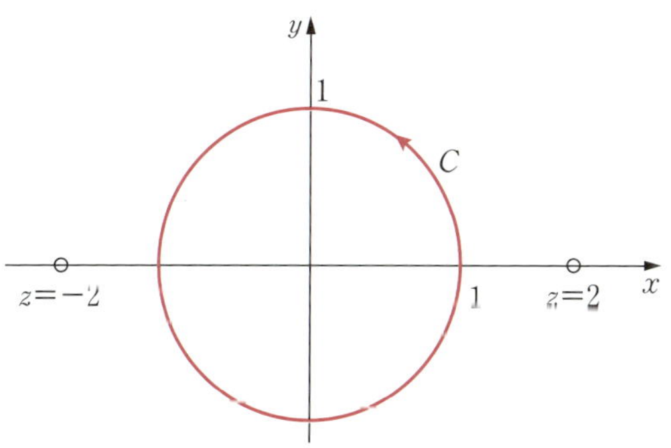

[그림 15-4] 경로 C

예제 15-6

적분경로가 $C : |z-i| = \frac{1}{2}$ 일 때, $\oint_C \frac{1}{z} dz$를 계산하라.

풀이

함수 $\frac{1}{z}$은 $z \neq 0$에서 해석적이다. [그림 15-5]와 같은 경로 C로 둘러싸인 영역 D에 $z=0$이 속하지 않으므로 $\frac{1}{z}$은 D에서 해석적이다.

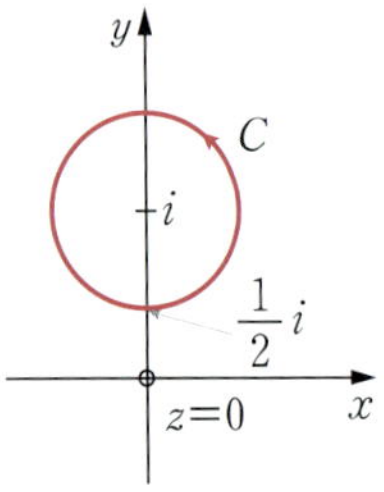

[그림 15-5] 경로 C

따라서 [정리 15-4]의 코시 적분정리에 의해

$$\oint_C \frac{1}{z} dz = 0$$

이다.

다중연결영역에서 코시 적분정리 적용

함수 $f(z)$가 [그림 15-6]과 같은 이중연결영역 D에서 해석적이라 하자.

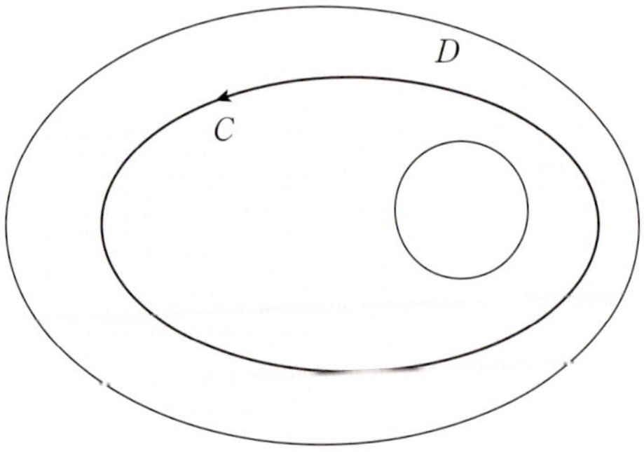

[그림 15-6] 다중연결영역 D

코시 적분정리는 단순연결영역에서 성립하는 정리이므로 영역 D의 단순닫힌곡선 C에 대해

$$\oint_C f(z)\,dz = 0$$

이 성립한다고 단정할 수 없다. 이 복소선적분을 계산하기 위해 [그림 15-7]에서와 같이 C로 둘러싸인 영역에서 단순닫힌곡선을 C_1이라 하자.

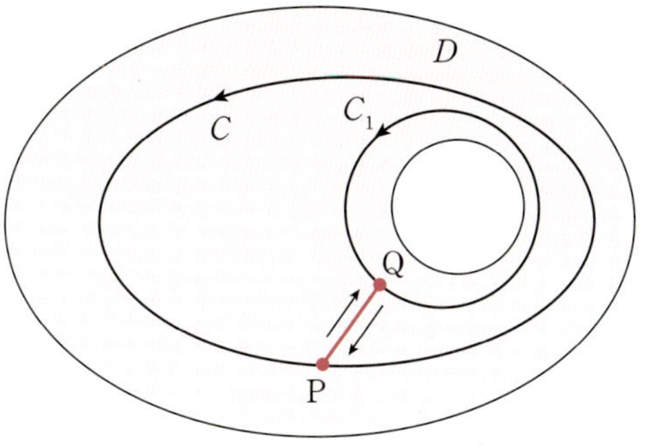

[그림 15-7] 이중연결영역에서 단순닫힌곡선

두 곡선 C와 C_1 위의 임의의 두 점 P와 Q를 이은 선분을 삽입하면, [그림 15-8(a)]처럼 C와 C_1으로 둘러싸인 원환 모양의 이중연결영역은 [그림 15-8(b)]와 같은 단순연결영역이 된다. 이때 생긴 경로를 $\overrightarrow{\mathrm{PQ}}$, $\overrightarrow{\mathrm{QP}}$라고 하자.

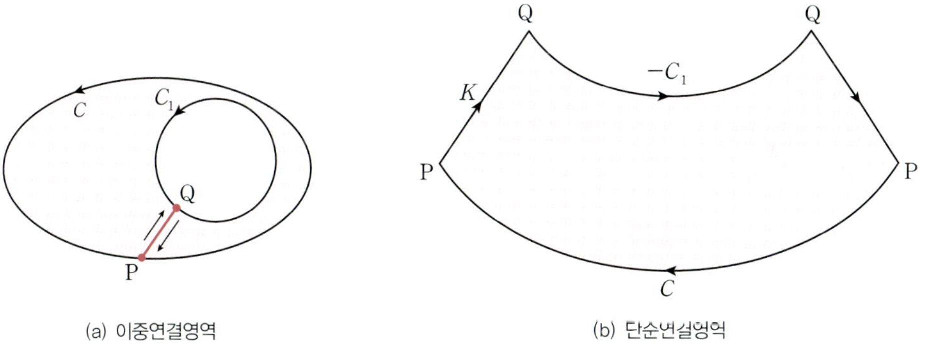

(a) 이중연결영역

(b) 단순연결영역

[그림 15-8] 적분경로 K

단순연결영역의 경계를

$$K = C \cup \overrightarrow{\mathrm{PQ}} \cup (-C_1) \cup \overrightarrow{\mathrm{QP}}$$

라 두면, 곡선 K는 단순닫힌곡선이다. 함수 $f(z)$가 K에 의해 둘러싸인 단순연결영역에서 해석적이므로 코시 적분정리에 의해

$$\oint_K f(z)dz = 0$$

이다. 그리고 복소선적분의 성질 (3)에 의해

$$\begin{aligned}\oint_K f(z)dz &= \int_C f(z)dz + \int_{\mathrm{P}}^{\mathrm{Q}} f(z)dz + \int_{-C_1} f(z)dz + \int_{\mathrm{Q}}^{\mathrm{P}} f(z)dz \\ &= \int_C f(z)dz + \int_{-C_1} f(z)dz + \int_{\mathrm{P}}^{\mathrm{Q}} f(z)dz - \int_{\mathrm{P}}^{\mathrm{Q}} f(z)dz \\ &= \int_C f(z)dz + \int_{-C_1} f(z)dz \\ &= 0\end{aligned}$$

이므로 우변을 정리하면

$$\int_C f(z)dz = -\int_{-C_1} f(z)dz = \int_{C_1} f(z)dz \tag{15.3}$$

임을 알 수 있다. 따라서 경로를 더 간단한 단순닫힌곡선으로 변경하여 복소선적분을 쉽게 계산할 수 있다.

단순닫힌곡선 C 안에 $f(z)$가 해석적이지 않은 점을 포함하는 경우에 대해 알아보자.

예제 15-7 응용

적분경로 C가 [그림 15-9]와 같을 때, $\oint_C \frac{1}{z+i}dz$를 계산하라.

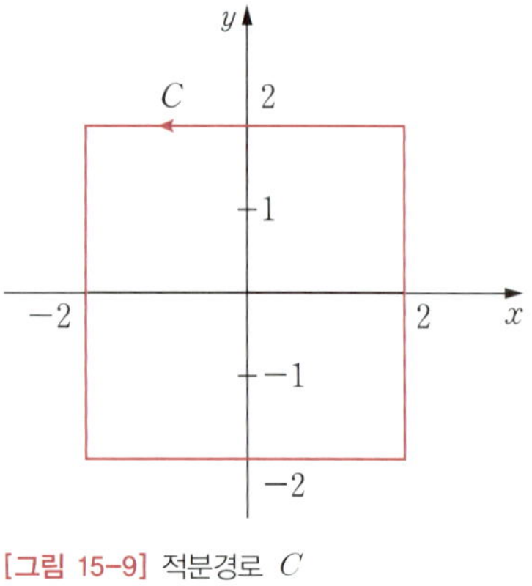

[그림 15-9] 적분경로 C

풀이

함수 $\frac{1}{z+i}$은 $z=-i$에서 해석적이 아니다. C에 의해

둘러싸인 영역 안에 $z=-i$가 포함되므로 $z=-i$를 포함하는 경로 $C^*: |z+i|=1$에 대해 적분하자.

경로 C^*는 $C^* : z(t) = -i + e^{it},\ 0 \le t \le 2\pi$로 나타낼 수 있고, 식 (15.3)에 의해 $\oint_C \frac{1}{z+i}dz = \oint_{C^*} \frac{1}{z+i}dz$이므로 다음과 같이 계산한다.

$$\begin{aligned}\oint_C \frac{1}{z+i}dz &= \oint_{C^*} \frac{1}{z+i}dz \\ &= \int_0^{2\pi} \frac{ie^{it}}{e^{it}}dt \qquad (\text{단, } dz = ie^{it}dt) \\ &= 2\pi i\end{aligned}$$

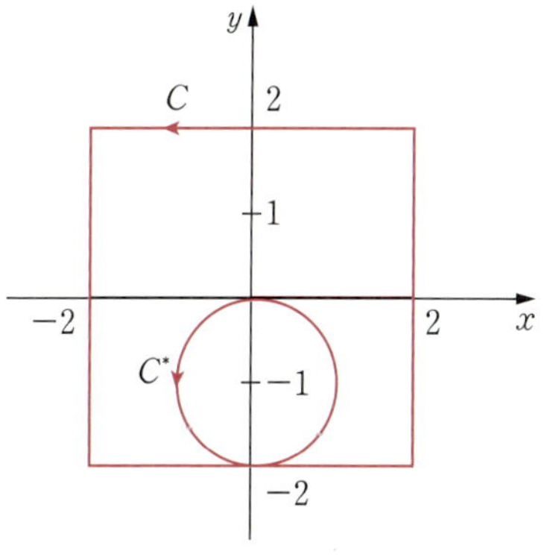

[그림 15-10] $z = -i$를 포함하는 경로 C^*

예제 15-8

적분경로가 [그림 15-11]과 같은 $C : |z| = 2$일 때, $\oint_C \frac{1}{z(z-1)(z-3)}dz$를 계산하라.

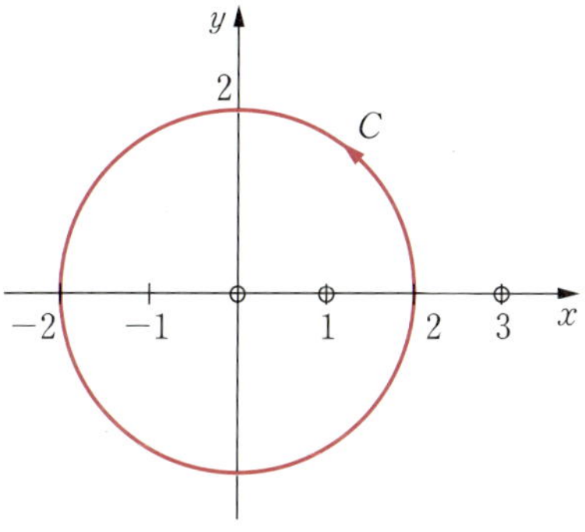

[그림 15-11] 적분경로 C

풀이

피적분함수를 부분분수로 나타내면

$$\frac{1}{z(z-1)(z-3)} \quad \frac{1}{z(z-1)(z-3)} = \frac{A}{z} + \frac{B}{z-1} + \frac{C}{z-3}$$
$$= \frac{1}{3}\cdot\frac{1}{z} - \frac{1}{2}\cdot\frac{1}{z-1} + \frac{1}{6}\cdot\frac{1}{z-3}$$

이다. 따라서 다음과 같이 적분을 나타낼 수 있다.

$$\oint_C \frac{1}{z(z-1)(z-3)}dz = \frac{1}{3}\int_C \frac{1}{z}dz - \frac{1}{2}\int_C \frac{1}{z-1}dz + \frac{1}{6}\int_C \frac{1}{z-3}dz$$

$\frac{1}{z-3}$은 C로 둘러싸인 영역에서 해석적이므로 적분값이 0이다. 따라서

$$\oint_C \frac{1}{z(z-1)(z-3)}dz = \frac{1}{3}\int_C \frac{1}{z}dz - \frac{1}{2}\int_C \frac{1}{z-1}dz$$

이다. 이제 C 대신 간단한 단순닫힌곡선 C_1, C_2를

$$C_1: z = \frac{1}{2}e^{it},\ C_2: z = 1 + \frac{1}{2}e^{it},\ 0 \le t \le 2\pi$$

으로 두자. 그러면 다음이 성립한다.

$$\oint_C \frac{1}{z}dz = \oint_{C_1} \frac{1}{z}dz = \int_0^{2\pi} 2e^{-it}\frac{1}{2}ie^{it}dt = i\int_0^{2\pi} dt = 2\pi i,$$

$$\oint_C \frac{1}{z-1}dz = \oint_{C_2} \frac{1}{z-1}dz = \int_0^{2\pi} 2e^{-it}\frac{1}{2}ie^{it} - 2\pi i$$

그러므로 구하는 적분은

$$\begin{aligned}\oint_C \frac{1}{z(z-1)(z-3)}dz &= \frac{1}{3}(2\pi i) - \frac{1}{2}(2\pi i)\\ &= -\frac{1}{3}\pi i\end{aligned}$$

이다.

[그림 15-12]와 같은 삼중연결영역 D에서 세 곡선 C, C_1, C_2를 생각하자.

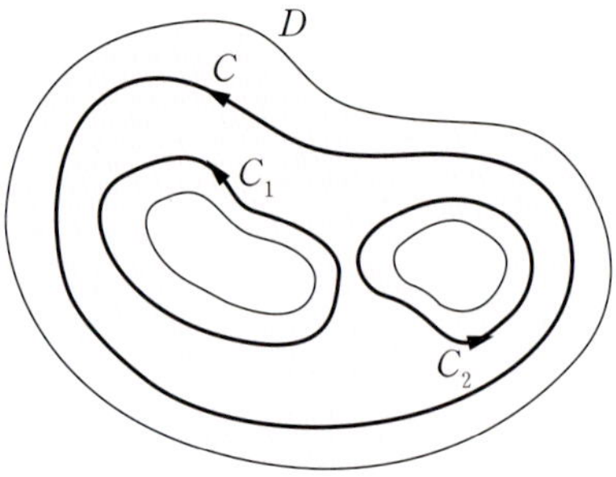

[그림 15-12] 삼중연결영역

이중연결영역과 비슷하게 경로 C 위의 임의의 점 P와 경로 C_1 위의 임의의 점 Q, R, 그리고 경로 C_2 위의 임의의 점 S를 생각하자. C와 C_1 사이를 절단하고, C_1과 C_2 사이를 절단하여 생긴 경로를 각각 $\overrightarrow{PQ}$, $\overrightarrow{RS}$라고 하자.

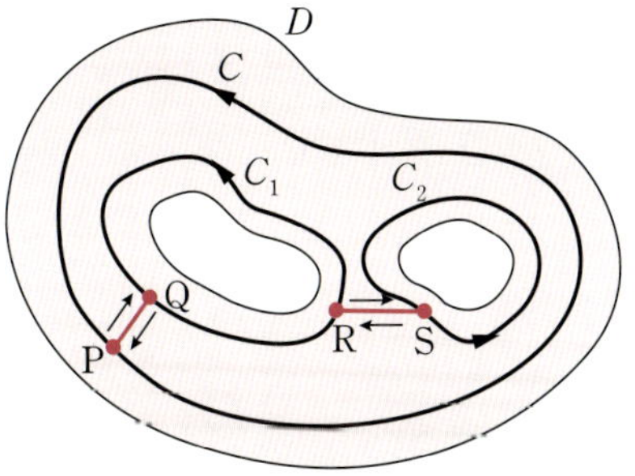

[그림 15-13] 삼중연결영역에서 단순닫힌곡선 C_1과 C_2

그러면 곡선

$$K = C \cup \overrightarrow{\mathrm{PQ}} \cup (-C_1) \cup \overrightarrow{\mathrm{RS}} \cup (-C_2) \cup \overrightarrow{\mathrm{SR}} \cup \overrightarrow{\mathrm{QP}}$$

는 단순닫힌곡선이다. 함수 $f(z)$가 곡선 K에 의해 둘러싸인 단순연결영역에서 해석적이므로 코시 적분정리에 의해

$$\oint_K f(z)\,dz = 0$$

이다. 이때

$$\begin{aligned}\oint_K f(z)dz &= \oint_C f(z)dz + \int_{\overrightarrow{\mathrm{PQ}}} f(z)dz + \oint_{-C_1} f(z)dz \\ &\quad + \int_{\overrightarrow{\mathrm{RS}}} f(z)dz + \oint_{-C_2} f(z)dz + \int_{\overrightarrow{\mathrm{SR}}} f(z)dz + \int_{\overrightarrow{\mathrm{QP}}} f(z)dz \\ &= 0\end{aligned}$$

이므로, 지금까지의 내용을 정리하면 다음과 같다.

$$\oint_C f(z)\,dz = \oint_{C_1} f(z)\,dz + \oint_{C_2} f(z)\,dz$$

이를 구멍이 n개 있는 다중연결영역 D로 확장하면

$$\oint_C f(z)\,dz = \sum_{k=1}^{n} \oint_{C_k} f(z)\,dz \tag{15.4}$$

로 계산할 수 있다.

예제 15-9

C가 원점을 중심으로 하는 반지름이 2인 원일 때, $\oint_C \frac{1}{z^2+1}dz$를 계산하라.

풀이

함수 $f(z)$를 부분분수로 나타내면

$$\frac{1}{z^2+1} = \frac{1}{(z+i)(z-i)} = \frac{1}{2i}\cdot\frac{1}{z-i} - \frac{1}{2i}\cdot\frac{1}{z+i}$$

이므로 적분을 다음과 같이 나타낼 수 있다.

$$\oint_C \frac{1}{z^2+1}dz = \frac{1}{2i}\oint_C\left(\frac{1}{z-i} - \frac{1}{z+i}\right)dz$$

한편, 함수 $f(z) = \frac{1}{z^2+1}$은 $z = \pm i$에서 해석적이지 않으므로 [그림 15-14]처럼 $z = i$와 $z = -i$를 포함하는 경로를 각각

$$C_1 = i + e^{it},\ C_2 = -i + e^{it},\ 0 \le t \le 2\pi$$

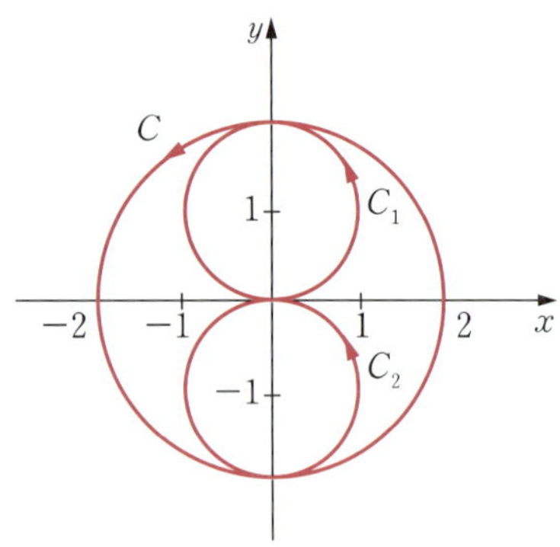

[그림 15-14] 적분경로 C, C_1, C_2

이라 하면 식 (15.4)에 의해

$$\oint_C \frac{1}{z^2+1}dz = \frac{1}{2i}\left[\oint_{C_1}\left(\frac{1}{z-i} - \frac{1}{z+i}\right)dz + \oint_{C_2}\left(\frac{1}{z-i} - \frac{1}{z+i}\right)dz\right]$$

이다. 이때 $\frac{1}{z+i}$은 C_1으로 둘러싸인 영역의 모든 점에서 해석적이고, $\frac{1}{z-i}$은 C_2로 둘러싸인 영역의 모든 점에서 해석적이므로 코시 적분정리에 의해

$$\int_{C_1}\frac{1}{z+i}dz = 0,\ \int_{C_2}\frac{1}{z-i}dz = 0$$

이다. 따라서 구하는 적분값은 다음과 같다.

$$\begin{aligned}\oint_C \frac{1}{z^2+1}dz &= \frac{1}{2i}\left(\oint_{C_1}\frac{1}{z-i}dz - \oint_{C_2}\frac{1}{z+i}dz\right)\\ &= \frac{1}{2i}(2\pi i - 2\pi i) \quad \leftarrow \text{[예제 15-8] 참고}\\ &= 0\end{aligned}$$

Section

15.3 경로에 무관한 선적분

복소선적분 값이 경로 C에 상관없이 곡선 C의 시점과 종점에 따라 결정되는 경우를 살펴본다.

함수 $f(z)$가 단순연결영역 D에서 해석적이라 하자. D에 있는 임의의 두 점 A, B를 연결하는 임의의 경로 C_1, C_2, $-C_2$가 [그림 15-15]와 같다고 하자. 이때, $-C_2$는 경로 C_2와 반대 방향이다.

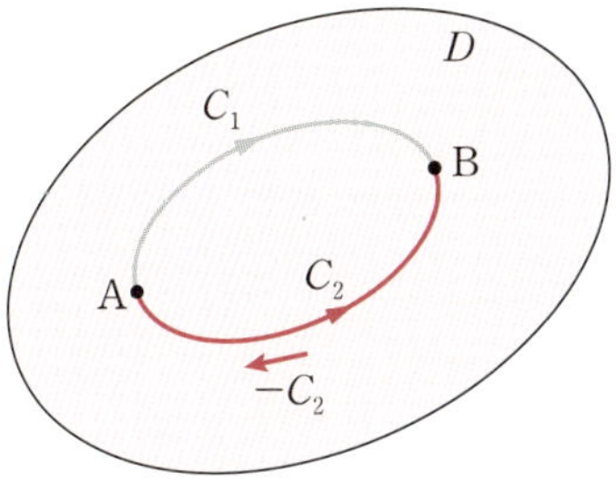

[그림 15-15] 적분경로에 무관

두 경로 C_1, $-C_2$의 합집합을 C라 하면 C는 단순연결곡선이고, C에 의해 둘러싸인 영역은 단순연결영역이다. 따라서 코시 적분정리에 의해

$$\oint_C f(z)\,dz = 0$$

이다. 그리고 복소선적분의 성질 (3)에 의해

$$\begin{aligned}\oint_C f(z)\,dz &= \int_{C_1} f(z)\,dz + \int_{-C_2} f(z)\,dz \\ &= \int_{C_1} f(z)\,dz - \int_{C_2} f(z)\,dz \\ &= 0\end{aligned}$$

이다. 이로부터 다음 결과를 얻을 수 있다.

정리 15-5 경로에 무관한 선적분

함수 $f(z)$가 단순연결영역 D에서 해석적이면 $\int_C f(z)\,dz$는 경로 C에 무관하다.

예제 15-10

$z=-1$에서 $z=-1+i$까지의 경로 C에 대해 $\oint_C 3z^2\,dz$를 계산하라.

풀이

$f(z)=3z^2$은 완전함수이므로 [정리 15-5]에 의해

$$\begin{aligned}\oint_C 3z^2\,dz &= z^3\Big|_{-1}^{-1+i}\\ &=(-1+i)^3-(-1)^3\\ &=2+2i+1=3+2i\end{aligned}$$

이다.

예제 15-11

$z=0$에서 $z=1+i$까지의 경로 C에 대해 $\int_C \sin z\,dz$를 계산하라.

풀이

$f(z)=\sin z$는 완전함수이므로 [정리 15-5]에 의해

$$\begin{aligned}\int_C \sin z\,dz &= -[\cos z]_0^{1+i}\\ &=-\cos(1+i)+\cos 0\\ &=-(\cos 1\cosh 1-i\sin 1\sinh 1)+1 \quad \leftarrow \text{식 (14.10) 참고}\\ &=(1-\cos 1\cosh 1)+i\sin 1\sinh 1\end{aligned}$$

이다.

Section

15.4 코시 적분공식

해석함수에 대한 적분공식이 주는 놀라운 결과를 살펴보자.

정리 15-6 코시 적분공식

함수 $f(z)$가 단순연결영역 D에서 해석적이고 C가 D 안의 임의의 점 z_0를 둘러싸는 단순닫힌곡선이면 다음이 성립한다.

$$\oint_C \frac{f(z)}{z-z_0}\,dz = 2\pi i\, f(z_0)$$

증명

$f(z) = f(z_0) + [f(z) - f(z_0)]$이므로

$$\begin{aligned}\oint_C \frac{f(z)}{z-z_0}\,dz &= \oint_C \frac{f(z_0)+[f(z)-f(z_0)]}{z-z_0}\,dz \\ &= \oint_C \frac{f(z_0)}{z-z_0}\,dz + \oint_C \frac{f(z)-f(z_0)}{z-z_0}\,dz \\ &= f(z_0)\oint_C \frac{dz}{z-z_0} + \oint_C \frac{f(z)-f(z_0)}{z-z_0}\,dz\end{aligned}$$

곡선 C_1을 $|z-z_0| = e^{it}$, $0 \le t \le 2\pi$이라 하면

$$\oint_{C_1} \frac{dz}{z-z_0} = 2\pi i$$

이다. 그리고 곡선 C'을 $|z-z_0| = re^{it}$, $0 \le t \le 2\pi$이라 하면 식 (15.3)에 의해

$$\oint_C \frac{f(z)-f(z_0)}{z-z_0}\,dz = \oint_{C'} \frac{f(z)-f(z_0)}{z-z_0}\,dz$$

이다. 복소함수 $f(z)$는 $z = z_0$에서 연속이므로 임의의 $\varepsilon > 0$에 대해 $|z-z_0| < \delta$이면 $|f(z) - f(z_0)| < \varepsilon$이 성립하게 하는 $\delta > 0$이 존재한다. C'의 r을 δ보다 작은 $\frac{\delta}{2}$로 잡자. 그러면

$$\left|\frac{f(z)-f(z_0)}{z-z_0}\right| \le \frac{\varepsilon}{\frac{\delta}{2}} = \frac{2\varepsilon}{\delta}$$

이다. 이때

$$\left|\oint_{C'} \frac{f(z)-f(z_0)}{z-z_0}\,dz\right| \le \frac{2\varepsilon}{\delta}\left(2\pi \cdot \frac{\delta}{2}\right) = 2\pi\varepsilon$$

이므로 ε을 충분히 작게 하면

$$\oint_C \frac{f(z)-f(z_0)}{z-z_0}\,dz = \oint_{C'} \frac{f(z)-f(z_0)}{z-z_0}\,dz = 0$$

이다. 그러므로 $\oint_C \frac{f(z)}{z-z_0}\,dz = 2\pi i f(z_0)$이다. ■

예제 15-12

경로 $C: |z| = 2$에 대해 $\oint_C \frac{z^2-2z+2}{z-i}\,dz$를 계산하라.

풀이

$z_0 = i$ 가 C 안에 있고 $f(z) = z^2 - 2z + 2$는 해석적이므로 코시 적분 공식에 의하여

$$\begin{aligned}\oint_C \frac{z^2-2z+2}{z-i}\,dz &= 2\pi i f(i) \\ &= 2\pi i (i^2 - 2i + 2) \\ &= 4\pi + 2\pi i\end{aligned}$$

이다.

예제 15-13

경로 $C: |z-2i| = 2$에 대해 $\oint_C \frac{z}{z^2+4}\,dz$를 계산하라.

풀이

피적분함수의 분모가 $z^2 + 4 = (z-2i)(z+2i)$이므로 함수 $\frac{1}{z^2+4}$은 $z = 2i$와 $z = -2i$에서 해석적이지 않다. C로 둘러싸인 영역 D 안에 $z_0 = 2i$가 있으므로

$$\oint_C \frac{z}{z^2+4}\,dz = \oint_C \frac{\frac{z}{z+2i}}{z-2i}\,dz$$

로 쓸 수 있다. 이때 $f(z)=\dfrac{z}{z+2i}$라 하면 코시 적분공식에 의해 다음과 같이 계산한다.

$$\oint_C \frac{z}{z^2+4}dz = 2\pi i f(2i) = 2\pi i\left(\frac{2i}{4i}\right) = \pi i$$

이제 [정리 15-6]을 이용하여 해석함수가 모든 계$_{\text{order}}$의 도함수를 가짐을 증명해 보자.

정리 15-7 n계 도함수에 관한 코시 적분공식

함수 $f(z)$가 단순연결영역 D에서 해석적이고 C가 D 안의 임의의 점 z_0를 둘러싸는 단순닫힌곡선일 때

$$f^{(n)}(z_0) = \frac{n!}{2\pi i}\oint_C \frac{f(z)}{(z-z_0)^{n+1}}dz \quad (\text{단, } n = 1, 2, \cdots)$$

이다.

증명

$n=1$일 때를 증명하자. 그러면 나머지 부분은 수학적 귀납법으로 증명할 수 있다. 코시 적분 공식에 의해 $f(z_0)=\dfrac{1}{2\pi i}\oint_C \dfrac{f(z)}{z-z_0}dz$이므로

$$\begin{aligned} f'(z_0) &= \lim_{\Delta z\to 0}\frac{f(z_0+\Delta z)-f(z_0)}{\Delta z} \\ &= \lim_{\Delta z\to 0}\frac{1}{2\pi i}\frac{1}{\Delta z}\left[\oint_C \frac{f(z)}{z-(z_0+\Delta z)}dz - \oint_C \frac{f(z)}{z-z_0}dz\right] \\ &= \lim_{\Delta z\to 0}\frac{1}{2\pi i}\oint_C \frac{f(z)}{(z-z_0-\Delta z)(z-z_0)}dz \end{aligned}$$

로 나타낼 수 있다. 함수 $f(z)$가 곡선 C에서 연속이므로 C에서 유계이다. 따라서 어떤 실수 M이 존재하며 $|f(z)| \le M$이 성립한다. 곡선 C의 길이를 L이라 하고, 점 z_0와 가장 가까운 C 위의 점과 z_0 사이의 거리를 δ라 하면 C 위의 모든 점에 대해

$$|z-z_0| \ge \delta \quad \text{또는} \quad \frac{1}{|z-z_0|^2} \le \frac{1}{\delta^2}$$

이다. 만약 $|\Delta z| \le \dfrac{\delta}{2}$로 잡고 위의 부등식과 더하면, 삼각부등식에 의해

$$|z-z_0-\Delta z| \ge \big||z-z_0|-\Delta z\big| \ge \delta - |\Delta z| \ge \frac{\delta}{2}$$

$$\frac{1}{|z-z_0-\Delta z|} \leq \frac{2}{\delta}$$

를 만족한다. 그러므로 ML-부등식에 의해

$$\left|\oint_C \frac{f(z)}{(z-z_0)^2}dz - \oint_C \frac{f(z)}{(z-z_0-\Delta z)(z-z_0)}dz\right| = \left|\oint_C \frac{-\Delta z f(z)}{(z-z_0)^2(z-z_0-\Delta z)}dz\right|$$
$$\leq \frac{2ML|\Delta z|}{\delta^3}$$

이다. 위 식의 양변에 $\Delta z \to 0$을 취하면 $\frac{2ML|\Delta z|}{\delta^3} \to 0$이므로

$$\lim_{\Delta z\to 0}\oint_C \frac{f(z)}{(z-z_0-\Delta z)(z-z_0)}dz = \oint_C \frac{f(z)}{(z-z_0)^2}dz$$

이다. 그러므로

$$\begin{aligned} f'(z_0) &= \lim_{\Delta z\to 0}\frac{f(z_0+\Delta z)-f(z_0)}{\Delta z} \\ &= \lim_{\Delta z\to 0}\frac{1}{2\pi i}\oint_C \frac{f(z)}{(z-z_0-\Delta z)(z-z_0)}dz \\ &= \frac{1}{2\pi i}\oint_C \frac{f(z)}{(z-z_0)^2}dz \end{aligned}$$

이다. 따라서 $n=1$일 때를 증명했다. ■

예제 15-14

경로 $C: |z|=1$에 대해 $\oint_C \frac{z+1}{z^2(z-3)}dz$를 계산하라.

풀이

피적분함수가 $\frac{z+1}{z^2(z-3)} = \frac{\frac{z+1}{z-3}}{z^2}$ 이므로 $z_0=0$, $f(z)=\frac{z+1}{z-3}$로 둘 수 있다. 이때 $f'(z)=\frac{-4}{(z-3)^2}$이므로 [정리 15-7]에 의해 다음과 같이 계산한다.

$$\begin{aligned} \oint_C \frac{z+1}{z^2(z-3)}dz &= 2\pi i\frac{1}{1!}f'(0) \\ &= 2\pi i\left(-\frac{4}{9}\right) = -\frac{8\pi}{9}i \end{aligned}$$

예제 15-15 응용

경로 $C: |z| = 1$에 대해 $\oint_C \frac{z\cos z}{(2z-1)^3}dz$를 계산하라.

풀이

피적분함수가 $\frac{z\cos z}{(2z-1)^3} = \frac{z\cos z}{2^3\left(z-\frac{1}{2}\right)^3} = \frac{\frac{z\cos z}{8}}{\left(z-\frac{1}{2}\right)^3}$이므로 $f(z) = \frac{z\cos z}{8}$로 둘 수 있다.

$f''(z) = \frac{1}{8}(2\sin z - z\cos z)$이므로 [정리 15-7]에 의해 다음과 같이 계산한다.

$$\begin{aligned}\oint_C \frac{z\cos z}{(2z-1)^3}dz &= \oint_C \frac{\frac{z\cos z}{8}}{\left(z-\frac{1}{2}\right)^3}dz \\ &= 2\pi i f''\left(\frac{1}{2}\right) \\ &= \frac{\pi i}{4}\left(2\sin\frac{1}{2} - \frac{1}{2}\cos\frac{1}{2}\right)\end{aligned}$$

[정리 15-7]에 따르면 경로 C가 원 $|z-z_0| = r$이고, C 위의 모든 점 z에 대해 $|f(z)| \le M$이면 ML-부등식에 의해

$$|f^{(n)}(z_0)| = \frac{n!}{2\pi}\left|\oint_C \frac{f(z)}{(z-z_0)^{n+1}}dz\right| \le \frac{n!}{2\pi}M\frac{1}{r^{n+1}}2\pi r = \frac{n!M}{r^n}$$

이 성립하며, 이를 **코시 부등식**Cauchy's inequality이라 한다. 코시 부등식을 이용하면 다음 정리를 증명할 수 있다.

정리 15-8 리우빌 정리 Liouville's theorem

완전함수 $f(z)$가 유계이면 $f(z)$는 반드시 상수함수이다.

증명

가정에 의해 어떤 M이 존재하며, $|f(z)| \le M$이다. 코시 부등식에서 $|f'(z_0)| \le \frac{M}{r}$이고 $f(z)$가 완전함수이므로 경로 C의 반지름 r을 충분히 크게 택할 수 있다. 따라서 $f'(z_0) = 0$이고 z_0는 임의의 점이므로 복소평면 위의 모든 점 z에서 $f'(z) = 0$이므로 $f(z)$는 상수함수이다. ■

Chapter 15 연습문제

[15.1 선적분]

※ (문제 1~8) 주어진 경로 C에 대해 다음 적분을 계산하라.

1. $\int_C e^z\,dz$ $C:\pi i$에서 $2\pi i$까지의 직선

2. $\int_C \sin^2 z\,dz$ $C:-\pi i$에서 πi까지 원 $|z|=\pi$의 오른쪽 반원 반각 공식

3. $\int_C z\,dz$ $C:1+i$에서 $2+4i$까지 포물선 $y=x^2$

4. $\int_C (x+iy^2)\,dz$ $C: z=1$에서 $z=i$까지의 직선

5. $\int_C \mathrm{Re}(z-2)\,dz$ $C: z=1$에서 $z=i$까지의 곡선

6. $\oint_C \frac{1}{z-\pi}\,dz$ $C:|z|=1$

7. $\int_C \mathrm{Re}(z)\,dz$ $C=C_1\cup C_2,\ C_1: z(t)=e,\ 0\le t\le \frac{\pi}{2},\ C_2: z(t)=t^2+i(t+1),$

$0\le t\le 1$ 반각 공식

8. $\int_C iz\,dz$ $C: z(t)=2\cos t - i\sin t,\ 0\le t\le \frac{\pi}{2}$

※ (문제 9~11) [그림 15-16]과 같이 주어진 경로 C에 대해 다음 적분을 계산하라. 단, $C=C_1\cup C_2\cup C_3$이다.

9. $\oint_C y\,dz$

10. $\oint_C z\,dz$

11. $\oint_C \frac{1}{z}\,dz$

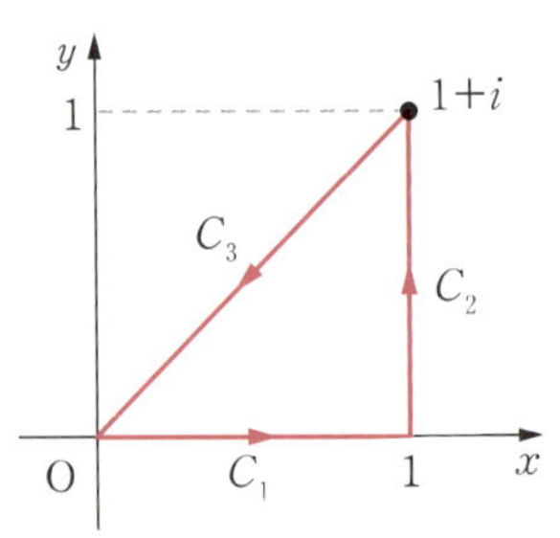

[그림 15-16] 경로 $C=C_1\cup C_2\cup C_3$

12. 경로 C가 [그림 15-17]과 같을 때 $\oint_C \frac{2z-1}{z^2+z}dz$를 계산하라.

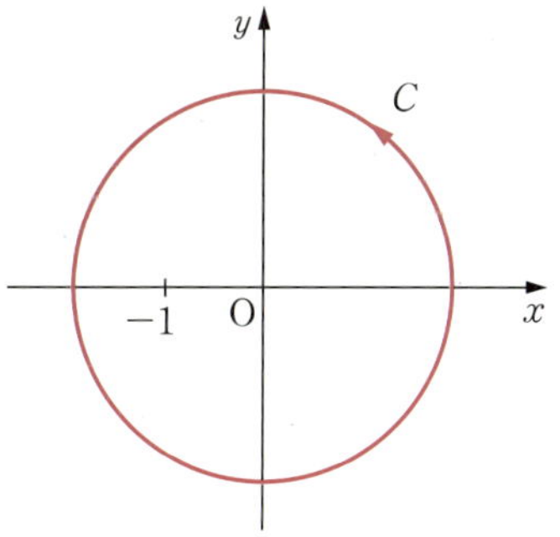

[그림 15-17] 경로 C

[15.2 코시 적분정리]

※ **(문제 13~15)** 코시 적분정리를 이용하여 주어진 경로 C에 대한 다음 선적분을 계산하라.

13. $\oint_C \frac{1}{z-3}dz$ $\qquad C : |z| = 1$

14. $\oint_C \frac{\cos z}{(z+2)(z-3)}dz$ $\qquad C : |z| = 1$

15. $\oint_C \frac{1}{z^2(z-2)}dz$ $\qquad C : |z-2| = 1$

16. 경로 C가 [그림 15-18]과 같을 때 $\oint_C \frac{1}{z^2+1}dz$를 계산하라. 단, $C = C_1 \cup C_2$ 이다.

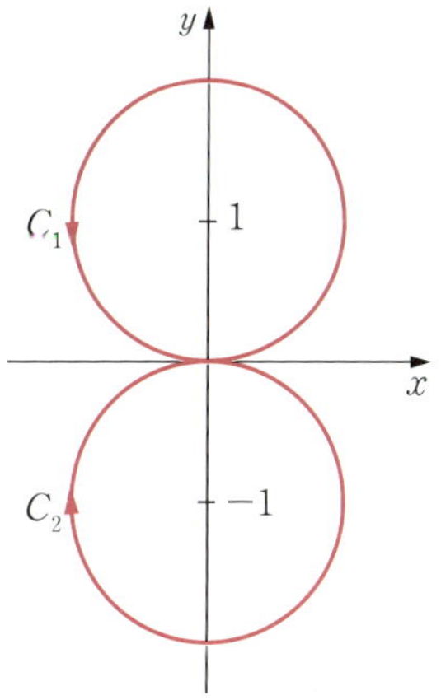

[그림 15-18] 경로 $C = C_1 \cup C_2$

※ (문제 17~20) 코시 적분정리를 이용하여 주어진 경로 C에 대한 다음 선적분을 계산하라.

17. $\oint_C \frac{1}{(z-i)^2} dz \qquad C : |z-i| = 1$

18. $\oint_C z e^{z^2} dz \qquad C : |z-i| = 2$

19. $\oint_C \mathrm{Re}(z)\, dz \qquad C : z(t) = 2e^{it},\ 0 \le t \le 2\pi$

20. $\oint_C \frac{1}{z^2+2z} dz \qquad C : |z| = 1$

21. z_0가 임의의 단순닫힌곡선 C 내부의 점일 때 다음을 증명하라. 단, n은 정수이다.

$$\oint_C \frac{dz}{(z-z_0)^n} = \begin{cases} 2\pi i\,, & n=1 \\ 0\,, & n \neq 1 \end{cases}$$

[15.3 경로에 무관한 선적분]

※ (문제 22~27) 다음 적분을 계산하라.

22. $\int_1^i (iz-1)^2 dz$

23. $\int_{2i}^{4i} e^{\frac{\pi}{2}z} dz$

24. $\int_{1-i}^{1+i} ze^{z^2} dz$

25. $\int_{1+i}^{\pi i} \cos z\, dz$

26. $\int_{-i\,C}^{i} \frac{1}{z} dz$ (단, C는 원점을 통과하지 않는 임의의 경로)

27. $\int_i^{1-i} ze^z dz$

[15.4 코시 적분공식]

※ (문제 28~37) 다음 적분을 계산하라.

28. $\oint_C \frac{e^{zi}}{z+\pi i} dz \qquad C : |z| = 2$

29. $\oint_C \frac{z^2}{(z+3i)^2} dz \qquad C : |z| = 4$

30. $\oint_C \frac{\sin z}{2z+\pi} dz \qquad C : |z| = 2$

31. $\oint_C \frac{z+2}{z^2-4zi-3} dz \qquad C : |z-2i| = 1.5$

32. $\oint_C \frac{z^2 - 3z + i}{z + 1 - 2i} dz$ $\qquad C : |z| = 3$

33. $\oint_C \frac{\sin(z+i)}{(z-2i)^3} dz$ $\qquad C : |z - 2i| = 1$

34. $\oint_C \frac{\cos z - \sin z}{(z - i)^4} dz$ $\qquad C : |z| = 3$

35. $\oint_C \frac{z \sin 3z}{(z+\pi)^3} dz$ $\qquad C : |z - 2i| = 4$

36. $\oint_C \frac{\sin(z-2i)}{(z+i)^2} dz$ $\qquad C : -i$를 둘러싸는 임의의 단순닫힌곡선

37. $\oint_C \frac{1}{e^z(z-i)} dz$ $\qquad C : |z - 2i| = 2$

m.e.m.o

Chapter 16

급수와 유수

Series and Residue

||| 목차 |||

||| 학습목표 |||

- 테일러 급수에 대해 알아본다.
- 로랑 급수에 대해 알아본다.
- 특이점과 영점에 대해 알아본다.
- 유수와 유수정리에 대해 알아본다.
- 유수정리를 이용하여 실함수를 적분한다.

Section 16.1 테일러 급수

모든 해석함수 $f(z)$는 한 점 z_0에서 z에 대한 멱급수로 나타낼 수 있다. 그 전에 몇 가지 개념을 먼저 살펴보자.

거듭제곱 급수와 수렴반경

z_0에서 **거듭제곱 급수**(또는 **멱급수**) power series를 식 (16.1)과 같이 나타낸다. 이때 계수 a_k는 복소수이며, z_0를 급수의 **중심**이라 한다.

$$\sum_{k=0}^{\infty} a_k(z-z_0)^k = a_0 + a_1(z-z_0) + \cdots + a_n(z-z_0)^n + \cdots \tag{16.1}$$

부분합 $s_n = \sum_{k=0}^{n} a_k(z-z_0)^k$이 수렴할 때, $\sum_{k=0}^{\infty} a_k(z-z_0)^k = \lim_{n\to\infty} \sum_{k=0}^{n} a_k(z-z_0)^k$으로 표기하고 거듭제곱 급수가 수렴한다고 한다. 거듭제곱 급수 (16.1)이 수렴하는 모든 점을 포함하는 가장 작은 원

$$|z-z_0| = R$$

을 **수렴원** circle of convergence이라 하며 이때의 R을 **수렴반경** radius of convergence이라 한다. 즉, 급수 (16.1)은 z_0가 중심이고 R이 반지름인 원 내부의 모든 점에서 수렴함을 의미한다. 급수 (16.1)이 모든 z에서 수렴하면 수렴반경을 $R=\infty$로 나타낸다.

실함수와 마찬가지로 복소함수도 **비판정법** ratio test 또는 **근판정법** root test을 이용하면 거듭제곱 급수의 수렴반경을 계산할 수 있다. 즉, 급수 $\sum_{k=0}^{\infty} a_k(z-z_0)^k$에 대하여 $\lim_{n\to\infty}\left|\frac{a_{n+1}}{a_n}\right| = L$, $\lim_{n\to\infty}\sqrt[n]{|a_n|} = L$이라 할 때 수렴반경 R을 다음과 같이 판정한다.

(1) $L \neq 0$이면 $R = \frac{1}{L}$

(2) $L = 0$이면 $R = \infty$

(3) $L = \infty$이면 $R = 0$

예제 16-1

거듭제곱 급수 $\sum_{n=1}^{\infty} \frac{(-1)^n}{n} z^n$의 수렴반경을 구하라.

풀이

비판정법을 이용하면

$$\lim_{n\to\infty}\left|\frac{\frac{(-1)^{n+1}}{n+1}}{\frac{(-1)^n}{n}}\right| = \lim_{n\to\infty}\frac{n}{n+1} = \lim_{n\to\infty}\frac{1}{1+\frac{1}{n}} = 1$$

이므로 수렴반경은 $R=1$이다.

예제 16-2

거듭제곱 급수 $\sum_{n=1}^{\infty}\left(\frac{1}{2i}\right)^n (z-i)^n$의 수렴반경을 구하라.

풀이

비판정법을 이용하면

$$\lim_{n\to\infty}\left|\frac{\left(\frac{1}{2i}\right)^{n+1}}{\left(\frac{1}{2i}\right)^n}\right| = \left|\frac{1}{2i}\right| = \frac{1}{2}$$

이므로 수렴반경은 $R=2$이다.

테일러 급수

코시 적분공식을 이용하면 함수 $f(z)$가 z_0에서 해석적일 때 모든 차수의 도함수를 구할 수 있다. 이를 이용하여 $f(z)$를 수렴원 내부의 임의의 점 z_0에 대한 거듭제곱 급수로 나타내고자 한다.

z가 원 $C: |z^* - z_0| = R$ 내부의 고정점이고 z^*는 적분변수라고 하자. 코시 적분공식에 대입하고 분모를 변형하면

$$\begin{aligned} f(z) &= \frac{1}{2\pi i}\oint_C \frac{f(z^*)}{z^* - z}\,dz^* \\ &= \frac{1}{2\pi i}\oint_C \frac{f(z^*)}{z^* - z_0 - (z - z_0)}\,dz^* \\ &= \frac{1}{2\pi i}\oint_C \frac{f(z^*)}{(z^* - z_0)\left(1 - \dfrac{z - z_0}{z^* - z_0}\right)}\,dz^* \end{aligned} \qquad (16.2)$$

이다. 이때 $\left|\dfrac{z - z_0}{z^* - z_0}\right| < 1$이라면 식 (16.2)의 피적분함수 일부를

$$\frac{1}{1 - \dfrac{z - z_0}{z^* - z_0}} = 1 + \frac{z - z_0}{z^* - z_0} + \left(\frac{z - z_0}{z^* - z_0}\right)^2 + \left(\frac{z - z_0}{z^* - z_0}\right)^3 + \cdots$$

으로 나타낼 수 있으므로, 코시 적분공식에 대입한 식 (16.2)를

$$\begin{aligned} f(z) &= \frac{1}{2\pi i}\oint_C \frac{f(z^*)}{z^* - z_0}\left[1 + \frac{z - z_0}{z^* - z_0} + \left(\frac{z - z_0}{z^* - z_0}\right)^2 + \left(\frac{z - z_0}{z^* - z_0}\right)^3 + \cdots\right] dz^* \\ &= \frac{1}{2\pi i}\oint_C \frac{f(z^*)}{z^* - z_0}\,dz^* + \frac{z - z_0}{2\pi i}\oint_C \frac{f(z^*)}{(z^* - z_0)^2}\,dz^* + \frac{(z - z_0)^2}{2\pi i}\oint_C \frac{f(z^*)}{(z^* - z_0)^3}\,dz^* + \cdots \\ &= \sum_{n=0}^{\infty} \frac{(z - z_0)^n}{2\pi i}\oint_C \frac{f(z^*)}{(z^* - z_0)^{n+1}}\,dz^* \end{aligned} \qquad (16.3)$$

로 나타낼 수 있다. n계 도함수에 관한 코시 적분공식([정리 15-7] 참고)에 따르면

$$f^{(n)}(z_0) = \frac{n!}{2\pi i}\oint_C \frac{f(z)}{(z - z_0)^{n+1}}\,dz$$

이므로 식 (16.3)을 다음과 같이 나타낼 수 있다.

$$f(z) = \sum_{n=0}^{\infty} \frac{f^{(n)}(z_0)}{n!}(z - z_0)^n$$

위 식을 $f(z)$의 **테일러 급수**Taylor series라고 한다. 이를 정리하면 다음과 같다.

정리 16-1 테일러 정리

함수 $f(z)$가 영역 D에서 해석적이고 z_0가 D 안의 한 점이면 $f(z)$는 D 안의 원 $C: |z-z_0| = R$에 대해 다음과 같이 거듭제곱 급수로 표현된다.

$$f(z) = \sum_{n=0}^{\infty} a_n (z-z_0)^n \qquad \left(\text{단, } a_n = \frac{f^{(n)}(z_0)}{n!}\right)$$

이를 $z = z_0$에서의 **테일러 급수**라고 한다.

예제 16-3

함수 $f(z) = \dfrac{1}{1-z}$을 $z = z_0$에서의 테일러 급수로 전개하라.

풀이

함수 $f(z)$에 대해 $f'(z) = \dfrac{1}{(1-z)^2}$, $f''(z) = \dfrac{2(1-z)}{(1-z)^4} = \dfrac{2!}{(1-z)^3}$, $\cdots$,
$f^{(n)} = \dfrac{n!}{(1-z)^{n+1}}$이므로 $z = z_0$에서의 테일러 급수는

$$\frac{1}{1-z} = \sum_{n=0}^{\infty} \frac{1}{(1-z_0)^{n+1}} (z-z_0)^n \qquad \left(\text{단, } a_n = \frac{f^{(n)}(z_0)}{n!} = \frac{1}{(1-z_0)^{n+1}}\right)$$

이다.

특히 $z = 0$에서의 테일러 급수를 **매클로린 급수**Maclaurin series라고 한다. 자주 사용하는 매클로린 급수는 다음과 같다.

(1) $e^z = \sum_{n=0}^{\infty} \dfrac{z^n}{n!} = 1 + z + \dfrac{z^2}{2!} + \cdots$ (16.4)

(2) $\cos z = \sum_{n=0}^{\infty} (-1)^n \dfrac{z^{2n}}{(2n)!} = 1 - \dfrac{z^2}{2!} + \dfrac{z^4}{4!} - \cdots$ (16.5)

(3) $\sin z = \sum_{n=0}^{\infty} (-1)^n \dfrac{z^{2n+1}}{(2n+1)!} = z - \dfrac{z^3}{3!} + \dfrac{z^5}{5!} - \cdots$ (16.6)

(4) $\dfrac{1}{1-z} = \sum_{n=0}^{\infty} z^n = 1 + z + z^2 + \cdots$ (단, $|z| < 1$) (16.7)

(5) $\ln(1+z) = \sum_{n=1}^{\infty} (-1)^{n+1} \dfrac{z^n}{n} = z - \dfrac{z^2}{2} + \dfrac{z^3}{3} - \cdots$ (16.8)

Section
16.2 로랑 급수

이 절에서는 중심이 $z=z_0$인 열린원판(수렴원) 내부에 함수 $f(z)$의 특이점이 존재할 때, $f(z)$를 급수로 나타내고자 한다.

함수 $f(z)$가 다음과 같이 주어졌다고 하자.

$$f(z)=\frac{e^z}{z^3}$$

$f(z)$는 $z=0$에서 해석적이지 않으므로 $z=0$에서 테일러 급수(매클로린 급수)로 전개할 수 없다. 그러나 e^z은 완전함수이므로 다음과 같이 매클로린 급수로 전개할 수 있다.

$$e^z=1+z+\frac{z^2}{2!}+\frac{z^3}{3!}+\cdots$$

이 식을 z^3으로 나누면

$$f(z)=\frac{e^z}{z^3}=\frac{1}{z^3}+\frac{1}{z^2}+\frac{1}{2!}\cdot\frac{1}{z}+\frac{1}{3!}+\frac{z}{4!}+\cdots \tag{16.9}$$

이다. 급수 (16.9)는 $z=0$을 제외한 모든 z, 즉 $|z|>0$에 대해 수렴한다. 급수 (16.9)를 $f(z)=\frac{e^z}{z^3}$의 **로랑 급수**Laurant series라고 한다. 이를 일반화하면 다음과 같다.

정리 16-2 로랑 정리

함수 $f(z)$가 중심이 z_0인 원환 $r<|z-z_0|<R$에서 해석적이면 다음과 같이 로랑 급수로 전개할 수 있다.

$$f(z)=\sum_{n=0}^{\infty}a_n(z-z_0)^n+\sum_{n=1}^{\infty}\frac{b_n}{(z-z_0)^n},$$

$$a_n=\frac{1}{2\pi i}\oint_C\frac{f(z^*)}{(z^*-z_0)^{n+1}}dz^*,$$

$$b_n=\frac{1}{2\pi i}\oint_C(z^*-z_0)^{n+1}f(z^*)dz^*$$

이때, C는 원환 내부의 C_2를 둘러싼 단순닫힌곡선이다.

증명

중심이 z_0인 두 동심원 C_1, C_2를 각각 $C_1 : |z-z_0| = R$, $C_2 : |z-z_0| = r$이라 하자. 그리고 z는 원환 $r < |z-z_0| < R$ 위의 고정된 점이라 하자.

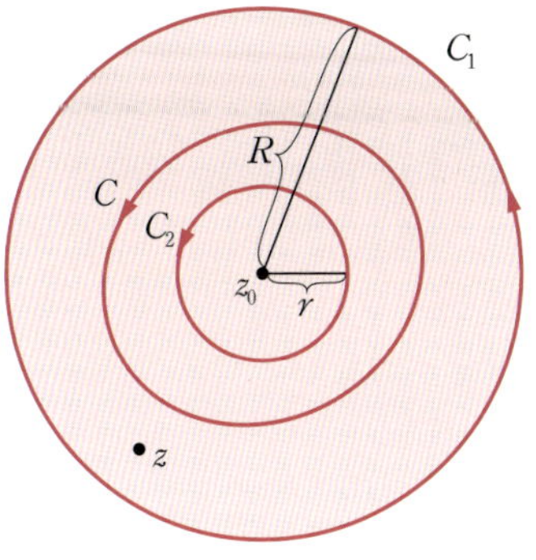

[그림 16-1] 로랑 정리

이중연결영역에서 C_1과 C_2 사이에 신분을 삽입하면 원환은 단순연결영역이 된다. 이제 코시 적분공식을 적용하면

$$f(z) = \frac{1}{2\pi i}\oint_C \frac{f(z^*)}{z^*-z}dz^* = \frac{1}{2\pi i}\oint_{C_1} \frac{f(z^*)}{z^*-z}dz^* - \frac{1}{2\pi i}\oint_{C_2} \frac{f(z^*)}{z^*-z}dz^* \quad (16.10)$$

이다. 식 (16.10) 우변의 첫 번째 항은 [정리 16-1]에 의해

$$\frac{1}{2\pi i}\oint_{C_1} \frac{f(z^*)}{z^*-z}dz^* = \sum_{n=0}^{\infty} a_n (z-z_0)^n \quad \left(\text{단, } a_n = \frac{1}{2\pi i}\oint_{C_1} \frac{f(z^*)}{(z^*-z)^{n+1}}dz^*\right)$$

이다. 그리고 식 (16.10) 우변의 두 번째 항을 전개하면

$$\begin{aligned}
&-\frac{1}{2\pi i}\oint_{C_2} \frac{f(z^*)}{z^*-z}dz^* \\
&= \frac{1}{2\pi i}\oint_{C_2} \frac{f(z^*)}{(z-z_0)-(z^*-z_0)}dz^* = \frac{1}{2\pi i}\oint_{C_2} \frac{f(z^*)}{z-z_0} \cdot \frac{1}{1-\dfrac{z^*-z_0}{z-z_0}}dz^* \\
&= \frac{1}{2\pi i}\oint_{C_2} \frac{f(z^*)}{z-z_0}\left[1+\frac{z^*-z_0}{z-z_0}+\left(\frac{z^*-z_0}{z-z_0}\right)^2+\cdots+\left(\frac{z^*-z_0}{z-z_0}\right)^{n-1}+\cdots\right]dz^* + R_n^*(z) \\
&= \sum_{n=1}^{\infty}
\end{aligned}$$

↑ [예제 16-3] 참고

이며, 이때 $R_n^*(z) = \dfrac{1}{2\pi i} \cdot \dfrac{1}{(z-z_0)^n}\oint_{C_2} \dfrac{(z^*-z_0)^n}{z-z^*} f(z^*)dz^*$이다.

이제 $|z-z_0|=d$ 라 하고, C_2 위의 각 점에 대해 $|f(z)|$의 최댓값을 M이라 하자. $|z^*-z_0|=r$이므로 역삼각부등식에 의해

$$|z-z^*|=|z-z_0-(z^*-z_0)|\geq |z-z_0|-|z^*-z_0|=d-r$$

이다. 그리고 복소선적분의 상한 공식(ML 부등식, [정리 15-3] 참고)에 의해

$$\begin{aligned}|R_n^*(z)| &= \left|\frac{1}{2\pi i}\cdot\frac{1}{(z-z_0)^n}\oint_{C_2}\frac{(z^*-z_0)^n}{z-z^*}f(z^*)\,dz^*\right|\\ &\leq \frac{1}{2\pi}\cdot\frac{1}{d^n}\cdot\frac{Mr^n}{d-r}\cdot 2\pi r\\ &= \frac{Mr}{d-r}\left(\frac{r}{d}\right)^n\end{aligned}$$

이 성립한다. 이때 $r<d$이므로 $\lim\limits_{n\to\infty}\left(\frac{r}{d}\right)^n=0$이고, 따라서 $\lim\limits_{n\to\infty}R_n^*(z)=0$이다. 그러므로 식 (16.10) 우변의 두 번째 항은

$$-\frac{1}{2\pi i}\oint_{C_2}\frac{f(z^*)}{z^*-z}dz^*=\sum_{n=1}^{\infty}\frac{b_n}{(z-z_0)^n}$$

이다. 지금까지의 내용을 정리하면 함수 $f(z)$를 다음과 같은 급수로 나타낼 수 있다.

$$\begin{aligned}f(z) &= \sum_{n=0}^{\infty}a_n(z-z_0)^n+\sum_{n=1}^{\infty}\frac{b_n}{(z-z_0)^n},\\ a_n &= \frac{1}{2\pi i}\oint_C\frac{f(z^*)}{(z^*-z_0)^{n+1}}dz^*,\\ b_n &= \frac{1}{2\pi i}\oint_C(z^*-z_0)^{n+1}f(z^*)\,dz^*\end{aligned}$$

■

예제 16-4

다음 함수를 중심이 0인 로랑 급수로 전개하고, 급수가 수렴하는 범위를 구하라.

(a) $\dfrac{\sin z}{z^2}$ (b) $z^2e^{\frac{1}{z}}$ (c) $\dfrac{1}{z^2(1-z)}$

풀이

(a) $z=0$에서 $\sin z$의 테일러 급수는 $\sin z=z-\dfrac{z^3}{3!}+\dfrac{z^5}{5}-\cdots$이므로, 양변을 z^2으로 나누면

$$\frac{\sin z}{z^2}=\frac{1}{z}-\frac{z}{3!}+\frac{z^3}{5}-\cdots$$

이다. $\sin z$의 테일러 급수는 복소평면의 모든 점에서 수렴하므로 $\dfrac{\sin z}{z^2}$의 로랑 급수는 원점을 제외한 모든 점에서 수렴한다. 그러므로 로랑 급수의 수렴 범위는 $|z|>0$이다.

(b) $z=0$에서 e^z의 테일러 급수는 $e^z = 1 + z + \dfrac{z^2}{2!} + \dfrac{z^3}{3!} + \dfrac{z^4}{4!} + \cdots$이므로

$$e^{\frac{1}{z}} = 1 + \frac{1}{z} + \frac{1}{2!}\left(\frac{1}{z}\right)^2 + \frac{1}{3!}\left(\frac{1}{z}\right)^3 + \frac{1}{4!}\left(\frac{1}{z}\right)^4 + \cdots$$

이다. 이 식에 z^2을 곱하면

$$z^2 e^{\frac{1}{z}} = z^2 + z + \frac{1}{2!} + \frac{1}{3!}\cdot\frac{1}{z} + \frac{1}{4!}\left(\frac{1}{z}\right)^2 + \cdots$$

이다. $e^{\frac{1}{z}}$의 테일러 급수는 $z \neq 0$인 모든 점에서 수렴하므로 $z^2 e^{\frac{1}{z}}$의 로랑 급수의 수렴 범위는 $|z| > 0$이다.

(c) $z=0$에서 $\dfrac{1}{1-z}$의 테일러 급수를 이용하면

$$\begin{aligned}\frac{1}{z^2(1-z)} &= \frac{1}{z^2}(1 + z + z^2 + z^3 + z^4 + \cdots)\\ &= \frac{1}{z^2} + \frac{1}{z} + 1 + z + z^2 + \cdots\end{aligned}$$

이다. $\dfrac{1}{1-z}$의 테일러 급수는 $|z| < 1$에서 수렴하므로 $\dfrac{1}{z^2(1-z)}$의 로랑 급수의 수렴 범위는 $0 < |z| < 1$이다.

함수 $f(z)$는 수렴 범위에 따라 로랑 급수를 다르게 구할 수 있다.

예제 16-5 응용

함수 $f(z) = \dfrac{1}{z(z-1)}$에 대해 다음 범위에서 수렴하는 로랑 급수를 구하라.

(a) $0 < |z| < 1$

(b) $|z| > 1$

풀이

(a) 수렴 범위가 $z \neq 0$이고 $|z| < 1$이므로 $f(z)$를 $-\dfrac{1}{z}$과 $\dfrac{1}{1-z}$의 곱으로 생각하면

$$\begin{aligned}f(z) = \frac{1}{z(z-1)} &= -\frac{1}{z}\cdot\frac{1}{1-z}\\ &= -\frac{1}{z}(1 + z + z^2 + z^3 + \cdots)\\ &= -\frac{1}{z} - 1 - z - z^2 + \cdots\end{aligned}$$

이다. $\dfrac{1}{1-z}$의 테일러 급수는 $|z| < 1$에서 수렴하므로 $f(z)$의 로랑 급수는 $0 < |z| < 1$에서 수렴한다.

(b) 수렴 범위가 $z \neq 0$이고 $|z| > 1$일 때 $\left|\dfrac{1}{z}\right| < 1$이므로 $f(z)$를 $\dfrac{1}{z^2}$과 $\dfrac{1}{1-\dfrac{1}{z}}$의 곱으로 생각하면

$$f(z) = \frac{1}{z(z-1)} = \frac{1}{z^2\left(1-\dfrac{1}{z}\right)} = \frac{1}{z^2}\left(1+\frac{1}{z}+\frac{1}{z^2}+\frac{1}{z^3}+\cdots\right)$$
$$= \frac{1}{z^2}+\frac{1}{z^3}+\frac{1}{z^4}+\frac{1}{z^5}+\cdots$$

이다. $\dfrac{1}{1-\dfrac{1}{z}}$의 로랑 급수는 $\left|\dfrac{1}{z}\right| < 1$, 즉 $|z| > 1$에서 수렴하므로 $f(z)$의 로랑 급수도 $|z| > 1$에서 수렴한다.

예제 16-6

함수 $f(z) = \dfrac{1}{z(z-1)}$에 대해 중심이 $z_0 = 1$인 모든 로랑 급수를 구하고 그 수렴 범위를 구하라.

풀이

(i) $f(z)$를 $\dfrac{1}{1+(z-1)}$과 $\dfrac{1}{z-1}$의 곱으로 생각하면

$$f(z) = \frac{1}{z(z-1)} = \frac{1}{(1-1+z)(z-1)} = \frac{1}{1+(z-1)} \cdot \frac{1}{z-1}$$
$$= \frac{1}{z-1}[1-(z-1)+(z-1)^2-(z-1)^3+\cdots]$$
$$= \frac{1}{z-1} - 1 + (z-1) - (z-1)^2 + \cdots$$

이다. $\dfrac{1}{1+(z-1)}$의 로랑 급수는 $|z-1| < 1$에서 수렴하므로 $f(z)$의 로랑 급수는 $0 < |z-1| < 1$에서 수렴한다.

(ii) $f(z)$를 $\dfrac{1}{z}$과 $\dfrac{1}{z-1}$의 곱으로 생각하면

$$f(z) = \frac{1}{z(z-1)} = \frac{1}{(z-1)(1-1+z)}$$
$$= \frac{1}{(z-1)[1+(z-1)]} = \frac{1}{(z-1)^2\left(1+\dfrac{1}{z-1}\right)}$$
$$= \frac{1}{(z-1)^2}\left[1-\frac{1}{z-1}+\frac{1}{(z-1)^2}-\frac{1}{(z-1)^3}+\cdots\right]$$
$$= \frac{1}{(z-1)^2}-\frac{1}{(z-1)^3}+\frac{1}{(z-1)^4}-\frac{1}{(z-1)^5}+\cdots$$

이다. $\dfrac{1}{1+\dfrac{1}{z-1}}$ 의 로랑 급수는 $\left|\dfrac{1}{z-1}\right|<1$, 즉 $|z-1|>1$에서 수렴하고 $f(z)$의 로랑 급수도 $|z-1|>1$에서 수렴한다.

예제 16-7

함수 $f(z)=\dfrac{2z-3}{z^2-3z+2}$에 대해 중심이 $z_0=1$인 로랑 급수를 구하고 그 수렴 범위를 구하라.

풀이

부분분수를 이용하면 $f(z)=\dfrac{2z-3}{z^2-3z+2}=\dfrac{2z-3}{(z-1)(z-2)}=\dfrac{1}{z-1}+\dfrac{1}{z-2}$ 이고 $\dfrac{1}{z-2}$ 은

$$\begin{aligned}\frac{1}{z-2}=\frac{1}{(z-1)\left(1-\dfrac{1}{z-1}\right)}&=\frac{1}{z-1}\left[1+\frac{1}{z-1}+\frac{1}{(z-1)^2}+\cdots\right]\\&=\frac{1}{z-1}+\frac{1}{(z-1)^2}+\frac{1}{(z-1)^3}+\cdots\end{aligned}$$

이므로 중심이 $z_0=1$인 로랑 급수는 $f(z)=\dfrac{2}{z-1}+\dfrac{1}{(z-1)^2}+\dfrac{1}{(z-1)^3}+\cdots$ 이다.
$\dfrac{1}{z-2}$의 로랑 급수는 $\left|\dfrac{1}{z-1}\right|<1$, 즉 $|z-1|>1$에서 수렴하므로 $f(z)$의 로랑 급수도 $|z-1|>1$에서 수렴한다.

예제 16-8 응용

함수 $f(z)=\dfrac{1}{(z-1)(z-2)}$을 $1<|z-3|<2$에서 수렴하는 로랑 급수로 전개하라.

풀이

$f(z)$를 부분분수로 나타내면 $f(z)=\dfrac{1}{(z-1)(z-2)}=-\dfrac{1}{z-1}+\dfrac{1}{z-2}$ 이다. 먼저

$$\begin{aligned}\frac{1}{z-1}=\frac{1}{(z-3)+2}=&\frac{1}{2\left(1+\dfrac{z-3}{2}\right)}\\&=\frac{1}{2}\left[1-\frac{z-3}{2}+\frac{(z-3)^2}{2^2}-\frac{(z-3)^3}{2^3}+\cdots\right]\\&=\frac{1}{2}-\frac{z-3}{2^2}+\frac{(z-3)^2}{2^3}-\frac{(z-3)^3}{2^4}+\cdots\end{aligned}$$

이고 $\dfrac{1}{z-1}$ 의 로랑 급수는 $\left|\dfrac{z-3}{2}\right|<1$, 즉 $|z-3|<2$에서 수렴한다. 또한

$$\frac{1}{z-2}=\frac{1}{(z-3)+1}=\frac{1}{(z-3)\left(1+\dfrac{1}{z-3}\right)}$$

$$=\frac{1}{z-3}\left[1-\frac{1}{z-3}+\frac{1}{(z-3)^2}-\frac{1}{(z-3)^3}+\cdots\right]$$

$$=\frac{1}{z-3}-\frac{1}{(z-3)^2}+\frac{1}{(z-3)^3}-\frac{1}{(z-3)^4}+\cdots$$

이고 $\dfrac{1}{z-2}$의 로랑 급수는 $\left|\dfrac{1}{z-3}\right|<1$, 즉 $|z-3|>1$에서 수렴한다. 그러므로

$$f(z)=\cdots-\frac{1}{(z-3)^4}+\frac{1}{(z-3)^3}-\frac{1}{(z-3)^2}+\frac{1}{z-3}$$
$$-\frac{1}{2}+\frac{z-3}{2^2}-\frac{(z-3)^2}{2^3}+\frac{(z-3)^3}{2^4}-\cdots$$

이다. $f(z)$의 로랑 급수는 $1<|z-3|<2$에서 수렴한다.

예제 16-9

함수 $f(z)=\dfrac{1}{1-z}$에 대해 테일러 급수와 로랑 급수의 차이를 설명하라.

풀이

(i) 함수 $f(z)$를 테일러 급수로 전개하면 $f(z)=\dfrac{1}{1-z}=1+z+z^2+\cdots$이고, 수렴영역은 $|z|<1$이다. $f(z)$는 특이점 $z=1$에서 해석적이지 않지만 $z=1$은 수렴 범위 밖에 있다.

(ii) 함수 $f(z)$를 로랑 급수로 전개하면 $f(z)=\dfrac{1}{1-z}=1+z+z^2+\cdots$이고, 수렴 범위는 $|z|<1$이다. 그러므로 $|z|<1$에서는 테일러 급수와 로랑 급수가 동일하지만, 수렴 범위 $|z|>1$에서 $f(z)$를 다음과 같은 로랑 급수로도 전개할 수 있다.

$$\frac{1}{1-z}=-\frac{1}{z-1}=-\frac{1}{z}\cdot\frac{1}{1-\dfrac{1}{z}}$$
$$=-\frac{1}{z}\left(1+\frac{1}{z}+\frac{1}{z^2}+\cdots\right)$$
$$=-\frac{1}{z}-\frac{1}{z^2}-\frac{1}{z^3}-\cdots$$

이 로랑 급수의 수렴영역은 $\left|\dfrac{1}{z}\right|<1$, 즉 $|z|>1$이다.

따라서 $\dfrac{1}{1-z}$은 해석적이지 않은 점 $z=1$을 제외한 모든 영역에서 로랑 급수로 전개할 수 있다.

Section 16.3 특이점과 영점

함수 $f(z)$가 해석적이지 않은 점을 **특이점** singular point이라 한다. 로랑 급수를 이용하면 함수가 해석적이지 않은 점을 구분할 수 있다. 먼저 특이점의 종류를 살펴보자.

특이점

정의 16-3 고립특이점

함수 $f(z)$가 특이점 z_0의 근방 $0 < |z - z_0| < R$의 모든 점에서 해석적이고 z_0에서만 해석적이지 않을 때, z_0를 **고립특이점** isolated singularity이라 한다.

함수 $f(z) = \dfrac{1}{z(z-1)}$은 특이점 $z = 0$의 근방 $|z| < \dfrac{1}{2}$에서 $z = 0$을 제외한 모든 점에서 해석적이므로 $z = 0$은 고립특이점이다. 마찬가지로 특이점 $z = 1$의 근방 $0 < |z-1| < \dfrac{1}{2}$의 모든 점에서 해석적이므로 $z = 1$도 고립특이점이다.

다른 예로, 함수 $f(z) = \mathrm{Ln}\, z$의 특이점인 $z = 0$의 근방을 아무리 작게 잡아도 음의 실수축이 포함되므로 $\mathrm{Ln}\, z$가 정의되지 않는다. 따라서 $z = 0$은 $f(z) = \mathrm{Ln}\, z$의 고립특이점이 아니다.

정의 16-4 고립특이점의 종류

함수 $f(z)$의 고립특이점이 $z = z_0$이고 $0 < |z - z_0| < R$에서 $f(z)$의 로랑 급수가

$$f(z) = \sum_{n=0}^{\infty} a_n (z - z_0)^n + \sum_{n=1}^{\infty} \frac{b_n}{(z - z_0)^n}$$

으로 전개된다고 하자.

(1) $b_n = 0$(단, $n = 1, 2, \cdots$)일 때 $z = z_0$를 **제거가능한 특이점** removable singularity이라 한다.

(2) $b_m \neq 0$, $b_{m+1} = b_{m+2} = \cdots = 0$일 때 $z = z_0$를 **m차 극점** pole of order m이라 한다. 특히 1차 극점을 **단순 극점** simple pole이라 한다.

(3) 무한히 많은 양의 정수 n에 대해 $b_n \neq 0$일 때 $z = z_0$를 **진성특이점** essential singularity이라 한다.

예제 16-10

함수 $f(z)=\dfrac{1-\sin z}{z}$의 특이점을 설명하라.

풀이

$z=0$은 $f(z)$의 고립특이점이다. 식 (16.6)에서

$$\sin z = z-\frac{z^3}{3!}+\frac{z^5}{5!}-\frac{z^7}{7!}+\cdots$$
$$1-\sin z = 1-z+\frac{z^3}{3!}-\frac{z^5}{5!}+\frac{z^7}{7!}+\cdots$$

이므로 $z=0$에서 $f(z)$의 로랑 급수는

$$f(z)=\frac{1-\sin z}{z}=\frac{1}{z}-1+\frac{z^2}{3!}-\frac{z^4}{5!}+\frac{z^6}{7!}-\cdots$$

이다. $b_1\neq 0$, $b_2=b_3=\cdots=0$이므로 $z=0$은 단순 극점이다.

예제 16-11

함수 $f(z)=e^{\frac{1}{z^2}}$의 특이점을 설명하라.

풀이

$z=0$은 $f(z)$의 고립특이점이다. 식 (16.4)에 z 대신 $\dfrac{1}{z^2}$을 대입하면 $z=0$에서 $f(z)=e^{\frac{1}{z^2}}$의 로랑 급수

$$f(z)=e^{\frac{1}{z^2}}=1+\frac{1}{z^2}+\frac{1}{2!}\left(\frac{1}{z^2}\right)^2+\frac{1}{3!}\left(\frac{1}{z^2}\right)^3+\cdots$$

을 얻는다. $\dfrac{1}{z^2}$의 거듭제곱 항이 무한하므로 $z=0$은 진성특이점이다.

예제 16-12

함수 $f(z)=\dfrac{\sin z}{z-\pi}$의 특이점을 설명하라.

풀이

$z=\pi$는 $f(z)$의 고립특이점이다. $z=\pi$에서 $\sin z$의 테일러 급수가

$$\begin{aligned}\sin z &= -\sin(z-\pi)\\ &= -\left[(z-\pi)-\frac{(z-\pi)^3}{3!}+\frac{(z-\pi)^5}{5!}-\frac{(z-\pi)^7}{7!}+\cdots\right]\\ &= -(z-\pi)+\frac{(z-\pi)^3}{3!}-\frac{(z-\pi)^5}{5!}+\frac{(z-\pi)^7}{7!}-\cdots\end{aligned}$$

이므로 $z=\pi$에서 $f(z)$의 로랑 급수는

$$f(z)=\frac{\sin z}{z-\pi}=-1+\frac{(z-\pi)^2}{3!}-\frac{(z-\pi)^4}{5!}+\frac{(z-\pi)^6}{7!}-\cdots$$

이다. $b_n=0$ (단, $n=1, 2, \cdots$)이므로 $z=\pi$는 제거가능한 특이점이다.

이제 극점에 관한 유용한 정리를 살펴보자.

정리 16-5 m차 극점을 가질 조건

함수 $f(z)$가 $0<|z-z_0|<R$에서 해석적이라 하자. $f(z)$가 $z=z_0$에서 m차 극점을 가지기 위한 필요충분조건은 다음과 같다.

$$\lim_{z\to z_0}(z-z_0)^m f(z) \text{가 유한이거나 0이 아닌 값이다.}$$

증명

$z=z_0$에서 $f(z)$의 로랑 급수는 $0<|z-z_0|<R$에 대해

$$f(z)=\sum_{n=0}^{\infty}a_n(z-z_0)^n+\sum_{n=1}^{\infty}\frac{b_n}{(z-z_0)^n}=\sum_{n=-\infty}^{\infty}c_n(z-z_0)^n$$

이다. 함수 $f(z)$가 z_0에서 m차 극점을 가지면 $c_{-m}\neq 0$ 이고 $c_{-m-1}=c_{-m-2}=\cdots=0$이므로 이 로랑 급수를

$$f(z)=\sum_{n=-m}^{\infty}c_n(z-z_0)^n$$

으로 다시 쓸 수 있다. 위 식의 양변에 $(z-z_0)^m$을 곱하고 급수를 전개하면

$$\begin{aligned}(z-z_0)^m f(z) &= \sum_{n=-m}^{\infty}c_n(z-z_0)^{n+m}\\ &= \sum_{k=0}^{\infty}C_{k-m}(z-z_0)^k \quad \leftarrow k=n+m\\ &= C_{-m}+C_{-m+1}(z-z_0)+C_{-m+2}(z-z_0)^2+\cdots\end{aligned}$$

이므로 $\lim_{z\to z_0}(z-z_0)^m f(z) = c_{-m} \neq 0$이다.

역으로 $\lim_{z\to z_0}(z-z_0)^m f(z) = L \neq 0$이라 가정하자. 그러면 $\varepsilon > 0$에 대해 양수 δ(단, $\delta < R$)가 존재해서

$$0 < |z-z_0| < \delta \text{이면 } |(z-z_0)^m f(z) - L| < \varepsilon$$

이다. 즉, $|(z-z_0)^m f(z)| < |L| + \varepsilon$이다. 특히 $|z-z_0| = \delta$이면 양변에 $|z-z_0|^{-n-m-1}$을 곱하여

$$\begin{aligned} |(z-z_0)^{-n-1} f(z)| &< (|L| + \varepsilon)|z-z_0|^{-n-m-1} \\ &= (|L|+\varepsilon)\delta^{-n-m-1} \end{aligned}$$

이고 $z = z_0$에서 $f(z)$의 로랑 급수의 계수는

$$c_n = \frac{1}{2\pi i}\oint_C \frac{f(z)}{(z-z_0)^{n+1}}\,dz$$

이다. 이때 C는 z_0가 중심이고 반지름이 δ인 원이다. 복소선적분의 상한 공식(ML 부등식, [정리 15-3] 참고)에 의해

$$\begin{aligned} |c_n| &\leq \frac{1}{2\pi}(2\pi\delta)\max_{z\in C}|f(z)(z-z_0)^{-n-1}| \\ &< \delta(|L|+\varepsilon)\delta^{-n-m-1} \\ &= (|L|+\varepsilon)\delta^{-n-m} \end{aligned}$$

이다. 이때 $n < -m$이면 δ를 작게 잡아 δ^{-n-m}을 아주 작게 할 수 있으므로 $|c_n| = 0$이다. 그러므로 $c_n = 0$이다. 따라서 z_0에서 $f(z)$의 로랑 급수는

$$f(z) = \frac{c_{-m}}{(z-z_0)^m} + \frac{c_{-m+1}}{(z-z_0)^{m-1}} + \cdots + \frac{c_{-1}}{z-z_0} + \sum_{n=0}^{\infty} c_n (z-z_0)^n$$

이므로 $f(z)$는 z_0에서 m차 극점을 가진다. ■

예제 16-13

함수 $f(z) = \dfrac{1-\sin z}{z^3}$는 $z=0$에서 3차 극점을 가짐을 보여라.

풀이

$\lim_{z\to 0} z^3 f(z) = \lim_{z\to 0}(1-\sin z) = 1$이므로 [정리 16-5]에 의해 $f(z)$는 $z=0$에서 3차 극점을 가진다.

다음으로 해석함수 $f(z)$의 영점에 대해 살펴보자.

영점

$f(z_0)=0$인 z_0를 함수 f의 **영점**zero이라 한다. 만약 $f(z_0)=f'(z_0)=\cdots=f^{(n-1)}(z_0)=0$이고 $f^{(n)}(z_0)\neq 0$이면 $z=z_0$에서 n차 영점을 가진다고 한다. $z=z_0$가 $f(z)$의 n차 영점이라면 $z=z_0$에서 $f(z)$의 테일러 급수를 다음과 같이 전개할 수 있다.

$$\begin{aligned} f(z) &= a_n(z-z_0)^n + a_{n+1}(z-z_0)^{n+1} + a_{n+2}(z-z_0)^{n+2} + \cdots \\ &= (z-z_0)^n[a_n + a_{n+1}(z-z_0) + a_{n+2}(z-z_0)^2 + \cdots] \end{aligned}$$

이때, $a_n \neq 0$이다.

예제 16-14

함수 $f(z)=z^2\sin z$의 영점을 구하고 그 차수를 설명하라.

풀이

식 (16.6)을 이용하면

$$z^2\sin z = z^2\left(z-\frac{z^3}{3!}+\frac{z^5}{5!}-\cdots\right)=z^3\left(1-\frac{z^2}{3!}+\frac{z^4}{5!}-\cdots\right)$$

이므로 $z=0$은 3차 영점이다.

예제 16-15

함수 $f(z)=\sin^3 z$의 영점을 구하고 그 차수를 설명하라.

풀이

함수 $f(z)=\sin^3 z$의 영점은 $z=n\pi$, $n=0, \pm 1, \pm 2, \cdots$이다. $f'(z)=3\sin^2\cos z$, $f'(n\pi)=0$, $f''(z)=3\sin z(2\cos^2 z-\sin^2 z)$, $f''(n\pi)=0$이다.
$f'''(z)=6\cos^3 z-21\sin^2 z\cos z$, $f'''(n\pi)\neq 0$이므로 $z=n\pi$, $n=0, \pm 1, \pm 2, \cdots$는 3차 영점이다.

$f(z)$가 분수함수일 때 분모가 0이 되는 점에서 극점을 찾는 것은 당연하다. 다음 정리를 살펴보자.

정리 16-6 분수함수의 극점

함수 $f(z)=\dfrac{h(z)}{g(z)}$, $h(z)$, $g(z)$가 z_0를 포함하는 열린영역에서 해석적이라 하자. $h(z_0)\neq 0$이고 z_0가 $g(z)$의 m차 영점이면 z_0는 $f(z)$의 m차 극점이다.

증명

z_0가 함수 $g(z)$의 m차인 영점이므로 $g(z)=(z-z_0)^m q(z)$, $q(z)\neq 0$으로 나타낼 수 있다. 이때

$$\lim_{z\to z_0}(z-z_0)^m f(z)=\lim_{z\to z_0}\frac{h(z)}{q(z)}$$

가 유한이거나 0이 아니므로 [정리 16-5]에 의해 z_0는 $f(z)$의 m차 극점이다. ■

예제 16-16

함수 $f(z)=\dfrac{1+z^3}{\sin^3 z}$은 $z=0$에서 3차 극점을 가짐을 보여라.

풀이

함수 $f(z)$의 분자를 함수 $h(z)=1+z^3$, 분모를 함수 $g(z)=\sin^3 z$라 하자. $h(0)=1$이고 [예제 16-15]에서 $z=0$은 $g(z)=\sin^3 z$의 3차 영점이므로 [정리 16-6]에 의해 $z=0$은 $f(z)$의 3차 극점이다.

Section 16.4 유수와 유수정리

이 절에서는 복소함수의 유수 개념을 도입하여 복소선적분을 계산하는 방법에 대해 살펴본다.

유수

$z = z_0$에서 고립특이점을 갖는 함수 $f(z)$를 로랑 급수로 전개해보자. 원환 $0 < |z - z_0| < R$에서

$$f(z) = \sum_{n=0}^{\infty} a_n (z - z_0)^n + \sum_{n=1}^{\infty} \frac{b_n}{(z - z_0)^n}$$
$$= a_0 + a_1(z - z_0) + a_2(z - z_0)^2 + \cdots + \frac{b_1}{z - z_0} + \frac{b_2}{(z - z_0)^2} + \cdots$$

로 표현할 수 있다. $f(z)$를 z_0가 중심이고 반지름이 r(단, $r < R$)인 원 C에 대해 선적분하면

$$\oint_C f(z)\,dz = \oint_C a_0\,dz + \oint_C a_1(z - z_0)\,dz + \oint_C a_2(z - z_0)^2\,dz + \cdots$$
$$+ \oint_C \frac{b_1}{z - z_0}\,dz + \oint_C \frac{b_2}{(z - z_0)^2}\,dz + \cdots$$
$$= \oint_C \frac{b_1}{z - z_0}\,dz$$

← 코시 적분정리([정리 15-4]), 15장 [연습문제 21] 참고

$$= 2\pi i\, b_1$$

이므로 b_1 값만 알면 $\oint_C f(z)\,dz$를 계산할 수 있다. 이때 유일하게 남은 b_1을 **유수**residue라고 하고, 이를 기호로는

$$b_1 = \mathrm{Res}(f(z),\, z_0)$$

로 표기한다. 따라서 $z = z_0$가 함수 $f(z)$의 고립특이점일 때

$$\oint_C f(z)\,dz = 2\pi i\,\mathrm{Res}(f(z),\, z_0) \qquad (16.11)$$

이다.

■ 유수의 계산

첫 번째로 단순 극점 z_0에서 함수 $f(z)$의 유수를 구하자. [정의 16-4]에 따르면 $f(z)$의 로랑 급수는

$$f(z)=\frac{b_1}{z-z_0}+a_0+a_1(z-z_0)+a_2(z-z_0)^2+\cdots$$

이다. 양변에 $z-z_0$를 곱하고 $z\to z_0$일 때의 극한을 구하면

$$\begin{aligned}\lim_{z\to z_0}(z-z_0)f(z)&=\lim_{z\to z_0}[b_1+a_0(z-z_0)+a_1(z-z_0)^2+\cdots]\\&=b_1\end{aligned}$$

이므로 유수는 다음과 같다.

$$\mathrm{Res}(f(z),\ z_0)=\lim_{z\to z_0}(z-z_0)f(z)$$

정리 16-7 단순 극점에서의 유수

z_0가 함수 $f(z)$의 단순 극점일 때 유수는

$$\mathrm{Res}(f(z),\ z_0)=\lim_{z\to z_0}(z-z_0)f(z)$$

이다.

두 번째로 n차 극점 z_0에서 함수 $f(z)$의 유수를 구하자. [정의 16-4]에 따르면 $f(z)$의 로랑 급수는

$$f(z)=\frac{b_n}{(z-z_0)^n}+\cdots+\frac{b_2}{(z-z_0)^2}+\frac{b_1}{z-z_0}+a_0+a_1(z-z_0)+\cdots$$

이다. 양변에 $(z-z_0)^n$을 곱하면

$$(z-z_0)^nf(z)=b_n+\cdots+b_2(z-z_0)^{n-2}+b_1(z-z_0)^{n-1}+a_0(z-z_0)^n+a_1(z-z_0)^{n+1}+\cdots$$

이고 이를 $(n-1)$번 미분하면

$$\frac{d^{n-1}}{dz^{n-1}}(z-z_0)^nf(z)=(n-1)!\,b_1+n!\,a_0(z-z_0)+\cdots$$

이다. 이 식의 양변에 $z\to z_0$일 때의 극한을 구하면

$$\lim_{z \to z_0} \frac{d^{n-1}}{dz^{n-1}}[(z-z_0)^n f(z)] = (n-1)!\, b_1$$

이므로 유수는 다음과 같다.

$$\mathrm{Res}(f(z),\, z_0) = \frac{1}{(n-1)!} \lim_{z \to z_0} \frac{d^{n-1}}{dz^{n-1}}[(z-z_0)^n f(z)]$$

정리 16-8 n차 극점에서의 유수

z_0가 함수 $f(z)$의 n차 극점일 때 유수는

$$\mathrm{Res}(f(z),\, z_0) = \frac{1}{(n-1)!} \lim_{z \to z_0} \frac{d^{n-1}}{dz^{n-1}}[(z-z_0)^n f(z)]$$

이다.

이제 $f(z)$가 다음과 같은 분수함수이고 z_0에서 단순 극점을 가진다고 하자. 즉,

$$f(z) = \frac{g(z)}{h(z)}\,,\quad g(z_0) \neq 0$$

이고 $h(z_0) = 0$이다. [정리 16-7]을 이용하면 z_0에서 $f(z)$의 유수는

$$\begin{aligned}\mathrm{Res}(f(z),\, z_0) &= \lim_{z \to z_0}(z-z_0) f(z) = \lim_{z \to z_0}(z-z_0)\frac{g(z)}{h(z)} \\ &= \lim_{z \to z_0} \frac{g(z)}{\dfrac{h(z)-h(z_0)}{z-z_0}} = \frac{g(z_0)}{h'(z_0)}\end{aligned}$$

이다. 이를 정리하면 다음과 같다.

보조정리 16-9 분수함수의 유수

함수 $f(z) = \dfrac{g(z)}{h(z)}$에 대해 두 함수 $g(z)$와 $h(z)$는 z_0에서 해석적이고 z_0가 $h(z)$의 1차 영점이라고 하자. 그러면 $f(z)$는 z_0에서 단순 극점을 가지고 유수는 다음과 같다.

$$\mathrm{Res}(f(z),\, z_0) = \frac{g(z_0)}{h'(z_0)}$$

예제 16-17

함수 $f(z) = \dfrac{z+i}{z(z-i)}$ 의 유수를 모두 구하라.

풀이

$z=i$ 는 함수 $f(z)$의 단순 극점이므로 [정리 16-7]에 의해

$$\operatorname{Res}(f(z),\, i) = \lim_{z \to i} \frac{z+i}{z} = 2$$

이다. 그리고 $z=0$도 $f(z)$의 단순 극점이므로

$$\operatorname{Res}(f(z),\, 0) = \lim_{z \to 0} \frac{z+i}{z-i} = -1$$

이다.

예제 16-18

함수 $f(z) = \dfrac{e^{-z}}{(z-1)^3}$ 의 유수를 구하라.

풀이

$z=1$은 함수 $f(z)$의 3차 극점이므로 [정리 16-8]에 의해

$$\begin{aligned}\operatorname{Res}(f(z),\, 1) &= \frac{1}{2!} \lim_{z \to 1} \frac{d^2}{dz^2} e^{-z} = \frac{1}{2!} \lim_{z \to 1} e^{-z} = \frac{1}{2!} e^{-1} \\ &= \frac{1}{2e}\end{aligned}$$

이다.

예제 16-19

함수 $f(z) = \dfrac{z+i}{\sin z}$ 의 유수를 모두 구하라.

풀이

주어진 함수 $f(z) = \dfrac{z+i}{\sin z}$ 는 $z=\pi$, 2π에서 단순 극점을 가지므로 [보조정리 16-9]에 의해 유수는 각각

$$\mathrm{Res}(f(z),\ \pi) = \frac{\pi + i}{\cos \pi} = -\pi - i,$$
$$\mathrm{Res}(f(z),\ 2\pi) = \frac{2\pi + i}{\cos 2\pi} = 2\pi + i$$

이다.

유수정리

식 (16.11)을 [그림 16-2]처럼 단순닫힌곡선 C 내부에 특이점이 n개 존재하는 경우로 일반화하자.

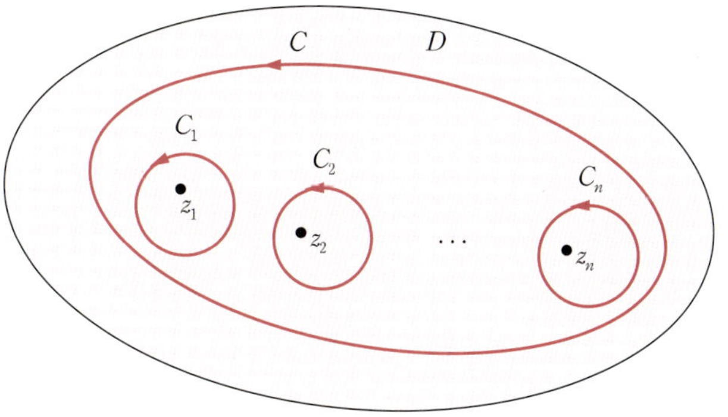

[그림 16-2] 적분경로 C 내부에 존재하는 n개의 특이점

15.2절에서 코시 적분정리를 구멍이 n개 있는 다중연결영역에 적용한 결과를 살펴보았다. 유수를 이용하면 이 선적분을 편리하게 계산할 수 있다. 식 (15.3)을 이용하면

$$\oint_C f(z)\,dz = \sum_{k=1}^{n} \oint_{C_k} f(z)\,dz$$

이다. 그리고 $\oint_{C_k} f(z)\,dz = 2\pi i\,\mathrm{Res}(f(z),\ z_k)$이므로

$$\oint_C f(z)\,dz = 2\pi i \sum_{k=1}^{n} \mathrm{Res}(f(z),\ z_k)$$

이다. 이를 정리하면 다음과 같다.

정리 16-10 코시 유수정리 Cauchy residue theorem

단순연결영역 D 안에 있는 단순닫힌곡선 C를 생각하자. 함수 $f(z)$가 C 내부의 특이점 $z_1, \cdots, z_n$을 제외한 모든 점과 C 위의 모든 점에서 해석적이면

$$\oint_C f(z)\,dz = 2\pi i \sum_{k=1}^{n} \operatorname{Res}(f(z), z_k)$$

이다.

예제 16-20

원 $C : |z-i| = 2$ 위에서 $\oint_C \frac{\sin z}{z^2(z^2+4)}dz$를 계산하라.

풀이

$z=0,\ z=-2i,\ z=2i$는 함수 $f(z) = \frac{\sin z}{z^2(z^2+4)}$의 단순 극점이다. 그런데 $z=-2i$는 C 내부에 있지 않으므로 구하는 식은

$$\oint_C \frac{\sin z}{z^2(z^2+4)}dz = 2\pi i\,[\operatorname{Res}(f(z), 0) + \operatorname{Res}(f(z), 2i)]$$

와 같다. [정리 16-7]을 이용하면 $z=0$과 $z=2i$에서 유수는 각각

$$\operatorname{Res}(f(z), 0) = \lim_{z\to 0}\frac{z\sin z}{z^2(z^2+4)} = \lim_{z\to 0}\left(\frac{\sin z}{z}\cdot\frac{1}{z^2+4}\right) = \frac{1}{4}$$

$$\operatorname{Res}(f(z), 2i) = \lim_{z\to 2i}\frac{\sin z}{z^2(z+2i)} = \frac{\sin 2i}{-16i} = \frac{i}{16}\sin 2i$$

이므로 $\oint_C \frac{\sin z}{z^2(z^2+4)}dz = 2\pi i\left(\frac{1}{4} + \frac{i}{16}\sin 2i\right)$이다.

예제 16-21 응용

원 $C : |z| = 1$ 위에서 $\oint_C e^{\frac{1}{z}} dz$를 계산하라.

풀이

$z = 0$이 $f(z) = e^{\frac{1}{z}}$의 진성특이점이므로 [정리 16-7]과 [정리 16-8]을 이용할 수 없다. 그러므로 [예제 16-4(b)]를 참고하면 중심이 0인 $f(z)$의 로랑 급수는

$$f(z) = \sum_{n=0}^{\infty} \frac{1}{n!} \cdot \frac{1}{z^n}$$

이고 $\frac{1}{z}$의 계수는 1이므로 식 (16.5)에 의해

$$\text{Res}\left(e^{\frac{1}{z}},\ 0\right) = 1$$

이다. 그러므로 구하는 값은

$$\oint_C e^{\frac{1}{z}} dz = 2\pi i$$

이다.

Section
16.5 실적분의 계산

복소함수에 대한 유수정리는 몇몇 형태의 복잡한 실함수 적분을 계산하는 데 활용할 수 있다. 이번 절에서 몇 가지 예를 살펴보며 복소적분이 유용성을 확인해보자.

$\int_0^{2\pi} F(\cos\theta, \sin\theta)\, d\theta$의 적분

복소적분을 이용하여 $\int_0^{2\pi} F(\cos\theta, \sin\theta)\, d\theta$ 값을 구해보자. 먼저 $e^{i\theta} = \cos\theta + i\sin\theta = z$로 두면 [정의 14-14]에 의해

$$\cos\theta = \frac{1}{2}(e^{i\theta} + e^{-i\theta}) = \frac{1}{2}\left(z + \frac{1}{z}\right),$$
$$\sin\theta = \frac{1}{2}(e^{i\theta} - e^{-i\theta}) = \frac{1}{2i}\left(z - \frac{1}{z}\right)$$

이고 $ie^{i\theta}d\theta = dz$이므로 $d\theta = \frac{1}{iz}dz$이다. 그리고 θ가 $0 \le \theta \le 2\pi$일 때 z는 원 $C : |z| = 1$을 반시계방향으로 한 바퀴 돈다. 그러므로

$$\int_0^{2\pi} F(\cos\theta, \sin\theta)\, d\theta = \oint_C f(z)\frac{dz}{iz}$$

이다.

예제 16-22

$\int_0^{2\pi} \frac{d\theta}{\sqrt{2} - \cos\theta} = 2\pi$임을 보여라.

풀이

주어진 식을 복소적분으로 치환하자. 그러면 원 $C : |z| = 1$ 위에서

$$\int_0^{2\pi} \frac{d\theta}{\sqrt{2}-\cos\theta} = \oint_C \frac{1}{\sqrt{2}-\frac{1}{2}\left(z+\frac{1}{z}\right)} \frac{dz}{iz}$$

$$= \oint_C \frac{dz}{-\frac{i}{2}(z^2 - 2\sqrt{2}z + 1)}$$

$$= -\frac{2}{i}\oint_C \frac{dz}{(z-\sqrt{2}+1)(z-\sqrt{2}-1)}$$

이다. 함수 $f(z) = \dfrac{1}{(z-\sqrt{2}+1)(z-\sqrt{2}-1)}$의 특이점은 $z=\sqrt{2}-1$, $z=\sqrt{2}+1$인데 $z=\sqrt{2}-1$만 원 C의 내부에 있으므로

$$\operatorname{Res}(f(z), \sqrt{2}-1) = \lim_{z\to\sqrt{2}-1}(z-\sqrt{2}+1)f(z)$$

$$= \lim_{z\to\sqrt{2}-1}\frac{1}{z-\sqrt{2}-1} = -\frac{1}{2}$$

이다. 그러므로 [정리 16-10]에 의해 구하는 값은

$$\int_0^{2\pi}\frac{d\theta}{\sqrt{2}-\cos\theta} = -\frac{2}{i}\cdot 2\pi i\left(-\frac{1}{2}\right) = 2\pi$$

이다.

$\int_{-\infty}^{\infty} f(x)dx$의 적분

$f(x)$가 연속함수일 때, 이상적분

$$\int_{-\infty}^{\infty} f(x)dx = \lim_{a\to-\infty}\int_a^0 f(x)\,dx + \lim_{b\to\infty}\int_0^b f(x)\,dx$$

에서 우변의 두 극한이 존재하면

$$\int_{-\infty}^{\infty} f(x)dx = \lim_{R\to\infty}\int_{-R}^{R} f(x)dx \tag{16.12}$$

로 쓸 수 있다. 식 (16.12)의 극한은 적분의 **코시 주값** Cauchy principal value이라 하고 기호로는

$$\text{pv}\int_{-\infty}^{\infty} f(x)dx = \lim_{R\to\infty}\int_{-R}^{R} f(x)\,dx$$

로 표시한다. 참고로 이상적분이 발산해도 적분의 코시 주값이 존재할 수 있다. 예를 들면 $\lim_{R\to\infty}\int_0^R x\,dx = \lim_{R\to\infty}\frac{1}{2}R^2 = \infty$ 이므로 $\int_{-\infty}^{\infty} x\,dx$는 발산한다. 그러나 코시 주값은

$$\lim_{R\to\infty}\int_{-R}^{R} x\,dx = \lim_{R\to\infty}\left[\frac{R^2}{2} - \frac{(-R)^2}{2}\right] = 0$$

이 된다.

이제 실함수 $f(x) = \frac{p(x)}{q(x)}$ 가 모든 실수에서 연속이고 $q(x) \neq 0$이며 $q(x)$가 $p(x)$보다 차수가 최소 2차 이상 크다고 하자. 이러한 함수 $f(x)$에 대해 적분의 코시 주값을 구해보자. $x = z$로 변환하면 $dx = dz$이다. [그림 16-3]과 같이 복소평면의 위쪽 절반, 즉 상반평면upper half-plane에서 함수 $f(z)$의 특이점 z_1, z_2, $\cdots$, z_k를 모두 포함할 수 있도록 중심이 원점이고 반지름 R이 충분히 큰 반원 S를 생각하자. 이제 적분경로 C를 두 점 $(-R, 0)$, $(R, 0)$을 지나는 직선과 반원 S의 합집합이라 하자.

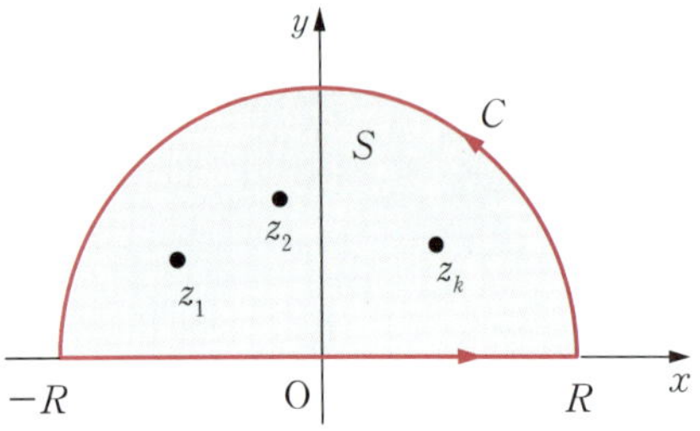

[그림 16-3] 적분경로 C

그러면 복소적분 $\oint_C f(z)\,dz$를

$$\oint_C f(z)\,dz = \int_S f(z)\,dz + \int_{-R}^{R} f(x)\,dx$$

로 나타낼 수 있다. 또한 코시 유수정리([정리 16-10] 참고)에 의해

$$\oint_C f(z)\,dz = 2\pi i \sum_{k=1}^{n} \mathrm{Res}\,(f(z),\ z_k)$$

이다. 두 식을 결합하면

$$\int_{-R}^{R} f(x)\,dx = 2\pi i \sum_{k=1}^{n} \mathrm{Res}\,(f(z), z_k) - \int_S f(z)\,dz \tag{16.13}$$

이다. 이제 $\lim_{R\to\infty}\int_S f(z)\,dz$를 계산해보자. 함수 $f(z)=\dfrac{p(z)}{q(z)}$에서 분모가 분자보다 최소 2차 이상 크기 때문에, 충분히 큰 상수 k에 대해 $|f(z)|\le\dfrac{k}{|z|^2}$이다. 즉, 다음 부등식을 만족한다.

$$\left|\int_S f(z)\,dz\right|\le\frac{k}{R^2}\cdot\pi R=\frac{k\pi}{R}$$

위 부등식에서 $R\to\infty$이면 $\lim_{R\to\infty}\int_S f(z)\,dz=0$이다. 따라서 식 (16.13)의 극한은

$$\text{pv}\int_{-\infty}^{\infty}f(x)\,dx=2\pi i\sum_{k=1}^{n}\text{Res}\,(f(z),\,z_k) \tag{16.14}$$

이다.

예제 16-23

$\text{pv}\displaystyle\int_{-\infty}^{\infty}\frac{x^2+x+1}{x^4+5x^2+4}\,dx$ 를 구하라.

풀이

피적분함수의 분모가 분자보다 2차 이상 크기 때문에

$$\int_{-\infty}^{\infty}f(x)\,dx=2\pi i\sum_{k=1}^{n}\text{Res}\,(f(z),\,z_k)$$

이다. $f(z)=\dfrac{z^2+z+1}{z^4+5z^2+4}$로 두고 분모를 인수분해하면

$$f(z)=\frac{z^2+z+1}{(z^2+1)(z^2+4)}$$

이므로 $z=\pm i$, $z=\pm 2i$가 단순 극점이다. 이 중 상반평면에 있는 점은 $z=i$와 $z=2i$이며, 이때의 유수는 각각 다음과 같다.

$$\text{Res}\,(f(z),\,i)=\left.\frac{p(z)}{q'(z)}\right|_{z=i}=\left.\frac{z^2+z+1}{4z^3+10z}\right|_{z=i}=\frac{i}{6i}=\frac{1}{6},$$
$$\text{Res}\,(f(z),\,2i)=\left.\frac{p(z)}{q'(z)}\right|_{z=2i}=\left.\frac{z^2+z+1}{4z^3+10z}\right|_{z=2i}=\frac{-3+2i}{-12i}=-\frac{1}{6}-\frac{1}{4}i$$

그러므로 구하는 값은

$$\int_{-\infty}^{\infty}\frac{x^2+x+1}{x^4+5x^2+4}\,dx=2\pi i\left(\frac{1}{6}-\frac{1}{6}-\frac{1}{4}i\right)=\frac{\pi}{2}$$

이다.

$\int_{-\infty}^{\infty} f(x)\cos x\,dx$와 $\int_{-\infty}^{\infty} f(x)\sin x\,dx$의 적분

$\text{pv}\int_{-\infty}^{\infty} f(x)\,dx = 2\pi i \sum_{k=1}^{\infty} \text{Res}\,(f(z),\, z_k)$가 성립하는 것과 유사하게 $\text{pv}\int_{-\infty}^{\infty} f(x)e^{i\alpha x}\,dx = 2\pi i \sum_{k=1}^{\infty} \text{Res}\,(f(z)e^{i\alpha z},\, z_k)$가 성립한다. 오일러 공식을 이용하여 이 식을 실수부와 허수부로 나누면

$$\begin{aligned}&\text{pv}\int_{-\infty}^{\infty} f(x)\cos\alpha x\,dx + \text{pv}\left(i\int_{-\infty}^{\infty} f(x)\sin\alpha x\,dx\right)\\&= \text{Re}\left[2\pi i \sum_{k=1}^{\infty} \text{Res}\,(f(z)e^{i\alpha z},\, z_k)\right] + \text{Im}\left[2\pi i \sum_{k=1}^{\infty} \text{Res}\,(f(z)e^{i\alpha z},\, z_k)\right]\end{aligned}$$

이다. 복소수의 상등([정의 14-2] 참고)를 이용하면 다음이 성립한다.

$$\begin{aligned}\text{pv}\int_{-\infty}^{\infty} f(x)\cos\alpha x\,dx &= \text{Re}\left[2\pi i \sum_{k=1}^{\infty} \text{Res}\,(f(z)e^{i\alpha z},\, z_k)\right],\\ \text{pv}\int_{-\infty}^{\infty} f(x)\sin\alpha x\,dx &= \text{Im}\left[2\pi i \sum_{k=1}^{\infty} \text{Res}\,(f(z)e^{i\alpha z},\, z_k)\right]\end{aligned} \tag{16.15}$$

예제 16-24

$\alpha,\ k$가 양수일 때, $\text{pv}\int_{-\infty}^{\infty} \frac{\cos\alpha x}{k^2+x^2}\,dx = \frac{\pi}{k}e^{-k\alpha}$, $\text{pv}\int_{-\infty}^{\infty} \frac{\sin\alpha x}{k^2+x^2}\,dx = 0$임을 보여라.

풀이

함수 $f(z) = \frac{1}{k^2+z^2}$을 생각하자. 그러면 $f(z)e^{i\alpha z} = \frac{e^{i\alpha z}}{k^2+z^2}$이고, 상반평면에서 함수 $f(z)e^{i\alpha z}$의 단순 극점은 $z = ik$이다. 이때 유수는

$$\text{Res}\left(\frac{e^{i\alpha z}}{k^2+z^2},\ ik\right) = \left.\frac{e^{i\alpha z}}{2z}\right|_{z=ik} = \frac{e^{-k\alpha}}{2ik}$$

이므로 식 (16.15)에 의해

$$\begin{aligned}\text{pv}\int_{-\infty}^{\infty} \frac{\cos\alpha x}{k^2+x^2}\,dx &= \text{Re}\left[2\pi i\left(\frac{e^{-k\alpha}}{2ik}\right)\right] = \frac{\pi}{k}e^{-k\alpha},\\ \text{pv}\int_{-\infty}^{\infty} \frac{\sin\alpha x}{k^2+x^2}\,dx &= \text{Im}\left[2\pi i\left(\frac{e^{-k\alpha}}{2ik}\right)\right] = 0\end{aligned}$$

이다.

예제 16-25

$\text{pv}\int_{-\infty}^{\infty} \frac{\sin x}{x^2-4x+5}dx$를 계산하라.

풀이

함수 $f(z)=\dfrac{1}{z^2-4z+5}$을 생각하자. 함수 $f(z)$의 단순 극점은 $z=2\pm i$이다. 이 중 상반평면에 있는 점은 $z=2+i$이며, 유수를 구하면

$$\text{Res}\,(f(z)e^{iz},\,2+i) = \left.\frac{e^{iz}}{2z-4}\right|_{z=2+i} = \frac{e^{i(2+i)}}{2i} = -\frac{i}{2}e^{-1+2i}$$
$$= -\frac{i}{2e}(\cos 2+i\sin 2) = \frac{\sin 2}{2e} - \frac{\cos 2}{2e}i$$

이다. 그러므로 구하는 값은 다음과 같다.

$$\text{pv}\int_{-\infty}^{\infty}\frac{\sin x}{x^2-4x+5}dx = \text{Im}\left[2\pi i\{\text{Res}\,(f(z)e^{iz},\,2+i)\}\right]$$
$$= \text{Im}\left[2\pi i\left(\frac{\sin 2}{2e}-\frac{\cos 2}{2e}i\right)\right]$$
$$= \text{Im}\left[2\pi\left(\frac{1}{2e}\cos 2\right)+2\pi\left(\frac{1}{2e}\sin 2\right)i\right]$$
$$= \frac{\pi}{e}\sin 2$$

실수축에 극점이 있는 이상적분

이상적분 $\int_{-\infty}^{\infty} f(x)\,dx$를 계산하기 위해 $x=z$로 변환하면 함수 $f(z)$가 실수축 위의 점 $z=a$에서 단순 극점을 가질 때가 있다. 이러한 이상적분은 다음 정리를 활용하여 구할 수 있다.

정리 16-11 실수축 위의 단순 극점과 적분

함수 $f(z)$가 실수축 위의 점 $z=a$에서 단순 극점을 가지면

$$\lim_{r\to 0}\int_{C_r} f(z)\,dz = \pi i\,\text{Res}\,(f(z),\,a)$$

이다. 단, $C_r : z=a+re^{i\theta}$, $0\le\theta\le\pi$이다.

증명

피적분함수 $f(z)$가 $z=a$에서 단순 극점을 가지므로 $0<|z-a|<R$에서 $f(z)$에 대한 로랑 급수는

$$f(z)=\frac{b_1}{z-a}+g(z),\ \ b_1=\operatorname{Res}(f(z),\ a)$$

로 표현된다. 이때 $g(z)$는 반원 C_r과 실수축(x축) 사이의 모든 z에서 해석적이므로 C_r에서 유계이다. 즉, 어떤 실수 M이 존재하고 $|g(z)| \le M$이다. 따라서 적분은

$$\begin{aligned}\int_{C_r} f(z)\,dz &= \int_0^{\pi} \frac{b_1}{re^{i\theta}} ire^{i\theta}\,d\theta + \int_{C_r} g(z)\,dz \\ &= b_1\pi i + \int_{C_r} g(z)\,dz \end{aligned} \tag{16.16}$$

이다. 이때 $\left|\int_{C_r} g(z)\,dz\right| \le M\pi r$이므로 $\lim_{r\to 0}\int_{C_r} g(z)\,dz = 0$이다. 그러므로 로랑 급수의 b_1과 식 (16.16)을 이용하면 다음과 같다.

$$\lim_{r\to 0}\int_{C_r} f(z)\,dz = \pi i \operatorname{Res}(f(z),\ a)$$ ■

예제 16-26

$\operatorname{pv}\int_{-\infty}^{\infty} \frac{x}{(x^2+1)(x-1)}\,dx$를 구하라.

풀이

함수 $f(z)=\frac{z}{(z^2+1)(z-1)}$로 두면 상반평면의 $z=i$와 실수축 위의 $z=1$가 각각 $f(z)$의 단순 극점이다. 따라서 식 (16.14)와 [정리 16-11]을 이용하면 적분의 코시 주값은

$$\operatorname{pv}\int_{-\infty}^{\infty} \frac{x}{(x^2+1)(x-1)}\,dx = 2\pi i\operatorname{Res}(f(z),\ i) + \pi i\operatorname{Res}(f(z),\ 1)$$

이다. 이때 $z=i$와 $z=1$에서 유수를 구하면 각각 다음과 같다.

$$\begin{aligned}\operatorname{Res}(f(z), i) &= \left.\frac{z}{[(z^2+1)(z-1)]'}\right|_{z=i} = \left.\frac{z}{2z(z-1)+(z^2+1)}\right|_{z=i} \\ &= \frac{i}{-2(1+i)} = \frac{i(1-i)}{-4} = -\frac{1}{4}-\frac{1}{4}i, \\ \operatorname{Res}(f(z), 1) &= \left.\frac{z}{[(z^2+1)(z-1)]'}\right|_{z=1} = \frac{1}{2}\end{aligned}$$

따라서 구하는 값은 다음과 같다.

$$\operatorname{pv}\int_{-\infty}^{\infty} \frac{x}{(x^2+1)(x-1)}\,dx = 2\pi i\left(-\frac{1}{4}-\frac{1}{4}i\right) + \pi i\cdot\frac{1}{2} = \frac{\pi}{2}$$

Chapter 16 연습문제

[16.1 테일러 급수]

※ (문제 1~4) 다음 거듭제곱 급수의 수렴반경을 구하라.

1. $\sum_{n=1}^{\infty} \frac{n^3}{3^n} z^{2n}$

2. $\sum_{n=1}^{\infty} \left(\frac{1+i}{2-i}\right)^n (z+i)^n$

3. $\sum_{n=1}^{\infty} \frac{1}{n^n} (z-i)^n$

4. $\sum_{n=1}^{\infty} \frac{1}{2^n n!} (z-\pi i)^n$

※ (문제 5~14) 다음 함수를 $z=z_0$에서의 테일러 급수로 전개하라.

5. $f(z)=(z-1)e^{-z},\ z_0=1$

6. $f(z)=\frac{1-z}{1+z},\ z_0=i$

7. $f(z)=\frac{z}{1-z},\ z_0=0$ 식 (16.7)

8. $f(z)=\frac{1}{1-z^2},\ z_0=i$ 식 (16.7)

9. $f(z)=\frac{1}{z(1+z)},\ z_0=0$ 식 (16.7)

10. $f(z)=e^{2z},\ z_0=i$

11. $f(z)=\sin(z^2),\ z_0=0$ 식 (16.6)

12. $f(z)=\frac{3}{2+iz},\ z_0=i$

13. $f(z)=\cos(z-i),\ z_0=i$ 식 (16.5)

14. $f(z)=\frac{1}{z+1+2i},\ z_0=i$

[16.2 로랑 급수]

※ (문제 15~18) 다음 함수를 $z=z_0$ 에서의 테일러 급수로 전개하라.

15. $f(z)=\frac{\cos z}{z^2},\ 0<|z|$ 식 (16.5)

16. $f(z)=\frac{1}{(z-1)(z-2)},\ 1<|z|<2$ 식 (16.7)

17. $f(z)=z\sin\frac{1}{z},\ 0<|z|$ 식 (16.6)

18. $f(z)=\frac{1}{1-z},\ |z|>1$ 식 (16.7)

※ (문제 19~26) 다음 함수에 대해 $0<|z-z_0|<R$에서 수렴하는 로랑 급수를 구하고 R을 구하라.

19. $f(z)=\dfrac{e^z}{z-2}$, $z_0=2$ 식 (16.4)

20. $f(z)=\dfrac{1}{z^2+1}$, $z_0=-i$ 식 (16.7)

21. $f(z)=\dfrac{z^2-9}{z-1}$, $z_0=1$

22. $f(z)=\dfrac{1}{(z-1)(z+2i)}$, $z_0=1$ 식 (16.7)

23. $f(z)=\dfrac{2z-\sin 2z}{z^2}$, $z_0=0$ 식 (16.6)

24. $f(z)=\dfrac{z^2}{1+z}$, $z_0=-1$ 식 (16.5)

25. $f(z)=\dfrac{\cos 2z}{z}$, $z_0=0$ 식 (16.4)

26. $f(z)=e^{\frac{1}{z-i}}$, $z_0=i$

[16.3 특이점과 영점]

※ (문제 27~34) 다음 함수의 특이점과 그 종류를 결정하고, 극점과 그 차수를 구하라.

27. $\tan z^2$

28. $\cot^2 z$

29. $\dfrac{1}{z-2}+\dfrac{2}{(z-2)^2}+\dfrac{3}{(z-2)^3}$

30. $\dfrac{e^{\frac{1}{z-1}}}{e^z}$

31. $\sinh\dfrac{1}{z^2+1}$

32. $\dfrac{1-\cos z}{z}$

33. $\dfrac{\sin^3 z}{z^6}$

34. $\dfrac{\left(z-\frac{\pi}{2}\right)^2}{\cos^8 z}$

※ (문제 35~37) 다음 함수의 영점과 그 차수를 구하라.

35. $(z+i)^4$

36. $\dfrac{\sin^2 z}{z}$

37. $(\cos z-1)^2$

[16.4 유수와 유수정리]

※ (문제 38~47) 유수정리를 이용하여 주어진 경로를 따라 적분을 구하라.

38. $\oint_C \dfrac{zi}{(z^2+9)(z-i)}dz$, $C:|z+3i|=1$

39. $\oint_C \dfrac{e^z}{z(z-4i)}dz$, C : $4i$와 0을 둘러싼 단순닫힌곡선

40. $\displaystyle\oint_C \frac{e^2+4}{(z+i)^2}\,dz,\quad C:|z-(1-i)|=2$

41. $\displaystyle\oint_C \frac{1}{z\sin z}\,dz,\quad C:|z|=4$

42. $\displaystyle\oint_C \frac{e^{zi}}{(z-\pi)^3}\,dz,\quad C:|z-3|=2$

43. $\displaystyle\oint_C \frac{\sin(z-1)}{(z-1)^2}\,dz,\quad C:|z-1|=1$

44. $\displaystyle\oint_C \frac{iz+2}{\sin z}\,dz,$

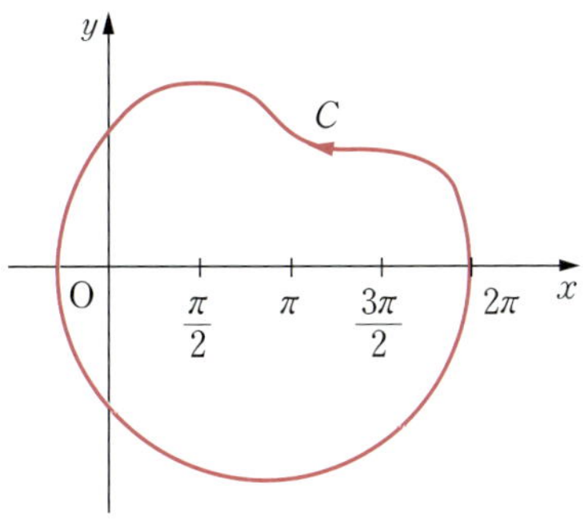

[그림 16-4] [연습문제 44]의 경로 C

45. $\displaystyle\oint_C \frac{z}{(z+i)^2}\,dz,\quad C:|z+1|=2$

46. $\displaystyle\oint_C \frac{e^z}{1+z^2}\,dz,\quad C:|z|=2$

47. $\displaystyle\oint_C \left(\frac{z}{z+1}\right)^2 dz,\quad C:|z|=2$

[16.5 실적분의 계산]

※ (문제 48~51) 다음 적분을 구하라.

48. $\displaystyle\int_0^{2\pi} \frac{1}{2+\sin\theta}\,d\theta$

49. $\displaystyle\int_0^{2\pi} \frac{1}{2-\cos\theta}\,d\theta$

50. $\displaystyle\int_0^{2\pi} \frac{\sin\theta}{2+\sin^2\theta}\,d\theta$ 반각 공식

51. $\displaystyle\int_0^{2\pi} \frac{\cos\theta}{2+\cos^2\theta}\,d\theta$

※ (문제 52~60) 다음 적분의 코시 주값을 구하라.

52. $\displaystyle\int_0^{\infty} \frac{x^2}{x^6+1}\,dx$

53. $\displaystyle\int_{-\infty}^{\infty} \frac{1}{(x^2+4)^3}\,dx$

54. $\displaystyle\int_{-\infty}^{\infty} \frac{\cos x}{(x^2+1)(x^2+4)}\,dx$

55. $\displaystyle\int_{-\infty}^{\infty} \frac{1}{x^3-x}\,dx$

56. $\displaystyle\int_{-\infty}^{\infty} \frac{x+3}{x(x-2)(x^2+4)}\,dx$

57. $\displaystyle\int_{-\infty}^{\infty} \frac{\sin x}{x^4+1}\,dx$

58. $\displaystyle\int_{-\infty}^{\infty} \frac{\cos 2x}{x^4+4x^2+3}\,dx$

59. $\displaystyle\int_{-\infty}^{\infty} \frac{\cos 3x}{x^2+1}\,dx$

60. $\displaystyle\int_{-\infty}^{\infty} \frac{1}{x^3-1}\,dx$

61. [그림 16-5]의 경계 C를 따라 e^{-z^2}을 적분하고, $a\to\infty$일 때 $\displaystyle\int_0^{\infty} e^{-x^2}\,dx = \frac{\sqrt{\pi}}{2}$임을 이용하여 다음 식이 성립함을 보여라.

$$\int_0^{\infty} e^{-x^2}\cos 2bx\,dx = \frac{\sqrt{\pi}}{2}e^{-b^2}$$

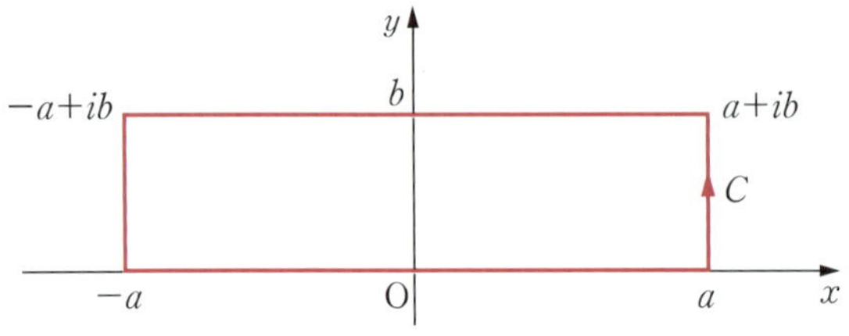

[그림 16-5] 경계 C

Appendix A

미분법 기초

Differentiation

||| 목차 |||

||| 학습목표 |||

- 도함수의 정의를 이해하고, 함수의 도함수를 구한다.
- 삼각함수, 역삼각함수, 음함수, 로그함수, 지수함수와 쌍곡선함수의 도함수를 구한다.
- 편도함수의 정의를 이해하고, 함수의 편도함수를 구한다.

수학 기초

삼각함수의 정의

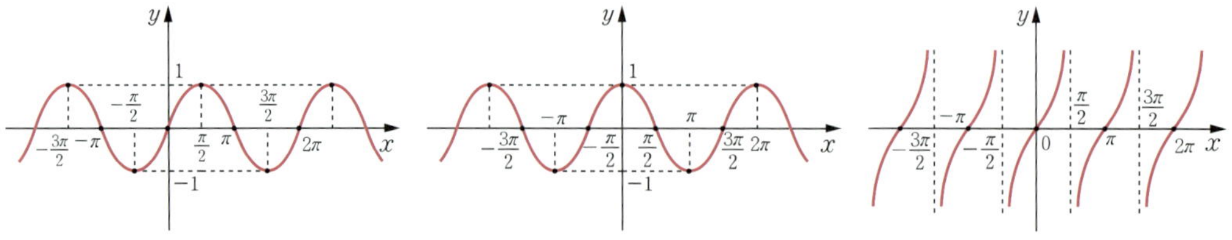

$y = \sin x$ $y = \cos x$ $y = \tan x$

$\theta\,[^\circ]$	θ [라디안]	$\sin\theta$	$\cos\theta$	$\tan\theta$
0°	0	0	1	0
30°	$\frac{\pi}{6}$	$\frac{1}{2}$	$\frac{\sqrt{3}}{2}$	$\frac{1}{\sqrt{3}}$
45°	$\frac{\pi}{4}$	$\frac{1}{\sqrt{2}}$	$\frac{1}{\sqrt{2}}$	1
60°	$\frac{\pi}{3}$	$\frac{\sqrt{3}}{2}$	$\frac{1}{2}$	$\sqrt{3}$
90°	$\frac{\pi}{2}$	1	0	

삼각함수에 대한 공식

- 삼각함수의 항등식

$$\cos^2\theta + \sin^2\theta = 1,\quad 1 + \tan^2\theta = \sec^2\theta,\quad \cot^2\theta + 1 = \csc^2\theta$$

- 덧셈 공식

$$\sin(x \pm y) = \sin x \cos y \pm \cos x \sin y$$
$$\cos(x \pm y) = \cos x \cos y \mp \sin x \sin y$$
$$\tan(x \pm y) = \frac{\tan x \pm \tan y}{1 \mp \tan x \tan y}$$

• **배각 공식**

$$\sin 2x = 2\sin x\cos x$$
$$\cos 2x = \cos^2 x - \sin^2 x = 2\cos^2 x - 1 = 1 - 2\sin^2 x$$
$$\tan 2x = \frac{2\tan x}{1-\tan^2 x}$$

• **반각 공식**

$$\sin^2 x = \frac{1-\cos 2x}{2},\quad \cos^2 x = \frac{1+\cos 2x}{2},\quad \tan^2 x = \frac{1-\cos 2x}{1+\cos 2x}$$

• **곱을 합 또는 차로 변형하는 공식**

$$\sin x\cos y = \frac{1}{2}[\sin(x+y)+\sin(x-y)]$$
$$\cos x\sin y = \frac{1}{2}[\sin(x+y)-\sin(x-y)]$$
$$\cos x\cos y = \frac{1}{2}[\cos(x+y)+\cos(x-y)]$$
$$\sin x\sin y = -\frac{1}{2}[\cos(x+y)-\cos(x-y)]$$

• **합 또는 차를 곱으로 변형하는 공식**

$$a\cos x + b\sin x = \sqrt{a^2+b^2}\sin(x+\alpha),\quad \tan\alpha = \frac{a}{b}$$
$$a\cos x + b\sin x = \sqrt{a^2+b^2}\cos(x-\beta),\quad \tan\beta = \frac{b}{a}$$

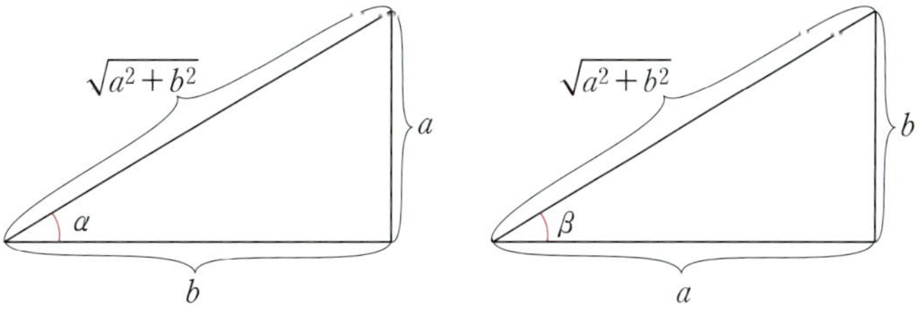

Section A.1 도함수

연속함수 $f(x)$의 도함수의 정의를 알아본 후, 여러 함수의 도함수를 살펴보자. 그리고 독립변수가 2개 이상인 함수의 편도함수도 살펴볼 것이다.

도함수의 정의

함수 $f(x)$에 대해 극한

$$\lim_{h \to 0} \frac{f(a+h)-f(a)}{h}$$

가 존재하면 이 값을 $f'(a)$라 하고 $x=a$에서의 **순간변화율**이라 한다. 또한 $f'(a)$가 존재하면 함수 $f(x)$는 $x=a$에서 **미분가능하다**고 한다. $f'(a)$를 다르게 표현하면

$$f'(a) = \lim_{b \to a} \frac{f(b)-f(a)}{b-a}$$

이다. **순간변화율**은 $x=a$ 라는 특정한 값에 대한 **미분계수**이고, 주어진 구간에 있는 모든 x에 대한 순간변화율을 **도함수**라 한다.

정의 A-1 도함수

함수 $y=f(x)$의 도함수는 다음과 같이 정의한다.

$$\frac{dy}{dx} = \lim_{h \to 0} \frac{f(x+h)-f(x)}{h}$$

함수 $y=f(x)$의 도함수 $\frac{dy}{dx}$를 구하는 것을 $f(x)$를 **미분한다**고 하며, 이 미분하는 방법을 **미분법**이라 한다. 또한 $y=f(x)$의 도함수는 다음과 같이 나타낸다.

$$\frac{dy}{dx},\ y',\ f'(x),\ \frac{d}{dx}f(x),\ \cdots$$

도함수의 정의를 일일이 사용하지 않고 도함수를 구하는 법칙을 살펴보자.

정리 A-2 x^a 의 미분법

a가 임의의 실수일 때, 함수 $f(x)=x^a$에 대해 $f(x)$의 도함수는 다음과 같다.

$$f'(x)=ax^{a-1}$$

미분법의 기본 공식을 정리하면 다음과 같다.

정리 A-3 미분법의 기본 공식

미분가능한 두 함수 $f(x)$, $g(x)$에 대해 다음이 성립한다.

(1) 상수 곱의 미분법 : $\frac{d}{dx}(k(f(x)))=k\frac{d}{dx}f(x)$ (단, k는 상수)

(2) 합과 차의 미분법 : $\frac{d}{dx}[f(x)\pm g(x)]=\frac{d}{dx}f(x)\pm\frac{d}{dx}g(x)$

(3) 곱의 미분법 : $\frac{d}{dx}(f(x)\cdot g(x))=\left(\frac{d}{dx}f(x)\right)g(x)+f(x)\left(\frac{d}{dx}g(x)\right)$

(4) 몫의 미분법 : $\frac{d}{dx}\left(\frac{f(x)}{g(x)}\right)=\frac{\left(\frac{d}{dx}f(x)\right)g(x)-f(x)\left(\frac{d}{dx}g(x)\right)}{(g(x))^2}$ (단, $g(x)\neq 0$)

예제 A-1

다음 함수를 미분하라.

(a) $f(x)=\frac{1}{2}x^6$

(b) $g(x)=-2$

(c) $h(x)=x^2+\frac{1}{x}$

(d) $k(x)=\frac{4\sqrt{x}-2}{\sqrt{x}}$

풀이

(a) $f'(x)=6\cdot\frac{1}{2}x^5=3x^5$이다.

(b) $g(x)=-2$가 상수이므로 $g'(x)=0$이다.

(c) $h(x)=x^2+x^{-1}$이므로 $h'(x)=2x^{2-1}+(-1)x^{-1-1}=2x-x^{-2}=2x-\frac{1}{x^2}$이다.

(d) $k(x)=4-2x^{-\frac{1}{2}}$이므로 $k'(x)=-2\left(-\frac{1}{2}\right)x^{-\frac{1}{2}-1}=x^{-\frac{3}{2}}=\frac{1}{x^{3/2}}=\frac{1}{x\sqrt{x}}$이다.

연쇄법칙

두 함수 f와 g가 모두 미분가능하고 $F = f \circ g$가 $F(x) = f(g(x))$로 정의된 합성함수라면, F는 x에서 미분가능하고 F'은 다음과 같은 곱으로 주어진다.

$$F'(x) = f'(g(x)) \cdot g'(x)$$

이를 **연쇄법칙**chain rule이라 한다. 연쇄법칙을 프라임 기호를 이용해서 나타내면 다음과 같다.

$$(f \circ g)'(x) = f'(g(x)) \cdot g'(x) \tag{A.1}$$

두 함수 $y = f(u)$와 $u = g(x)$가 모두 미분가능할 때, 연쇄법칙을 라이프니츠 기호로 나타내면 다음과 같다.

$$\frac{dy}{dx} = \frac{dy}{du}\frac{du}{dx} \tag{A.2}$$

예제 A-2

함수 $F(x) = \sqrt{x^2+1}$ 일 때, $F'(x)$를 구하라.

풀이

방법 1

식 (A.1)을 적용하면 $f(u) = \sqrt{u}$와 $g(x) = x^2+1$에 대해 $F(x) = (f \circ g)(x) = f(g(x))$로 나타내므로

$$f'(u) = \frac{1}{2}u^{-\frac{1}{2}} = \frac{1}{2\sqrt{u}}, \quad g'(x) = 2x$$

이다. 따라서 $F'(x)$를 구하면 다음과 같다.

$$\begin{aligned} F'(x) &= f'(g(x)) \cdot g'(x) \\ &= \frac{1}{2\sqrt{x^2+1}} \cdot 2x = \frac{x}{\sqrt{x^2+1}} \end{aligned}$$

방법 2

$u = x^2+1$, $y = \sqrt{u}$로 두고 식 (A.2)를 적용하면 다음과 같다.

$$F'(x) = \frac{dy}{du} \cdot \frac{du}{dx} = \frac{1}{2\sqrt{u}}(2x) = \frac{1}{2\sqrt{x^2+1}}(2x) = \frac{x}{\sqrt{x^2+1}}$$

연쇄법칙을 사용할 때는 밖에서부터 안으로 계산한다. 즉 다음과 같이 밖에 있는 외부함수 f를 먼저 미분한 뒤, 내부함수 $g(x)$를 미분하여 그 도함수를 곱한다.

$$\frac{d}{dx}\underbrace{f}_{\text{외부함수}}(g(x)) = \underbrace{f'}_{\text{외부함수의 도함수}}(g(x)) \cdot \underbrace{g'(x)}_{\text{내부함수의 도함수}} \tag{A.3}$$

특히 식 (A.2)에서 함수 $f(u)=u^n$일 때, 연쇄법칙은 다음과 같다.

정리 A-4 연쇄법칙의 거듭제곱 공식

n이 임의의 실수이고 함수 $u=g(x)$가 미분가능할 때, 다음이 성립한다.

$$\frac{d}{dx}(u^n) = \frac{d}{du}(u^n) \cdot \frac{du}{dx} = u^{n-1}\frac{du}{dx}$$

$$\frac{d}{dx}[g(x)]^n = n[g(x)]^{n-1} \cdot g'(x) \tag{A.4}$$

예제 A-3

함수 $y=(x^3+1)^{100}$을 미분하라.

풀이

$n=100$, $u=g(x)=x^3+1$로 두고 식 (A.4)를 적용하면 다음과 같다.

$$\begin{aligned}\frac{dy}{dx} &= \frac{d}{dx}(x^3+1)^{100} \\ &= 100(x^3+1)^{99}\frac{d}{dx}(x^3+1) \\ &= 100(x^3+1)^{99} \cdot 3x^2 \\ &= 300x^2(x^3+1)^{99}\end{aligned}$$

예제 A-4

함수가 $f(x) = \dfrac{1}{\sqrt[4]{x^2+x+1}}$ 일 때, $f'(x)$를 구하라.

풀이

먼저 $f(x)$를 지수함수의 형태로 변형하면 다음과 같다.

$$f(x) = (x^2+x+1)^{-\frac{1}{4}}$$

이제 $n = -\dfrac{1}{4}$, $u = g(x) = x^2 + x + 1$로 두고 식 (A.4)를 적용하면 다음과 같다.

$$\begin{aligned} f'(x) &= -\frac{1}{4}(x^2+x+1)^{-\frac{5}{4}}\frac{d}{dx}(x^2+x+1) \\ &= -\frac{1}{4}(x^2+x+1)^{-\frac{5}{4}}(2x+1) \end{aligned}$$

예제 A-5

함수 $g(t) = \left(\dfrac{t-2}{2t+1}\right)^9$ 의 도함수를 구하라.

풀이

[정리 A-3]과 [정리 A-4]를 적용하면 $g'(t)$는 다음과 같다.

$$\begin{aligned} g'(t) &= 9\left(\frac{t-2}{2t+1}\right)^8 \frac{d}{dt}\left(\frac{t-2}{2t+1}\right) \\ &= 9\left(\frac{t-2}{2t+1}\right)^8 \cdot \frac{(2t+1)\cdot 1 - 2(t-2)}{(2t+1)^2} \\ &= \frac{45(t-2)^8}{(2t+1)^{10}} \end{aligned}$$

예제 A-6

$y = (2x-1)^5(x^3-x+1)^3$을 미분하라.

풀이

먼저 [정리 A-3(3)]의 곱의 미분법을 이용하면

$$\frac{dy}{dx} = (2x-1)^5\frac{d}{dx}(x^3-x+1)^3 + (x^3-x+1)^3\frac{d}{dx}(2x-1)^5$$

이므로 연쇄법칙에 의해 다음과 같다.

$$\begin{aligned}\frac{dy}{dx} &= (2x-1)^5 \cdot 3(x^3-x+1)^2\frac{d}{dx}(x^3-x+1) + (x^3-x+1)^3 \cdot 5(2x-1)^4\frac{d}{dx}(2x-1) \\ &= 3(2x-1)^5(x^3-x+1)^2(3x^2-1) + 5(x^3-x+1)^3(2x-1)^4 \cdot 2\end{aligned}$$

이를 인수분해하여 정리하면 미분한 결과는 다음과 같다.

$$\frac{dy}{dx} = (2x-1)^4(x^3-x+1)^2(28x^3-9x^2-16x+13)$$

여러 개의 함수로 이루어진 합성함수를 미분할 때 연쇄법칙을 마치 고리 모양으로 적용한다고 해서 이 법칙을 '연쇄법칙'이라고 한다. 예를 들어, 미분가능한 함수 f, g, k에 대해 $y = f(u)$, $u = g(x)$, $x = h(t)$라 하자. 그러면 t에 대한 y의 도함수를 계산하기 위해 연쇄법칙을 다음과 같이 두 번 사용할 수 있다.

$$\frac{dy}{dt} = \frac{dy}{dx} \cdot \frac{dx}{dt} = \frac{dy}{du} \cdot \frac{du}{dx} \cdot \frac{dx}{dt}$$

Section A.2 여러 함수의 미분법

앞에서 도함수의 정의와 기본적인 미분법에 대해 살펴보았다. 여기에서는 삼각함수, 역삼각함수, 음함수, 로그함수의 미분법을 알아본다.

삼각함수의 미분법

기본적인 삼각함수의 도함수는 다음과 같이 구한다.

정리 A-5 삼각함수의 미분법

(1) $\dfrac{d}{dx}(\sin x) = \cos x$

(2) $\dfrac{d}{dx}(\cos x) = -\sin x$

(3) $\dfrac{d}{dx}(\tan x) = \sec^2 x$

(4) $\dfrac{d}{dx}(\csc x) = -\csc x \cot x$

(5) $\dfrac{d}{dx}(\sec x) = \sec x \tan x$

(6) $\dfrac{d}{dx}(\cot x) = -\csc^2 x$

예제 A-7

함수 $y = x^3 \sin x$를 미분하라.

풀이

곱의 미분법([정리 A-3(3)] 참고)을 이용하면 다음과 같다.

$$\begin{aligned}\frac{dy}{dx} &= x^3 \frac{d}{dx}(\sin x) + \sin x \frac{d}{dx}(x^3) \\ &= x^3 \cos x + 3x^2 \sin x\end{aligned}$$

예제 A-8

함수 $y = \dfrac{\sec x}{1 + \tan x}$ 를 미분하라.

풀이

몫의 미분법([정리 A-3(4)] 참고)을 이용하면 다음과 같다.

$$y' = \frac{(1+\tan x)\frac{d}{dx}(\sec x) - \sec x\frac{d}{dx}(1+\tan x)}{(1+\tan x)^2}$$
$$= \frac{(1+\tan x)\sec x\tan x - \sec x\sec^2 x}{(1+\tan x)^2}$$
$$= \frac{\sec x(\tan x + \tan^2 x - \sec^2 x)}{(1+\tan x)^2} \quad \leftarrow \sec^2 x = \tan^2 x + 1$$
$$= \frac{\sec x(\tan x - 1)}{(1+\tan x)^2}$$

예제 A-9

다음 함수를 미분하라.

(a) $y = 8\cos t + t^2 \sin t$ (b) $h(\theta) = \theta\csc\theta + \cot\theta$

풀이

(a) $\frac{dy}{dt} = 8(-\sin t) + \frac{d}{dt}(t^2)\sin t + t^2\frac{d}{dt}(\sin t) = -8\sin t + 2t\sin t + t^2\cos t$

(b) $\frac{dh}{d\theta} = \frac{d}{d\theta}(\theta)\csc\theta + \theta\frac{d}{d\theta}(\csc\theta) - \csc^2\theta = \csc\theta - \theta\csc\theta\cot\theta - \csc^2\theta$

예제 A-10

다음 함수를 미분하라.

(a) $y = \sin(x^2)$ (b) $y = \sin^2 x$

풀이

(a) $y = \sin u,\ u = x^2$이라 하자.

$$\frac{dy}{dx} = \frac{dy}{du}\cdot\frac{du}{dx} = \cos u \cdot 2x = \cos(x^2)\cdot 2x = 2x\cos(x^2)$$

(b) $y = u^2,\ u = \sin x$라 하자.

$$\frac{dy}{dx} = \frac{dy}{du}\cdot\frac{du}{dx} = 2u\cdot\cos x = \cos(x^2)\cdot 2x = 2\sin x\cos x$$

예제 A-11

함수 $y = \cos(\tan(\sin x))$를 미분하라.

풀이

$y = \cos u$, $u = \tan v$, $v = \sin x$라 하자.

$$\begin{aligned}\frac{dy}{dx} &= \frac{dy}{du} \cdot \frac{du}{dv} \cdot \frac{dv}{dx} \\ &= -\sin u \cdot \sec^2 v \cdot \cos x \\ &= -\sin(\tan(\sin x)) \cdot \sec^2(\sin x) \cdot \cos x\end{aligned}$$

예제 A-12

함수 $y = \sqrt{\sec x^3}$ 을 미분하라.

풀이

외부함수는 제곱근 함수이고, 중간함수는 시컨트 함수이며, 내부함수는 세제곱 함수이다. 주어진 함수에 연쇄법칙을 두 번 사용하면 다음과 같다.

$$\begin{aligned}\frac{dy}{dx} &= \frac{1}{2\sqrt{\sec x^3}} \frac{d}{dx}(\sec x^3) \\ &= \frac{1}{2\sqrt{\sec x^3}} \sec x^3 \tan x^3 \frac{d}{dx}(x^3) \\ &= \frac{3x^2 \sec x^3 \tan x^3}{2\sqrt{\sec x^3}}\end{aligned}$$

역삼각함수의 미분법

역삼각함수의 도함수는 다음과 같이 구한다.

정리 A-6 역삼각함수의 미분법

(1) $\frac{d}{dx}(\sin^{-1} x) = \frac{1}{\sqrt{1-x^2}}$ (단, $-1 < x < 1$)

(2) $\frac{d}{dx}(\cos^{-1} x) = -\frac{1}{\sqrt{1-x^2}}$ (단, $-1 < x < 1$)

(3) $\frac{d}{dx}(\tan^{-1} x) = \frac{1}{1+x^2}$

(4) $\dfrac{d}{dx}(\csc^{-1}x) = -\dfrac{1}{x\sqrt{x^2-1}}$

(5) $\dfrac{d}{dx}(\sec^{-1}x) = \dfrac{1}{x\sqrt{x^2-1}}$

(6) $\dfrac{d}{dx}(\cot^{-1}x) = -\dfrac{1}{1+x^2}$

예제 A-13 응용

함수가 $f(x) = \sin^{-1}(x^2-1)$일 때, $f'(x)$를 구하라.

풀이

[정리 A-6]과 연쇄법칙에 의해 다음과 같이 구한다.

$$\begin{aligned} f'(x) &= \frac{1}{\sqrt{1-(x^2-1)^2}}\frac{d}{dx}(x^2-1) \\ &= \frac{2x}{\sqrt{2x^2-x^4}} \end{aligned}$$

예제 A-14 응용

다음 함수를 미분하라.

(a) $y = \dfrac{1}{\sin^{-1}x}$

(b) $f(x) = x\arctan\sqrt{x}$

풀이

(a) $\dfrac{dy}{dx} = \dfrac{d}{dx}(\sin^{-1}x)^{-1} = -(\sin^{-1}x)^{-2}\dfrac{d}{dx}(\sin^{-1}x) = -\dfrac{1}{(\sin^{-1}x)^2\sqrt{1-x^2}}$

(b) $f'(x) = x\dfrac{1}{1+(\sqrt{x})^2}\left(\dfrac{1}{2}x^{-\frac{1}{2}}\right) + \arctan\sqrt{x} = \dfrac{\sqrt{x}}{2(1+x)} + \arctan\sqrt{x}$

예제 A-15 응용

함수 $\cos(\tan^{-1}x)$를 간단히 표현하라.

풀이

방법 1

$y=\tan^{-1}x$라 하면 $\tan y = x$이고 $-\frac{\pi}{2}<y<\frac{\pi}{2}$이다. $\tan y$를 알고 있으므로 $\cos y$를 구하기 위해 $\sec y$를 먼저 구하는 게 더 쉽다.

$$\sec^2 y = 1+\tan^2 y = 1+x^2$$

$-\frac{\pi}{2}<y<\frac{\pi}{2}$일 때, $\sec y>0$이므로

$$\sec y = \sqrt{1+x^2}$$

이다. 따라서 다음을 얻는다.

$$\cos(\tan^{-1}x)=\cos y=\frac{1}{\sec y}=\frac{1}{\sqrt{1+x^2}}$$

방법 2

$y=\tan^{-1}x$라 하면 $\tan y = x$이므로 [그림 A-1]과 같은 삼각형을 그릴 수 있다. 따라서 다음이 성립한다.

$$\cos(\tan^{-1}x)=\cos y=\frac{1}{\sqrt{1+x^2}}$$

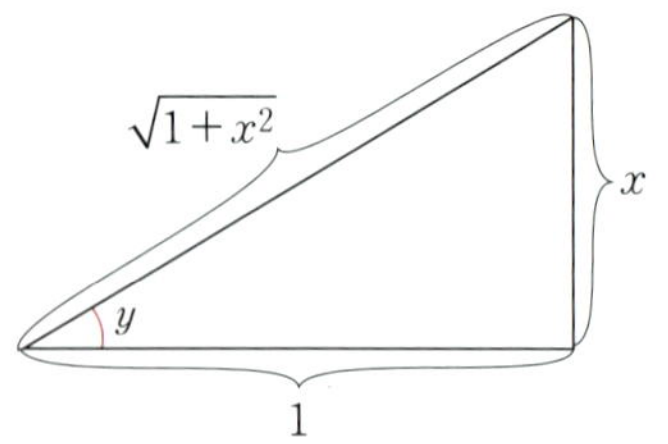

[그림 A-1] $\tan y = x$일 때의 삼각형

음함수 미분법

x, y로 표현된 음함수에서 y의 도함수를 구하기 위해 y를 x에 관해 풀지 않아도 된다. 음함수를 x로 미분하는 방법은 방정식의 양변을 x에 대해 미분한 뒤, 이 식을 y'에 대해 정리하는 것이다. 이번 절에서 다루는 모든 방정식의 y는 항상 x에 대해 미분가능한 함수로 가정한다.

예제 A-16

방정식이 $x^2+y^2=25$일 때, $\frac{dy}{dx}$를 구하라.

풀이

방정식 $x^2+y^2=25$의 양변을 x에 대해 미분하면 다음과 같다.

$$\frac{d}{dx}(x^2+y^2)=\frac{d}{dx}(25)$$
$$\frac{d}{dx}(x^2)+\frac{d}{dx}(y^2)=0$$

이때 y를 x의 함수로 보고 연쇄법칙을 적용하면

$$\frac{d}{dx}(y^2)=\frac{d}{dy}(y^2)\frac{dy}{dx}=2y\frac{dy}{dx}$$

이므로 위 식은 $2x+2y\frac{dy}{dx}=0$이다. 이를 $\frac{dy}{dx}$에 대해 정리하면 다음과 같다.

$$\frac{dy}{dx}=-\frac{x}{y}$$

예제 A-17

방정식이 $x^3+y^3=6xy$일 때, y'을 구하라.

풀이

방정식 $x^3+y^3=6xy$에서 y를 x의 함수로 보고 양변을 x에 대해 미분한다. 이때 $6xy$에는 곱의 미분법을 적용하고 y^3에는 연쇄법칙을 적용하면 다음을 얻는다.

$$3x^2+3y^2y'=6xy'+6y$$
$$x^2+y^2y'=2xy'+2y$$

위 식을 y'에 대해 정리하면 다음을 얻는다.

$$y^2y'-2xy'=2y-x^2$$
$$(y^2-2x)y'=2y-x^2$$
$$y'=\frac{2y-x^2}{y^2-2x}$$

예제 A-18 응용

방정식이 $\sin(x+y)=y^2\cos x$ 일 때, y' 을 구하라.

풀이

음함수에서 y를 x의 함수로 보고 x에 대해 미분하면 다음을 얻는다.

$$\cos(x+y)\cdot(1+y')=(2yy')\cos x+y^2(-\sin x)$$

y'에 대해 정리하면 $\cos(x+y)+y^2\sin x=(2y\cos x)y'-\cos(x+y)\cdot y'$ 이므로 다음을 얻는다.

$$y'=\frac{y^2\sin x+\cos(x+y)}{2y\cos x-\cos(x+y)}$$

예제 A-19 응용

방정식이 $x^4+y^4=16$일 때, y''을 구하라.

풀이

음함수를 x에 대해 미분하면 다음을 얻는다.

$$4x^3+4y^3y'=0$$

이 식을 y'에 대해 풀면 다음과 같다.

$$y'=-\frac{x^3}{y^3}$$

y''을 구하기 위해 y'에 몫의 미분법을 적용하자. 이때 y는 x의 함수이다.

$$y''=\frac{d}{dx}\left(-\frac{x^3}{y^3}\right)=-\frac{\frac{d}{dx}(x^3)\cdot y^3-x^3\cdot\frac{d}{dx}(y^3)}{(y^3)^2}=-\frac{3x^2y^3-x^3(3y^2y')}{y^6}$$

이 식에 앞에서 구한 y'을 대입하면 다음을 얻는다.

$$y''=-\frac{3x^2y^3-3x^3y^2\left(-\frac{x^3}{y^3}\right)}{y^6}=-\frac{3(x^2y^4+x^6)}{y^7}=-\frac{3x^2(y^4+x^4)}{y^7}$$

이때 x와 y는 $x^4+y^4=16$을 만족하므로 다음과 같이 간단히 나타낼 수 있다.

$$y''=-\frac{3x^2(16)}{y^7}=-48\frac{x^2}{y^7}$$

로그함수와 지수함수의 미분법

로그함수의 도함수는 다음과 같이 구한다.

정리 A-7 로그함수의 미분법

$$\frac{d}{dx}(\log_a x) = \frac{1}{x\ln a} \qquad \text{(A.5)}$$

$$\frac{d}{dx}(\ln x) = \frac{1}{x} \qquad \text{(A.6)}$$

예제 A-20

함수 $\log_{10}(2+\cos x)$를 미분하라.

풀이

식 (A.5)와 연쇄법칙을 이용하면 다음을 얻는다.

$$\begin{aligned}\frac{d}{dx}\log_{10}(2+\cos x) &= \frac{1}{(2+\cos x)\ln 10}\cdot\frac{d}{dx}(2+\cos x)\\ &= \frac{-\sin x}{(2+\cos x)\ln 10}\end{aligned}$$

예제 A-21

함수 $y=\ln(x^3-1)$을 미분하라.

풀이

$x^3-1=u$로 놓으면 $y=\ln u$이다. 연쇄법칙을 이용하면 다음을 얻는다.

$$\frac{dy}{dx} = \frac{dy}{du}\cdot\frac{du}{dx} = \frac{1}{u}\cdot\frac{du}{dx} = \frac{1}{x^3-1}(3x^2) = \frac{3x^2}{x^3-1}$$

일반적으로 [예제 A-21]과 같이 식 (A.6)과 연쇄법칙을 결합하면 다음을 얻는다.

$$\frac{d}{dx}(\ln u) = \frac{1}{u}\frac{du}{dx} \qquad \text{(A.7)}$$

$$\frac{d}{dx}[\ln g(x)] = \frac{g'(x)}{g(x)} \qquad \text{(A.8)}$$

예제 A-22

$\frac{d}{dx}\ln(\cos x)$를 구하라.

풀이

식 (A.7)을 적용하면 다음을 얻는다.

$$\frac{d}{dx}\ln(\cos x) = \frac{1}{\cos x}\cdot\frac{d}{dx}(\cos x) = \frac{1}{\cos x}(-\sin x) = -\tan x$$

예제 A-23

함수 $f(x) = \sqrt{\ln x}$ 를 미분하라.

풀이

로그함수가 내부함수이므로 연쇄법칙을 이용하면 다음을 얻는다.

$$f'(x) = \frac{1}{2}(\ln x)^{-\frac{1}{2}}\cdot\frac{d}{dx}(\ln x) = \frac{1}{2\sqrt{\ln x}}\cdot\frac{1}{x} = \frac{1}{2x\sqrt{\ln x}}$$

예제 A-24

$\frac{d}{dx}\ln\frac{x+1}{\sqrt{x-2}}$ 을 구하라.

풀이

방법 1

식 (A.7)을 적용하면 다음을 얻는다.

$$\begin{aligned}\frac{d}{dx}\ln\frac{x+1}{\sqrt{x-2}} &= \frac{1}{\frac{x+1}{\sqrt{x-2}}}\cdot\frac{d}{dx}\left(\frac{x+1}{\sqrt{x-2}}\right)\\ &= \frac{\sqrt{x-2}}{x+1}\cdot\frac{1\cdot\sqrt{x-2}-(x+1)\cdot\frac{1}{2}(x-2)^{-\frac{1}{2}}}{x-2}\\ &= \frac{x-2-\frac{1}{2}(x+1)}{(x+1)(x-2)} = \frac{x-5}{2(x+1)(x-2)}\end{aligned}$$

방법 2

먼저 로그의 성질을 이용하여 주어진 함수를 간단히 하면 쉽게 미분할 수 있다.

$$\frac{d}{dx}\ln\frac{x+1}{\sqrt{x-2}} = \frac{d}{dx}\left[\ln(x+1)-\frac{1}{2}\ln(x-2)\right]$$
$$= \frac{1}{x+1}-\frac{1}{2}\left(\frac{1}{x-2}\right) = \frac{x-5}{2(x+1)(x-2)}$$

지수함수의 도함수는 다음과 같이 구한다.

정리 A-8 지수함수의 미분법

$$\frac{d}{dx}(a^x) = a^x \ln a \qquad (\text{단, } a>0,\ a\neq 1) \tag{A.9}$$

$$\frac{d}{dx}(e^x) = e^x \tag{A.10}$$

예제 A-25

$\frac{d}{dx}\left(10^{x^2}\right)$을 구하라.

풀이

식 (A.9)와 연쇄법칙을 적용하면 다음을 얻는다.

$$\frac{d}{dx}(10^{x^2}) = 10^{x^2}\ln 10 \cdot \frac{d}{dx}(x^2) = (2\ln 10)\cdot x \cdot 10^{x^2}$$

예제 A-26

함수 $y=e^{\tan x}$을 미분하라.

풀이

연쇄법칙을 이용하기 위해 $u=\tan x$로 치환하면 $y=e^u$이므로 다음을 얻는다.

$$\frac{dy}{dx} = \frac{dy}{du}\cdot\frac{du}{dx} = e^u\frac{du}{dx} = e^{\tan x}\sec^2 x$$

일반적으로 [예제 A-26]과 같이 식 (A.10)과 연쇄법칙을 결합하면 다음을 얻는다.

$$\frac{d}{dx}(e^u) = e^u \frac{du}{dx} \tag{A.11}$$

예제 A-27 응용

함수가 $y = e^{-4x}\cos 5x$일 때, y'을 구하라.

풀이

식 (A.11)과 곱의 미분법을 적용하면 다음을 얻는다.

$$y' = e^{-4x} \cdot (-4) \cdot \cos 5x + e^{-4x} \cdot (-5\sin 5x) = e^{-4x}(-5\sin 5x - 4\cos 5x)$$

■ 로그미분법

곱, 몫 또는 거듭제곱을 포함하는 복잡한 함수는 로그를 취하면 도함수를 간단히 계산할 수 있다. 이와 같은 방법을 **로그미분법** logarithmic differentiation이라 하며, 다음과 같이 구한다.

❶ 방정식 $y = f(x)$의 양변에 로그를 취하고, 로그의 성질을 이용하여 간단히 한다.
❷ 음함수를 x에 대해 미분한다.
❸ 결과로 얻은 방정식을 y'에 대해 정리한다.

예제 A-28

함수 $y = \dfrac{x^{\frac{3}{4}}\sqrt{x^2+1}}{(3x+2)^5}$을 미분하라.

풀이

주어진 식의 양변에 로그를 취해 간단히 정리하면

$$\ln y = \frac{3}{4}\ln x + \frac{1}{2}\ln(x^2+1) - 5\ln(3x+2)$$

이다. 이 음함수를 x에 대해 미분하면 다음을 얻는다.

$$\frac{1}{y}\frac{dy}{dx} = \frac{3}{4} \cdot \frac{1}{x} + \frac{1}{2} \cdot \frac{2x}{x^2+1} - \frac{15}{3x+2}$$

이 방정식을 $\frac{dy}{dx}$에 대해 정리하면

$$\frac{dy}{dx} = y\left(\frac{3}{4x} + \frac{x}{x^2+1} - \frac{15}{3x+2}\right)$$

이고, 이 식에 문제의 식을 대입하여 정리하면 다음과 같다.

$$\frac{dy}{dx} = \frac{x^{\frac{3}{4}}\sqrt{x^2+1}}{(3x+2)^5}\left(\frac{3}{4x} + \frac{x}{x^2+1} - \frac{15}{3x+2}\right)$$

예제 A-29

함수 $y = x^{\sqrt{x}}$을 미분하라.

풀이

방법 1

주어진 식의 양변에 로그를 취하면 $\ln y = \ln x^{\sqrt{x}} = \sqrt{x}\ln x$이므로 다음을 얻는다.

$$\frac{y'}{y} = \sqrt{x} \cdot \frac{1}{x} + (\ln x)\frac{1}{2\sqrt{x}}$$

$$y' = y\left(\frac{1}{\sqrt{x}} + \frac{\ln x}{2\sqrt{x}}\right) = x^{\sqrt{x}}\left(\frac{2+\ln x}{2\sqrt{x}}\right)$$

방법 2

로그의 성질에 의해 $x^{\sqrt{x}} = (e^{\ln x})^{\sqrt{x}}$이 성립하므로 이 식을 x에 대해 미분하면 다음을 얻는다.

$$\frac{d}{dx}(x^{\sqrt{x}}) = \frac{d}{dx}(e^{\sqrt{x}\ln x}) = e^{\sqrt{x}\ln x}\frac{d}{dx}(\sqrt{x}\ln x) = x^{\sqrt{x}}\left(\frac{2+\ln x}{2\sqrt{x}}\right)$$

쌍곡선함수의 미분법

먼저 쌍곡선함수는 다음과 같이 정의한다.

정의 A-9　쌍곡선함수

(1) $\sinh x = \dfrac{e^x - e^{-x}}{2}$　　　(4) $\operatorname{csch} x = \dfrac{1}{\sinh x}$

(2) $\cosh x = \dfrac{e^x + e^{-x}}{2}$　　　(5) $\operatorname{sech} x = \dfrac{1}{\cosh x}$

(3) $\tanh x = \dfrac{\sinh x}{\cosh x}$　　　(6) $\coth x = \dfrac{\cosh x}{\sinh x}$

$y = \sinh x$, $y = \cosh x$, $y = \tanh x$의 그래프는 [그림 A-2]와 같다.

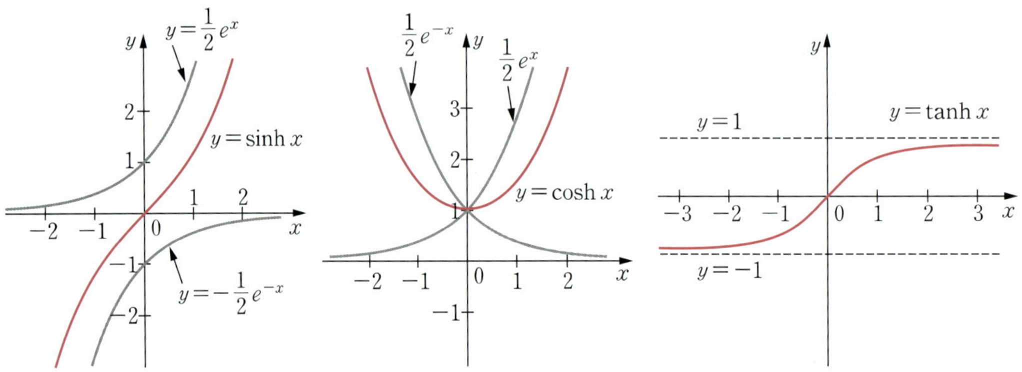

[그림 A-2] $y = \sinh x$, $y = \cosh x$, $y = \tanh x$의 그래프

쌍곡선함수에 대해 다음의 항등식이 성립한다.

정리 A-10　쌍곡선함수의 항등식

(1) $\sinh(-x) = -\sinh x$, $\cosh(-x) = \cosh x$

(2) $\cosh^2 x - \sinh^2 x = 1$, $1 - \tanh^2 x = \operatorname{sech}^2 x$

(3) $\sinh(x+y) = \sinh x \cosh y + \cosh x \sinh y$

$\cosh(x+y) = \cosh x \cosh y + \sinh x \sinh y$

쌍곡선함수의 도함수는 다음과 같이 구한다.

정리 A-11 쌍곡선함수의 미분법

(1) $\frac{d}{dx}(\sinh x) = \cosh x$

(2) $\frac{d}{dx}(\cosh x) = \sinh x$

(3) $\frac{d}{dx}(\tanh x) = \text{sech}^2 x$

(4) $\frac{d}{dx}(\text{csch}\, x) = -\text{csch}\, x \coth x$

(5) $\frac{d}{dx}(\text{sech}\, x) = -\text{sech}\, x \tanh x$

(6) $\frac{d}{dx}(\coth x) = -\text{csch}^2 x$

예제 A-30

함수 $\cosh\sqrt{x}$ 를 미분하라.

풀이

[정리 A-11]과 연쇄법칙을 이용하면 다음을 얻는다.

$$\frac{d}{dx}(\cosh\sqrt{x}) = \sinh\sqrt{x} \cdot \frac{d}{dx}\sqrt{x} = \frac{\sinh\sqrt{x}}{2\sqrt{x}}$$

쌍곡선함수의 역함수는 다음과 같이 정의한다.

정의 A-12 역쌍곡선함수

(1) $\sinh^{-1} x = \ln\left(x + \sqrt{x^2+1}\right)$ (단, $x \in \mathbb{R}$)

(2) $\cosh^{-1} x = \ln\left(x + \sqrt{x^2-1}\right)$ (단, $x \geq 1$)

(3) $\tanh^{-1} x = \frac{1}{2}\ln\left(\frac{1+x}{1-x}\right)$ (단, $-1 < x < 1$)

역쌍곡선함수의 도함수는 다음과 같이 구한다.

정리 A-13 역쌍곡선함수의 미분법

(1) $\frac{d}{dx}(\sinh^{-1} x) = \frac{1}{\sqrt{1+x^2}}$

(2) $\frac{d}{dx}(\cosh^{-1} x) = \frac{1}{\sqrt{x^2-1}}$

(3) $\frac{d}{dx}(\tanh^{-1} x) = \frac{1}{1-x^2}$ (단, $|x| < 1$)

(4) $\frac{d}{dx}(\text{csch}^{-1} x) = -\frac{1}{|x|\sqrt{x^2+1}}$

(5) $\frac{d}{dx}(\text{sech}^{-1} x) = -\frac{1}{x\sqrt{1-x^2}}$

(6) $\frac{d}{dx}(\coth^{-1} x) = \frac{1}{1-x^2}$ (단, $|x| > 1$)

예제 A-31

$\frac{d}{dx}(\sinh^{-1}x)=\frac{1}{\sqrt{1+x^2}}$임을 증명하라.

풀이

방법 1

$y=\sinh^{-1}x$로 놓으면 $\sinh y=x$이다. 이 식을 음함수 미분법으로 x에 관해 미분하면

$$(\cosh y)\frac{dy}{dx}=1$$

이다. [정리 A-10]에서 $\cosh^2 y-\sinh^2 y=1$이고 $\cosh y>0$이므로 $\cosh y=\sqrt{1+\sinh^2 y}$ 이다. 따라서 다음을 얻는다.

$$\frac{dy}{dx}=\frac{1}{\cosh y}=\frac{1}{\sqrt{1+\sinh^2 y}}=\frac{1}{\sqrt{1+x^2}}$$

방법 2

[정의 A-12]를 적용하면 다음을 얻는다.

$$\begin{aligned}\frac{d}{dx}(\sinh^{-1}x)&=\frac{d}{dx}\ln\left(x+\sqrt{x^2+1}\right)\\&=\frac{1}{x+\sqrt{x^2+1}}\frac{d}{dx}\left(x+\sqrt{x^2+1}\right)\\&=\frac{1}{x+\sqrt{x^2+1}}\left(1+\frac{x}{\sqrt{x^2+1}}\right)\\&=\frac{\sqrt{x^2+1}+x}{\left(x+\sqrt{x^2+1}\right)\sqrt{x^2+1}}=\frac{1}{\sqrt{x^2+1}}\end{aligned}$$

예제 A-32

$\frac{d}{dx}[\tanh^{-1}(\sin x)]$를 구하라.

풀이

[정리 A-13]과 연쇄법칙을 적용하면 다음을 얻는다.

$$\begin{aligned}\frac{d}{dx}[\tanh^{-1}(\sin x)]&=\frac{1}{1-(\sin x)^2}\cdot\frac{d}{dx}(\sin x)\\&=\frac{1}{1-\sin^2 x}\cdot\cos x=\frac{\cos x}{\cos^2 x}=\sec x\end{aligned}$$

Section A.3 편도함수

이번 절에서는 편도함수의 정의와 함께 편도함수의 연쇄법칙과 음함수 미분법에 대해 알아본다.

편도함수의 정의

두 변수 x, y의 함수인 이변수함수 f에서 y를 상수 b로 고정(즉, $y=b$)하고 x만 변한다고 하자. 그러면 일변수 x만의 함수인 $g(x)=f(x,b)$를 생각할 수 있다. g가 a에서 미분계수를 가지면 이를 **(a,b)에서 x에 관한 f의 편미분계수**라고 하고, 기호 $f_x(a,b)$로 나타낸다.

$$g(x)=f(x,b) \text{일 때 } f_x(a,b)=g'(a) \tag{A.12}$$

미분계수의 정의를 적용하면 다음과 같이 나타낼 수 있다.

$$g'(a)=\lim_{h\to 0}\frac{g(a+h)-g(a)}{h}$$

따라서 식 (A.12)는 다음과 같다.

$$f_x(a,b)=\lim_{h\to 0}\frac{f(a+h,b)-f(a,b)}{h} \tag{A.13}$$

마찬가지로 (a,b)에서 y에 관한 f의 편미분계수 $f_y(a,b)$는 x를 $x=a$로 고정하고 b에서 함수 $g(y)=f(a,y)$의 미분계수를 구함으로써 다음을 얻을 수 있다.

$$f_y(a,b)=\lim_{h\to 0}\frac{f(a,b+h)-f(a,b)}{h} \tag{A.14}$$

정의 A-14 편도함수

이변수함수 f에 대해 **편도함수**partial derivative f_x와 f_y는 다음과 같이 정의한다.

$$f_x(x,y)=\lim_{h\to 0}\frac{f(x+h,y)-f(x,y)}{h}$$

$$f_y(x,y)=\lim_{h\to 0}\frac{f(x,y+h)-f(x,y)}{h}$$

편도함수를 나타내는 방법은 여러 가지이다. 예를 들어 첫 번째 변수에 관해 미분했음을 나타내기 위해 f_x 대신 f_1 또는 $D_1 f$로 표현할 수 있다. 이를 $\dfrac{\partial f}{\partial x}$로도 쓸 수 있으나, 이를 미분의 몫으로 해석하면 안 된다.

함수 $z = f(x, y)$에 대해 다음 표현은 모두 동일한 편도함수를 의미한다.

$$f_x(x, y) = f_x = \frac{\partial f}{\partial x} = \frac{\partial}{\partial x} f(x, y) = \frac{\partial z}{\partial x} = f_1 = D_1 f = D_x f$$
$$f_y(x, y) = f_y = \frac{\partial f}{\partial y} = \frac{\partial}{\partial y} f(x, y) = \frac{\partial z}{\partial y} = f_2 = D_2 f = D_y f$$

식 (A.12)로부터 x에 관한 편도함수는 y를 고정하여 얻은 일변수함수 g의 보통의 도함수라는 사실을 기억해야 한다. 따라서 $z = f(x, y)$의 편도함수는 다음과 같은 순서로 구한다.

- y를 상수로 취급하고 x에 대해 $f(x, y)$를 미분해서 f_x를 구한다.
- x를 상수로 취급하고 y에 대해 $f(x, y)$를 미분해서 f_y를 구한다.

예제 A-33

함수 $f(x, y) = x^4 + x^2y^3 - 2y^2$에 대해 다음을 구하라.

(a) $f_x(2, 1)$ (b) $f_y(2, 1)$

풀이

(a) y를 상수로 취급하고 x에 대해 $f(x, y)$를 미분하면 $f_x(x, y) = 4x^3 + 2xy^3$이다. 그러므로 $f_x(2, 1) = 4 \cdot 2^3 + 2 \cdot 2 \cdot 1^3 = 36$이다.

(b) x를 상수로 취급하고 y에 관해 $f(x, y)$를 미분하면 $f_y(x, y) = 3x^2y^2 - 4y$이다. 그러므로 $f_y(2, 1) = 3 \cdot 2^2 \cdot 1^2 - 4 \cdot 1 = 8$이다.

예제 A-34

함수 $f(x, y) = \cos\left(\dfrac{x}{1+y}\right)$에 대해 다음을 구하라.

(a) $\dfrac{\partial f}{\partial x}$ (b) $\dfrac{\partial f}{\partial y}$

풀이

(a) $\dfrac{\partial f}{\partial x} = -\sin\left(\dfrac{x}{1+y}\right) \cdot \dfrac{\partial}{\partial x}\left(\dfrac{x}{1+y}\right) = -\sin\left(\dfrac{x}{1+y}\right)\dfrac{1}{1+y}$

(b) $\dfrac{\partial f}{\partial y} = -\sin\left(\dfrac{x}{1+y}\right) \cdot \dfrac{\partial}{\partial y}\left(\dfrac{x}{1+y}\right) = \sin\left(\dfrac{x}{1+y}\right)\dfrac{x}{(1+y)^2}$

예제 A-35

음함수 $x^4+y^4+z^4+8xyz=1$에 대해 다음을 구하라.

(a) $\dfrac{\partial z}{\partial x}$　　(b) $\dfrac{\partial z}{\partial y}$

풀이

(a) 방정식에서 y를 상수로 취급하고 x에 관한 음함수 미분을 하면 다음과 같다.

$$4x^3 + 4z^3\frac{\partial z}{\partial x} + 8yz + 8xy\frac{\partial z}{\partial x} = 0$$

이 식을 $\dfrac{\partial z}{\partial x}$에 대해 정리하면 $\dfrac{\partial z}{\partial x} = -\dfrac{x^3+2yz}{z^3+2xy}$이다.

(b) (a)와 유사한 방법으로 풀면 $\dfrac{\partial z}{\partial y} = -\dfrac{y^3+2xz}{z^3+2xy}$이다.

■ 이변수 이상의 편도함수

편도함수는 변수가 세 개 이상인 함수에 대해서도 정의할 수 있다. 예를 들어 세 변수 x, y, z의 함수인 삼변수함수 f에 대해 x에 관한 편도함수는 다음과 같이 정의한다.

$$f_x(x, y, z) = \lim_{h\to 0}\frac{f(x+h, y, z) - f(x, y, z)}{h}$$

이는 y와 z를 상수로 취급하고, $f(x, y, z)$를 x에 관해 미분하는 것이다.

삼변수함수를 $w=f(x, y, z)$로 두면 $f_x = \dfrac{\partial w}{\partial x}$는 y와 z를 고정했을 때 x에 관한 w의 변화율이다. 그러나 함수 f의 그래프는 4차원 공간에 놓여 있어 이를 기하학적으로 설명할 수 없다. 보통 u가 n변수함수 $u=f(x_1, x_2, \cdots, x_n)$일 때, i번째 함수 x_i에 관한 편도함수는 다음과 같다.

$$\frac{\partial u}{\partial x_i} = \lim_{h\to 0}\frac{f(x_1, \cdots, x_{i-1}, x_i+h, x_{i+1}, \cdots, x_n) - f(x_1, \cdots, x_i, \cdots, x_n)}{h}$$

이를 다음과 같이 쓰기도 한다.

$$\frac{\partial u}{\partial x_i} = \frac{\partial f}{\partial x_i} = f_{x_i} = f_i = D_i f$$

예제 A-36

$f(x, y, z) = e^{xy} \ln z$에 대해 f_x, f_y, f_z를 각각 구하라.

풀이

y와 z를 상수로 취급하고 x에 관해 미분하면 다음과 같다.

$$f_x = ye^{xy}\ln z$$

같은 방법으로, y와 z에 관해 미분하면 각각 다음과 같다.

$$f_y = xe^{xy}\ln z, \quad f_z = \frac{e^{xy}}{z}$$

■ 고계 편도함수

f가 이변수함수이면 편도함수 f_x와 f_y도 이변수함수이므로 편도함수 $(f_x)_x$, $(f_x)_y$, $(f_y)_x$, $(f_y)_y$도 생각할 수 있다. 이를 f의 **2계 편도함수** second partial derivative라 한다. 함수 $z = f(x, y)$에 대한 2계 편도함수를 각각 다음과 같이 표현할 수 있다.

$$(f_x)_x = f_{xx} = f_{11} = \frac{\partial}{\partial x}\left(\frac{\partial f}{\partial x}\right) = \frac{\partial^2 f}{\partial x^2} = \frac{\partial^2 z}{\partial x^2}$$
$$(f_x)_y = f_{xy} = f_{12} = \frac{\partial}{\partial y}\left(\frac{\partial f}{\partial x}\right) = \frac{\partial^2 f}{\partial y \partial x} = \frac{\partial^2 z}{\partial y \partial x}$$
$$(f_y)_x = f_{yx} = f_{21} = \frac{\partial}{\partial x}\left(\frac{\partial f}{\partial y}\right) = \frac{\partial^2 f}{\partial x \partial y} = \frac{\partial^2 z}{\partial x \partial y}$$
$$(f_y)_y = f_{yy} = f_{22} = \frac{\partial}{\partial y}\left(\frac{\partial f}{\partial y}\right) = \frac{\partial^2 f}{\partial y^2} = \frac{\partial^2 z}{\partial y^2}$$

그러므로 편도함수 $f_{xy}\left(\text{또는 } \frac{\partial^2 f}{\partial y \partial x}\right)$는 먼저 x에 관해 미분한 뒤 y에 관해 미분하고, 아래첨자가 반대인 편도함수 f_{yx}는 f_{xy}와 반대 순서로 미분한다.

예제 A-37

함수 $f(x, y) = x^3 + x^2y^3 - 2y^2$의 2계 편도함수를 모두 구하라.

풀이

x와 y에 관한 편도함수가 각각 $f_x(x, y) = 3x^2 + 2xy^3$, $f_y(x, y) = 3x^2y^2 - 4y$이므로 이에 대한 편도함수를 구하면 다음과 같다.

$$f_{xx} = \frac{\partial}{\partial x}(3x^2 + 2xy^3) = 6x + 2y^3, \quad f_{xy} = \frac{\partial}{\partial y}(3x^2 + 2xy^3) = 6xy^2,$$

$$f_{yx} = \frac{\partial}{\partial x}(3x^2y^2 - 4y) = 6xy^2, \qquad f_{yy} = \frac{\partial}{\partial y}(3x^2y^2 - 4y) = 6x^2y - 4$$

정리 A-15 클레로 정리

점 (a, b)를 포함하는 원판 D에서 정의되는 함수를 f라 하자. 함수 f_{xy}와 f_{yx}가 D에서 모두 연속이면 다음이 성립한다.

$$f_{xy}(a, b) = f_{yx}(a, b)$$

3계 이상의 편도함수도 정의할 수 있는데, 예를 들어 다음과 같이 나타낸다.

$$f_{xyy} = (f_{xy})_y = \frac{\partial}{\partial y}\left(\frac{\partial^2 f}{\partial y \partial x}\right) = \frac{\partial^3 f}{\partial y^2 \partial x}$$

함수 f의 3계 편도함수가 각각 연속이면 클레로 정리를 적용하여 $f_{xyy} = f_{yxy} = f_{yyx}$임을 밝힐 수 있다.

예제 A-38

함수 $f(x, y, z) = \sin(3x + yz)$에 대해 f_{xxyz}를 구하라.

풀이

편도함수를 순차적으로 구하면 다음과 같다.

$$\begin{aligned} f_x &= 3\cos(3x + yz), \\ f_{xx} &= -9\sin(3x + yz), \\ f_{xxy} &= -9z\cos(3x + yz), \\ f_{xxyz} &= -9\cos(3x + yz) + 9yz\sin(3x + yz) \end{aligned}$$

편도함수의 연쇄법칙

$y=f(x)$, $x=g(t)$이고 f와 g가 미분가능한 함수이면, 함수 y는 간접적으로 t에 관해 미분가능하고 다음이 성립한다.

$$\frac{dy}{dt}=\frac{dy}{dx}\cdot\frac{dx}{dt} \tag{A.15}$$

이 연쇄법칙은 편도함수에서도 성립한다.

정리 A-16 편도함수의 연쇄법칙(1)

함수 $z=f(x,y)$가 x와 y에 관해 미분가능하고, 함수 $x=g(t)$와 $y=h(t)$가 모두 t에 관해 미분가능하다고 가정하자. 그러면 z는 t에 관해 미분가능하고 다음이 성립한다.

$$\frac{dz}{dt}=\frac{\partial z}{\partial x}\cdot\frac{dx}{dt}+\frac{\partial z}{\partial y}\cdot\frac{dy}{dt}$$

예제 A-39

$x=\sin 2t$, $y=\cos t$, $z=x^2y+3xy^4$에 대해 $t=0$에서 $\frac{dz}{dt}$를 구하라.

풀이

[정리 A-16]을 적용하면 다음을 얻는다.

$$\begin{aligned}\frac{dz}{dt}&=\frac{\partial z}{\partial x}\cdot\frac{dx}{dt}+\frac{\partial z}{\partial y}\cdot\frac{dy}{dt}\\&=(2xy+3y^4)(2\cos 2t)+(x^2+12xy^3)(-\sin t)\end{aligned}$$

[정리 A-16]을 확장하면 두 이변수함수 x, y에 대해서도 연쇄법칙을 적용할 수 있다.

정리 A-17 편도함수의 연쇄법칙(2)

함수 $z=f(x,y)$가 x와 y에 관해 미분가능하고, 함수 $x=g(s,t)$, $y=h(s,t)$가 모두 s와 t에 대해 미분가능하다고 가정하자. 그러면 다음이 성립한다.

$$\frac{\partial z}{\partial s}=\frac{\partial z}{\partial x}\cdot\frac{\partial x}{\partial s}+\frac{\partial z}{\partial y}\cdot\frac{\partial y}{\partial s},$$

$$\frac{\partial z}{\partial t}=\frac{\partial z}{\partial x}\cdot\frac{\partial x}{\partial t}+\frac{\partial z}{\partial y}\cdot\frac{\partial y}{\partial t}$$

예제 A-40

$z=e^x\sin y$, $x=st^2$, $y=s^2t$에 대해 다음을 구하라.

(a) $\dfrac{\partial z}{\partial s}$　　　　(b) $\dfrac{\partial z}{\partial t}$

풀이

(a) $\dfrac{\partial z}{\partial s}=\dfrac{\partial z}{\partial x}\cdot\dfrac{\partial x}{\partial s}+\dfrac{\partial z}{\partial y}\cdot\dfrac{\partial y}{\partial s}=(e^x\sin y)(t^2)+(e^x\cos y)(2st)$

$=t^2e^{st^2}\sin(s^2t)+2ste^{st^2}\cos(s^2t)$

(b) $\dfrac{\partial z}{\partial t}=\dfrac{\partial z}{\partial x}\cdot\dfrac{\partial x}{\partial t}+\dfrac{\partial z}{\partial y}\cdot\dfrac{\partial y}{\partial t}=(e^x\sin y)(2st)+(e^x\cos y)(s^2)$

$=2ste^{st^2}\sin(s^2t)+s^2e^{st^2}\cos(s^2t)$

[정리 A-17]을 변수가 n개인 함수, 즉 n변수함수로 확장해보자.

정리 A-18 편도함수의 연쇄법칙(3)

함수 u는 n개의 변수 $x_1, x_2, \cdots, x_n$에 대해 미분가능하고, 각 함수 x_j는 m개의 변수 $t_1, t_2, \cdots, t_m$에 대해 미분가능하다고 가정하자. 그러면 u는 $t_1, t_2, \cdots, t_m$에 관한 함수이고, $i=1, 2, \cdots, m$에 대해 다음이 성립한다.

$$\frac{\partial u}{\partial t_i}=\frac{\partial u}{\partial x_1}\cdot\frac{\partial x_1}{\partial t_i}+\frac{\partial u}{\partial x_2}\cdot\frac{\partial x_2}{\partial t_i}+\cdots+\frac{\partial u}{\partial x_n}\cdot\frac{\partial x_n}{\partial t_i}$$

예제 A-41

함수 w가 다음과 같을 때, $\dfrac{\partial w}{\partial u}$와 $\dfrac{\partial w}{\partial v}$를 구하라.

$$w=f(x, y, z, t),\ x=x(u, v),\ y=y(u, v),\ z=z(u, v),\ t=t(u, v)$$

풀이

함수 $w=f(x, y, z, t)$를 변수에 따라 나타내면 [그림 A-3]과 같다.

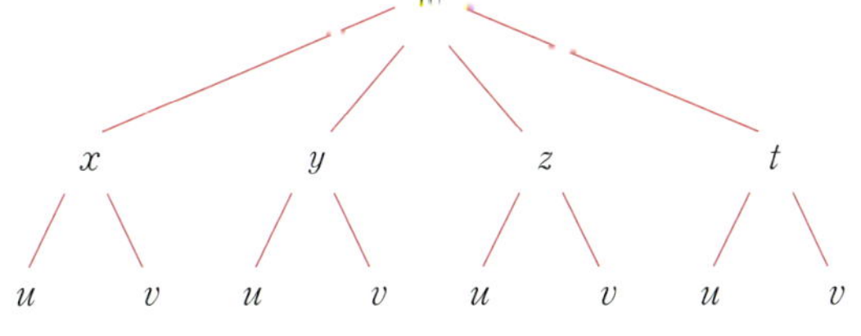

[그림 A-3] 함수 w

따라서 [정리 A-18]을 $n=4$, $m=2$로 두고 적용하면 다음을 얻는다.

$$\frac{\partial w}{\partial u}=\frac{\partial w}{\partial x}\cdot\frac{\partial x}{\partial u}+\frac{\partial w}{\partial y}\cdot\frac{\partial y}{\partial u}+\frac{\partial w}{\partial z}\cdot\frac{\partial z}{\partial u}+\frac{\partial w}{\partial t}\cdot\frac{\partial t}{\partial u},$$
$$\frac{\partial w}{\partial v}=\frac{\partial w}{\partial x}\cdot\frac{\partial x}{\partial v}+\frac{\partial w}{\partial y}\cdot\frac{\partial y}{\partial v}+\frac{\partial w}{\partial z}\cdot\frac{\partial z}{\partial v}+\frac{\partial w}{\partial t}\cdot\frac{\partial t}{\partial v}$$

예제 A-42

함수 $u=x^4y+y^2z^3$에 대해 $x=rse^t$, $y=rs^2e^{-t}$, $z=r^2s\sin t$라고 하자. $r=2$, $s=1$, $t=0$일 때, $\frac{\partial u}{\partial s}$ 값을 구하라.

풀이

함수 $u=x^4y+y^2z^3$을 변수에 따라 나타내면 [그림 A-4]와 같다.

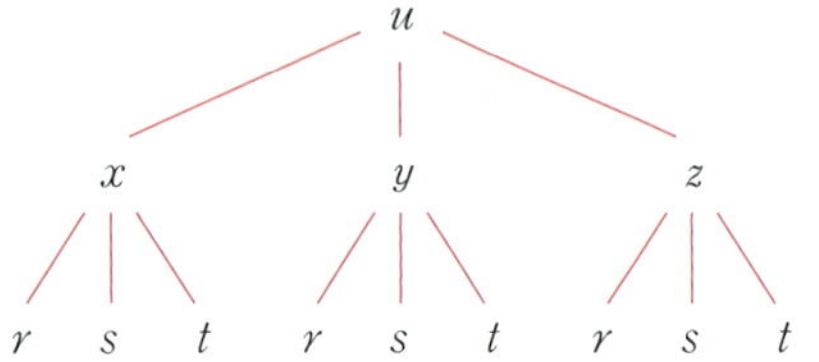

[그림 A-4] 함수 u

[정리 A-18]을 적용하여 $\frac{\partial u}{\partial s}$를 구하면

$$\begin{aligned}\frac{\partial u}{\partial s}&=\frac{\partial u}{\partial x}\frac{\partial x}{\partial s}+\frac{\partial u}{\partial y}\frac{\partial y}{\partial s}+\frac{\partial u}{\partial z}\frac{\partial z}{\partial s}\\&=(4x^3y)(re^t)+(x^4+2yz^3)(2rse^{-t})+(3y^2z^2)(r^2\sin t)\end{aligned}$$

이다. 그러면 $r=2$, $s=1$, $t=0$일 때 $x=2$, $y=2$, $z=0$이므로 구하는 편미분계수는 다음과 같다.

$$\frac{\partial u}{\partial s}(2,\ 2,\ 0)=64\cdot 2+16\cdot 4+0\cdot 0=192$$

예제 A-43

함수가 $g(s, t) = f(s^2 - t^2, t^2 - s^2)$이고 f가 미분가능할 때, g가 방정식 $t\dfrac{\partial g}{\partial s} + s\dfrac{\partial g}{\partial t} = 0$을 만족함을 보여라.

풀이

$x = s^2 - t^2$, $y = t^2 - s^2$으로 두자. 그러면 $g(s, t) = f(x, y)$이고 연쇄법칙을 적용하면

$$\frac{\partial g}{\partial s} = \frac{\partial f}{\partial x}\cdot\frac{\partial x}{\partial s} + \frac{\partial f}{\partial y}\cdot\frac{\partial y}{\partial s} = \frac{\partial f}{\partial x}(2s) + \frac{\partial f}{\partial y}(-2s),$$

$$\frac{\partial g}{\partial t} = \frac{\partial f}{\partial x}\cdot\frac{\partial x}{\partial t} + \frac{\partial f}{\partial y}\cdot\frac{\partial y}{\partial t} = \frac{\partial f}{\partial x}(-2t) + \frac{\partial f}{\partial y}(2t)$$

이다. 그러므로 다음이 성립한다.

$$t\frac{\partial g}{\partial s} + s\frac{\partial g}{\partial t} = \left(2st\frac{\partial f}{\partial x} - 2st\frac{\partial f}{\partial y}\right) + \left(-2st\frac{\partial f}{\partial x} + 2st\frac{\partial f}{\partial y}\right) = 0$$

예제 A-44

함수 $z = f(x, y)$가 연속인 2계 편도함수를 가지고 $x = r^2 + s^2$이고 $y = 2rs$일 때 다음을 구하라.

(a) $\dfrac{\partial z}{\partial r}$

(b) $\dfrac{\partial^2 z}{\partial r^2}$

풀이

(a) 함수 $z = f(x, y)$를 변수에 따라 나타내면 [그림 A-5]와 같다.

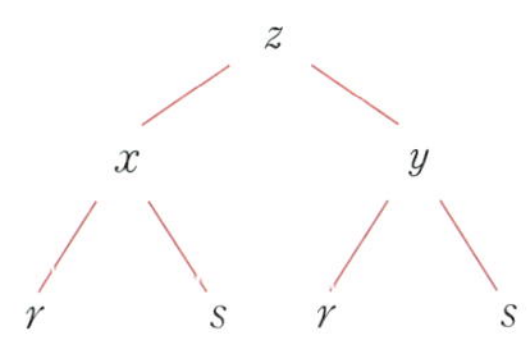

[그림 A-5] 함수 z

[정리 A-17]을 적용하면 다음을 얻는다.

$$\frac{\partial z}{\partial r} = \frac{\partial z}{\partial x}\cdot\frac{\partial x}{\partial r} + \frac{\partial z}{\partial y}\cdot\frac{\partial y}{\partial r} = \frac{\partial z}{\partial x}(2r) + \frac{\partial z}{\partial y}(2s)$$

(b) (a)의 결과식에 곱의 미분법을 적용하면 다음을 얻는다.

$$\frac{\partial^2 z}{\partial r^2} = \frac{\partial}{\partial r}\left(2r\frac{\partial z}{\partial x} + 2s\frac{\partial z}{\partial y}\right) = 2\frac{\partial z}{\partial x} + 2r\frac{\partial}{\partial r}\left(\frac{\partial z}{\partial x}\right) + 2s\frac{\partial}{\partial r}\left(\frac{\partial z}{\partial y}\right) \qquad \text{(A.16)}$$

이때 연쇄법칙을 적용하여 $\frac{\partial}{\partial r}\left(\frac{\partial z}{\partial x}\right)$와 $\frac{\partial}{\partial r}\left(\frac{\partial z}{\partial y}\right)$를 구하면 각각 다음과 같다.

$$\frac{\partial}{\partial r}\left(\frac{\partial z}{\partial x}\right) = \frac{\partial}{\partial x}\left(\frac{\partial z}{\partial x}\right)\frac{\partial x}{\partial r} + \frac{\partial}{\partial y}\left(\frac{\partial z}{\partial x}\right)\frac{\partial y}{\partial r} = \frac{\partial^2 z}{\partial x^2}(2r) + \frac{\partial^2 z}{\partial y \partial x}(2s)$$

$$\frac{\partial}{\partial r}\left(\frac{\partial z}{\partial y}\right) = \frac{\partial}{\partial x}\left(\frac{\partial z}{\partial y}\right)\frac{\partial x}{\partial r} + \frac{\partial}{\partial y}\left(\frac{\partial z}{\partial y}\right)\frac{\partial y}{\partial r} = \frac{\partial^2 z}{\partial x \partial y}(2r) + \frac{\partial^2 z}{\partial y^2}(2s)$$

이를 식 (A.16)에 대입하여 정리하면 다음을 얻는다.

$$\begin{aligned}\frac{\partial^2 z}{\partial r^2} &= 2\frac{\partial z}{\partial x} + 2r\left(2r\frac{\partial^2 z}{\partial x^2} + 2s\frac{\partial^2 z}{\partial y \partial x}\right) + 2s\left(2r\frac{\partial^2 z}{\partial x \partial y} + 2s\frac{\partial^2 z}{\partial y^2}\right)\\ &= 2\frac{\partial z}{\partial x} + 4r^2\frac{\partial^2 z}{\partial x^2} + 8rs\frac{\partial^2 z}{\partial x \partial y} + 4s^2\frac{\partial^2 z}{\partial y^2}\end{aligned}$$

편도함수의 음함수 미분법

x에 대해 미분가능한 함수인 y가 $F(x, y) = 0$과 같은 음함수로 정의된다고 하자. 즉, 미분가능한 함수 f는 모든 x에 대해 $F(x, (f(x)) = 0$을 의미한다. F가 미분가능하면 [정리 A-16]을 적용해서 x에 대해 $F(x, y) = 0$의 양변을 미분할 수 있다. x와 y는 모두 x의 함수이므로 다음을 얻는다.

$$\frac{\partial F}{\partial x} \cdot \frac{dx}{dx} + \frac{\partial F}{\partial y} \cdot \frac{dy}{dx} = 0$$

이때 $\frac{dx}{dx} = 1$이므로 $\frac{\partial F}{\partial y} \neq 0$일 때 $\frac{dy}{dx}$에 대해 풀면 다음을 얻는다.

$$\frac{dy}{dx} = -\frac{\frac{\partial F}{\partial x}}{\frac{\partial F}{\partial y}} = -\frac{F_x}{F_y} \qquad \text{(A.17)}$$

예제 A-45

방정식 $x^3 + y^3 = 6xy$에 대해 y'을 구하라.

풀이

방정식을 $F(x, y) = x^3 + y^3 - 6xy = 0$으로 쓰면 식 (A.20)에 의해 다음을 얻는다.

$$\frac{dy}{dx} = -\frac{F_x}{F_y} = -\frac{3x^2 - 6y}{3y^2 - 6x} = -\frac{x^2 - 2y}{y^2 - 2x}$$

x, y에 대해 미분가능한 함수인 z가 $F(x, y, z)=0$과 같은 음함수로 정의된다고 하자. 이는 f의 정의역의 모든 (x, y)에 대해 $F(x, y, f(x, y))=0$을 의미한다. 이때 편도함수 $\frac{\partial z}{\partial x}$를 구해보자. F와 f가 미분가능하면 연쇄법칙을 이용하여 $F(x, y, z)=0$을 다음과 같이 미분할 수 있다.

$$\frac{\partial F}{\partial x}\cdot\frac{\partial x}{\partial x}+\frac{\partial F}{\partial y}\cdot\frac{\partial y}{\partial x}+\frac{\partial F}{\partial z}\cdot\frac{\partial z}{\partial x}=0$$

이때 $\frac{\partial}{\partial x}(x)=1$, $\frac{\partial}{\partial x}(y)=0$이므로

$$\frac{\partial F}{\partial x}+\frac{\partial F}{\partial z}\cdot\frac{\partial z}{\partial x}=0$$

이다. $\frac{\partial F}{\partial z}\neq 0$일 때 $\frac{\partial z}{\partial x}$에 대해 풀면 다음을 얻는다.

$$\frac{\partial z}{\partial x}=-\frac{\frac{\partial F}{\partial x}}{\frac{\partial F}{\partial z}}=-\frac{F_x}{F_z} \tag{A.18}$$

비슷한 방법으로 다음도 성립한다.

$$\frac{\partial z}{\partial y}=-\frac{\frac{\partial F}{\partial y}}{\frac{\partial F}{\partial z}}=-\frac{F_y}{F_z}$$

예제 A-46

방정식이 $x^3+y^3+z^3+6xyz=1$일 때, 다음을 구하라.

(a) $\frac{\partial z}{\partial x}$　　(b) $\frac{\partial z}{\partial y}$

풀이

방정식을 $F(x, y, z)=x^3+y^3+z^3+6xyz-1=0$으로 쓰고 식 (A.21)을 적용한다.

(a) $\frac{\partial z}{\partial x}=-\frac{F_x}{F_z}=-\frac{3x^2+6yz}{3z^2+6xy}=-\frac{x^2+2yz}{z^2+2xy}$

(b) $\frac{\partial z}{\partial y}=-\frac{F_y}{F_z}=-\frac{3y^2+6xz}{3z^2+6xy}=-\frac{y^2+2xz}{z^2+2xy}$

m.e.m.o

Appendix B

적분법 기초

Integration

||| 목차 |||

||| 학습목표 |||

- 부정적분과 정적분의 정의를 이해한다.
- 삼각함수, 역삼각함수, 지수함수, 로그함수의 적분을 구한다.
- 부분분수에 의한 유리함수의 적분을 구한다.
- 부분적분법을 이용하여 적분을 구한다.

Section B.1 부정적분과 정적분

이번 절에서는 [부록 A]에서 살펴본 도함수의 법칙을 역으로 적용하여 기본적인 적분의 공식을 이끌어 낼 것이다. 또한 정적분의 정의를 이해하고 정적분을 계산한다.

부정적분

미분하여 $f(x)$가 되는 함수에 대해 살펴보자.

정의 B-1 부정적분

함수 $F(x)$의 도함수가 $f(x)$일 때, 즉

$$F'(x) = f(x)$$

를 만족하는 $F(x)$를 $f(x)$의 **원시함수**라 한다. 모든 원시함수를 x에 대한 **부정적분**이라 하고

$$F(x) + C = \int f(x)\,dx$$

로 나타낸다. 이때 C를 **적분상수**라 하고, $f(x)$를 **피적분함수**라 한다. 그리고 $f(x)$의 부정적분을 구하는 것을 $f(x)$를 **적분한다**고 한다.

정리 B-2 x^a의 부정적분

x^a의 부정적분은 다음과 같다. (단, a는 실수, C는 적분상수)

(1) $a \neq -1$일 때,

$$\int x^a\,dx = \frac{1}{a+1}x^{a+1} + C$$

(2) $a = -1$일 때,

$$\int x^{-1}\,dx = \int \frac{1}{x}\,dx = \ln|x| + C$$

앞으로 부정적분에서 C는 적분상수를 의미한다.

예제 B-1

다음 부정적분을 구하라.

(a) $\int x^3\,dx$

(b) $\int \frac{1}{x^3}\,dx$

(c) $\int t^{-\frac{1}{2}}\,dt$

(d) $\int t\sqrt{t}\,dt$

풀이

(a) $\int x^3\,dx = \frac{x^{3+1}}{3+1} + C = \frac{x^4}{4} + C$

(b) $\int \frac{1}{x^3}\,dx = \int x^{-3}\,dx = \frac{x^{-3+1}}{-3+1} + C = -\frac{1}{2}\cdot\frac{1}{x^2} + C$

(c) $\int t^{-\frac{1}{2}}\,dt = \frac{t^{-\frac{1}{2}+1}}{-\frac{1}{2}+1} + C = 2t^{\frac{1}{2}} + C$

(d) $\int t\sqrt{t}\,dt = \int t^{\frac{3}{2}}\,dt = \frac{t^{\frac{3}{2}+1}}{\frac{3}{2}+1} + C = \frac{2}{5}t^{\frac{5}{2}} + C$

정리 B-3 적분법의 기본 공식

연속함수 $f(x)$와 $g(x)$에 대해 다음이 성립한다.

(1) 상수 곱의 적분법 : $\int kf(x)\,dx = k\int f(x)\,dx$ (단, k는 실수)

(2) 합과 차의 적분법 : $\int [f(x) \pm g(x)]\,dx = \int f(x)\,dx \pm \int g(x)\,dx$

예제 B-2

다음 부정적분을 구하라.

(a) $\int 3x\,dx$

(b) $\int 2x\left(x+\frac{1}{x}\right)^2 dx$

(c) $\int x\left(\sqrt{x}+\frac{1}{\sqrt{x}}\right)dx$

(d) $\int \frac{x-3}{x\sqrt{x}}\,dx$

풀이

(a) 상수 곱의 적분법에 의해 다음을 얻는다.

$$\int 3x\,dx = 3\int x\,dx = 3\cdot\frac{x^{1+1}}{1+1} + C = \frac{3}{2}x^2 + C$$

(b) 합과 차의 적분법에 의해 다음을 얻는다.

$$\begin{aligned}\int 2x\left(x+\frac{1}{x}\right)^2 dx - 2\int x\left(x^2+2+\frac{1}{x^2}\right)dx\\ &= 2\int\left(x^3+2x+\frac{1}{x}\right)dx\\ &= 2\left(\int x^3\,dx + 2\int x\,dx + \int\frac{1}{x}\,dx\right)\\ &= 2\left(\frac{x^4}{3+1} + 2\,\frac{x^2}{1+1} + \ln|x|\right) + C\end{aligned}$$

(c) [정리 B-2]와 [정리 B-3]에 의해 다음을 얻는다.

$$\begin{aligned}\int x\left(\sqrt{x}+\frac{1}{\sqrt{x}}\right)dx = \int\left(x\sqrt{x}+\sqrt{x}\right)dx = \int\left(x^{\frac{3}{2}}+x^{\frac{1}{2}}\right)dx\\ &= \frac{x^{\frac{3}{2}+1}}{\frac{3}{2}+1} + \frac{x^{\frac{1}{2}}}{\frac{1}{2}+1} + C\\ &= \frac{2}{5}x^{\frac{5}{2}} + \frac{2}{3}x^{\frac{3}{2}} + C\end{aligned}$$

(d) [정리 B-2]와 [정리 B-3]에 의해 다음을 얻는다.

$$\begin{aligned}\int\frac{x-3}{x\sqrt{x}}\,dx = \int\frac{1}{\sqrt{x}} - \frac{3}{x\sqrt{x}}\,dx = \int\left(x^{-\frac{1}{2}} - 3x^{-\frac{3}{2}}\right)dx\\ &= \int x^{-\frac{1}{2}}\,dx - 3\int x^{-\frac{3}{2}}\,dx\\ &= \frac{x^{-\frac{1}{2}+1}}{-\frac{1}{2}+1} - 3\cdot\frac{x^{-\frac{3}{2}+1}}{-\frac{3}{2}+1} + C\\ &= 2x^{\frac{1}{2}} + 6x^{-\frac{1}{2}} + C\end{aligned}$$

정적분

어떤 구간에서의 적분인 정적분에 대해 알아보자.

정의 B-4 정적분

함수 $y=f(x)$가 구간 $[a, b]$에서 연속일 때, 구간 $[a, b]$의 분할을

$$a=x_0<x_1<x_2<\cdots<x_n=b$$

라 하자. 이때 $x_k-x_{k-1}=\Delta x_k$로 두고, 구간 $[x_{k-1}, x_k]$ 안의 임의의 한 점을 x_k^*이라 하면

$$\sum_{k=1}^{n} f(x_k^*)\Delta x_k$$

는 작은 직사각형들의 면적 합을 나타낸다. 모든 $k=1, 2, \cdots, n$에 대해 제일 큰 Δx_k가 0에 한없이 가까워지도록 $n\to\infty$를 취해 얻은 값을 **정적분**finite integral이라 하고,

$$\lim_{n\to\infty}\sum_{k=1}^{n} f(x_k^*)\Delta x_k=\int_a^b f(x)\,dx$$

로 나타낸다. 여기서 구간 $[a, b]$를 **적분구간**이라 하고, a를 **하한**, b를 **상한**이라 한다.

정적분과 부정적분 사이에는 다음과 같은 중요한 성질이 성립하며, 이를 이용하면 정적분 값을 쉽게 구할 수 있다.

정리 B-5 미분적분학의 기본 정리

구간 $[a, b]$에서 $f(x)$의 원시함수를 $F(x)$라 하면 다음이 성립한다.

$$\int_a^b f(x)\,dx=[F(x)]_a^b=F(b)-F(a)$$

예제 B-3

다음 정적분을 구하라.

(a) $\int_{-1}^{1} x^2\,dx$

(b) $\int_{-2}^{2} x^3\,dx$

(c) $\int_{1}^{2} \frac{1}{x}\,dx$

(d) $\int_{0}^{1} \sqrt{x}\,dx$

풀이

(a) $\int_{-1}^{1} x^2\,dx = \left[\frac{x^{2+1}}{2+1}\right]_{-1}^{1} = \frac{1}{3} - \frac{(-1)}{3} = \frac{2}{3}$

(b) $\int_{-2}^{2} x^3\,dx = \left[\frac{x^{3+1}}{3+1}\right]_{-2}^{2} = \frac{2^4}{4} - \frac{(-2)^4}{4} = 0$

(c) $\int_{1}^{2} \frac{1}{x}\,dx = [\ln|x|]_1^2 = \ln 2 - \ln 1 = \ln 2$

(d) $\int_{0}^{1} \sqrt{x}\,dx = \left[\frac{x^{\frac{1}{2}+1}}{\frac{1}{2}+1}\right]_0^1 = \left[\frac{2}{3}x^{\frac{3}{2}}\right]_0^1 = \frac{2}{3}$

예제 B-4

$\int_0^3 (x^3 - 6x)\,dx$를 구하라.

풀이

[정리 B-5]에 의해 다음을 얻는다.

$$\begin{aligned}\int_0^3 (x^3 - 6x)\,dx &= \left[\frac{x^4}{4} - 6 \cdot \frac{x^2}{2}\right]_0^3 \\ &= \left(\frac{1}{4} \cdot 3^4 - 3 \cdot 3^2\right) - \left(\frac{1}{4} \cdot 0^4 - 3 \cdot 0^2\right) \\ &= -6.75\end{aligned}$$

Section B.2 여러 함수의 적분법

이번 절에서는 삼각함수, 역삼각함수, 지수함수, 로그함수의 적분법을 알아본다.

삼각함수의 적분법

기본적인 삼각함수의 부정적분은 다음과 같이 구한다.

정리 B-6 삼각함수의 적분법

(1) $\int \sin x \, dx = -\cos x + C$

(2) $\int \cos x \, dx = \sin x + C$

(3) $\int \sec^2 x \, dx = \tan x + C$

(4) $\int \sec x \tan x \, dx = \sec x + C$

(5) $\int \csc x \cot x \, dx = -\csc x + C$

(6) $\int \csc^2 x \, dx = -\cot x + C$

예제 B-5

$\int (10x^4 - 2\sec^2 x)\, dx$를 구하라.

풀이

[정리 B-3]과 [정리 B-6]에 의해 다음을 얻는다.

$$\begin{aligned}\int (10x^4 - 2\sec^2 x)dx &= 10\int x^4 dx - 2\int \sec^2 x \, dx \\ &= 10 \cdot \frac{x^5}{5} - 2\tan x + C \\ &= 2x^5 - 2\tan x + C\end{aligned}$$

예제 B-6

$\displaystyle\int \frac{\cos\theta}{\sin^2\theta}\,d\theta$를 구하라.

풀이

삼각함수 사이의 관계를 이용하여 피적분함수를 정리한 뒤 [정리 B-6]을 적용하면 다음을 얻는다.

$$\begin{aligned}\int \frac{\cos\theta}{\sin^2\theta}\,d\theta &= \int\left(\frac{1}{\sin\theta}\right)\left(\frac{\cos\theta}{\sin\theta}\right)d\theta \\ &= \int \csc\theta\cot\theta\,d\theta = -\csc\theta + C\end{aligned}$$

예제 B-7

$\displaystyle\int_0^{12}(x-12\sin x)\,dx$를 구하라.

풀이

[정리 B-5]와 [정리 B-6]에 의해 다음을 얻는다.

$$\begin{aligned}\int_0^{12}(x-12\sin x)dx &= \left[\frac{x^2}{2}-12(-\cos x)\right]_0^{12} \\ &= \frac{1}{2}\cdot 12^2+12(\cos 12-\cos 0) \\ &= 60+12\cos 12\end{aligned}$$

예제 B-8

$\displaystyle\int \sec x\,dx$를 구하라.

풀이

$\sec x$ 의 원시함수를 바로 찾을 수 없으므로 분모와 분자에 $\sec x+\tan x$를 곱하여 다음과 같이 부정적분을 구할 수 있다.

$$\begin{aligned}\int \sec x\,dx &= \int \frac{\sec x(\sec x+\tan x)}{\sec x+\tan x}dx \\ &= \int \frac{\sec^2 x+\sec x\tan x}{\sec x+\tan x}dx \\ &= \ln|\sec x+\tan x|+C\end{aligned}$$

예제 B-9

$\int \csc 2x\, dx$를 구하라.

풀이

$2x=t$로 놓으면 $2dx=dt$, $dx=\frac{1}{2}dt$이므로 $\int \csc 2x\, dx = \frac{1}{2}\int \csc t\, dt$이다. $\csc t$의 원시 함수를 바로 찾을 수 없으므로 분모와 분자에 $\csc t + \cot t$를 곱해서 다음과 같이 부정적분을 구할 수 있다.

$$\begin{aligned}\int \csc 2x\, dx = \frac{1}{2}\int \csc t\, dt &= \frac{1}{2}\int \frac{\csc t(\csc t+\cot t)}{\csc t+\cot t}dt\\ &= -\frac{1}{2}\ln|\csc t+\cot t|+C\\ &= -\frac{1}{2}\ln|\csc 2x+\cot 2x|+C\end{aligned}$$

예제 B-10

$\int \sin 2\theta \cos 2\theta\, d\theta$를 구하라.

풀이

$\sin 2\theta = t$로 놓으면 $2\cos 2\theta\, d\theta = dt$, $\cos 2\theta\, d\theta = \frac{1}{2}dt$이므로 다음을 얻는다.

$$\int \sin 2\theta \cos 2\theta\, d\theta = \frac{1}{2}\int t\, dt = \frac{1}{4}t^2 + C = \frac{1}{4}\sin^2 2\theta + C$$

예제 B-11

$\int \frac{1}{1+\cos u}du$를 구하라.

풀이

삼각함수 사이의 관계를 이용하여 피적분함수를 정리하면

$$\begin{aligned}\frac{1}{1+\cos u} &= \frac{1-\cos u}{1-\cos^2 u} = \frac{1-\cos u}{\sin^2 u} = \frac{1}{\sin^2 u} - \frac{\cos u}{\sin^2 u}\\ &= \operatorname{cosec}^2 u - \frac{1}{\sin^2 u}\cdot \cos u\end{aligned}$$

이므로 주어진 적분식을 다음과 같이 나타낼 수 있다.

$$\int \frac{1}{1+\cos u}du = \int \left(\operatorname{cosec}^2 u - \frac{1}{\sin^2 u}\cdot \cos u\right)du$$

$\sin u = t$로 놓으면 $\cos u\, du = dt$이므로 다음을 얻는다.

$$\begin{aligned}\int \left(\operatorname{cosec}^2 u - \frac{1}{\sin^2 u}\cdot \cos u\right)du &= -\cot u - \int \frac{dt}{t^2} \\ &= -\cot u + \frac{1}{t} + C \\ &= -\cot u + \frac{1}{\sin u} + C \\ &= -\cot u + \csc u + C\end{aligned}$$

예제 B-12

$\int \tan x \sin x\, dx$를 구하라.

풀이

삼각함수 사이의 관계를 이용하여 피적분함수를 정리한 뒤 적분하면 다음을 얻는다.

$$\begin{aligned}\int \tan x \sin x\, dx &= \int \frac{\sin^2 x}{\cos x}dx = \int \frac{1-\cos^2 x}{\cos x}dx \\ &= \int (\sec x - \cos x)\,dx \\ &= \ln|\sec x + \tan x| - \sin x + C\end{aligned}$$

연계 [예제 B-8]

$\int \sec x\, dx$

$= \ln|\sec x + \tan x| + C$

지수함수와 로그함수의 적분법

지수함수의 미분법([정리 A-8] 참고)에 따르면

$$(e^x)' = e^x,\ (a^x)' = a^x \ln a \quad (\text{단, } a > 0,\ a \neq 1)$$

이 성립한다. 이로부터 다음과 같이 지수함수의 적분법을 얻는다.

정리 B-7 지수함수의 적분법

$$\int e^x\, dx = e^x + C$$

$$\int a^x\, dx = \frac{a^x}{\ln a} + C \quad (\text{단, } a > 0,\ a \neq 1)$$

예제 B-13

$\int_0^5 2^x\,dx$를 구하라.

풀이

$$\int_0^5 2^x\,dx = \left[\frac{2^x}{\ln 2}\right]_0^5 = \frac{2^5}{\ln 2} - \frac{2^0}{\ln 2} = \frac{31}{\ln 2}$$

예제 B-14

$\int 4xe^{-x^2}dx$를 구하라.

풀이

$x^2 = u$ 로 놓으면 $2x\,dx = du$, $xdx = \frac{1}{2}du$이므로 다음을 얻는다.

$$\int 4xe^{-x^2}dx = 2\int e^{-u}du = -2e^{-u} + C = -2e^{-x^2} + C$$

예제 B-15

다음 적분을 구하라.

(a) $\int \frac{e^x}{1+e^x}dx$　　(b) $\int \cos x\, e^{\sin x}dx$　　(c) $\int \frac{e^{4x}}{1+e^x}dx$

풀이

(a) $1+e^x = t$로 놓으면 $e^x dx = dt$이므로 다음을 얻는다.

$$\int \frac{e^x}{1+e^x}dx = \int \frac{dt}{t} = \ln|t| + C = \ln(1+e^x) + C$$

(b) $\sin x = t$로 놓으면 $\cos x\,dx = dt$이므로 다음을 얻는다.

$$\int \cos x\, e^{\sin x}dx = \int e^t dt = e^t + C = e^{\sin x} + C$$

(c) $e^x = X$로 놓으면 $e^x dx = dX$, $dx = e^{-x}dX = \frac{1}{x}dX$이므로 다음을 얻는다.

$$\begin{aligned}\int \frac{e^{4x}}{1+e^{x}}\,dx &= \int \frac{X^4}{1+X}\cdot\frac{1}{X}\,dX \\ &= \int \frac{X^3}{1+X}\,dX \\ &= \int \left(X^2 - X + 1 - \frac{1}{X+1}\right)dX \\ &= \frac{1}{3}X^3 - \frac{1}{2}X^2 + X - \ln|X+1| + C \\ &= \frac{1}{3}e^{3x} - \frac{1}{2}e^{2x} + e^{x} - \ln(e^{x}+1) + C\end{aligned}$$

로그함수의 미분법([정리 A-7] 참고)에 따르면

$$(\ln x)' = \frac{1}{x}$$

이 성립한다. 이로부터 다음과 같이 로그함수의 적분법을 얻는다.

정리 B-8 로그함수의 적분법

$$\int \frac{1}{x}\,dx = \ln|x| + C$$

예제 B-16

$\displaystyle\int \frac{x}{x^2+1}\,dx$를 구하라.

풀이

$x^2+1=u$로 놓으면 $2x\,dx = du$, $x\,dx = \frac{1}{2}du$이므로

$$\begin{aligned}\int \frac{x}{x^2+1}\,dx &= \frac{1}{2}\int \frac{du}{u} = \frac{1}{2}\ln|u| + C \\ &= \frac{1}{2}\ln|x^2+1| + C \\ &= \frac{1}{2}\ln(x^2+1) + C\end{aligned}$$

이다. 모든 x에 대해 $x^2+1>0$이므로 절댓값 기호를 생략해도 무방하다.

예제 B-17

$\int_1^e \frac{\ln x}{x}\, dx$를 구하라.

풀이

$\ln x = u$로 놓으면 $\frac{1}{x}dx = du$이다. $x = 1$일 때 $u = \ln 1 = 0$이고, $x = e$일 때 $u = \ln e = 1$이므로 다음을 얻는다.

$$\int_1^e \frac{\ln x}{x}\, dx = \int_0^1 u\, du = \left[\frac{u^2}{2}\right]_0^1 = \frac{1}{2}$$

[예제 B-17]에서 $x > 1$일 때 함수 $f(x) = \frac{\ln x}{x}$는 양수이므로 적분값은 [그림 B-1]의 색칠한 부분의 넓이이다.

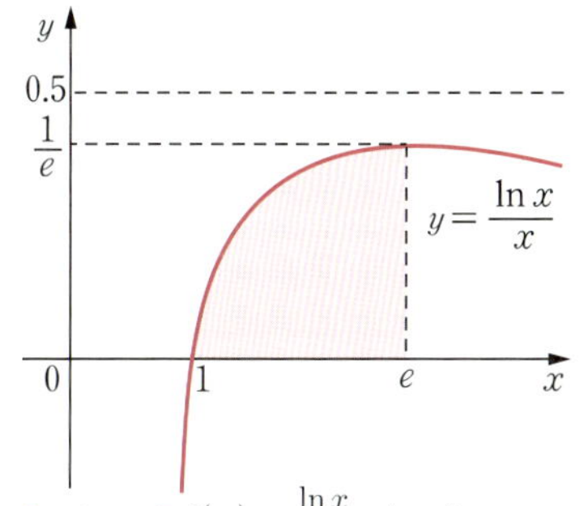

[그림 B-1] $f(x) = \frac{\ln x}{x}$의 그래프

예제 B-18

$\int \tan x\, dx$를 구하라.

풀이

삼각함수 사이의 관계를 이용하면 피적분함수는 $\tan x = \frac{\sin x}{\cos x}$이므로 주어진 적분식을 다음과 같이 나타낼 수 있다.

$$\int \tan x\, dx = \int \frac{\sin x}{\cos x}\, dx$$

$\cos x = u$로 놓으면 $-\sin x\, dx = du$이므로

$$\begin{aligned}\int \tan x\, dx &= \int \frac{\sin x}{\cos x}\, dx = -\int \frac{du}{u} \\ &= -\ln|u| + C = -\ln|\cos x| + C\end{aligned}$$

이다. 이때 $-\ln|\cos x| = \ln\left(\frac{1}{|\cos x|}\right) = \ln|\sec x|$이므로 결과를 다음과 같이 쓸 수도 있다.

$$\int \tan x\, dx = \ln|\sec x| + C$$

예제 B-19

$\int \cot y\,dy$를 구하라.

풀이

삼각함수 사이의 관계를 이용하면 피적분함수는 $\cot y = \dfrac{\cos y}{\sin y}$이므로 주어진 적분식을 다음과 같이 나타낼 수 있다.

$$\int \cot y\,dy = \int \frac{\cos y}{\sin y}\,dy$$

$u = \sin y$로 놓으면 $du = \cos y\,dy$이므로 다음을 얻는다.

$$\begin{aligned}\int \frac{\cos y}{\sin y}\,dy &= \int \frac{du}{u} \\ &= \ln|u| + C \\ &= \ln|\sin y| + C\end{aligned}$$

예제 B-20

$\int \frac{1}{1+e^{\rho}}\,d\rho$를 구하라.

풀이

피적분함수의 분자, 분모에 $e^{-\rho}$을 곱하면

$$\int \frac{e^{-\rho}}{e^{-\rho}+1}\,d\rho$$

이다. $e^{-\rho}+1 = u$로 놓으면 $-e^{-\rho}d\rho = du$이므로

$$\begin{aligned}-\int \frac{du}{u} &= -\ln|u| + C \\ &= -\ln|e^{-\rho}+1| + C \\ &= -\ln(e^{-\rho}+1) + C \quad \leftarrow e^{-\rho}+1>0\end{aligned}$$

이다.

예제 B-21

$\displaystyle\int \frac{1+e^v}{v+e^v}\,dv$를 구하라.

풀이

$v+e^v=t$로 놓으면 $(1+e^v)dv=dt$이므로 다음을 얻는다.

$$\int \frac{dt}{t}=\ln|t|+C=\ln|v+e^v|+C$$

예제 B-22

$\displaystyle\int \frac{3u-4}{4u-4}\,du$를 구하라.

풀이

피적분함수를 부분분수로 나타내면

$$\frac{3u-4}{4u-4}=\frac{3}{4}-\frac{1}{4u-4}$$

이다. 따라서 다음과 같이 적분을 구할 수 있다.

$$\begin{aligned}\int \frac{3u-4}{4u-4}\,du &= \int\left(\frac{3}{4}-\frac{1}{4u-4}\right)du\\ &=\frac{3}{4}u-\frac{1}{4}\ln|u-1|+C\\ &=\frac{1}{4}(3u-\ln|u-1|)+C\end{aligned}$$

예제 B-23

다음 적분을 구하라.

(a) $\displaystyle\int \frac{u^2}{1-2u^3}\,du$

(b) $\displaystyle\int \frac{v+2}{v^2+4v+3}\,dv$

풀이

(a) $1-2u^3=t$로 놓으면 $-6u^2du=dt$, $u^2du=-\dfrac{1}{6}dt$이므로 다음을 얻는다.

$$\int \frac{u^2}{1-2u^3}\,du = -\frac{1}{6}\int \frac{dt}{t}$$
$$= -\frac{1}{6}\ln|t| + C = -\frac{1}{6}\ln|1-2u^3| + C$$

(b) $v^2+4v+3=t$로 놓으면 $(2v+4)\,dv=dt$, $(v+2)\,dv=\frac{1}{2}dt$이므로 다음을 얻는다.

$$\int \frac{v+2}{v^2+4v+3}\,dv = \frac{1}{2}\int \frac{dt}{t} = \frac{1}{2}\ln|t| + C$$
$$= \frac{1}{2}\ln|v^2+4v+3| + C$$

예제 B-24

$\int \frac{1}{y}\ln y\,dy$를 구하라.

풀이

$\ln y = t$로 놓으면 $\frac{1}{y}dy = dt$이므로 다음을 얻는다.

$$\int \frac{1}{y}\ln y\,dy = \int t\,dt$$
$$= \frac{1}{2}t^2 + C = \frac{1}{2}(\ln y)^2 + C$$

예제 B-25

$\int \frac{dy}{y\ln y}$를 구하라.

풀이

$\ln y = t$로 놓으면 $\frac{1}{y}dy = dt$이므로 다음을 얻는다.

$$\int \frac{dy}{y\ln y} = \int \frac{1}{t}\,dt$$
$$= \ln|t| + C = \ln|\ln y| + C$$

예제 B-26

$\displaystyle\int \frac{dx}{x^3 e^{\frac{1}{x^2}}}$ 를 구하라.

풀이

$x^{-2} = t$로 놓으면 $-2x^{-3}dx = dt$, $\dfrac{1}{x^3}dx = -\dfrac{1}{2}dt$이므로 다음을 얻는다.

$$\int \frac{dx}{x^3 e^{\frac{1}{x^2}}} = -\frac{1}{2}\int \frac{dt}{e^t} = \frac{1}{2}e^{-t} + C = \frac{1}{2}e^{-\frac{1}{x^2}} + C$$

예제 B-27

$\displaystyle\int \frac{3x^2}{1+x^3}dx$를 구하라.

풀이

$1+x^3 = t$로 놓으면 $3x^2dx = dt$이므로 다음을 얻는다.

$$\begin{aligned}\int \frac{3x^2}{1+x^3}dx &= \int \frac{1}{t}dt = \ln|t| + C \\ &= \ln|1+x^3| + C\end{aligned}$$

역삼각함수가 되는 적분

역삼각함수의 미분법([정리 A-6] 참고)에 따르면

$$(\sin^{-1}x)' = \frac{1}{\sqrt{1-x^2}} \quad (\text{단, } -1 < x < 1)$$
$$(\tan^{-1}x)' = \frac{1}{1+x^2}$$

이 성립한다. 이로부터 다음과 같이 역삼각함수가 되는 적분법을 얻는다.

정리 B-9 역삼각함수가 되는 적분

(1) $\int \frac{1}{\sqrt{1-x^2}}\,dx = \sin^{-1}x + C$

(2) $\int \frac{1}{x^2+1}\,dx = \tan^{-1}x + C$

예제 B-28

$\int_0^{\frac{1}{4}} \frac{1}{\sqrt{1-4x^2}}\,dx$를 구하라.

풀이

피적분함수를 $\frac{1}{\sqrt{1-4x^2}} = \frac{1}{\sqrt{1-(2x)^2}}$로 바꾸고 $2x = u$로 놓으면 $2\,dx = du$, $dx = \frac{1}{2}du$이다. 또한 $x = 0$일 때 $u = 0$이고, $x = \frac{1}{4}$일 때 $u = \frac{1}{2}$이므로 다음을 얻는다.

$$\int_0^{\frac{1}{4}} \frac{1}{\sqrt{1-4x^2}}\,dx = \frac{1}{2}\int_0^{\frac{1}{2}} \frac{du}{\sqrt{1-u^2}} = \left[\frac{1}{2}\sin^{-1}u\right]_0^{\frac{1}{2}}$$

$$= \frac{1}{2}\left[\sin^{-1}\left(\frac{1}{2}\right) - \sin^{-1}0\right] = \frac{1}{2}\cdot\frac{\pi}{6} = \frac{\pi}{12}$$

예제 B-29

$\int \frac{1}{x^2+a^2}\,dx$를 구하라.

풀이

먼저 피적분함수를 다음과 같이 바꾼다.

$$\int \frac{1}{x^2+a^2}dx = \int \frac{1}{a^2\left(\frac{x^2}{a^2}+1\right)}dx = \frac{1}{a^2}\int \frac{1}{\left(\frac{x}{a}\right)^2+1}dx$$

$\frac{x}{a} = u$로 놓으면 $\frac{dx}{a} = du$, $dx = a\,du$이므로 다음을 얻는다.

$$\int \frac{1}{x^2+a^2}\,dx = \frac{1}{a^2}\int \frac{a\,du}{u^2+1} = \frac{1}{a}\int \frac{du}{u^2+1} = \frac{1}{a}\tan^{-1}u + C$$

[예제 B-29]의 결과로 다음과 같은 공식을 얻을 수 있다.

$$\int \frac{1}{x^2+a^2}dx = \frac{1}{a}\tan^{-1}\left(\frac{x}{a}\right)+C \tag{B.1}$$

예제 B-30

$\int \frac{x}{x^4+9}dx$를 구하라.

풀이

$x^2 = u$로 놓으면 $2x\,dx = du$이므로 다음을 얻는다.

$$\begin{aligned}\int \frac{x}{x^4+9}dx &= \frac{1}{2}\int \frac{du}{u^2+9} = \frac{1}{2}\cdot\frac{1}{3}\tan^{-1}\left(\frac{u}{3}\right)+C \\ &= \frac{1}{6}\tan^{-1}\left(\frac{x^2}{3}\right)+C\end{aligned}$$

예제 B-31

$\int \frac{1}{u^2+2u+2}du$를 구하라.

풀이

피적분함수를 $\frac{1}{u^2+2u+2} = \frac{1}{(u+1)^2+1}$로 바꾸고 $u+1=t$로 놓으면 $du = dt$이므로 다음을 얻는다.

$$\begin{aligned}\int \frac{1}{u^2+2u+2}du &= \int \frac{1}{t^2+1}dt \\ &= \tan^{-1}t + C = \tan^{-1}(u+1)+C\end{aligned}$$

역쌍곡선함수가 되는 적분

역쌍곡선함수의 미분법([정리 A-13] 참고)으로부터 다음과 같이 역쌍곡선함수가 되는 적분법을 얻는다.

정리 B-10 역쌍곡선함수가 되는 적분

(1) $\int \frac{dx}{\sqrt{1+x^2}} = \sinh^{-1}x + C$

(2) $\int \frac{dx}{\sqrt{x^2-1}} = \cosh^{-1}x + C$

(3) $\int \frac{dx}{1-x^2} = \tanh^{-1}x + C$ (단, $|x| < 1$)

(4) $\int -\frac{dx}{|x|\sqrt{x^2+1}} = \mathrm{csch}^{-1}x + C$

(5) $\int -\frac{dx}{x\sqrt{1-x^2}} = \mathrm{sech}^{-1}x + C$

(6) $\int \frac{dx}{1-x^2} = \coth^{-1}x + C$ (단, $|x| > 1$)

예제 B-32

$\int_0^1 \frac{dx}{\sqrt{1+x^2}}$를 구하라.

풀이

$\frac{1}{\sqrt{1+x^2}}$의 역도함수가 $\sinh^{-1}x$이므로 다음을 얻는다.

$$\int_0^1 \frac{dx}{\sqrt{1+x^2}} = \left[\sinh^{-1}x\right]_0^1 = \sinh^{-1}1 = \ln(1+\sqrt{2})$$

← [정리 A-12] 참고

무리함수의 적분법

예제 B-33

$\int x\sqrt{1-x^2}\,dx$를 구하라.

풀이

$1-x^2 = X$로 놓으면 $-2x\,dx = dX$, $x\,dx = -\frac{1}{2}dX$이므로 다음을 얻는다.

$$\int x\sqrt{1-x^2}\,dx = -\frac{1}{2}\int \sqrt{X}\,dX = -\frac{1}{2}\cdot\frac{2}{3}X^{\frac{3}{2}} + C = -\frac{1}{3}(1-x^2)^{\frac{3}{2}} + C$$

무리함수의 적분법은 삼각함수의 적분법을 활용하여 구할 수도 있다.

예제 B-34

$\int \sqrt{1-x^2}\,dx$를 구하라.

풀이

$\sin\theta = x$로 놓으면 $\cos\theta\,d\theta = dx$이다. 피적분함수를 $\sqrt{1-x^2} = \sqrt{1-\sin^2\theta} = \cos\theta$로 치환할 수 있으므로 다음을 얻는다.

$$\int \sqrt{1-x^2}\,dx = \int \cos^2\theta\,d\theta = \int \frac{1+\cos 2\theta}{2}\,d\theta \qquad \leftarrow \cos^2\theta = \frac{1+\cos 2\theta}{2}$$

$$= \frac{1}{2}\left(\theta + \frac{1}{2}\sin 2\theta\right) + C$$

$$= \frac{1}{2}\theta + \frac{1}{4}\cdot 2\sin\theta\cos\theta + C$$

$$= \frac{1}{2}\sin^{-1}x + \frac{1}{2}x\sqrt{1-x^2} + C$$

Section B.3 부분분수에 의한 적분법

피적분함수가 유리함수이면 그 형태에 따라 적분법을 선택할 수 있다. 먼저 피적분함수가 다음과 같다고 하자.

$$\frac{R(x)}{Q(x)} \quad (\text{단, } Q(x) \neq 0)$$

분자 $R(x)$의 차수가 분모 $Q(x)$의 차수보다 크거나 같으면 분자를 분모로 나눈 후에 적분한다. 다음 예제를 살펴보자.

예제 B-35

$\int \frac{x^3+x}{x-1}\,dx$를 구하라.

풀이

피적분함수에서 분자의 차수가 분모의 차수보다 크므로 분자를 분모로 나누면 다음과 같다.

$$\begin{array}{r} x^2 + x + 2 \\ x-1\,\overline{)\,x^3 + \qquad x} \\ \underline{x^3 - x^2} \\ x^2 + x \\ \underline{x^2 - x} \\ 2x \\ \underline{2x - 2} \\ 2 \end{array}$$

따라서 다음과 같이 적분할 수 있다.

$$\begin{aligned} \int \frac{x^3+x}{x-1}\,dx &= \int \left(x^2 + x + 2 + \frac{2}{x-1}\right) dx \\ &= \frac{x^3}{3} + \frac{x^2}{2} + 2x + 2\ln|x-1| + C \end{aligned}$$

반면에, 피적분함수의 분모 $Q(x)$의 차수가 분자 $R(x)$의 차수보다 크면 부분분수를 이용하여 $Q(x)$를 가능한 끝까지 인수분해한 후 적분한다. 여기에서는 분모 $Q(x)$의 형태에 따른 적분법을 살펴본다.

분모가 1차 인수를 중복으로 포함하지 않는 경우

분모 $Q(x)$가 서로 다른 1차 인수의 곱이면 부분분수 형태로 고쳐 적분한다.

예제 B-36

$\int \frac{x^2+2x-1}{2x^3+5x^2+2x}dx$를 구하라.

풀이

먼저 분모를 다음과 같이 인수분해한다.

$$2x^3+5x^2+2x = x(2x^2+5x+2) = x(2x+1)(x+2)$$

분모가 서로 다른 1차 인수의 곱이므로 피적분함수를 다음과 같이 부분분수로 분해할 수 있다.

$$\frac{x^2+2x-1}{x(2x+1)(x+2)} = \frac{A}{x} + \frac{B}{2x+1} + \frac{C}{x+2}$$

A, B, C 값을 결정하기 위해 양변에 $x(2x+1)(x+2)$를 곱하면

$$x^2+2x-1 = A(2x+1)(x+2) + Bx(x+2) + Cx(2x+1)$$

이다. 이 식의 우변을 전개하고 다항식의 표준형으로 쓰면

$$x^2+2x-1 = (2A+B+2C)x^2 + (5A+2B+C)x + 2A$$

이다. 이 다항식은 x에 대한 항등식이므로 x의 계수가 서로 같아야 한다. 따라서 A, B, C에 관한 다음의 연립방정식을 얻는다.

$$\begin{aligned} 2A+B+2C &= 1 \\ 5A+2B+C &= 2 \\ 2A &= -1 \end{aligned}$$

이 연립방정식을 풀면 $A=-\frac{1}{2}$, $B=\frac{7}{3}$, $C=-\frac{1}{6}$ 이므로 다음을 얻는다.

$$\begin{aligned} \int \frac{x^2+2x-1}{2x^3+5x^2+2x}dx &= \int \left[\left(-\frac{1}{2}\right)\cdot\frac{1}{x} + \frac{7}{3}\cdot\frac{1}{2x+1} - \frac{1}{6}\cdot\frac{1}{x+2}\right]dx \\ &= -\frac{1}{2}\int\frac{1}{x}dx + \frac{7}{3}\int\underbrace{\frac{1}{2x+1}dx}_{=\frac{1}{2}\int\frac{1}{u}du} - \frac{1}{6}\int\frac{1}{x+2}dx \\ &= -\frac{1}{2}\ln|x| + \frac{7}{6}\ln|2x+1| - \frac{1}{6}\ln|x+2| + C \end{aligned}$$

예제 B-37

$\int \frac{dx}{x^2 - a^2}$를 구하라. 단, $a \neq 0$이다.

풀이

피적분함수를 부분분수로 분해하면 다음과 같다.

$$\frac{1}{x^2 - a^2} = \frac{1}{(x-a)(x+a)} = \frac{A}{x-a} + \frac{B}{x+a}$$

A, B 값을 결정하기 위해 양변에 $(x-a)(x+a)$를 곱하면

$$A(x+a) + B(x-a) = 1$$

이다. 이 식은 x에 대한 항등식이므로 $x = a$를 대입하면 $A = \frac{1}{2a}$이고, $x =- a$를 대입하면 $A = -\frac{1}{2a}$이다. 그러므로 다음을 얻는다.

$$\int \frac{dx}{x^2 - a^2} = \frac{1}{2a} \int \left(\frac{1}{x-a} - \frac{1}{x+a} \right) dx = \frac{1}{2a} (\ln|x-a| - \ln|x+a|) + C$$

예제 B-38

$\int \frac{dy}{y^2 - 9}$를 구하라.

풀이

피적분함수를 부분분수로 분해하면 다음과 같다.

$$\frac{1}{y^2 - 9} = \frac{1}{(y-3)(y+3)} = \frac{A}{y-3} + \frac{B}{y+3}$$

위 식에서 A, B 값을 결정하기 위해 양변에 $(y-3)(y+3)$을 곱하면 $1 = A(y+3) + B(y-3)$이다. 이 식은 y에 대한 항등식이므로 $y = 3$을 대입하면 $A = \frac{1}{6}$이고 $y = -3$을 대입하면 $B = -\frac{1}{6}$이다. 따라서 다음과 같이 적분을 구할 수 있다.

$$\begin{aligned} \int \frac{dy}{y^2 - 9} &= \frac{1}{6} \int \left(\frac{1}{y-3} - \frac{1}{y+3} \right) dy \\ &= \frac{1}{6} (\ln|y-3| - \ln|y+3|) + C = \frac{1}{6} \ln \left| \frac{y-3}{y+3} \right| + C \end{aligned}$$

예제 B-39

다음 적분을 구하라.

(a) $\displaystyle\int \frac{1}{x(x-1)}\,dx$ (b) $\displaystyle\int \frac{1}{x(x+1)}\,dx$

풀이

(a) $\dfrac{1}{x(x-1)} = \dfrac{A}{x-1} + \dfrac{B}{x}$에서 $1 = Ax + B(x-1)$이므로 $x = 1$을 대입하면 $A = 1$이고 $x = 0$을 대입하면 $B = -1$이다. 따라서 다음과 같이 적분을 구할 수 있다.

$$\int \frac{dx}{x(x-1)} = \int \left(\frac{1}{x-1} - \frac{1}{x}\right)dx$$
$$= \ln|x-1| - \ln|x| + C = \ln\left|\frac{x-1}{x}\right| + C$$

(b) $\dfrac{1}{x(x+1)} = \dfrac{A}{x} + \dfrac{B}{x+1}$에서 $1 = A(x+1) + Bx$이므로 $x = -1$을 대입하면 $B = -1$이고 $x = 0$을 대입하면 $A = 1$이다. 따라서 다음과 같이 적분을 구할 수 있다.

$$\int \frac{1}{x(x+1)}\,dx = \int \left(\frac{1}{x} - \frac{1}{x+1}\right)dx$$
$$= \ln|x| - \ln|x+1| + C = \ln\left|\frac{x}{x+1}\right| + C$$

예제 B-40 응용

$\displaystyle\int \frac{1}{1-3u^2}\,du$를 구하라.

풀이

피적분함수를 부분분수로 분해하면 다음과 같다.

$$\frac{1}{1-3u^2} = \frac{1}{(1-\sqrt{3}\,u)(1+\sqrt{3}\,u)} = \frac{A}{1-\sqrt{3}\,u} + \frac{B}{1+\sqrt{3}\,u}$$

A, B 값을 결정하기 위해 양변에 $(1+\sqrt{3}\,u)(1-\sqrt{3}\,u)$를 곱하면

$$1 = A(1+\sqrt{3}\,u) + B(1-\sqrt{3}\,u)$$

이다. 이 식은 u에 대한 항등식이므로 $u = \dfrac{1}{\sqrt{3}}$을 대입하면 $A = \dfrac{1}{2}$이고 $u = -\dfrac{1}{\sqrt{3}}$을 대입하면 $B = \dfrac{1}{2}$이다. 따라서 다음을 얻는다.

$$\int \frac{1}{1-3u^2}\,du = \frac{1}{2}\int\left(\frac{1}{1-\sqrt{3}\,u}+\frac{1}{1+\sqrt{3}\,u}\right)du$$
$$= \frac{1}{2}\left(-\frac{1}{\sqrt{3}}\ln|1-\sqrt{3}\,u|+\frac{1}{\sqrt{3}}\ln|1+\sqrt{3}\,u|\right)+C$$
$$= \frac{1}{2\sqrt{3}}\ln\left|\frac{1+\sqrt{3}\,u}{1-\sqrt{3}\,u}\right|+C$$

예제 B-41 응용

$\int \frac{1}{k^2v^2-16}\,dv$를 구하라. 단, $k \neq 0$이다.

풀이

피적분함수를 부분분수로 분해하면 다음과 같다.

$$\frac{1}{k^2v^2-16}=\frac{1}{(kv-4)(kv+4)}=\frac{A}{kv-4}+\frac{B}{kv+4}$$

A, B 값을 결정하기 위해 양변에 $(kv-4)(kv+4)$를 곱하면 $1 = A(kv+4)+B(kv-4)$이다. 이 식은 v에 대한 항등식이므로 $v=\frac{4}{k}$를 대입하면 $A=\frac{1}{8}$이고, $v=-\frac{4}{k}$를 대입하면 $B=-\frac{1}{8}$이다. 따라서 다음을 얻는다.

$$\int \frac{dv}{k^2v^2-16} = \frac{1}{8}\int\left(\frac{1}{kv-4}-\frac{1}{kv+4}\right)dv$$
$$= \frac{1}{8k}(\ln|kv-4|-\ln|kv+4|)+C$$
$$= \frac{1}{8k}\ln\left|\frac{kv-4}{kv+4}\right|+C$$

분모가 1차 인수를 중복으로 포함하는 경우

피적분함수의 분모 $Q(x)$가 $(a_1x+b_1)^r$(단, r은 $r \geq 1$인 정수)을 인수로 포함하면 피적분함수를 다음과 같은 부분분수로 나타낼 수 있다.

$$\frac{A_1}{a_1x+b_1}+\frac{A_2}{(a_1x+b_1)^2}+\cdots+\frac{A_r}{(a_1x+b_1)^r}$$

예를 들어, 다음과 같이 쓸 수 있다.

$$\frac{4x}{(x+1)^2(x-1)}=\frac{A}{x+1}+\frac{B}{(x+1)^2}+\frac{C}{x-1}$$

예제 B-42

$\int \frac{x^4-2x^2+4x+1}{x^3+x^2-x-1}dx$를 구하라.

풀이

분자의 차수가 분모의 차수보다 크므로 분자를 분모로 나누면 다음과 같다.

$$\frac{x^4-2x^2+4x+1}{x^3+x^2-x-1}=x-1+\frac{4x}{x^3+x^2-x-1}$$

이제 분모 $Q(x)=x^3+x^2-x-1$을 인수분해하자. $Q(-1)=0$이므로 $x+1$이 인수이고

$$\begin{aligned} x^3+x^2-x-1 &= (x+1)(x^2-1) \\ &= (x+1)(x-1)(x+1) \\ &= (x+1)^2(x-1) \end{aligned}$$

이다. 1차 인수 $x+1$이 두 번 중복되므로 부분분수의 형태는 다음과 같다.

$$\frac{4x}{(x+1)^2(x-1)}=\frac{A}{x+1}+\frac{B}{(x+1)^2}+\frac{C}{x-1}$$

양변에 $(x+1)^2(x-1)$을 곱하면

$$\begin{aligned} 4x &= A(x^2-1)+B(x-1)+C(x+1)^2 \\ &= (A+C)x^2+(B+2C)x+(C-A-B) \end{aligned}$$

이다. 이 다항식은 x에 대한 항등식이므로 x의 계수가 같아야 한다. 따라서 A, B, C에 관한 다음의 연립방정식을 얻는다.

$$\begin{aligned} A+C&=0 \\ B+2C&=4 \\ A+B-C&=0 \end{aligned}$$

이 연립방정식을 풀면 $A=-1$, $B=2$, $C=1$이므로

$$\int \frac{x^4-2x^2+4x+1}{x^3+x^2-x-1}\,dx = \int\left[x-1+\frac{1}{x-1}+\frac{2}{(x+1)^2}-\frac{1}{x+1}\right]dx$$
$$= \frac{x^2}{2}-x+\ln|x-1|-\frac{2}{x+1}-\ln|x+1|+C$$
$$= \frac{x^2}{2}-x-\frac{2}{x+1}+\ln\left|\frac{x-1}{x+1}\right|+C$$

이다.

분모가 기약 2차 인수를 중복으로 포함하지 않는 경우

분모 $Q(x)$가 실수 위에서 기약인 2차식 ax^2+bx+c(즉, $b^2-4ac<0$)를 인수로 포함하면 부분분수에 다음과 같은 형태의 항이 포함된다.

$$\frac{Ax+B}{ax^2+bx+c} \tag{B.2}$$

여기서 A, B는 결정해야 하는 상수이다. 예를 들어, 다음과 같이 쓸 수 있다.

$$\frac{2x^2+x+4}{x(x^2+4)} = \frac{A}{x}+\frac{Bx+C}{x^2+4}$$

또한 어떤 경우에는 식 (B.2)에 주어진 항을 완전제곱 형태로 변형하고 [예제 B-29]에서 도출한 식 (B.1)을 이용해서 적분할 수 있다.

예제 B-43

$\displaystyle\int \frac{2x^2+x+4}{x^3+4x}\,dx$를 구하라.

풀이

피적분함수의 분모 $x^3+4x=x(x^2+4)$는 실수에서 더 이상 인수분해가 되지 않으므로 다음과 같이 부분분수로 분해한다.

$$\frac{2x^2+x+4}{x(x^2+4)} = \frac{A}{x}+\frac{Bx+C}{x^2+4}$$

이 식의 양변에 $x(x^2+4)$를 곱하면

$$2x^2+x+4 = A(x^2+4)+(Bx+C)x$$
$$= (A+B)x^2+Cx+4A$$

이다. 이 다항식은 x에 대한 항등식이므로 $A+B=2$, $C=1$, $4A=4$이고 $A=1$, $B=1$, $C=1$이다. 따라서 다음과 같이 적분을 구할 수 있다.

$$\begin{aligned}\int \frac{2x^2+x+4}{x^3+4x}dx &= \int\left(\frac{1}{x}+\frac{x+1}{x^2+4}\right)dx \\ &= \int \frac{1}{x}dx + \underbrace{\int \frac{x}{x^2+4}dx}_{=\frac{1}{2}\int\frac{1}{u}du} + \underbrace{\int \frac{1}{x^2+4}dx}_{\text{➔ 식 (B.1)에서 } a=2} \\ &= \ln|x| + \frac{1}{2}\ln(x^2+4) + \frac{1}{2}\tan^{-1}\left(\frac{x}{2}\right) + C\end{aligned}$$

다음과 같은 형태의 부분분수를 적분하는 일반적인 과정을 살펴보자.

$$\frac{Ax+B}{ax^2+bx+c} \quad (\text{단, } A,\ B\text{는 상수이고 } b^2-4ac<0)$$

분모를 완전제곱 형태로 나타내고 치환하여 다음과 같이 변형한다.

$$\int \frac{Cu+D}{u^2+a^2}du = C\int \frac{u}{u^2+a^2}du + D\int \frac{1}{u^2+a^2}du \quad (\text{단, } C,\ D\text{는 상수})$$

첫 번째 적분은 [정리 B-8]에 의해 로그, 두 번째 적분은 식 (B.1)에 의해 $\tan^{-1}$로 나타난다.

예제 B-44 응용

$\displaystyle\int \frac{4x^2+3x+2}{4x^2-4x+3}dx$를 구하라.

풀이

분자의 차수가 분모의 차수와 같으므로 먼저 나눗셈을 하면 다음과 같다.

$$\frac{4x^2+3x+2}{4x^2-4x+3} = 1 + \frac{7x-1}{4x^2-4x+3}$$

이때 분모 $4x^2-4x+3$은 판별식이 $b^2-4ac=-32<0$이므로 기약이다. 주어진 함수를 적분하기 위해 분모를 완전제곱 형태로 나타내면 다음과 같다.

$$4x^2-4x+3 = (2x-1)^2+2$$

$2x-1=u$로 놓으면 $2\,dx=du$, $dx=\frac{1}{2}du$이고, $x=\frac{1}{2}(u+1)$이므로 다음을 얻는다.

$$\int\left(1+\frac{7x-1}{4x^2-4x+3}\right)dx=\int 1\,dx+\int\frac{7x-1}{(2x-1)^2+2}\,dx$$

$$=x+\frac{1}{2}\int\frac{\frac{7}{2}u+\frac{5}{2}}{u^2+2}\,du$$

$$=x+\frac{7}{4}\int\frac{u}{u^2+2}\,du+\frac{5}{4}\int\frac{1}{u^2+2}\,du$$

$$=x+\frac{7}{8}\ln(u^2+2)+\frac{5}{4}\cdot\frac{1}{\sqrt{2}}\tan^{-1}\left(\frac{u}{\sqrt{2}}\right)+C$$

$$=x+\frac{7}{8}\ln(4x^2-4x+3)+\frac{5}{4\sqrt{2}}\tan^{-1}\left(\frac{2x-1}{\sqrt{2}}\right)+C$$

분모가 기약 2차 인수를 중복으로 포함하는 경우

분모 $Q(x)$가 인수 $(ax^2+bx+c)^r$, $b^2-4ac<0$을 포함하면 다음과 같은 부분분수 형태로 나타낼 수 있다.

$$\frac{A_1x+B_1}{ax^2+bx+c}+\frac{A_2x+B_2}{(ax^2+bx+c)^2}+\cdots+\frac{A_rx+B_r}{(ax^2+bx+c)^r} \quad \text{(B.3)}$$

식 (B.3)의 각 항은 필요하면 먼저 완전제곱 형태로 바꾸고 치환하여 적분할 수 있다.

예제 B-45

함수 $\dfrac{x^4+x^3+x^2+1}{x(x-1)(x^2+x+1)(x^2+1)^3}$을 부분분수 형태로 나타내라.

풀이

식 (B.3)을 적용하면 다음을 얻는다.

$$\frac{x^4+x^3+x^2+1}{x(x-1)(x^2+x+1)(x^2+1)^3}$$
$$=\frac{A}{x}+\frac{B}{x-1}+\frac{Cx+D}{x^2+x+1}+\frac{Ex+F}{x^2+1}+\frac{Gx+H}{(x^2+1)^2}+\frac{Ix+J}{(x^2+1)^3}$$

양변에 $x(x-1)(x^2+x+1)(x^2+1)^3$을 곱하면 A, B, C, D, E, F, G, H, I, J에 대한 연립방정식을 얻는다. 연립방정식의 해를 대입하면 주어진 함수의 부분분수는 다음과 같다.

$$\frac{-1}{x}+\frac{\frac{1}{6}}{x-1}+\frac{-\frac{2}{3}x-\frac{1}{3}}{x^2+x+1}+\frac{\frac{3}{2}x-\frac{1}{2}}{x^2+1}+\frac{x}{(x^2+1)^2}+\frac{1}{(x^2+1)^3}$$

예제 B-46

$\int \frac{1+x+2x^2+x^3}{x(x^2+1)^2}dx$를 구하라.

풀이

피적분함수를 부분분수로 분해하면 다음과 같다.

$$\frac{1+x+2x^2+x^3}{x(x^2+1)^2}=\frac{A}{x}+\frac{Bx+C}{x^2+1}+\frac{Dx+E}{(x^2+1)^2}$$

양변에 $x(x^2+1)^2$을 곱하면

$$\begin{aligned} x^3+2x^2+x+1 &= A(x^2+1)^2+(Bx+C)x(x^2+1)+(Dx+E)x \\ &= A(x^4+2x^2+1)+B(x^4+x^2)+C(x^3+x)+Dx^2+Ex \\ &= (A+B)x^4+Cx^3+(2A+B+D)x^2+(C+E)x+A \end{aligned}$$

이므로 다음과 같은 연립방정식을 얻는다.

$$A+B=0,\ C=1,\ 2A+B+D=2,\ C+E=1,\ A=1$$

이 연립방정식을 풀면 $A=1,\ B=-1,\ C=1,\ D=1,\ E=0$이므로

$$\begin{aligned} &\int \frac{1+x+2x^2+x^3}{x(x^2+1)^2}dx \\ &= \int\left(\frac{1}{x}+\frac{-x+1}{x^2+1}+\frac{x}{(x^2+1)^2}\right)dx \\ &= \int\frac{dx}{x}-\int\frac{x}{x^2+1}dx+\int\frac{dx}{x^2+1}+\int\frac{x}{(x^2+1)^2}dx \\ &= \ln|x|-\frac{1}{2}\ln(x^2+1)+\tan^{-1}x-\frac{1}{2(x^2+1)}+C \end{aligned}$$

이다.

Section B.4 부분적분법

앞서 여러 함수의 적분법을 살펴보았는데, 이러한 방법으로 계산할 수 없는 적분이 많다. 예를 들어

$$\int x \sin x \, dx$$

는 앞서 살펴본 방법으로는 적분할 수 없다. 이렇게 피적분함수가 두 함수의 곱일 때 사용할 수 있는 부분적분법을 살펴보자.

정리 B-11 부분적분법

$$\int f(x)g'(x)\,dx = f(x)g(x) - \int g(x)f'(x)\,dx \tag{B.4}$$

[정리 B−11]에서 $u = f(x)$, $v = g(x)$로 놓으면 $du = f'(x)\,dx$, $dv = g'(x)\,dx$이므로 다음과 같이 좀 더 기억하기 쉬운 부분적분 공식으로 나타낼 수 있다.

$$\int u\,dv = uv - \int v\,du \tag{B.5}$$

이번 절에 수록한 예제를 통해 부분적분법을 다양하게 경험하고 다른 문제를 풀 때 활용하길 바란다.

예제 B-47

$\int x \sin x \, dx$를 구하라.

풀이

방법 1

식 (B.4)를 적용하기 위해 $f(x) = x$, $g'(x) = \sin x$로 놓으면 $f'(x) = 1$, $g(x) = -\cos x$이므로 다음을 얻는다.

$$\begin{aligned}\int x \sin x \, dx &= x(-\cos x) - \int (-\cos x)\,dx \\ &= -x\cos x + \int \cos x \, dx \\ &= -x\cos x + \sin x + C\end{aligned}$$

이 결과를 미분해보면 $x\sin x$를 얻는다.

방법 2

식 (B.5)를 적용하기 위해 $u = x$, $dv = \sin x\,dx$로 놓으면 $du = dx$, $v = -\cos x$ 이므로 다음을 얻는다.

$$\int x\sin x\,dx = \int \underbrace{x}_{u}\underbrace{\sin x\,dx}_{dv} = \underbrace{x}_{u}\underbrace{(-\cos x)}_{v} - \int \underbrace{(-\cos x)}_{v}\underbrace{dx}_{du}$$
$$= -x\cos x + \int \cos x\,dx$$
$$= -x\cos x + \sin x + C$$

이는 [방법 1]의 결과와 동일하다.

예제 B-48

$\int \ln x\,dx$를 구하라.

풀이

식 (B.5)를 적용하기 위해 $u = \ln x$, $dv = dx$로 놓으면 $du = \dfrac{dx}{x}$, $v = x$이므로 다음을 얻는다.

$$\int \ln x\,dx = x\ln x - \int x\frac{dx}{x} = x\ln x - \int dx = x\ln x - x + C$$

예제 B-49

$\int t^2e^t\,dt$를 구하라.

풀이

e^t은 미분하거나 적분해도 형태가 변하지 않지만 t^2은 미분하면 형태가 더 간단해지므로 부분적분법을 사용하기 위해 $u = t^2$, $dv = e^t\,dt$로 놓자. 그러면 $du = 2t\,dt$, $v = e^t$이므로 식 (B.5)에 의해 다음을 얻는다.

$$\int t^2e^t\,dt = t^2e^t - 2\int te^t\,dt \tag{B.6}$$

식 (B.6)의 우변에 부분적분법을 다시 사용하자. 이때 $u = t$, $dv = e^t\,dt$로 놓으면 $du = dt$, $v = e^t$ 이므로 다음을 얻는다.

$$\int te^t\,dt = te^t - \int e^t\,dt = te^t - e^t + C$$

이 결과를 식 (B.6)에 대입하면

$$\begin{aligned}\int t^2e^t\,dt &= t^2e^t - 2\int te^t\,dt \\ &= t^2e^t - 2(te^t - e^t + C) \\ &= t^2e^t - 2te^t + 2e^t + C_1\end{aligned}$$

이다. 여기서 $C_1 = -2C$이다.

예제 B-50 응용

$\int e^x \sin x\,dx$를 구하라.

풀이

e^x과 $\sin x$는 미분한다고 해서 형태가 더 간단해지지는 않지만, $u = e^x$, $dv = \sin x\,dx$로 놓고 시작하자. 그러면 $du = e^x dx$, $v = -\cos x$이므로 식 (B.5)에 의해 다음을 얻는다.

$$\int e^x \sin x\,dx = -e^x \cos x + \int e^x \cos x\,dx \tag{B.7}$$

$\int e^x \cos x\,dx$에 부분적분법을 다시 사용하자. $u = e^x$, $dv = \cos x\,dx$로 놓으면 $du = e^x\,dx$, $v = \sin x$이므로 다음을 얻는다.

$$\int e^x \cos x\,dx = e^x \sin x - \int e^x \sin x\,dx \tag{B.8}$$

식 (B.8)에서 원래 적분 형태인 $\int e^x \sin x\,dx$가 다시 나타났으므로 식 (B.8)을 식 (B.7)에 대입하면 다음을 얻는다.

$$\int e^x \sin x\,dx = -e^x \cos x + e^x \sin x - \int e^x \sin x\,dx$$

이 식을 $\int e^x \sin x\,dx$에 대해 정리하면 다음을 얻는다.

$$\int e^x \sin x\,dx = \frac{1}{2}e^x(\sin x - \cos x) + C$$

[정리 B-11]의 부분적분법과 미분적분학의 기본 정리를 결합하면 부분적분법으로 정적분을 계산할 수 있다. 두 함수 f'과 g'을 연속이라 가정하고 식 (B.4)의 양변을 a와 b 사이에서 계산하면 다음을 얻는다.

$$\int_a^b f(x)g'(x)\,dx = [f(x)g(x)]_a^b - \int_a^b g(x)f'(x)\,dx \qquad \text{(B.9)}$$

예제 B-51 응용

$\int_0^1 \tan^{-1}x\,dx$를 구하라.

풀이

$u = \tan^{-1}x$, $dv = dx$로 놓으면 $du = \dfrac{dx}{1+x^2}$, $v = x$이므로 식 (B.9)에 의해 다음을 얻는다.

$$\begin{aligned}\int_0^1 \tan^{-1}x\,dx &= [x\tan^{-1}x]_0^1 - \int_0^1 \frac{x}{1+x^2}\,dx \\ &= 1\cdot\tan^{-1}1 - 0\cdot\tan^{-1}0 - \int_0^1 \frac{x}{1+x^2}\,dx \\ &= \frac{\pi}{4} - \int_0^1 \frac{x}{1+x^2}\,dx\end{aligned}$$

$\int_0^1 \dfrac{x}{1+x^2}\,dx$를 구하기 위해 $1+x^2 = t$로 놓으면 $2x\,dx = dt$, $x\,dx = \dfrac{1}{2}dt$이다. $x=0$일 때 $t=1$이고, $x=1$일 때 $t=2$이므로

$$\int_0^1 \frac{x}{1+x^2}\,dx = \frac{1}{2}\int_1^2 \frac{dt}{t} = \frac{1}{2}[\ln|t|]_1^2 = \frac{1}{2}(\ln 2 - \ln 1) = \frac{1}{2}\ln 2$$

이다. 따라서 구하려는 식은 다음과 같이 계산한다.

$$\int_0^1 \tan^{-1}x\,dx = \frac{\pi}{4} - \int_0^1 \frac{x}{1+x^2}\,dx = \frac{\pi}{4} - \frac{\ln 2}{2}$$

$x \geq 0$일 때 $\tan^{-1}x \geq 0$이므로 [예제 B-51]의 적분값은 [그림 B-2]에서 색칠한 영역의 넓이를 의미한다.

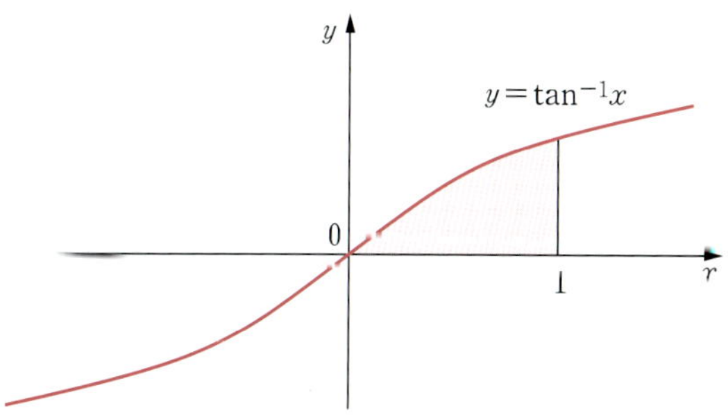

[그림 B-2] $f(x) = \tan^{-1}x$ 의 그래프

예제 B-52

$\int xe^{-6x}dx$를 구하라.

풀이

$u=x$, $dv=e^{-6x}$로 놓으면 $du=dx$, $v=-\frac{1}{6}e^{-6x}$이므로 다음을 얻는다.

$$\int xe^{-6x}dx=-\frac{1}{6}xe^{-6x}+\frac{1}{6}\int e^{-6x}dx=-\frac{1}{6}xe^{-6x}-\frac{1}{36}e^{-6x}+C$$

예제 B-53

다음 적분을 구하라.

(a) $\int x\ln x\,dx$ (b) $\int x^4\ln x\,dx$

풀이

(a) $u=\ln x$, $dv=x\,dx$로 놓으면 $du=\frac{1}{x}dx$, $v=\frac{1}{2}x^2$이므로 다음을 얻는다.

$$\int x\ln x\,dx=\frac{1}{2}x^2\ln x-\frac{1}{2}\int x\,dx=\frac{1}{2}x^2\ln x-\frac{1}{4}x^2+C$$

(b) $u=\ln x$, $dv=x^4dx$로 놓으면 $du=\frac{1}{x}dx$, $v=\frac{1}{5}x^5$이므로 다음을 얻는다.

$$\int x^4\ln x\,dx=\frac{1}{5}x^5\ln x-\frac{1}{5}\int x^4dx=\frac{1}{5}x^5\ln x-\frac{1}{25}x^5+C$$

예제 B-54 응용

$\int e^{\frac{1}{2}t}\sin 2t\,dt$를 구하라.

풀이

$u=e^{\frac{1}{2}t}$, $dv=\sin 2t\,dt$로 놓으면 $du=\frac{1}{2}e^{\frac{1}{2}t}dt$, $v=-\frac{1}{2}\cos 2t$이므로 다음을 얻는다.

$$\int e^{\frac{1}{2}t}\sin 2t\,dt=-\frac{1}{2}e^{\frac{1}{2}t}\cos 2t+\frac{1}{4}\int e^{\frac{1}{2}t}\cos 2t\,dt$$

다시 $u=e^{\frac{1}{2}t}$, $dv=\cos 2t\,dt$로 놓으면 $du=\frac{1}{2}e^{\frac{1}{2}t}dt$, $v=\frac{1}{2}\sin 2t$이므로 다음을 얻는다.

$$\int e^{\frac{1}{2}t}\sin 2t\,dt = -\frac{1}{2}e^{\frac{1}{2}t}\cos 2t + \frac{1}{4}\left(\frac{1}{2}e^{\frac{1}{2}t}\sin 2t - \frac{1}{4}\int e^{\frac{1}{2}t}\sin 2t\,dt\right)$$

$$= -\frac{1}{2}e^{\frac{1}{2}t}\cos 2t + \frac{1}{8}e^{\frac{1}{2}t}\sin 2t - \frac{1}{16}\int e^{\frac{1}{2}t}\sin 2t\,dt$$

따라서 이 식을 정리하면 다음과 같다.

$$\frac{17}{16}\int e^{\frac{1}{2}t}\sin 2t\,dt = -\frac{1}{2}e^{\frac{1}{2}t}\cos 2t + \frac{1}{8}e^{\frac{1}{2}t}\sin 2t + C$$

$$\int e^{\frac{1}{2}t}\sin 2t\,dt = -\frac{8}{17}e^{\frac{1}{2}t}\cos 2t + \frac{2}{17}e^{\frac{1}{2}t}\sin 2t + C_1$$

여기서 $C_1 = \frac{16}{17}C$이다.

예제 B-55 응용

$\int e^{\frac{R}{L}t}\sin\omega t\,dt$를 구하라. 단 L, R, ω는 상수이다.

풀이

$u = e^{\frac{R}{L}t}$, $dv = \sin\omega t\,dt$로 놓으면 $du = \frac{R}{L}e^{\frac{R}{L}t}dt$, $v = -\frac{1}{\omega}\cos\omega t$이므로 다음을 얻는다.

$$\int e^{\frac{R}{L}t}\sin\omega t\,dt = -\frac{1}{\omega}e^{\frac{R}{L}t}\cos\omega t + \frac{R}{L\omega}\int e^{\frac{R}{L}t}\cos\omega t\,dt$$

다시 $u = e^{\frac{R}{L}t}$, $dv = \cos\omega t\,dt$ 로 놓으면 $du = \frac{R}{L}e^{\frac{R}{L}t}dt$, $v = \frac{1}{w}\sin\omega t$이므로 다음을 얻는다.

$$\int e^{\frac{R}{L}t}\sin\omega t\,dt = -\frac{1}{\omega}e^{\frac{R}{L}t}\cos\omega t + \frac{R}{L\omega}\left[\frac{1}{\omega}e^{\frac{R}{L}t}\sin\omega t - \frac{R}{L\omega}\int e^{\frac{R}{L}t}\sin\omega t\,dt\right]$$

$$= -\frac{1}{\omega}e^{\frac{R}{L}t}\cos\omega t + \frac{R}{L\omega^2}e^{\frac{R}{L}t}\sin\omega t - \frac{R^2}{L^2\omega^2}\int e^{\frac{R}{L}t}\sin\omega t\,dt$$

이 식을 정리하면 다음과 같다.

$$\left(1 + \frac{R^2}{L^2\omega^2}\right)\int e^{\frac{R}{L}t}\sin\omega t\,dt = -\frac{1}{\omega}e^{\frac{R}{L}t}\cos\omega t + \frac{R}{L\omega^2}e^{\frac{R}{L}t}\sin\omega t$$

$$\int e^{\frac{R}{L}t}\sin\omega t\,dt = \frac{L^2\omega^2}{L^2\omega^2+R^2}\left(-\frac{1}{\omega}e^{\frac{R}{L}t}\cos\omega t+\frac{R}{L\omega^2}e^{\frac{R}{L}t}\sin\omega t\right)$$
$$= -\frac{L^2\omega}{L^2\omega^2+R^2}e^{\frac{R}{L}t}\cos\omega t+\frac{LR}{L^2\omega^2+R^2}e^{\frac{R}{L}t}\sin\omega t$$
$$= \frac{L}{\omega^2L^2+R^2}e^{\frac{R}{L}t}(R\sin\omega t-\omega L\cos\omega t)$$

예제 B-56 응용

$\int e^{2t}\cos t\,dt$를 구하라.

풀이

$u=e^{2t}$, $dv=\cos t\,dt$ 로 놓으면 $du=2e^{2t}\,dt$, $v=\sin t$이므로 다음을 얻는다.

$$\int e^{2t}\cos t\,dt = e^{2t}\sin t - 2\int e^{2t}\sin t\,dt$$

다시 $u=e^{2t}$, $dv=\sin t\,dt$로 놓으면 $du=2e^{2t}dt$, $v=-\cos t$이므로 다음을 얻는다.

$$\int e^{2t}\cos t\,dt = e^{2t}\sin t - 2\left(-e^{2t}\cos t+2\int e^{2t}\cos t\,dt\right)$$
$$= e^{2t}\sin t + 2e^{2t}\cos t - 4\int e^{2t}\cos t\,dt$$

따라서 이 식을 정리하면 다음과 같다.

$$5\int e^{2t}\cos t\,dt = e^{2t}\sin t + 2e^{2t}\cos t + C$$
$$\int e^{2t}\cos t\,dt = \frac{1}{5}e^{2t}(\sin t + 2\cos t) + C_1$$

여기서 $C_1=\frac{C}{5}$ 이다.

예제 B-57 응용

$\int e^{2x}\cos(e^x)\,dx$를 구하라.

풀이

$e^x = X$로 놓으면 $e^x\,dx = dX$, $dx = e^{-x}dX = X^{-1}dX$이므로

$$\int e^{2x}\cos(e^x)dx = \int X\cos X\,dX$$

이다. 다시 $u=X$, $dv=\cos X\,dX$로 놓으면 $du=dX$, $v=\sin X$이므로 다음을 얻는다.

$$\begin{aligned}\int e^{2x}\cos e^x dx &= X\sin X - \int \sin X dX \\ &= X\sin X + \cos X + C \\ &= e^x \sin(e^x) + \cos(e^x) + C\end{aligned}$$

예제 B-58 응용

$\int \frac{1}{x^3}\ln x\, dx$를 구하라.

풀이

$u = \ln x$, $dv = x^{-3}dx$로 놓으면 $du = \frac{1}{x}dx$, $v = -\frac{1}{2}x^{-2}$이므로 다음을 얻는다.

$$\begin{aligned}\int \frac{1}{x^3}\ln x\, dx &= -\frac{1}{2}\frac{1}{x^2}\ln x + \frac{1}{2}\int x^{-3}dx \\ &= -\frac{1}{2}\cdot\frac{1}{x^2}\ln x - \frac{1}{4}x^{-2} + C \\ &= -\frac{1}{2}\cdot\frac{1}{x^2}\ln x - \frac{1}{4}\cdot\frac{1}{x^2} + C\end{aligned}$$

예제 B-59 응용

$\int \frac{1}{x}\ln x\, dx$를 구하라.

풀이

$u = \ln x$, $dv = \frac{1}{x}dx$로 놓으면 $dv = \frac{1}{x}dx$, $v = \ln x$이므로 다음을 얻는다.

$$\int \frac{1}{x}\ln x\, dx = (\ln x)^2 - \int \frac{1}{x}\ln x\, dx$$

따라서 이 식을 정리하면 다음과 같다.

$$2\int \frac{1}{x}\ln x\, dx = (\ln x)^2 + C$$

$$\int \frac{1}{x}\ln x\, dx = \frac{1}{2}(\ln x)^2 + C_1$$

여기서 $C_1 = \frac{C}{2}$이다.

예제 B-60 응용

$\int \frac{1}{x^3}\tan^{-1}x\,dx$를 구하라.

풀이

$u=\tan^{-1}x$, $dv=x^{-3}dx$로 놓으면 $du=\frac{1}{1+x^2}dx$, $v=-\frac{1}{2}x^{-2}$이므로 다음을 얻는다.

$$\begin{aligned}\int \frac{1}{x^3}\tan^{-1}x\,dx &= -\frac{1}{2x^2}\tan^{-1}x+\frac{1}{2}\int \frac{1}{x^2(1+x^2)}dx \\ &= -\frac{1}{2x^2}\tan^{-1}x+\frac{1}{2}\int\left(\frac{1}{x^2}-\frac{1}{1+x^2}\right)dx \\ &= -\frac{1}{2x^2}\tan^{-1}x+\frac{1}{2}\left(-\frac{1}{x}-\tan^{-1}x\right)+C \\ &= -\frac{1}{2}\left(1+\frac{1}{x^2}\right)\tan^{-1}x-\frac{1}{2x}+C\end{aligned}$$

예제 B-61 응용

$\int \frac{1}{x^3}(\ln x)^2\,dx$를 구하라.

풀이

$u=(\ln x)^2$, $dv=x^{-3}dx$로 놓으면 $du=2(\ln x)\frac{1}{x}dx$, $v=-\frac{1}{2}x^{-2}$이므로 다음을 얻는다.

$$\int \frac{1}{x^3}(\ln x)^2\,dx=-\frac{1}{2}\cdot\frac{1}{x^2}(\ln x)^2+\int\frac{\ln x}{x^3}dx$$

다시 $u=\ln x$, $dv=x^{-3}dx$로 놓으면 $du=\frac{1}{x}dx$, $v=-\frac{1}{2}x^{-2}$이므로 다음을 얻는다.

$$\begin{aligned}\int \frac{1}{x^3}(\ln x)^2\,dx &= -\frac{1}{2}\cdot\frac{1}{x^2}(\ln x)^2-\frac{1}{2}\cdot\frac{1}{x^2}\ln x+\frac{1}{2}\int x^{-3}dx \\ &= -\frac{1}{2x^2}(\ln x)^2-\frac{1}{2x^2}\ln x-\frac{1}{4x^2}+C\end{aligned}$$

예제 B-62 응용

$\int x \cos(\ln x)\, dx$ 를 구하라.

풀이

$u = \cos(\ln x)$, $dv = x\, dx$ 로 놓으면 $du = -\frac{1}{x}\sin(\ln x)\, dx$, $v = \frac{1}{2}x^2$ 이므로 다음을 얻는다.

$$\int x\cos(\ln x)\, dx = \frac{1}{2}x^2\cos(\ln x) + \frac{1}{2}\int x\sin(\ln x)\, dx$$

다시 $u = \sin(\ln x)$, $dv = x\, dx$ 로 놓으면 $du = \frac{1}{x}\cos(\ln x)\, dx$, $v = \frac{1}{2}x^2$ 이므로 다음을 얻는다.

$$\begin{aligned} \int x\cos(\ln x)\, dx &= \frac{1}{2}x^2\cos(\ln x) + \frac{1}{2}\left[\frac{1}{2}x^2\sin(\ln x) - \frac{1}{2}\int x\cos(\ln x)\, dx\right] \\ &= \frac{1}{2}x^2\cos(\ln x) + \frac{1}{4}x^2\sin(\ln x) - \frac{1}{4}\int x\cos(\ln x)\, dx \end{aligned}$$

따라서 이 식을 정리하면 다음과 같다.

$$\begin{aligned} \frac{5}{4}\int x\cos(\ln x)\, dx &= \frac{1}{2}x^2\cos(\ln x) + \frac{1}{4}x^2\sin(\ln x) + C \\ \int x\cos(\ln x)\, dx &= \frac{2}{5}x^2\cos(\ln x) + \frac{1}{5}x^2\sin(\ln x) + C_1 \end{aligned}$$

여기서 $C_1 = \frac{4}{5}C$ 이다.

예제 B-63 응용

$\int x^{-3}\cos(\ln x)\, dx$ 를 구하라.

풀이

$u = \cos(\ln x)$, $dv = x^{-3}dx$ 로 놓으면 $du = -\frac{1}{x}\sin(\ln x)$, $v = -\frac{1}{2}x^{-2}$ 이므로 다음을 얻는다.

$$\int x^{-3}\cos(\ln x)\, dx = -\frac{1}{2x^2}\cos(\ln x) - \frac{1}{2}\int x^{-3}\sin(\ln x)\, dx$$

다시 $u = \sin(\ln x)$, $dv = x^{-3}dx$ 로 놓으면 $du = \frac{1}{x}\cos(\ln x)$, $v = -\frac{1}{2}x^{-2}$ 이므로 다음을 얻는다.

$$\int x^{-3}\cos(\ln x)\,dx = -\frac{1}{2x^2}\cos(\ln x) - \frac{1}{2}\left[-\frac{1}{2x^2}\sin(\ln x) + \frac{1}{2}\int x^{-3}\cos(\ln x)\,dx\right]$$
$$= -\frac{1}{2x^2}\cos(\ln x) + \frac{1}{4x^2}\sin(\ln x) - \frac{1}{4}\int x^{-3}\cos(\ln x)\,dx$$

따라서 이 식을 정리하면 다음과 같다.

$$\frac{5}{4}\int x^{-3}\cos(\ln x)\,dx = -\frac{1}{2x^2}\cos(\ln x) + \frac{1}{4x^2}\sin(\ln x) + C$$
$$\int x^{-3}\cos(\ln x)\,dx = -\frac{2}{5x^2}\cos(\ln x) + \frac{1}{5x^2}\sin(\ln x) + C_1$$

여기서 $C_1 = \frac{4}{5}C$이다.

예제 B-64 응용

$\int x\cos n\pi x\,dx$를 구하라. 단, n은 자연수이다.

풀이

$u = x$, $dv = \cos n\pi x\,dx$로 놓으면 $du = dx$, $v = \frac{1}{n\pi}\sin n\pi x$이므로 다음을 얻는다.

$$\int x\cos n\pi x\,dx = \frac{1}{n\pi}x\sin n\pi x - \frac{1}{n\pi}\int \sin n\pi x\,dx$$
$$= \frac{1}{n\pi}\left(x\sin n\pi x + \frac{1}{n\pi}\cos n\pi x\right)$$

예제 B-65 응용

$\int x\sin n\pi x\,dx$를 구하라. 단, n은 자연수이다.

풀이

$u = x$, $dv = \sin n\pi x\,dx$로 놓으면 $du = dx$, $v = -\frac{1}{n\pi}\cos n\pi x$이므로 다음을 얻는다.

$$\int x\sin n\pi x\,dx = -\frac{1}{n\pi}x\cos n\pi x + \frac{1}{n\pi}\int \cos n\pi x\,dx$$
$$= \frac{1}{n\pi}\left(-x\cos n\pi x + \frac{1}{n\pi}\sin n\pi x\right)$$

예제 B-66 응용

$\int x\cos 2n\pi x\, dx$를 구하라. 단, n은 자연수이다.

풀이

$u = x$, $dv = \cos 2n\pi x\, dx$ 로 놓으면 $du = dx$, $v = \frac{1}{2n\pi}\sin 2n\pi x$이므로 다음을 얻는다.

$$\begin{aligned}\int x\cos 2n\pi x\, dx &= \frac{1}{2n\pi}x\sin 2n\pi x - \frac{1}{2n\pi}\int \sin 2n\pi x\, dx \\ &= \frac{1}{2n\pi}\left(x\sin 2n\pi x + \frac{1}{2n\pi}\cos 2n\pi x\right)\end{aligned}$$

예제 B-67 응용

$\int x\sin 2n\pi x\, dx$를 구하라.

풀이

$u = x$, $dv = \sin 2n\pi x\, dx$로 놓으면 $du = dx$, $v = -\frac{1}{2n\pi}\cos 2n\pi x$ 이므로 다음을 얻는다.

$$\begin{aligned}\int x\sin 2n\pi x\, dx &= -\frac{1}{2n\pi}x\cos 2n\pi x + \frac{1}{2n\pi}\int \cos 2n\pi x\, dx \\ &= -\frac{1}{2n\pi}\left(x\cos 2n\pi x - \frac{1}{2n\pi}\sin 2n\pi x\right)\end{aligned}$$

참고문헌

- 김광환 외 5인 (2009). 미분방정식 및 응용(개정판). 청문각.
- 김원석 (1996). 선형대수학. 경문사.
- 노태완 (2010). 솔직한 공업수학. 생능출판사.
- 마인숙 외 4인 (2012). Introductory Linear Algebra. 경문사.
- 마인숙 외 3인 (2004). 미분방정식. 경문사.
- 마인숙 외 6인 (2007). 미분적분학. 도서출판 봉천.
- 조재경 (1997). 공업수학이라면 이제 만화로 공부하세요. 교우사.
- D. G. Zill & W. S. Wright (2009). Advanced Engineering Mathematics(4th, ed.). Jones and Bartlett Publishers.
- Erwin Kreyszig (2007). KREYSZIG 공업수학(상)(개정9판)(서진현, 심형보 외, 번역). 범한서적.(원서는 2006년에 출판).
- Frank Ayres JR (1972). Differential Equations(1st SI(metric), ed.). McGraw-Hill Book Company.
- Howard Anton & Chris Rorres (2015). Elementary Linear Algebra(11th, ed.). Wiley.
- Howard Anton & Robert C. Busby (2004). 최신선형대수(고형준 외 5인, 번역). 학술정보.(원서는 2002년에 출판).
- James Stewart (2015). 스튜어트 미분적분학(7판)(미적분학교재편찬위원회, 번역). 북스힐.(원서는 2012년에 출판).
- Peter V. O'Neil (2003). Advanced Engineering Mathematics(5th, ed.). Thomson Brooks/Cole.
- Robert T. Smith & Ronald B. Minton (2008). 미분적분학(3판)(장건수, 번역). 북스힐.(원서는 2007년에 출판).
- Steven J. Leon (2005). Linear Algebra with Applications(7th, ed.). Pearson Inc.
- William E. Boyce & Richard C. DiPrima (2003). Elementary Differential Equations(7th, ed.). Wiley.

찾아보기

숫자

영문

ㄱ

ㄴ

ㄷ

ㄹ

ㅁ

찾아보기